建筑装饰装修
工程质量管理实用手册

李继业　冯竟竟　胡琳琳　主编

U0194465

化学工业出版社
·北京·

本书根据新颁布的《建筑装饰装修工程质量验收标准》（GB 50210—2018）编写而成，全书共十四章，包括建筑装饰装修工程质量管理概述、抹灰工程质量管理、外墙防水工程质量管理、门窗工程质量管理、吊顶工程质量管理、轻质隔墙工程质量管理、饰面板工程质量管理、饰面砖工程质量管理、幕墙工程质量管理、涂饰工程质量管理、裱糊与软包工程质量管理、细部工程质量管理、建筑地面工程质量管理、建筑装饰工程污染的控制等内容。

本书具有较强的系统性、针对性和实用性，可供从事建筑装饰装修等的施工人员、设计人员、技术人员和管理人员参考，也可供高等学校建筑装饰工程、艺术设计及相关专业师生参阅。

图书在版编目（CIP）数据

建筑装饰装修工程质量管理实用手册／李继业，冯竟竟，胡琳琳主编 . —北京：化学工业出版社，2020.4
ISBN 978-7-122-35989-6

Ⅰ.①建…　Ⅱ.①李…②冯…③胡…　Ⅲ.①建筑装饰-工程质量-质量管理-手册　Ⅳ.①TU767.03-62

中国版本图书馆 CIP 数据核字（2020）第 025532 号

责任编辑：刘兴春　刘　婧　　　　　　　　　　　装帧设计：关　飞
责任校对：宋　夏

出版发行：化学工业出版社（北京市东城区青年湖南街 13 号　邮政编码 100011）
印　　装：北京机工印刷厂有限公司
787mm×1092mm　1/16　印张 36½　字数 933 千字　2022 年 4 月北京第 1 版第 1 次印刷

购书咨询：010-64518888　　售后服务：010-64518899
网　　址：http://www.cip.com.cn
凡购买本书，如有缺损质量问题，本社销售中心负责调换。

定　　价：198.00 元

前　言

建筑装饰装修工程是现代建筑工程的有机组成部分，是现代建筑工程的延伸、深化和完善。由此可见，建筑装饰装修工程是"为保护建筑物的主体结构、完善建筑物的使用功能和美化建筑物，采用装饰装修材料或饰物，对建筑物的内外表面及空间进行的各种处理过程"。因此，建筑装饰装修工程的质量必然会影响到建筑物的质量，进行严格的工程质量管理和控制是整个施工过程的重要任务。

建筑装饰工程质量管理是工程设计、施工和验收过程中的核心，是设计和施工企业管理水平与技术水平的综合反映，也是施工企业从开始施工准备工作到工程竣工验收交付使用的全过程中，为保证和提高工程质量所进行的各项组织管理工作，其目的在于以最低的工程成本和最快的施工速度生产出用户满意的建筑装饰产品。

伴随着建筑市场的规范化和法制化进程，装饰装修行业将进入一个新时代，多年来已经习惯遵循和参照的装饰工程施工规范、装饰工程验收标准及装饰工程质量检验评定标准等均已开始发生重要变化，所以，按照国家新的质量标准、施工规范，科学合理地选用建筑装饰材料和施工方法，努力提高建筑装饰业的技术水平，对于创造一个舒适、绿色环保型环境，促进建筑装饰业的健康发展，具有非常重要的意义。

为确保建筑装饰装修工程的质量，我国建设主管部门于2001年颁布了《建筑装饰装修工程质量验收规范》（GB 50210—2001），对保证和提高装饰装修的工程质量起到非常重要作用。经过十几年的实践，也发现一些缺项和遗漏。于2018年又修订颁布了《建筑装饰装修工程质量验收标准》（GB 50210—2018），对装饰工程的分项工程重新划分，并对各分项工程提出了更加详细和严格的质量控制标准，为装饰装修工程的设计、施工和验收规定了具体依据。因此在《建筑装饰装修工程质量管理手册》的基础上，根据新颁布的《建筑装饰装修工程质量验收标准》（GB 50210—2018），编写《建筑装饰装修工程质量管理实用手册》是非常必要的。

本书注重理论与实践相结合，重点在于提高建筑装饰装修设计和施工人员的质量管理意识和解决工程质量实际问题的能力，达到重点突出装饰工程质量、掌握现行规范标准为主的目的。本书按照先进性、针对性和规范性的原则，注重对建筑装饰工程质量管理和技能方面的培养，具有应用性突出、可操作性强、通俗易懂、内容全面等特点，可供从事建筑装饰装修的工程技术人员、施工人员和管理人员参考，也可供高等学校土木工程及建筑装饰装修类专业师生参阅。

本书由李继业、冯竞竞、胡琳琳担任主编，王金龙、杨进波、刘晓蓬、李超参加了编写。具体分工为：李继业编写第一章；冯竞竞编写第二章、第十三章；胡琳琳编写第三章、第五章、第七章；王金龙编写第八章、第十章；杨进波编写第九章、第十一章；刘晓蓬编写第十二章、第十四章；李超编写第四章、第六章。全书最后由李继业统稿并定稿。另外，本书在编写过程中，得到了有关单位的大力支持，在此表示感谢。

限于编者水平及编写时间，书中疏漏与不足之处在所难免，敬请有关专家、同行和广大读者提出宝贵意见。

编者

2020 年 10 月

目 录

第一章
建筑装饰装修工程质量管理概述

　　建筑装饰装修工程是指为了保护建筑物的主体结构、完善建筑物的使用功能和美化建筑物，采用装饰装修材料或饰物，对建筑物的内外表面及空间进行的各种处理过程。在已有的建筑主体上覆盖新的装饰表面，对已有的建筑空间效果进一步设计，是对建筑空间不足之处的改进和弥补，是使建筑空间满足使用要求、更具有个性的一种手段。建筑装饰能够使建筑满足人们的视觉、触觉享受，进一步提高建筑物的空间质量，因此建筑装饰装修已成为现代建筑工程不可缺少的部分。

　　建筑装饰装修工程是现代建筑工程的有机组成部分，是现代建筑工程的延伸、深化和完善。根据建筑装饰装修工程的功能和特点可以这么认为，建筑是创造空间，而建筑装饰是空间的再创造。

　　建筑装饰装修工程是文化的产物，是人类艺术意志的具体体现，因此任何装饰装修工程都必定会注入设计者的意志和情感。一个成熟的装饰设计师应该在构造上必要的、形式上必需的地方使用装饰。在建筑的历史中留传下来的每一种装饰都有确定的历史含义，选择了一种装饰就意味着选择了这种历史的、文化的主题，这可以说明为什么我们在后现代主义的作品中可以感受到历史分量，它们以新的姿态向人们昭示着历史的存在。建筑装饰的意义是复杂的、深沉的，既有对历史的追忆也有对人生哲理的思考，既有对本土文化的眷恋也有对自然环境的关照，人们正是在这种环境中体验着世界的丰富与无限。

第一节　建筑装饰装修工程质量管理基本知识

　　建筑装饰装修工程质量管理是工程设计、施工和验收过程中的核心，是设计和施工企业管理水平与技术水平的综合反映，也是施工企业从开始施工准备到工程竣工验收交付使用的全过程中，为保证和提高工程质量所进行的各项组织管理工作。其目的在于以最低的工程成本和最快的施工速度，生产出用户满意的建筑装饰产品。

一、工程的基本特点

建筑装饰装修工程是以建筑物的主体结构为载体，在建筑表面敷设装饰装修层，以达到美化居住环境、优化建筑物使用功能的目的。其特点是项目繁多、工程量大、工期长、用工量大、造价高，机械化施工程度低，生产效率差，工程投入资金大，施工质量对建筑物使用功能和整体建筑效果影响大，施工管理复杂等。建筑装饰装修工程虽然是建筑工程的重要组成部分，但它在设计、施工和质量管理等方面与建筑工程有很大差异。

（一）工程的主要特点

1. 涉及多行业、多学科

建筑装饰装修不仅涉及人文、地理、环境艺术和建筑知识，而且还与建筑装饰材料及其他各行各业有着密切的联系，如建筑装饰材料涉及五金、化工、轻纺等多行业、多学科，这些都直接关系到装饰工程的质量、装饰的档次等。

2. 技术与艺术相结合

建筑工程的本身就是建筑与艺术结合的产物，而深化和再创造的建筑装饰就更需要技术与艺术的有机结合。任何装饰都是用材料来体现的，材料的质量和档次又离不开现代技术，正确应用这些材料又与设计和施工技术人员所具有的知识及技术含量有关，如人文意识、设计理念关系的内在意识和规律，这些使建筑装饰的复杂性、综合性更为突出。因此，建筑装饰是艺术与技术进一步完美结合的、复杂的过程。

3. 具有较强的周期性

建筑工程是百年大计，而建筑装饰却随着时代的变化具有时尚性，其使用年限远远小于建筑结构。我国建筑工程的耐久年限一般为50～100年，而装饰的使用年限相对较短。在建筑装饰装修方面，不提倡"新三年旧三年，修修补补又三年"的做法，要充分体现其先进性和超前性，以满足人们对建筑装饰的高标准要求。

4. 工程造价的差别大

建筑装饰装修工程的造价空间非常大，从普通装饰到超豪华装饰，由于采用的材料品种、性质和档次不同，其工程造价相差甚远，所以装饰装修工程的级别往往受工程造价的控制。

（二）工程施工的特点

随着国民经济和建设事业的飞速发展，建筑装饰装修工程在营造完善的市场经济建筑环境、改善人民的生活和工作条件及建设国际化新城市方面将发挥更大的作用。建筑装饰装修的设计和施工技术人员，必须高度重视现代建筑装饰装修事业所担负的重任，不仅要更加重视工程质量的提高、本身素质的提高和装饰艺术水平的提高，同时必须针对建筑装饰工程的设计、材料、施工技术和施工组织管理等各方面的特点不断开展技术革新，改进操作工艺，提高专业技术水平。

1. 工程设计施工的建筑性

装饰艺术是一个含义广泛的概念，装饰点缀及表面装饰和美化只是其表面现象，其本质是完善建筑的使用功能。由此可见，建筑装饰工程是建筑工程的有机组成部分，而不是单纯的艺术创作，建筑装饰工程施工的首要特点是具有明显的建筑性。

与建筑有关的所有建筑装饰工程的施工操作都不能只顾装饰艺术的表现而忽视对主体结构的维护和保养。《中华人民共和国建筑法》第四十九条规定："涉及建筑主体和承重结构变动的装修工程，建设单位应当在施工前委托原设计单位或者具有相应资质条件的设计单位提出设计方案；没有设计方案的，不得施工。"这一条规定限制了建筑装饰工程施工中随意凿墙开洞等野蛮施工行为，保证了建筑主体结构安全适用。

就建筑装饰设计而言，首要目的是完善建筑及其空间环境的使用功能，即在满足建筑物功能的前提下进而追求其艺术效果；作为建筑设计的继续、深化和美化，应该是以现代装饰新材料、新技术和新工艺为基础的高档次建筑艺术设计。对于建筑装饰工程施工，则必须以保护建筑结构主体及安全使用为基本原则，进而通过科学合理的装修构造、装饰造型等具体操作工艺达到工程目标。

2. 工程施工过程的规范性

建筑装饰工程施工是对建筑工程主体结构及其环境的再创造，其不是单纯的美化处理，而是一种必须依靠合格的材料与构配件等，通过科学合理的构造做法并由建筑主体结构予以稳定支承的工程。因此，一切工艺操作和工艺处理，均应遵照国家颁发的有关施工和验收规范；所用材料及其应用技术，应符合国家及行业颁布的相关标准。对于任何建筑装饰工程，不能为追求表面美化及视觉效果，没有任何约束地进行构造造型或简化饰面处理，以免造成工程质量问题。

对于一些重要工程和规模较大的装饰工程项目，应当按照国家规定实行招标、投标制；明确确认装饰施工企业和施工队伍的资质水平与施工能力；在施工过程中应由建设监理部门对工程进行监理；工程竣工后应通过质量监督部门及有关方面组织的严格验收。

3. 工程施工活动的严肃性

建筑装饰工程施工是一项十分复杂的生产活动，长期以来装饰装修施工状况一直存在着工程量大、施工工期长、耗用劳动量多和占建筑物总造价比例高等特点。近年来，随着建材工业的迅速发展及施工条件的不断改善，建筑装饰工程的施工现状已有较大改观，已使建筑装饰施工人员基本上摆脱了繁重的体力劳动。但是，随着人们对物质文化和精神文化要求的提高，对装饰工程质量要求也大大提高，因此迫切需要的是从事建筑装饰事业人员的事业心和生产活动中的严肃态度。

由于建筑装饰工程大多数是以饰面为最终效果，所以许多处于隐蔽部位而对于工程质量起着关键作用的项目和操作工序很容易被忽略，或是其质量弊病很容易被表面的美化修饰所掩盖，如大量的预埋件、连接件、铆固件、焊接件、骨架杆件、饰面的基面或基层处理，防火、防腐、防水、防潮、防虫、绝缘、隔声等功能性与安全性的构造和处理等，螺栓及各种连接紧固件的规格、质量、数量、位置及埋入深度等，如果在操作时采取应付敷衍的态度，甚至偷工减料、偷工减序，就势必给建筑装饰工程留下质量隐患。

4. 工程施工管理的复杂性

建筑装饰装修工程的施工从始至终与设备安装专业交叉配合，设备安装专业的照明、通信、消防、自控、空调等管线安装与装饰装修的隐蔽工程常常同步施工，质量因素是相互影响的。现代建筑的设备安装专业也是日趋复杂化，设备终端几乎都是安装在建筑装饰装修的墙、顶、地的饰面板上。因此，施工工序的安排往往是多专业、多工种的统筹安排，避免相互影响以求得最大的效益。

为了保证工程质量、施工进度和施工安全，必须依靠具备专业知识和经验的施工组织管理人员，以施工组织设计为指导，实行科学管理，使各工序和各工种之间的衔接紧凑，人工、材料和施工机具调度协调；管理人员还应熟悉各工种的施工操作规程、质量检验标准和施工验收规范，及时监督和指导施工操作人员的施工操作；同时还应具备及时发现问题和解决问题的能力，随时解决施工中的技术问题。

5. 工程施工的技术经济性

建筑装饰装修工程的使用功能及其艺术性的体现与发挥，所反映的时代感和科学技术水准，特别是在工程造价方面，在很大程度上是受装饰材料以及现代声、光、电及控制系统等设备的制约。在 20 世纪以前，建筑工程主体结构、安装工程和装饰工程的费用比例大约分别为 50%、30%、20%，现在则变为 30%、30%、40%。有的国家重点工程、高级宾馆、饭店及公共设施等，装饰装修工程的费用已占总投资的 50% 以上，成为建筑工程投资的主要部分。

随着人们对建筑艺术要求的不断提高，建筑装饰装修工程中新材料、新技术、新工艺和新设备的不断涌现，建筑装饰装修工程的造价还将继续提高。因此，必须做好建筑装饰装修工程的预算和估价工作，认真研究工程材料、设备及施工技术、施工工艺的经济性，严格控制建筑装饰装修工程成本，加强施工企业的经济管理和对经济活动的分析，努力提高经济效益和工程质量，以保证我国现代建筑装饰装修行业的健康发展。

二、工程质量控制的基本概念

1. 工程质量的概念

工程质量的概念有广义和狭义之分。广义的工程质量是指工程项目的质量，它包括工程实体质量和工作质量两部分。工程实体质量又包括分项工程质量、分部工程质量和单位工程质量，而工作质量又包括社会工作质量和生产过程质量两个方面。

狭义的工程质量是指工程产品质量，即工程实体质量或工程施工质量控制。其定义是"反映实体满足明确和隐含需要能力的特性的总和"。施工质量控制是一种过程性、纠正性和把关性的质量控制。只有严格对施工全过程进行质量控制，即包括各项施工准备阶段的控制、施工过程中的质量控制和竣工阶段的控制、才能实现项目质量目标。

工程质量的主体是"实体"。"实体"可以是产品或服务，也可以是活动或过程、组织体系和人，以及以上各项的任意组合。"明确需要"是指在标准、规范、图纸、技术要求和其他文件中已经做出明确规定的需要；"隐含需要"是指那些被人们公认的、不言而喻的，不必再进行明确的需要，如住宅应满足人们的最起码的居住功能，即属于"隐含需要"。"特性"是指实体特有的性质，它仅反映实体满足需要的能力。对于硬件和流程性材料类的产品实体特性，可归纳为性能性、可信性、安全性、适应性、经济性和时间性 6 个方面；对于服务实体类，其特性主要包括功能性、经济性、安全性、时间性、舒适性和文明性 6 个方面。

2. 工程实体质量

工程实体质量在施工过程中表现为工程的工序质量，系指施工人员在某一工作面上，借助于某些工具或施工机械，对一个或若干个劳动对象所完成的一切活动的综合。工序质量包括这些活动条件的质量和活动质量的效果。

工程实体的质量是由参与建设各方完成的工作质量和工序质量所决定的。构成施工过程的基本单位是工序，虽然工程实体的复杂程度不同，生产过程也各不一样，但完成任何一个工程产品都有一个共同特点，即都必须通过一道又一道的工序加工出来，而每道工序的质量好坏最终都直接或间接地影响工程实体（产品）的质量，所以工序质量是形成工程实体质量最基本的环节。

3．工程工作质量

工程工作质量是指参与工程项目建设的各方，为了保证工程产品质量所做的组织管理工作和各项工作的水平及完善程度。建筑装饰装修工程的质量是规划、勘测、设计、施工等各项工作的综合反映，而不是单纯靠质量检验检查出来的。要保证建筑装饰装修工程的质量，就要求参与建筑装饰装修工程的各方有关人员对影响工程质量的所有因素进行控制，通过提高工作质量来保证和提高工程质量。社会工作质量主要是指在社会调查、质量回访、维修服务等方面的工作好坏；生产过程质量主要包括管理工作质量、技术工作质量、后勤工作质量、行政工作质量等。

4．工程质量控制

工程质量控制是指为达到质量要求所采取的作业技术和各项活动。工程质量要求需要转化为可用定性或定量的规范表示的质量特性，以便于质量控制的执行和检查。工程质量控制贯穿于质量形式的全过程、各环节，要排除这些环节的技术、活动偏离规范的现象，使其恢复正常，达到质量控制目的。

工程质量控制的内容是采取的作业技术和活动。这些活动包括：①确定控制对象，如施工工序、设计过程、制造过程等；②规定控制标准，即详细说明控制对象应达到的质量要求；③制定具体的控制方法，如工艺规程和标准；④明确所采用的检验方法，包括质量检验的手段；⑤实际进行工程检验；⑥说明实际与标准之间有差异的原因；⑦为解决差异而采取的行动。

进入 21 世纪，人们对质量要求越来越高，质量与人们的生活息息相关，只要我们重视它，按照现行的质量标准要求严格控制它，就能建造出高质量的工程，从而造福于人类。

三、工程的质量管理

随着国民经济的快速发展、人们生活水平的不断提高，人们从单纯地追求物质生活转变为追求健康、舒适、美观、富有个性的物质文化生活，这就给建筑装饰装修工程质量提出了更高的要求。要实现以上目标和要求，必须按照有关规定对建筑装饰工程进行严格的质量管理。

（一）工程质量管理的概念

工程质量管理是指确定工程质量方针、目标和职责，并在质量体系中通过诸如工程质量策划、工程质量控制、工程质量保证和工程质量改进，使其实施全部管理职能的所有活动。

由以上定义可知，工程质量管理是一个组织全部管理职能的组成部分，其职能是质量方针、质量目标和质量职责的制定与实施。工程质量管理是有计划、有系统的活动，为实现质量管理需要建立质量体系，而工程质量体系又要通过工程质量策划、工程质量控制、工程质量保证和工程质量改进等活动发挥其职能，可以说以上这4项活动是工程质量管理工作的四大支柱。

工程质量管理的目标是总目标的重要内容，工程质量目标和责任应按级分解落实，各级管理者对目标的实现负有责任。虽然工程质量管理是各级管理者的职责，但必须由最高管理者领导，工程质量管理需要全员参与并承担相应的责任和义务。

（二）工程质量的主要内容

由以上内容可知，对于建筑装饰装修工程质量管理的基本概念，应该从广义上来理解，即要从全面工程质量管理的观点来分析。因此，建筑装饰装修工程的质量，不仅包括工程本身的质量，而且还应包括工作质量和人的质量（素质）。

1. 工程质量

工程质量是指工程适合一定用途，满足使用者要求所具备的自然属性，亦称为质量特征或使用性能。建筑装饰装修工程质量主要包括工程性能、工程寿命、可靠性、安全性和经济性5个方面。

（1）工程性能　工程性能是指产品或工程满足使用要求所具备的各种功能，具体表现为力学性能、结构性能、使用性能和外观性能。

① 力学性能。如强度、刚度、硬度、弹性、冲击韧性和防渗、抗冻、耐磨、耐热、耐酸、耐碱、耐腐蚀、防火、抗风化等性能。

② 结构性能。如结构的稳定性和牢固性、柱网布局合理性、结构的安全性，以及工艺设备便于拆装、维修、保养等。

③ 使用性能。如建筑平面布置合理、居住舒适、使用方便、操作灵活、符合建筑节能要求等。

④ 外观性能。这是体现装饰装修工程最显著的性能，如建筑装饰造型新颖、美观大方、表面平整垂直、色泽鲜艳、装饰效果好等。

（2）工程寿命　工程寿命是指工程在规定的使用条件下能正常发挥其规定功能的总工作时间，也就是工程的设计或服役年限。由于各类工程都要受到各种因素的不利影响，因此一般来说，工程使用功能稳定在设计指标以内的延续时间都有一定的限制。

（3）可靠性　工程的可靠性是指工程在规定的时间内和规定的使用条件下，完成规定功能能力的大小和程度。对于建筑装饰企业承建的工程，不仅要求在竣工验收时要达到规定的标准，而且在一定的时间内要保持应有的使用功能。

（4）安全性　工程的安全性是指工程在使用过程中的安全程度。任何建筑装饰装修工程都要考虑是否会造成使用或操作人员伤害事故，是否有产生公害、污染环境的可能性。例如，装饰装修工程中所用的材料对人的身体健康有无危害；各类建筑物在规范规定的荷载下是否满足强度、刚度和稳定性的要求。

（5）经济性　经济性是指工程从规划、勘察、设计、施工到整个产品使用寿命周期内的成本和消耗的费用，而工程的经济性是指组织经营活动过程中获得一定数量和质量的产品和服务时所耗费的资源最少。建筑装饰装修工程的经济性要求，则是指在满足工程设计要求功能的前提下工程造价要低，同时维修费用要少。

以上工程质量的特性，有的可以通过仪器设备测定直接量化评定，例如某种材料的力学性能。但多数工程质量很难进行量化评定，只能进行定性分析，即需要通过某些检测手段，确定必要的技术参数来间接反映其质量特性。把反映工程质量特性的技术参数明确规定下来，通过有关部门形成技术文件作为工程质量施工和验收的规范，这就是通常所说的质量标准。符合国家现行有关质量标准的就是合格品，反之就是不合格品。

不同时期对工程质量的要求不同，因此工程质量是具有相对性的，也就是工程质量标准并不是一成不变的。随着科学技术的发展和进步、生产条件和环境的改善、生产和生活水平的提高，工程质量标准也将会不断修改和提高。另外，工程的质量等级不同，用户的需求层次不同，对工程质量的要求也不同。施工单位的施工质量，既要满足施工验收规范和工程质量评定标准的要求，又要满足建设单位、设计单位提出的合理要求。

2. 工作质量

工作质量是指建筑装饰装修企业的经营管理工作、技术工作、组织工作和后勤工作等达到和提高工程质量的保证程度。工作质量可以概括为生产过程质量和社会工作质量两个方面，其中生产过程质量主要是指思想政治工作质量、工程管理工作质量、技术工作质量、后勤保障工作质量等，最终还要反映在工序质量上，而工序质量受到人、设备、工艺、材料和环境5个因素的影响；社会工作质量，主要是指社会调查、质量回访、市场预测、维修服务等方面的工作质量。

工作质量和工程质量是两个不同的概念，两者既有区别又有紧密的联系。工程质量的保证和基础就是工作质量，而工程质量又是企业各方面工作质量的综合反映。工作质量不像工程质量那样直观、明显、具体，但它体现在整个施工企业的一切生产技术和经营活动中，并且通过工作效率、工作成果、工程质量和经济效益表现出来。所以，要保证和提高工程质量，不能孤立地、单纯地抓工程质量，而必须从提高工作质量入手，把工作质量作为质量管理的主要内容和工作重点。

在实际建筑装饰装修工程的施工中，人们往往只重视工程质量，看不到在工程质量背后掩盖了大量的工作质量问题。仔细分析出现的各种工程质量事故，都不难得出是由于多方面工作质量欠佳而造成事故的结论。所以，要保证和提高建筑装饰装修工程的质量，必须狠抓每项工作质量的提高。

3. 人的质量

人的质量（即人的素质）主要表现在思想政治素质、文化技术素质、业务管理素质和身体素质等几个方面。人是直接参与工程建设的组织者、指挥者和操作者，人的素质高低，不仅关系到工程质量的好坏，而且关系到企业的生死存亡和腾飞发展。

人是世间第一宝贵的，人可以创造一切，人才是一切财富中最宝贵的财富，是强国之本、创业之源。自改革开放以来，我国在建筑装饰装修行业实行了工程招标投标制度，无数事实充分证明，企业的竞争实力主要取决于施工企业人的素质。

（三）工程质量管理的重要性

"百年大计、质量第一"，工程质量管理工作已经越来越为人们所重视，施工企业的领导应当清醒地认识到：高质量的产品和服务是市场竞争的有效手段，是争取用户、占领市场和发展企业的根本保证。但是，在建筑装饰装修工程质量管理方面，与国际先进工程质量管理水平相比，我国的工程质量管理水平仍有提升空间。

随着全球经济一体化进程的加快，特别是加入世贸组织，给我国建筑装饰装修业带来了空前的发展机遇。近几年，我国大多数施工企业通过了 ISO 9000 体系认证，标志着对工程质量管理的认识和实施提高到了一个更高的层次。因此，从发展战略的高度来认识工程质量，工程质量已关系到国家的命运、民族的未来，工程质量管理的水平已关系到行业的兴衰、企业的命运，工程质量管理水平的高低更关系到使用者的安危。

工程项目投资比较大，各种资源（材料、能源、人工等）消耗多，与工程项目的重要性和在生产、生活中发挥的巨大作用是相辅相成的。如果工程质量差，不但不能发挥应有的效用，而且会因质量、安全等问题影响国计民生和社会环境的安全。工程项目的一次性特点决定了其只能成功不能失败，工程质量达不到要求，不但关系到工程的适用性，而且还关系到人民生命财产的安全和社会安定。所以在建筑装饰装修工程施工过程中加强质量管理，确保国家和人民生命财产安全是施工项目的头等大事。

工程实践证明，建筑装饰装修工程质量的优劣也直接影响国家经济建设速度。建筑装饰装修工程施工质量差，其本身就是最大的浪费，低劣质量的工程一方面需要大幅度增加维修的费用，另一方面还将给用户增加使用过程中的改造费用，有时还会带来工程的停工、效率降低等间接损失。

四、工程质量管理的发展

建筑装饰装修工程质量管理是企业管理的有机组成部分，工程质量管理的发展也随着企业管理的发展而发展，其产生、形成、发展和日益完善的过程大体经历了三大阶段。

1. 质量检验阶段

质量检验阶段是质量管理发展的最初阶段，为 20 世纪 20～40 年代。这一阶段的质量管理，实质上就是把检验与生产分开，成立了专门的工程质量检验部门，负责产品质量的检验，用检验的方法进行质量管理。这个时期的质量管理只能控制产品验收时的质量，主要是起到事后把关检查、剔除废品的作用，以保证产品质量合格。它的管理效能有限，是一种消极的质量管理方法，它不能预防生产过程中不合格品和废品的产生，同时会使产品的生产成本增加，按现在的观点来看它只是质量检验从经验走向科学。

2. 统计质量管理阶段

统计质量管理阶段是质量管理发展的第二阶段，为 20 世纪 40～50 年代。第二次世界大战期间，由于军需品质量检验大多属于破坏检验，不可能进行事后检验，于是采用"预防缺陷"的理论，对保证产品质量收到了较好的效果。这一阶段的质量管理，主要运用数理统计方法，从质量波动中找出规律，消除和控制生产过程影响质量的因素，使生产过程中的每一个环节都控制在正常且比较理想的状态，从而保证经济地生产出合格的产品。

统计质量管理的方法，把单纯的质量检验变成了过程管理，使质量管理从"事后"管理转到了"事中"管理，起到预防和把关相结合的作用。这种质量管理方法，由于以积极的事前预防代替消极的事后检验，因此它的科学性比质量检验阶段有了大幅度的提高。

3. 全面质量管理阶段

20 世纪 60 年代，随着科学技术的发展，特别是航天技术的快速发展，对安全性和可靠性的要求越来越高；同时，经济上的竞争也日趋激烈，人们对控制质量的认识有了升华，意识到单纯依靠统计质量管理方法已不能满足要求。

1957 年，美国质量管理专家、通用电气公司质量总经理费根堡姆博士，首先提出了比较系统的"全面质量管理"的概念，并且于 1961 年出版专著《全面质量管理》。"全面质量管理"的中心意思是：数理统计方法是重要的，但不能单纯依靠它，只有将它和企业管理结合起来才能保证产品质量。这一理论很快应用于不同行业生产企业的质量工作。费根堡姆博士明确指出："全面质量管理是为了能够在经济的水平上并考虑到充分满足顾客要求的条件下进行市场研究、设计、生产和服务，把企业各部门的研制质量、维持质量和提高质量的活动构成为一体的有效体系。"20 世纪 60 年代以后，费根堡姆博士的全面质量管理概念逐步被世界各国所接受，并且得到广泛的运用，但在运用中各有所长。例如，该全面质量管理在日本被称为"全公司的质量管理"（CWQC），并取得丰硕的成果。

由于工程质量管理越来越受到人们的重视，并且随着实践的发展，其理论也日渐丰富和成熟，于是逐渐成为一门单独的学科。在"全面质量管理"理论发展期间，美国著名的质量管理专家戴明和朱兰博士分别提出了"十四点管理法则"和质量管理"三部曲"，对全面质量管理理论做了进一步发展。

戴明提出的"十四点管理法则"如下：①企业要创造一贯的目标，以供全体投入；②随时吸收新哲学、新方法，以应付日益变化的趋势；③不要依赖检验来达到质量，应重视过程改善；④采购不能以低价的方式来进行；⑤经常且持续地改善生产及服务体系；⑥执行在职训练且不要中断；⑦强调领导的重要；⑧消除员工的恐惧感，鼓励员工提高工作效率；⑨消除部门与部门之间的障碍；⑩消除口号、传教式的训话；⑪消除数字的限额，鼓励员工创意；⑫提升并尊重员工的工作精神；⑬推动自我改善及自我启发的方案，让员工积极向上；⑭促使全公司员工参与改变以达转变，适应新环境、新挑战。

朱兰博士认为：产品质量经历了一个产生、形成和实现的过程。这一过程中的质量管理活动，根据其所要达到的目的不同，可以划分为计划（研制）、维持（控制）和改进（提高）3 类活动。朱兰博士将其称为质量管理的"三部曲"。

全面质量管理的特点是针对不同企业的生产条件、工作环境及工作状态等多方面因素的变化，把组织管理数理统计方法以及现代科学技术、社会心理学、行为科学等综合用于质量管理，建立适用和完善的质量工作体系，对每一个生产环节加以管理，做到全面控制。

五、工程全面质量管理

随着我国社会主义经济的迅速发展和人民生活水平的提高，人们对生活、居住环境和居住质量要求的提高，建筑装饰装修工程的质量越来越受到重视。在建筑装饰装修工程施工中，以工程全面质量控制为核心，加强建筑装饰装修工程的项目管理，提高建筑装饰装修工程的施工质量，已经成为目前建筑装饰业亟待解决的问题。

随着我国建设水平的不断提高，工艺水平在发展，原材料不断更新，对建筑装饰装修工程施工的质量标准也有新的要求。建筑装饰装修工程往往由多工种、多工序组成，施工质量管理与控制对工序的技术含量和流程的协调等提出较高的要求，所以实施项目管理从而保证施工质量显得格外重要。建筑装饰装修工程施工项目的管理是指项目实施过程中，利用系统工程理论，通过科学合理的管理方法，对项目的实施进行预先规划、组织、协调、控制，从而实现建筑装饰装修工程质量保证、工期合理、成本控制、环保达标等目标，实现建筑装饰装修工程的预期效果。

（一）全面质量管理的概念与观点

1. 全面质量管理的概念

全面质量管理是以产品质量为核心，建立起一套科学、严密、高效的质量体系，以提供满足用户需要的产品或服务的全部活动。全面质量管理（简称 TQC 或 TQM），系指施工企业为了保证和提高产品质量，运用一整套的质量管理体系、手段和方法，所进行的全面的、系统的管理活动。全面质量管理是一种科学的现代质量管理方法。

2. 全面质量管理的观点

全面质量管理继承了质量检验和统计质量控制的理论和方法，并在深度和广度方面将其向前发展一步。归纳起来全面质量管理具有以下基本观点。

（1）质量第一的观点 "百年大计、质量第一"是建筑装饰装修工程推行全面质量管理的思想基础。建筑装饰装修工程质量，不仅关系到国民经济的发展及人民生命财产的安全，而且直接关系到施工企业的信誉、经济效益及生存和发展。因此，牢固树立"质量第一"的观点，这是建筑装饰装修工程全面质量管理的核心。

（2）用户至上的观点 "用户至上"是建筑装饰装修工程推行全面质量管理的精髓。国内外多数企业把用户摆在至高无上的地位，把用户称为"上帝""神仙"，把企业同用户的关系比作鱼和水、作物和土壤。我国的建筑装饰装修企业是社会主义企业，其用户就是广大人民群众、国家和社会的各个部门，坚持用户至上的观点，企业就会蓬勃发展，背离了这个观点则企业就会失去存在的必要。

现代企业质量管理"用户至上"的观点是广义的，"用户"包括两个含义：一是直接或间接使用建筑装饰装修工程的单位或个人；二是在施工企业内部，在施工过程中上一道工序应对下一道工序负责，下一道工序则为上一道工序的用户。

（3）预防为主的观点 工程实践充分证明，工程质量是设计、制造出来的，而不是检验出来的。检验只能发现工程质量是否符合质量标准，但不能保证工程质量。在建筑装饰装修工程施工的过程中，每个工序及每个分部、分项工程的质量都会随时受到许多因素的影响，只要有一个因素发生变化，质量就会产生波动，不同程度地出现质量问题。全面质量管理强调将事后检验把关变成工序控制，从管质量结果变为管质量因素，防检结合，防患于未然。也就是在施工全过程中，将影响质量的因素控制起来，发现质量波动就分析其原因、制定对策，这就是"预防为主"的观点。

（4）全面管理的观点 所谓全面管理，就是突出一个"全"字，即实行全过程的管理、全企业的管理和全员的管理。

建筑工程全过程的管理，就是把工程质量管理贯穿于工程的规划、设计、施工、使用和管理的全过程，尤其在工程施工过程中要贯穿于每个单位工程、分部工程、分项工程及各施工工序。全企业的管理，就是强调质量管理工作不只是质量管理部门的事情，施工企业的各个部门都要参加质量管理，都要履行自己的职能。全员的管理，就是施工企业的全体人员，包括各级领导、管理人员、技术人员、政工人员、生产工人、后勤人员等都要参加到质量管理中来，人人关心产品质量，把提高产品质量和本职工作结合起来，使工程质量管理有扎实的群众基础。

（5）数据说话的观点　　数据是实行科学管理的依据，若没有数据或数据不准确，质量就无从谈起。全面质量管理强调"一切用数据说话"，是因为它是以数理统计的方法为基本手段，而数据是应用数理统计方法的基础，这是区别于传统管理方法的重要一点。它是依靠实际的数据资料，运用数理统计的方法做出正确的判断，采取有力措施，进行质量管理。

（6）不断提高的观点　　重视工程实践，坚持按照计划、实施、检查、处理的循环过程办事，经过一个循环后对事物内在的客观规律就会有进一步的认识，从而制定出新的质量管理计划与措施，使质量管理工作及工程质量不断提高。

（二）全面质量管理的任务与基本方法

1. 全面质量管理的任务

全面质量管理的基本任务是：建立和健全质量管理体系，通过企业经营管理的各项工作，以最低的工程成本、合理的施工工期生产出符合设计要求并使用户满意的产品。

根据工程实践经验，工程全面质量管理的具体任务主要有以下几个方面。

（1）完善工程质量管理的基础工作　　完善工程质量管理的基础工作是进行工程质量管理的关键，主要包括开展质量教育、推行标准化、做好计量工作、搞好质量信息工作和建立质量责任制。

（2）建立和健全质量保证体系　　质量保证体系是指企业以提高和保证产品质量为目标，运用系统方法，依靠必要的组织结构，把组织内各部门、各环节的质量管理活动严密组织起来，将产品研制、设计制造、销售服务和情报反馈的整个过程中影响产品质量的一切因素统统控制起来，形成的一个有明确任务、职责、权限，相互协调、相互促进的质量管理的有机整体。建筑装饰装修工程的质量保证体系，主要包括建立质量管理机构、制定可行的质量计划、建立质量信息反馈系统和实现质量管理业务标准化。

（3）确定企业的质量目标和质量计划　　ISO 9000：2000 标准对"质量目标"的定义是"在质量方面所追求的目的"。从质量管理学的理论来说，质量目标的理论依据是行为科学和系统理论。《质量管理和质量保证的术语》中对"质量计划"的定义是"针对特定的产品、项目或合同规定专门的质量措施、资源和活动顺序的文件"。

（4）对生产过程各工序的质量进行全面控制　　工程质量的全面控制是以组织全员参与为基础的质量管理形式。全面质量控制代表了质量管理发展的最新阶段，其含义远远超出了一般意义上的质量管理的领域，而是一种综合的、全面的经营管理方式和理念。

（5）严格按国家有关规范标准进行质量检验工作　　现行的国家和行业有关建筑装饰装修工程的规范，是工程设计、施工和验收的依据，也是评价工程质量是否合格的标准。工程质量监督人员必须坚持科学的工作态度，严格按国家规范、标准实施监督，以检查、试验、测量的数据为工程质量监督的主要依据。

（6）相信群众、发动群众，开展群众性的质量管理活动　　例如工程上推广的质量管理小组（QC 小组）活动等。质量管理小组是指在生产或工作岗位上从事各种劳动的职工，围绕企业的经营战略、方针目标和现场存在的问题，以改进质量、降低消耗、提高人的素质和经济效益为目的组织起来所形成的运用质量管理的理论和方法开展活动的小组。质量管理小组是企业中群众性质量管理活动的有效组织形式，是职工参加企业民主管理的经验同现代科学管理方法相结合的产物。

（7）建立必要的质量回访制度　　建立回访制度的目的就是及时、准确地掌握客户使用本企业产品的情况，保证产品的使用效果，提高客户满意度，维护企业信誉。通过产品质量回访，认真总结质量管理中取得的经验和存在的问题，以便寻求改进和提高措施。

2. 全面质量管理的基本方法

全面质量管理的基本方法是循环工作法（或简称 PDCA 法）。这种方法是由美国质量管理专家戴明博士于 20 世纪 60 年代提出的，至今仍适用于建筑装饰装修工程的质量管理中。

（1）PDCA 循环工作法的基本内容　PDCA 循环工作法是把质量管理活动归纳为 4 个阶段（其中包括 8 个步骤），即计划阶段（Plan）、实施阶段（Do）、检查阶段（Check）和处理阶段（Action）。

① 计划阶段（Plan）　在计划阶段，首先要确定质量管理的方针和目标，并提出实现这一目标的具体措施和行动计划。在计划阶段主要包括 4 个具体步骤。

第 1 步：分析工程质量的现状，找出存在的质量问题，以便进行针对性的调查研究。

第 2 步：分析影响工程质量的各种因素，找出在质量管理中的薄弱环节。

第 3 步：在分析影响工程质量因素的基础上，找出其中主要的影响因素，作为质量管理的重点对象。

第 4 步：针对管理的重点，制定改进质量的措施，提出行动计划并预计达到的效果。

在计划阶段要反复考虑下列几个问题：a. 必要性（Why），为什么要有计划；b. 目的（What），计划要达到什么目的；c. 地点（Where），计划要落实到哪个部门；d. 期限（When），计划要什么时候完成；e. 承担者（Who），计划具体由谁来执行；f. 方法（How），执行计划的打算。

② 实施阶段（Do）　在实施阶段中，要按照既定的措施下达任务，并按照措施去执行。这也是 PDCA 循环工作法的第 5 个步骤。

③ 检查阶段（Check）　在检查阶段的工作，是对措施执行的情况进行及时的检查，通过检查与原计划进行比较，找出成功的经验和失败的教训。这也是 PDCA 循环工作法的第 6 个步骤。

④ 处理阶段（Action）　在处理阶段中，就是把检查之后的各种问题加以认真处理。这个阶段可以分为以下两个步骤，即第 7 步和第 8 步：a. 对于正确的要总结经验，巩固措施，制定标准，形成制度，以便遵照执行；b. 对于尚未解决的问题，转入下一个循环，再进行研究措施，制定计划，予以解决。

（2）PDCA 循环工作法的特点　PDCA 循环工作法在整个运行的过程中具有以下明显的特点。

① PDCA 循环像一个不断转动的车轮，重复地不停循环；管理工作做得越扎实，循环越有效，如图 1-1 所示。

② PDCA 循环的组成是大环套小环，大、小环均不停地转动，它们又环环相扣，如图 1-2 所示。例如，整个公司是一个大的 PDCA 循环，企业各部门又有自己的小 PDCA 循环，依次又有更小的 PDCA 循环，小环在大环内转动，因而形象地表示了它们之间的内部关系。

③ PDCA 循环每转动一次，质量就有所提高，而不是在原来水平上的转动，每个循环所遗留的问题，再转入下一个循环中继续加以解决，如图 1-3 所示。

图 1-1　PDCA 循环工作法示意

图 1-2　大环套小环示意

图 1-3　PDCA 工作循环阶梯上升示意

④ PDCA 循环必须围绕着质量标准和要求来转动，并且在循环过程中把行之有效的措施和对策上升为新的标准。

（三）全面质量管理的基础工作

1. 开展质量教育

进行工程质量教育的目的，就是要使企业全体人员牢固树立"质量第一、用户至上"的观点，建立全面质量管理的观念，掌握进行全面质量管理的工作方法，学会使用质量管理的工具，特别是要重视对各级领导、质量管理职能干部及质量管理专职人员、基层质量管理小组成员的教育。

在开展工程质量教育的过程中，要根据实际情况分别进行启蒙教育、普及教育和提高教育，使质量管理逐步深化。质量教育工作是实行全面质量管理的一项带根本性的基础工作，质量管理要"始于教育，终于教育，贯彻始终"。

2. 推行标准化

标准化是现代化大生产的产物。它是指材料、设备、工具、产品品种及规格的系列化，尺寸、质量、性能的统一化。标准化是质量管理的尺度和依据，质量管理是执行标准化的保证。在建筑装饰装修工程施工中，对质量管理起标准化作用的是施工与验收规范、工程质量评定标准、施工操作规程及质量管理制度等。

3. 做好计量工作

测试、检验、分析等均为计量工作，是质量管理中的重要基础工作。没有计量工作，就谈不上执行质量标准；计量不准确，就不能判断质量是否符合标准。所以，开展质量管理必然要做好计量工作。

在计量工作中，要明确责任制，加强技术培训，严格执行计量管理的有关规程与标准。对各种计量器具以及测试、检验仪器，必须实行科学管理，做到检测方法正确，计量器具、仪表及设备性能良好、数值准确，使误差控制在允许范围内，以充分发挥计量工作在质量管理中的作用。

4. 搞好质量信息工作

质量信息工作系指及时收集反映产品质量和工作质量的信息、基本数据、原始记录和产品使用过程中反映出来的质量情况，以及国内外同类产品的质量动态，从而为研究、改进质量管理和提高产品质量提供可靠的依据。

质量信息是质量管理不可缺少的重要依据，是改进产品质量、改善各环节工作质量最直接的原始资料，是正确认识影响产品质量诸因素变化和产品质量波动的内在联系、掌握提高产品质量规律性的基本手段，是使用电子计算机进行质量管理的基础，是加强质量管理不可缺少的一项基础工作。

搞好质量管理工作，掌握产品质量运动的发展规律，必须深入实践，认真调查研究，掌握大量的、齐全的、准确的信息资料。质量信息的准确性、完整性和及时性将极大影响决策的质量。质量信息工作是质量管理的耳目，开展全面质量管理，一定要做好质量信息收集这项基础工作。质量信息工作的基本要求是：保证信息资料的准确性，提供的信息资料具有及时性，要全面系统地反映产品质量活动的全过程，切实地掌握影响产品质量的因素和生产经营活动的动态，对提高质量管理水平起到良好作用。

5. 建立质量责任制

质量责任制是为了保证产品或服务质量，而明确规定企业每个人在质量工作上的责任、权限与物质利益的制度。建立质量责任制是施工企业开展全面质量管理的一项基础性工作，也是施工企业建立质量体系中不可缺少的内容。建立质量责任制，就是把质量管理方面的责任和具体要求，落实到每一个部门、每一个岗位和每一个操作者，组成一个严密的质量管理工作体系。

质量管理体系是企业内部建立的、为保证产品质量或质量目标所必需的、系统的质量活动。质量管理工作体系，是指组织体系、规章制度和责任制度三者的统一体。要将企业领导、技术负责人、企业各部门、每个管理人员和施工工人的质量管理责任制度，以及与此有关的其他工作制度建立起来，不仅要求制度健全、责任明确，还要把质量责任、经济利益结合起来，以保证各项工作的顺利开展。

第二节 建筑装饰装修工程质量保证体系

近年来，随着市场经济在我国的逐步建立和完善，建筑装饰装修业也得到了快速和健康的发展。然而，建筑装饰装修业在发展的同时也暴露出许多问题，多年来的实践表明，影响工程质量的因素是多方面的，单就质量抓质量往往是事倍功半，收效甚微；要想取得理想的工程质量，必须要提高对工程质量重要性的认识，充分发挥建设单位、勘察设计单位、工程监理、政府监督机构的各自职能，将其作为参与建筑活动的一个体系进行管理，这样才能提高建筑装饰装修工程质量。

一、质量保证体系的概念

质量管理是为了实现质量目标而进行的所有管理性质的活动。在质量方面指挥和控制组织的管理体系，通常包括制定质量方针、目标以及质量策划、质量控制、质量保证和质量改进等活动。要实现质量管理的方针目标，有效地开展各项质量管理活动，必须建立相应的保证体系，这个体系就是质量保证体系。所以说建立质量保证体系是质量管理的主要任务。

1. 质量保证的概念

质量保证是指企业对用户在工程质量方面做出的担保，即企业向用户保证其承建的工程在规定的期限内能满足的设计和使用功能。按照全面质量管理的观点，质量保证还包括上道工序提供的半成品保证下道工序的要求，即上道工序对下道工序实行质量担保。它充分体现了企业和用户之间的关系，即保证满足用户的质量要求，对工程的使用质量负责到底。质量保证将产品的生产者和使用者密切地联系在一起，促使企业按用户要求组织生产，达到全面提高质量的目的。

质量保证也是质量管理的一部分，它致力于提供符合用户要求的质量，从而得到用户的信任。质量保证是为使人们确信产品或服务能满足质量要求而在质量管理体系中实施并根据需要进行证实的全部有计划和有系统的活动。用户对产品质量的要求是多方面的，它不仅指交货时的产品质量，还包括在使用期限内产品的稳定性，以及生产者提供的维修服务质量等。因此，建筑装饰装修企业的质量保证，不仅包括建筑装饰装修产品交工时的质量，而且还包括交工后在产品使用阶段提供的维修服务质量等。

2. 质量保证体系的概念

质量保证不是生产的某一个环节的问题，它涉及企业经营管理的各项工作，需要建立一个完整的系统。所谓质量保证体系，是指企业以提高和保证产品质量为目标，运用系统方法，依靠必要的组织结构，把组织内各部门、各环节的质量管理活动严密组织起来，将产品研制、设计制造、销售服务和情报反馈的整个过程中影响产品质量的一切因素统统控制起来，形成的一个有明确任务、职责、权限，相互协调、相互促进的质量管理的有机整体。

这个工作系统，把企业各个部门、生产经营各环节的质量管理职能组织起来，形成一个目标明确、权责分明、相互协调的整体，从而使企业的工作质量和产品质量紧密地联系起来，产品生产过程的各道工序紧密地联系在一起，生产过程与使用过程紧密地联系在一起，企业经营管理的各环节紧密联系在一起。

由于有了质量保证体系，企业便能在生产经营的各环节及时发现和掌握产品质量问题，把质量问题消灭在发生之前，实现全面质量管理的目的。质量保证体系是全面质量管理的核心。全面质量管理实质上就是要建立质量保证体系，并使其在生产经营中正常运转。

二、质量保证体系的内容

工程实践证明，建立质量保证体系，必须和质量保证的内容相结合。根据建筑装饰装修产品的特点，建筑装饰装修企业的质量保证体系的内容，包括施工准备过程、施工过程和使用过程3个部分的质量保证工作。

1. 施工准备过程的质量保证

施工准备过程的质量保证是施工过程和使用过程质量保证的基础，主要有以下内容。

（1）严格审查施工图纸　为了避免设计图纸的差错给工程质量带来的影响，必须对图纸进行认真的审查。通过严格审查，及早发现图纸上的错误，采取相应的措施加以纠正，以免在施工中造成损失。

（2）编制好施工组织设计　在编制施工组织设计之前，要认真分析本企业在施工过程中存在的主要问题和薄弱环节，分析工程的特点、难点和重点，有针对性地提出保证质量的具体措施，编制出切实可行的施工组织设计，以便指导施工活动。

（3）搞好技术交底工作　在下达施工任务时，必须向执行者进行全面的质量交底，使执行人员了解任务的质量特性、质量重点，做到心中有数，避免盲目行动。

（4）严格执行原材料、构配件和其他半成品的检验工作　从原材料、构配件和半成品的进场开始，就严格把好质量关，为工程保证质量，提供良好的物质基础。

（5）施工机械设备的检查维修工作　施工前要搞好施工机械设备的检查维修工作，使机械设备经常保持良好的技术状态，不至于因为机械设备运转不正常而影响工程质量。

2. 施工过程的质量保证

施工过程是建筑装饰装修产品质量的形成过程，是控制建筑装饰装修产品质量的重要阶段。在这个阶段的质量保证工作主要有以下几项。

（1）加强施工工艺管理　严格按照设计图纸、施工组织设计、施工验收规范、施工操作规程进行施工，坚持工程的质量标准，保证各分部分项工程的施工质量，从而确保整体工程的质量。

（2）加强施工质量的检查和验收　坚持质量检查和验收制度，按照现行的工程质量标准和验收规范，对已完工的分部分项工程特别是隐蔽工程，及时进行检查和验收。不合格的工程一律不得验收；该返工的工程必须进行返工，不得留下质量隐患。通过检查验收，促使操作人员重视工程质量问题，严把质量关。质量检查一般可采取群众自检、班组互检和专业检查相配合的方法。

（3）掌握工程质量的动态　通过质量统计分析，从中找出影响质量的主要原因，总结产品质量的变化规律。统计分析是全面质量管理的重要方法，是掌握质量动态的重要手段。针对质量波动的规律，采取相应的对策，防止质量事故的发生。

3. 使用过程的质量保证

建筑装饰装修产品的使用过程是建筑装饰装修产品质量经受考验的阶段。建筑装饰装修企业必须保证用户在规定的使用期限内，正常地使用建筑装饰装修产品。在建筑装饰装修产品的使用过程中，质量保证主要包括及时回访和进行保修两项工作。

（1）及时回访　建筑装饰装修工程交付使用后，施工企业要组织有关人员对用户进行调查回访，认真听取用户对工程质量的意见，收集有关质量方面的资料，并对用户反馈的信息进行分析，从中发现工程施工质量问题，了解用户对产品新的要求，采取措施加以解决并为以后工程施工积累经验。

（2）进行保修　对于因施工原因造成的质量问题，建筑装饰装修企业应负责无偿装修，取得用户的信任。对于因设计原因或用户使用不当造成的质量问题，应当协助进行处理，提供必要的技术服务，保证用户的正常使用。

三、质量保证体系的建立

建立工程质量保证体系是确保工程质量的重要基础和措施，根据工程实践经验，主要要求做好下列几项工作。

1. 建立质量管理机构

在公司经理的领导下建立综合性的质量管理机构。质量管理机构的主要任务是：统一组织、协调质量保证体系的活动；编制质量计划并组织实施；检查、督促各部门的质量管理职能；掌握质量保证体系活动动态，协调各环节的关系；开展质量教育，组织群众性的质量管理活动。

在建立综合性质量管理机构的同时，还应设置专门的质量检查和监督机构，具体负责工程质量的检查和监督工作。

2. 制定可行的质量计划

质量计划是实现质量目标和具体组织与协调质量管理活动的基本手段，也是施工企业各部门、生产经营各环节质量工作的行动纲领。施工企业的质量计划是一个完整的计划体系，既有长远的规划，又有近期的计划；既有企业的总体规划，又有各部门、各环节具体的行动计划；既有计划目标，又有实施计划的具体措施。

3. 建立质量信息反馈系统

质量信息是质量管理的根本依据，它反映了产品质量形成过程中的动态。质量管理就是根据信息反馈提出的问题，采取相应的解决措施，对产品质量形成过程实施控制。工程实践证明，没有质量信息反馈系统也就谈不上真正的工程质量管理。

总结建筑装饰装修工程的施工经验，施工企业的质量信息反馈主要来自两部分：一是外部信息，包括用户、原材料和构配件供应单位、协作单位、上级组织的信息；二是内部信息，包括施工工艺、各分部分项工程的质量检验结果、质量控制中的问题等。建筑装饰装修施工企业必须建立一整套质量信息反馈系统，准确、及时地收集、整理、分析、传递质量信息，为质量管理体系的运转提供可靠的依据。

4. 实现质量管理业务标准化

质量管理业务标准化是指归纳整理重复出现的质量管理业务，制定出质量管理制度，用制度去管理，实现管理业务的标准化。质量管理业务标准化主要包括：程序标准化；处理方法规范化；各岗位的业务工作条理化等。通过标准化，使企业各个部门和全体职工，都严格遵循统一制度的工作程序，协调一致地行动，从而提高工作质量，保证产品质量。

四、工程质量管理保证体系

为了保证工程质量符合设计和现行规范的要求，我国在工程建设中逐步建立了比较系统的质量管理的 3 个体系，即设计施工单位的全面质量管理的保证体系、建设监理单位的质量检查体系和政府部门的工程质量监督体系。

（一）设计施工单位的全面质量管理保证体系

设计施工单位的全面质量管理保证体系是控制整个设计施工质量的关键，而质量管理保证体系本身的优劣是对项目质量管理能力的最直接的评价，同样质量管理保证体系设置的科学性对质量管理工作开展起到决定性的作用。

1. 质量保证的概念

质量保证是指企业对用户在工程质量方面做出的担保，即企业向用户保证其承建的工程在规定的期限内能满足设计和使用功能。它充分体现了企业和用户之间的关系，即保证满足用户的质量要求，对工程的使用质量负责到底。

由此可见，要保证建筑装饰装修工程的质量，必须从加强工程的规划设计开始，并确保从施工到竣工使用全过程的质量管理。因此，质量保证是质量管理的引申和发展，它不仅包括施工企业内部各个环节、各个部门对工程质量的全面管理，从而保证最终建筑产品的质量，而且还包括规划设计和工程交工后的服务等质量管理活动。质量管理是质量保证的基础，质量保证是质量管理的目的。

2. 质量保证的作用

质量保证的作用表现在对工程建设和施工企业内部两个方面。

① 对工程建设，通过质量保证体系的正常运行，在确保工程建设质量和使用后服务质量的同时，为该工程设计、施工的全过程提供建设阶段有关专业系统的质量职能正常履行及质量效果评价的全部证据，并向建设单位表明，工程是遵循合同规定的质量保证计划完成的，质量是完全满足合同规定的要求。

② 对施工企业内部，通过质量保证活动，可有效地保证工程质量，或及时发现工程质量事故征兆，防止质量事故的发生，使施工工序处于正常状态之中，进而降低因质量问题产生的损失，提高企业的经济效益。

3. 质量保证的内容

工程质量是关乎企业和员工的生存与发展的一个重中之重的问题。一切工作的开展和完成都必须紧紧地围绕着工程的质量目标。企业只有始终以质量求发展为目标才能永葆生机，只有不断地提高工程质量才能使付出得到丰富的收获。企业面对的是生存，面对的是责任，为了企业的生存、为了生存责任，就必须去保证工程质量。

质量保证的内容贯穿于工程建设的全过程，按照建筑工程形成的过程分类，质量保证的内容主要包括：规划设计阶段质量保证，采购和施工准备阶段质量保证，施工阶段质量保证，使用阶段质量保证。按照专业系统不同分类，质量保证的内容主要包括：设计质量保证，施工组织管理质量保证，物资、器材供应质量保证，建筑安装质量保证，计量及检验质量保证，质量情报工作质量保证等。

4. 质量保证的途径

质量保证的途径主要包括：在工程建设中的以检查为手段的质量保证，以工序管理为手段的质量保证和以开发新技术、新工艺、新材料、新工程产品（以下简称"四新"）为手段的质量保证。

（1）以检查为手段的质量保证　实质上是对照国家有关工程施工验收规范，对工程质量效果是否合格做出最终评价，也就是事后把关，但不能通过它对质量加以控制。因此，它不能从根本上保证工程质量，只不过是质量保证一般措施和工作内容之一。

（2）以工序管理为手段的质量保证　实质上是通过对工序能力的研究，充分管理设计、施工工序，使每个环节均处于严格的控制之中，以此保证最终的质量效果。但它仅是对设计、施工中的工序进行了控制，并没有对规划和使用阶段实行有关的质量控制。

（3）以开发"四新"为手段的质量保证　这是对工程从规划、设计、施工和使用的全过程实行的全面质量保证。这种质量保证克服了以上两种质量保证手段的不足，可以从根本上确保工程质量，这也是目前最高级的质量保证手段。

5. 全面质量保证体系

全面质量保证体系是以保证和提高工程质量为目标，运用系统的概念和方法，把企业各部门、各环节的质量管理职能和活动合理地组织起来，形成一个有明确任务、职责权限，又互相协调、互相促进的管理网络和有机整体，使质量管理制度化、标准化，从而生产出高质量的建筑装饰装修产品。

工程实践证明，只有全面建立质量保证体系，并使其正常实施和运行，才能使建设单位、设计单位和施工单位，在风险、成本和利润3个方面达到最佳状态。我国的工程质量保证体系一般由思想保证、组织保证和工作保证 3 个子体系组成。

（1）思想保证子体系　思想保证子体系就是参加工程建设的规划、勘测、设计和施工人员要有浓厚的质量意识，牢固树立"质量第一、用户第一"的思想，并全面掌握全面质量管理的基本思想、基本观点和基本方法，这是建立质量保证体系的前提和基础。

（2）组织保证子体系　组织保证子体系就是工程建设质量管理的组织系统和在工程形成过程中有关的组织机构系统。这个子体系要求管理系统各层次中的专业技术管理部门都要有专职负责的职能机构和人员，在施工现场，施工企业要设置兼职或专职的质量检验与控制人员，担负起相应的质量保证职责，以形成质量管理网络；在施工过程中，建设单位委托建设监理单位进行工程质量的监督、检查和指导，以确保组织的落实和正常活动的开展。

（3）工作保证子体系　工作保证子体系就是参与工程建设规划、设计、施工的各部门、各环节、各质量形成过程的工作质量的综合。这个子体系若以工程产品形成过程来划分，可分为勘测设计过程质量保证子体系、施工过程质量保证子体系、辅助生产过程质量保证子体系、使用过程质量保证子体系等。

勘测设计过程质量保证子体系是工作保证子体系的重要组成部分，它和施工过程质量保证子体系一样，直接影响着工程形成的质量。这两者相比，施工过程质量保证子体系又是其核心和基础，是构成工作保证子体系的主要子体系，它又由"质量把关-质量检验"和"质量预防-工序管理"两个方面组成。

（二）建设监理单位的质量检查体系

工程项目实行建设监理制度，这是我国在建设领域管理体制改革中推行的一项科学管理制度。建设监理单位受业主的委托，在监理合同授权范围内，依据国家的法律、规范、标准和工程建设合同文件，对工程建设进行监督和管理。

在工程项目建设的实施阶段，监理工程师既要参加施工招标投标，又要对工程建设进行监督和检查，但主要的工作是实施对工程施工阶段的监理工作。在施工阶段，监理人员不仅要进行合同管理、信息管理、进度控制和投资控制，还要对施工全过程中各道工序进行严格的质量控制。国家明文规定，凡进入施工现场的机械设备和原材料，必须经过监理人员检验合格后才可使用；每道施工工序都必须按批准的程序和工艺施工，必须经施工企业的"三检"（初检、复检、终检），并经监理人员检查论证合格，方可进入下道工序；工程的其他部位或关键工序，施工企业必须在监理人员到场的情况下才能施工；所有的单位工程、分部工程、分项工程，必须由监理人员参加验收。

由以上可以看出，监理人员在工程建设中，将工程施工全过程的各工作环节的质量都严格地置于监理人员的控制之下，现场监理工程师拥有"质量否决权"。经过多年的监理实践，监理人员对工程质量的检查认证，已有一套完整的组织机构、工作制度、工作程序和工作方法，构成了工程项目建设的质量检查体系，对保证工程质量起到了关键性的作用。

（三）政府部门的工程质量监督体系

1984 年，我国部分省、自治区、直辖市和国务院有关部门各自相继制定了质量监督条款，建立了质量监督机构，开展了质量监督工作。国发〔1984〕123 号文件《关于改革建筑业和基本建设管理体制若干问题的暂行规定》中明确指出：工程质量监督机构是各级政府的职能部门，代表其政府部门行使工程质量监督权，按照"监督、促进、帮助"的原则，积极支持、指导建设、设计、施工单位的质量管理工作，但不能代替各单位原有的质量管理职能。

各级工程质量监督体系，主要由各级工程质量监督站代表政府行使职能，对工程建设实施第三方的强制性监督，其工作具有一定的强制性。其基本工作内容有审查施工队伍资质、施工中控制结构的质量、竣工后核验工程质量等级、参与处理工程事故、协助政府进行优质工程审查等。

第三节　建筑装饰装修工程质量评定与验收

目前，我国进行建筑装饰装修工程质量检验评定，子分部工程及分项工程主要是按照中华人民共和国国家标准《建筑装饰装修工程质量验收标准》（GB 50210—2018）的规定；分部工程主要按照《建筑工程施工质量验收统一标准》（GB 50300—2013）的规定。标准中阐明了该标准的适用范围；规定了建筑工程质量检验评定的方法、内容和质量标准，质量检验评定的划分和等级，质量检验评定的程序和组织。在标准中也规定了建筑工程的分项工程、分部工程和单位工程的划分方法，这些规定也适用于建筑装饰工程。

验收标准的主要质量指标和内容，是根据国家颁发的建筑安装工程施工及验收规范等编制的。因此，在进行装饰工程质量检验评定时应同时执行与之相关的国家标准，如《钢结构工程施工质量及验收规范》《木结构工程施工质量及验收规范》《建筑地面工程施工质量验收规范》等；建筑装饰装修工程施工中涉及部分水、电、风的项目，还应执行《采暖与卫生工程施工及验收规范》《通风与空调工程施工质量验收规范》《电气装置安装工程低压电气施工及验收规范》《电气装置安装工程电气照明装置施工及验收规范》《电气装置安装工程 1kV 及以下配线工程施工及验收规范》等。除了施工及验收规范外，国家还颁发了各种设计规范、规程、规定、标准及国家材料质量标准等有关技术标准，这些技术标准与施工及验收规范密切相关，形成互补，都是在工程质量评定与验收中不可缺少的技术标准。

由于建筑装饰装修材料发展迅猛，装饰装修施工技术发展很快，一些新材料、新技术、新工艺在以往颁发的规范中未有评定和验收标准。因此，应当根据发展情况不断地进行补充和更新。如国家建设部颁布的《住宅室内装饰装修管理办法》（建设部令〔2002〕第 110号）、《住宅装饰装修工程施工规范》（GB 50327—2001）、《民用建筑工程室内环境污染控制规范》（GB 50325—2020）、《建筑地面工程施工质量验收规范》（GB 50209—2010）、《建筑装饰装修工程质量验收标准》（GB 50210—2018）等。

一、分项、分部、单位工程的划分

一个建筑装饰装修工程，从施工准备工作开始到竣工交付使用，必须经过若干工序、若干工种的配合施工；一个建筑装饰工程的质量，取决于每一道施工工序、各施工工种的操作水平和管理水平。为了便于质量管理和控制，便于检查验收，在实际施工的过程中把装饰工程项目划分为若干个分项工程、分部工程和单位工程。

1. 分项工程的划分

建筑装饰装修工程分项工程可以按照其主要工种划分，也可以按照施工顺序和所使用的不同材料来划分。例如，木工工种的木门窗制作工程、木门窗安装工程；油漆工工种的混色涂料工程、墙面涂料工程；抹灰工工种的墙面抹灰工程、墙面贴瓷砖工程等。

装饰工程的分项工程，原则上对楼房按楼层划分，单层建筑按变形缝划分。如果一层中的面积较大，在主体结构施工时已经分段，也可在按楼层划分的基础上，再按段进行划分，以便于质量控制。每完成一层（段），验收评定一层（段），以便及时发现问题、及时修理，如能按楼层划分，尽可能按楼层划分，对于一些小的项目或按楼层划分有困难的项目，也可以不按楼层划分，但在一个单位工程中应尽可能一致。所以，参加建筑装饰装修工程评定的分项工程个数较多，也可能在评定一个分项工程时同名称的分项工程很多。例如，有一个 3 层楼装修，每层分为 3 段，建筑装饰装修主要施工项目有贴瓷砖分项工程、贴壁纸分项工程等，各层至少应评定 3 次，整个工程的每个分项工程至少要评定 9 次。

2. 分部工程的划分

按照现行国家标准《建筑工程施工质量验收统一标准》（GB 50300—2013）的规定，建筑工程按主要部位划分为地基与基础、主体结构、建筑装饰装修、屋面、建筑给水排水及供暖、建筑电气、智能建筑、建筑节能、通风与空调和电梯 10 个分部工程。在建筑装饰装修工程中，主要涉及地面、抹灰、外墙防水、门窗、吊顶、轻质隔墙、饰面板、饰面砖、幕墙、涂饰、裱糊与软包、细部等子分部工程。

建筑装饰装修工程各子分部工程及所含的主要分项工程如表 1-1 所列。

表 1-1　建筑装饰装修工程各子分部工程及所含的主要分项工程

序号	子分部工程	包含的分项工程
1	抹灰工程	主要包括一般抹灰、保温层薄抹灰、装饰抹灰、清水砌体勾缝
2	外墙防水工程	主要包括外墙砂浆防水、涂膜防水、透气膜防水
3	门窗工程	主要包括木门窗安装、金属门窗安装、塑料门窗安装、特种门的安装和门窗玻璃的安装
4	吊顶工程	主要包括整体面层吊顶、板块面层吊顶、格栅吊顶
5	轻质隔墙工程	主要包括板材隔墙、骨架隔墙、活动隔墙和玻璃隔墙
6	饰面板工程	主要包括石板安装、陶瓷板安装、木板安装、金属板安装、塑料板安装
7	饰面砖工程	主要包括外墙饰面砖粘贴、内墙饰面砖粘贴
8	幕墙工程	主要包括玻璃幕墙安装、金属幕墙安装、石材幕墙安装、陶板幕墙安装
9	涂饰工程	主要包括水性涂料涂饰、溶剂型涂料涂饰、美术涂饰
10	裱糊与软包工程	主要包括裱糊和软包
11	细部工程	主要包括柜橱制作与安装、窗帘盒和窗台板制作与安装、门窗套制作与安装、护栏和扶手制作与安装、花饰制作与安装
12	地面工程	主要包括基层铺设、整体面层铺设、板块面层铺设、木/竹面层铺设

以上分部工程中所含主要分项工程，在目前来讲还是比较适用的，但是，随着新材料、新技术、新工艺的不断涌现，很可能不会全部适用。在实际运用中可以参考《建筑工程施工质量验收统一标准》（GB 50300—2013）、《建筑地面工程施工质量验收规范》（GB 50209—2010）等进行检验和评定。

3. 装饰工程涉及水、电、风等安装工程

在装饰工程施工中，不可避免地涉及一部分建筑设备安装工程，如卫生间的给水管道安装、给水管道附件及卫生器具给水配件安装、排水管道安装、卫生器具安装等，在电气工程中涉及部分配管及管内穿线、槽板配线、低压电气安装、电气照明器具及配电箱（盘）安装等。在通风与空调工程中，涉及金属风管制作、部件安装、风管及部件安装、风管及设备保温等。

建筑设备安装的分部工程是按专业来划分的，一般划分为建筑给排水及采暖工程、建筑电气工程、通风与空调工程和电梯安装工程。

4. 单位工程的划分

建筑装饰工程的单位工程由装饰工程和建筑设备工程共同组成。装饰工程一般涉及 4 个分部工程，设备安装工程一般涉及 3 个分部工程。设备安装工程不论工作量大小都可以作为一个分部工程参与单位工程的评定，有的单位工程不一定全部包括这些分部工程。

二、分项工程质量的检验评定

（一）分项工程质量检验评定内容

分项工程质量检验评定的内容，主要包括主控项目、一般项目和允许偏差项目 3 部分。

1. 主控项目

主控项目是必须达到的要求，是保证工程安全或使用功能的重要项目。在规范中一般用"必须"或"严禁"这类的词语来表示。主控项目是评定该工程项目不管达到合格或优良都必须达到的质量指标。

主控项目主要内容包括：重要材料、配件、成品、半成品、设备性能及附件的材质、技术性能等；装饰所焊接、砌筑结构的刚度、强度和稳定性等；在装饰工程中所用的主要材料、门窗等；幕墙工程的钢架焊接必须符合设计要求，裱糊壁纸必须粘贴牢固，无翘曲、空鼓、褶皱等质量缺陷。

2. 一般项目

一般项目是保证工程安全或使用性能的基本要求，在规范中采用了"应"和"不应"词语来表示。基本项目对使用安全、使用功能、美观都有较大的影响，因此"一般项目"在建筑装饰装修工程中与"主控项目"相比同等重要，同样是评定分项工程"合格"或"优良"质量等级的重要条件。

一般项目的主要内容包括：①允许有一定偏差的项目，但又不宜纳入允许偏差范围的，放在一般项目中，用数据规定出"优良""合格"的标准；②对不能确定的偏差值，而允许出现一定缺陷的项目，则以缺陷数量来区分"合格"与"优良"；③采用不同影响部位区别对待的方法来划分"优良""合格"；④ 采用程度来区分项目的"合格"与"优良"。

3. 允许偏差项目

允许偏差项目是分项工程检验项目中规定有允许偏差范围的项目。检验时允许有少数检测点的实测值略微超过允许偏差值，以其所占比例作为区分分项工程合格和优良的等级的条件之一，允许偏差项目的允许偏差值的确定是根据制定规范时，当时的各种技术条件、施工

机具设备条件、工人技术水平，结合使用功能、观感质量等的影响程度，而定出的一定允许偏差范围。由于近十几年来装饰施工机具的不断改进，各种手持电动工具的普及，以及新技术、新工艺的应用，满足规范允许偏差值比较容易，在进行高级建筑装饰工程施工质量评定时，最好适当增加检测点的个数，并对允许偏差数值严格控制。

允许偏差数值项目包括的主要内容有：有正负偏差要求的值，允许偏差值直接注明数字，不标明符号；要求大于或小于某一数值或在一定范围内的数值，采用相对比例值确定偏差值。

（二）分项工程的质量等级标准

建筑装饰装修工程分项工程的质量等级分为"合格"和"优良"两个。

1. 合格

（1）保证项目必须符合相应质量评定标准的规定。

（2）基本项目抽检处（件）应符合相应质量评定标准的合格规定。

（3）允许偏差项目在抽检的点数中，建筑装饰装修工程有70%及其以上，建筑设备安装工程有80%及其以上的实测值，在相应质量检验评定标准的允许偏差范围内。

2. 优良

（1）保证项目必须符合相应质量检验评定标准的规定。

（2）基本项目每项抽检处（件）的质量均应符合相应质量检验评定标准的合格规定，其中50%及其以上的处（件）符合优良规定，该项目即为优良；优良的项目数目应占检验项数的50%以上。

（3）在允许偏差项目抽检的点数中，有90%及其以上的实测值均应在质量检验评定标准的允许偏差范围内。

三、分部工程质量的检验评定

（一）分部工程的质量等级标准

建筑装饰装修工程分部工程的质量等级，与分项工程质量评定相同，分为"合格"和"优良"两个等级。

1. 合格

分部工程中所包含的全部分项工程质量必须全部合格。

2. 优良

分部工程中所包含的全部分项工程质量必须全部合格，其中有50%及其以上为优良，且指定的主要分项工程为优良（建筑设备安装工程中，必须含指定的主要分项工程）。

分部工程的质量等级是由其所包含的分项工程的质量等级通过统计来确定的。

（二）分部工程质量评定方法

分部工程的基本评定方法是统计方法，每个分项工程都必须达到合格标准后才能进行分部工程质量评定。所包含分项工程的质量全部合格，分部工程才能评定为合格；在分项工程质量全部合格的基础上，分项工程有50%及其以上达到优良指标，分部工程的质量才能评为优良。在使用统计方法评定分部工程质量的同时，要注意指定的主要分项工程必须达到优良，对这些分项工程要重点检查质量评定情况，特别是保证项目必须达到合格标准，基本项目的质量应达到优良标准规定。

分部工程的质量等级确认，应由相当于施工队一级（项目经理部）的技术负责人组织评定，专职质量检查员核定。在进行质量等级核定时，质量检查人员应到施工现场对施工项目进行认真检查，检查的主要内容有以下几点。

① 各分项工程的划分是否正确，不同的划分方法其分项工程的个数不同，分部工程质量评定的结果不一致。

② 检查各分项工程的保证项目评定是否正确，主要装饰装修材料的原始材料质量合格证明资料是否齐全有效，应该进行检测、复试的结果是否符合有关规范要求。

③ 有关施工记录、预检记录是否齐全，签证是否齐全有效。

④ 现场检查情况。对现场分项工程按规定进行抽样检查或全数检查，采用目测（适用于检查墙面的平整、顶棚的平顺、线条的顺直、色泽的均匀、装饰图案的清晰等，为确定装饰效果和缺陷的轻重程度，按规定进行正视、斜视和不相等距离的观察等）；手感（适用于检测涂料表面是否光滑、涂料刷浆工程是否掉粉，检查饰面、饰物安装的牢固性）；听声音（适用于判定饰面基层及面层是否有空鼓、脱层等，镶贴是否牢固，采用小锤轻击等方法听声音来判断）；查资料（对照有关规定设计图纸、产品合格证、材料试验报告或测试记录等检验是否按图施工，材料质量是否相符、合格）；实测量（利用工具采取靠、吊、照、套等手段，对实物进行检测并与目测、手感相结合，得到相应的数据）等一系列手段与方法，检查有没有与质量保证资料不符合的地方，检查基本项目有没有不符合标准规定的地方，有没有不该出现裂缝而出现裂缝、变形、损伤的地方，如果出现问题必须先行处理，达到合格后重新复检、核定质量等级。

四、装饰装修单位工程质量的综合评定

（一）装饰装修单位工程质量评定的方法

建筑装饰装修单位工程的质量检验评定方法与建筑工程相同，是由分部工程质量等级统计汇总、直接反映单位工程使用安全和使用功能的质量保证资料核查以及观感质量评定 3 部分综合评定，有时还要结合当地建筑主管部门的具体规定评定。

1. 分部工程质量等级统计汇总

进行分部工程质量等级汇总的目的是突出工程质量控制，把分项工程质量的检验评定作为保证分部工程和单位工程质量的基础。分项工程质量达到合格后才能进行下道工序，这样分部分项工程质量才有保障，各分部工程质量有保证，单位工程的质量自然就有保证。进行分部工程质量评定汇总时，应注意装饰装修分部和主体分部工程等级必须达到优良，并注意是否有定为合格的分项，均符合要求才能计算分部工程项数的优良率。

2. 质量保证资料核查

质量保证资料核查的目的是装饰工程中主体结构、设备性能、使用功能方面主要技术性能的检验。虽然每个分项工程都规定了保证项目，并提出了具体的性能要求，在分项工程质量检验评定中对主要技术性能进行了检验，但由于它的局限性，对一些主要技术性能不能进

行全面、系统的评定。因此，需要通过检查单位工程的质量保证资料，对主要技术性能进行系统、全面的检验评定。例如，一个歌剧院对声音的混响时间要求比较严格，只有在表面装饰装修全部完成，排椅、座位安装完毕后，才能进行数据测试和调整。另外，对一个单位工程全面进行技术资料核查检验，还可以防止局部出现错误或漏项。

质量保证资料对一个分项工程来讲只有符合或不符合要求，不分等级。对一个装饰装修工程就是检查所要求的技术资料是否基本齐全。所谓基本齐全，主要是看其所具有资料能否反映出主体结构是否安全和主要使用功能是否达到设计要求。

在质量保证资料核查内容上各地区均有相应的规定，主要是核查质量保证资料是否齐全，内容与标准是否一致，质量保证资料是否具有权威性，质量保证资料的提供时间是否与施工进度同步。

3. 观感质量评定

观感质量评定是在工程全部竣工后进行的一项重要评定工作，全面地评价一个单位工程的外观及使用功能质量。它并不是单纯的外观检查，而是在现场对工程进行一次宏观的全面检查，同时也是对分项工程、分部工程的一次核查。由于装饰装修具有时效性，有的分项工程在施工后立即进行验评可能不会出现问题，但经过一段时间（特别是经过冬季或雨季，北方冬季干燥，雨季空气潮湿），当时不会出现的问题以后可能会出现。

4. 具体检查方法

（1）确定检查数量　室内装饰工程按有代表性的自然间抽查 10%（包括附属房间及厅廊等），室外和屋面要求全数检查（指各类不同做法的各种房间，如饭店客房改造的标准间、套间、服务员室、公共卫生间、走道、电梯厅、餐厅、咖啡厅、商场及体育娱乐服务设施用房等）。检查点或房间的选择，应采取随机抽样的方法进行，一般在检查之前，在平面图上定出抽查房间的部位，按既定说明逐间进行检查。选点应注意照顾到代表性，同时突击重点。原则上是不同类型的房间均应检查，室外全数检查，采用分若干个点进行检查的方法。一般室外墙墙面项目按长度每 10m 左右选一个点，通常选 8～10 个点，如"一"字形排列。建筑前后大墙面上各 4 个点，两侧山墙上各 1 个点，每个点一般为一个开间或 3m 左右。

（2）确定检查项目　以建筑装饰装修工程外观的可见项目为检查项目，根据各部位对工程质量的影响程度、所占工作量或工程量大小等综合考虑和给出标准分值。实际检查时，每个工程的具体项目都不一样，因此首先要按照所检查工程的实际情况，确定检查项目，有些项目中包括几个分项或几种做法，不便于全面评定，此时可根据工程量大小进行标准分值的再分配，分别进行评定。

（3）进行检验评定　首先，确定每一检查点或房间的质量等级并做好记录，检查组成员要对每一检查点或房间经过协商共同评定质量等级，其质量指标可对应分项工程项目标准规定，对选取的检查点逐项进行评定。其次，统计评定项目等级并在等级栏填写分值，在预先确定的检查点或房间都检查完之后，进行统计评定项目的评定等级工作。先检查记录各点或房间都必须达到合格等级或优良等级，然后统计达到优良点数或房间的数据。当检查点或房间全部达到合格，其中优良点数或房间的数量占检查处（件）20% 以下，评为四级，打分为标准分的 70%；有 20%～49% 的处（件）达到质量检验评定的优良标准者，评为三级，打分为标准分的 80%；有 50%～79% 的处（件）达到质量检验评定的优良标准者，评为二级，打分为标准分的 90%；有 80% 的处（件）达到质量检验评定的优良标准者，评为一级，打分为标准分的100%；如果有一处（件）达不到"合格"的规定，该项目定为五级，打0分。

（4）计算得分率　得分率计算公式为：得分率＝实得分/应得分×100%。将所查项目的标准分相加或将表中该工程没有项目的标准分去掉，得出所查项目标准分的总和，即为该单位工程观感质量评分的应得分；将所查项目各评定等级所得分值进行统计，然后将评定的等级得分进行汇总，即为该单位工程观感质量评分的实得分。

将得分率与单位工程质量等级标准得分率相对照，看该单位工程属于哪个质量等级，再看这个质量等级是否满足合同要求的质量等级，满足合同要求便可验收确认；否则应分析原因，找出影响因素进行处理。

考虑到观感评分受到评定人员技术水平、经验等主观因素影响较大，质量观感评定由3人以上共同进行。最后将以上验收结果填入单位工程质量综合评定表。

（二）单位工程检验评定等级

装饰装修单位工程质量检验评定的等级可分为"合格"和"优良"。

1. 合格

单位工程所包含的分部工程均应全部合格；其质量保证资料应基本齐全；观感质量的评定得分率达到70%及以上。

2. 优良

单位工程所包含的分部工程质量应全部合格，其中有50%及其以上为优良，建筑装饰装修工程必须含有主体结构和装饰分项工程。对于以建筑设备安装工程为主的单位工程，其指定的分部工程必须全部优良；其质量保证资料应基本齐全；观感质量的评定得分率达到85%及其以上。

五、工程质量验收

（一）工程质量验收的概念与分类

工程质量的验收是按照工程合同规定的质量等级，遵循现行的质量检验评定标准，采用相应的手段，对工程分阶段进行质量的认可。建筑装饰装修工程质量验收一般可分为隐蔽工程验收、分项工程验收、分部工程验收和单位工程验收。

1. 隐蔽工程验收

隐蔽工程是指那些在施工过程中，上一道工序的工作结束后被下一道工序所掩盖，再也无法复查的部位。例如，柱基础、钢筋混凝土中的钢筋、防水工程的内部、地下管线等。对于这些工程，在下一道工序施工以前，质量管理人员应及时请现场监理人员按照设计要求和施工规范，采用一定必要的检查工具，进行检查与验收。如果其符合设计要求及施工规范规定，应及时签署隐蔽工程记录手续，以便进行下一道工序的施工，同时将隐蔽工程记录交承包单位归入技术档案，作为单位工程竣工验收的技术资料；如不符合有关规定，监理人员应以书面形式告诉承包单位，并限期处理，处理符合要求后，监理人员再进行隐蔽工程的验收与签证。

隐蔽工程的验收工作，通常是结合施工过程中的质量控制实测资料、正常的质量检查工作及必要的测试手段来进行，对于重要部位的质量控制，可摄影以备查考。

2. 分项工程验收

对于重要的分项工程，由监理工程师按照工程合同的质量等级要求，根据该分项工程施工的实际情况，参照前述的质量检验评定标准进行验收。

在分项工程验收中，必须严格按有关验收规范选择检查点数，然后计算出检验项目和实测项目的合格或优良百分比，最后确定出该分项工程的质量等级，从而确定能否验收。

3. 分部工程验收

在分项工程验收的基础上，根据各分项工程质量验收结论，参照分部工程质量标准，便可得出该分部工程的质量等级，以此可决定是否可以验收。

另外，对单位或分部土建工程完工后转交安装工程施工前，或其他中间过程，均应进行中间验收。承包单位得到监理工程师中间验收认可的凭证后才能继续施工。

4. 单位工程验收

在分项工程和分部工程验收的基础上，通过对分项、分部工程质量等级的统计推断，再结合直接反映单位工程结构及性能质量的质量保证资料核查和单位工程观感质量评判，便可系统地核查结构是否安全，是否达到设计要求；结合观感等直观检查，对整个单位工程的外观及使用功能等方面质量做出全面的综合评定，从而决定是否达到工程合同所要求的质量等级，进而决定能否验收。

（二）质量验收的程序及组织

1. 生产者自我检查是检验评定和验收的基础

现行国家标准《建筑工程施工质量验收统一标准》（GB 50300—2013）中规定，分项工程质量应在班组自检的基础上，由单位工程质量负责人组织有关人员进行评定，专职质量检查员核定。根据规范要求，结合目前大多数装饰公司的实际情况，要求施工的工人班组在施工过程中严格按工艺规程和施工规范进行施工操作，并且边操作，班组长边检查，发现问题及时纠正。这种检查，人们常称之为自检、互检。在班组长自检合格的基础上由项目负责人组织工长、班组长对分项工程进行质量评定，然后由专职质量检查员按规范标准进行核定；达到合格及其以上标准，组织下道工序施工的班组进行交接检查接收。

自检、互检是班组在分项工程或分部工程交接（分项完工或中间交工验收）时，由班组先进行的自我检查；也可以是分包单位在交给总包单位之前，由分包单位先进行的检查；可以是某个装饰工程完工前由项目负责人组织本项目各专业有关人员（或各分包单位）参加的质量检查；还可以是装饰工程交工前由企业质量部门、技术部门组织的有部分外单位参加的（如业主监理单位）预验收。对装饰装修工程观感和使用功能等方面出现的问题或遗留问题应及时做出记录，及时安排有关工种进行处理。经实践证明，只要真正做好"三检制"，层层严格把关就能保证项目达到标准要求。

2. 检验评定和验收组织及程序

（1）质量检验评定与核定人员的规定　在现行国家标准《建筑工程施工质量验收统一标准》（GB 50300—2013）中规定，分项工程和分部工程质量检查评定后的核定由专职质量检查员进行。当评定等级与核定等级不一致时，应以专职质量检查员核定的质量等级为准。这里所指的专职质量检查员，不是由项目经理在项目班子里随便指定一个管理施工质量的人，专职质量检查员应是具有一定专业技术和施工经验，经建设主管部门培训考核后取得质量检查员岗位证书，并在施工现场从事质量管理工作的人员，他所进行的核定是代表装饰装修企业内部质量部门对该部分的质量验收。

（2）检验评定组织　按照《建筑安装工程质量检验评定统一标准》规定，分项工程和分部工程质量等级由建筑单位工程负责人（项目经理），或相当于施工队一级（项目经理部）的技术负责人组织评定，专职质检员核定。单位工程质量等级由建筑装饰企业技术负责人组织，企业技术质量部门、单位工程负责人、项目经理、分包单位、相当于施工队一级（项目经理部）的技术负责人等参加评定，质量监督站或主管部门核定质量等级。

单位工程如果是由几个分包单位施工，其总包单位对工程质量全面负责，各分包单位应按相应质量检查评定标准的规定，检验评定所承包范围内的分项工程和分部工程的质量等级，并将评定结果及资料交总包单位。

第四节　建筑装饰装修工程质量管理的基本规定

工程质量管理是指为保证和提高工程质量，运用一整套质量管理体系、手段和方法所进行的系统管理活动。工程质量好与坏是一个根本性的问题。工程项目建设投资大，建成及使用时期长，只有合乎国家规定的质量标准才能投入生产和交付使用，发挥工程投资效益，满足社会需要。

世界上许多国家对工程质量的要求都有一套严密的监督检查办法。为确保建筑装饰装修工程质量符合现行的国家标准，我国在《建筑装饰装修工程质量验收标准》（GB 50210—2018）中，对建筑装饰装修工程设计、材料和施工均提出了基本规定，在建筑装饰装修工程的设计和施工中必须严格执行。

一、工程设计的基本规定

（1）建筑装饰装修工程应进行设计，并应出具完整的施工图设计文件。建筑装饰装修工程完整的施工图设计文件是施工和验收的基础，应严格要求。施工图设计文件包括设计单位完成的建筑装饰装修设计、施工单位完成的深化设计等。

（2）建筑装饰装修设计应符合城市规划、防火、环保、节能、减排等有关规定。建筑装饰装修耐久性应满足使用要求。

（3）承担建筑装饰装修工程设计的单位应对建筑物进行了解和实地勘察，设计深度应满足施工的要求。由施工单位完成的深化设计经建筑装饰装修设计单位确认。

（4）既有建筑装饰装修工程设计涉及主体和承重结构变动时，必须在施工前委托原结构设计单位或者具有相应资质条件的设计单位提出设计方案，或由检测鉴定单位对建筑结构的安全性进行鉴定。

（5）建筑装饰装修工程的防火、防雷和抗震设计应符合现行国家标准的规定。

（6）当墙体或吊顶内的管线可能产生冰冻或结露时，应进行防冻或防止结露设计。

二、工程材料的基本规定

（1）建筑装饰装修工程所用材料的品种、规格和质量应符合设计要求和国家现行标准的规定。不得使用国家明令淘汰的材料。

（2）建筑装饰装修工程所用材料的燃烧性能应符合现行国家标准《建筑内部装修设计防火规范》（GB 50222—2017）和《建筑设计防火规范》（GB 50016—2014）的规定。

（3）建筑装饰装修工程所用材料应符合国家有关建筑装饰装修材料有害物质限量标准的规定。

（4）建筑装饰装修工程采用的材料、构配件应按进场批次进行检验。属于同一工程项目且同期施工的多个单位工程，对同一厂家生产的同批材料、构配件、器具及半成品，可统一划分检验批以对品种、规格、外观和尺寸等进行验收，包装应完好，并应有产品合格证书、中文说明书及性能检验报告，进口产品应按规定进行商品检验。

（5）进场后需要进行复验的材料种类及项目，应符合现行国家标准《建筑装饰装修工程质量验收标准》（GB 50210—2018）中各章的规定，同一厂家生产的同一品种、同一类型的进场材料应至少抽取一组样品进行复验，当合同另有更高要求时应按照合同中的规定执行。抽样样本应随机抽取，满足分布均匀、具有代表性的要求，获得认证的产品或来源稳定且连续三批均一次检验合格的产品，进场验收时检验批的容量可扩大一倍，且仅可扩大一次。扩大检验批后的检验中，出现不合格情况后应按照扩大前的检验批容量重新验收，且该产品不得再次扩大检验批容量。

（6）当国家规定或合同约定应对材料进行见证检验时，或对材料质量发生争议时，应进行见证检验。

（7）建筑装饰装修工程所使用的材料在运输、贮存和施工过程中应采取可靠有效措施防止损坏、变质和污染环境。

（8）建筑装饰装修工程所使用的材料应按设计要求进行防火、防腐和防虫处理。

三、工程施工的基本规定

（1）施工单位应编制施工组织设计并经过审查批准。施工单位应按有关的施工工艺标准或经审定的施工技术方案施工，并应对施工全过程实行质量控制。

（2）承担建筑装饰装修工程施工任务的人员上岗前应进行培训。

（3）建筑装饰装修工程施工中，不得违反设计文件擅自改动建筑主体、承重结构或主要使用功能。

（4）未经设计确认和有关部委批准，不得擅自拆改主体结构和水、暖、电、燃气、通信等配套设施。

（5）施工单位应采取有效措施控制施工现场的各种粉尘、废气、废弃物、噪声、振动等对周围环境造成的污染和危害。

（6）施工单位应建立有关施工安全、劳动保护、防火和防毒等管理制度，并应配备必要的设备、器具和标识。

（7）建筑装饰装修工程应在基体或基层的质量验收合格后施工。对既有建筑进行装饰装修前应对基层进行处理。

（8）建筑装饰装修工程施工前应有主要材料的样板或做样板间（件），并应经有关各方确认。

（9）墙面采用保温隔热材料的建筑装饰装修工程，所用保温隔热材料的类型、品种、规格及施工工艺应符合设计要求。

（10）管道、设备安装及调试应在建筑装饰装修工程施工前完成；必须同步进行时应在饰面层施工前完成。装饰装修工程不得影响管道、设备等的使用和维修。涉及燃气管道和电气工程的建筑装饰装修工程施工应符合有关安全管理的规定。

（11）建筑装饰装修工程的电气安装应符合设计要求。不得直接埋设电线。

（12）隐蔽工程验收应有记录，记录应包含隐蔽部位照片。施工质量的检验批验收应有现场检查原始记录。

（13）室内外建筑装饰装修工程施工的环境条件应满足施工工艺的要求。

（14）建筑装饰装修工程施工过程中应做好半成品和成品的保护，防止污染和损坏。

（15）建筑装饰装修工程验收前应将施工现场清理干净。

第二章
抹灰工程质量管理

　　抹灰工程是用灰浆涂抹在房屋建筑的墙体、地面、顶棚、其他表面上的一种传统做法的装饰装修工程。即将水泥、砂子、石灰膏、石膏、麻刀、水等一系列材料，按照设计的比例均匀地拌和在一起，直接涂抹在建筑物的表面，形成连续均匀抹灰装饰层或保护层。

　　抹灰工程是建筑装饰装修工程中不可缺少的项目，也是工业与民用建筑工程的重要组成部分。抹灰不仅可以增强建筑物防潮、保温、隔热性能，改善人们的居住和工作条件，同时又能对建筑物主体起到美化、保护和延长使用寿命的作用。

　　抹灰工程，按照工程部位不同，可分为地面抹灰工程、墙面抹灰工程和顶棚抹灰工程；按照装饰效果和材料不同，可分为一般抹灰工程、装饰抹灰工程和清水墙勾缝工程。

第一节　抹灰常用材料的质量管理

　　为了使抹灰层与基层黏结牢固，防止出现开裂、起鼓和脱落等质量缺陷，确保抹灰工程的施工质量，抹灰一般都分层涂抹，即分为底层、中层和面层。不同类型的抹灰工程，其对所用材料的质量要求是不同的。

一、一般抹灰的材料质量管理

　　一般抹灰工程常用的材料主要有水泥、砂子、磨细石灰粉、石膏、石灰膏、纸筋、麻刀和膨胀珍珠岩等。对上述材料的质量控制应符合下列要求。

1. 对水泥的质量控制

　　水泥必须有出厂合格证和质量检验证明，标明进场的批量，并按品种、强度等级、出厂日期分别进行堆放，保持干燥状态。如遇水泥强度等级不明或出厂日期超过 3 个月及受潮结块等情况，应经试验鉴定，并按照试验鉴定的结果确定是否使用。不同品种的水泥不得混合使用。水泥进场后，应对水泥的强度和安定性进行复验，不合格的水泥不得用于工程。水泥的其他技术指标应当符合现行国家标准《通用硅酸盐水泥》（GB 175—2007）和《白色硅酸盐水泥》（GB/T 2015—2017）的要求。

2. 对砂子的质量控制

抹灰工程宜采用中砂（平均粒径为 0.35～0.50mm），也可以将粗砂（平均粒径≥0.50mm）与中砂按一定比例混合掺用，尽可能少用细砂（平均粒径为 0.25～0.35mm），更不宜使用特细砂（平均粒径＜0.25mm）。砂子在使用前必须按要求过筛，不得含有杂质。其技术指标应符合现行国家标准《建设用砂》（GB/T 14684—2011）的要求。

3. 对磨细石灰粉的质量控制

磨细石灰粉的细度应通过 4900 孔/cm² 筛。使用前用水浸泡使其充分熟化。磨细石灰粉浸泡方法：提前备好较大的容器，均匀地往容器中撒一层生石灰粉，浇一层水，然后再撒一层生石灰粉，再浇一层水，依次进行；当达到容器的 2/3 时，将容器内放满水，让石灰粉在容器中熟化。用于罩面时，其熟化时间应大于 3d，石灰的质量标准应符合《建筑生石灰》（JC/T 479—2013）的要求。石灰的质量标准应符合表 2-1 的要求。

表 2-1　石灰的质量标准

质量指标名称		块灰		生石灰粉		水化石灰		石灰浆	
		一等	二等	一等	二等	一等	二等	一等	二等
活性氧化钙及氧化镁之和（干重）/%		≥90	≥75	≥90	≥75	≥70	≥60	≥70	≥60
未烧透颗粒含量（干重）/%		≤10	≤12					≤8	≤12
每千克石灰的产浆量/L		≥2.4	≥1.8			暂不规定			
块灰内细粒的含量（干重）/%		≤8.0	≤10.0						
标准筛上筛余量含量（干重）/%	900 孔/cm² 筛	无规定		≤3	≤5	≤3	≤5	无规定	
	4000 孔/cm² 筛			≤25	≤25	≤10	≤5		

4. 对石灰膏的质量控制

石灰膏应用块状生石灰淋制，"淋制"时必须用孔径≤3mm 的筛子过滤，并贮存在沉淀池中。熟化时间，常温下不少 15d；用于罩面灰时，不应少于 30d。对沉淀池中的石灰膏应加以保护，防止其污染、干燥和冻结。使用时，石灰膏内不得含有未熟化的颗粒和其他杂质。抹灰用的石灰膏也可用生石灰粉代替，其细度应通过 0.125mm 孔径的筛孔。用于罩面灰时，其熟化的时间不应少于 3d。

5. 对麻刀的质量控制

麻刀的主要作用是提高抹灰层牢固度，防止抹灰出现龟裂。所用的麻刀必须柔韧干燥，不腐朽，不含杂质，麻丝长度为 2～3cm，用前 4～5d 将其敲打松散，并用石灰膏调好，麻刀灰的配比为：石灰膏∶麻刀＝100∶1。

6. 对纸筋的质量控制

纸筋的主要作用是防止出现龟裂，提高抹灰层的耐久性。当抹灰工程采用纸筋进行施工时，使用前要用洁净水浸泡，时间不得少于 3 周，并将其捣烂成糊状，达到洁净、细腻的要求。用于罩面时，宜采用机械碾磨细腻，也可制成纸浆。要求稻草、麦秆应坚韧、干燥、不含杂质，长度不得大于 30mm，稻草、麦秆还应经石灰浆浸泡处理。

7. 对膨胀珍珠岩的质量控制

抹灰用的膨胀珍珠岩应具有密度小、热导率低、承压能力高等优点，宜采用 II 类粒径混合级配，即密度控制在 $80\sim150\mathrm{kg/m^3}$，粒径为 $0\sim6\mathrm{mm}$ 的膨胀珍珠岩占比不大于 8%，常温导热率为 $0.052\sim0.064\mathrm{W/(m \cdot K)}$，含水率$<2\%$。

8. 对石膏的质量控制

抹灰工程中所用的熟石膏应符合表 2-2 中的要求，抹灰工程中所用粉刷石膏的强度应符合表 2-3 中的要求。

表 2-2　建筑用熟石膏的质量标准

质量技术指标		建筑石膏			模型石膏	高硬石膏
项目	指标	一等	二等	三等		
凝结时间 /min	初凝	≥5	≥4	≥3	≥4	≥(3~5)
	终凝	7~30	6~30	6~30	6~20	7~30
细度 /筛余量	64 孔/cm²	2	8	12	0	—
	900 孔/cm²	25	35	40	10	
抗拉强度 /MPa	养护 1d 后	≥0.8	≥0.6	≥0.5	≥0.8	≥(1.8~3.3)
	养护 7d 后	≥1.5	≥1.2	≥1.0	≥1.6	≥(2.5~5.0)
抗压强度 /MPa	养护 1d 后	5.0~8.0	3.5~4.5	1.5~3.0	7.0~8.0	—
	养护 7d 后	8.0~12.0	6.0~7.5	2.5~5.0	10.0~15.0	9.0~24.0
	养护 28d 后	—	—	—	—	25.0~30.0

表 2-3　粉刷石膏的强度要求

产品类别	面层粉刷石膏			底层粉刷石膏			保温层粉刷石膏			备注
等级	优等	一等	合格	优等	一等	合格	优等	一等	合格	保温层粉刷石膏的体积密度不应当大于 $600\mathrm{kg/m^3}$
抗折强度/MPa	5.0	2.0	1.0	2.5	1.5	0.8	1.5	0.6	0.6	
抗压强度/MPa	5.0	3.5	2.5	4.0	3.0	2.0	2.5		1.0	

二、装饰抹灰的材料质量管理

装饰抹灰是指利用材料的特点和工艺处理，使抹面具有不同的质感、纹理及色泽效果的抹灰类型和施工方式。装饰抹灰饰面种类很多，目前装饰工程中常用的主要有水刷石、斩假石、干粘石、假面砖等。装饰抹灰饰面若处理得当、制作精细，其抹灰层既能保持抹灰的相同功能，又可以取得独特的装饰艺术效果。

装饰抹灰工程常用的材料。装饰抹灰的种类不同，所用的材料也有所区别。对所用材料的质量控制应符合下列要求。

（一）水刷石抹灰材料的质量控制

1. 对水泥的质量控制

水泥宜选用强度等级不低于 32.5 的普通硅酸盐水泥或矿渣硅酸盐水泥，其技术指标应符合现行国家标准《通用硅酸盐水泥》（GB 175—2007）的要求。水泥同批产品颜色应当一致，贮存期超过 3 个月的不能再使用。

2. 对砂子的质量控制

砂子宜选用洁净的中砂，使用前应用 5mm 的筛孔过筛，其技术指标应符合现行国家标准《建设用砂》（GB/T 14684—2011）的要求，含泥量不得大于 3%。

3. 对石子的质量控制

石子宜选用颗粒坚硬的石英石，不含针、片状的和其他有害物质，石子的粒径约为 4～8mm，其他技术指标应符合现行国家标准《建设用卵石、碎石》（GB/T 14685—2011）的要求，如果采用彩色石子则应分类堆放。

4. 水泥石粒浆的配合比

水泥石粒浆的配合比，依据石粒粒径的大小而定，大体上是按体积比为水泥：大八厘石粒（粒径 8mm）：中八厘石粒（粒径 6mm）：小八厘石粒（粒径 4mm）＝1：1：1.25：1.5，稠度为 5～7cm。如果饰面采用多种彩色石子级配，事先将石子淘洗干净待用，再按统一比例掺量后搅拌均匀。

（二）斩假石抹灰材料的质量控制

1. 对水泥的质量控制

水泥宜选用强度等级不低于 32.5 的普通硅酸盐水泥或矿渣硅酸盐水泥，其技术指标应符合现行国家标准《通用硅酸盐水泥》（GB 175—2007）和《白色硅酸盐水泥》（GB/T 2015—2017）的要求。所用水泥是同一批号、同一厂家、同一颜色；白色硅酸盐水泥的技术指标如表 2-4 所列，白色硅酸盐水泥各龄期强度要求如表 2-5 所列。

表 2-4 白色硅酸盐水泥的技术指标

项目	技术指标	项目	技术指标
细度	以筛余量表示,45μm 方孔筛余量≤30.0%	凝结时间	初凝不得早于 45min,终凝时间不大于 600min
三氧化硫含量	≤3.5%	白度	1 级白度(P·W-1)不小于 89
安定性	沸煮法检验应合格		2 级白度(P·W-2)不小于 87

表 2-5 白色硅酸盐水泥各龄期强度要求

强度等级	抗压强度/MPa		抗折强度/MPa	
	3d	28d	3d	28d
32.5	≥12.0	≥32.5	≥3.0	≥6.0
≥42.5	≥17.0	≥42.5	≥3.5	≥6.5
≥52.5	≥22.0	≥52.5	≥4.0	≥7.0

2. 对集料的质量控制

所用集料（石子、玻璃、砂粒等）应当颗粒坚硬、色泽一致、不含杂质，使用前应按要求过筛、洗净、晾干，并要防止污染。

3. 对色粉的质量控制

有颜色的墙面，应选用耐碱、耐光的矿物颜料，并与水泥一次干拌均匀，过筛后装袋备用，并要特别注意防潮、防污染。

（三）干粘石抹灰材料的质量控制

1. 对水泥的质量控制

水泥宜选用强度等级不低于 32.5 的普通硅酸盐水泥，其技术指标应符合现行国家标准《通用硅酸盐水泥》（GB 175—2007）和《白色硅酸盐水泥》（GB/T 2015—2017）的要求，过期的水泥不得使用。白色硅酸盐水泥的技术指标如表 2-4 所列，白色硅酸盐水泥各龄期强度要求如表 2-5 所列。

2. 对石子的质量控制

石子的粒径以较小为好，但也不宜过小或过大，过小则容易脱落泛浆，过大则需要增加黏结层厚度，粒径一般以 3～5mm 为宜。使用时，应将石子认真进行淘洗、选择，晾晒后堆放在干净的房间内或装袋予以分类贮存备用。

3. 对砂子的质量控制

砂子最好是采用中砂或粗砂与中砂混合掺用，不允许采用细砂和特细砂。使用前应用 5mm 的筛孔过筛，砂子技术指标应符合国家标准《建设用砂》（GB/T 14684—2011）的要求，含泥量不得大于 3%。

4. 对石灰膏的质量控制

石灰膏应用块状生石灰淋制，淋灰时必须用孔径不大于 3mm 的筛子过滤，并贮存在沉淀池中，合格的石灰膏中不得含有未熟化的颗粒。石灰膏应控制含量，一般石灰膏的掺量为水泥用量 1/3～1/2；如果用量过大，会降低面层砂浆的强度。

5. 对颜料粉的质量控制

原则上应选用矿物质的颜料粉，如铬黄、铬绿、氧化铁红、氧化铁黄、黑炭、黑铅粉等。不论选用何种颜料粉，进场后都要经过试验。颜料粉的品种、资源、数量要一次进足，在干粘石装饰抹灰工程施工中千万要记住这一点，否则无法保证色调一致。

（四）假面砖抹灰材料的质量控制

1. 对水泥的质量控制

水泥宜选用强度等级不低于 32.5 的普通硅酸盐水泥，其技术指标应符合现行国家标准《通用硅酸盐水泥》（GB 175—2007）和《白色硅酸盐水泥》（GB/T 2015—2017）的要求，过期的水泥不得使用。白色硅酸盐水泥的技术指标如表 2-4 所列，白色硅酸盐水泥各龄期强度要求如表 2-5 所列。

2. 对砂子的质量控制

砂子宜采用中砂或粗砂与中砂混合掺用，使用前应用 5mm 的筛孔过筛，砂子技术指标应符合现行国家标准《建设用砂》（GB/T 14684—2011）的要求，含泥量不得大于 3%。

3. 对颜料的质量控制

宜采用矿物质颜料，使用时按设计要求和工程用量，将颜料备足，与水泥一次性拌和均匀，过筛后装入袋中，贮存时应避免受潮。

三、清水砌体勾缝材料质量管理

清水砌体也称为清水墙，就是砖墙外墙面砌成后，只需要将砌筑缝进行勾缝，即成为建筑成品，不需要外墙面装饰，因此砌砖质量要求高，应达到灰浆饱满、砖缝规范、外观美观的要求。清水砌体勾缝是在清水墙的砖缝处用水泥浆或石灰砂浆封闭，一是更加美观，二是增加强度。清水砌体对勾缝材料的质量要求应符合下列规定。

1. 对水泥的质量控制

水泥宜选用强度等级不低于 32.5 的普通硅酸盐水泥或矿渣硅酸盐水泥，其技术指标应符合现行国家标准《通用硅酸盐水泥》（GB 175—2007）的要求；选用的白水泥应符合现行国家标准《白色硅酸盐水泥》（GB/T 2015—2017）的要求。同时应选择同一品种、同一强度等级、同一厂家生产的水泥。

水泥进场后应对产品名称、强度等级、生产许可证编号、生产厂家、出厂编号、执行标准、生产日期等进行检查登记，并对其强度等级和安定性进行复验，合格后才能使用。

2. 对砂子的质量控制

砂子宜采用过筛细砂，其技术指标应符合现行国家标准《建设用砂》（GB/T 14684—2011）的要求。

3. 对石灰粉的质量控制

磨细石灰粉的细度应达到能通过 0.125mm 的方孔筛，累计的筛余量不大于 13%，不得含有杂质和颗粒。使用前用水浸泡使其充分熟化，熟化的时间不得少于 7d。

4. 对石灰膏的质量控制

石灰膏应用块状生石灰淋制，淋灰时必须用孔径不大于 3mm 的筛子过滤，并贮存在沉淀池中。合格的石灰膏中不得含有未熟化的颗粒和杂质，熟化时间不少于 30d。

5. 对颜料的质量控制

应采用矿物质颜料，使用时按设计要求和工程用量，将颜料充分备足，与水泥一次性拌和均匀，计量配合比一定要准确，并做好样板（块），过筛后装入袋中，贮存时应避免受潮。

第二节　抹灰工程施工质量管理

抹灰工程是建筑装饰装修工程的重要组成部分，其施工质量好坏不仅直接影响着一个工程装饰装修的效果，而且还影响整个工程的施工进度和工程造价，有时甚至还会影响建筑物的使用功能、使用安全和使用年限，因此在建筑装饰装修工程的施工过程中千万不要忽视这一分项工程的施工质量管理，要确保抹灰工程质量施工一次到位，达到国家现行验收标准。

一、一般抹灰的施工质量管理

一般抹灰工程的质量关键是黏结牢固，无开裂、空鼓与脱落。如果黏结不牢，出现空鼓、开裂、脱落等缺陷会降低对墙体保护作用，且影响装饰效果。经调研分析，抹灰层之所以出现开裂、空鼓和脱落等质量问题，主要原因是基体表面清理不干净，例如：基体表面尘埃及疏松物、脱模剂和油渍等影响抹灰黏结牢固的物质未彻底清除干净；基体表面光滑，抹灰前未进行毛化处理；抹灰前基体表面浇水不透，抹灰后砂浆中的水分很快被基体吸收，使砂浆中的水泥未充分水化生成水泥石，影响砂浆黏结力，砂浆质量不好，使用不当；一次抹灰过厚，干缩率较大等。为确保一般抹灰的施工质量，在施工过程中应加强施工质量管理。

（一）一般抹灰质量预控要点

（1）建筑主体结构必须经过相关单位（建设单位、设计单位、施工单位、监理单位、质量监督单位）检验合格，并按规定办理验收手续。

（2）抹灰前应认真检查门窗框安装位置是否正确，需埋设的接线盒、配电箱、管线、管道套管等是否固定牢固。连接处缝隙应用1:3水泥砂浆或1:1:6水泥混合砂浆分层嵌塞密实；如果缝隙过大，可在砂浆中掺入少量麻刀嵌塞，将其填塞密实。

（3）将混凝土过梁、梁垫、圈梁、混凝土柱、梁等表面凸出部分剔平，蜂窝、麻面、露筋、疏松部分应当处理到实处，再用胶黏性素水泥浆或界面剂涂刷表面。然后用1:3水泥砂浆分层抹平。脚手眼和废弃的孔洞应当堵严，窗台处的砖体应补齐，墙与楼板、梁底等交接处应用斜向砖砌筑严密补齐。

（4）对抹灰基层表面上的油渍、灰尘、污垢等应采取技术措施将其清除干净。

（5）配电箱、消火栓等背后裸露部分，应设置钢丝网固定牢固，并涂刷一层界面剂，钢丝网与最小边部的搭接尺寸不应小于100mm。

（6）在抹灰前屋面防水工程最好提前完成，以防止降雨污染和影响抹灰。如果无法完成，防水及上一层地面需要进行抹灰时必须有可靠的防水措施。

（7）在正式进行抹灰前，施工人员应首先熟悉图纸、设计说明及其他文件，制订完善的施工方案，做好样板间，经检验达到要求标准后方可正式施工。

（8）外墙抹灰施工要提前按安全操作规范搭设好外脚手架，脚手架要离开墙面20～25cm以利于操作。为了保证减少抹灰的接茬，使抹灰面达到平整，外脚手架宜铺设三步脚手板，以满足抹灰的施工要求。

（9）为保证抹灰面不出现接缝和色差，严禁使用单排脚手架，同时也不得在墙面上预留临时孔洞等。

（10）在抹灰开始之前，应对建筑整体进行表面垂直度、平整度检查，在建筑物的大角两面、阳台、窗台等两侧吊垂直，弹出抹灰层的控制线以作为抹灰的依据。

（二）一般抹灰施工控制要点

（1）抹灰应在基体或基层的质量检验合格后，经批准方可进行施工。木结构、砖石结构和混凝土结构等相接处基体表面的抹灰，应先铺钉金属网并绷紧牢固。金属网与各基体的搭接宽度不应小于100mm。如果金属网做抹灰的基体，必须将金属网钉牢固、钉平。如果接头在骨架的主筋上，不得有翘曲现象。

（2）在正式抹灰前对基体或基层要浇水湿润，进行浇水湿润是为了确保灰砂浆与基层表面黏结牢固，防止抹灰层出现空鼓、裂缝、脱落等质量通病。

（3）对墙体的阴阳角找规矩，即对墙体4个角进行是否直角测定，弹出基准线、墙裙和踢脚板线。阴阳角找规矩不仅关系到墙面抹灰的质量好坏，而且对地面铺砖装饰的房间非常重要。对于面积较小的房间，可以以一面墙作为基线，用方尺进行直角测定即可。对于面积较大的房间，要在地面上先弹出十字线作为墙角抹灰准线，在离墙角10cm左右处，用仪器或线锤进行吊直，在墙体上弹出一条垂直线，再按十字线及墙面平整度向里反弹，弹出墙角抹灰准线，并弹出墙裙或踢脚板线。

（4）在正式大面积抹灰前，室内墙面、柱面的阳角和门窗洞口的阳角要做护角，因为这些地方最容易受到碰撞而损坏，所以对护角强度有特别的要求。当设计无规定时，可用1：2水泥砂浆做护角，其高度不低于2m，每侧宽度不小于50mm。其具体做法是：根据灰饼厚度抹灰，然后粘好八字靠尺，并找规矩吊直，用1：2水泥砂浆分层抹平，待砂浆稍干后，再用水泥浆和抹灰"捋角器"捋出小圆角。

（5）涂抹水泥砂浆的每层厚度宜为5～7mm，涂抹石灰砂浆和水泥混合砂浆每层厚度宜为7～9mm。面层抹灰经过赶干、压实后的厚度，麻刀石灰不得大于3mm，纸筋石灰、石膏灰浆不得大于2mm。

（6）卫生间、厨房间等潮湿环境的墙体，应采用水泥砂浆作为面层，施工可将底子灰表面扫毛或划出纹道，面层应注意接茬一定要平整，表面压光不得少于两遍，罩面后次日要进行洒水养护。

（7）在抹灰施工过程中，踢脚线等处的留茬要平整顺直，尺子要靠在线上，用铁抹子切齐，并进行修边清理，以达到踢脚与墙面接茬平顺、线直。

（8）对于板条、金属网顶棚和墙面的抹灰，应当符合下列规定。

① 底层和中层宜用麻刀石灰砂浆或纸筋石灰砂浆，各层应当分层成活，每层厚度控制在3～6mm。

② 底层砂浆应压入板条缝或网眼中，使砂浆与板条、金属网牢固结合。

③ 顶棚的高级抹灰，应加钉长350～450mm的麻束，间距为400mm，交错布置，分多遍按放射状梳理抹进中层砂浆内；待前一层达到七八成干后方可再抹下一层砂浆。

（9）当采用罩面石膏灰时应当符合下列规定。

① 罩面石膏灰浆应掺入适量的石膏缓凝剂，具体掺量应由试验确定，一般控制石膏灰在15～30min内达到凝结。

② 在正式进行罩面石膏灰抹灰前，基层的质量应符合设计要求，且已经干燥、返白。

③ 在抹罩面石膏灰前，基层应浇水湿润。罩面的灰浆应分层连续涂抹，表面应赶平、修整、压光，达到装饰的要求。

④ 石膏罩面灰凝结速度较快，为确保施工质量，应当随拌和随使用，并用铁抹子抹光。

⑤ 石膏罩面灰浆不得涂抹在水泥砂浆或水泥混合砂浆的基层上。

（10）室外抹灰工程的施工，一般应按照自上而下的顺序进行。高层建筑采取一定技术措施后可以分段进行施工。

（11）平整光滑的混凝土表面，如果设计无具体要求，可以不进行抹灰，用刮腻子的方法进行处理。

二、装饰抹灰的施工质量管理

随着人们生活水平的快速提高，人均居住面积增加，居住环境也得到了一定程度的改善，工业和民用建筑得到快速发展，使得建筑立面的变化相对较大，有多种多样的形式产生，建筑和装饰材料的品种相对较多，所占的投资比例也越来越大。因此，在建筑装饰施工技术中抹灰施工占有非常重要的地位。随着建筑业的发展，对建筑装饰抹灰施工要求越来越高，由此可见搞好装饰抹灰的施工质量管理是一项非常重要的工作。

（一）装饰抹灰质量预控要点

1. 水刷石抹灰的质量预控要点

（1）水刷石抹灰工程的施工图、设计说明及其他设计文件已完成，并向有关施工人员进行技术交底，明确工程质量要求和验收标准。

（2）为保证抹灰工程的质量，抹灰的主体结构应经过相关单位（如建设单位、设计单位、施工单位、监理单位和质量监督单位等）组织检验合格。

（3）抹灰前按照施工要求搭好双排外脚手架或桥式脚手架，当采用吊篮脚手架时必须满足安装要求，架子距墙面20～25cm，以保证操作方便。墙面不应留有临时孔洞，脚手架必须经过安全部门验收合格后方可开始抹灰。

（4）抹灰前应检查门窗框安装位置是否正确、固定是否牢固，并用1:3水泥砂浆将门窗口缝堵塞严密，对抹灰墙面预留孔洞和预埋穿管等已处理完毕。

（5）将混凝土过梁、梁垫、圈梁、混凝土柱、梁等表面凸出部分剔平，蜂窝、麻面、露筋、疏松部分必须处理到实处，然后用1:3水泥砂浆分层抹平。

（6）抹灰基层表面的油渍、灰尘、污垢等应清除干净，墙面应提前均匀浇水湿透。

2. 干粘石抹灰的质量预控要点

（1）抹灰的主体结构应经过相关单位（如建设单位、设计单位、施工单位、监理单位和质量监督单位等）组织检验合格。

（2）抹灰前按照施工要求搭好双排外脚手架或桥式脚手架，当采用吊篮脚手架时必须满足安装要求，架子距墙面20～25cm，以保证操作方便。操作面脚手板宜满铺，距离墙面空当处应设置接落石子的小筛子。

（3）门窗框的位置应正确，安装应牢固，并已采取相应保护措施。预留孔洞、预埋件等位置尺寸符合设计要求。

（4）墙面基层以及混凝土过梁、梁垫、圈梁、混凝土柱、梁等表面凸出部分剔平，表面已处理完毕，坑凹部分已按要求补平。

（5）抹灰正式施工前，首先应根据要求做好施工样板，并经过相关部门检验合格。

3. 斩假石抹灰的质量预控要点

（1）抹灰的主体结构应经过相关单位（如建设单位、设计单位、施工单位、监理单位和质量监督单位等）组织检验合格。

（2）在做台阶、门窗套时，门窗框应安装牢固，按设计或规范要求将门窗口四周缝隙塞严嵌实，并做好保护工作，然后用1:3水泥砂浆抹平。

（3）抹灰前按照施工要求搭好双排外脚手架或桥式脚手架，当采用吊篮脚手架时必须满足安装要求，架子距墙面20～25cm，以保证操作方便。

（4）墙面基层已按要求清理干净，脚手眼、临时孔洞已堵塞好，窗台、窗套等已修补整齐，为抹灰打下良好基础。

（5）斩假石所用的石渣已按要求过筛，将石渣中的杂质、杂物清除干净，并洗净备足。

（6）根据方案确定斩假石的最佳配合比及施工方案，做好样板，并经相关单位检验认可。

（二）装饰抹灰施工控制要点

1. 水刷石抹灰施工控制要点

（1）清理基层抹底灰。将墙面基层上的浮土和杂物清扫干净，并提前充分洒水湿润。为使底灰与墙体黏结牢固，应先刷一遍水泥浆，随即用1∶3水泥砂浆抹底灰。

（2）弹线分格，钉木条。底灰抹好后即进行弹线分格，要求横条大小均匀，竖条对称一致。把用水浸透的分格木条钉在分格线上，以防止抹灰后分格条板膨胀，影响质量。分格条要钉平直，接缝严密。面层做完后应立即起出分格条；抹面层的石渣浆，面层抹灰应在底层硬化后进行，一般应先薄薄刮上一层素水泥浆，随即用钢抹子抹水泥石渣浆。

（3）及时检查，随时纠正。当涂抹完一个分格的水刷石后，应及时用直尺进行检查，并按要求增补。每一分格内应从下边抹起，边抹边拍打揉平。特别要注意阴阳角水泥石渣浆的涂抹，要拍平压光，避免出现黑边；面层开始凝固时，即用刷子蘸水刷掉，或用喷雾器喷水冲刷掉面层水泥浆至石子外露。

（4）水刷石必须分层拍平压实，石子应分布均匀、紧密，凝结前应用清水自上而下进行洗刷，并采取措施防止玷污墙面。

2. 干粘石抹灰施工控制要点

（1）抹底层和中层砂浆。首先清理墙面，用水湿润，设置"标志"，涂抹"标筋"；然后用1∶3水泥砂浆打底，刮平后用木抹子压实、找平，并对表面进行粗糙处理。打底子灰后，应在第2天洒水湿润，开始抹第二遍水泥砂浆中层，再刮平、压实、表面粗糙处理，并确保黏结层厚度均匀。若底层平整度能达到要求，设计允许也可不再做中层。

（2）抹黏结层。用清水湿润中层后，开始抹黏结层。黏结层的厚度主要取决于石渣的大小。当石渣为小八厘时，黏结层的厚度为4mm；当石渣为中八厘时，黏结层的厚度为6mm；当石渣为大八厘时，黏结层的厚度为8mm。

（3）甩石渣。甩石渣的基本方法是：一手拿300mm×400mm×50mm底部钉窗纱的托盘，内装拌制好的石渣；一手拿木拍，铲上石渣向黏结层上甩，要求甩均匀，在甩石渣时要用托盘接住掉落的石渣。

（4）甩到黏结层上的石渣，要随即用铁抹子将面层石渣拍入黏结层，要求拍实拍平，用力适当。如果用力过大，会把灰浆拍出，造成翻浆糊面，影响墙面美观；如果用力过小，石子或砂黏结不牢，很容易出现掉粒，石渣嵌入砂浆的深度应不小于粒径的1/2。

（5）在常温情况下，干粘石面层施工完毕24h后应洒水养护2～3d。在拆除分格缝木条后，按设计要求在分格缝处做凹面缝和上色处理。

3. 斩假石抹灰施工控制要点

（1）抹底层灰。在清理墙面的灰尘后，先在其上面刮一遍素水泥浆，以利于基层与抹灰层黏结牢固，然后再按要求抹底层灰，底层灰表面要平整，并要进行划毛处理。

（2）分格．按照设计要求弹出分格线，把用水浸透的分格木条板钉在分格线上，以防止抹灰后分格条板膨胀，影响质量。分格条要钉平直，接缝严密。

（3）抹面层灰。底层灰浆在涂抹完成24h后应浇水养护，湿润基层后，再刮上水泥浆一遍，然后抹罩面灰。用木抹子先左右、后上下洒水打磨均匀，并用毛刷蘸水轻刷一遍，把接茬处的水泥突出部分刷掉，面层要压实抹平。如抹面层为彩色墙面，应将水泥与颜料充分拌匀，然后加入石屑拌和，要特别注意在同一个墙面上色彩的一致性。

（4）剁好后的墙面要用钢丝刷顺着斩剁纹路刷干净尘土，并在分格缝处按照设计要求做凹形缝和上色。

（5）斩假石面层的施工应符合下列规定：斩假石面层应确实赶平、压实，这是确保施工质量的关键；在正式斩剁之前，应经过试剁，以石子不脱落为准；在墙角、柱子等边棱处，宜横向斩剁出边条或留出窄小边条不剁。

三、清水砌体勾缝施工质量管理

清水砌体也称为清水墙，是指将砖与砂浆砌好后，墙体的表面不做任何处理，只是进行勾缝。勾缝是在清水墙的砖缝处用水泥浆将其封闭，一是更加美观，二是增加强度。

1. 清水砌体勾缝质量预控要点

（1）砌筑清水墙的主体结构已经过相关单位（如建设单位、设计单位、施工单位、监理单位和质量监督单位等）检验合格，并已正式验收。

（2）砌筑清水墙施工中所用的脚手架（或桥式架、吊篮）已按要求搭设完成，并做好防护工作，已经安全部门验收合格。

（3）砌筑清水墙施工中所用的材料（如砖、砌块、砂浆和颜料等）已准备齐全，其质量完全符合现行标准的要求。

（4）在清水墙正式施工前，应根据工程实际编制施工方案，并向施工人员进行技术交底，使操作者掌握施工方法和质量要求。

（5）检查门窗口的位置是否正确，安装是否牢固，并采取相应的保护措施。预留孔洞、预埋件等的位置尺寸应符合设计要求，门窗口与墙间的缝隙应用砂浆堵严。

2. 清水砌体勾缝施工控制要点

（1）在砌筑施工中应横竖拉线检查灰缝平直，对瞎缝、游丁缝隙偏大、水平灰缝不平、剔缝隙过浅的，应按要求逐个进行纠正。

（2）缺棱掉角的砖或砌块一般不能用于墙体表面，以免影响墙面的美观。在用于墙体内部时，应用砂浆将缺少部分补齐。

（3）在勾缝前，要将脚手眼堵塞。堵塞脚手眼的砖块应与砌筑好的砖墙颜色、规格一致；然后清扫墙面，洒水湿润。勾缝完成后还应再次清扫墙面。

（4）清水砌体采用细砂拌制勾缝砂浆时，可采用配合比为 1：1.5（或 1：1）水泥砂浆或石灰砂浆。

（5）勾缝要压实抹光，横平竖直；十字缝处应平整，深浅一致。如设计无要求，凹形缝的深度一般为 3～5mm，不得有瞎缝。

（6）清水砌体的同一立面上，应采用同批的原材料，砂浆配合比应正确，应使灰缝的颜色一致。

（7）施工中要督促施工单位加强自检，防止在勒脚、腰线、过梁第一皮砖块及门窗砖墙侧面出现空缝隙现象。

（8）清水砌体砌筑完成后，要对墙面进行认真清理，使墙面确保清洁美观；在施工过程中应防止墙面产生污染。

第三节 抹灰工程施工质量标准

近年来，随着人们对居住环境要求的逐步提高，住宅建设的质量要求也随之提高，抹灰装饰工程作为住宅建设过程的一个重要环节，其质量直接影响住宅的整体质量。因此，严格按照现行国家标准进行抹灰工程验收质量管理是一项非常重要的工作。

根据现行国家标准《建筑装饰装修工程质量验收标准》（GB 50210—2018）和《建筑工程施工质量验收统一标准》（GB 50300—2013）中的规定，一般抹灰工程、保温层薄抹灰工程、装饰抹灰工程和清水砌体勾缝的质量控制应分别满足下列要求。

一、一般抹灰的质量标准

一般抹灰适用于石灰砂浆、水泥砂浆、水泥混合砂浆、聚合物水泥砂浆和麻刀石灰、纸筋石灰、石膏灰等一般抹灰工程的质量验收。一般抹灰工程分为普通抹灰和高级抹灰，当设计中对抹灰无具体要求时可按普通抹灰进行验收。

（一）一般抹灰工程的主控项目

（1）一般抹灰所用材料的品种和性能应符合设计要求及国家现行标准、规范的有关规定。

检验方法：检查产品合格证书、进场验收记录、性能检验报告和复验报告。

（2）在正式抹灰前应进行基层处理，表面的尘土、污垢、油渍等应清除干净，并应洒水润湿或进行界面处理。

检验方法：检查施工记录。

（3）抹灰工程应分层进行。当抹灰总厚度≥35mm 时应采取加强措施。不同材料基体交接处表面的抹灰，应采取防止开裂的加强措施，当采用加强钢丝网时加强钢丝网与各基体的搭接宽度≥100mm。

检验方法：检查隐蔽工程验收记录和施工记录。

（4）抹灰层与基层之间及各抹灰层之间必须黏结牢固，抹灰层应无脱层、空鼓，面层应无爆裂灰和裂缝。

检验方法：观察；用小锤轻击检查；检查施工记录。

（二）一般抹灰工程的一般项目

（1）一般抹灰工程的表面质量应符合下列规定：①普通抹灰表面应光滑、洁净、接茬平整，分格缝隙应清晰；②高级抹灰表面应光滑、洁净、颜色均匀、无涂抹纹，分格缝和灰线应清晰美观。

检验方法：观察；手摸检查。

（2）护角、孔洞、槽、盒周围的抹灰表面应整齐、光滑；管道后面的抹灰表面应平整。

检验方法：观察。

（3）抹灰层的总厚度应符合设计要求；水泥砂浆不得抹在石灰砂浆层上；罩面的石膏灰

浆不得抹在水泥砂浆层上。

检验方法：检查施工记录。

（4）抹灰分格缝的设置应符合设计要求，宽度和深度应均匀，表面应光滑，棱角应整齐。

检验方法：观察；尺量检查。

（5）有排水要求的部位应做滴水线（槽）。滴水线（槽）应整齐顺直，滴水线（槽）应当内高外低，滴水槽宽度和深度应满足设计要求，且均不应小于 10mm。

检验方法：观察；尺量检查。

（6）一般抹灰工程在施工中应严格按照现行标准进行质量管理，其允许偏差和检验方法应符合表 2-6 的规定。

表 2-6　一般抹灰工程质量的允许偏差和检验方法

项次	项目	允许偏差/mm		检验方法
		普通抹灰	高级抹灰	
1	立面垂直度	4.0	3.0	用 2m 垂直检测尺子进行检查
2	表面平整度	4.0	3.0	用 2m 靠尺和塞尺检查
3	阴阳角方正	4.0	3.0	用 200mm 直角检测尺检查
4	分格条(缝)直线度	4.0	3.0	拉 5m 线，不足 5m 拉通线，用钢直尺检查
5	墙裙、勒脚上口直线度	4.0	3.0	用 5m 线，不足 5m 拉通线，用钢直尺检查

注：1. 普通抹灰，本表第 3 项阴角方正可不检查；2. 顶棚抹灰，本表第 2 项表面平整度可不检查，但应平顺。

二、保温层薄抹灰的质量标准

薄抹灰外墙外保温是一种现场成型的外墙外保温技术系统，其施工质量与材料性能、施工操作过程、施工条件等很多因素有关。工程实践证明，薄抹灰外墙外保温系统是一种切实可行的保温方式，只要严格施工质量管理，肯定能在建筑节能工作中发挥重要作用。保温层薄抹灰质量控制适用于保温层外面聚合物砂浆薄抹灰工程的质量验收。

1. 保温层薄抹灰的主控项目

（1）保温层薄抹灰所用材料的品种和性能应符合设计要求及国家现行标准、规范的有关规定。

检验方法：检查产品合格证书、进场验收记录、性能检验报告和复验报告。

（2）基层质量应符合设计和施工方案的要求。基层表面的尘土、污垢、油渍等应清除干净。基层含水率应满足施工工艺的要求。

检验方法：检查施工记录。

（3）保温层薄抹灰及加强处理应符合设计要求和国家现行标准的规定。

检验方法：检查隐蔽工程验收记录和施工记录。

（4）抹灰层与基层之间及各抹灰层之间必须黏结牢固，抹灰层应无脱层、空鼓，面层应无爆裂灰和裂缝。

检验方法：观察；用小锤轻击检查；检查施工记录。

2. 保温层薄抹灰的一般项目

（1）保温层薄抹灰表面应光滑、洁净、颜色均匀、无抹灰纹，分格缝和灰线应清晰美观。

检验方法：观察；手摸检查。

（2）护角、孔洞、槽、盒周围的抹灰表面应整齐、光滑；管道后面的抹灰表面应平整。

检验方法：观察。

（3）保温层薄抹灰层的总厚度应符合设计要求。

检验方法：检查施工记录。

（4）保温层薄抹灰分格缝的设置应符合设计要求，宽度和深度应均匀，表面应光滑，棱角应整齐。

检验方法：观察；尺量检查。

（5）有排水要求的部位应做滴水线（槽）。滴水线（槽）应整齐顺直，滴水线（槽）应内侧高、外侧低，滴水槽宽度和深度均不应小于 10mm。

检验方法：观察；尺量检查。

（6）保温薄抹灰工程质量的允许偏差和检验方法应符合表 2-7 的规定。

表 2-7　保温薄抹灰工程质量的允许偏差和检验方法

项次	项目	允许偏差/mm	检验方法
1	立面垂直度	3.0	用 2m 垂直检测尺子进行检查
2	表面平整度	3.0	用 2m 靠尺和塞尺检查
3	阴阳角方正	3.0	用 200mm 直角检测尺子检查
4	分格条(缝)直线度	3.0	拉 5m 线,不足 5m 拉通线,用钢直尺检查

三、装饰抹灰的质量标准

装饰抹灰的质量管理主要适用于水刷石、斩假石、干粘石、假面砖等装饰抹灰工程的质量验收。

1. 装饰抹灰的主控项目

（1）装饰抹灰工程所用材料的品种和性能应符合设计要求及国家现行标准、规范的有关规定。

检验方法：检查产品合格证书、进场验收记录、性能检验报告和复验报告。

（2）在正式装饰抹灰前应进行基层处理，表面的尘土、污垢、油渍等应清除干净，并应洒水润湿或进行界面处理。

检验方法：检查施工记录。

（3）抹灰工程应当按照规定分层进行。当抹灰总厚度≥35mm 时，应采取加强措施。不同材料基体交接处表面的抹灰，应采取防止开裂的加强措施，当采用加强钢丝网时加强钢丝网与各基体的搭接宽度不应小于 100mm。

检验方法：检查隐蔽工程验收记录和施工记录。

（4）各抹灰层之间及抹灰层与基体之间必须黏结牢固，抹灰层应无脱层、空鼓和裂缝。

检验方法：观察；用小锤轻击检查；检查施工记录。

2. 装饰抹灰的一般项目

（1）装饰抹灰工程的表面质量应符合下列规定。

① 水刷石的表面应当石粒清晰、分布均匀、紧密平整、色泽一致、比较美观，并且应

无掉落石粒和接茬痕迹。

② 斩假石表面剁纹应均匀顺直、深浅一致，应无漏剁处；阳角处应横向剁，并留出宽窄一致的不剁的边条，棱角应无损坏。

③ 干粘石的表面应色泽一致、不露浆、不漏粘，石子颗粒应黏结牢固、分布均匀，阳角处应无明显黑边。

④ 假面砖表面应平整、沟纹清晰、留缝整齐、色泽一致，应无掉角、脱皮、起砂等缺陷。

检验方法：观察；手摸检查。

（2）装饰抹灰分格条（缝）的设置应符合设计要求，宽度和深度应均匀，表面应平整光滑，棱角应整齐。

检验方法：观察。

（3）有排水要求的部位应做滴水线（槽）。滴水线（槽）应整齐顺直，滴水线应做到内高外低，滴水槽的宽度和深度均不应小于 10mm。

检验方法：观察；尺量检查。

（4）装饰抹灰工程质量的允许偏差和检验方法应符合表 2-8 的规定。

表 2-8　装饰抹灰工程质量的允许偏差和检验方法

项次	项目	允许偏差/mm				检验方法
		水刷石	斩假石	干粘石	假面砖	
1	立面垂直度	5	4	5	5	用 2m 垂直检测尺子进行检查
2	表面平整度	3	3	5	4	用 2m 靠尺和塞尺检查
3	阴阳角方正	3	3	4	4	用 200mm 直角检测尺子检查
4	分格条(缝)直线度	3	3	3	3	拉 5m 线，不足 5m 拉通线，用钢直尺检查
5	墙裙、勒脚上口直线度	3	3	—	—	用 5m 线，不足 5m 拉通线，用钢直尺检查

四、清水砌体勾缝的质量标准

清水砌体勾缝质量管理主要适用于清水砌体砂浆勾缝和原浆勾缝工程的质量验收。

（一）清水砌体勾缝的主控项目

（1）清水砌体勾缝所用砂浆的品种和性能应符合设计要求及国家现行标准、规范的有关规定。

检验方法：检查产品合格证书、进场验收记录、性能检验报告和复验报告。

（2）清水砌体勾缝应无漏勾。勾缝材料应黏结牢固、无开裂。

检验方法：观察。

（二）清水砌体勾缝的一般项目

（1）清水砌体勾缝应横平竖直，交接处应平顺，宽度和深度应均匀，表面应压实抹平。

检验方法：观察；尺量检查。

（2）灰缝应颜色一致，砌体表面应洁净。

检验方法：观察。

第四节 抹灰工程质量问题与防治措施

抹灰饰面的作用是保护建筑主体结构，完善建筑物的使用功能，装饰美化建筑物的外表。根据使用要求及装饰效果的不同，抹灰饰面可分为一般抹灰、装饰抹灰和特种抹灰；按照抹灰饰面的部位不同，又可分为内墙抹灰、外墙抹灰、顶棚抹灰和地面抹灰等。由于各种原因，在抹灰工程中会出现一些质量问题。本节主要介绍外墙抹灰、室内抹灰和装饰抹灰常见的质量问题及防治措施。

一、室内抹灰质量问题与防治措施

室内墙体抹灰是室内装饰工程的重要组成部分，其抹灰工程的质量如何，对于室内空间环境、人的情绪、居住者身体健康具有重要影响。因此，在进行内墙抹灰工程施工时，要严格按照国家规定的质量标准进行施工，及时纠正所出现的质量问题，创造一个优良、美观、温馨的居住与生活空间。

（一）抹灰层出现空鼓与裂缝

1. 质量问题

在砖墙或混凝土基层上抹灰后，经过一段时间的干燥，由于水分的大量快速蒸发、材料的收缩系数不同、基层材料不一样等原因，往往在不同基层墙面交接处，基层平整度偏差较大的部位，如墙裙、踢脚板上口、线盒周围、砖混结构顶层两山头、圈梁与砖砌体相交处等，容易出现空鼓或裂缝质量问题。抹灰层出现空鼓与裂缝，不仅影响墙体装饰的美观，而且也会影响墙体结构的耐久性。

2. 原因分析

（1）基层未认真进行清理或处理不当；墙面浇水不充分，抹灰后砂浆中的水分很快被基层吸收，造成抹灰砂浆干涩，严重影响砂浆与墙体的黏结力。

（2）配制砂浆的原材料未进行严格复检，质量不符合有关标准的要求，或抹灰砂浆的配合比设计不当，从而造成砂浆的质量不佳，不能很好地与墙体牢固黏结。

（3）砌筑的基层平整度偏差较大，有的一次抹灰层过厚，造成其干缩率较大，也容易造成空鼓和裂缝。

（4）墙体的线盒往往是由电工在墙面抹灰后再进行安装，由于没有按照抹灰的操作规程进行施工，无法确保抹灰的施工质量，过一段时间也容易出现空鼓与裂缝。

（5）砖混结构顶层两端山头开间，在圈梁与砖墙的交接处，由于钢筋混凝土和砖墙的膨胀系数不同，因此墙面上的抹灰层变形也不相同，经一年使用后会出现水平裂缝，并且随着时间的增长而裂缝加大。

（6）在抹灰施工过程中，一般要求抹灰砂浆应随拌和随使用，不要停放过长时间。如果水泥砂浆或水泥混合砂浆不及时用完，停放超过了一定时间，砂浆则失去流动性而产生凝结。如果为了便于操作，重新加水拌和再使用，从而降低了砂浆强度和黏结力，容易产生空鼓和裂缝质量问题。

（7）在石灰砂浆及保温砂浆墙面上，后抹水泥踢脚板和墙裙时，在上口交接处，石灰砂浆未清理干净，水泥砂浆罩在残留的石灰砂浆或保温砂浆上，大部分会出现抹灰裂缝和空鼓现象。

3. 防治措施

（1）做好抹灰前的基层处理工作是确保抹灰质量的关键措施之一，必须认真对待、切实做好。不同基层处理的具体方法如下。

① 对于混凝土、砖石基层表面砂浆残渣污垢、隔离剂油污、泛碱等，均应彻底清除干净。对油污隔离剂可先用 5%～10% 浓度的氢氧化钠溶液清洗，然后再用清水冲洗干净；对于泛碱的基层，可用 3% 浓度的草酸溶液进行清洗。基层表面凹凸明显的部位，应事先剔凿平整或用 1∶3 水泥砂浆补平。

如果混凝土基层表面过于光滑，在拆模板后立即先用钢丝刷子清理一遍，然后在表面甩上聚合物水泥砂浆并养护；也可先在光滑的混凝土基层上刷一道（1∶3）～（1∶4）的乳胶素浆，随即进行底层抹灰。

② 对于墙面上的孔洞，要按要求认真进行封堵。如脚手架孔洞先用同品种砖将其堵塞严密，再用水泥砂浆填实；水暖、通风管道通过的墙洞和墙的管槽，必须用 1∶3 的水泥砂浆堵严密、抹平整。

③ 对于不同基层材料的抹灰，如木质基层与砖面、砖墙与混凝土基层相接处等的抹灰，应铺钉金属网，搭接宽度应从相接处起，两边宽度均不小于 100mm。

（2）抹灰的墙面在施工前应浇水充分润湿。对于砖墙基层一般应浇水两遍，砖面渗水的深度应达到 8～10mm；加气混凝土表面孔隙率虽大，但其毛细管为封闭性和半封闭性，因此应提前两天进行浇水，每天浇两遍以上，使其渗水深度达到 8～10mm；混凝土基层吸水率很低，一般在正式抹灰前进行浇水即可。

如果各层抹灰相隔时间较长，或抹上的砂浆已干燥，再抹灰时应将底层浇水润湿，避免刚抹的砂浆中的水分被底层吸走，从而造成黏结不牢而空鼓。此外，基层墙面的浇水程度还与施工季节、施工气候和操作环境有关，应根据实际情况灵活掌握，不能因浇水过多而严重降低砂浆强度。

（3）在进行主体工程施工时应建立必需的质量控制点，严格控制墙面的垂直度和平整度，确保抹灰厚度基本一致。抹灰层厚度较大时，应挂上钢丝网分层进行抹灰，一般每次抹灰厚度控制在 8～10mm 为宜。

掌握好上下层抹灰的时间是避免出现空鼓与裂缝的主要技术措施之一。水泥砂浆应待前一抹灰层凝固后再涂抹后一层，石灰砂浆应待前一层发白后，即有七八成干时再涂抹后一层，这样既可以防止已抹砂浆内部产生松动，也可避免几层湿砂浆合在一起造成较大收缩。

（4）墙面上所有接线盒的安装时间应适宜，一般应在墙面找点设置冲筋后进行，并进行详细技术交底，作为一道工序正式安排，由抹灰工人配合电工共同安装，安装后接线盒的面与冲筋面平，要达到牢固、方正，一次到位。

（5）外墙内面抹保温砂浆应同内墙面或顶板的阴角处相交。第一种方法是：首先抹保温墙面，再抹内墙或顶板砂浆，在阴角处砂浆层直接顶压在保温层平面上。第二种方法是：先抹内墙和顶板砂浆，在阴角处搓出 30° 角斜面，保温砂浆压住砂浆斜面。

（6）砖混结构的顶层两山头开间，在圈梁和砖墙间出现水平裂缝。这是由于温差较大，不同材料的膨胀系数不同而造成的温度缝。避免这种裂缝的措施主要有：将顶层山头的构造柱子适当加密，间距以 2～3m 为宜；山头开间除构造柱外，在门窗口两侧增加构造柱；屋顶保温层必须超过圈梁外边线，且厚度不小于 150mm。

（7）抹灰用的砂浆应进行配合比设计，必须具有良好的和易性，并具有一定的黏结强度。砂浆和易性良好，才能抹成均匀的薄层，才能与底层黏结牢固。砂浆和易性取决于砂浆的稠度（沉入度）和保水性。

根据工程实际经验，抹灰砂浆稠度应控制如下：底层抹灰砂浆为 100～120mm；中层抹灰砂浆为 70～80mm；面层抹灰砂浆为 10mm 左右。

水泥砂浆保水性较差时，可以掺入适量的石灰膏、粉煤灰、加气剂或塑化剂，以提高其保水性。为了保证砂浆与基层黏结牢固，抹灰砂浆应具有一定的黏结能力，抹灰时可在砂浆中掺入适量的乳胶、108 胶等材料。

（8）抹灰用的原材料和配合的砂浆应符合质量要求。由于砂浆强度会随着停放时间的延长而降低，一般在 20～30℃的温度下，水泥石灰砂浆放置 4～6h 后，其强度降低 20%～30%，10h 后将降低 50%左右；当施工温度高于 30℃，砂浆强度下降还会增加 5%～10%。因此，抹灰用的水泥砂浆和混合砂浆拌和后，应分别在 3h 和 4h 内使用完毕；当气温高于30℃时，必须分别在 2h 和 3h 内使用完毕。

（9）墙面抹灰底层砂浆与中层砂浆的配合比应基本相同。在一般情况下，混凝土砖墙面底层砂浆不宜高于基层墙体，中层砂浆不能高于底层砂浆，以免在凝结过程中产生较大的收缩应力，破坏底层灰或基层而产生空鼓、裂缝等质量问题。

（10）加强抹灰中各层之间的检查与验收，发现空鼓、裂缝等质量问题，应及时铲除并修平，不要等到面层施工后再进行验收。

（11）抹灰工程使用的水泥除应有出厂合格证外，还应进行标准稠度用水量、凝结时间和体积安定性的复验，不合格的水泥不能用于抹灰工程。

（12）为了增加砂浆与基层黏结能力，可以在砂浆中加入乳胶等材料，但禁止使用国家已淘汰材料（例如 107 胶），108 胶要满足游离甲醛含量小于或等于 1g/kg 的要求，并应有材料试验报告。

（二）混凝土顶板抹灰空鼓与裂缝

1. 质量问题

在现浇混凝土楼板底上抹灰后，如果处理不当，在干燥过程中往往产生不规则的裂纹；在预制空心楼板底抹灰，如果处理不当，往往沿板缝产生纵向裂缝和空鼓现象。以上裂纹、纵向裂缝和空鼓质量问题，不仅严重影响顶板的美观，而且也影响顶板的使用功能。

2. 原因分析

（1）混凝土顶板基层清理不干净，砂浆配合比设计不当或配制质量不合格，从而造成底层砂浆与楼板黏结不牢，产生空鼓、裂缝质量问题。

（2）预制空心楼板两端与支座处结合不严密，在抹灰层施工完成后，使得楼板在负荷时不均匀，产生扭动而导致抹灰层开裂。

（3）在楼板进行灌缝后，混凝土未达到设计强度要求，也未采取其他技术措施，便在楼板上进行其他施工，使楼板不能形成整体工作而产生裂缝。

（4）楼板之间的缝隙过小，缝间的杂物清理不干净，灌缝不易密实，加载后影响预制楼板的整体性，顺着楼板缝的方向出现裂缝。

（5）楼板在灌缝之后未能及时按要求进行养护，使灌入缝隙的混凝土过早失水，达不到设计强度，加载后也会顺着楼板缝的方向出现裂缝。

（6）由于楼板的缝隙狭窄，为了施工方便，配制的灌缝细石混凝土水灰比过大，在混凝土硬化过程中体积发生较大收缩，水分蒸发后产生空隙，造成楼板缝隙开裂，从而带着抹灰层也出现开裂。

3. 处理方法

如果预制空心楼板裂缝较严重，应当从上层地面上剔开板缝，按原来的施工工艺重做；如果楼板裂缝不十分严重，可将裂缝处剔开抹灰层 60mm 宽，进行认真勾缝后，用 108 胶粘玻璃纤维带孔网的带条，再满刮 108 胶一遍，重新抹灰即可。

4. 防治措施

（1）在预制楼板进行安装时，应采用硬的支架安装模板，使楼板端头同支座处紧密结合，形成一个整体。

（2）预制楼板灌缝的时间要适宜，一般最好选择隔层灌缝的顺序，这样可以避免灌缝后产生施工荷载，也便于灌缝后进行洒水养护。

（3）预制楼板的灌缝，必须符合以下具体要求。

① 楼板安装后的下板缝宽度不小于 3cm，如果在板下埋设线管，下板缝宽度不小于 5cm。

② 认真清扫预制楼板的板缝，将杂物、尘土清除干净。

③ 灌缝前浇水湿润板缝，刷水灰比为 0.4～0.5 的素水泥浆一道，再浇灌坍落度为 50～70mm 的 C20 细石混凝土并捣固密实。专人进行洒水养护，避免混凝土过早失水而出现裂缝。

④ 灌缝细石混凝土所用的水泥，应优先选用收缩性较小、早期强度较高的普通硅酸盐水泥，以避免出现裂缝，提高混凝土的早期强度。

⑤ 现浇混凝土板抹灰前应将表面杂物清理干净。使用钢模板的楼板底表面，应用 10％ 的氢氧化钠溶液将油污清洗干净，楼板的蜂窝麻面用 1∶2 水泥砂浆修补抹平，凸出部分混凝土剔凿平整，预制楼板的凹形缝用 1∶2 水泥砂浆勾抹平整。

⑥ 为了使底层砂浆与基层黏结牢固，抹灰前一天顶板应喷水进行湿润，抹灰时再喷水一遍。现浇混凝土的顶板抹灰，底层砂浆用 1∶0.5∶1 混合砂浆，厚度为 2～3mm，操作时顺模板纹的方向垂直抹，用力将底层灰浆挤入顶板缝隙中，紧跟着抹上中层砂浆找平。

（三）钢丝网顶棚抹灰空鼓与裂缝

1. 质量问题

钢丝网顶棚抹灰应用并不广泛，一般主要用于室内水蒸气较大或潮湿的房间，但是当钢丝网抹灰使用砂浆的强度等级较高时容易发生空鼓、开裂现象。

2. 原因分析

（1）潮湿的房间应抹水泥砂浆或水泥混合砂浆，同时为了增加抹灰底层与钢丝网的黏结强度，一般采用纸筋（或麻刀）混合砂浆打底。当混合砂浆中的水泥用量比例较大时，在硬化过程中，如果养护条件不符合要求，反而会增加砂浆的收缩率，因而会出现裂缝。找平层采用水泥比例较大的纸筋（麻刀）混合砂浆，也会因收缩而出现裂缝，并且往往与底层裂缝贯穿；当湿度较大时，潮气通过贯穿裂缝，大量渗透到顶棚里，使顶棚基层受潮变形或钢丝网锈蚀，引起抹灰层脱落。

（2）钢丝网顶棚具有一定的弹性，抹灰后由于抹灰的重量，钢丝网发生挠曲变形，使各抹灰层间产生剪力，引起抹灰层开裂、脱壳。

（3）施工操作不当、顶棚吊筋木材含水率过高、接头不紧密、起拱度不准确等，都会影响顶棚表面平整，造成抹灰层厚薄不匀，抹灰层较厚部位容易发生空鼓、开裂。

3. 防治措施

（1）钢丝网抹灰吊顶，严格按操作规程进行施工，钢丝网必须拉紧扎牢，并进行认真检验，检验合格后方可进行下道工序。

（2）钢丝网顶棚基层抹灰前，必须进行严格检查验收，其表面平整高低差应不超过8mm；钢丝网的起拱度以房间短向尺寸为准，4m以内为1/200，4m以上为1/250，周围所弹出的水平线应符合规定。

（3）顶棚的"吊筋"必须牢固可靠，顶棚梁（主龙骨）间距一般不大于150cm，顶棚筋（次龙骨）间距不大于40cm，顶棚筋上最好加一层直径为4～6mm钢筋（钢筋应事先冷拉调直），间距16～20mm设置一根，钢丝网应相互搭接3～5cm，用22号铁丝绑扎在钢筋上，以加强钢丝网的刚度，增加砂浆与钢丝网的黏结接触面，提高抹灰工程的质量，这样既可预防因龙骨产生的收缩变形，又可避免直接将荷载传递给钢丝网而产生抹灰层裂缝。

（4）钢丝网顶棚的抹灰，底层和找平层最好采用组成材料基本相同的砂浆；当使用混合砂浆时，水泥用量不宜太大，并应加强湿养护，如抹灰后立即封闭门窗洞口，使之在湿润的空气中养护。

（5）当使用纸筋或麻刀石灰砂浆抹灰时，对于面积较大的顶棚，需采用加麻丝束的做法，以加强抹灰层黏结质量。用骑马钉将麻丝束与顶棚纸筋钉牢，间距为每40cm一束。麻丝束下长35～40cm，待底层用手指按时感觉不软并有能留有指纹时（即达到七成干），可以抹第二遍纸筋或麻刀石灰砂浆找平层，并将一半麻丝梳理均匀分开粘在抹灰层上，粘成燕尾形。待第二遍砂浆七成干，再抹第三遍砂浆找平时，将余下的一半麻丝束均匀地分开粘在抹灰层上，刮平并用木抹子抹平。

（四）板条顶棚抹灰空鼓与裂缝

1. 质量问题

板条顶棚抹灰是一种传统的做法，现在仍在某些地区采用。板条顶棚抹灰中如果不认真按照设计要求处理和操作，待抹灰过一段时间后很容易出现空鼓与裂缝质量问题，不仅影响顶棚的使用功能，而且具有一定的不安全性。

2. 原因分析

（1）板条顶棚基层龙骨、板条的木材材质不好，或含水率过大，或龙骨截面尺寸不够，或接头不严，或起拱不准，抹灰后均会产生较大挠度，从而形成抹灰空鼓与裂缝。

（2）板条钉得不够牢固，板条间缝隙大小不均或间距过大，基层表面凹凸偏差过大，板条两端的接缝没按要求错开，或没有留出适宜的缝隙，造成板条吸水膨胀和干缩应力集中；抹灰层与板条黏结不良，抹灰层厚薄不匀，引起抹灰与板条方向平行的裂缝或板条接头处裂缝，甚至出现空鼓脱落。

（3）如果采用的板条长度过长，丁头缝留置不合适或偏少，也容易引起抹灰层的空鼓与裂缝。

（4）各层抹灰砂浆配合比设计不当，或者在配制时计量不准确、拌制质量不合格，或者抹灰的时间未掌握好，也会形成抹灰层的空鼓与裂缝。

3. 处理方法

顶棚抹灰产生裂缝后，一般比较难以消除，如使用腻子修补，过一段时间仍会在原处重新开裂。因此，对于开裂两边不空鼓的裂缝，可在裂缝表面用乳胶贴上一条 2～3cm 宽的薄尼龙纱布进行修补，然后再刮腻子喷浆，这样就不易再产生裂缝。这种做法同样适用于墙面抹灰裂缝处理。

4. 防治措施

（1）顶棚基层使用的龙骨、板条，应采用烘干或风干的红、白松等材质较好的木材，其含水率不大于 20%；顶棚吊杆、龙骨断面和间距应当经过计算，较大房间或吊杆长度大于 1.5m 时，除了木吊杆外，应适当增加直径不小于 8mm 的钢筋吊杆，起拱的高度以房间跨度的 1/200 为宜，小龙骨间距不大于 40cm，四周应在一个水平面上。

（2）顶棚的板条一定要钉牢，板条的间距要适宜，一般以 5～8mm 为宜。如果间距过小，底层灰浆不容易挤入板条缝隙中，形不成转角，灰浆与板条结合不好，挤压后容易产生空鼓，甚至出现脱落；如果间距过大，不但浪费灰浆，增加顶棚荷载重量，而且由于灰浆的干缩率增大，灰层容易产生空鼓和与板条平行的裂缝。

（3）板条的长度不宜过长，一般以 79.5cm 左右为宜，板条两端必须分段错开钉在小龙骨的下面，每段错开的长度不宜超过 50mm，在接头处应留出 3～5mm 缝隙，以适应板条湿胀干缩变形。

（4）顶棚所用的灰浆的水灰比不能过大，在允许的情况下应尽量减少用水量，以防止板条吸水膨胀和干缩变形过大而产生纵横方向的裂缝。

（5）底层灰浆中应掺入适量的麻刀和一定量的水泥，抹灰时要确实将灰浆均匀挤入板条缝隙中，厚度以 3～5mm 为宜。接着抹 1:2.5 石灰砂浆结合层，把此砂浆压入底层灰中，待六七成干时再抹 1:2.5 石灰砂浆找平层，厚度控制在 5～7mm；找平层六七成干后再抹麻刀灰面层，两遍成活。

（6）板条顶棚在抹灰浆后，为防止水分蒸发过快，应把门窗封闭严密，使抹灰层在潮湿空气中养护，以保证板条顶棚抹灰的质量。

（五）墙裙、窗台产生空鼓与裂缝

1. 质量问题

墙裙或水泥砂浆窗台施工后，经过一段时间的硬化干燥出现空鼓或裂缝质量问题，尤其是在墙裙或窗台与大面墙抹灰的交接处，这种现象比较突出。

2. 原因分析

（1）墙面基层处理不干净，影响抹灰与墙面的黏结力。如内墙在先抹墙面石灰砂浆时，踢脚板或墙裙处往往也抹一部分，在抹水泥砂浆墙裙时，如果对于抹的石灰砂浆清理不干净，则水泥砂浆封闭在其表面，石灰浆无法与空气接触，强度增长非常缓慢，而水泥砂浆强度增长较快，其收缩量也与日俱增，这样水泥砂浆抹面则会出现空鼓。

（2）由于水泥与石灰这两种胶凝材料的强度相差悬殊，基层强度小的材料不能抵御强度大的材料收缩应力作用，也很容易产生空鼓现象。在冷热、干湿、冻融循环的作用下，这两种胶凝材料的胀缩比差异也很大，因此在墙面同墙裙、窗台、护角等交接处易出现空鼓、裂缝现象。

（3）如果配制砂浆的砂子含泥量过大，造成砂浆干缩大，黏结强度降低；或者采用的水泥强度等级过高，产生的收缩应力较大，均会出现空鼓与裂缝质量问题。

（4）砂浆配合比设计不当，配制时用水量不准，砂浆的稠度相差过大，容易产生裂缝；墙面湿润程度不同，造成砂浆干缩不一样，也容易产生裂缝。如果在墙裙顶口洒水不足，也会造成干缩裂缝。

（5）砂浆面层最后一遍压光时间掌握不当。如果压光过早，面层水泥砂浆还未收水，从而造成砂浆稀收缩大，易出现裂缝；如果压光过迟，面层水泥砂浆已硬化，当用力抹压时会扰动底层砂浆，使砂粒上原有的水泥胶体产生部分剥离，水化的水泥胶体未能及时补充，该处的黏结力就比较差，则形成起砂和脱壳。

（6）有的抹灰不严格按施工规范进行，单纯为了追求效益而加快施工进度，错误地采取"当天打底、当天罩面"的施工方法，使两道工序间隔时间不符合要求，这种做法实际上就是一次抹灰，这样也会出现裂缝。

（7）在低温环境下施工时，面层砂浆刚抹后发生受冻，其中水分冻结并产生体积膨胀，砂浆无法再填充密实，这样会出现起壳。在高温情况下施工时，抹灰后由于砂浆中的水分迅速蒸发，造成砂浆因脱水而收缩率增大，也很容易出现裂缝。

3. 防治措施

（1）配制抹灰砂浆的水泥强度等级不宜过高，一般采用 32.5MPa 以下等级的水泥即可，必要时也可掺入适量的粉煤灰；配制抹灰砂浆的砂子，一般宜采用中砂，砂子的含泥量一般不应超过 3%。

（2）各层抹灰砂浆应当采用比例基本相同的水泥砂浆，或者是水泥用量偏大的水泥混合砂浆。

（3）采用比较合理的施工顺序，在一般情况下先抹水泥砂浆或水泥混合砂浆，后抹石灰砂浆。如果必须先抹石灰砂浆，在抹水泥砂浆的部位应当弹线后按线将石灰砂浆彻底铲除干净，并再用钢丝刷子进一步清理，用清水冲洗干净。

（4）合理确定上下层抹灰的时间，既不要过早也不要过迟，一般在底层抹灰达到终凝后再抹上面的砂浆。

（5）掌握后面层压光的时间。面层在未收水前不准用抹子压光；砂浆如已硬化则不允许再用抹子搓压，而应再薄薄抹一层 1:1 细砂水泥砂浆压光，弥补表面不平和抹痕，但不允许用素水泥浆进行处理。

（六）水泥砂浆抹面出现"析白"

1. 质量问题

水泥砂浆抹面经过一段时间凝结硬化后，在抹灰层的表面出现"析白"现象，这种质量问题不仅会污染环境，而且严重影响观感。

2. 原因分析

（1）对于水泥砂浆抹灰的墙面，水泥在水化过程中生成氢氧化钙，在砂浆尚未硬化前，随着水渗透到抹灰表面，与空气中的二氧化碳化合生成白色的碳酸钙。在气温较低或水灰比较大的砂浆抹灰时析出现象会更加严重。

（2）从材料本身分析，原因主要包括两种：一种是采用了碱性水泥（多为小厂品种），这些不合格的水泥在凝结硬化中产生了析碱反应；另一种是墙面自身采用了碱性材料（主要为砖材），然后产生了析碱-透碱反应。

（3）在冬季抹灰施工中，为了提高砂浆早期强度或防止砂浆产生冻结，往往掺加一定量的早强剂、防冻剂等外加剂，随着抹灰湿作业这些白色外加剂析出抹灰面层。

3. 处理方法

（1）对于比较轻微的析出白粉处理，可将析出白粉的地方充分湿润后，将混合粉剂（硫酸钠∶亚硫酸钠＝1∶1）拌和均匀，用湿布蘸着混合粉擦拭干净，再用清水冲洗，干燥后刷一遍掺10％的水玻璃溶液。

（2）对于析出白粉比较严重的墙面，可用砂纸打磨后，在墙面上轻轻喷水，干燥后如果再出现"析白"，再次用砂纸打磨、喷水，经过数遍后直至"析白"减少至轻微粉末状，待擦净后再喷一遍掺10％的水玻璃溶液。

（七）抹灰面不平，阴阳角不垂直、不方正

1. 质量问题

内墙面抹灰完毕后，经过质量验收，发现抹灰面的平整度、阴阳角垂直或方正均达不到施工规范或设计要求的标准。

2. 原因分析

（1）在抹灰前没有按照设计要求找方正、挂线、做"灰饼"和"冲筋"，或者"冲筋"的强度较低，或者冲筋后过早进行抹灰施工。

（2）所做的"冲筋"距离阴阳角太远，无法有效地控制阴阳角的施工，从而影响了阴阳角的方正。

3. 防治措施

（1）在进行抹灰之前，必须按照施工规定按规矩找方正，横线找平，竖线吊直，弹出施工准线和墙裙（或踢脚板）线。这是确保抹面平整、阴阳角方正的施工标准和依据。

（2）先用托线板检查墙面的平整度和垂直度，决定抹灰面的厚度。在墙面的两上角各做一个灰饼，利用托线板在墙面的两下角也各做一个"灰饼"，上下两个"灰饼"拉线，每隔1.2～1.5m分别做"灰饼"；再根据"灰饼"做宽度为10cm的"冲筋"；最后再用托线板和拉线进行检查，使"灰饼"和"冲筋"表面齐平，无误后方可进行抹灰。

在做"灰饼"和"冲筋"时，要注意不同的基层要用不同的材料，如：水泥砂浆或水泥混合砂浆墙面，要用1∶3（水泥∶砂）的水泥砂浆；白灰砂浆墙面，要用1∶3∶9（水泥∶砂∶石灰膏）的混合砂浆。

（3）如果在"冲筋"较软时抹灰则易碰坏"冲筋"，"冲筋"损坏抹灰后墙面易产生不平

整；如果在"冲筋"干硬后再抹灰，由于"冲筋"收缩已经完成，待抹灰产生收缩后"冲筋"必然高出墙面，仍然造成不平整。对水泥砂浆或混合砂浆来讲，待水泥达初凝后终凝前抹灰较为适宜。

（4）对于抹灰所用的工具应经常检查修正，尤其是对木质的工具更加注意，以防止变形而影响抹灰质量。

（5）在阴阳角部位抹灰时，一是要选拔技术水平较高的人员施抹，二是随时检查角的方正，发现偏差及时纠正。

（6）在罩面灰浆进行抹灰前应进行一次质量检查验收，验收的标准同抹灰面层，不合格之处必须修正后再进行下道工序的施工。

（八）装饰灰线产生变形

1. 质量问题

装饰灰线在抹灰中主要起到装饰表面的作用，如果不加以重视则很容易出现结合不牢固、开裂、表面粗糙等质量问题。

2. 原因分析

（1）出现以上质量问题主要原因在基层的处理上。基层处理不干净，存有浮灰和污物；浇水没有浇透，基层湿度不满足抹灰要求，导致砂浆失水过快；抹灰后没有及时进行养护，导致底灰与基层结合不牢固，砂浆硬化过程缺水造成开裂；抹灰线的砂浆配合比设计不当，配制时计量不准确，或未涂抹结合层，均能造成空鼓；在抹灰后如果没有及时养护好，也会产生底灰与基层处理结合不牢的现象。

（2）施工过程中靠尺松动，冲筋损坏，推拉灰线线模用力不均，手扶不稳，导致灰线产生变形，不顺直。

（3）喂灰不足，推拉线模时灰浆挤压不密实，罩面灰稠稀不匀，推抹用力不均，使灰线面产生蜂窝、麻面或粗糙。

3. 防治措施

（1）灰线必须在墙面罩面灰浆施工前进行设置，且墙面与顶棚的交角必须垂直和方正，符合高级抹灰面层的验收标准。

（2）抹灰线底灰前，将基体表面清理干净，在抹灰前一天浇水湿润，抹灰线时再洒一些水，保证抹灰基层湿润。

（3）抹灰线砂浆时，应先抹一层水泥石灰混合砂浆过渡结合层，并认真控制各层砂浆配合比。同一种砂浆也应分层施抹，推拉挤压要确实密实，使各层砂浆黏结牢固。

（4）灰线线模的型体应规整，线条清晰，工作面光滑。按照灰线尺寸固定的靠尺要平直、牢固，与灰线线模紧密结合，推拉要均匀，用力抹压灰线。

（5）喂灰时应当饱满，挤压应当密实，接茬要平整，如有缺陷应用细纸筋（麻刀）灰修补，再用灰线线模将其整平压光，使灰线表面密实、光滑、平顺、均匀，线条清晰，色泽一致。

（6）目前市场上预制灰线条较多，为确保装饰灰线不发生变形，施工单位可同建设单位商议，改为预制灰线条。

二、外墙抹灰质量问题与防治措施

外墙抹灰是外墙装饰最常见的方法之一，其材料来源广泛、施工比较简便、价格相对低廉、装饰效果较好。由于外墙抹灰暴露于空气之中，经常受到日晒、风吹、冰冻、雨淋、温差、侵蚀介质等综合因素的作用，其出现的质量问题要比内墙抹灰多。在实际工程中外墙抹灰常见的质量通病有：空鼓与裂缝，接茬有明显抹纹，色泽不均匀，分格缝不平不直，雨水污染墙面，窗台处向室内出现渗漏水，墙面出现"泛霜"现象等。

（一）外墙抹灰面产生渗水

1. 质量问题

外墙抹灰工程完成后，遇到风吹雨打仍然有渗水现象，不仅污染室内环境，损坏家具，而且影响使用功能，甚至危及建筑安全。

2. 原因分析

（1）在墙体砌筑施工中，没有严格按照施工规范要求砌筑，尤其是砂浆的饱满度不符合要求，从而造成砌块之间形成渗水通道，这是外墙面产生渗水的主要原因。

（2）在进行抹灰施工之前，没有将外墙砌体中的空头缝、穿墙孔洞等嵌补密实，从而使其产生渗水。

（3）在墙体砌筑施工中混凝土构件与砌体接合处没有处理好。

3. 处理方法

外墙渗水原因繁多，后果严重。对于外墙抹灰面渗水，必须查明原因，针对不同情况分别采用以下不同方法处理。

（1）如果抹灰层墙面产生裂缝但未脱壳，其具体处理方法是：将缝隙扫除干净，用压力水冲洗晾干，采取刮浆和灌浆相结合的方法，用水泥细砂浆（配合比为 1：1）刮入缝隙中。当有裂缝深度大于 20mm、砂浆不能刮到底时，刮浆由下口向上刮出高 500mm，下口要留一个小孔。随后用大号针筒去掉针头吸进纯水泥浆注入缝中，当下口孔中有水泥浆流出时随即堵塞孔口。

（2）如果抹灰层墙面产生裂缝又脱壳，必须将其铲除重新施工。其具体处理方法是：将铲除抹灰层的墙体扫除干净、冲洗湿润，再将砌体所有的缝隙、孔洞用 1：1 的水泥砂浆填嵌密实。

抹灰砂浆要求计量准确、搅拌均匀、和易性好。头道灰是在墙面上刷一遍聚合物水泥浆（108 胶：水：水泥＝1：4：8），厚度控制在 7mm，抹好后用木抹子搓平，在新旧抹灰层接合处要抹压密实。在相隔 24h 后，先按设计分格进行弹线贴条，分格条必须和原有分格缝连通，要求达到顺直同高。面层抹灰以分格条的高度为准，并与原面层一样平。待抹灰层稍微收干，用软毛刷蘸水、沿周边的接茬处涂刷一遍，再进行细致抹压，确保平整密实。

（3）如果是沿着分格缝隙产生渗水，要将分格缝内的灰疙瘩铲除，扫除冲洗干净后晾干，用与原色相同的防水柔性密封胶封堵密实。

（4）当外墙出现的渗水面积较大，但渗水量较小且没有集中漏水处时，可将外墙面上的灰尘扫除干净，全部喷洒一遍有机硅外墙涂料，待第一遍干燥后再涂一遍，一般情况下就可以止住这种渗水。

4. 防治措施

（1）在外墙抹灰前，首先认真检查基层的质量，堵塞外墙面上的一切渗水通道。在检查和处理时，要全面查清外墙面上的一切缝隙与孔洞，并要做好详细记录；对缝隙与孔洞的处理要派专人负责，清除缝隙与孔洞中的砂浆、灰尘及杂物，冲洗干净。对于砖墙需要嵌填的孔洞，要用砖和混合砂浆嵌填密实。

（2）严格按照现行国家标准《建筑装饰装修工程质量验收标准》（GB 50210—2018）中的要求，按照以下步骤做好外墙面抹灰层。

① 首先打扫干净墙面上的灰疙瘩、粉尘及杂物，并用清水冲洗湿润。

② 按施工规范要求安装好门窗框，并嵌补好门窗周围与墙体的间隙。

③ 抹灰砂浆要进行配合比设计，要严格配制时的计量，要搅拌均匀、及时应用。砂浆稠度要适宜，底层抹灰应控制在 $100\sim120mm$，中层抹灰和面层抹灰应控制在 $70\sim90mm$。

④ 对于底层抹灰，一个墙面必须一次完成，不得设置施工缝，抹灰时要用力刮紧、刮平，厚度控制在 $7mm$ 左右。对于面层抹灰要平整均匀，注意加强成品保护和湿养护，防止水分蒸发过快而产生裂缝。

（二）外墙面发生空鼓与裂缝

1. 质量问题

外墙用水泥砂浆抹灰后，由于各方面的原因，有的部位出现空鼓或裂缝，严重的出现脱落现象，不仅严重影响外墙的装饰效果，还会导致墙体出现渗水。

2. 原因分析

（1）建筑物在结构变形、温差变形、干缩变形过程中引起的抹灰面层产生的裂缝，大多出现在外墙转角，以及门窗洞口的附近。外墙钢筋混凝土圈梁的变形比砖墙大得多，这是导致外墙抹灰面层空鼓和裂缝的主要原因。

（2）有的违章作业，基层面没有扫除干净，干燥的砖砌体面浇水不足，也是抹灰层空鼓的原因。

（3）有的底层采用的砂浆强度比较低，其黏结力较差，如面层砂浆收缩应力大，会使底层砂浆与基体剥离，产生挠曲变形而空鼓、裂缝；有的光滑基层面没有认真进行"毛化处理"，也会产生空鼓。

（4）抹灰砂浆配合比未进行设计，或不符合设计要求，或配制砂浆时不计量，尤其是用水量不控制，搅拌不均匀，砂浆和易性差，有时分层度大于 $30mm$，则容易产生离析；有时分层度过小，致使抹灰层强度增长不均匀，产生应力集中效应，从而出现较大变形，产生龟裂质量问题。

（5）如果搅拌好的砂浆停放超过 $3h$ 后再用，则砂浆已经产生终凝，其强度、黏结力都有所下降。

（6）抹灰工艺不当，没有分层进行操作。如一次成活，灰层厚薄不匀，在重力作用下产生沉降收缩裂缝；或虽然分层抹灰，但却把各层作业紧跟操作，各层砂浆水化反应快慢差异大，强度增长不能同步，在其内部应力效应的作用下也会产生空鼓和裂缝。

（7）需要在冬季施工时，未采取可靠的防冻措施，抹灰层出现早期受冻，墙面也会发生空鼓与裂缝。

（8）在抹灰操作的过程中，施工者采用灰层表面撒干水泥拔除水分的错误做法，造成表面强度高，拉动底层灰，从而引起空鼓与裂缝。

（9）由于施工环境温度较高，砂浆抹灰层失水过快，加上不能及时按要求进行养护，从而造成干缩裂缝。

（10）由于墙面抹灰未进行合理分缝，大面积抹灰层缺少分格缝，也会产生收缩裂缝。

3．处理方法

（1）砖砌体抹灰面空鼓、脱壳时，先用小锤敲打，查明起鼓和脱壳范围，划好铲除范围线，尽可能划成直线形；采用小型切割机，沿线切割开，将空鼓、脱壳部位全部铲除；用钢丝板刷刷除灰浆黏结层，用水冲洗洁净、晾干；先刷一遍聚合物水泥浆，在1h内抹好头层灰，砂浆稠度控制在10mm左右，要求刮薄、刮紧，厚度控制在7mm，如超过厚度要分两层抹平，抹好后用木抹子搓平；隔天，应按原分格弹水平线或垂直线。贴分格条时，必须和原有分格缝连通，外平面要和原有抹灰层一样平，因面层抹灰是以分格条面为准而确定平整度。要求抹纹一致，按有关规定处理分格条。抹灰层稍微干燥后，用软毛刷蘸水，沿周围的接茬处涂刷一遍，再细致抹平压实，确保无收缩裂缝。铲除缝内多余砂浆，用设计规定的色浆或防水密封胶嵌入平整密实。

（2）混凝土基体面的抹灰层脱壳的处理方法与砖砌体不同。铲除脱壳的抹灰层后，采用10%的火碱水溶液或洗洁精水溶液，将混凝土表面的油污及隔离剂洗刷干净，再用清水反复冲洗洁净，再用钢丝板刷将表面松散浆皮刷除，用人工"毛化处理"，方法是用聚合物砂浆（水泥：108胶：水：砂＝10：1：4：10）洒布到基体面上，要求洒布均匀。组成增强基体与抹灰层的毛面黏结层。如需要大面积"毛化处理"，可用 $0.6m^3/min$ 空压机及喷斗喷洒经搅拌均匀的聚合物水泥砂浆，湿养护硬化后抹灰方法和要求同本处理方法上一条。

（3）对有裂缝但未出现脱壳的处理，可参照"外墙面产生渗水"的处理方法。

4．防治措施

（1）加强建筑工程施工管理和检查验收制度，对各道施工工序严格把关。严格执行现行国家标准《建筑装饰装修工程质量验收标准》（GB 50210—2018）中的有关规定，认真处理好基体，堵塞一切缝隙和孔洞。

（2）基层处理。刮除砖砌体砖缝中外凸的砂浆，并将表面清扫和冲洗洁净。在抹底子灰前，先喷一层结合浆液（108胶：水溶液＝1：4）。抹底子灰的砂浆稠度控制在10mm左右，厚度控制在7mm左右，用力将砂浆压入砖缝内，并用木杠将表面平整，再用木抹子刮平、扫毛，然后浇水养护。按设计需求贴分格条，进行各种细部处理，如窗台、滴水线（槽）等。抹面层灰按分格条分两次进行抹平、搓平和养护。

（3）混凝土基层处理。剔凿混凝土基层表面凸出部分，对于较光滑面进行凿毛，用钢丝板刷刷除表面浮灰泥浆。如基层表面上有隔离剂、油污等，应用10%的火碱水溶液或洗洁精水溶液洗刷干净，再用清水洗刷掉溶液。然后刷一层聚合物水泥浆。其他抹灰要求与砖砌体抹灰相同。

（4）加气混凝土基层处理。用钢丝板刷将表面的粉末清刷一遍，提前1h浇水湿润，将砌块缝隙清理干净，并刷一层结合浆液（108胶：水＝1：4），随即用混合砂浆（水泥：石灰膏：砂＝1：1：6）勾缝、刮平。在基层喷刷一层108胶水溶液，使底层砂浆与加气混凝土面层黏结牢固。抹底子灰和面层灰的要求与砖砌体的抹灰要求相同。

（5）有关条板的基层处理。用钢丝板刷刷除条板的基层表面粉末，喷涂一层108胶水溶液。随即用混合砂浆勾缝、刮平，再钉150～200mm宽的钢丝网或粘贴玻纤网格布，以减少产生较大的收缩变形。面层处理应按设计要求施工。

（6）夏季进行抹灰时，应避免在日光暴晒下进行施工，墙体罩面层成活后第2天应洒水养护，并坚持如此养护7d以上。

（三）压顶抹灰层脱壳与裂缝

1. 质量问题

压顶抹灰层出现脱壳和裂缝质量问题后，必然导致向室内渗水；或抹灰面发生外倾，使污水污染外装饰，严重影响外装饰的美观。

2. 原因分析

（1）压顶抹灰属于高空作业，施工难度比较大，施工质量较难保证，如果抹灰的基层处理不善，不按照施工规范进行施工，很容易造成脱壳与裂缝而产生渗水。

（2）如果压顶面的流水坡度向外倾，雨水会夹杂着泥污向外侧流淌，从而污染建筑的外装饰。

（3）在压顶抹灰层施工时，技术交底工作不够详细，在施工过程中管理不严格，施工各环节没有进行认真质量检查，使压顶抹灰层不符合设计的质量要求。

3. 处理方法

（1）压顶因脱壳、裂缝而产生渗水的处理方法为：铲除脱壳部分的抹灰层，清除墙面上的抹灰上的浮尘，并将灰尘和杂质扫除冲洗干净，然后刷聚合物水泥浆一遍，随即用水泥砂浆（水泥∶砂＝1∶2.5）抹头层灰，隔一天再抹面层灰。抹灰的具体要求，即向内倾排水，下口抹滴水槽或滴水线。

（2）当出现横向裂缝时，用小型切割机将裂缝切割到宽度10～15mm，并将缝内外的杂物清理干净，但不要浇水湿润，然后再嵌入柔性防水密封胶。

（3）当出现局部不规则裂缝而没有脱壳时，可将抹面裂缝中扫除干净，用清水冲洗后晾干。再用聚合物水泥浆灌满缝隙，待收水后抹压平整，然后喷水养护7d左右。

4. 防治措施

（1）为确保压顶抹灰的质量，无论哪类压顶抹灰，均应按照设计要求进行严格施工，这是避免出现压顶抹灰层脱壳与裂缝质量问题的关键。

（2）认真处理好抹灰基层，即刮除砌筑施工挤浆的灰疙瘩，补足补实空头缝，用清水冲洗清除干净灰尘，并加以晾干，涂刷一层聚合物水泥浆。

（3）施工要有正确的操作顺序和工艺。抹灰时用水泥砂浆（水泥∶砂＝1∶2.5）先抹两侧的垂直面，然后再抹顶面的头遍灰；要求每隔10延米留出一条宽度为10～15mm的伸缩缝，以适应温度变形；一般应在抹压完找坡度层后再抹面层灰浆，两边还要抹滴水槽或滴水线。

（4）抹好后的压顶要加强湿养护，养护时间一般不得少于7d。在冬季施工时还要注意采取可靠的防冻措施，特别注意避免刚抹灰层出现冻结。待抹灰层硬化干燥后，在伸缩缝中填嵌柔性防水密封胶。

（5）检查两侧下口的滴水槽（滴水线）的施工质量，如有达不到设计要求的必须及时加以纠正，防止出现"爬水"现象。

（四）滴水槽（滴水线）不标准

1. 质量问题

滴水槽、滴水线未按照设计的要求进行施工，从而造成雨水沿墙面流淌，不仅污染墙面的装饰面，严重影响外墙观感和环境卫生，而且可能会渗湿墙体，严重影响主体结构的安全性。

2. 原因分析

（1）没有严格按照设计要求和现行国家标准《建筑装饰装修工程质量验收标准》（GB 50210—2018）中规定进行施工，违反了"外墙窗台、窗楣、雨篷、阳台、压顶和突出腰线等，上面应做流水坡度，下面应做滴水线。滴水槽的深度和宽度均不应小于10mm，并整齐一致"的规定。

（2）有的滴水槽（或滴水线）达不到设计要求，引起"爬水"和沿水，或滴水槽是用钉划的一条槽，或阳台、挑梁底的滴水槽（或滴水线）处理简单等，雨水仍沿着梁底斜坡淌到墙面上，污染墙并渗入室内，不仅影响使用功能，而且严重破坏结构和装饰效果。

3. 处理方法

（1）因为没做滴水槽（或滴水线）而出现沿水、"爬水"时，可按照设计要求补做滴水槽或滴水线。

（2）原有滴水槽（或滴水线）没有严格按照设计要求去做，或者被碰撞脱落和有缺损时，要返工纠正和修补完好。

（3）在斜向挑梁的根部，虽然已做滴水槽或滴水线，但仍然出现水流淌到墙根渗入墙内时，必须补做两道滴水槽或滴水线。

4. 防治措施

（1）在进行滴水槽（或滴水线）施工时，要认真对照施工图纸和学习有关规定，掌握具体的施工方法，并根据工程的实际情况，明确具体的做法。

（2）对于滴水线。在外墙抹灰前用木材刨成斜面，撑牢或钉牢，确保线条平直。当抹灰层干硬后将木条拆除。加强养护和保护，防止碰撞而造成缺口。

（3）对于滴水槽。在抹底灰前应制作10mm×10mm的木条，粘贴在底面。每项工程要用统一的规格，使抹灰面层平整标准。当抹灰层干硬后轻轻地将木条起出。对于起木条时造成的小缺口，要及时修补完整。

（五）外墙面接茬差别较大

1. 质量问题

在外墙面抹灰的施工中，由于各种原因造成接茬差别比较明显的质量问题，例如抹压纹比较混乱、色差比较大、墙面高低不平等，严重影响外墙面的观感。

2. 原因分析

（1）外墙装饰抹灰面的材料不是一次备足，所用的材料不是相同品种、规格，或者在配制砂浆时计量不准确，或者在每次配制时气候（温度、风力等）相差较大，结果造成抹灰的颜色等有差异。

（2）墙面抹灰没有设置分格缝或分格过大，造成在一个分格内砂浆不能同时抹成；或者抹灰接茬位置不正确。

（3）在进行外墙抹灰的操作中，脚手架没有根据抹灰者的需要进行及时调整，造成抹灰操作十分困难，或抹灰人员配备不能满足抹灰面的要求，或拌制的抹灰材料不能满足施工需要，从而造成抹灰层接茬比较明显。

（4）抹灰的基层或底层浇水不均匀，或浇水后晾干的程度不同，因抹灰基层或底层干湿情况不一样，也会造成接茬比较明显。

（5）采用的水泥或其他原材料质量不合格，不能按时完成抹灰工序，反复抹压也会出现色泽不一致和明显的抹纹。

（6）施工中采用了不同品种、不同强度等级的水泥，不仅会造成颜色不一致，同时由于水泥强度等级不同，在交接处产生不同的收缩应力，甚至还会导致裂缝的产生。

（7）施工人员技术水平不高，操作工艺不当，或底层灰过于干燥，或木抹子压光方法不对，均可致使抹纹混乱。

3. 处理方法

（1）当抹灰面层出现接茬明显、色差较大、抹纹混乱质量问题时，将抹灰面扫刷冲洗干净，调配原色、原配合比砂浆，在表面再加抹 3～5mm 厚的砂浆，然后用木抹子将面层拉直压光。

（2）为了保证外墙抹灰层色泽一致，不出现接茬差别较大的质量问题，必须根据外墙面抹灰的实际需要一次备足同品种、同强度等级的水泥、石灰、砂，并有专人负责，统一按照配合比计量搅拌砂浆。

（3）当普通建筑的外墙抹灰面层色差不明显、抹纹不太混乱、影响观感不严重时，可以稍加处理或不进行处理。

4. 防治措施

（1）外墙抹面的材料必须按设计一次备足，做到材料专用。水泥要同一品种、同一批号、同一强度等级；砂子要选用同一产地、同一品种、同一粒径的洁净中砂。坚决杜绝在施工过程中更换水泥品种和强度等级。

（2）毛面水泥表面施工中用木抹子进行抹压时，要做到用力轻重一致、方法正确，先以圆弧形搓抹，然后再上下抽动，方向要一致，这样可以避免表面出现色泽深浅不一致、起毛纹等质量问题。

（3）要求压光的水泥砂浆外墙面，可以在抹面压光后用细毛刷蘸清水轻刷表面，这种做法不仅可以解决表面接茬和抹纹明显的缺陷，而且可以避免出现表面的龟裂纹。

（4）在抹灰前要预先安排好接茬位置，一般把接茬位置留在分格缝、阴阳角、水落等处。在抹灰中应根据抹灰面积配足人员，一个墙面的抹灰面层要一次完成。

（5）在主体工程施工搭设脚手架时，不仅应满足主体工程施工的要求，而且也应照顾到外墙抹灰装饰时分段分块施工的部位，以便于装修施工及实现外墙抹灰后的艺术效果。

（六）建筑物外表面起霜

1. 质量问题

在建筑物外表面工程竣工后，由于抹灰材料含碱量较高，建筑物的外表面易出现一层白色物质，俗称为"起霜"，轻者影响建筑物的美观，严重者由于结晶的膨胀作用会导致装饰层与基层剥离，甚至产生空鼓。

2. 原因分析

（1）配制混凝土或水泥砂浆所用的水泥含碱量高，在水泥的凝结硬化过程中析出大量的氢氧化钙，随着混凝土或水泥砂浆中水分蒸发，逐渐沿着毛细孔向外迁移，将溶于水中的氢氧化钙带出，氢氧化钙与空气中的二氧化碳反应，生成不溶于水的碳酸钙，从而使建筑物外表面起霜。

（2）水泥在进行水化反应时生成部分氢氧化钠或氢氧化钾，它们与水泥中的硫酸钙等盐类反应，生成硫酸钠和硫酸钾，二者都是溶于水的盐类，随着水分的蒸发迁移到建筑物表面，在建筑物表面上留下白色粉状晶体物质。

（3）在冬期混凝土或水泥砂浆施工中，常使用硫酸钠或氯化钠作为早强剂或防冻剂，这样又增加了可溶性盐类，也增加了建筑物表面析出白霜的可能性。

（4）某些地区采用盐碱土烧制的砖，经过雨淋后砖块中的盐碱溶于水，经过日晒水分迁移蒸发，将其内部可溶性盐带出，在建筑物外表面形成一层白色结晶。

（5）由于砖、混凝土和砂浆等都有大量的孔隙，有些具有渗透性，当外界的介质（特别是空气中的水分）进入内部后，内部可溶性盐类产生溶解，当水分从内部蒸发出来时将会带出一部分盐类物质，加剧了白霜的形成。

3. 处理方法

（1）对于外墙表面"起霜"较轻、白霜为溶于水的碱金属盐类，可以直接用清水冲刷除去。

（2）对于外墙表面"起霜"较严重、白霜为不溶于水的盐类，可以用喷砂机喷干燥细砂进行清除。

（3）除可用以上两种方法外，也可采用酸洗法，一般可选用草酸溶液或1：1的稀盐酸溶液。酸洗前应先将表面用水充分湿润，使其表面孔隙吸水饱和，以防止酸液进入孔隙内，然后用稀弱酸溶液清洗，除去白霜后再用清水彻底冲洗表面。

（4）无论采用何种方法进行处理，最后均采用有机硅材料对表面做憎水处理。

4. 防治措施

（1）墙体所用材料和砌筑材料（如砖、水泥等），应选用含碱量较低者；不使用碱金属氧化物含量高的外加剂（如氯化钠、硫酸钠等）。

（2）在配制混凝土或水泥砂浆时，掺加适量的活性硅质掺合料，如粉煤灰、矿渣粉、硅灰粉等。

（3）采取技术措施提高基层材料的抗渗性，如精心设计配合比，选用质量优良的材料精确称量配合，混凝土和砂浆掺加减水剂以降低用水量，从而增加其密实性，降低其孔隙率，提高抗渗性能。

（4）在基层的表面喷涂防水剂，用以封堵混凝土或砂浆表面的孔隙，消除水向基层内渗透的入口。

（5）混凝土和砂浆等都是亲水性材料，可用有机硅等憎水剂处理其表面，使水分无法渗入基层的内部，这样也可阻止其起霜。

三、装饰抹灰质量问题与防治措施

装饰抹灰是目前建筑内外最常用的装饰，它具有一般抹灰无法比拟的优点。它质感丰富、颜色多样、艺术性强、价格适中。装饰抹灰通常是在一般抹灰底层和中层的基础上，用不同的施工工艺、不同的饰面材料做成各种不同装饰效果的罩面。在建筑装饰工程中最常见的装饰抹灰有水刷石饰面、干粘石饰面、斩假石饰面等。

（一）水刷石饰面质量问题与防治措施

1. 水刷石面层发生空鼓

（1）质量问题　水刷石外墙饰面施工完毕后，有些部位面层出现空鼓与裂缝，严重影响饰面的美观和使用功能。如果雨水顺着空鼓与裂缝之处渗入，更加危害饰面和墙体。

（2）原因分析

① 在抹面层水泥石子浆前，没有抹压素水泥浆结合层，或者基层过于干燥，没有进行浇水湿润。

② 基体面处理不符合要求，没有将其表面上的灰尘、油污和隔离物清理干净，光滑的表面没有进行凿毛"毛化"处理，基层与水刷石饰面黏结力不高。

③ 水泥石子浆体偏稀或水泥质量不合格，罩面产生下滑；操作者技术水平欠佳，反复冲刷增大了罩面砂浆的含水量，均有可能造成空鼓、裂缝和流坠。

④ 在抹压素水泥浆结合层后，没有紧跟抹石子罩面灰，相隔时间过长；再加上没有分层抹灰或头层灰的厚度过大，都容易造成空鼓与裂缝。

（3）处理方法

① 查明面层空鼓的范围和面积，经计算确定修补所用的材料。为避免再出现色差较大等质量问题，水泥品种、石子粒径、色泽、配合比等要和原用材料完全相同。

② 凿除水刷石面层的空鼓处，如果发现基层也有空鼓现象，也要将基层空鼓部分凿除，以防止处理不彻底，再次出现空鼓质量问题。

③ 对周边进行处理。用尖头或小扁头的錾子沿边将松动、破损及裂缝的石子剔除，形成一个凹凸不规则的毛边。

④ 对基层进行处理。刮除灰砂层，将表面的灰砂扫除干净，并用清水进行冲洗，充分湿润基层和周边，以便新抹水泥石子浆与基层及周边很好结合。

⑤ 抹找平层。在处理好的基层表面上先刷一层聚合物水泥浆，随即分层抹压找平层，沿周边接合处要细致抹平压实，待终凝进行湿养护 7d。

⑥ 重新抹水泥石子浆。经检查找平层无空鼓、开裂等问题后浇水进行湿润，然后刮一层聚合物水泥浆（108 胶：水：水泥＝1：9：20）结合层，随即抹水泥石子浆。由下向上将表面抹压平整，用直尺刮平压实，与周围接茬处要细致拍平揉压，将水泥浆挤出，使石子的大面朝上。

⑦ 掌握好水刷石子的时间，以用手指压其表面无痕迹，用刷子轻刷不掉石粒为宜。用喷雾器由上向下喷水，喷刷好的饰面再用清水从上向下喷刷一遍，以冲洗掉水刷出来的水泥。

（4）防治措施

① 认真进行基层处理。首先堵塞基层面上的孔眼，然后清扫干净基层面上的灰尘、杂

物；对于混凝土墙面，应剔凿凸出块，修补平整。对于蜂窝、凹陷、缺棱掉角等缺陷，用108胶水溶液将该处涂刷一遍，再用水泥砂浆（水泥：砂=1:3）进行修补。

② 抹底子灰。在抹底子灰的前一天，要对抹灰处进行浇水湿润。抹上底子灰后，用工具将其处理平整，并应抹压密实。为防止出现空鼓与裂缝，对大面积墙面抹灰必须按规定设置分格缝。

③ 在抹面层水泥石子浆前，应严格检查底层抹灰的质量，如发现缺陷，必须纠正合格。抹水泥石子浆，一般应在基层基本干燥时最适宜。如果底层已干燥，应适当浇水湿润，然后在底层面薄薄满刮一道纯水泥浆黏结层，紧接着抹面层水泥石子浆。随刮随抹，不能间隔，否则纯水泥浆凝结后根本起不到黏结作用，反而容易出现面层空鼓。

④ 加强施工管理工作。严格进行基层的扫除冲洗，堵塞基层面上的一切缝隙和孔洞，要建立自检、互检、专业检相结合的质量检查制度。抹底层灰砂浆的稠度要适宜，厚度一般控制在7mm左右。要求对底层灰用力刮抹，使砂浆嵌入砖缝。一面墙体必须一次完成，不得设置施工缝。底层灰浆完成后，夏季要防晒，冬季要防冻，湿养护不得少于7d。

⑤ 在抹水泥石子浆体前1h内，在基层面上刷厚度为1mm左右的聚合物水泥浆，这是防止水刷石出现空鼓的关键工序，千万不可省略和忘记。

2. 水刷石面层有掉落石粒、浑浊

（1）质量问题　水刷石在完成后，呈现出表面石子分布很不均匀，有的部位石子比较稠密集中，有的部位出现石子脱落，造成表面高低不平，有明显的面层凹凸、麻面，水刷石表面的石子面上有污染，颜色深浅不一而浑浊，严重影响饰面的质量和观感。

（2）原因分析

① 采用的水泥强度等级过低，配制水泥石子浆时，石子未认真进行清洗，没有筛除粒径过大或过小的石子，或者对石子保管不善而产生污染。

② 水刷石底层灰的平整度、干湿程度没有掌握好。如底层灰过于干燥，过快吸收水泥石子浆中的水分，使水泥石子浆体不易抹平压实，在抹压过程中石子颗粒水泥浆不易转动，洗刷后的面层显得稀疏不匀、不平整、不清晰、不光滑。

③ 刷洗时间没有掌握适当。如果刷洗过早，石子露出过多时很容易被冲掉；如果刷洗过晚，面层已经凝结硬化，石子遇水后易崩掉，且洗刷不干净石子面上的水泥浆，导致表面浑浊。

④ 操作没有按规定进行。一是石子面刷洗后，没有再用清水冲洗掉污水，使水刷石面显得不清晰；二是在用水刷面层时，喷头离面层的距离和角度掌握不对。

（3）处理方法

① 当水刷石的面层局部掉落石粒较多时，应凿除不合格部分，参照"水刷石面层发生空鼓"的处理方法进行处理。

② 当水刷石面层掉落石粒较少时，把JC建筑装饰胶黏剂（单组分）用水加以调匀，补嵌清扫干净的掉落石粒孔隙处，然后再补嵌与水泥石子浆体相同的石子。

③ 当水刷石面层局部污染时，配制稀盐酸水溶液，用板刷刷洗干净后，再用清水刷洗掉稀盐酸溶液。在施工中要特别注意防止盐酸灼伤皮肤和衣服。

（4）防治措施

① 严格对配制水泥石子浆体原材料质量的控制。同一幢建筑的水泥要用同一厂家、同一批号、同一规格、同一强度的，石子要用同一色泽、同一粒径、同一产地、同一质量的。

② 配制水泥石子浆的石子要颗粒坚韧、有棱角、洁净，使用前要筛除过大或过小粒径的石子，使粒径达到基本均匀，然后用水冲洗干净并晾干，存放中要防水、防尘、防污染。

③ 配制水泥石子浆体要严格按设计配合比计量，同一面墙上的水刷石要一次备足，搅拌时一定要均匀，施工中要在规定的时间内用完。

④ 掌握好底层灰的湿润程度，如果过干应预先浇水湿润。抹上水泥石子浆后，待其稍微收水后，用铁抹子拍平压光，将其内水泥浆挤出，再用毛刷蘸水刷去表面的浮浆，拍平压光一遍，再刷、拍实抹压一遍，并重复3遍以上，使表面的石子排列均匀、紧密。

⑤ 喷洗是水刷石施工中一道关键的工序，喷洗时间一定要掌握适宜，不得过早或过迟，一般以手指按上去无痕或用刷子刷时石子不掉粒为宜。刷洗应由上而下进行，喷头离刷洗面10～20mm，喷头移动速度要基本均匀，一般洗到石子露出灰浆面1～2mm即可。喷洗中发现局部石子颗粒不均匀时，应用铁抹子轻轻拍压；若发现表面有干裂、风裂等现象，应用抹子抹压后再喷洗。然后用清水由上而下冲洗干净，直至无浑浊现象为止。

⑥ 在接茬处进行喷洗之前，应先把已完成的墙面用水充分喷湿30cm左右宽，否则浆水溅到已完成的干燥墙上则不易再喷洗干净。

3. 阳角不挺直、阴角不方正

（1）质量问题　水刷石饰面完成后，在阳角棱角处没有石子或石子非常稀松，露出灰浆形成一条黑边，被分格条断开的阳角上下不平直，阴角不垂直，观感效果欠佳。

（2）原因分析

① 在抹压阳角处施工时，或操作人员技术水平不高，或采用的操作方法不正确，或没有弹出施工的基准线，均可以造成阳角不挺直。

② 阴角处抹罩面石子浆体时一次成活，没有事先做好弹垂直线找规矩。

③ 抹压阳角罩面石子浆体时，由于拍实抹压的方法不当，水泥浆产生收缩裂缝，从而在刷洗时使石子产生掉粒。

（3）处理方法

① 当面层掉落的石粒过多、露出水泥浆的里边时，每边凿除50mm的水泥石子浆体面层和黏结层，扫除冲洗干净，刨出"八"字形靠尺，由顶到底吊垂直线，贴好一面靠尺，当抹压完一面后起尺，使罩面石子浆体接茬正交在尖角上。掌握刷洗时间，喷头应骑着拐角喷洗，在一定的宽度内一喷到底。

② 局部掉落石粒时可选用适宜的黏结剂黏结石子，并且补平补直。

（4）防治措施

① 当阳角反贴"八"字形靠尺时，当抹压完一面起尺后，使罩面石子浆体接茬正交在尖角上。阳角的水泥石子浆体收水后用钢抹子溜一遍，将小孔洞分层压实、挤严、压平，把露出的石子轻轻拍平，在转角处多压几遍，并先用刷子蘸水刷一遍，刷掉灰浆，检查石子是否饱满均匀和压实。然后再压一遍、再刷一遍，如此反复不少于3遍。待达到喷洗标准时，掌握好斜角喷刷的角度，先是沿着拐角进行喷洗，控制距离，使喷头离头角10～20mm，由上而下顺序喷刷；保持棱角明朗、整齐、挺直。喷洗要适度，不宜过快、过慢或漏洗；过快则水泥浆冲不干净，当喷洗完干燥后会呈现花斑，而过慢会产生坍塌现象。

② 阴角交接处，最好分两次完成水刷石面，先做一个平面，然后做另一个平面，在底子抹灰层面弹上垂直线，作为阴角抹压垂直的依据，然后在已抹完的一面，靠近阴角处弹上另一条直线，作为抹压另一面的标准。分两次操作可以解决阴角不直的问题，也可防止阴角

处石子脱落、稀疏等缺陷。阴角刷洗时要注意喷头的角度和喷水时间。

③ 在阳角、阴角处设置一道垂直分格条，这样既可以保证阳角和阴角的顺直，又方便水刷石的施工。这是使阳角挺直、阴角方正的重要措施。

4. 分格缝口处石子缺粒

（1）质量问题　水刷石分格缝口大小均匀，缝口处的石子有掉落，有的处于酥松状态，严重影响水刷石的装饰效果，如果不加以处理，表面缺石粒的地方很可能成为向着墙体内部渗水的通道。

（2）原因分析

① 选用的分格条木材材质比较差，使用前没有按规定进行浸水处理。干燥的分格条吸收水泥石子浆液中的水分而变形，导致缝口石子掉粒。

② 分格条边的水泥石子面层没有拍实、抹平，导致沿分格条边有酥松带。

（3）处理方法

① 将分格缝口的疏松石子剔除，冲洗扫除干净，晾干。将分格条面涂刷隔离剂，拉线将分格条嵌入缝中，要求表面平整。用水泥浆刮平，将石粒拍入，要平、密、匀。掌握时间喷刷洁净，然后轻轻起出分格条。随时检查，若有不足之处要及时纠正。

② 对于局部掉落石粒的缺口，应用石子沾着黏结剂补缺。

（4）防治措施

① 分格条应选用优质木材进行制作，厚度要求同水泥石子浆的厚度，宽度为 15mm 左右，做成外口宽、里口窄的形状。分格条粘贴前要在水中充分浸透，以防抹灰后吸水膨胀变形，影响饰面质量。分格条的粘贴位置应符合设计要求，并应横平竖直，交接紧密通顺。

② 为防止分格缝口处出现石子缺粒，在对水泥石子浆体进行抹压后要有专人负责沿分格条边拍密实。

③ 在起分格条时应先用小锤轻轻敲击，然后用尖头铁皮逐渐起出，防止碰掉边缘的石子。

（二）干粘石饰面质量问题与防治措施

1. 干粘石饰面空鼓

（1）质量问题　干粘石饰面施工完毕后，经过一段时间干燥，轻轻敲击饰面有空鼓声音，进而局部出现凸出或裂缝，严重的甚至出现饰面部分或整块脱落。

（2）原因分析

① 由于对基层未进行认真清理，基层上仍有灰尘、残留的灰浆、泥浆或其他污物，造成底灰与基层不能牢固黏结而形成空鼓。

② 采用钢模板施工的基层混凝土表面太光滑，或者残留的混凝土隔离剂未清理干净，或者混凝土表面本身有空壳、硬皮等未进行处理。

③ 对于加气混凝土基层选用了高强度水泥砂浆作为饰面层，造成二者由于收缩性能差别过大，从而形成剥离、空鼓现象。

④ 基层墙面在浇水湿润时，由于时间掌握不适当，如果浇水过多，易造成饰面层流坠、裂缝；如果浇水不足，会使基层吸收饰面砂浆中的水分，造成失水过多，使强度降低、黏结不牢，从而产生空鼓；如果抹灰基层浇水不匀，会产生干缩不匀，从而形成面层收缩裂缝或

局部空鼓。

⑤ 抹灰所采用的中层砂浆强度高于底层砂浆强度，两者收缩差别较大，易产生空鼓现象；如果底层与中层施工间隔的时间长短不一，也会造成空鼓质量问题。

（3）处理方法

① 查明发生空鼓的范围，用明显的记号划出具体位置，按照所查明空鼓的面积计算材料用量，而且所用水泥、石灰膏、砂子等材料的规格、强度、色泽、粒径、质量等，应与原干粘石的材料完全一样。

② 凿除已空鼓的饰面，用钢丝刷子刷除灰浆黏结层，用清水冲洗洁净、晾干；再在上面刷一层聚合物水泥浆，在 1h 内抹好头度灰，砂浆稠度控制在 10mm 左右，厚度控制在 7mm。

③ 其基体处理的方法，可参考"外墙发生空鼓与裂缝"中的处理方法。

④ 抹好底层灰和找平层后，按照设计要求进行弹线粘贴分格条。在粘贴分格条前，应检查底层灰、找平层的施工质量是否合格，应确实无空鼓、裂缝和酥松等缺陷。

⑤ 在抹结合层砂浆时，水泥要选用经过复检合格的普通硅酸盐水泥、优质石灰膏、洁净的中砂。结合层砂浆的配合比为：108 胶∶水∶水泥∶石灰膏∶砂子＝1∶4∶10∶5∶20。配制中应计量准确、搅拌均匀、随拌随用，抹灰层的厚度控制在 4～5mm。

⑥ 在甩石子时应先甩四周易干燥部位，后甩中部，并使石子分布均匀、紧密、不漏粘。用抹子拍压或用胶辊滚压，并用木抹子拍实拍平。石子要自上而下粘，先粘门窗框侧面再粘正面，应粘好一个分格后再去粘另一个分格。

（4）防治措施

① 用钢模板浇筑的混凝土制品，应先用 10％的氢氧化钠水溶液将表面的油污和隔离剂清洗干净，并用清水冲洗表面，基层表面若有空壳硬皮应铲除并刷净。

② 对过于光滑的混凝土基层面，宜采用聚合物水泥砂浆（砂子采用洁净过筛的中砂，水泥∶砂＝1∶1，加入水泥质量 5％～10％108 胶）满刮一遍，厚度约为 1mm，并用扫帚将表面扫毛，使其比较粗糙，然后加强养护，待晾干后抹底灰。

③ 施工前必须将基层面上的粉尘、泥浆、油污、杂物、隔离剂等清理干净，并将凹洼的部分分层嵌填密实，将凸出部分剔凿平整。

④ 对于不同的材料的基层，按照"外墙发生空鼓与裂缝"中的防治措施认真处理，这是防止干粘石发生空鼓的主要措施。

⑤ 关于黏结层的处理，各地区和各施工企业都有成功的经验，可根据工程实际情况采取不同措施。有的可用纯水泥浆，有的可用水泥混合砂浆，有的可用聚合物混合砂浆。

2. 干粘石饰面浑浊不干净

（1）质量问题 干粘石饰面层浑浊，如不干净、不明亮，颜色不均匀、不一致，严重影响饰面的观感。

（2）原因分析

① 石子进场后，不经筛洗处理就使用，对堆放石子不采取保护措施（下面是土地，上面不遮盖），污染比较严重。干粘石粒内含有石粉、泥土、水泥粉尘等杂质，致使干粘石面层浑浊和色差。

② 石子分批进场后不按规格堆放，而是混堆在一起，配合比不计量，又没有混合均匀，很容易造成颜色不一。

③ 干粘石施工时遇大风，大风卷起脚手架上的泥灰、水泥粉尘等，黏附在黏结层和干粘石的面层上而显得浑浊。

（3）处理方法

① 由于局部分格块的面层浑浊且石粒没有粘牢，必须将其铲除后参照"水刷石面层空鼓"的处理方法进行处理。

② 面层有污染、石粒黏附牢固时，可用10％的盐酸溶液进行清洗，最后再用清水冲洗掉盐酸溶液。

（4）防治措施

① 施工前必须将石子全部分规格过筛，将石粉、粉尘等杂物筛出；筛除不合格的大径粒，用水淘洗干净、晾干、贮存，防止出现再污染。

② 为保证干粘石的施工质量、砂浆强度和饰面整洁，面层粘石子24h后即可用浇淋水冲洗，但不能用压力较大的水冲洗；洗净面层的粉尘，不仅对抹灰层起养护作用，可保证粘石质量，而且会使粘石面更加干净明亮。

3. 干粘石阳角有黑边、不通顺

（1）质量问题

① 墙角、柱角、门窗洞口等阳角处，有一条明显可见的无石子的砂浆线，俗称黑边。

② 干粘石的阳角处比较毛糙，不直，不顺，又不清晰。

（2）原因分析

① 阳角施工时，先在大面上卡好直尺，抹小面黏结层，粘石子压实溜平，反过来再将直尺卡在小面上，再抹大面黏结层的粘石子，这时小面阳角处的黏结层已干，粘不上石子，极易形成一条明显可见的无石子的黑线。

② 对外装饰干粘石施工的阳角，没有从上到下一次吊垂线、拉统长水平线、贴标高灰饼及找垂直、找方正，或施工时没有在一步架子找直、找方，这样就很难确保阳角垂直和顺直。

（3）处理方法

① 当阳角有黑边、不垂直、不和顺时，应沿着阳角的两边从上到下弹垂直线，离开阳角每边60mm沿线切割或凿除阳角部分的干粘石和黏结层，刷洗干净，再沿切割边线贴垂直分格条；选用优质木材，制成"八"字形靠尺，贴在阳角的一面，当抹压完一面黏结层，粘好石粒起尺后，翻身贴在另一面，确保接茬在尖角处，且阳角垂直、方正无黑边。

② 当阳角处垂直，仅有黑边时可以将黑边刮除，洗刷干净，重新刮聚合物水泥砂浆黏结剂，并及时粘上石粒，随即拍实、滚平。

（4）防治措施

① 抹阳角干粘石时要选用优质木材制成"八"字形靠尺板，将接茬接到尖角上，是消除黑边、确保阳角垂直的主要技术措施之一。

② 要选配技术熟练的工人具体负责阳角处干粘石的操作，及时拍平石粒，且均匀密实。

③ 阳角和柱子应事先从上到下统一吊垂线、水平线作为施工基线。做好标记，接着粘靠尺、抹灰及粘石。要随时检查垂直度和施工质量，如出现缺陷则应随时纠正。

4. 干粘石表面有抹痕

（1）质量问题　在干粘石表面修饰的施工中，操作人员不是用抹子拍打石渣使其平整，而是用抹子溜抹石渣的表面，从而在干粘石饰面表面留下凹凸不平的鱼鳞状痕迹，这些抹痕严重影响美观。

（2）原因分析

① 配制的干粘石的灰浆较稀，在抹灰的过程中不能很好成型，必然使其表面留有抹痕。

② 操作人员技术不熟练，在拍打干粘石时施工方法不对，对其表面进行了溜抹，使表面留下了抹痕。

（3）处理方法　如果干粘石的抹痕并不十分严重，可以在干粘石凝结硬化之前用滚子轻轻地压至平整。

（4）防治措施

① 根据不同墙面、施工季节、施工温度和施工技术水平，掌握好底层的浇水量，配制适宜的面层灰浆稠度。

② 干粘石的施工方法要正确，抹灰层灰一定要抹平，按照干湿程度掌握好粘石的时间，并做到随粘石随拍平，千万不要对粘石进行溜抹。

（三）斩假石质量问题与防治措施

1. 斩假石出现空鼓现象

（1）质量问题　斩假石饰面空鼓，不仅影响剁石操作，而且影响饰面的质量。在剁石时有明显的空壳声，甚至饰面会出现裂缝、脱落。

（2）原因分析

① 对基层表面没有按照要求进行清理，由于表面有灰尘或杂质，影响底层灰与基层的黏结。

② 底层灰的表面抹压过于光滑，又没有用木抹子进行搓毛或划毛；或面层又被污染，导致底层灰与面层不能黏结而脱壳，严重的在剁石时可能发生脱落。

③ 在抹各层灰时，浇水过多或不足、不均匀，以及底层灰过厚、过薄，产生干缩不匀或部分脱水快干，从而形成空鼓层。

④ 在配制砂浆时使用劣质水泥，或使用停放时间过长的砂浆等，也会引起空鼓。

（3）处理方法

① 局部空鼓时，用切割机沿分块缝边割开，铲除空鼓的斩假石块。将基层面清扫冲洗干净。薄薄刮一层聚合物水泥浆，随即抹面层。面层配合比同原水泥石渣浆，抹的厚度使之与相邻的面层一样平。用抹子横竖反复压几遍，达到表面密实；新旧抹面接合处要细致抹压密实。表面抹压完后，要用软毛刷蘸水把表面水泥刷掉，露出的石渣应均匀一致。隔日进行遮盖，防晒养护。在气温大于15℃时，隔2～3d开始斩剁；气温在15℃及以下时，要适当延长2d左右。但应试剁，以石渣不脱落为准。在进行斩剁之前，面层应洒水润湿，以防石渣爆裂。

② 对大部分空鼓需查明原因，必须铲除干净，重新施工。

（4）防治措施

① 施工前应将基层表面的粉尘、泥浆等杂物认真清理干净。

② 对光滑的基层表面，宜采用聚合物水泥砂浆喷涂一遍，厚约1mm，随后用扫帚扫毛，使表面粗糙，湿养护3～5d。干硬后抹水泥石渣面层。

③ 根据环境气温及基层面干湿程度，掌握好浇水量和均匀度，并注意防晒和湿养护，

以增加其黏结力。

④ 严格把控材料质量，如水泥必须选用检测合格的普通硅酸盐水泥，强度等级不低于32.5MPa 或 325 号白色硅酸盐水泥。一般用粒径 4mm（即小八厘）以内的石粒，也可掺入30％石屑，但不得含有泥土和尘土污染。

2. 斩假石饰面色差大

（1）质量问题　斩假石表面颜色不匀，色差比较明显，严重影响斩假石饰面的观感。

（2）原因分析

① 在配制的水泥石子浆中，所掺用颜料的细度、颜色、用量、厂家、批号不同，从而很容易造成斩假石饰面色差比较明显。

② 采用的水泥不是一次进场或不是同一批号，在配料中配合比计量不准，各种材料的用量时多时少，配制中搅拌不均匀。

③ 斩剁完工的部分，又用水进行了冲刷，使水泥石子浆中的颜料被冲出，从而造成冲者颜色浅，未冲者颜色较深，导致斩假石饰面色差大。

④ 在常温下进行施工时，斩假石饰面受到阳光直接照射程度不同、温度不同，也会使饰面颜色不匀，产生较明显的色差。

（3）处理方法　在斩假石饰面施工完成后，可先用草酸水将表面全面洗刷一遍，然后用清水冲洗掉草酸水溶液。

（4）防治措施

① 同一饰面的斩假石工程，应选用同一品种、同一标号、同一细度、同一色泽的原材料，并根据实际面积计算材料用量，一次备足。

② 配制斩假石的材料时，应派有责任心的专人负责，严格材料配合比计量，水泥石渣浆一定要搅拌均匀，加水量一定要准确。

③ 在对饰面斩剁前洒水要均匀一致，斩剁后的尘屑可用钢丝板刷顺纹刷净，不要再进行洒水刷洗。

④ 雨天不宜施工。在常温下施工时，为使浆中的颜料分散均匀，可在水泥石子浆中掺入适量的木质素磺酸钙和甲基硅醇钠。

3. 斩假石饰面上剁纹不匀

（1）质量问题　合格的斩假石装饰面层，要求其色泽和剁纹都应比较均匀，如果实际完成的斩假石没有达到色泽和剁纹均匀的要求，将会严重影响斩假石饰面的美观。

（2）原因分析

① 在进行斩假石饰面施工之前，斩剁的表面未按照设计要求进行弹线，使得剁纹无规律，出现杂乱无章的现象。

② 在进行剁纹前，对饰面的硬化程度未进行认真检查，面层的硬度差别比较大；或者使用的斩剁的斧子不锋利；或者选用的剁斧规格不当、不合理。

③ 在进行斩假石斩剁的施工中，操作者工艺水平不高，斩剁用力轻重不一样也会造成斩假石饰面上的剁纹不匀。

（3）处理方法

① 挑选在斩假石施工方面有经验、工艺水平较高的技工操作，对于出现质量问题的部位，应根据实际情况再加工整修补剁。

② 当斩剁的纹理比较混乱、夹有空鼓等缺陷时应当铲除饰面层，参照"斩假石出现空鼓问题"的处理方法进行处理。

（4）防治措施

① 当水泥石渣浆面层抹压完后，经过一定时间的湿养护，在墙边弹出边框线、剁纹的方向线，以便沿线斩剁，确保斩剁纹顺序均匀。在正式斩剁前，应先要进行试剁，先剁出一定面积的标准样板块，经测验达标后再以此为斩剁的样板。

② 保持剁斧的锋利，选用专用工具要得当。根据饰面不同的部位应采用相应的剁斧和斩法：边缘部分应用小斩斧轻轻地斩剁；剁花饰周围应用花锤，而且斧纹应随花纹走势而变化，纹路应相互平行，均匀一致。

③ 剁纹技工要经过专门的技术培训，并经合格样板块的学习，掌握斩剁的技巧。操作时先轻剁一遍，再盖着前一遍的斧纹剁深痕，斩剁用力要均匀，移动速度要一致，剁纹深浅要一致，纹路要清晰均匀，不得出现漏斩剁。阳角处横剁或留出不剁的部位，应当做到宽窄一致，棱角无缺损。

第三章
外墙防水工程质量管理

外墙防水工程是保证建筑物（构筑物）的结构不受水的侵袭、内部空间不受水的危害的一项分部防水工程。外墙防水工程在整个建筑工程中占有重要的地位。外墙防水工程涉及建筑物（构筑物）的地下室外墙、住房外墙等诸多外墙结构，其功能就是要使建筑物或构筑物在设计耐久年限内，防止雨水、生活用水的渗漏和地下水的侵蚀，确保建筑结构、内部空间不受到污损，为人们提供一个舒适和安全的生活环境。

第一节　外墙防水常用材料的质量管理

在家居装修过程中，对于每一处的装修设计都是至关重要的，每一步都影响着整个装修效果，所以每一处装修设计都要非常认真谨慎。防水是每个家居装修非常关键的一步，我们不仅仅要做好室内的防水，更要做好外墙的防水，只有做好外墙的防水作业，才可以延长室内的使用寿命。

外墙防水工程是一个大系统工程，它涉及材料、设计、施工、管理等各个方面，外墙防水工程的任务就是综合上述诸方面的因素，进行全方位的评价，选择符合质量标准的防水材料，进行科学、合理、经济的设计，精心组织技术力量进行施工，完善维修、保养管理制度，以满足建筑物（构筑物）的防水耐用年限和使用功能。

为确保外墙防水工程的质量符合设计要求，在现行的行业标准《建筑外墙防水工程技术规程》（JGJ/T 235—2011）中对所用材料有明确的规定，在进行设计和施工中应严格执行。

一、外墙防水工程对材料的一般规定

（1）建筑外墙防水工程所用材料应与外墙相关构造层的材料相容。相容性是指不同材料间不产生破坏作用或降低性能的物理化学反应的性质。通常讲，就是材料与材料之间（比如防水材料与界面材料、防水材料与饰面材料以及不同防水材料之间）不产生起泡、鼓泡、黏

结失效（或强度等性能下降）等现象。在建筑外墙防水工程中，选择材料一定要考虑材料之间的相容性，否则会引起防水作用减小或失效。

（2）防水材料的性能指标应符合国家现行有关材料标准的规定。墙体的构造不同、外保温的做法不同，所使用的防水材料不同，对防水材料的性能要求也不同；防水材料性能应满足设计要求，同时应符合相应材料标准规定的指标要求。

二、对外墙防水工程防水材料的要求

（1）普通防水砂浆分为湿拌防水砂浆和干混防水砂浆两种。湿拌防水砂浆是用水泥、细骨料、水以及根据防水性能确定的各种外加剂，按一定比例，在专业生产厂经计量、拌制后，采用搅拌运输车运至使用地点，放入专用容器贮存，并在规定时间内使用完毕的湿拌合物。干混防水砂浆，是经干燥筛分处理的骨料与水泥以及根据防水性能确定的各种组分，按一定比例在专业生产厂混合而成，在使用地按规定比例加水或配套液体拌和使用的干混合拌合物。普通防水砂浆的主要性能应符合表 3-1 的规定，检验方法应按现行国家标准《预拌砂浆》（GB/T 25181—2010）的有关规定执行（从 2020 年 7 月 1 日起实施 GB/T 25181—2019）。

表 3-1　普通防水砂浆的主要性能

项目		指标
稠度/mm		50,70,90
终凝时间/h		≥8,≥12,≥24
抗渗压力/MPa	28d	≥0.60
拉伸黏结强度/MPa	14d	≥0.20
收缩/%	28d	≤0.15

（2）聚合物水泥防水砂浆是以水泥、细骨料为主要原材料，与聚合物和添加剂等改性材料按适当配比混合而成的防水材料，具有一定的柔韧性、抗裂性和防水性，与各种基层墙体有很好的黏结力，可在潮湿的基面施工。在施工现场，只需加水搅拌均匀即可施工，操作简单，使用方便。聚合物水泥防水砂浆的主要性能应符合表 3-2 的规定，检验方法应按行业标准《聚合物水泥防水砂浆》（JC/T 984—2011）的有关规定执行。

表 3-2　聚合物水泥防水砂浆的主要性能

项目		指标	
		干粉类	乳液类
凝结时间	初凝	≥45min	≥45min
	终凝	≤12h	≤24h
抗渗压力/MPa	7d	≥1.0	
黏结强度/MPa	7d	≥1.0	
抗压强度/MPa	28d	≥24.0	
抗折强度/MPa	28d	≥8.0	
收缩率/%	28d	≤0.15	
压折比		≤3	

（3）聚合物水泥防水涂料，也称为 JS 防水涂料，是以丙烯酸酯、乙烯酯等聚合物乳液和水泥为主要原料，掺加各种添加剂组成的双组分防水涂料。各项性能指标的试验检测按照现行国家标准《聚合物水泥防水涂料》（GB/T 23445—2009）的相关规定执行。

聚合物水泥防水涂料按物理力学性能分为Ⅰ型、Ⅱ型和Ⅲ型，Ⅰ型适用于变形较大的基层，Ⅱ型和Ⅲ型适用于变形较小的基层；建筑外墙受温度的影响，墙体基层产生的变形较大，因此，墙体所用的聚合物水泥防水涂料，一般应选择Ⅰ型产品。同时，产品中的有害物质限量应符合行业标准《建筑防水涂料中有害物质限量》（JC 1066—2008）的要求。聚合物水泥防水涂料的主要性能应符合表 3-3 的规定。

表 3-3　聚合物水泥防水涂料的主要性能

项目	指标	项目	指标
固体含量/%	≥70	低温柔性（直径 10mm 棒）	−10℃，无裂纹
拉伸强度（无处理）/MPa	≥1.2	黏结强度（无处理）/MPa	≥0.50
断裂伸长率（无处理）/%	≥200	不透水性（0.3MPa，30min）	不透水

（4）聚合物乳液防水涂料是以各类聚合物乳液为主要原料，加入其他添加剂而制得的单组分水乳型防水涂料。聚合物乳液防水涂料各项性能指标的试验检测按照行业标准《聚合物乳液建筑防水涂料》（JC/T 864—2008）的相关规定执行，产品中的有害物质限量应符合行业标准《建筑防水涂料中有害物质限量》（JC 1066—2008）的要求。聚合物乳液防水涂料的主要性能应符合表 3-4 的规定。

表 3-4　聚合物乳液防水涂料的主要性能

项目		指标	
		Ⅰ类	Ⅱ类
拉伸强度/MPa		≥1.0	≥1.5
断裂延伸率/%		≥300	
低温柔性（直径 10mm 棒，棒弯曲 180°）		−10℃，无裂纹	−20℃，无裂纹
固体含量/%		≥65	
不透水性（0.3MPa，30min）		不透水	
干燥时间/h	表干时间	≤4	
	实干时间	≤8	

（5）聚氨酯防水涂料分双组分和单组分两种；双组分聚氨酯防水涂料中的甲组分是以聚醚树脂和二异氰酸酯等为原料，经过聚合反应制成的含有二异氰酸酯基（—NOC）的聚氨基甲酸酯预聚物。乙组分是由交联剂、促进剂、增韧剂、增黏剂、防霉剂、填充剂和稀释剂等混合加工而成。

单组分聚氨酯防水涂料是利用混合聚醚进行脱水，加入二异氰酸酯与各种助剂进行环氧改性制成。各项性能指标的试验检测按照现行国家标准《聚氨酯防水涂料》（GB/T 19250—2013）的相关规定执行，产品中的有害物质限量应符合行业标准《建筑防水涂料中有害物质限量》（JC 1066—2008）的要求。聚氨酯防水涂料的主要性能应符合表 3-5 的规定。

表 3-5　聚氨酯防水涂料的主要性能

项目	指标			
	单组分		双组分	
	Ⅰ类	Ⅱ类	Ⅰ类	Ⅱ类
拉伸强度/MPa	≥1.90	≥2.45	≥1.90	≥2.45
断裂延伸率/%	≥550	≥450	≥450	≥450
低温弯折性/℃	≤-40		≤-35	
不透水性(0.3MPa,30min)	不透水		不透水	
固体含量/%	≥80		≥92	
表干时间/h	≤12		≤8	
实干时间/h	≤24		≤24	

（6）防水透气膜是具有防水透气功能的膜状材料，其主要性能指标是在对国内外有代表性的防水透气膜产品进行试验验证的基础上参考欧联的标准确定。水蒸气透过量按《塑料薄膜和片材透水蒸气性试验方法　杯式法》（GB/T 1037—88）中的 B 法进行检测；不透水性按《建筑防水卷材试验方法　第 10 部分：沥青和高分子防水卷材 不透水性》（GB/T 328.10—2007）中的 A 法进行检测；最大拉力断裂延伸率按《建筑防水卷材试验方法　第 9 部分：高分子防水卷材 拉伸性能》（GB/T 328.9—2007）中的方法进行检测；撕裂性能按《建筑防水卷材试验方法　第 18 部分：沥青防水卷材　撕裂性能（钉杆法）》（GB/T 328.18—2007）进行检测。防水透气膜的主要性能应符合表 3-6 的规定。

表 3-6　防水透气膜的主要性能

项目		指标		检验方法
		Ⅰ类	Ⅱ类	
水蒸气透过量/[g/(m² · 24h)23℃]		≥1000		应按现行国家标准《塑料薄膜和片材透水蒸气性试验方法　杯式法》（GB/T 1037—88）中 B 法的规定执行
不透水性/mm		≥1000		应按现行国家标准《建筑防水卷材试验方法　第 10 部分:沥青和高分子防水卷材 不透水性》（GB/T 328.10）中 A 法的规定执行
最大拉力/(N/50mm)		≥100	≥250	应按现行国家标准《建筑防水卷材试验方法 第 9 部分:高分子防水卷材 拉伸性能》(GB/T 328.9—2007)中 A 法的规定执行
断裂伸长率/%		≥35	≥10	应按现行国家标准《建筑防水卷材试验方法 第 9 部分:高分子防水卷材 拉伸性能》(GB/T 328.9—2007)中 A 法的规定执行
撕裂性能(钉杆法)/N		≥40		应按现行国家标准《建筑防水卷材试验方法 第 18 部分:沥青防水卷材 撕裂性能(钉杆法)》(GB/T 328.18—2007)中的规定执行
热老化(80℃,168h)	拉力保持率/%	≥80		应按现行国家标准《建筑防水卷材试验方法 第 9 部分:高分子防水卷材 拉伸性能》(GB/T 328.9—2007)中 A 法的规定执行
	断裂伸长保持率/%			
	水蒸气透过量保持率/%			应按现行国家标准《塑料薄膜和片材透水蒸气性试验方法　杯式法》(GB/T 1037—88)中 B 法的规定执行

三、对外墙防水工程密封材料的要求

（1）硅酮建筑密封胶是以聚硅氧烷为主要成分、室温固化的单组分密封胶。按拉伸模量分为高模量（HM）和低模量（LM）两种。硅酮建筑密封胶的各项性能指标的试验检测按照现行国家标准《硅酮和改性硅酮建筑密封胶》（GB/T 14683—2017）的相关规定执行。硅酮建筑密封胶的主要性能应符合表 3-7 的规定。

表 3-7　硅酮建筑密封胶的主要性能

项目	指标			
	25HM	20HM	25LM	20LM
下垂度/mm	≤3			
表干时间/h	≤3			
挤出性/(mL/min)	≥150			
弹性恢复率/%	≥80			
拉伸模量/MPa	>0.4(23℃时)或>0.6(-20℃时)		≤0.4(23℃时)且≤0.6(-20℃时)	
定伸黏结性	无破坏			

（2）聚氨酯建筑密封胶是以氨基甲酸酯聚合物为主要成分的单组分和多组分建筑密封胶。此类建筑密封胶有较高的拉伸强度，优良的弹性、耐磨性、耐油性和耐寒性，但耐水性，特别是耐碱水性欠佳。产品按照流动性可分为非下垂型（N）和自流平型（L）两个类型；按照位移能力分为 25、20 两个级别；按照拉伸模量分为高模量（HM）和低模量（LM）两个次级别。

聚氨酯建筑密封胶的各项性能指标试验检测按照行业标准《聚氨酯建筑密封胶》（JC/T 482—2003）的相关规定执行。聚氨酯建筑密封胶的主要性能应符合表 3-8 的规定。

表 3-8　聚氨酯建筑密封胶的主要性能

项目		指标		
		20HM	25LM	20LM
流动性	下垂度(N 型)/mm	≤3		
	流平性(L 型)	光滑平整		
表面干燥时间/h		≤24		
挤出性/(mL/min)		≥80		
适用期/h		≥1		
弹性恢复率/%		≥70		
拉伸模量/MPa		>0.4(23℃时)或>0.6(-20℃时)	≤0.4(23℃时)且≤0.6(-20℃时)	
定伸黏结性		无破坏		

注：1. 挤出性仅适用于单组分产品；2. 适用期仅适用于多组分产品。

（3）聚硫建筑密封胶是以液态聚硫橡胶为主体材料，配合增黏树脂、硫化剂、促进剂、补强剂等制成的密封胶。此类密封胶有优良的耐燃油、液压油、水和各种化学药品性能以及耐热和耐大气老化性能。产品按照流动性可分为非下垂型（N）和自流平型（L）两个类型；

按照位移能力分为 25、20 两个级别；按照拉伸模量分为高模量（HM）和低模量（LM）两个次级别。

聚硫建筑密封胶的各项性能指标试验检测按照行业标准《聚硫建筑密封胶》（JC/T 483—2006）的相关规定执行。聚硫建筑密封胶的主要性能应符合表 3-9 的规定。

表 3-9　聚硫建筑密封胶的主要性能

项目		指标		
		20HM	25LM	20LM
流动性	下垂度（N 型）/mm	≤3		
	流平性（L 型）	光滑平整		
表干时间/h		≤24		
适用期/h		≥2		
弹性恢复率/%		≥70		
拉伸模量/MPa		>0.4(23℃时)或>0.6(−20℃时)	≤0.4(23℃时)且≤0.6(−20℃时)	
定伸黏结性		无破坏		

（4）丙烯酸酯建筑密封胶是以丙烯酸酯乳液作为主要原材料，对甲酯、乙酯、丁酯或醋酸乙烯、丙烯腈等进行配制形成的密封材料。产品按照位移能力可分为 12.5 和 7.5 两个级别（12.5 级为位移能力 12.5%，其试验拉伸压缩幅度为 ±12.5%；7.5 级为位移能力 7.5%，其试验拉伸压缩幅度为 ±7.5%）。密封胶按照其弹性恢复率又分为两个级别：弹性体（记号 12.5E），弹性恢复率等于或大于 40%；塑性体（记号 12.5P 和 7.5P），弹性恢复率小于 40%。

丙烯酸酯建筑密封胶的各项性能指标的试验检测按照行业标准《丙烯酸酯建筑密封胶》（JC/T 484—2006）的相关规定执行。丙烯酸酯建筑密封胶的主要性能应符合表 3-10 的规定。

表 3-10　丙烯酸酯建筑密封胶的主要性能

项目	指标		
	12.5E	12.5P	7.5P
下垂度/mm	≤3		
表干时间/h	≤1		
挤出性/(mL/min)	≥100		
低温柔性/℃	−20	−5	
弹性恢复率/%	≥40	报告实测值	
定伸黏结性	无破坏	—	

四、对外墙防水工程配套材料的要求

（1）耐碱玻璃纤维网布各项性能指标的试验检测按照现行的行业标准《耐碱玻璃纤维网

布》（JC/T 841—2007）的相关规定执行。耐碱玻璃纤维网布的主要性能应符合表 3-11 中的规定。

表 3-11　耐碱玻璃纤维网布的主要性能

项目	指标	项目	指标
单位面积质量/(g/m²)	≥130	耐碱断裂强力保留率(经、纬向)/%	≥75
耐碱断裂强力(经、纬向)/(N/50mm)	≥900	断裂伸长率(经、纬向)/%	≤4.0

（2）界面处理剂的各项性能指标试验检测按照现行的行业标准《混凝土界面处理剂》（JC/T 907—2018）的相关规定执行。界面处理剂的主要性能应符合表 3-12 中的规定。

表 3-12　界面处理剂的主要性能

项目		指标	
		Ⅰ型	Ⅱ型
拉伸黏结强度/MPa	未处理	≥0.6	≥0.5
	浸水处理	≥0.5	≥0.4
	耐热处理		
	冻融循环处理		
	耐碱处理		

（3）热镀锌电焊网的主要性能应符合表 3-13 中的规定。

表 3-13　热镀锌电焊网的主要性能

项目	指标	项目	指标
丝径/mm	0.90±0.04	焊点抗拉力/N	≥65
网孔大小/mm	12.7×12.7	镀锌层的质量/(g/m²)	≥122

（4）密封胶粘带作为防水透气膜密封的主要配套材料，各项性能指标试验检测按照现行的行业标准《丁基橡胶防水密封胶粘带》（JC/T 942—2004）的相关规定执行。密封胶粘带的主要性能应符合表 3-14 中的规定。

表 3-14　密封胶粘带的主要性能

项目		指标
持黏性/min		≥20
耐热性(80℃,2h)		无流淌、龟裂、变形
低温柔性(−40℃)		无裂纹
剪切状态下的黏合性/(N/mm)		≥2.0
剥离强度/(N/mm)		≥0.4
剥离强度保持率/%	热处理(80℃,168h)	≥80
	碱处理(饱和氢氧化钙溶液,168h)	
	浸水处理(168h)	

第二节　外墙防水工程施工质量管理

随着我国国民经济的持续快速发展，工业建筑和民用建筑等建设项目已遍布城乡各地，但如果建筑物外墙出现渗漏，不仅要再花费大量的人力物力，去进行防水堵漏，而且还给人们的生产、生活带来诸多的不便，因此，提高建筑物外墙防水施工质量至关重要。为确保外墙防水工程施工质量，在现行的行业标准《建筑外墙防水工程技术规程》（JGJ/T 235—2011）中提出了明确要求，在具体施工中应严格执行。

一、外墙防水工程施工的一般规定

（1）外墙防水工程应按照设计要求进行施工，在正式施工前应按要求编制专项施工方案并进行技术交底。

（2）外墙防水工程应由具有相应资质的专业队伍进行施工；作业人员应持证上岗。

（3）外墙防水工程中所用的防水材料进场时，应按有关规定抽样复验。

（4）外墙防水工程的每道工序完成后，应经检查合格后再进行下道工序的施工。

（5）外墙门框、窗框、伸出外墙管道、设备或预埋件等，应在建筑外墙防水工程施工前安装完毕。

（6）外墙防水层的基层找平层应平整、坚实、牢固、干净，不得酥松、起砂、起皮。

（7）块材的勾缝应连续、平直、密实，无裂缝、空鼓。

（8）外墙防水工程完工后，应采取可靠的保护措施，不得损坏防水层。

（9）外墙防水工程严禁在雨天雪天和五级风及其以上时施工；施工的环境气温宜为5～35℃。施工时应当采取可靠的安全防护措施。

二、无外保温外墙防水工程施工要求

根据现行的行业标准《建筑外墙防水工程技术规程》（JGJ/T 235—2011）中的规定，无外保温外墙防水工程施工要求主要包括以下方面。

（1）外墙结构表面的油污、浮浆应清除，孔洞、缝隙应堵塞抹平；不同结构材料交接处的增强处理材料应固定牢固。

（2）外墙结构表面宜进行找平处理，找平层施工应符合下列规定。

① 外墙基层表面应清理干净后再进行界面处理。

② 界面处理材料的品种和配比应符合设计要求，拌和应均匀一致，无粉团、沉淀等缺陷，涂层应均匀、不露底，并应待表面收水后再进行找平层施工。

③ 找平层砂浆的厚度超过10mm时，应分层压实、抹平。

（3）外墙防水层在施工前，宜先做好节点处理，再进行大面积施工。

（4）砂浆防水层施工应符合下列规定。

① 基层表面应为平整的毛面，光滑表面应进行界面处理，并应按要求湿润。

② 防水砂浆的配制应满足下列要求：a. 配合比应按照设计要求，通过试验确定；b. 配制乳液类聚合物水泥防水砂浆前，乳液应先搅拌均匀，再按规定比例加入拌合料中搅拌均

匀；c. 干粉类聚合物水泥防水砂浆应按规定比例加水搅拌均匀；d. 粉状防水剂配制普通防水砂浆时，应先将规定比例的水泥、砂和粉状防水剂干拌均匀，再加水搅拌均匀；e. 液态防水剂配制普通防水砂浆时，应先将规定比例的水泥和砂子干拌均匀，再加入用水稀释的液态防水剂搅拌均匀。

③ 配制好的防水砂浆宜在 1h 内用完；施工中不得加水。

④ 界面处理材料涂刷厚度应均匀、覆盖完全，收水后应及时进行砂浆防水层施工。

⑤ 防水砂浆在施工时应符合下列规定：a. 厚度大于 10mm 时，应分层进行施工，第二层应待前一层指触不粘时进行，各层应黏结牢固；b. 每层宜连续施工，需要留茬时，应采用阶梯坡形茬，接茬部位离阴阳角不得小于 200mm，上下层接茬应错开 300mm 以上，接茬应依层次顺序操作，层层搭接紧密；c. 采用喷涂施工时，喷枪的喷嘴应垂直于基面，合理调整压力、喷嘴与基面距离；d. 涂抹时应压实、抹平，遇气泡时应挑破，保证涂抹密实；e. 抹平、压实应在初凝前完成。

⑥ 窗台、窗楣、凸出墙面的腰线等部位上表面的排水坡度应准确，外口下沿的滴水线应连续、顺直。

⑦ 砂浆防水层分格缝的位置和尺寸应符合设计要求，嵌填密封材料前，应将分格缝内的杂物清理干净，密封材料应当嵌填密实。

⑧ 砂浆防水层转角处应抹成圆弧形，圆弧半径不应小于 5mm，转角抹压应顺直。

⑨ 门框窗框伸出外墙管道预埋件等与防水层交接处应留 8～10mm 宽的凹槽，并应按照第⑦条的规定进行密封处理。

⑩ 砂浆防水层未达到硬化状态时，不得浇水养护或直接受雨水冲刷，聚合物水泥防水砂浆硬化后应采用干湿交替的养护方法；普通防水砂浆防水层应在终凝后进行保湿养护。在养护期间不得受冻。

（5）涂膜防水层施工应符合下列规定。

① 涂膜防水层施工前应对节点部位进行密封或增强处理。

② 涂料的配制和搅拌应满足下列要求：a. 双组分涂料在配制前，应将液体组分搅拌均匀，配料应按照规定要求进行，不得任意改变涂料的配合比；b. 应采用机械搅拌，配制好的涂料应色泽均匀，无粉团和沉淀。

③ 基层的干燥程度应根据涂料的品种和性能确定；防水涂料涂布前，宜涂刷基层处理剂。

④ 涂膜宜多遍完成，后一遍涂布应在前一遍涂层干燥成膜后进行。挥发性涂料的每一遍用量每平方米不宜大于 0.6kg。

⑤ 每遍涂布应交替改变涂层的涂布方向，同一涂层涂布时，先后接茬宽度宜为 30～50mm。

⑥ 涂膜防水层的接茬部位不得污损，接茬宽度不应小于 100mm。

⑦ 胎体增强材料应铺贴平整，不得有褶皱和胎体外露，胎体层充分浸透防水涂料；胎体的搭接宽度不应小于 50mm。胎体的底层和面层涂膜厚度均不应小于 0.5mm。

⑧ 涂膜防水层完工并经检验合格后应及时做好饰面层。

（6）防水层中设置的耐碱玻璃纤维网布或热镀锌电焊网片等不得外露。热镀锌电焊网片应与基层墙体固定牢固；耐碱玻璃纤维网布应铺贴平整、无皱褶，两幅间的搭接宽度不应小于 50mm。

三、有外保温外墙防水工程施工要求

（1）防水层的基层表面应平整、干净；防水层与保温层应相容。

（2）防水层施工应符合无外保温外墙防水工程施工要求中第（4）、（5）、（6）条的规定。

（3）防水透气膜的施工应符合下列规定。

① 基层表面应干净、牢固，不得有尖锐凸起物。

② 铺设宜从外墙底部一侧开始，沿着建筑立面自下而上横向铺设，并应顺流水方向搭接。

③ 防水透气膜横向搭接宽度不得小于100mm，纵向搭接宽度不得小于150mm，相邻两幅膜的纵向搭接缝应相互错开，间距不应小于500mm，搭接缝应采用密封胶粘带覆盖密封。

④ 防水透气膜应随铺设、随固定，固定部位应预先粘贴小块密封胶粘带，用带塑料垫片的塑料锚栓将防水透气膜固定在基层上，固定点每平方米不得少于3处。

⑤ 铺设在窗洞或其他洞口处的防水透气膜，应以"I"字形裁开，并应用密封胶粘带将其固定在洞口的内侧；与门窗框连接处应使用配套密封胶粘带满粘密封，四角用密封材料封严。

⑥ 穿透防水透气膜的连接件的周围应用密封胶粘带封严。

第三节　外墙防水工程施工质量标准

外墙防水工程是防止雨水、生活用水渗漏的重要工程，对外墙防水工程进行合理的设计，并在选材上严格把控，规范施工，有利于使外墙防水工程更加完善。外墙防水工程在整个建筑工程中占有重要的地位，外墙防水工程涉及建筑物（构筑物）的地下室外墙、住房外墙等诸多外墙结构，使得建筑物更经久耐用，为人们提供一个舒适和安全的生活环境。

为确保外墙防水工程的施工质量，在现行国家标准《建筑装饰装修工程质量验收标准》（GB 50210—2018）中有非常明确的规定，在工程施工和验收中应严格遵守。

一、外墙防水工程质量验收的一般规定

（1）《建筑装饰装修工程质量验收标准》（GB 50210—2018）适用于外墙砂浆防水、涂膜防水和透气膜防水等分项工程的质量验收。

（2）外墙防水工程验收时应检查下列文件和记录：a. 外墙防水工程的施工图设计说明及其设计文件；b. 材料的产品合格证书、性能检验报告、进场验收记录和复验报告；c. 施工方案及安全技术措施文件；d. 雨后或现场淋水检验记录；e. 隐蔽工程验收记录；f. 施工记录；g. 施工单位的资质证书及操作人员的上岗证书。

（3）外墙防水工程应对下列材料及其性能指标进行复验：a. 防水砂浆的黏结强度和抗渗性能；b. 防水涂料的低温柔性和不透水性；c. 防水透气膜的不透水性。

（4）外墙防水工程应对下列隐蔽工程项目进行验收：a. 外墙不同结构材料交接处的增强处理措施的节点；b. 防水层在变形缝、门窗洞口、穿外墙管道、预埋件及收头等部位的节点；c. 防水层的搭接宽度及附加层。

（5）相同材料、工艺和施工条件的外墙防水工程，每 $1000m^2$ 应划为一个检验批，不足 $1000m^2$ 时也应划为一个检验批。

（6）每个检验批每 $100m^2$ 应至少抽查一处，每处检查不得小于 $10m^2$，节点构造应全数进行检查。

二、砂浆防水工程质量验收的项目

（一）主控项目

（1）砂浆防水层所用的砂浆品种及性能应符合设计要求及国家现行标准的有关规定。

检验方法：检查产品合格证书、性能检验报告、进场验收记录和复验报告。

（2）砂浆防水层在变形缝、门窗洞口、穿外墙管道、预埋件等部位的做法应符合设计要求。

检验方法：观察；检查隐蔽工程验收记录。

（3）砂浆防水层不得有渗漏现象。

检验方法：检查雨后或现场淋水检验记录。

（4）砂浆防水层与基层之间及防水层各层之间应黏结牢固，不得有空鼓。

检验方法：观察；用小锤轻击检查。

（二）一般项目

（1）砂浆防水层表面应密实、平整，不得有裂纹、起砂和麻面等缺陷。

检验方法：观察。

（2）砂浆防水层施工缝位置及施工方法应符合设计及施工方案要求。

检验方法：观察。

（3）砂浆防水层的厚度应符合设计要求。

检验方法：尺量检查；检查施工记录。

三、涂膜防水工程质量验收的项目

（一）主控项目

（1）涂膜防水层所用防水涂料及配套材料的品种及性能应符合设计要求及国家现行标准的有关规定。

检验方法：检查产品合格证书、性能检验报告、进场验收记录和复验报告。

（2）涂膜防水层在变形缝、门窗洞口、穿外墙管道、预埋件等部位的做法应符合设计要求。

检验方法：观察；检查隐蔽工程验收记录。

（3）涂膜防水层不得有渗漏现象。

检验方法：检查雨后或现场淋水检验记录。

（4）涂膜防水层与基层之间应黏结牢固。

检验方法：观察。

（二）一般项目

（1）涂膜防水层表面应平整，涂刷应均匀，不得有流坠、露底、气泡、翘边、皱折等缺陷。

检验方法：观察。

（2）涂膜防水层的厚度应符合设计要求。

检验方法：针测法或割取 20mm×20mm 实样用卡尺测量。

四、透气膜防水工程质量验收的项目

（一）主控项目

（1）透气膜防水层所用防水涂料及配套材料的品种及性能应符合设计要求及国家现行标准的有关规定。

检验方法：检查产品合格证书、性能检验报告、进场验收记录和复验报告。

（2）透气膜防水层在变形缝、门窗洞口、穿外墙管道、预埋件等部位的做法应符合设计要求。

检验方法：观察；检查隐蔽工程验收记录。

（3）透气膜防水层不得有渗漏现象。

检验方法：检查雨后或现场淋水检验记录。

（二）一般项目

（1）透气膜防水层表面应平整，不得有皱折、伤痕、破裂等缺陷。

检验方法：观察。

（2）透气膜防水层铺贴的方向应正确，纵向搭接缝应错开，搭接宽度应符合设计要求。

检验方法：观察；尺量检查。

（3）透气膜防水层的搭接缝应黏结牢固、密封严密；收头应与基层黏结固定牢固，缝口应严密，不得有翘边的现象。

检验方法：观察。

第四节　外墙防水工程质量问题与防治措施

工程实践充分表明，外墙渗漏是建筑工程中的质量通病之一，严重时会影响人们的正常生产和生活，给人们造成财产损失和精神负担。外墙渗水不但会影响房屋的使用功能，还严重影响建筑物的外观，同时维修上极其困难。但在实际的现场施工中，往往会因为外墙不易积水从而忽视了外墙细部的防水工艺施工，给日后的外墙渗漏埋下了隐患。

外墙渗漏防治是一项综合工程，造成渗漏的因素很多，涉及材料、设计、施工、维护管理等诸多方面。下面列出容易发生渗漏的主要部位，以指导施工过程未雨绸缪、防患于未然，并对处理外墙渗漏的有效方法进行探讨。

一、外墙竖向缝隙渗漏

（一）质量现象

采用空腔构造防水做法的外墙竖向缝隙出现漏水，连接铁件产生锈蚀。冬季冷空气从板缝进入，室内出现结露现象。

（二）原因分析

（1）外墙板在制作、运输、存放过程中，保护不善，竖向缝的防水槽等被撞坏未妥善修理。

（2）颠倒了施工顺序，采取了先插入塑料条后浇筑板缝的做法，使溢进空腔内的水泥砂浆残渣不易清理。

（3）塑料条裁切尺寸不适当。过宽，在腔壁内形成折线；过窄，形成麻花状或脱出腔外；长短不一，下端没有插到排水坡上，使竖向缝隙失去密封减压的作用。

（4）油毡聚苯乙烯板断裂，构造柱混凝土从裂口处溢进空腔，空腔被堵塞。

（三）防治措施

（1）墙板的堆放场地必须坚实平整，墙板应靠放在支撑牢固的插放架上。墙板起吊、运输必须谨慎，防止破坏墙板上的防水构造。

（2）插放塑料条工序必须在浇筑构造柱混凝土之后进行。浇筑混凝土后必须及时清理空腔内的杂物。

（3）塑料条要按实测外墙板防水槽宽度加 5mm 的尺寸现场进行裁割，不宜事先裁成统一的规格，以保证防水空腔的密闭性。塑料条的长度应保证上部有 15cm 的搭接长度。

（4）勾板缝护面砂浆应分 2～3 次进行，不得用力挤压砂浆，以防将塑料条挤入空腔中。

（5）对于无法嵌插塑料条的瞎缝，可沿缝外侧嵌填防水油膏。

（6）宜选用厚度为 12～14cm 的聚苯乙烯板，并将其与油毡条粘牢，然后嵌填防水油膏，并用水泥砂浆勾严。

二、墙面出现渗漏

（一）质量现象

雨水从面砖板缝处侵入墙体，致使外墙的室内墙壁出现水迹，室内装修发霉变黑；还可能"并发"板缝析白流挂。

（二）原因分析

（1）设计图纸缺乏细部大样，施工说明也不详细，外墙面横竖凹凸的线条比较多，里面变化比较大，对疏水非常不利。

（2）墙体因温差、干缩产生裂缝，尤其是房屋顶层墙体和轻质墙体。砌体的灰缝不饱满，因此，墙体本身的防水性能是有限的，有些地区的房屋墙体要用侧向砖砌筑；砂浆饱满度普遍较差，其防水性能则更差。

（3）饰面砖工程中饰面砖通常是依靠板块背面满刮水泥砂浆粘贴上墙的，它靠手工挤压板块，黏结砂浆不易全部位挤满，尤其板块的 4 个周边（特别是 4 个角）砂浆不易饱满，以致留下渗水空隙和通路。

（4）有些装饰面层要求砖缝疏密相同，即由若干板块密缝拼成小方形图案，再由横竖宽缝连接成大方形图案（即"组合式"），其密缝粘贴的板块形成"瞎缝"，板块接缝无法进行勾缝，只能采取"擦缝"处理，因此"组合式"的面层最容易出现渗漏。

（5）外墙找平层一次成活，由于一次涂抹过后，造成抹灰层下坠、空鼓、开裂、砂眼、接茬不密实、表面不平整等毛病，造成藏水空隙、渗水通道。有些工程墙体表面凹凸不平，抹灰层超厚。另外，楼层圈梁（或框架梁）凸出墙面或墙体表面凹凸不平，以及框架结构的填充墙墙顶与梁底之间填塞不密实等，也会发生抹灰裂缝，造成滞水、藏水、渗水。

（6）不少工程用普通水泥加水的净浆液作为勾缝材料，不仅会增加氢氧化钙等水溶性物质，而且硬化的收缩率也小。水泥净浆硬化后，经过时间变化，很容易在板缝部位产生裂隙或在水泥净浆与面砖之间产生缝隙。

（三）防治措施

（1）外墙饰面砖工程应有专项设计，并有节点大样图。对窗台、檐口、装饰线、雨篷、阳台和落水口等墙面凹凸部位，应采用防水和排水构造。在水平阳角处，顶面排水坡度不应小于 3%～5%，以利于排水；应采用顶面面砖压立面面砖，立面最后一排面砖压住竖向的阳角，由于其板缝防水不易保证，故不宜用于水平阳角。

（2）外墙面找平层至少要求两遍成活，并且喷雾养护不少于 3d，3d 之后再检查找平层的抹灰质量，在粘贴外墙砖之前，先将基层空鼓、裂缝处理好，确保找平层的施工质量符合设计要求。

（3）精心施工结构层和找平层，保证其表面平整度和填充墙紧密程度，使装饰面层的平整度完全由基层控制，从而避免基层凹凸不平，并可避免黏结层局部过厚或饰面不平整带来的弊病，也可避免填充墙顶产生裂缝。

（4）找平层应具有独立的防水能力，可在找平层上涂刷一层结合层，以提高界面间的黏结力，兼封闭找平层上的残余裂纹和砂眼、气孔。其材料可采用商品专用水泥基料的防渗材料，或涂刷聚合物水泥砂浆、界面处理剂。找平层完成后，外墙砖粘贴前，外墙面也可进行淋水试验。其方法是在房屋最顶处安装喷淋水的管网，使水自顶层顺墙往下流淌，喷淋水时间不少于 2h。及早发现渗漏点及时进行处理，使找平层具有独立的防水能力。

（5）外墙砖接缝宽度不应小于 5mm，不得采用密缝粘贴。缝的深度不宜大于 3mm，也可以采用平缝。外墙砖勾缝应饱满、密实，无裂缝，选用具有抗渗性能和收缩率小的材料进行勾缝。

三、外墙砖砌体渗漏水

（一）质量现象

在混凝土框架结构中，框架梁底部有渗水。外墙面砖砌体渗漏水，会造成内墙装饰霉变，严重影响美观和使用功能。

（二）原因分析

（1）砌砖的水平比较低，砖缝中的砂浆不够饱满，或为空头缝。框架结构的围护墙与框架梁底之间，因砌体的沉降产生缝隙而漏水。

（2）脚手架眼没有按要求堵塞好，留有渗水的通道。

（3）外墙装饰面层有空鼓、裂缝时，在下雨过后，雨水从缝隙进入抹灰层而渗入内墙。

（三）处理方法

（1）高层建筑的外墙有局部渗水时，可将内粉刷铲除，查清楚渗水的砖缝，将砖缝不密实的部分砂浆剔除，冲洗干净，用1∶2.5的水泥砂浆嵌填密实。

（2）出现大面积渗水，但外装饰面又无明显裂缝时，将外墙装饰面清扫冲洗干净，待干燥后，用阳离子氯丁橡胶聚合物乳液A组分和B组分按1∶1混合搅拌均匀后，按0.4的水灰比加入等级为42.5的普通硅酸盐水泥，并将水泥浆搅拌均匀。用聚合物水泥砂浆对砖缝进行勾缝处理。

（3）沿着框架梁底漏水时，要铲除外墙裂缝处的装饰层，将砖墙顶面缝隙中的灰浆刮除，并冲洗干净，用铁片塞紧，然后用1∶2.5的水泥砂浆嵌填密实并凹进墙面10mm，用柔性防水密封胶进行嵌填，然后补做外墙装饰面层。

（四）防治措施

（1）加强施工管理，严格砌体的操作质量，执行《砌体工程施工及验收规范》的规定，外墙一律不许留脚手架眼，砖砌体的灰缝应横平竖直，厚薄均匀，砂浆饱满率要大于80％。

（2）框架结构的填充墙，按规范要求：“填充墙砌至接近梁、板时，应留一定空隙，在抹灰前采用侧砖、立砖或砌块斜砌挤紧，其倾斜度为60°左右，砌筑砂浆应饱满。”这是防止填充墙砌筑砂浆沉降的主要措施。

（3）外墙施工前必须事先进行技术交底。铺贴的过程中一定要有挤浆工艺，且在勾缝前要全面检查空鼓情况，勾缝要保证密实度，勾缝完毕后要注意湿润养护，密缝抹擦缝隙不得有遗漏，勾缝深度要严格控制，凹入度不宜太大，最好勾成圆弧形的平缝。质量管理方面要建立多级复查控制制度，以保证每道工序的质量。

四、外墙门窗框周边渗水

（一）质量现象

在施工过程中我们经常发现，水沿着门窗框周边及窗台渗漏，这样的渗漏会造成室内墙面的污染，严重影响美观和使用功能。

（二）原因分析

（1）墙板制作中为便于拆模，窗口模留有坡度，从而造成窗口上部反坡。如果滴水线留得过浅，雨水易越过滴水槽顺坡流下，渗入室内。

（2）门窗框周边与砖墙接触面的缝隙没有封嵌，或虽用砂浆堵塞却不密实，常出现脱落和裂缝；窗洞口顶面无滴水线，雨水由洞口顶面流入室内。

(3) 窗台下的砌体缝隙中砂浆不饱满，水从缝隙中渗入室内。窗台粉刷不当，水沿窗框下渗入室内。

（三）处理方法

（1）改变窗口模板结构，避免形成窗口反坡。窗框下应认真进行坐灰处理。窗口四周可以做成窗套。对于已形成的洇水部位可用防水砂浆修理。

（2）将门窗框边与墙体接触面的缝隙中的疏松与裂缝、不密实的砂浆剔除冲洗干净，然后用1:2.5的水泥砂浆分层嵌填密实，靠窗框边留6mm×6mm的凹槽，待外墙装饰完成后，沿门窗框周围凹槽中嵌填柔性防水密封胶。

（3）门窗洞的上部要做滴水线，损坏的要补做好。窗台面粉刷层有裂缝或倒泛水时必须返工重做。

（四）防治措施

（1）窗台施工时室外应低于室内20mm，做成流水坡。窗楣处设置滴水槽，或做成鹰嘴形式。室外窗台饰面层应严格控制水泥砂浆的水灰比，抹灰前充分湿润基层，并涂刷素水泥浆结合层，薄厚均匀一致，抹灰抹压密实，下窗框企口灰浆饱满密实、压严。滴水槽的深度和宽度均不应小于10mm，窗台流水坡度为10%以上，滴水槽和流水坡可及时将外墙集聚的雨水分散引导掉。对窗台饰面层要加强养护，防止水泥砂浆收缩开裂。窗台抹灰的时间宜尽量推迟，以便使结构沉降稳定后进行。

（2）窗框安装时要首先检查其平整度和垂直度，门窗框与墙体的预埋件的连接固定必须牢固。门窗框安装经检查合格后嵌缝，清扫周边墙面与框侧，喷水冲洗湿润，用混合砂浆分层嵌填压实、抹平。用柔性材料（矿棉条或玻璃棉毡条）分层填塞，缝隙外表留5～8mm深的槽口，填嵌水密性密封材料。

（3）窗台下的砌砖，必须用砂浆刮填满所有砖缝，窗框下部距离窗台砖面不低于45mm。挑出窗台面流水坡的上口部要缩进窗下框，并做成20mm的圆弧；下口做10mm×10mm的滴水槽。

五、外来水源造成外墙的渗水

（一）质量现象

女儿墙压顶沿水渗入墙内，或雨篷的挂水渗入墙内，或阳台的挂水渗入墙内，或水落管破损造成渗水。这些外来水渗入内墙，污染墙面，使墙面潮湿、霉变，严重影响美观。

（二）原因分析

（1）女儿墙压顶向外泛水、挑出口处的下面没有做滴水线、滴水槽，雨水从山墙流淌。

（2）雨篷的排水管的管径偏小或堵塞而产生溢水；或没有留好滴水线（槽），雨水流到根部，渗入内墙或沿外墙面流淌。

（3）水落管的材质差，老化快，易破损，常出现脱节，雨水流到外墙面潮湿一大片；或水落管安装不规范，紧靠墙面，溢水、排水和漏水都沿墙面流下。

（三）防治措施

（1）防止女儿墙压顶出现沿水　压顶面的外侧应高于内侧，做成向里倾斜的泛水，使雨水流入屋面。压顶下端的两侧，必须做好滴水线。

（2）防止雨篷"挂水"　外侧设置挡板时，采用有组织排水，应加大排水管的直径，一般不小于 50mm，伸出雨篷外口长度不小于 70mm，并要有一定的坡度，且外口割成斜面，板下部做好滴水线（槽）防止出现沿水。

（3）安装好墙面水落管　在实际工程中，很多墙面渗水是因为水落管的直径过小，材质较差，安装不规范，从而造成溢水和漏水，影响大片墙面。所以必须严格控制水落管的质量，严格执行《屋面工程技术规范》中的规定，设计与施工时"水落管内径不应小于 75mm，一般水落管的最大屋面汇水面积为 200m²，水落管安装距离墙面不应小于 20mm，排水口距离散水坡的高度不应大于 200mm，水落管应用管箍与墙面固定，接头的承插长度不应小于 40mm"。施工中都要严格检查和验收。

六、外墙洞口处理不当造成渗水

（一）原因分析

（1）外墙工程竣工后，住户在墙体上凿取空调管洞、太阳能热水器管孔、排气扇孔洞等，造成墙体及外饰面裂缝，由于条件的限制，住户及装修者，无法对此进行认真的处理。

（2）剪力墙墙体施工时所用的螺栓套管，在内外装饰层施工前未认真进行封堵或未进行封堵。

（二）防治措施

（1）通过改进外墙防水工程的施工工艺，尽量减少外墙操作孔洞的留置。

（2）在清除操作洞孔内的杂物和浇水湿润后，用水泥砂浆及砖块对外墙孔洞进行认真填塞，并确保填塞密实可靠。

（3）在施工过程中应严格遵照设计及现行施工规范进行施工，严格落实质量检查制度，在对工程主体结构进行检查时，要对外墙填塞不规范、不密实的洞孔坚决返工。

七、散水坡上出现渗水

（一）原因分析

（1）散水坡与结构主体墙身未真正断开。

（2）纵横向伸缩缝设置不合理，不适应温度变化而产生裂缝。

（3）散水坡的宽度小于挑檐的长度，散水坡起不到接水作用。

（4）散水坡低于房区路面的标高，雨水排不出去，导致积水。

（5）散水坡的结构埋置深度未超过冻结层，受冻后散水坡的结构遭受破坏，产生裂缝，从而导致渗水。

（二）处理方法

（1）散水坡与主体结构之间出现缝隙而产生渗漏的维修，可采用无齿锯沿着裂缝锯成深

20mm、宽 15mm 的沟槽，清扫沟槽中的渣土，在内部嵌填密封材料并封堵严密。

（2）散水坡的标高低于房区路面的标高的维修，将原散水坡的坡表面进行凿毛，用清水冲洗干净，浇筑水泥砂浆或细石混凝土，散水坡的表面一定要超过房区路面 20mm，并留出温度缝和沉降缝。

（三）防治措施

（1）散水坡的基础埋置深度应超过冻结层，基础应采用毛石、砂、炉渣等材料。垫层应用碎石混凝土，结构应密实、牢固。

（2）散水坡应从垫层到找平层和面层与墙身的勒脚断开，防止建筑物沉降时破坏散水结构的整体性。要按房屋建筑轴线设置温度缝，防止因温度变化酿成散水坡的伸缩而损坏散水坡。

（3）屋面无组织排水房屋的散水坡宽度应宽于挑檐板 150～200mm，使雨水能落在散水坡上。

（4）散水坡的坡向和坡度必须符合设计要求，表面抹水泥砂浆罩面，必须抹压密实，结合牢固。散水坡所设置的纵向和横向伸缩缝均采用柔性沥青膏或沥青砂浆嵌填饱满密实。

（5）散水坡的标高必须高于房区路面的标高，排水应通畅，严防产生积水而浸泡基础。

（6）散水坡在施工完毕后，其面层要加强养护，防止出现开裂。

八、外墙预埋件根部渗水

（一）原因分析

预埋件安装不牢固而产生松动，或者外墙装饰后凿洞打孔安装预埋件，或者预埋件受到外力冲撞，抹灰时新老砂浆结合不牢，形成空鼓和裂缝。有的后安装预埋件不填洞，导致渗水。

（二）处理方法

（1）对预埋件松动或空洞没有填密实出现缝隙的，应在预埋件周围凿出 20～30mm 的环沟，将残渣冲洗干净，配制微膨胀水泥砂浆，分层进行填充抹压密实，外涂同墙体同样颜色的防水胶两遍。

（2）后安装空调机而凿孔洞穿管道的，应清洗干净孔洞，内填嵌密封材料（如麻丝），然后内外抹防水油膏或耐候胶。

（3）穿墙管道根部出现渗漏的，应用 C20 细石混凝土或 1:2 水泥砂浆固定穿墙管的位置，穿墙管与外墙面交接处应留设 20mm×20mm 的凹槽，内设置背衬材料，分层嵌填密封材料，外抹聚合物水泥砂浆保护层。

（三）防治措施

（1）预埋件（如落水管卡具、空调托架等）的安装应在墙面饰面施工之前进行，安装要牢固可靠，不得出现松动和位移等现象。

（2）预埋铁件应首先进行除锈、防腐处理，使预埋件与饰面层结合牢固。

（3）在进行抹灰时，预埋件的根部应精心操作，挤压密实。严禁挤压成活，使其根部抹灰饰面局部开裂。饰面层施工完成后，应避免冲撞、振动等外力作用，防止预埋件根部与饰面层脱离产生裂缝。

九、变形缝部位渗水

（一）原因分析

（1）变形缝结构不符合设计规范要求，缝内有夹杂物不贯通，形成刚性结构，改变了变形缝的性能，使建筑物沉降不均匀，部分墙体被拉开裂。

（2）变形缝内嵌填的密封材料水密性较差，盖板构造错误，不能满足变形缝正常工作，导致盖板拉开，产生渗漏。

（二）处理方法

（1）原采用弹性材料嵌缝的变形缝，应清除缝内已失效的嵌缝材料及浮灰、杂物，缝隙壁干燥后设置背衬材料，分层嵌填密封材料。密封材料与缝隙壁粘牢封严。

（2）原采用金属折板盖缝的变形缝，应更换已锈蚀损坏的金属折板，折板应顺水流方向连接，搭接长度不应小于40mm。金属折板应做好防锈处理后锚固在墙体上，螺钉孔眼宜用与金属折板颜色相近的密封材料嵌填、密封。

（三）防治措施

（1）沉降缝基础、圈梁混凝土的变形缝必须断开，施工时应采用木板隔开处理。

（2）变形缝内严禁掉入砌筑砂浆和其他杂物，缝内应保持清洁、贯通，并按照规范要求嵌填麻丝外加盖镀锌铁板。密闭镀锌铁盖板的制作应符合变形缝工作构造要求，确保沉降伸缩的正常性。安装盖板必须整齐、平整、牢固，接头处必须是顺水方向压接严密。

（3）在外墙变形缝中应设置相应的止水层，保证变形缝的水密性。主要包括：a. 安装金属或合成橡胶、合成树脂等制成的止水带；b. 用可变形的金属板作止水层；c. 填充弹性密封材料作止水层。

十、外墙镶贴饰面块材渗漏

（一）原因分析

（1）砌体砂浆不饱满，存在空头缝；基底清理不认真，如没有很好地清理缝隙、浮浆，没有很好地修补孔洞和空头缝，在打底前墙面没有洒水湿润。

（2）框架结构外墙砌砖梁底嵌填不密实，此处是漏水的多发区；其次是墙体与柱子之间的连接部位，往往抹灰后1周左右时间就会出现裂缝，甚至会把面层同时拉裂，特别是轻质砖和非烧结空心砖，热胀冷缩变形与混凝土之间的差异大。

（3）打底抹灰层的标号过高或太低，均会导致开裂。同时一次抹灰厚度超过10mm，也易形成裂缝。

（4）凸出外墙的飘板腰线或板墙根交接部位积水或没抹成圆角，会使水倒灌入墙内。

（5）穿过外墙的管道和预留孔洞未进行仔细的密封处理。

（6）窗框安装时未进行仔细的防水密封处理。

（7）外墙饰面砖面层与打底层砂浆黏结力不足形成空鼓（砂浆配合比不好或基层湿水不足造成）。

（8）饰面砖勾缝不严密，没有使用专用的勾缝工具，而且留置的缝隙比较窄，使得灰浆难以进入饰面砖的砖缝内。

（二）处理方法

（1）外墙饰面块材出现渗漏时，可用弹性涂料在勾缝处涂刷两遍。若勾缝处无明显裂缝时，可用有机硅憎水剂喷涂。面砖的质地疏松时，可对墙面砖（勾缝处已处理后）全面喷涂有机硅憎水剂。

（2）确保砌筑砂浆的饱满度　施工中应严格控制砌筑砂浆的饱满度，在砖孔洞呈垂直的情况下，水平铺灰应采用与砖孔洞模式相同的套板，防止砂浆掉入砖孔中，砖的竖缝应采取先挂灰、后砌筑，宜用内外临时夹板灌缝，并用专用的砌筑刀压实补灰。这样，大大提高了墙体的抗渗能力。

（3）严格控制填充墙的日砌筑高度　施工中，操作者往往为了方便，将填充墙一次砌至梁底，这样常因砌筑沉降而造成沿框架梁底部产生裂缝，形成渗水的通道。砌体每日砌筑高度不宜超过 1.8m，如遇雨天则要控制在 1.2m 以内。

（4）严格控制抹灰层水泥砂浆的强度和厚度　水泥砂浆的强度过高或太低，一次抹灰的厚度超过 10mm，都易导致裂缝，所以严格控制外墙抹灰层的水泥砂浆强度和抹灰层的厚度，同时满足水泥砂浆抗压强度和黏结强度的要求，也是防止外墙开裂的有效措施之一。

① 涂抹水泥砂浆每遍的厚度一般宜为 5～7mm，应当待前一层抹灰凝结后方可再涂抹后一层。

② 为了确保水泥砂浆的黏结强度，提高和易性，减少砂浆的收缩，宜在水泥砂浆中掺入砂浆添加剂。

③ 每遍抹灰层都应充分淋水养护，尽量减少干缩裂缝。

④ 外墙抹灰的接茬，应留在与墙柱、墙梁、剪力墙和楼面的接缝处错开 300～500mm 的部位。

（5）填塞墙体上一切可能渗水的通道　在外墙装饰施工前，要全面、细致地检查墙体上的裂缝、孔洞、空鼓、梁底缝隙、外窗周边的缝隙、脚手架穿孔等，清除这些缝和孔；如遇到瞎头缝要凿出宽度大于 8mm、深度大于 3mm 的缝槽，用掺加 5%～8% 膨胀剂的 1∶2.5 水泥砂浆将这些缝和孔填补密实，堵住渗水的通道。

（三）防治措施

加强框架梁（柱）与墙体交接处的施工　当填充墙砌至接近梁、楼板底时，应留一定的空隙，在抹灰前可采用侧向砖，或立砖，或砌块挤紧，其倾斜度为 60°左右，斜角缝砂浆必须饱满，可分 2～3 次填塞砂浆来弥补砂浆的收缩和下坠。在混凝土框架柱与填充墙交接处，沿墙高每隔 500mm 处设置 2 根直径为 6mm 的拉结钢筋，伸入墙内的长度不得小于 500mm。在混凝土框架梁（柱）与填充墙交接处，应设置一层 300～500mm 宽的钢丝网片，避免受温度变化影响收缩不均匀而产生裂缝。

十一、铝合金门窗出现渗漏

（一）原因分析

（1）铝合金门窗与洞口墙体之间的间隙过大或过小，致使门窗难以固定且堵塞不实易产生裂缝。

（2）填充材料没有充满门窗框与体之间的间隙，形成了空鼓现象或裂缝。

（3）没有按照设计要求充填合格的材料，如水泥砂浆的标号不对或配合比不合格。

（4）门窗安装完毕之后，没有在门窗外侧与墙体的连接部位进行密封，或防水密封层次不够，或密封失效。

（5）固定门窗的调整用的块体仍残留于门窗框内，或拆除后没有再进行二次填充。

（6）窗台室内外无高差或找坡度不充足，或铝合金门窗进出定位与外墙表面没有一定距离。

（7）对于有转角或连通形式的门窗，位于转角或连通部位的连接杆件的上部没有进行封堵，易造成渗漏雨水由上而下进入室内。

（8）门窗与洞口的固定连接不牢靠，使门窗在风荷载作用下产生移动而使密封材料产生裂缝。

（二）处理方法

在铝合金窗框的下部应设排水孔，窗框阴角处的密封胶要嵌实封闭。榫接、六角铆接、螺钉等处都应仔细嵌上耐候胶。毛刷条玻璃嵌条应固定牢固，安装到位，无短头、缺角、离位现象，耐候胶涂抹光滑平整，粗细均匀无气泡。窗扇与窗框搭接严密，关闭后应无缝隙，不透气，不渗水。

（三）防治措施

（1）门窗与洞口墙体周边的标准间隙应控制在 25～40mm 之间，其最大尺寸应不超过50mm，最小尺寸不小于 20mm，窗框与外墙面应有一定的距离，否则应采用细石混凝土浇筑修整后方可安装施工，严禁采用劣质的砌体，如烧结泥砖或砂浆直接垫平。

（2）根据工程实际情况合理选用水泥砂浆填充法：一是先将水泥砂浆充填于铝材型腔内后，再上墙安装并进行二次充填；二是将铝合金框架固定后再充填水泥砂浆。两种方法各有优缺点，第一种可确保铝腔内不形成空鼓的现象，但二次充填容易产生裂缝而漏水；第二种方法则易在下边框及两侧形成难以避免的充填不满而形成空鼓现象。

（3）水泥砂浆填充要控制水泥砂浆的配合比，一般应控制为 1：2.5，保证水泥砂浆的质量。推荐在水泥砂浆中掺加适量的防水剂，提高水泥砂浆的防渗漏性能，并要注意养护，避免出现开裂。

（4）门窗边框四周的外墙面 300mm 范围内，增加涂刷二道防水涂料以减少雨水渗漏的机会。

（5）迎风面或雨水冲刷面为阻止雨水渗过门窗与墙体之间的充填材料，适当考虑止水挡板或其他防水涂膜，增加抗渗性能。

（6）窗框交接处要留有注胶槽，宽度为 5～8mm，在嵌入密封材料时应注意清除浮灰、砂浆等,使密封材料与窗框、墙体黏结牢固。同时检查密封材料是否连续,是否有缺漏等情况,特别是转角交接位置是否有毛细孔存在;对贴面砖外墙应采用两道以上密封,避免拼缝处毛细水渗透。

(7) 调整用的块体禁止残留于门窗框内,拆除后要及时进行二次填充密实,填充注意与基体的可靠黏结。

(8) 室外窗台应低于室内窗台板 20mm 为宜,并设置顺水坡,雨水排放畅通,避免积水渗透。铝合金门窗与外墙要有一定的距离,避免雨水直接冲刷。

(9) 门窗连接件的材质、规格,连接方法应符合当地《铝合金门窗技术规程》的要求,及时用混凝土或水泥砂浆封锚,避免在风荷载作用下产生移动而使密封材料产生裂缝。

第四章
门窗工程质量管理

随着国民经济的腾飞，社会的不断进步，科学技术的飞速发展，人们对物质生活和精神文化生活水平的要求不断提高，现代高质量生存和生活的新观念已深入人心，人们逐渐开始重视生活和生存的环境。门是人们进出建筑物的通道口，窗是室内采光和通风的主要洞口，因此门窗是建筑工程的重要组成部分，也是建筑装饰工程施工质量管理的重点。

第一节　门窗常用材料的质量管理

门窗是建筑装饰工程的重要组成部分，作为建筑装饰艺术造型的重要因素之一，门窗的设置较为显著地影响着建筑工程的形象特征；作为建筑工程的围护结构与构造，对于建筑物的采光、通风、保温、节能和安全等均具有非常重要的作用。

一、门窗在建筑工程中的作用

门窗是建筑物不可缺少的重要组成部分，既有功能作用又有美学作用。对于门窗的具体要求，应根据不同的地区、不同的建筑地点、不同的建筑等级等，提出相应的要求，使其具有不同的组成和作用。但不同的门窗具有不同的作用，总结实际门窗工程，概括起来门窗各具有如下主要作用。

（一）门的作用

（1）通行与疏散　门是人们进出建筑物和房间的重要通道口，供人从此处通行，联系室内外和各房间；如果有事故发生，可以供人紧急疏散用。

（2）围护作用　在北方寒冷地区，外门应起到保温防雨作用；门要经常开启，是外界声音的传入途径，关闭后能起到一定的隔声作用；此外，门还起到防风沙的作用。

（3）美化作用　作为建筑内外墙重要组成部分的门，其造型、质地、色彩、形状、位置、构造方式等，对建筑的立面及室内装修效果影响很大。

（4）其他作用　门除了具有以上作用外，根据用户需要和设计要求，还可以使其具有防水、防火、保温等方面的作用。另外，还能利用门调节室内的空气、温度和湿度等。

（二）窗的作用

（1）采光作用　各类不同的房间，都必须满足一定的照度要求。在一般情况下，窗口采光面积是否恰当，是以窗口面积与房间地面净面积之比来确定的，各类建筑物的使用要求不同，采光的标准也不相同。

（2）通风作用　为确保室内外空气流通，使室内保持有新鲜的空气，在确定窗的位置、面积大小及开启方式时，应尽量考虑窗的通风功能。

（3）其他作用　窗和门的作用一样，除了具有以上作用外，根据用户需要和设计要求，还可以使其具有防水、防火、防风沙、隔声、保温等方面的作用。另外，还能利用窗调节室内的空气、温度和湿度等。

在门窗装饰工程中常见的门窗主要有木门窗、金属门窗、塑料门窗、特种门窗等，这些类型的门窗质量和装饰效果如何，与所用材料的品种和质量密切相关。

二、木门窗材料的质量要求

（一）木门窗所用木材质量要求

（1）木门窗应选用材质轻软、纹理较直、干燥性能良好、不易翘曲开裂、耐久性强、易于加工的木材。门窗木材常用的树种有针叶树，如红松、鱼鳞云杉、臭冷杉、杉木等；高级门窗框料多选用阔叶树，如水曲柳、核桃楸、麻栎等材质致密的树种。

（2）木门窗所用木材的品种、材质等级、规格、尺寸、框扇的线型等均应符合设计要求。制作普通木门窗所用木材的质量要求应符合表4-1的规定；制作高级门窗所用木材的质量要求应符合表4-2的规定。

表 4-1　制作普通木门窗所用木材的质量要求

木材缺陷		门窗扇的立梃、冒头、中冒头	窗棂、压条、门窗及气窗的线角、通风窗立梃	门芯板	门窗框
活节	不计个数时，直径/mm	＜15	＜5	＜15	＜15
	计算个数时，直径	≤木材宽度的1/3	≤木材宽度的1/3	≤30mm	≤木材宽度的1/3
	任何1延米个数	≤3	≤2	≤3	≤5
死节		允许,计入活节总数	不允许	允许,计入活节总数	
髓心		不露出表面的,允许	不允许	不露出表面的,允许	
裂缝		深度及长度不得大于厚度的1/5	不允许	允许可见裂缝	深度及长度不得大于厚度的1/4
斜纹的斜率/%		≤7	≤5	不限	≤12
油眼		非正面,允许			
其他		浪形纹理、圆形纹理、偏心及化学变色,允许			

表 4-2　制作高级门窗所用木材的质量要求

木材缺陷		门窗扇的立梃、冒头、中冒头	窗棍、压条、门窗及气窗的线角、通风窗立梃	门芯板	门窗框
活节	不计个数时，直径/mm	＜10	＜5	＜10	＜10
	计算个数时，直径	≤木材宽度的1/4	≤木材宽度的1/4	≤20mm	≤木材宽度的1/3
	任何1延米个数	≤2	0	≤2	≤3
死节		允许，计入活节总数	不允许	允许，计入活节总数	不允许
髓心		不露出表面的，允许	不允许	不露出表面的，允许	
裂缝		深度及长度不得大于厚度的1/6	不允许	允许可见裂缝	深度及长度不得大于厚度的1/5
斜纹的斜率/%		≤6	≤4	≤15	≤10
油眼		非正面，允许			
其他		浪形纹理、圆形纹理、偏心及化学变色，允许			

（3）制作门窗木材的含水率要严格控制，如果木材含的水分超过规定，不仅加工制作困难，而且易使门窗变形和开裂，轻则影响美观，重则不能使用。因此，制作门窗的木材应经窑干法干燥处理，木门窗所用木材含水率应符合表4-3中的规定。

表 4-3　木门窗所用木材含水率　　　　　　　　　　单位：%

门窗零部件名称		高级	普通
门窗框	针叶材	≤14	≤14
	阔叶材	≤12	≤14
拼接零件		≤10	≤10
门扇及其他零部件		≤10	≤12

（4）木方料的配料，应先用尺测量木方料的长度，然后再按照门窗横挡、竖向撑的尺寸放长进行截取，以便留有加工余量。木方料的截面尺寸宽度和厚度：单面刨光加3mm，双面刨光加5mm，以便刨料的加工。

（二）木门窗所用其他材料质量要求

（1）木门所用板材主要为人造板，包括硬质纤维板、中密度纤维板、胶合板、刨花板等。它们的质量应分别符合《湿法硬质纤维板》（GB/T 12626）、《中密度纤维板》（GB/T 11718—2009）、《普通胶合板》（GB/T 9846—2015）、《模压刨花制品　第1部分：室内用》（GB/T 15105.1—2006）中的规定和设计要求。

（2）木门所用胶合板应选择不吸潮、无脱胶开裂的板材；木门所用饰面胶合板应选择木纹流畅、色调一致、无节疤点、不潮湿、无脱落的板材。

（3）制作木门窗所用的胶料，一般可采用国产酚醛树脂胶和脲醛树脂胶。普通木门窗可采用半耐水的脲醛树脂胶，高档木门窗可采用耐水的脲醛树脂胶。

（4）工厂生产的木门窗必须有出厂合格证。由于运输、堆放等原因受损的门窗，应进行预处理，达到合格要求后方可用于工程。

（5）安装木门窗所用小五金零件的品种、规格、型号、颜色等均应符合设计要求，质量必须合格，地弹簧等五金零件应有出厂合格证。

三、金属门窗材料的质量要求

目前，在建筑工程中金属门窗主要是铝合金门窗、钢门窗和涂色镀锌钢板门窗，其中以铝合金门窗和钢门窗最为常见。金属门窗的材料品种、型号应符合设计要求，五金配件配套齐全且具有产品出厂合格证，进场时应认真进行核对。金属门窗产品表面应清洁、光滑、平整，没有明显的色差、凹凸不平、划伤、擦伤、碰伤等缺陷。产品表面也不得有氧化铁皮（铝屑）、毛刺、折叠、裂纹、分层、油污或其他污迹。

（一）铝合金门窗材料质量要求

（1）铝合金门窗是以门窗框料截面宽度、开启方式等方面区分的，在选择铝合金门窗的系列时，应根据不同地区、不同环境、不同建筑构造，并考虑门窗抗风性能进行计算确定。

（2）制作铝合金门窗所用的型材表面应清洁，无裂纹、起皮和腐蚀存在，装饰面不允许有气泡。

（3）普通精度型材装饰面上碰伤和擦伤，其深度不得超过 0.2mm；由模具造成的纵向挤压痕迹的深度不得超过 0.1mm。对于高精度型材的表面缺陷深度，装饰面应不大于 0.1mm，非装饰面应不大于 0.25mm。

（4）铝合金门窗的尺寸允许偏差应符合表 4-4 中的规定。

表 4-4　铝合金门窗的尺寸允许偏差　　　　　　　　单位：mm

项目	铝合金门		铝合金窗	
	尺寸范围	允许偏差	尺寸范围	允许偏差
框槽口高度、宽度	≤2000	±2.0	≤2000	±2.0
	>2000	±3.0	>2000	±2.5
框槽口对边尺寸之差	≤2000	≤2.0	≤2000	≤2.0
	>2000	≤3.0	>2000	≤3.0
框对角线尺寸之差	≤3000	≤3.0	≤2000	≤2.5
	>3000	≤4.0	>2000	≤3.5
框与扇的搭接宽度	±2.0		±1.0	
同一平面高低差	≤0.3		≤0.3	
装配间隙	≤0.2		≤0.2	

（5）铝合金型材经表面处理后，其阳极氧化膜厚度应不小于 $10\mu m$，着银白、浅古铜、深古铜等颜色，色泽应均匀一致。铝合金型材面层不允许有腐蚀斑点和氧化膜脱落等缺陷。

（6）铝合金型材厚度一般以 1.2～1.5mm 为宜。板壁如果太薄，刚度不足，表面易受损或变形；板壁如果过厚，自重较大且不经济。

（7）铝合金门窗宜选用厚度为 5mm 或 6mm 的玻璃；窗纱应当选用铝纱网或不锈钢纱网；密封条可选用橡胶条或橡塑条；密封材料可选用硅酮胶、聚硫胶、聚氨酯胶、丙烯酸酯胶等。

（8）铝合金门窗制作完成后，应用无腐蚀性的软质材料包扎牢固，放置在通风干燥的地方，严禁与酸、碱、盐等有腐蚀性的物品接触。当露天存放时，下部应垫高 100mm 以上，门窗成品的上面应覆盖篷布加以保护。

（9）铝合金门窗所用的配件，应按照设计要求、门窗类别合理选用。铝合金地弹簧门的地弹簧应为不锈钢或铜制品；推拉窗的拉锁应用锌合金压铸制品，表面镀铬或覆膜；平开窗的合页应用不锈钢制品，钢片厚度不宜小于 1.5mm，并且有松紧调节装置；滑块一般为铜制品；执手可选用锌合金压铸制品，表面镀铬或覆膜，也可选用铝合金制品，表面应进行氧化处理。

（二）钢门窗材料质量要求

钢门窗通常分为实腹钢门窗和空腹钢门窗两类。这两类钢门窗的结构不同，对它们的质量要求也不同。

1. 实腹钢门窗质量要求

实腹钢门窗系采用低碳钢热轧成各种异型材，再经断料、冲孔、焊接并与附件组装等工艺制成，其质量应符合下列具体要求。

（1）实腹钢门窗材料主要采用热轧型钢。其框料的高度可分为 25mm、32mm 和 40mm 3 类，门板一般用厚度为 1.5mm 的钢板制成。材料的钢号、化学成分和产品加工质量、五金配件的质量及装配效果等，均应符合现行国家标准《热轧型钢》（GB/T 706—2016）中的有关规定。

（2）钢门窗固定玻璃所用的密封条是钢门窗系统的重要配件。由于密封条所占成本较低，一直被人们所忽略，但密封条在门窗系统中却有至关重要的作用。密封条安装在门窗框、扇和玻璃上，依靠其所具有的弹性将门窗的型材、五金件、玻璃之间的缝隙密封住，并将它们紧密联系成为一个整体，对提高门窗的气密性、水密性、隔声性能和节能性能起着至关重要的作用。密封条的质量应按《建筑门窗、幕墙用密封胶条》（GB/T 24498—2009）中规定的各项技术指标进行检验，合格后方可使用，不得使用不合格产品。

（3）钢门窗及腰窗玻璃、钢门窗分格玻璃，一般采用 3mm 厚的净片玻璃，大玻璃钢窗及玻璃钢门均采用 5mm 厚的净片玻璃。

2. 空腹钢门窗质量要求

空腹钢门窗系采用冷轧带钢经高频焊管机组轧制焊接成各种型材，然后经切割、铣削、焊接、钻孔、组装等工艺制成，其质量应符合下列具体要求。

（1）空腹钢门窗材料应选用普通碳素钢，门框的材料采用高频焊接钢管，门板采用 1mm 厚冷轧冲压槽形钢板；钢门窗料采用 1.2mm 厚带钢，高频焊接轧制成型，其质量应符合现行标准的要求。

（2）空腹钢门窗的焊接是质量要求较高的工艺，一般应采用二氧化碳保护焊。

（3）空腹钢门窗涂料应采用红丹酚醛防锈漆；密封条应采用橡胶条，其伸长率应不小于 25%，邵氏硬度为（38±3），拉断强度应不小于 5.88MPa，老化系数不小于 0.85；窗纱采用 1.25mm 孔径的铁纱或铝纱。

（4）空腹钢门窗一般可选用厚度 3.5mm 的净片玻璃，对于高度大于 1100mm 的大玻璃，可采用厚 5mm 的净片玻璃。

四、塑料门窗材料的质量要求

塑料门窗即采用塑料型材制作而成的门窗。塑料门窗具有抗风、防水、保温节能等良好的特性。按照材质不同可分为未增塑聚氯乙烯（PVC-U）塑料门窗和玻璃纤维增强塑料（玻璃钢）门窗。

（1）塑料门窗所用的玻璃纤维增强塑料应符合现行的行业标准《玻璃纤维增强塑料（玻璃钢）门》（JG/T 185—2006）和《玻璃纤维增强塑料（玻璃钢）窗》（JG/T 186—2006）的要求。

（2）塑料门窗的力学性能　平开塑料门的力学性能应符合表 4-5 的要求，推拉塑料门的力学性能应符合表 4-6 的要求，平开塑料窗的力学性能应符合表 4-7 的要求，推拉塑料窗的力学性能应符合表 4-8 的要求。

表 4-5　平开塑料门的力学性能

项目	技术要求
开关力	≤80N
悬端吊重	在 500N 力的作用下,残余变形≤2mm,试件不损坏,仍保持使用功能
翘曲	在 300N 力的作用下,允许有不影响使用的残余变形,试件不损坏,仍保持使用功能
开关疲劳	经过≥10000 次的开关试验,试件及五金件不出现损坏。其固定处及玻璃压条不松脱,仍保持使用功能
大力关闭	经模拟 7 级风开关 10 次,试件不损坏,仍保持开关功能
角强度	平均值≥3000N,最小值≥平均值的 70%
软物冲击	无破损,开关功能正常
硬物冲击	无破损

注：全玻璃门不检测软、硬物体的冲击性能。

表 4-6　推拉塑料门的力学性能

项目	技术要求
开关力	≤100N
弯曲	在 300N 力的作用下,允许有不影响使用的残余变形,试件不损坏,仍保持使用功能
扭曲	在 300N 力的作用下,试件不损坏,仍保持使用功能
对角线变形	
开关疲劳	经过≥10000 次的开关试验,试件及五金件不出现损坏。其固定处及玻璃压条不松脱,仍保持使用功能
角强度	平均值≥3000N,最小值≥平均值的 70%
软物冲击	无破损,开关功能正常
硬物冲击	无破损

注：1. 无凸出把手的推拉门不做扭曲试验；2. 全玻璃门不检测软、硬物体的冲击性能。

表 4-7　平开塑料窗的力学性能

项目	技术要求		
锁紧器（执手）的开关力	≤100N(力矩≤10N·m)		
开关力	平铰链	≤80N	滑撑铰链　≥30N,≤80N
悬端吊重	在 500N 力的作用下,残余变形≤2mm,试件不损坏,仍保持使用功能		
翘曲	在 300N 力的作用下,允许有不影响使用的残余变形,试件不损坏,仍保持使用功能		
开关疲劳	经过≥10000 次的开关试验,试件及五金件不出现损坏。其固定处及玻璃压条不松脱,仍保持使用功能		

项目	技术要求
大力关闭	经模拟 7 级风开关 10 次,试件不损坏,仍保持开关功能
角强度	平均值≥3000N,最小值不低于平均值的 70%
窗撑试验	在 200N 力的作用下,不允许出现位移,连接处型材不破裂

表 4-8　推拉塑料窗的力学性能

项目	技术要求
开关力	≤100N
弯曲	在 300N 力的作用下,允许有不影响使用的残余变形,试件不损坏,仍保持使用功能
扭曲 对角线变形	在 300N 力的作用下,试件不损坏,允许有不影响使用的残余变形
开关疲劳	经过≥10000 次的开关试验,试件及五金件不出现损坏。其固定处及玻璃压条不松脱,仍保持使用功能
角强度	平均值≥3000N,最小值≥平均值的 70%

（3）塑料门窗成品的规格、型号、颜色等应符合设计要求,五金配件应配套齐全,并具有出厂合格证。

（4）塑料门窗所用的玻璃、嵌缝材料、防腐材料等,均应符合设计要求和现行有关标准的规定。

（5）进场前应对塑料门窗进行验收检查,不合格的产品不准进场。运到现场的塑料门窗应分型号、规格,以不小于 70°的角度立放于整洁的仓库内,下部应放置垫木。仓库内的环境温度应小于 50℃;门窗与热源的距离应大于 1m,并且不得与腐蚀物质接触。

（6）五金配件的型号、规格和技术性能,均应符合国家现行标准的有关规定。

（7）塑料门窗密封条的质量要求　塑料门窗用密封条按其形状不同,主要可分为槽形密封条和棒形密封条。其质量应符合现行国家标准《塑料门窗用密封条》（GB 12002—89）中的要求。

塑料门窗用密封条外观应光滑、平直,无扭曲变形,表面无裂纹,边角无锯齿及其他缺陷;密封条产品的加热收缩率应小于 2%;密封条产品的截面形状和基本尺寸,由生产厂家与用户协商确定。塑料门窗用密封条材质的物理性能应符合表 4-9 中的要求。

表 4-9　塑料门窗用密封条材质的物理性能

项目		单位	安装玻璃用密封条		框和扇间用密封条	
			GLⅠ	GLⅡ	WeⅠ	WeⅡ
硬度(邵尔 A 型)	23℃	度	65±5	60±5	60±5	60±5
	0℃	度	<85	<75	<85	<75
	40℃		<50	<45	<45	<45
	0℃与 40℃硬度差		<30	<15	<30	<15
100%定伸强度		MPa	≥3.0	≥2.0	≥3.0	≥2.0
拉伸断裂强度		MPa	≥7.5	≥10.0	≥7.5	≥10.0
拉伸断裂伸长率		%	300	300	300	300

项目		单位	安装玻璃用密封条		框和扇间用密封条	
			GLⅠ	GLⅡ	WeⅠ	WeⅡ
热空气老化性能 100℃×72h	拉伸强度保留率	%	≥85	≥85	≥85	≥85
	伸长率保留率	%	≥70	≥70	≥70	≥70
	加热失重	%	≤3.0	≤3.0	≤3.0	≤3.0
加热收缩率70℃×24h		%	≤2.0	≤2.0	≤2.0	≤2.0
压缩永久变形(压缩率30%)70℃×24h		%	≤75	≤75	≤75	≤75
脆性温度		℃	≤-30	≤-40	≤-30	≤-40
耐臭氧性($50×10^{-6}$,拉伸20%)40℃×96h		—	不出现龟裂			

五、特种门窗材料的质量要求

1. 防火、防盗门材料质量要求

（1）防火门、防盗门所用的材料质量，应分别符合现行国家标准《防火门》（GB 12955—2008）、《防盗安全门通用技术条件》（GB 17565—2007）中的规定。

（2）防火门、防盗门的规格、型号应符合设计要求，还应经消防部门鉴定和批准。五金配件应配套齐全，并具有生产许可证、产品合格证和性能检测报告。

（3）防火门、防盗门安装所用的防腐材料、填缝材料、水泥、砂子、连接板等，应符合设计要求和有关标准的规定。

（4）防火门、防盗门在码放前，要将存放处清理平整，垫好支撑物。码放时面板叠放高度不得超过1.2m；门框重叠平放高度不得超过1.5m；并要有防晒、防风及防雨措施。

2. 自动门材料质量要求

自动门一般可分为微波自动门、踏板式自动门和光电感应自动门，在工程中常用的是微波中分式自动门，其主要技术指标应符合表4-10中的要求。

表4-10　ZM-E$_2$型自动门主要技术指标

项目名称	技术指标	项目名称	技术指标
电源	AC220V/50Hz	感应敏感度	现场调节至用户需要
功耗	150W	报警延时时间	10～15s
门速调节范围	0～350mm/s	使用环境温度	-20～+40℃
微波感应范围	门前1.5～4.0m	断电时手推力	<10N

3. 全玻璃门材料质量要求

（1）玻璃　主要是指厚度在12mm以上的玻璃，根据设计要求选择质量合格的玻璃，并安放在安装位置附近。

（2）不锈钢或其他有色金属型材的门框、限位槽及板，都应按设计图加工好，检查合格后准备安装。

（3）辅助材料　如木方、玻璃胶、地弹簧、木螺钉、自攻螺钉等，应根据设计要求进行准备，质量应符合现行标准的规定。

第二节　门窗工程施工质量管理

门和窗是建筑物围护结构系统中不可缺少的重要组成部分，绿色建筑中的门窗设计要求具有保温、隔热、隔声、防水、防火和节能等多种功能，其中门窗的施工质量如何是绿色建筑节能设计和施工中极其重要的内容。因此，在门窗的整个施工过程中应当特别重视其施工质量的管理。

一、木门窗工程施工质量管理

装饰木门窗的安装，主要包括门窗框的安装和门窗扇的安装两个部分。在整个门窗安装的过程中，施工人员应当选择正确的安装方法，掌握一定的施工质量要点，这样才能保证装饰木门窗的施工质量。

（一）木门窗制作与安装质量预控要点

（1）木门窗框和门窗扇进场后，及时组织油漆工将框靠墙和地面的一侧涂刷防腐涂料，然后分类水平堆放平整，底层应搁置在方木上，在仓库中方木离地面的高度应不小于200mm，临时敞棚方木离地面的高度应不小于400mm，每层之间的垫木板，使其能自然通风。为确保门窗安装前的质量，在一般情况下严禁将木门窗露天堆放。

（2）在木门窗安装前，首先检查门窗框和门窗扇有无翘扭、弯曲、窜角、劈裂、榫槽间结合处松散等缺陷，如有以上缺陷应及时进行修理。

（3）预先安装的门窗框，应在楼、地面基层标高或墙体砌到窗台标高时安装；后安装的门窗框，应在主体工程验收合格、门窗洞口防腐木砖埋设齐备后进行。

（4）木门窗扇的安装应在饰面工程完成后进行。没有木门框的门扇，应在墙侧处安装预埋件，以便于门扇的准确安装。

（二）木门窗制作与安装施工质量要点

（1）木门窗框扇的榫槽必须嵌合严密、牢固。门窗框及厚度大于50mm的门窗应采用双榫连接。在进行框、扇拼装时，榫槽应严密嵌合，并用胶黏剂黏结，用胶楔加紧。

（2）木门窗的结合处和安装配件处，不得有木节或已填补的木节。木门窗如有允许限值以内的死节及直径较小的虫眼时，应用同一材种的木塞加胶填补。对于清油木门窗制品，木塞的色泽和木纹应与门窗的制品一致。

（3）门窗裁口，起线应顺直，割角准确，拼缝严密。窗扇拼装完毕，构件的裁剪口应在同一平面上。镶门芯板的凹槽深度应在镶入后尚余2~3mm的间隙，门窗框与门窗扇的安装线应符合设计要求。

（4）胶合板门的面层必须胶结牢固。制作胶合板门时，边框和横楞必须在同一平面上，面层与边框及横向楞应当加压胶结。应在横向楞和上下冒头各钻两个以上的透气孔，以防受潮脱胶或起鼓。

（5）表面平整无刨痕、毛刺和锤印等缺陷，门窗的表面应光洁。小料和短料胶合门窗、胶合板或纤维板门窗不允许脱胶，胶合板不允许刨透表层单板或戗槎。

（6）在砖石墙体上安装门窗框时，应当采用砸扁钉帽的钉子固定在砌在墙内的木砖上。木砖的埋置一定要满足设计数量和间距的要求，即 2m 高以内的门窗，每边不得少于 3 块木砖，木砖间距以 0.8～0.9m 为宜；2m 高以上的门窗，每边木砖间距不得大于 1m，以保证门窗框安装牢固。

（7）木门窗安装必须采用预留洞口的施工方法，严禁采用边安装、边砌筑或先安装、后砌筑的施工方法。

（8）木门窗与砖石砌体、混凝土或抹灰层的接触处，应进行防腐处理并应设置防潮层，以防止木门窗吸潮变形和腐朽；埋入砌体或混凝土的木砖必须进行防腐处理。

（9）建筑外门窗的安装必须十分牢固，在砌体上安装门窗必须符合现行标准的要求，严禁用射钉进行固定。

（10）在木门窗安装前，应对门窗洞口尺寸、固定门窗的预埋件和锚固件等进行认真检查，经检查一切符合设计要求后才能进行正式安装。

（11）在木门窗进行正式安装之前，应当按照设计要求核对门窗的规格、型号、形式和数量。

（12）门窗框安装前应校正，钉好斜向两根以上的拉条，无下坎的门框应设置水平的拉条，以防止在安装过程中产生变形。

（13）在安装合页时，合页的沟槽应"里平外卧"，木螺钉严禁一次钉入，钉入深度不能超过螺钉长度的 1/3，钉入的深度不小于钉长的 2/3，这样才能保证铰链平整，木螺钉拧紧卧平。遇到较硬木材时可预先钻孔，孔径应小于木螺钉直径的 1.5mm 左右。

（14）木门窗安装完毕后，应当按照有关规定努力做好成品保护工作，应采取有效措施防止受潮、碰伤、污染与暴晒。

二、金属门窗工程施工质量管理

随着建筑施工装饰装修领域的新技术、新材料和新工艺的不断创新，我国的建筑装饰装修工程也在飞速发展。金属门窗工程施工技术广纳了其他装饰技术并结合自身技术特点，加以不断完善和创新，已经形成了新型的门窗工程施工质量管理理论，并广泛应用于我国各个城市的现代化建设中。

（一）钢门窗工程施工质量管理

1. 钢门窗制作与安装质量预控要点

（1）钢门窗安装的主体结构经有关质量部门验收合格，达到门窗安装的条件。工种之间已办好交接手续。

（2）在钢门窗安装前，应按照设计要求弹好＋500mm 水平控制线，并按建筑平面图中所示尺寸弹好安装门窗的中线。

（3）检查钢筋混凝土过梁上连接钢门窗用预埋铁件的位置是否正确，对于预埋和位置不准确者，按照钢门窗安装的要求补装齐全。

（4）检查埋置钢门窗铁脚的预留孔洞是否正确，门窗洞口的高、宽尺寸是否合适。对于未留或留得不准的孔洞应进行纠正，剔凿合格后将杂物清理干净。

（5）检查钢门窗。对由于运输、堆放不当而导致门窗框扇出现的变形、脱焊和翘曲等缺陷应进行校正和修理。对表面处理后需要补焊的，焊后必须涂刷防锈漆。

（6）对于组合钢门窗，应首先做好试拼接的样板，经设计、业主和质检等鉴定合格后再进行正式大量组装。

2. 钢门窗制作与安装施工质量要点

（1）钢门窗安装时，应先把钢门窗在洞口内摆正，并用木楔临时固定，达到横平竖直。门窗地脚与预埋件宜采用焊接固定，如不采用焊接，应在安装完地脚后，用水泥砂浆或细石混凝土将洞口缝隙填实。

（2）在水泥砂浆凝固前，不得取出定位木楔或在钢门窗上安装五金配件，应待水泥砂浆凝固后取出木楔，并立即用水泥砂浆将缝隙抹密实。

（3）门窗框与墙体间的缝隙，应用 1∶2.5 的水泥砂浆四周填嵌密实，防止从周围渗水；不得采用石灰砂浆或混合砂浆填嵌。拼樘料（拼管、拼铁）与钢门窗的拼合处，应填满油灰，以防止拼缝处产生渗水。

（4）双层钢窗的安装间距必须符合设计要求。

（5）钢门窗零件和附件的安装应符合下列规定。

① 安装零、附件前，应检查钢门窗开启是否灵活，关闭后是否严密；否则应予以调整，合格后才能安装。

② 安装零、附件宜在墙面装饰完成后进行，安装时应按照生产厂家的说明进行操作。

③ 玻璃的密封条应在门窗涂料干燥后进行安装压实。

（6）涂色钢板门窗在贮存、运输、安装的过程中，对其面层应采取可靠的保护措施，以防止碰伤钢板的涂层。

（二）铝合金门窗工程施工质量管理

1. 铝合金门窗制作与安装质量预控要点

（1）铝合金门窗安装的主体结构经有关质量部门验收合格，达到门窗安装的条件。工种之间已办好交接手续。

（2）检查门窗洞口尺寸及标高是否符合设计要求。有预埋件的门窗口还应检查预埋件的数量、位置和埋设方法是否符合设计要求。

（3）在铝合金门窗安装前，应按设计图纸要求的尺寸弹好门窗中线，并弹好室内＋500mm 水平控制线，以确定门窗在安装中的位置标准。

（4）安装前认真检查铝合金门窗，如有翘曲不平、偏差超标、表面损伤、变形及松动、外观色差较大者，应与有关人员协调解决，经处理、验收合格后才能安装。

2. 铝合金门窗制作与安装施工质量要点

（1）铝合金门窗装入洞口应横平竖直，外框与洞口应弹性连接牢固，不得将门窗的外框架部分直接埋入墙体。与混凝土墙体连接时，门窗框的连接件与墙体可用射钉或膨胀螺栓固定。与砖墙连接时，应预先在墙内埋置混凝土块，然后再用射钉或膨胀螺栓固定。

（2）铝合金门窗框的连接件应伸出铝框与内外锚固，连接件应采用不锈钢件或经防锈处理的金属件，其厚度不应小于 1.5mm，宽度不小于 25mm；连接件的位置、数量应符合有关规范的规定。

（3）铝合金门窗横向及竖向组合时应采取套插、搭接形成曲面组合，搭接长度一般为

10mm，并用密封胶进行密封。

（4）铝合金门窗框与墙体间隙填塞，应按设计要求处理，如设计无要求时，应采用矿棉条或聚氨酯PU发泡剂等软质保温材料填塞，框四周缝隙需留5～8mm深的槽口用密封胶进行密封。

（5）铝合金门窗玻璃安装时，要在门窗槽内放置弹性垫块（如胶木等），不准玻璃与门框直接接触，玻璃与门窗槽搭接量不应少于6mm，玻璃与框槽间隙应用橡胶条或密封胶将四周压牢或填满。

（6）铝合金门窗安装好后，应经过喷淋抽检试验，不得存有渗漏现象。

（7）铝合金推拉窗顶部应设限位装置，其数量和间距应保证窗扇抬高或推拉时不脱轨。

（8）铝合金门窗安装完毕后，应当按照设计要求和有关规定做好成品保护工作。

三、塑料门窗工程施工质量管理

1. 塑料门窗制作与安装质量预控要点

（1）主体结构已施工完毕，并经有关部门验收合格。或墙面已粉刷完成，各工种之间已办好交接手续。

（2）当门窗采用预埋木砖与墙体连接时，墙体应按设计要求埋置防腐木砖。对于加气混凝土墙，应预埋胶粘圆木。

（3）同一类型的门窗及其相邻的上、下、左、右洞口应横平竖直；对于高级装饰工程及放置过梁的洞口，应做洞口样板。洞口宽度和高度尺寸的允许偏差如表4-11所列。

表 4-11　洞口宽度和高度尺寸的允许偏差　　　　　　　　　　单位：mm

墙体表面	<2400	2400～4800	>4800
未粉刷墙面	±10	±15	±20
已粉刷墙面	±5	±10	±15

（4）按设计图要求的尺寸弹好门窗中线，并弹好室内＋50mm水平线。

（5）组合窗的洞口，应在拼樘料的对应位置设预埋件或预留洞。

（6）门窗安装应在洞口尺寸按第（3）条的要求检验合格，办好各工种交接手续后方可进行。门的安装应在地面工程施工前进行。

2. 塑料门窗制作与安装施工质量要点

（1）塑料门窗安装时必须按施工操作工艺进行。施工前一定要画线定位，使塑料门窗上下顺直左右标高一致。

（2）安装时要使塑料门窗垂直方正，对于有棱角损伤和边角不规则的门窗扇，必须及时加以调整。

（3）在进行固定片的安装时，应先采用直径3.2mm的钻头钻孔，然后将十字槽盘头自攻螺钉M4×20拧入，不得用锤直接打入。

（4）窗与墙体的固定。当门窗与墙体固定时，应当先固定上框，后固定边框。固定窗框包括固定方法和确定连接点两个主要工作，其各种具体操作方法应符合下列要求。

① 直接固定法，即木砖固定法。窗洞施工时按设计位置预先埋入防腐木砖，将塑料窗

框送入洞口定位后，用木螺钉穿过窗框异型材与木砖连接，从而把窗框与基体固定。对于小型塑料窗，也可采用在基体上钻孔，塞入尼龙胀管，即用螺钉将窗框与基体连接。

② 连接件固定法。在塑料窗异型材的窗框靠墙一侧的凹槽内或凸出部位，事先安装之字形铁件作为连接件。塑料窗嵌入窗洞调整对中后，用木楔临时稳固定位，然后将连接铁件的伸出端用射钉或胀铆螺栓固定于洞壁基体。

③ 假框架固定法。先在窗洞口内安装一个与塑料窗框相配的"Ⅱ"形镀锌钢板金属框，然后将塑料窗框固定在上面，最后对盖缝条对接缝及边缘部分进行遮盖和装饰。这种做法的优点是可以较好地避免其他施工对塑料窗框的损伤，并能提高塑料窗的安装效率。

塑料窗框与墙体连接固定方法如图 4-1 所示。

图 4-1　塑料窗框与墙体连接固定方法

（5）组合窗的拼樘料与窗框间的连接应牢固，并用嵌缝膏进行嵌缝，应将两窗框与拼樘料卡接，卡接后应用紧固件双向拧紧，其间距应不大于 600mm；紧固件端头及拼樘料与窗框间的缝隙应采用嵌缝膏进行密封处理。

（6）门扇应待水泥砂浆硬化后再进行安装；铰链部分配合间隙的允许偏差及门框、扇的搭接量，应符合现行的行业标准的规定。

（7）门锁、执手、纱窗铰链及锁扣等五金配件，应安装牢固、位置正确、开关灵活，安装完毕后应整理纱网、压实压条。

（8）门窗框扇上若粘有水泥砂浆，应在其硬化前用湿布擦干净，但不得用硬质材料铲刮门窗框扇的表面。

四、特种门窗工程施工质量管理

1. 防火、防盗门安装质量管理

（1）立门框　先拆掉门框下部的固定板，凡框内高度比门扇的高度大 30mm 者，洞口两侧地面需要设置凹形槽。门框一般埋入 ±0.00 标高以下 20mm，并保证门框口的上下尺寸相同，允许误差应小于 1.5mm，对角线允许误差应小于 2mm。

将门框用木楔临时固定在洞口内，经校正合格后，打紧木楔，门框铁脚与预埋铁板焊接牢固。然后在门框两个上角墙上开洞，向框内灌注 M10 水泥素浆，待其凝固后方可装配门扇。冬季施工应注意防寒，水泥素浆灌注后应养护 21d。

（2）安装门框附件　门框周边的缝隙，用 1∶2 的水泥砂浆或强度不低于 10MPa 的细石混凝土嵌缝，并应保证门框与墙体结成整体；经养护凝固后再粉刷洞口及墙体。

（3）安装五金配件及防火、防盗装置　粉刷完毕后，安装门扇五金配件及防火、防盗装置。门扇关闭后，门缝应均匀平整，开启自由轻便，不得有过紧、过松和反弹现象。

2. 自动门安装质量管理

（1）地面轨道安装　铝合金自动门和全玻璃自动门地面上装有导向性下轨道，异形钢管自动门无下轨道。自动门安装时，撬出预埋木条便可埋设下轨道，下轨道的长度一般为开启门宽的2倍。在埋设下轨道时应注意与地平面层材料的标高保持一致。

（2）安装横梁　将18号槽钢放置在已预埋铁的门柱处，并将其仔细进行校平、吊直，注意与下轨道的位置关系，然后用电焊方式固定。由于机箱内装有机械及电控装置，因此自动门上部机箱层主梁是安装中的重要环节，对支撑横梁的土建支撑结构有一定的强度及稳定性要求。

（3）固定机箱　将厂方生产的机箱按说明固定在横梁上，做到位置正确、固定牢靠。

（4）安装门扇　按照施工的规范要求安装门扇，使门扇滑动平稳、开启灵活、比较顺畅、感觉良好。

（5）调试　接通电源，调试微波传感器和控制箱，使其达到最佳的工作状态。一旦调试正常后，不得再任意变动各种旋转位置，以免出现故障。

3. 全玻璃门安装质量管理

（1）裁割玻璃　全玻璃门的厚玻璃安装尺寸，应从安装位置的底部、中部和顶部进行测量，选择最小尺寸为玻璃板宽度的切割尺寸。如果在上、中、下测得的尺寸一致，其玻璃宽度的切割应比实测尺寸小3～5mm。玻璃板的高度方向裁割，应小于实测尺寸的3～5mm。玻璃板切割后，应将其四周作倒角处理，倒角宽度为2mm。倒角一般应在专业厂家加工；若在现场自行加工时，应用细砂轮进行缓慢操作，防止出现崩角崩边。

（2）安装玻璃板　用玻璃吸盘将玻璃吸紧，然后移动使玻璃就位。先把玻璃板上边插入门框的限位槽内，然后将其下边安放于木底托上的不锈钢包面对口缝内。

在底托上固定玻璃板的方法是：在木底托上钉上木板条，距玻璃板面4mm左右，然后在木板条上涂刷万能胶，将饰面不锈钢板粘卡在木方上。

（3）门扇固定　首先进行门扇定位安装，即先将门框横梁上的定位销本身的调节螺钉调出横梁平面1～2mm，再将玻璃门扇竖立起来，把门扇下横挡内的转动销连接件的孔位对准地弹簧的转动销轴，并转动门扇将孔位套入销轴上。然后把门扇转动90°使之与门框横梁成直角，把门扇上横挡中的转动连接件的孔对准门框横梁上的定位销，将定位销插入孔内15mm左右。

（4）安装拉手　全玻璃门扇上的拉手孔洞，一般是事先订购时由厂家加工好的，拉手连接部分插入孔洞时不要太紧，应有一定的松动。安装前应在拉手插入玻璃的部分涂少许玻璃胶；如果插入后过松，可在插入部分裹上软质胶带。在进行拉手组装时，其根部与玻璃贴紧后再拧紧固定螺钉。

五、门窗玻璃工程施工质量管理

（一）门窗玻璃安装质量预控要点

（1）门窗的五金配件安装完毕后，经检查质量全部合格，并在涂刷最后一道涂料前进行玻璃安装。

（2）钢门窗在安装玻璃前，要认真检查是否有扭曲变形等缺陷，若有应在修整合格后再进行玻璃安装。

（3）在玻璃安装前，应按照设计要求尺寸及结合实测尺寸，预先进行集中切割，并将切割好的玻璃按不同规格和安装顺序，码放在安全地方待用。

（4）由市场直接购买到的成品油灰，或使用熟桐油等天然干性油自行配制的油灰，可以直接使用；如用其他油料配制的油灰，必须经过检验合格后方可使用。

（二）门窗玻璃安装施工质量要点

（1）为确保玻璃裁割尺寸准确，玻璃宜在车间集中裁割，边缘不得有缺口和斜曲。钢木框、扇玻璃按设计尺寸或实测尺寸，长宽均应各缩小一个裁割口宽度的 1/4 裁割。铝合金及塑料框、扇的裁割尺寸，应符合现行国家标准对玻璃与玻璃槽之间配合尺寸的规定，并满足设计和安装的要求。

（2）玻璃安装前应满刮 1～3mm 厚的底油灰，在刮铺中要认真操作，确实铺平铺严。

（3）玻璃安装工程的施工，必须按照现行国家标准《建筑装饰装修工程质量验收标准》（GB 50210—2018）中的质量要求进行操作，不得偷工减料。

（4）玻璃安装后应用手轻轻敲打，其响声应坚实，不得有不清脆的声音；钢门窗的玻璃安装应用钢丝卡固定，钢丝卡的间距不得大于 300mm，且每边不应少于 2 个。

（5）在安装压花玻璃或磨砂玻璃时，正反面一定要安装正确，应检查玻璃的花面是否向室外，其磨砂面是否向室内。

（6）在安装玻璃时，使玻璃在门窗框口内准确就位，玻璃安装在凹槽内，内外侧间隙应相等，间隙的宽度一般控制在 2～5mm。

（7）存放玻璃的库房与作业面的温度不能相差过大，玻璃如果从过冷或过热的环境中运入操作地点，应等待玻璃的温度与室内温度相近后再安装。

（8）玻璃是易碎建筑材料，在门窗玻璃安装完毕后，应当按照有关规定采取措施做好成品保护工作，特别要注意人为或自然产生的损失。

第三节　门窗工程施工质量标准

门窗工程的质量标准主要是指对木门窗、金属门窗、塑料门窗和特种门以及门窗玻璃安装等分项工程的质量验收达到的要求，这是确保建筑门窗工程施工质量的关键环节和重要依据。进行门窗工程验收时采用的质量标准和检验方法，可参照现行国家标准《建筑装饰装修工程质量验收标准》（GB 50210—2018）和《建筑门窗工程检测技术规程》（JGJ/T 205—2010）中的规定。

一、门窗工程质量管理的一般规定

根据现行国家标准《建筑装饰装修工程质量验收标准》（GB 50210—2018）和现行的行业标准《建筑门窗工程检测技术规程》（JGJ/T 205—2010）中的规定，门窗工程质量管理应按照以下一般规定执行。

（1）门窗工程施工质量标准一节适用于木门窗、金属门窗、塑料门窗和特种门安装，以及门窗玻璃安装等分项工程的质量验收。金属门窗包括钢门窗、铝合金门窗和涂色镀锌钢板门窗等；特种门包括自动门、全玻璃门和旋转门等；门窗玻璃包括平板、吸热、反射、中空、夹层、夹丝、磨砂、钢化、防火和压花玻璃等。

（2）门窗工程验收时应检查下列文件和记录：a. 门窗工程的施工图、设计说明及其他设计文件；b. 材料的产品合格证书、性能检验报告、进场验收记录和复验报告；c. 特种门及其附件的生产许可文件；d. 门窗隐蔽工程验收记录；e. 门窗工程施工记录。

（3）门窗工程应对下列材料及其性能指标进行复验：a. 人造木板的甲醛释放量；b. 建筑外墙金属窗、塑料窗的气密性、水密性、耐风压性能。

（4）门窗工程应对下列隐蔽工程项目进行验收：a. 预埋件和锚固件；b. 隐蔽部位的防腐、填嵌处理。

（5）各分项工程的检验批应按下列规定划分。

① 同一品种、类型和规格的木门窗、金属门窗、塑料门窗及门窗玻璃每 100 樘应划分为一个检验批，不足 100 樘也应划分为一个检验批。

② 同一品种、类型和规格的特种门每 50 樘应划分为一个检验批，不足 50 樘也应划分为一个检验批。

（6）检查数量应符合下列规定。

① 木门窗、金属门窗、塑料门窗及门窗玻璃，每个检验批应至少抽查 5%，并不得少于 3 樘，不足 3 樘时应全数检查；高层建筑的外窗，每个检验批应至少抽查 10%，并不得少于 6 樘，不足 6 樘时应全数检查。

② 为确保特种门的质量，特种门的每个检验批应至少抽查 50%，并不得少于 10 樘，不足 10 樘时应全数检查。

（7）门窗安装前，应对门窗洞口尺寸及相邻洞口的位置偏差进行检验。对于同一类型的门窗洞口，其垂直、水平方向的位置应对齐。位置允许偏差应符合下列要求。

① 垂直方向的相邻洞口位置允许偏差应为 10mm；全楼高度小于 30m 的垂直方向洞口位置允许偏差应为 15mm，全楼高度不小于 30m 的垂直方向洞口位置允许偏差应为 20mm。

② 水平方向的相邻洞口位置允许偏差应为 10mm；全楼长度小于 30m 的水平方向洞口位置允许偏差应为 15mm，全楼长度不小于 30m 的水平方向洞口位置允许偏差应为 20mm。

（8）金属门窗和塑料门窗安装应采用预留洞口的方法施工，不得采用边安装边砌筑洞口或先安装后砌筑洞口的方法施工。

（9）木门窗与砖石砌体、混凝土或抹灰层的接触处，应进行防腐处理并应设置防潮层；埋入砌体或混凝土中的木砖应进行防腐处理。

（10）当金属窗或塑料窗组合时，其拼樘料的尺寸、规格、壁厚应符合设计要求。

（11）建筑外门窗的安装必须牢固。在砌体上安装门窗时严禁用射钉进行固定。

（12）推拉门窗扇必须牢固，必须安装防脱落的装置。

（13）特种门安装除应符合设计要求和本规范规定外，还应符合有关专业标准和主管部门的规定。

（14）门窗安全玻璃的使用应符合现行的行业标准《建筑玻璃应用技术规程》（JGJ 113—2015）中的规定。

（15）建筑外窗口的防水和排水构造应符合设计要求和国家现行标准的有关规定。

二、木门窗工程安装质量标准

根据现行国家标准《建筑装饰装修工程质量验收标准》（GB 50210—2018）和现行的行业标准《建筑门窗工程检测技术规程》（JGJ/T 205—2010）中的规定，木门窗工程安装质量管理适用于木门窗安装工程的质量验收。

（一）木门窗工程安装的主控项目

（1）木门窗的品种、类型、规格、尺寸、性能、开启方向、安装位置、连接方式及性能应符合设计要求及国家现行标准、规范的有关规定。

检验方法：观察；尺量检查；检查产品合格证书、性能检验报告、进场验收记录和复验报告；检查隐蔽工程验收记录。

（2）木门窗应采用烘干的木材，含水率及饰面质量应符合国家现行标准的有关规定。

检验方法：检查材料进场验收记录，复验报告及性能检验报告。

（3）木门窗的防火、防腐、防虫处理应符合设计要求。

检验方法：观察；检查材料进场验收记录。

（4）木门窗框的安装必须牢固可靠。预埋木砖的防腐处理、木门窗框固定点的数量、位置及固定方法应当符合设计要求。

检验方法：观察；手扳检查；检查隐蔽工程验收记录和施工记录。

（5）木门窗扇必须安装牢固，并应开关灵活，关闭严密，无倒翘。

检验方法：观察；开启和关闭检查；手扳检查。

（6）木门窗配件的型号、规格、数量应符合设计要求，安装应牢固，位置应正确，功能应满足使用要求。

检验方法：观察；开启和关闭检查；手扳检查。

（二）木门窗工程安装的一般项目

（1）木门窗表面应洁净，不得有刨切的痕迹和锤印。

检验方法：观察。

（2）木门窗的割角、拼缝应严密平整。门窗框、扇的裁割口应顺直，刨切面应平整。

检验方法：观察。

（3）木门窗上的槽、孔应边缘整齐，无毛刺。

检验方法：观察。

（4）木门窗与墙体间缝隙的填塞材料应符合设计要求，填塞应饱满。寒冷地区外门窗（或门窗框）与砌体间的空隙应填充保温材料。

检验方法：轻敲门窗框检查；检查隐蔽工程验收记录和施工记录。

（5）木门窗批水、盖口条、压缝条、密封条安装应顺直，与门窗结合应牢固、严密。

检验方法：观察；手扳检查。

（6）平开木门窗安装的留缝限值、允许偏差和检验方法应符合表4-12的规定。

表 4-12　平开木门窗安装的留缝限值、允许偏差和检验方法

项次	项　目		留缝限值/mm	允许偏差/mm	检验方法
1	门窗框的正、侧面垂直度		—	2	用1m垂直检测尺子检查
2	框与扇接缝高低差		—	1	用塞尺检查
	扇与扇接缝高低差			1	
3	门窗扇对口缝		1～4	—	用塞尺检查
4	工业厂房、围墙双扇大门对口缝		2～7	—	
5	门窗扇与上框间留缝		1～3	—	
6	门窗扇与颌侧框之间留缝		1～3	—	
7	室外门窗与锁侧框间留缝		1～3	—	
8	门扇与下框间留缝		3～5	—	
9	窗扇与下框间留缝		1～3	—	
10	双层门窗内外框间距		—	4	用钢直尺检查
11	无下框时门扇与地面间留缝	室外的门	4～7	—	用钢直尺或塞尺检查
		室内的门	4～8	—	
		卫生间门		—	
		厂房大门	10～20	—	
		围墙大门		—	
12	框与扇的搭接宽度	门	—	2	用钢直尺检查
		窗	—	1	

（三）木门窗安装完成后成品保护

（1）加工成型的木门窗在运输和存放过程中要特别注意加强保护，以免饰面出现损坏，装拼完后有条件的应入库保管。门扇宜存放在库房内，避免风吹、日晒、雨淋。不论是入库还是露天存放，下面均应垫起高度200mm以上，并要码放整齐，露天存放时上面应用塑料布进行遮盖。镶门芯板的门扇，门的端部应各放一件厚薄相等的木板，以防止门扇吸潮腐烂。

（2）加工成型的木门窗框扇码放时应平稳轻放，平放时端部应离开墙面200～300mm；不允许乱扔和乱堆放，防止损坏表面或缺棱掉角。

（3）在安装门窗扇时，下面应用木卡将门框卡牢固，上面用硬质木块垫着门边，然后用力进行锤打，以免损坏门边。

（4）在用胶合板对门窗进行封闭边缘时，流出门表面的胶水应及时用湿布将其擦抹干净；在修理刨平胶合板门时，应用木卡将门框边垫起卡牢，以免损坏边缘。

（5）门窗制作完毕后，不得在其表面站人或放置其他重物；门窗安装完毕后，应立即将风钩挂好或插上插销，以免因刮风损坏门窗。

（6）严禁在施工中从已安装好的窗框中向外抛掷建筑垃圾、模板、架板、钢筋、铁件等物品，以避免窗框下冒头及边框下部棱角产生碰坏。

三、金属门窗工程安装质量标准

根据现行国家标准《建筑装饰装修工程质量验收标准》（GB 50210—2018）和行业标准

《建筑门窗工程检测技术规程》（JGJ/T 205—2010）中的规定，金属门窗工程安装质量管理主要适用于钢门窗、铝合金门窗、涂色镀锌钢板门窗等的验收。

（一）金属门窗工程安装的主控项目

（1）金属门窗的品种、类型、规格、尺寸、性能、开启方向、安装位置、连接方式及门窗的型材壁厚应符合设计要求及国家现行标准、规范的有关规定。金属门窗的防腐处理及填嵌、密封处理应符合设计要求。

检验方法：观察；尺量检查；检查产品合格证书、性能检验报告、进场验收记录和复验报告；检查隐蔽工程验收记录。

（2）金属门窗框和附框的安装必须牢固。预埋件的数量、位置、埋设方式、与框的连接方式必须符合设计要求。

检验方法：手扳检查；检查隐蔽工程验收记录。

（3）金属门窗扇必须安装牢固，并应开关灵活、关闭严密，无倒翘。由于推拉门窗扇意外脱落容易造成安全方面的伤害，对高层建筑情况更为严重，因此推拉门窗扇必须有防脱落措施。

检验方法：观察；开启和关闭检查；手扳检查。

（4）金属门窗配件的型号、规格、数量应符合设计要求，安装应牢固，位置应正确，功能应满足使用要求。

检验方法：观察；开启和关闭检查；手扳检查。

（二）金属门窗工程安装的一般项目

（1）金属门窗表面应洁净、平整、光滑、色泽一致，无锈蚀。大面应无划痕、碰伤。漆膜或保护层应连续。型材的表面处理应符合设计要求及国家现行标准的有关规定。

检验方法：观察。

（2）铝合金门窗推拉门窗扇开关力应≤50N。

检验方法：用测力计检查。

（3）金属门窗框与墙体之间的缝隙应填嵌饱满，并采用密封胶密封。密封胶表面应光滑、顺直，无裂纹。

检验方法：观察；轻敲门窗框检查；检查隐蔽工程验收记录。

（4）金属门窗扇的橡胶密封条或毛毡密封条装配应平整、完好，不得脱槽，交角处应平顺。

检验方法：观察；开启和关闭检查。

（5）有排水孔的金属门窗，排水孔应畅通，位置和数量应符合设计要求。

检验方法：观察。

（6）钢门窗安装的留缝限值、允许偏差和检验方法应符合表 4-13 的规定。

表 4-13　钢门窗安装的留缝限值、允许偏差和检验方法

项次	项目		留缝限值 /mm	允许偏差 /mm	检验方法
1	门窗槽口的宽度、高度	≤1500mm	—	2	用钢卷尺进行测量检查
		>1500mm	—	3	

项次	项目		留缝限值 /mm	允许偏差 /mm	检验方法
2	门窗槽口对角线长度差	≤2000mm	—	3	用钢卷尺进行测量检查
		>2000mm	—	4	
3	门窗框的正、侧面垂直度		—	3	用1m垂直检测尺子检查
4	门窗横框的水平度		—	3	用1m水平尺和塞尺检查
5	门窗横框标高		—	5	用钢卷尺进行检查
6	门窗竖向偏离中心		—	4	用钢卷尺进行检查
7	双层门窗内外框间距		—	5	用钢卷尺进行检查
8	门窗框、门窗扇配合间隙		≤2	—	用塞尺进行检查
9	平开门窗框扇搭接宽度	门	≥6	—	用钢直尺进行检查
		窗	≥4	—	用钢直尺进行检查
	推拉门窗框扇搭接宽度		≥6	—	用钢直尺进行检查
10	无下框时门扇与地面间留缝		4～8	—	用塞尺进行检查

（7）铝合金门窗安装的允许偏差和检验方法应符合表 4-14 的规定。

表 4-14　铝合金门窗安装的允许偏差和检验方法

项次	项目		允许偏差/mm	检验方法
1	门窗槽口的宽度、高度	≤2000mm	2	用钢卷尺进行测量检查
		>2000mm	3	
2	门窗槽口对角线长度差	≤2500mm	4	用钢卷尺进行测量检查
		>2500mm	5	
3	门窗框的正、侧面垂直度		2	用1m垂直检测尺子检查
4	门窗横框的水平度		2	用1m水平尺和塞尺检查
5	门窗横框标高		5	用钢卷尺进行检查
6	门窗竖向偏离中心		5	用钢卷尺进行检查
7	双层门窗内外框间距		4	用钢卷尺进行检查
8	推拉门窗扇与框搭接宽度	门	2	用钢直尺进行检查
		窗	1	

（8）涂色镀锌钢板门窗安装的允许偏差和检验方法应符合表 4-15 的规定。

表 4-15　涂色镀锌钢板门窗安装的允许偏差和检验方法

项次	项目		允许偏差/mm	检验方法
1	门窗槽口的宽度、高度	≤1500mm	2	用钢卷尺进行测量检查
		>1500mm	3	
2	门窗槽口对角线长度差	≤2000mm	4	用钢卷尺进行测量检查
		>2000mm	5	
3	门窗框的正、侧面垂直度		3	用1m垂直检测尺子检查

项次	项目	允许偏差/mm	检验方法
4	门窗横框的水平度	3	用1m水平尺和塞尺检查
5	门窗横框标高	5	用钢卷尺进行检查
6	门窗竖向偏离中心	5	用钢卷尺进行检查
7	双层门窗内外框间距	4	用钢卷尺进行检查
8	推拉门窗扇与框搭接宽度	2	用钢直尺进行检查

（三）金属门窗安装完成后成品保护

（1）金属门窗运输过程中要轻拿轻放，并要采取相应的保护措施，避免出现碰撞和摔压，防止产生损坏变形。铝合金门窗运输时应妥善进行捆扎，樘与樘之间应当用非金属软质材料隔垫开来。

（2）金属门窗进场后，应按照规格和型号分类堆放，底层应垫平和垫高，露天堆放应当用塑料布遮盖好，不得乱堆乱放，防止门窗产生变形及生锈。铝合金门窗进场后，应在室内竖直排放，产品不得直接接触地面，底部可用枕木垫平并高于地面100mm以上，严禁与酸、碱和盐等材料一起存放，室内应保持清洁、干燥、通风。

（3）施工中严禁以门窗为支点，在门窗框和窗扇上支承各类架板，防止门窗位移、损坏和变形。铝合金门的窗框定位后，不得撕掉保护胶带或包扎布。在填嵌缝隙需要撕掉时，切不可用刀等硬物刮撕，以免划伤铝合金的表面。

（4）在拆除施工架子时，应先将开启的门窗关好后再进行拆架，以防止拆除施工架中下落的构件撞坏已安装好的金属门窗。

（5）进行焊接作业时，对安装好的门窗应采取可靠的防护措施，防止电焊火花损坏周围的门窗型材、玻璃等材料。

（6）禁止所有人员踩踏门窗，也不得在门窗框架上悬挂重物；经常出入的门洞口应及时将门框保护好，严禁擦碰门窗产品，防止门窗变形损坏。

（7）在墙体粉刷和装饰完毕后，应及时清除残留在金属门窗框和扇上的砂浆、油污及其他杂物。

四、塑料门窗工程安装质量标准

根据现行国家标准《建筑装饰装修工程质量验收标准》（GB 50210—2018）和现行的行业标准《建筑门窗工程检测技术规程》（JGJ/T 205—2010）中的规定，塑料门窗工程安装质量管理适用于塑料门窗安装工程的质量验收。

（一）塑料门窗工程安装的主控项目

（1）塑料门窗的品种、类型、规格、尺寸、性能、开启方向、安装位置、连接方式及填嵌密封处理应符合设计要求及国家现行标准、规范的有关规定，内衬增强型钢的壁厚和设置应符合现行国家标准《建筑用塑料门》（GB/T 28886—2012）和《建筑用塑料窗》（GB/T 28887—2012）的规定。

检验方法：观察；尺量检查；检查产品合格证书、性能检验报告、进场验收记录和复验报告；检查隐蔽工程验收记录。

（2）塑料门窗框、门窗的附框和门窗扇的安装必须牢固。固定片或膨胀螺栓的数量与位置应正确，连接方式应符合设计要求。固定点应距离窗角、中横框、中竖框 150～200mm，固定点间距不得大于 600mm。

检验方法：观察；手扳检查；尺量检查；检查隐蔽工程的验收记录。

（3）塑料组合门窗使用的拼樘料截面尺寸及内衬增强型钢的形状、壁厚应符合设计要求。承受风荷载的拼樘料应采用与其内腔紧密吻合的增强型钢作为内衬，其两端必须与洞口固定牢固。窗框必须与拼樘料连接紧密，固定点间距应不大于 600mm。

检验方法：观察；手扳检查；尺量检查；磁铁检查；检查进场验收记录。

（4）窗框与洞口之间的伸缩缝内应采用聚氨酯发泡胶填充，发泡胶填充应均匀、密实。发泡胶成型后不宜切割。表面应采用密封胶密封。所用的密封胶，应当性能优良、黏结牢固，表面应光滑、顺直、无裂纹。

检验方法：观察；检查隐蔽工程验收记录。

（5）"滑撑"铰链的安装必须牢固，紧固螺钉必须使用不锈钢材质。螺钉与门窗框扇的连接处，应进行防水密封处理。

检验方法：观察；手扳检查；磁铁检查；检查隐蔽工程验收记录。

（6）推拉门窗扇必须有防脱落的装置。

检验方法：观察。

（7）门窗扇关闭应严密，开关应灵活。

检验方法：观察；尺量检查；开启和关闭检查。

（8）塑料门窗配件的型号、规格、数量应符合设计的要求，安装应牢固，位置应正确，使用应灵活，功能应满足各自使用要求。平开窗的窗扇高度大于 900mm 时窗扇锁闭点不应少于 2 个。

检验方法：观察；手扳检查；尺量检查。

（二）塑料门窗工程安装的一般项目

（1）安装后的门窗关闭时，密封面上的密封条应处于压缩状态，密封层数应符合设计要求。密封条应连续完整，装配后应均匀、牢固，无脱槽、收缩和虚压现象；密封条接口应严密，且应位于窗的上方。

检验方法：观察。

（2）塑料门窗扇的开关力应符合下列规定。

① 平开门窗扇平铰链的开关力不应大于 80N；"滑撑"铰链的开关力不应大于 80N，并不应小于 30N。

② 推拉门窗扇的开关力不应大于 100N。

检验方法：观察；用测力计检查。

（3）门窗表面应洁净、平整、光滑，颜色应均匀一致。可视面应无划痕、碰伤等缺陷，门窗不得有焊接角开裂和型材断裂等现象。

检验方法：观察。

（4）旋转窗间隙应均匀。

检验方法：观察。

（5）排水孔应畅通，位置和数量应符合设计要求。

检验方法：观察。

（6）塑料门窗安装的允许偏差和检验方法应符合表 4-16 的规定。

表 4-16 塑料门窗安装的允许偏差和检验方法

项次	项目		允许偏差/mm	检验方法
1	门窗框外形（宽度、高度）尺寸的长度差	≤1500mm	2	用钢卷尺进行测量检查
		>1500mm	3	
2	门窗框两对角线长度差	≤2000mm	3	用钢卷尺进行测量检查
		>2000mm	5	
3	门窗框（含拼樘料）的正、侧面垂直度		3	用 1m 垂直检测尺子检查
4	门窗框（含拼樘料）的水平度		3	用 1m 水平尺和塞尺检查
5	门窗下横框标高		5	用钢卷尺进行检查，与基准线比较
6	双层门窗内外框间距		4	用钢卷尺进行检查
7	门窗竖向偏离中心		5	用钢卷尺进行检查
8	平开门窗及上悬、下悬、中悬窗	门窗扇与框搭接宽度	2	用深度尺或钢直尺检查
		同樘门窗相邻扇的水平高度差	2	用靠尺和钢直尺检查
		门窗框扇四周的配合间隙	1	用楔形塞尺检查
9	推拉门窗	门窗扇与框搭接宽度	2	用深度尺或钢直尺检查
		门窗扇与框或相邻扇的立边平行度	2	用钢直尺检查
10	组合门窗	门窗的平整度	3	用 2m 靠尺和钢直尺检查
		缝的直线度	3	用 2m 靠尺和钢直尺检查

（三）塑料门窗安装完成后成品保护

（1）塑料门窗应放置在清洁、平整的地方且应避免日晒、雨淋，并不得与腐蚀物质接触；塑料门窗不应直接接触地面，下部应设置垫木，且应立放，立放角度不应小于 70°，并应采取防倾倒措施。

（2）贮存塑料门窗的环境温度应不小于 5℃，与热源的距离不应小于 1m，塑料门窗在现场的放置时间不得超过 2 个月。

（3）塑料门窗在安装过程中，应及时清除其表面水泥砂浆和其他杂物。

（4）已安装塑料门窗框、扇的洞口不得再作为运输物料通道。

（5）严禁在门窗框、扇上支脚手架、悬挂重物；外脚手架不得压在门窗框、扇上，并严禁蹬踩窗框、窗扇或窗撑。

（6）应防止利器划伤塑料门窗表面，并应防止电、气焊火花烧伤面层。

（7）在进行其他装修作业时应采取有效的防护技术措施，防止塑料门窗产生污染，严禁碰撞门窗。

五、特种门工程安装质量标准

根据现行国家标准《建筑装饰装修工程质量验收标准》(GB 50210—2018)和现行的行业标准《建筑门窗工程检测技术规程》(JGJ/T 205—2010)中的规定,特种门是指与普通门相比具有特殊用途的门,包括防火门、防辐射门、人防门、隔声门、防盗门、防爆门、防烟门、防尘门、抗龙卷风门、抗冲击波门、抗震门等。特种门工程安装质量管理适用以上各种门安装工程的质量验收。

(一) 特种门工程安装的主控项目

(1) 特种门的质量和各项性能应符合设计要求。

检验方法:检查生产许可证、产品合格证书和性能检验报告。

(2) 特种门的品种、类型、规格、尺寸、开启方向、安装位置及防腐处理应符合设计要求及国家现行标准的有关规定。

检验方法:观察;尺量检查;检查进场验收记录和隐蔽工程验收记录。

(3) 带有机械装置、自动装置或智能化装置的特种门,其机械装置、自动装置或智能化装置的功能应符合设计要求和有关标准的规定。

检验方法:启动机械装置、自动装置或智能化装置,观察。

(4) 特种门的安装必须牢固。预埋件的数量、位置、埋设方式、与框的连接方式必须符合设计要求。

检验方法:观察;手扳检查;检查隐蔽工程验收记录。

(5) 特种门的配件应齐全,位置应正确,安装应牢固,功能应满足使用要求和特种门的各项性能要求。

检验方法:观察;手扳检查;检查产品合格证书、性能检测报告和进场验收记录。

(二) 特种门工程安装的一般项目

(1) 特种门的表面装饰应符合设计要求。

检验方法:观察。

(2) 特种门的表面应洁净,无划痕、碰伤。

检验方法:观察。

(3) 推拉自动门的感应时间限值和检验方法应符合表 4-17 的规定。

表 4-17　推拉自动门的感应时间限值和检验方法

项次	项目	感应时间限值/s	检验方法
1	开门响应时间	≤0.5	用秒表检查
2	堵门保护延时	16～20	用秒表检查
3	门扇全开启后保持时间	13～17	用秒表检查

(4) 人行自动门活动扇在启闭过程中对所要保持的部位应留有安全间隙。安全间隙应小于 8mm 或大于 25mm。

检验方法:用钢直尺检查。

(5) 自动门安装的允许偏差和检验方法应符合表 4-18 的规定。

表 4-18　自动门安装的允许偏差和检验方法

项次	项目	允许偏差/mm				检验方法
		推拉自动门	平开自动门	折叠自动门	旋转自动门	
1	上框、平梁水平度	1	1	1	—	用 1m 水平尺和塞尺检查
2	上框、平梁直线度	2	2	2	—	用钢直尺和塞尺检查
3	立框的垂直度	1	1	1	1	用 1m 垂直检测尺检查
4	导轨和平梁平行度	2	—	2	2	用钢直尺检查
5	门框固定扇内侧对角线尺寸	2	2	2	2	用钢卷尺检查
6	活动扇与框、横梁、固定扇间隙差	1	1	1	1	用钢直尺检查
7	板材对接接缝的平整度	0.3	0.3	0.3	0.3	用 2m 靠尺和塞尺检查

（6）自动门切断电源，应能手动开启，开启力和检验方法应符合表 4-19 的规定。

表 4-19　自动门手动开启力和检验方法

项次	门的启闭方式	手动开启力/N	检验方法
1	推拉自动门	≤100	用测力计检查
2	平开自动门	≤100（门扇边梃着力点）	
3	折叠自动门	≤100（垂直于门扇折叠处铰链推拉）	
4	旋转自动门	150～300（门扇边梃着力点）	

注：1. 推拉自动门和平开自动门为双扇时，手动开启力仅为单扇的测值。

2. 平开自动门在没有风力情况下测定。

3. 重叠推拉着力点在门扇前、侧面结合部的门扇边缘。

六、门窗玻璃安装工程安装质量标准

根据现行国家标准《建筑装饰装修工程质量验收标准》（GB 50210—2018）和现行的行业标准《建筑门窗工程检测技术规程》（JGJ/T 205—2010）中的规定，门窗玻璃安装工程安装质量管理适用于平板、吸热、反射、中空、夹层、夹丝、磨砂、钢化、压花玻璃等玻璃安装工程的质量验收。

（一）门窗玻璃安装工程安装的主控项目

（1）玻璃的品种、规格、尺寸、色彩、图案和涂膜朝向应符合设计要求。

检验方法：观察；检查产品合格证书、性能检验报告和进场验收记录。

（2）门窗玻璃裁割尺寸应正确。安装后的玻璃应牢固，不得有裂纹、损伤和松动。

检验方法：观察；轻敲检查。

（3）玻璃的安装方法应符合设计要求。固定玻璃的钉子或钢丝卡的数量、规格应保证玻璃安装牢固。

检验方法：观察；检查施工记录。

（4）镶钉木压条接触玻璃处，应与裁割口边缘平齐。木压条应互相紧密连接，并与裁割口的边缘紧贴，切割角处应整齐。

检验方法：观察。

（5）密封条与玻璃、玻璃槽口的接触应紧密、平整。密封胶与玻璃、玻璃槽口的边缘应黏结牢固、接缝平齐。

检验方法：观察。

（6）带密封条的玻璃压条，其密封条必须与玻璃全部贴紧，压条与型材之间应无明显缝隙。

检验方法：观察；尺量检查。

（二）门窗玻璃安装工程安装的一般项目

（1）玻璃表面应洁净，不得有腻子、密封胶、涂料等的污渍。中空玻璃内外表面均应洁净，玻璃中空层内不得有灰尘和水蒸气。门窗玻璃不应直接接触型材。

检验方法：观察。

（2）腻子及密封材料应充填饱满、黏结牢固；腻子及密封胶边缘与裁割口应平齐。固定玻璃的卡子不应在腻子表面显露。

检验方法：观察。

（3）密封条与玻璃及玻璃槽口的接触应平整，不得卷边、脱槽，密封条断口接缝应粘接。

检验方法：观察。

第四节　门窗工程质量问题与防治措施

门窗是建筑工程不可缺少的重要组成部分，是进出建筑物的通道口和采光通风的洞口，不仅起着通行、疏散和围护作用，而且还起着采光、通风和美化作用。但是，门窗暴露于大气之中，处于室内外连接之处，不仅受到各种侵蚀介质的作用，而且还受安装质量和使用频率的影响，会出现各种各样的质量缺陷。门窗工程出现各种的质量缺陷，应当认真进行调查，仔细分析原因，根据质量问题实际情况，采取正确的防治措施。

一、木门窗工程质量问题与防治措施

自古至今，装饰木门窗在建筑装饰工程中占有非常重要的地位，在建筑装饰门窗工程方面留下了光辉的一页，我国北京故宫就是装饰木门窗应用的典范。当前，尽管新型装饰材料层出不穷，但木材的质感独特、制作容易、花纹自然、性能特殊，是其他任何建筑材料所无法替代的。然而，用木材制作的门窗也具有很多缺陷，使其在制作、安装和使用中出现各种问题，需要根据质量问题进行预防和维修。

（一）木门窗框变形

1. 木门窗框变形的原因

（1）在制作木门窗框时，所选用的木材含水率超过了现行标准规定的数值。木材干燥后引起不均匀收缩，由于径向和弦向干缩存在差异，使木材改变原来的形状，引起翘曲和扭曲变形。

（2）选择的材料不适当。制作门窗的木材中有迎风面和背风面，如果选用相同的木材，由于迎风面的木材的含水率与背风面不同，也容易发生边框弯曲和弓形翘曲等。

（3）当木门窗成品采取重叠堆放时，由于底部没有全部垫平，在不均衡荷载的作用下发生变形；在露天堆放时，门窗表面没有进行遮盖，木门窗框受到日晒、雨淋、温度变化、风吹等，很容易发生膨胀干缩变形。

（4）由于设计或使用中的原因，木门窗受墙体压力或使用时悬挂重物等影响，在外力的作用下造成门窗框翘曲。

（5）在制作木门窗时，门窗框的制作质量低劣，如榫眼不端正、开榫不平正等，造成门窗框的四个角不在一个平面内，也会造成木门窗框变形。

（6）在进行木门窗框安装时，没有按照施工规范的要求进行操作，由于安装不当而产生木门窗框变形。

2. 木门窗框变形的维修

如果是在立框前发现门窗框变形，对弓形翘曲、边框弯曲且变形较小的木材，可通过烘烤使其平直；对变形较大的门窗框，退回原生产单位再重新制作。如果是在立框后发现门窗框变形，则根据情况进行维修。

（1）由于用材不当（木材含水率高、木材断面尺寸太小、易变形木材等），造成门窗框变形的，应拆除重新制作安装。在重新制作时，要将木材干燥到规范规定的含水率，即：原木或方木结构应不大于25％；板材结构及受拉构件的连接板应不大于18％；通风条件较差的木构件应不大于20％；对要求变形小的门窗框，应选用红白松及杉木等制作；注意木材的变形规律，要把易变形的阴面部分木材挑出不用；选用断面尺寸达到要求的木材。

（2）如果是制作时门窗的质量低劣，造成门窗框变形的，当变形较小时，可拆下通过榫眼加木楔，安装L形、T形铁角等方法进行校正；当变形较大时应拆除重新制作，注意打眼要方正，两侧要平整，开榫要平整，榫肩方正。

（3）如果是安装不当、受墙体压力等原因，造成门窗框变形，应拆下重新安装。重新安装时，要消除墙体压力，防止再次受压变形；在立框前应在靠墙一侧涂上底子油，立框后及时涂刷涂料，以防止其发生干缩变形。

（4）如果是成品重叠堆放、使用不当等原因造成门窗框变形，这种变形一般情况下比较小，在立框前变形，对于弓形翘曲、边框弯曲，可通过烘烤使其平直；在立框后，可通过弯面锯口加楔子的方法，使其平直。

（二）门窗扇产生翘曲

1. 门窗扇翘曲的原因

门窗扇翘曲的主要表现为将门窗扇安装在检查合格的门窗框上时，扇的四个角与门窗框不能全部靠实，其中的一个角跟框保持着一定距离。其原因主要有以下几点。

（1）在进行门窗扇制作时，未按施工规范操作，致使门窗扇不符合质量要求，拼装好的门窗扇本身就不在同一平面内。

（2）制作门窗扇木材的材质比较差，采用了容易发生变形的木料，或是木材未进行充分干燥，木材含水率过高，安装好后由于干湿变化而产生翘曲变形。

（3）木门窗在现场保管不善，长期受风吹、日晒、雨淋作用，或是堆放不平整或不当，造成门窗扇翘曲变形。

（4）木门窗在使用的过程中，门窗出现涂料粉化、脱落后没有及时进行重新涂刷，使木材含水量经常产生湿胀干缩，从而引起门窗发生翘曲变形。

（5）由于受墙体压力或使用时悬挂重物等影响，从而造成门窗扇翘曲。

2. 门窗扇翘曲的维修

当门窗扇翘曲变形不严重时可以采用以下方法进行修理。

（1）烘烤加热法　将门窗扇卸下用水湿润弯曲部位，然后用火进行烘烤。使一端顶住不动，在另一端向下压，中间垫一个木块，看门窗扇翘曲程度，改变木块和烘烤的位置，反复进行烘烤一直到完全矫正为止。

（2）阳光照射法　在变形的门窗扇的凹部位洒上水，使之湿润，凸面朝上，放在太阳光下直接照晒。四面的木材纤维吸收水分后膨胀。凸面的木材纤维受到阳光照晒后，水分蒸发收缩，使木材得到调直，恢复门窗扇的平整状态。

（3）重力压平法　选择一块比较平整的场地，在门窗扇弯曲的四面洒水加以湿润，使翘曲的凸面部位朝上，并压以适量的重物（石头或砖块）。在重力作用下，凸出的部分被压下去，变形的门窗扇会逐渐恢复平直状态。

（4）门窗扇翘曲程度在 3mm 以内的，可以将门窗扇装合页一边的一端向外拉出一些，使另一边与框保持平齐。

（5）把门窗框与门窗扇先行靠在一起的那个部位的梗铲掉，使门窗扇和框靠实。

（6）可以借助门锁和插销，逐渐将门窗扇的翘曲部位矫正过来。

（三）门窗扇倾斜和下坠

1. 门窗扇倾斜和下坠的原因

门扇倾斜和下坠主要表现为门扇不装合页的一边下面与地面间的缝隙逐渐减小，甚至开闭门扇时摩擦地面；窗扇安上玻璃后，不装合页一边上面缝隙逐渐加大，下面的缝隙逐渐减小。其主要原因有以下几点。

（1）门窗扇过高、过宽，在安装玻璃后又会加大门窗扇自身的重量，当选用的木材断面尺寸太小时承受不了经常开关门窗的扭力，日久则产生较大变形，造成门窗扇下坠。

（2）门窗过宽、过重，选用的五金规格偏小，安装的位置不适当，上部合页与上边距离过大，造成门窗扇下垂和变形。

（3）制作时未按规定操作，导致门窗的质量低劣，如榫眼不正、开榫不平正、榫肩不方、榫卯不严、榫头松动等，在门窗自重的作用下也容易发生变形、下坠。

（4）在安装门窗时，由于选用的合页质量和规格不当，再加上合页安装质量不好，很容易发生松动，从而会造成门窗扇的下坠。

（5）在制作门窗时，门窗上未按照规定安装 L 形、T 形铁角，使门窗的组合不牢固，从而造成门窗倾斜和下坠。

2. 门窗扇倾斜和下坠的维修

（1）对较高、较宽的门窗扇，应当适当加大其断面尺寸，以防止木材干缩或使用时用力扭曲等，使门窗扇产生倾斜和变形。

（2）门窗在使用的过程中，不要在门窗扇上悬挂重物，对脱落的涂料要及时进行涂刷，以防止门窗扇受力或含水量变化而产生变化。

（3）如果选用的五金规格偏小，可更换适当的五金；如果合页规格过小，可更换较大的合页；如果是安装位置不准确，可以重新安装；如果合页上木螺钉松动，可将木螺钉取下，在原来的木螺钉眼中塞入小木楔，重新按要求将木螺钉拧上。

（4）如果门窗扇稍有下坠现象，可以把下边的合页稍微垫起一些，以此法进行纠正，但不要影响门窗扇的垂直度。

（5）当门窗扇下坠比较严重时，应当将门窗扇取下，待完全校正合格后，在门窗扇的四角加上铁三角，以防止再出现下坠。

（6）对下坠的门扇，可将下坠的一边用木板适当撬起，在安装合页的门扇梃冒头榫头上部加楔，在甩边冒头榫头下部加楔。

（7）对下坠的窗扇，用木板将窗扇下坠的一边适当撬起，在有合页的扇边里侧、窗棂下部加木楔，窗棂的另一端会把甩边抬起。

（8）对下垂严重的门窗扇，应当卸下门窗扇，待门窗扇恢复平直后再加楔挤紧。

（9）对于榫头松动下坠的门窗扇，可以先把门窗扇拆开，将榫头和榫眼内壁上的污泥清除干净后，重新进行拼装，调整翘曲、串角，堵塞漏胶的缝隙后，将门窗扇横放，往榫眼的缝隙中灌满胶液进行固定。

（10）如果榫眼的缝隙比较大，可在胶液内掺入 5％～10％ 的木粉，这样既可以减小胶液的流动性又可以减小胶液的收缩变形。一边灌好后，钉上木盖条，然后再灌另一边，胶液固化后再将木盖条取下。由于榫和眼黏结成了一个整体，这样就不容易松动下垂。

（四）门窗扇关闭不拢

1. 门窗扇关闭不拢的原因

（1）缝隙不均匀造成的关不拢　门窗扇与门窗框之间缝隙不均匀，主要是由门窗扇制作尺寸误差和安装误差所造成的。一般门扇在侧边与门框"蹭口"，窗扇在侧边或底边与窗框"蹭口"。

（2）门窗扇坡口太小造成的关不拢　门窗扇安装时，按照规矩扇四边应当刨出坡口，这样门窗扇就容易关拢。如果坡口太小，门窗扇开关时会因其尺寸不适合而关不拢，而且安装合页的扇边还会出现"抗口"的毛病。

（3）木门窗扇翘曲、走扇造成的关不拢　门窗扇翘曲、走扇造成的关不拢的原因，与门窗扇翘曲、走扇的原因相同，主要是安装合页的一边门框不垂直和门扇上下合页轴心不在一条垂直线上。

2. 门窗扇关闭不拢的维修

（1）缝隙不均匀造成的关不拢　当门扇在侧边与门框"蹭口"，窗扇在侧边或底边与窗框"蹭口"时，可将门扇和窗扇进行细刨修正。

（2）门窗扇坡口太小造成的关不拢　如果出现因门窗扇坡口太小造成的关不拢，可把"蹭口"的门窗扇坡口再刨大一些就可以，一般坡口大约为 2°～3° 比较适宜。

（3）门窗扇翘曲、走扇造成的关不拢　如果出现门窗扇翘曲、走扇而造成的门窗扇关不拢，可参照翘曲、走扇的修理方法进行修理。

（五）木门窗走扇

1. 木门窗走扇的原因

木门窗走扇是木门窗使用中最常见的质量问题，表现为关上的门能够自行慢慢地打开，开着的门扇能够自行慢慢地关上，而不能停留在需要停留的位置上。产生木门窗走扇的原因很多，一般情况下主要原因有以下几点。

① 安装合页的一边门框不垂直，往开启的方向倾斜，门窗扇就会自动打开；往关闭的方向倾斜，门窗扇就自动关闭。

② 门扇安装的上下合页轴心不在一条垂直线上，当上合页轴心偏向开启方向时门就自动开启，否则自动关闭。

2. 木门窗走扇的维修

（1）如果木门窗框倾斜度比较小时，可以调整下部（或上部）的合页位置，使上下合页的轴线在一条垂直线上。

（2）如果木门框倾斜度比较大时，先将固定门框的钉子取出或锯断，然后将门框上下走头处的砌体凿开，重新对门框进行垂直校正，经检查无误后，再用钉子重新固定在两侧砌墙的木砖上，然后用高强度等级水泥砂浆将走头部分的砌体修补好。

（六）门窗框（扇）的腐朽和虫蛀

1. 门窗框（扇）腐朽和虫蛀的原因

门窗框（扇）的腐朽表现为门框（扇）或窗框（扇）上明显出现黑色的斑点，甚至门窗框（扇）已产生腐烂，不仅严重影响门窗的美观，其使用寿命大大减少，而且还会突然出现掉落。产生这类质量缺陷的主要原因有以下几点。

（1）由于门窗框（扇）没有经过适当的防腐处理，从而引起腐朽的木腐菌在木材中具备了生存条件。

（2）采用易受白蚁、家天牛等虫蛀的马尾松、木麻黄、桦木、杨木等木材做门窗框（扇），同时这些木材也没有经过适当的防虫处理。

（3）在设计房屋构造时，没有周全地考虑一些细部构造，如窗台、雨篷、阳台、压顶等没有做适当的流水坡度和未做滴水槽，靠外墙的门窗框（扇）及门窗框顶没有设置雨篷，经常受到雨雪水的浸泡，门窗框（扇）长期潮湿，致使门窗框（扇）产生腐朽。

（4）靠近厨房、卫生间的门窗框（扇），由于受洗涤水或玻璃窗上结的露水流入框（扇）缝中影响，并且厨卫通风不良，致使门窗框（扇）长期处于潮湿状态，为门窗框（扇）腐朽提供了条件。

（5）门窗框（扇）涂料老化产生脱落，没有及时进行涂刷和养护，使门窗框（扇）产生腐朽和虫蛀。

2. 门窗框（扇）腐朽和虫蛀的维修

（1）在紧靠墙面和接触地面的门窗框脚等易潮湿部位和使用易受白蚁、家天牛等虫蛀的木材时，在加工门窗前应进行适当的防腐防虫处理。如果用五氯酚、林丹合剂处理，其配方为五氯酚：林丹（或氯丹）：柴油＝4：1：95。

（2）在设计和施工房屋建筑工程时，注意做好窗台、雨篷、阳台、压顶等处的流水坡度和滴水槽，这样可使雨雪水及时畅通排出，避免浸湿门窗框（扇）而腐朽。

（3）在木门窗使用的过程中，对门窗出现的涂料老化脱落要及时进行涂刷，一般以3～5年为重涂刷涂料周期。

（4）当木门窗产生腐朽、虫蛀时，可锯去腐朽、虫蛀部分。用小榫头对半接法换上新的木材，再用加固钉钉牢。新的木材的靠墙面必须涂刷防腐剂，搭接长度不小于20mm。

（5）门窗梃端部出现腐朽，一般应换新的，如冒头榫头出现断裂，但没有腐朽现象，则可以采用安装铁片曲尺进行加固，开槽应稍低于门窗框表面1mm。

（6）如果木门窗的冒头出现腐朽，可以对腐朽的局部进行维修。

二、钢门窗工程质量问题与防治措施

门窗的工程实践充分证明：钢门窗虽然具有强度较高、取材容易、制作方便、价格较低等显著的优点，但是耐腐蚀性能较差、气密性和水密性较差，导热系数也较大，使用过程中的热损耗较多。因此，钢门窗只能用于一般的建筑物，而很少用于较高级的建筑物上，特别是有空调设备的建筑物。

（一）钢门窗的损坏及原因

1. 普通钢门窗的损坏及产生原因

（1）钢门窗翘曲变形　钢门窗翘曲变形主要表现为门窗或扇的四角不在一个平面内，即窗框与窗扇之间有比较明显的翘曲变形现象。这种质量缺陷不仅影响钢门窗的美观，而且影响其正常使用。

工程实践证明，出现这种问题的主要原因是：由于生产厂加工粗糙，门窗框出厂时就翘曲；框立梃中间的铁脚没有筑牢，立梃向扇的方向产生变形；工人用杠棒穿入窗芯挑抬，造成变形；施工时在窗芯或框子上搭脚手架，造成弯曲；运输或堆放时没有平放，导致钢门窗变形；地基基础产生不均匀沉降，引起房屋倾斜，导致钢门窗变形；钢门窗面积过大，因温度升高没有胀缩余地，造成钢门窗变形；钢门窗上的过梁刚度或强度不足，使钢门窗承受过大的压力而变形等。

（2）钢门窗扇开启受阻　钢门窗扇开启受阻主要表现为门窗扇在开启时和框产生摩擦、卡阻，门窗和地面摩擦，窗扇和窗台摩擦，合页转动比较困难费力。

产生钢门窗扇开启受阻的主要原因是：由于门扇和门框加工比较粗糙，安装后就产生摩擦、卡阻；地面或窗台施工时标高掌握不准，抹灰过厚造成窗扇、门扇摩擦窗台或地面；门窗洞口尺寸过小，抹灰时将合页半埋甚至全埋等。

（3）钢门窗框安装松动　钢门窗框安装松动主要表现为门窗框用手推可感到有摆动，在钢门窗关闭比较频繁的情况下，其松动现象会越来越严重，甚至出现钢门窗的损坏。

产生钢门窗安装松动的主要原因是：连接件间距过大，位置不对；四周铁脚伸入墙体太少，或浇注砂浆后被碰撞以及铁脚固定不符合要求等。

（4）窗执手开关不灵　窗执手开关不灵主要表现为窗扇关闭后执手不能盖住窗框上的楔形铁块，不能将窗扇固定，更不能越压越紧。

产生钢窗执手开关不灵的主要原因是：生产工厂对执手加工粗糙，或者因保护不良执手出现锈蚀等。

（5）钢门窗锈蚀和断裂　钢门窗产生锈蚀和断裂是比较严重的质量问题，不仅严重影响钢门窗的正常使用，而且在发生断裂后有很大的危险性。

钢门窗产生锈蚀和断裂的主要原因有：没有适时对钢门窗涂刷涂料进行防锈和养护；外框下槛无出水口或内开窗腰头处没有披水板；厨房、浴室等比较潮湿的部位通风不良；钢门窗上油灰脱落、钢门窗直接暴露于大气中；钢门窗合页卷轴因潮湿、缺油而破损。

2. 塑钢门窗的损坏及产生原因

（1）门窗框、扇变形　塑钢门窗框、扇变形主要表现为门窗框、扇弯曲或压扁，这种变形不仅使门窗的外观不美观，而且在使用中也很不方便，甚至使门窗很难开启和关闭。

产生塑钢门窗框、扇变形的主要原因是：热加工的过程中未按规定操作，或长期在不平整场地上堆放因受压而造成变形。

（2）密封条脱落　密封条脱落主要表现为密封条从密封槽中脱出，这样大大降低了门窗的密封性，不仅对室内保温隔热影响很大，而且雨水和侵蚀介质会在槽内产生破坏作用。

产生密封条脱落的主要原因是：密封条没有按设计要求塞紧，或密封条产生老化收缩而脱落，或对密封条检查、维修不及时。

（3）门窗框与墙的干缩裂缝　塑钢门窗框和墙之间干缩裂缝主要表现为门窗四周有干缩裂缝，不仅使门窗框的固定出现松动现象，而且也会使侵蚀介质通过裂缝侵入。

产生门窗框与墙之间干缩裂缝的主要原因是：门窗框和墙洞口之间仅用水泥砂浆回填，未做密封处理；或者在门窗框和墙之间的填充砂浆未硬化前对其产生较大的震动。

（4）开关不灵活　塑钢窗开关不灵活，主要表现在平开和多向开启塑钢窗窗扇开关比较费力，执手锁紧比较困难。

产生开关不灵活的主要原因是：安装精度不符合要求，滑块产生生锈变形，紧固螺钉没有松开，纱窗橡胶条从槽中脱出，从而阻碍窗扇开关。

（二）钢门窗的维修

1. 普通钢门窗的维修

（1）钢门窗扇翘曲变形的维修

① 将门窗扇轻轻关闭，查看留缝宽度是否符合规定要求。如果不符合要求，则轻扳框的上部，直到达到要求的留缝宽度时用楔子挤紧。

② 当玻璃芯子参差不齐时，可在芯子末端用硬质木块以手锤轻轻敲击，使其达到平整一致为止。

③ 当钢门窗的外框发生弯曲时，先凿去粉刷的装饰部分，然后在门窗框上垫上硬木块，用手锤轻轻地敲击纠正，但注意不要出现新的损伤。

④ 当钢门窗扇关闭过紧、呆滞时，可将扇轻轻摇动至较松，并在铰链轴心处加适量润滑油，使其关闭无回弹情况。

⑤ 钢门窗框维修立梃时，先用楔子将门窗框固定好，然后将铁脚孔洞清理干净，浇透水，安上铁脚，然后用高强度等级的水泥砂浆将洞填满、填实，待凝固后再去掉楔子。

⑥ 严格控制钢门窗的制作和安装质量，对于钢门窗面积过大的，应根据使用环境等情况考虑其适当的胀缩余地。

⑦ 如果钢门窗的内框出现较大变形，应将其顶至正确位置后再重新将其焊接牢固。

⑧ 钢门窗在涂刷防锈漆前，应将焊接接头处的焊渣清理干净。当涂刷防锈漆要求较高

时，应用专用机具把焊缝处打磨平整，接换的新料必须涂刷二层防锈漆。

⑨ 当钢门窗的内框直线段出现弯曲时，可以用衬料（如铁件）通入进行回直。

⑩ 对于面积较大的钢门窗，可加设合适的伸缩缝，伸缩缝内应用材料将缝填满填实。

（2）门窗扇开启受阻的维修

① 如果是门窗扇本身比较粗糙而使开启受阻，可以把原来的门窗扇拆下来，重新安装合格门窗扇。

② 如果是由于抹灰过厚引起的开启受阻，则先凿掉原来的抹灰，把基层彻底清理干净，然后浇水湿润，再重新铺设砂浆，使其厚度达到能开启门窗扇即可。

（3）钢门窗出现松动的修理

可先将钢门窗四周铁脚孔处适当凿出一定深度和宽度的槽口，然后将钢门窗重新校正到垂直位置，临时固定后，将上框铁脚与预埋件重新补焊牢固，再在四周预留孔凿出的空隙内用水泥砂浆填塞密实。

（4）窗执手开关不灵的维修

对于窗执手开关不灵的维修非常简单，如果是执手本身质量不合格，重新换上合格的执手即可；如果是因为执手五金零件生锈开关不灵，则换上新的五金零件即可。

（5）钢门窗锈蚀和断裂的防治

① 对钢门窗要根据使用的环境实际情况，定期涂刷涂料，平时要进行正常检查和维护，尤其是对脱落的涂料要及时补涂刷。

② 对于厨房、浴室等易潮湿的地方，在设计时应考虑改善通风条件，防止钢门窗经常处于潮湿的环境中，以避免钢门窗锈蚀。

③ 当外窗框锈蚀比较严重时，应当锯去已经锈蚀部分，用相同窗料进行接换，然后焊接牢固。

④ 当钢门窗的内框局部锈蚀比较严重时，也可以更换或新接相同规格的新料。

⑤ 钢窗合页卷轴破损时，可按以下步骤进行维修：a. 用喷灯对卷轴处进行烧烤，烤红后拿开喷灯；b. 向烤红后的合页浇水冷却，用手锤轻轻击打卷轴处；c. 用喷灯对卷轴处再进行烧烤，烤红后用大号鱼嘴钳夹住轴处向外放；d. 用喷灯对卷轴处再进行烧烤，烤红后，将专用小平锤（或用一块宽度×厚度×长度为 20mm×10mm×100mm 的钢块和直径为 8mm 的铁棍做一把小平锤，即只需用电将铁焊接在钢块长度中部的一侧即可）放置在卷轴合页与窗扇相接处，用手锤击打平锤，用力要适当。将卷轴合页调平、浇水冷却，点上几滴油，将窗扇来回开关几次，开关灵活即可。

⑥ 钢窗玻璃油灰脱落时，先将旧油灰清理干净，然后用新油灰重新嵌填。

2. 塑钢门窗的维修

（1）门窗框、扇变形的修理　对于门窗框、扇变形的修理，应根据实际情况分别对待。对于变形严重者，可以更换新的框、扇；对于变形不严重者，可以通过顶压或调整定位螺钉进行调整。

（2）密封条脱落的维修　对于没有塞紧的密封条，按照有关标准重新进行塞紧；对于已老化的密封条，应将老化的密封条取出，更换上新的密封条。

（3）门窗框和墙干缩裂缝的维修　将门窗框和墙洞口之间原来的水泥砂浆剔除，并彻底清理干净，再用弹性材料或聚氨酯发泡密封填塞裂缝，然后用密封胶进行密封处理。

（4）窗执手开关不灵活的维修　如果窗执手是由于安装精度不够而开关不灵，可以将窗执手卸下重新进行安装；如果是由于执手的滑块生锈而开关不灵，可以在滑块上滴上适量润滑油；如果是由于执手五金零件生锈开关不灵，应当换上新的五金零件。

三、铝合金门窗工程质量问题与防治措施

铝合金门窗与普通木门窗、钢门窗相比，具有质量较轻、强度较高、密封性能好、使用中变形小、立面非常美观、便于工业化生产等显著的特点。但在安装和使用的过程中也会出现一些质量问题，如果不及时进行维修则会影响其装饰效果和使用功能。

（一）铝合金门窗常见质量问题及原因

1. 铝合金门窗开启不灵

铝合金门窗开启不灵，主要表现为门窗扇推拉比较困难，或者根本无法推拉到位，严重影响其使用性能。产生铝合金门窗开启不灵的主要原因有以下几点。

（1）安装的轨道不符合施工规范的要求，由于轨道有一定弯曲，两个滑轮不同心，互相偏移及几何尺寸误差较大。

（2）由于门扇的尺寸过大，重量必然过大，门扇出现下坠现象，使门扇与地面的间隙小于规定量 2mm，从而导致铝合金门窗开启不灵。

（3）由于对开门的开启角度小于 $90°±3°$，关闭时间大于 15s，自动定位不准确等，使铝合金门窗开启不灵。

（4）由于平开窗的窗铰链出现松动、滑块脱落、外窗台标高不符合要求等，从而导致铝合金门窗开启不灵。

2. 铝合金门窗渗水

（1）对铝合金门窗框与墙体之间、玻璃与门窗框之间密封处理不好，构造处理不当，必然会产生渗水现象。

（2）外层推拉门窗下框的轨道根部没有设置排水孔，降雨后雨水存在轨道槽内，使雨水无法排出，也会产生渗水现象。

（3）在开启铝合金门窗时，由于方法不正确，用力不均匀，特别是用过大的力进行开启时会使铝合金门窗产生变形，由于缝隙过大而出现渗水。

（4）在使用的过程中，由于使用不当或受到外力的不良作用，使窗框、窗扇及轨道产生变形，从而导致铝合金门窗渗水。

（5）由于各种原因窗铰变形、滑块脱落，使铝合金门窗的密封性不良，也会导致铝合金门窗渗水。

3. 门窗框安装松动

门窗框安装松动主要表现为大风天气或手推时，铝合金门窗框出现较明显的晃动；门窗框与墙连接件腐蚀断裂。

产生门窗框安装松动的原因主要是：连接件数量不够或位置不对；连接件过小；固定铁片间距过大，螺钉钉在砖缝内或砖及轻质砌块上，组合窗拼樘料固定不规范或连接螺钉直接捶入门窗框内。

4. 密封质量不好

密封质量不好主要表现为：橡胶条或毛刷条中间有断开现象，没有到节点的端头，或脱

离开凹槽。

产生密封质量不好的原因主要是：尼龙毛条、橡胶条脱落或长度不到位；玻璃两侧的橡胶压条选型不妥，压条压不进；橡胶压条材质不好，有的只用一年就出现严重的龟裂，失去弹性而影响密封；硅质密封胶注入较薄，没起到密闭及防水作用。

（二）铝合金门窗常见质量问题的维修

1. 铝合金门窗开启不灵的维修

（1）如果铝合金门窗的轨道内有砂粒和杂物等，使其开启不灵，应将门窗扇推拉认真清理框内垃圾等杂物，使其干净清洁。

（2）如果是铝合金门窗扇发生变形而开启不灵，对已变形的窗扇撤下来，或者进行维修，或者更换新的门窗扇。

（3）如果铝合金门窗扇开启不灵，是因为门窗的铰链发生变形，对这种情况应采取修复或更换的方法。

（4）如果铝合金窗扇开启不灵，是因为外窗台超高部分而造成，应将所超高的外窗台进行凿除，然后再抹上与原窗台相同的装饰材料。

2. 铝合金门窗框松动的维修

（1）对于铝合金门窗的附件和螺钉，要进行定期检查和维修，松动的附件和螺钉要及时加以拧紧，脱落的要及时进行更换。

（2）铝合金门窗因腐蚀严重而造成的门窗框松动，应彻底进行更换。

（3）如果是往撞墙上打射钉造成的松动，可以改变其固定的方法。其施工工序如下：先拆除原来的射钉，然后重新用冲击钻在撞墙上钻孔，放入金属胀管或直径＜8mm 的塑料胀管，再拧进螺母或木螺钉。

3. 密封质量不好的维修

（1）如果是因为铝合金门窗上的密封条丢失而造成的密封不良，应当及时将丢失的密封条补上。

（2）使用实践证明，有些缝隙的密封橡胶条，容易在转角部位出现脱开，应在转角部位注上硅酮密封胶，使其黏结牢固。

（3）如果是密封施工质量不符合要求，可在原橡胶密封条上或硅酮密封胶上再注一层硅酮密封胶，将有缝隙的部位密封。

4. 铝合金门窗渗水的维修

（1）在横、竖框的相交部位，先将框的表面清理干净，再注上防水密封胶封严。为确保密封质量，防水密封胶多用硅酮密封胶。

（2）在铝合金门窗的封边处和轨道的根部，隔一定距离钻上直径 2mm 的排水孔，使框内积水通过小孔尽快排向室外。

（3）当外窗台的泛水出现倒坡时，应当重新做泛水，使泛水形成外侧低、内侧高，形成顺水坡，以利于雨水的排除。

（4）如果铝合金窗框四周与结构的间隙处出现渗水，可以先用水泥砂浆将缝隙嵌实，然后再注上一层防水密封胶。

四、塑料门窗工程质量问题与防治措施

塑料门窗线条清晰、外观挺拔、造型美观、表面细腻、色彩丰富，不仅具有良好的装饰性，而且具有良好的隔热性、密闭性和耐腐蚀性。此外，塑料门窗不需要涂刷涂料，可节约施工时间和工程费用。但是，塑料门窗也存在整体强度低、刚度比较差、抗风压性能低、耐紫外线能力较差、很容易老化等缺点，在使用过程中也会出现各种质量问题，对出现的质量问题必须进行正常而及时的维修。

（一）塑料门窗常见质量问题及原因分析

1. 塑料门窗松动

塑料门窗安装完毕后，经质量检查发现安装不牢固，有不同程度的松动现象，严重影响门窗的正常使用。

塑料门窗出现松动的主要原因是：固定铁片间距过大，螺钉钉在砖缝内或砖及轻质砌块上，组合窗拼樘料固定不规范或连接螺钉直接捶入门窗框内。

2. 塑料门窗安装后变形

塑料门窗安装完毕后，经质量检查发现门窗框出现变形，不仅严重影响其装饰效果，而且影响门窗扇的开启灵活性。

塑料门窗安装后变形的主要原因是：固定铁片位置不当，填充发泡剂时填得太紧或框受外力作用。

3. 塑料组合窗拼樘料处渗水

塑料组合窗安装完毕后，经质量检查发现组合窗拼樘料处有渗水现象，这些渗水对窗的装饰性和使用年限均有不良影响。

塑料组合窗拼樘料处渗水的主要原因是：a. 节点处没有防渗措施；b. 接缝盖缝条不严密；c. 扣槽有损伤。

4. 门窗框四周有渗水点

塑料门窗安装完毕后，经质量检查发现门窗框四周有渗水点，渗水会影响框与结构的黏结，渗水达一定程度会引起门窗的整体松动。

门窗框四周有渗水点的主要原因是：固定门窗框的铁件与墙体间无注入密封胶，水泥砂浆抹灰没有填实，抹灰面比较粗糙、高低不平，有干裂或密封胶嵌缝不足。

5. 门窗扇开启不灵活、关闭不密封

塑料门窗安装完毕后，经质量检查发现门窗扇开启不灵活、关闭不密封，严重影响门窗的使用功能和密封性能。

门窗扇开启不灵活、关闭不密封的主要原因是：门窗框与门窗扇的几何尺寸不符；门窗平整与垂直度不符合要求；密封条填缝位置不对；合页安装不正确；产品加工不精密。

6. 固定窗或推拉（平开）窗窗扇下槛渗水

塑料门窗安装完毕后，经质量检查发现固定窗或推拉（平开）窗窗扇下槛有渗水现象。

固定窗或推拉（平开）窗窗扇下槛渗水的主要原因是：下槛泄水孔或泄水孔下皮偏高，泄水不畅或有异物堵塞；安装玻璃时密封条不密实。

（二）塑料门窗常见质量问题的维修

1. 塑料门窗松动的维修

调整固定铁片的间距，使其不大于 600mm，在墙内固定点埋设木砖或混凝土块；组合窗拼樘料固定端焊于预埋件上或深入结构内后浇筑 C20 混凝土；连接螺钉直接捶入门窗框内者，应改为先进行钻孔，然后旋进螺钉并和两道内腔肋紧固。

2. 塑料门窗安装后变形的维修

调整固定铁片的位置，重新安装门窗框，并注意填充发泡剂要适量，不要填充过紧而使门窗框受到过大压力，安装后防止将脚手板搁置于框上或悬挂重物等。

3. 组合窗拼樘料处渗水的维修

拼樘料与框之间的间隙先填以密封胶，拼装后接缝处外口也灌以密封胶或调整盖缝条，扣槽损伤处再填充适量的密封胶。

4. 门窗框四周有渗水点的维修

固定门窗的铁件与墙体相连处，应当注入密封胶进行密封，缝隙间的水泥砂浆要确保填实，表面做到平整细腻，密封胶嵌缝位置正确、严密，表面用密封胶封堵砂浆裂纹。

5. 门窗扇开启不灵活、关闭不密封的防治

首先检查门窗框与门窗扇的几何尺寸是否协调，再检查其平整度和垂直度是否符合要求；检查五金配件质量和安装位置是否合格。对几何尺寸不匹配和质量不合格者应进行调换，对平整度、垂直度和安装位置不合格者应进行调整。

6. 固定窗或推拉（平开）窗窗扇下槛渗水的维修

对于固定窗或推拉（平开）窗窗扇下槛渗水的修理比较简单，主要采取：a. 加大泄水孔，并剔除下皮高出部分；b. 更换密封条；c. 清除堵塞物等。

五、特种门窗工程质量问题与防治措施

随着高层建筑和现代建筑的飞速发展，对于门的各种要求越来越多、质量越来越高，因此特种门也随之而发展。目前，用于建筑的特种门不仅种类繁多，功能各异，要求较高，而且其品种、功能还在不断增加，最常见的有防火门、防盗门、自动门、全玻璃门、旋转门、金属卷帘门等。

工程实践证明，特种门的重要性明显高于普通门，数量则较之普通门为少，为保证特种门的使用功能，不仅规定每个检验批抽样检查的数量应比普通门多，而且对特种门的养护和维修更要引起重视。

（一）自动门的质量问题与维修

1. 自动门的质量问题

建筑工程中常用的自动门，在安装和使用的过程中容易出现的质量问题有：关闭时门框与门扇出现磕碰，开启不灵活；框周边的缝隙不均匀；门框与附框处出现渗水。

2. 出现质量问题的原因

（1）自动门如果出现开启不灵活和框周边的缝隙不均匀等现象时，一般是由以下原因所造成的。

① 由于各种原因使自动门框产生较大变形，从而使门框不方正、不规矩，必然造成关闭时门框与门扇出现磕碰，开启不灵活。

② 自动门上的密封条产生松动或脱落，五金配件出现损坏，未发现或未及时维修和更换，也会造成框周边的缝隙不均匀，门框与附框处出现渗水。

③ 在进行自动门安装时，由于未严格按现行的施工规范进行安装，安装质量比较差，偏差超过允许范围。容易出现关闭时门框与门扇出现磕碰，开启不灵活；框周边的缝隙不均匀；门框与附框处出现渗水。

（2）自动门造成五金配件损坏的原因

① 在选择和采购自动门五金配件时，未按照设计要求去选用，或者五金配件本身存在质量低劣问题。

② 在安装自动门上的五金配件时，紧固中未设置金属衬板，没有达到足够的安装强度，从而造成五金配件损坏。

3. 自动门的防治维修

（1）当由于自动门的框外所填塞水泥砂浆将框压至变形时，可以将门框卸下并清除原来的水泥砂浆，将门框调整方正后再重新进行安装。

（2）如果自动门上的密封条产生松动或脱落，应及时将松动的密封条塞紧；如果密封条出现老化，应及时更换新的。

（3）对自动门上所用的五金配件：一是要按照设计要求进行选择和采购；二是一定要认真检查产品的合格证书；三是对于已损坏的要及时进行更换；四是安装五金配件要以正确的方法操作。

（4）做好自动门的成品保护和平时的使用保养，特别要防止较大外力的冲击，在门上不得悬挂重物，以避免自动门产生变形。

（5）五金配件安装后要注意保养和维修，防止生锈腐蚀。在日常使用中要按规定进行开关，特别应防止硬性开关，以免造成损坏。

（二）旋转门的质量问题与维修

1. 旋转门的质量问题

建筑工程中常用的旋转门，在安装和使用的过程中，容易出现的质量问题与自动门基本相同，主要有：关闭时门框与门扇出现磕碰，门转动不灵活；框周边的缝隙不均匀；门框与附框处出现渗水。

2. 出现质量问题的原因

旋转门如果出现开启不灵活、开关需要很大力气和框周边的缝隙不均匀等现象时，一般是由以下原因所造成的。

（1）在安装过程中由于搬运、放置和安装各种原因，使旋转门的框架产生较大变形，从而使门框不方正、不规矩，必然造成关闭时门框与门扇出现磕碰，门的旋转很不灵活，旋转时需要很大力气，有时甚至出现卡塞转不动。

（2）在安装旋转门的上下轴承时，未认真检查其位置是否准确，如果位置偏差超过允许范围，必然会导致旋转门开启不灵活、开关需要很大力气。

（3）旋转门上的密封条安装不牢固，产生松动或脱落，或者五金配件出现损坏，加上未发现或未及时维修和更换，也会造成框周边的缝隙不均匀，门框与附框处出现渗水。

（4）在进行旋转门安装时，由于未严格按现行的施工规范进行安装，操作人员技术水平较低或安装质量比较差，偏差超过允许范围，也很容易出现关闭时门框与门扇出现磕碰，开启不灵活；框周边的缝隙不均匀；门框与附框处出现渗水。

3. 旋转门的防治维修

（1）当旋转门出现门框与门扇磕碰、门的转动不灵活时，首先应检查门的对角线及平整度的偏差，不符合要求时应进行调整。

（2）选用的五金配件的型号、规格和性能，均应符合国家现行标准和有关规定，并与选用的旋转门相匹配。在安装、使用中如果发现五金配件不符合要求或损坏，应立即进行更换。

（3）做好旋转门的成品保护和平时的使用保养，防止外力的冲击，在门上不得悬挂重物，以免使旋转门变形。

（4）五金配件安装后要注意保养和维修，防止生锈腐蚀。在日常使用中要按规定开关，防止硬性开关，以延长其使用寿命。

（三）防火卷帘门的质量问题与维修

1. 防火卷帘门的质量问题

用于建筑的防火卷帘门的主要作用是防火，但在其制作和安装的过程中很容易出现座板刚度不够而变形、防火防烟效果较差、起不到防火分隔作用、安装质量不符合要求等质量问题。

2. 出现质量问题的原因

（1）主要零部件原材料厚度达不到标准要求，如卷帘门的座板需要 3.0mm 厚度的钢板，一些厂家却用 1.0mm 厚度的钢板，这样会导致座板刚度不够，易挤压变形。

（2）绝大部分厂家的平行度误差和垂直度误差不符合标准要求，导致中间缝隙较大，防火防烟措施就失去了作用。

（3）有些厂家的防火卷帘门不能与地面接触，一旦发生火灾，火焰就会从座板与地面间由起火部位向其他部位扩散，不能有效阻止火焰蔓延，起不到防火分隔的作用。

（4）防火卷帘门生产企业普遍存在无图纸生产。企业为了省事，大都按照门洞大小现场装配并进行安装，不绘制图纸，导致安装质量低下。

造成以上质量问题的原因是多方面的，但是最主要的原因是：安装队伍素质低下，水平不高，特别是为了赶工期临时抽调安装人员，造成安装质量不稳定；各生产企业不能根据工程实际情况绘制图纸，并组织生产安装。

3. 防火卷帘门的防治维修

（1）防火卷帘门安装后，如果发现座板厚度不满足设计要求，必须进行更换，不至于因座板刚度不够而挤压变形。

（2）经检查防火卷帘门不能与地面接触时，应首先检查卷帘门的规格是否符合设计要求，地面与卷帘接触处是否平整，根据检查的具体情况进行调整或更换。

（3）按有关标准检查和确定防火卷帘门的平行度和垂直度误差，如果误差较小时，可通过调整加以纠正；如果误差较大时，应当根据实际情况进行改造或更换。

（4）如果防火卷帘门因安装人员技术较差、未按设计图纸进行安装等，使防火卷帘门的质量不合格，施工企业必须按施工合同条款进行返工和赔偿。

（四）特种门的养护与维修

特种门的安装质量好坏非常重要，其日常的养护与维修也同样重要，不仅关系到装饰效果，而且关系到特种门的使用年限和使用功能。根据实践经验，在特种门的日常养护与维修中，应当注意如下事项。

（1）定期检查门框与墙面抹灰层的接触处是否开裂剥落，嵌缝膏是否完好。如抹灰层破损、嵌缝膏老化，应及时进行维修，以防止框与墙间产生渗水，造成链接处的锈蚀和间隙内材料保温密封性能低下。

（2）对于木门要定期进行涂刷涂料，防止涂料失效而出现腐蚀。尤其是当门出现局部涂料脱落时，应当及时进行补涂刷涂料，补涂刷涂料尽量与原涂料保持一致，以免妨碍其美观度。当门涂料达到涂料老化期限时应全部重新涂刷涂料。一般期限为木门 5～7 年左右涂刷涂料一次，钢门 8～10 年左右涂刷涂料一次。对环境恶劣地区或特殊情况，应缩短涂刷涂料期限。

（3）经常检查铝合金、塑钢门的密封条是否与玻璃均匀接触、贴紧，接口处有无间隙、脱槽现象，是否老化。如有此类现象应及时修复或更换。

（4）对铝合金门和塑钢门，应避免外力的破坏、碰撞，禁止用带有腐蚀性的化学物质与其接触。

（五）特种门的涂料翻新

对于木质和钢板特种门进行定期涂料翻新是一项非常重要的养护和维修工作，应当按照一定的方法进行。

1. 涂刷涂料前的底层处理

门在进行涂料翻新前应进行认真的底层处理，这是涂料与底层黏结是否牢的关键，应当根据不同材料的底层采取不同的底层处理方法。

（1）金属面的底层处理　金属面的底层处理主要有化学处理法、机械处理法和手工处理法 3 种。

1）化学处理法

① 配置硫酸溶液。用工业硫酸（15%～20%）和清水（85%～80%）混合配成稀硫酸溶液。配置时只能将硫酸倒入水中，不能把水倒入硫酸中，以免引起爆溅。

② 将被涂的金属件浸泡 2h 左右，使其表面氧化层（铁锈）被彻底侵蚀掉。

③ 取出被浸金属件，用清水把酸液和锈污冲洗干净，再用 90℃ 的热水冲洗或浸泡 3min 后提出（必要时可在每 1L 水中加 50g 纯碱配成的溶液中浸泡 3～5min），15min 后即可干燥，并立即进行涂刷底漆。

2）机械处理法　机械处理法一般是用喷砂机的压缩空气和石英砂粒或用风动刷、除锈枪、电动刷、电动砂轮等把铁锈清除干净，以增强底漆膜的附着力。

3）手工处理法　手工处理法是先用纱布、铲刀、钢丝刷或砂轮等打磨涂面的氧化层，再用有机溶剂（汽油、松香水等）将浮锈和油污洗净，即可进行刷涂底漆。

（2）木材面的底层处理　对木材面的底层处理，一般可以分为清理底层表面和打磨底层表面两个步骤进行。

① 清理底层表面　就是用铲刀和干刷子清除木材表面黏附的砂浆和灰尘，这是木材面涂刷涂料不可缺少的环节，不仅清除了表面杂物，而且使其表面光滑、平整。一般可根据以上不同情况分别进行。

如果木材面上沾污了沥青，先用铲刀刮掉沥青，再刷上少量的虫胶清漆，以防涂刷的涂料被咬透漆膜而变色不干。

如果木材面有油污，先用碱水、皂液清洗表面，再用清水洗刷一次，干燥后顺木纹用砂纸打磨光滑即可。

如果木材面的结疤处渗出树脂，先用汽油、乙醇、丙酮、甲苯等将油脂洗刮干净，再用1.5号木砂纸顺木纹打磨平滑，最后用虫胶漆以点刷的方法在结疤处涂刷，以防止树脂渗出而影响涂漆干燥。

② 打磨底层表面　木材的底层表面清理完毕后，可用1.5号木砂纸进行打磨，使其表面干净、平整。对于门框（扇），因为安装时间有前有后，门框（扇）的洁净程度不一样，所以还要用1号砂纸磨去框上的污斑，使木材尽量恢复其原来的色泽。

如果木材表面有硬刺、木丝、绒毛等不易打磨时，先用排笔刷上适量的酒精，点火将其燃烧，使硬刺等烧掉留下的残余变硬，再用木砂纸打磨光滑即可。

2. 旧漆膜的处理

当用铲刀刮不掉旧漆膜，用砂纸打磨时，声音发脆、有清爽感觉的，说明旧漆膜附着力很好，只需用肥皂水或稀碱水溶液洗干净即可。

当旧漆膜局部脱落时，首先用肥皂水或碱水溶液清洗干净原来的旧漆膜，再经过涂刷底漆、刮腻子、打磨、修补等程序，做到与旧漆膜平整一致、颜色相同，然后再上漆罩光。

当旧漆膜的附着力不好而大面积出现脱落现象时，应当将旧漆膜清除干净，再重新涂刷涂料。

清除旧漆膜主要有碱水清洗法、摩擦法、火喷法和脱漆剂法等方法。

（1）碱水清洗法　碱水清洗法是用少量火碱（4%）溶解于温水（90%）中，再加入少量石灰（6%），配成火碱水。火碱水的浓度，以能够清洗掉原来的旧漆膜为准。

在进行清洗时，先把火碱水刷于旧漆膜上，略干后再刷，刷3～4遍，然后用铲刀把旧漆膜全部刮去，或用硬短毛刷或揩布蘸水擦洗，再用清水把残余碱水洗净。

（2）摩擦法　摩擦法是用长方形块状浮石或粗号油磨石，蘸水打磨旧漆膜，直至将旧漆膜全部磨去为止。此法多用于清除天然漆的旧漆膜。

（3）火喷法　火喷法是用喷灯火焰烧掉门窗表面的旧漆膜，即将旧漆膜烧化发热后立即用铲刀刮掉。采用火喷法时要和刮漆密切配合，因涂件冷却后不易刮掉，此法多用于金属涂件如钢门窗等。

（4）脱漆剂法　即用T-1脱漆剂清除门窗上的旧漆膜，在采用这种方法清除旧漆膜时，只需将脱漆剂涂刷在旧漆膜上，大约0.5h后旧漆膜就出现膨胀起皱，这时可把旧漆膜刮去，再用汽油清洗表面的污物即可。在操作中应注意脱漆剂不能和其他溶剂混合使用，脱漆剂使用时味浓易燃，必须特别注意通风和防火。

第五章
吊顶工程质量管理

吊顶是指房屋居住环境的顶部装修的一种装饰，简单地说就是指室内天花板的装饰，是室内装饰的重要部分之一。吊顶具有保温、隔热、隔声和吸声的作用，也是隐蔽电气、暖卫、通风空调、通信和防火、报警管线设备等工程的隐蔽层。

家装吊顶是家装中常见的环节。根据装饰板的材料不同，吊顶分类也不相同。吊顶装修材料是区分吊顶名称的主要依据，主要有轻钢龙骨石膏板吊顶、石膏板吊顶、矿棉板吊顶、夹板吊顶、异形长条铝扣板吊顶、方形镀漆铝扣板吊顶、彩绘玻璃吊顶、铝蜂窝穿孔吸声板吊顶、全房复式吊顶等。在选择吊顶装饰材料与设计方案时，要遵循既要省材、牢固、安全又要美观、实用的原则。

根据现行国家标准《建筑装饰装修工程质量验收标准》（GB 50210—2018）中的规定，吊顶是室内建筑装饰工程的一个重要子分部工程，采用吊顶的居室是人类休息、生活和学习的主要环境和场所。吊顶在整个居室装饰中占有相当重要的地位，对居室顶面做适当的装饰，不仅能美化室内环境，还能营造出丰富多彩的室内空间艺术形象，因此对吊顶装饰工程的质量要求比较高。它既要满足多方面功能的技术要求，又要考虑到技术要求与艺术的完美结合。

工程实践充分证明，吊顶最能反映建筑室内空间的形状和环境，能够较好地营造室内某种环境、风格和气氛。通过艺术设计和施工工艺的处理，可以明确地表现出所追求的空间造型艺术，显示各部分的相互关系、分清主次、突出重点和中心，对室内景观完整统一与装饰效果影响很大。

第一节　吊顶常用材料的质量管理

装饰吊顶材料是进行装饰吊顶工程施工的物质基础，材料的质量、规格、品种、价格、性能等方面，将直接影响装饰吊顶工程的施工质量、装饰效果、使用功能、使用寿命和经济效益等。因此，在装饰吊顶的设计和施工中，应当科学选择、合理搭配和正确使用装饰吊顶材料。装饰吊顶主要由骨架材料、面板材料和连接材料等组成。

一、吊顶龙骨材料的质量管理

吊顶龙骨材料按照制作材料不同，可分为轻钢龙骨、木龙骨和铝合金龙骨；按照龙骨的断面形状不同，可分为 U、C、CH、T、H、V 和 L 型七种形式；按照在吊顶中的用途不同，主要可分为大龙骨、中龙骨、小龙骨和边部龙骨。

龙骨是吊顶工程的主要承重构件，其材料的规格、种类、性能和质量直接影响着装饰吊顶工程的质量。工程实践证明：建筑室内的吊顶的龙骨一般主要选用轻钢龙骨，此种龙骨材质较轻，承重力强，是吊顶材质中优质和最常选用的材料。

（一）轻钢龙骨的质量要求

轻钢龙骨是一种新型的建筑材料，具有质量轻、强度高、防水、防震、防尘、隔声、吸声等功效，同时还具有施工速度快、安装简便等显著优点。随着我国现代化建设的发展，轻钢龙骨广泛用于宾馆、候机楼、车运站、车站、游乐场、商场、工厂、办公楼、旧建筑改造、室内装修、顶棚等场所。

吊顶工程所用的轻钢龙骨不仅应满足设计和防火、耐久性等方面要求，同时还应符合国家标准《建筑用轻钢龙骨》（GB/T 11981—2008）的规定；安装轻钢龙骨的配件，应符合建材行业标准《建筑用轻钢龙骨配件》（JC/T 558—2007）的要求。

吊顶工程所用的轻钢龙骨（包括吊挂件、接插件）应采用镀锌钢带经冷弯或冲击而成，其规格尺寸应符合设计要求，其配件质量应符合有关现行国家或行业标准的规定，并应具有产品质量合格证。

轻钢龙骨外形要平整、棱角清晰，切口不允许有毛刺和变形。镀锌层不许有起皮、起瘤、脱落等质量缺陷，无影响使用的腐蚀、损伤、黑斑、麻点，每米长度内面积不大于 $1cm^2$ 的黑斑不多于 3 处。涂层应无气泡、划伤、漏涂、颜色不均等影响使用的缺陷。轻钢龙骨表面应镀锌防腐，其双面镀锌量和双面镀锌层厚度应符合表 5-1 中的要求。

表 5-1　双面镀锌量和双面镀锌层厚度要求

项目	技术要求
镀锌量/（g/m²）	≥100
双面镀锌层厚度/μm	≥14

注：镀锌防锈的最终裁定以双面镀锌量为准。

轻钢龙骨具体的质量要求如表 5-2～表 5-5 所列。

表 5-2　轻钢龙骨断面规格尺寸允许偏差　　　　　　　　　　单位：mm

项目		允许偏差
长度 L	U、C、H、V、L、CH 型	±5
	T 型孔距	±0.3
覆面龙骨断面尺寸	尺寸 A	≤1.0
	尺寸 B	≤0.5

项目		允许偏差
其他龙骨断面尺寸	尺寸 A	≤0.5
	尺寸 B	≤1.0
	尺寸 F（内部净空）	≤0.5
厚度 t、t_1、t_2		应符合 GB/T 2518—2004 表 7 中"工程宽度大于 600mm 小于等于 1200mm 栏"的要求

表 5-3　侧面和地面平直度要求

类别	品种	检测部位	平直度/(mm/1000mm)
墙体	横龙骨和竖龙骨	侧面	≤1.0
		底面	≤2.0
	通贯龙骨	侧面和底面	
吊顶	承载龙骨和覆面龙骨	侧面和底面	≤1.5
	T 型、H 型龙骨	底面	≤1.3

表 5-4　弯曲内角半径 R（不包括 T 型、H 型和 V 型龙骨）　　　　单位：mm

钢板厚度 t	$t \leqslant 0.70$	$0.70 \leqslant t \leqslant 1.00$	$1.00 < t \leqslant 1.20$	$t > 1.20$
弯曲内角半径 R	≤1.50	≤1.75	≤2.00	≤2.25

表 5-5　角度允许偏差（不包括 T 型和 H 型龙骨）

成型角较短边尺寸 B	允许偏差
$B \leqslant 18mm$	≤2°00′
$B > 18mm$	≤1°30′

（二）木龙骨的质量要求

装饰吊顶工程中所用的木骨架，可以分为内部木骨架和外部木骨架两种。吊顶装饰工程所用木骨架多数采用内部木骨架。一般应当选用木质较松，纹理美观，且含水很少、干缩性小、不易开裂、不易变形的树种。木骨架材料是饰面材料的受力体，不仅对材料的强度、硬度、美观、性能均有一定的要求，而且对木材的质量、等级和尺寸也有相应的规定。

木龙骨应采用白松、红松或杉木等干燥木材加工成长方形或正方形的截面，其含水量宜控制在12％以内，规格应按设计要求进行加工。普通锯材的材质标准和等级规定，应符合现行国家标准《阔叶树锯材》（GB/T 4817—2019）中的要求。

二、吊顶罩面板材料的质量控制

吊顶工程所用的罩面板应有出厂合格证；罩面板不应有气泡、起皮、裂纹、缺角、污垢和图案不完整等质量缺陷；表面应平整、边缘整齐、色泽一致。硅钙装饰板的质量要求如表 5-6 所列。

表 5-6　硅钙装饰板的质量要求

项　目		单位	质量标准要求
外观质量与规格尺寸	长度	mm	±1
	宽度	mm	±1
	厚度	mm	6±0.3
	厚度平均度	％	≤8
	平板边缘平直度	mm/m	≤2
	平板边缘垂直度	mm/m	≤3
	平板表面平整度	mm	≤1
	表面质量要求	—	表面应平整,不得有缺角、鼓泡和凹陷
物理力学性质	含水率	％	≤10
	密度	g/cm^3	$0.90<D≤1.20$(D 表示密度)
	湿胀率	％	≤0.25

1. 纸面石膏板的质量标准

（1）装饰石膏板根据功能不同，可分为高效防水石膏吸声装饰板、普通石膏吸声装饰板、石膏吸声板。根据板材正面形状和防潮性能不同，装饰石膏板的分类及代号如表 5-7 所列。

表 5-7　装饰石膏板的分类及代号

分类	普通板			防潮板		
	平板	孔板	浮雕板	平板	孔板	浮雕板
代号	P	K	D	FP	FK	FD

（2）纸面石膏板表面应平整，不得有影响使用的破损、波纹、沟槽、污痕、过烧、亏料、边部漏料和纸面脱开等缺陷。

（3）纸面石膏板应切割成矩形，两对角线的长度≤5mm。纸面石膏板的楔形棱边宽度为 30~80mm，楔形棱边的深度为 0.6~1.9mm。

（4）护面纸与石膏芯部应当黏结良好，按规定方法测定时，石膏芯部应不裸露。纸面石膏板的吸水率（仅适用于耐水纸面石膏板）应≤10.0％。纸面石膏板遇火稳定时间（仅适用于耐火纸面石膏板）应≥20min。

（5）纸面石膏板规格尺寸偏差应符合表 5-8 中的要求，纸面石膏板纵向断裂荷载值和横向断裂荷载值应符合表 5-9 中的要求，纸面石膏板的单位面积质量应符合表 5-10 中的要求。

表 5-8　纸面石膏板规格尺寸偏差

项　目	长度	宽度	厚度	
			9.5	≥12.0
尺寸偏差/mm	-6~0	-5~0	±0.5	±0.6

注：板面应切成矩形，两对角线的长度差应≤5mm。

表 5-9 纸面石膏板纵向断裂荷载值和横向断裂荷载值

板材厚度	断裂荷载/N		板材厚度	断裂荷载/N	
/mm	纵向	横向	/mm	纵向	横向
9.5	≥360	≥140	18.0	≥700	≥270
12.0	≥460	≥180	21.0	≥810	≥320
15.0	≥580	≥220	25.0	≥970	≥380

表 5-10 纸面石膏板的面密度

厚度/mm	面密度/(kg/m²)	厚度/mm	面密度/(kg/m²)
9.5	9.5	18.0	18.0
12.0	12.0	21.0	21.0
15.0	15.0	25.0	25.0

2. 铝塑复合板的质量标准

铝塑复合板规格尺寸允许偏差应符合表 5-11 中的要求,铝塑复合板外观质量要求应符合表 5-12 中的要求。

表 5-11 铝塑复合板规格尺寸允许偏差

规格	允许偏差值	规格	允许偏差值
长度/mm	±3.0	对角线差/mm	≤5.0
宽度/mm	±2.0	边缘不直度/(mm/m)	≤1.0
厚度/mm	±0.2	翘曲度/(mm/m)	≤5.0

表 5-12 铝塑复合板外观质量要求

缺陷名称	缺陷规定	允许范围	
		优等品	合格品
波纹	—	不允许	不明显
鼓泡	≤10mm	不允许	不超过 1 个/m²
疵点	≤3mm	不超过 3 个/m²	不超过 10 个/m²
划伤	总长度	不允许	≤100mm/m²
擦伤	总面积	不允许	≤50mm/m²
划伤、擦伤总数	—	不允许	≤4 处
色差 ΔE	色差不明显,若用仪器检测,△E≤2		

3. 吸声用穿孔石膏板的质量标准

吸声用穿孔纸面石膏板采用特制高强度纸面石膏板为基材,板芯加入特殊增强材料,经穿孔、切割、粘贴纤维层、涂布、干燥等工序制造而成,是理想的顶棚隔墙吸声材料。吸声用穿孔石膏板作为一种高档装饰装修材料,它可满足个性化装饰需求,因而广泛应用于顶棚隔墙的视觉效果。

吸声用穿孔石膏板按基板的不同和有无覆面材料(贴于石膏板背面的透气性材料)进行分类;按基板的特性可分为普通板、防潮板、耐水板和耐火板等。室内吊顶用的吸声用穿孔石膏板质量应符合下列要求。

① 吸声用穿孔石膏板主要用于室内吊顶和墙体的吸声结构中。在潮湿的环境中使用或对耐火性能有较高要求时，则应采用相应的防潮、防水或耐火基板。

② 吸声用穿孔石膏板不应有影响使用和装饰效果的缺陷，对于以纸面石膏板为基板的板材，不应有破损、划伤、污痕、凹凸、纸面剥落等缺陷；对于以装饰石膏板为基板的板材，不应有裂纹、污痕、气孔、缺角、色彩不均匀等缺陷。

③ 吸声用穿孔石膏板的穿孔应垂直于板面。吸声用穿孔石膏板棱角边形状为直角形的板材，侧面应与板面成直角。

④ 护面纸与石膏芯的黏结，以纸面石膏板为基板的板材，护面纸与石膏芯的黏结按规定的方法测定时不允许石膏芯裸露。

⑤ 吸声穿孔石膏板的尺寸允许偏差应符合表 5-13 中的要求，吸声穿孔石膏板的含水率应不大于表 5-14 中的规定，吸声穿孔石膏板的断裂荷载应不低于表 5-15 中的规定，吸声穿孔石膏板的孔径、孔距与穿孔率应符合表 5-16 中的要求。

表 5-13　吸声穿孔石膏板的尺寸允许偏差　　　　　　　单位：mm

项　目	优等品	一等品	合格品	项　目	优等品	一等品	合格品
边　长	0，-2	+1，-2		直角偏离度	1.0	1.2	1.5
厚　度	±0.5	±1.0		孔　径	±0.5	±0.6	±0.7
不平度	1.0	2.0	3.0	孔　距	±0.5	±0.6	±0.7

表 5-14　吸声穿孔石膏板的含水率　　　　　　　单位：%

优等品		一等品		合格品	
平均值	最大值	平均值	最大值	平均值	最大值
2.0	2.5	2.5	3.0	3.0	3.5

表 5-15　吸声穿孔石膏板的断裂荷载　　　　　　　单位：N

孔径-孔距 /mm	厚度 /mm	优等品		一等品		合格品	
		平均值	最小值	平均值	最小值	平均值	最小值
$\phi 6\sim18$ $\phi 6\sim22$	9	140	126	130	117	120	108
$\phi 6\sim24$	12	160	144	150	135	140	126
$\phi 8\sim22$	9	100	90	90	81	80	72
$\phi 8\sim24$	12	110	99	100	90	90	81
$\phi 10\sim24$	9	90	81	80	72	70	63
	12	100	90	90	81	80	72

表 5-16　吸声穿孔石膏板的孔径、孔距与穿孔率

孔径 /mm	孔距 /mm	穿孔率/%		孔径 /mm	孔距 /mm	穿孔率/%	
		孔眼呈正方形排列	孔眼呈三角形排列			孔眼呈正方形排列	孔眼呈三角形排列
$\phi 6$	18	8.7	10.0	$\phi 8$	22	10.4	12.0
	22	5.8	6.7		24	8.7	10.1
	24	4.9	5.7	$\phi 10$	24	13.6	15.7

4. 嵌装式装饰石膏板的质量标准

嵌装式装饰石膏板的质量标准，与装饰石膏板基本相同，只是增加了吸声性能一项。

（1）板材外观质量　嵌装式装饰石膏板的外观质量要求主要是板的正面不应有影响装饰效果的气孔、污痕、裂纹、缺角、色彩不均匀和图案不完整等缺陷。

（2）尺寸允许偏差　嵌装式装饰石膏板分为优等品、一等品和合格品 3 个等级，它们各自的边长（L）、铺设高度（H 指板材边部正面与龙骨安装之间的垂直距离）和厚度（S）的尺寸允许偏差、不平度和直角偏离度，应符合表 5-17 中的规定。

表 5-17　尺寸允许偏差、不平度和直角偏离度　　　　　　　　　单位：mm

项　目		优等品	一等品	合格品	项　目	优等品	一等品	合格品
边长（L）		±1	±1	+1，−2	铺设高度（H）	±0.5	±1.0	±1.5
边厚（S）	L＝500		＞25		不平度	1.0	2.0	3.0
	L＝600		＞28		直角偏离度	±1.0	±1.2	±1.5

（3）面密度　嵌装式装饰石膏板的面密度，平均值应不大于 16.0kg/m^2，单块最大值应不大于 18.0kg/m^2。

（4）含水率和断裂荷载　嵌装式装饰石膏板的含水率和断裂荷载应符合表 5-18 中的规定。

表 5-18　嵌装式装饰石膏板的含水率和断裂荷载

项目	等级	优等品	一等品	合格品	项目	等级	优等品	一等品	合格品
断裂荷载 /N	平均值	196	176	157	含水率 /%	平均值	2.0	3.0	4.0
	最小值	176	157	127		最大值	3.0	4.0	5.0

（5）吸声性能要求　由于吸声性能是吸声石膏板的主要性能，所以嵌装式吸声石膏板必须具有一定的吸声性能，125Hz、250Hz、500Hz、1000Hz、2000Hz 和 4000Hz 6 个频率混响室法的平均吸声系数应不小于 0.30。对于每种嵌装式装饰石膏板产品，必须附有贴实和采用不同构造安装的吸声频谱曲线。穿孔率、孔洞形式和吸声材料的种类由生产厂自定。

5. 矿物棉装饰吸声板的质量标准

矿物棉装饰吸声板是以矿渣棉为主要材料，加入适量的黏结剂、防腐剂、防潮剂等，经过配料、加压成型、烘干、切割、开榫、表面精加工和喷涂而制成的一种高级顶棚装饰材料。矿物棉装饰吸声板的质量应符合下列要求。

① 矿物棉装饰吸声板的正面不得有影响装饰效果的污痕、色彩不均匀、图案不完整等缺陷。产品不得有裂纹、碎片、翘曲、扭曲，不得有妨碍使用及装饰效果的缺角缺棱。

② 矿物棉装饰吸声板的体积密度应 $\leqslant 500 \text{kg/m}^3$；矿物棉装饰吸声板的含水率应 $\leqslant 3\%$。

③ 矿物棉装饰吸声板的降噪系数应符合表 5-19 中的规定。并根据频率分别为 125Hz、250Hz、500Hz、1000Hz、2000Hz、4000Hz 时的吸声系数给出频率特性曲线，并注明试验方法。除非另有规定，混响室法为仲裁试验方法。

④ 矿物棉装饰吸声板按照现行国家标准《建筑材料难燃性试验方法》（GB/T 8625—2005）测定的产品，其燃烧性能应达到 B1 级，按照现行国家标准《塑料　用氧指数法测定燃烧行为　第 2 部分：室温试验》（GB/T 2406.2—2009）测定的产品，其氧指数应＞50。

除非另有规定，《建筑材料难燃性试验方法》（GB/T 8625—2005）为仲裁试验方法。要求燃烧性能达 A 级的产品，由供需双方确定。

表 5-19　矿物棉装饰吸声板的降噪系数

类别	降噪系数	
	混响室法（刚性壁）	驻波管法（后空腔 500mm）
滚花	≥0.45	≥0.25
其他	≥0.30	≥0.15

⑤ 矿物棉装饰吸声板的防潮板受潮挠度不得＞3.5mm。矿物棉装饰吸声板的尺寸允许偏差应当符合表 5-20 中的规定。矿物棉装饰吸声板的弯曲破坏荷载应当符合表 5-21 中的规定。

表 5-20　矿物棉装饰吸声板的尺寸允许偏差

加工级别 项目	允许偏差		
	精密	一般	半精密
长度/mm	±0.5	±2.0	±2.0
宽度/mm			±0.5
厚度/mm	±0.5	±1.0	
直角偏离度	1/1000	5/1000	

表 5-21　矿物棉装饰吸声板的弯曲破坏荷载

厚度/mm	弯曲破坏荷载/N	厚度/mm	弯曲破坏荷载/N
9	≥40	15	≥90
12	≥60	18	≥130

6. 膨胀珍珠岩装饰吸声板的质量标准

（1）膨胀珍珠岩装饰吸声板的外观质量应符合表 5-22 中的规定。

表 5-22　膨胀珍珠岩装饰吸声板的外观质量

项目	质量要求	
	优等品、一等品	合格品
缺棱、掉角、裂缝、脱落、剥离等现象	不允许	不影响使用
正面的图案破损、夹杂质	图案清晰，无杂物混入	
色差 ΔE	≤3	

（2）膨胀珍珠岩装饰吸声板的尺寸允许偏差应符合表 5-23 中的规定。

表 5-23　膨胀珍珠岩装饰吸声板的尺寸允许偏差

项目	优等品	一等品	合格品
边长/mm	0，−3	0，−1	
厚度/mm	±0.5	±1.0	
直角偏离度/mm	≤0.10	≤0.40	≤0.60
不平度/mm	≤0.8	≤1.0	≤2.5

（3）膨胀珍珠岩装饰吸声板的物理力学性能应符合表 5-24 和表 5-25 中的规定。

表 5-24　膨胀珍珠岩装饰吸声板的物理力学性能（一）

板材类别	体积密度 /(kg/m³)	吸湿率/%			表面吸水量 /g	断裂荷载/N			吸声系数	不燃性
		优等品	一等品	合格品		优等品	一等品	合格品	混响室法	
PB	≤500	≤5.0	≤6.5	≤8.0	—	≤245	≤195	≤157	0.40～0.60	不燃
FB		≤3.5	≤4.0	≤5.0	0.6～2.5	≤294	≤245	≤176	0.35～0.45	

表 5-25　膨胀珍珠岩装饰吸声板的物理力学性能（二）

公称厚度 /mm	热阻值 /[(m²·K)/W]	公称厚度 /mm	热阻值 /[(m²·K)/W]	公称厚度 /mm	热阻值 /[(m²·K)/W]
15	0.14～0.19	17	0.15～0.22	20	0.19～0.25

三、吊顶其他材料的质量要求

（一）金属装饰天花板的质量要求

金属装饰天花板是一种轻质高强、美观大方、施工简便、耐火防潮、应用广泛的新型理想装饰材料。金属装饰天花板的品种很多，在金属顶棚装修工程中使用最广泛的是铝合金天花板和彩色钢扣板，其他金属材料（如不锈钢顶棚饰面、铜质顶棚饰面）也可作为顶棚装饰材料。但由于金属装饰天花板的价格较高，所以其一般只用于高档顶棚装饰。

1. 铝合金天花板

铝合金天花板是由铝合金薄板经冲压成型，制成的各种形状和规格的顶棚装饰材料。这种金属天花板具有轻质高强、色泽明快、造型美观、安装简便、耐火防潮、价格适中等优点，这是目前国内外比较流行的顶棚装饰材料。铝合金天花板的规格及品种如表 5-26 所列。

表 5-26　铝合金天花板的规格及品种

品种	规格	产品说明
明架铝质天花板	600mm×600mm，300mm×1200mm，400mm×1200mm，400mm×1500mm，800mm×800mm，850mm×850mm 的有孔、无孔板	静电喷涂 冲孔板背面贴纸
暗架铝质天花板	600mm×600mm，500mm×500mm，300mm×300mm，300mm×600mm 平面、冲孔立面菱形、圆形、方形等天花板	
暗架天花板	各种图案的 600mm×600mm，300mm×300mm，500mm×500mm 的有孔或无孔板，厚度 0.3～1.0mm	表面喷塑 冲孔内贴无纺布
明架天花板	各种图案的 600mm×600mm，300mm×300mm，500mm×500mm 的有孔或无孔板，厚度 0.3～1.0mm	
铝质扣板天花板	6000mm，4000mm，3000mm，2000mm 的平面有孔、无孔挂板	表面喷塑
铝质长扣天花板	100mm×3000mm，200mm×3000mm，300mm×3000mm 的平板、孔板、菱形花板	喷涂、烤漆 阳极化加工

2. 金属微穿孔吸声板

金属微穿孔吸声板是根据声学的基本原理，利用各种不同穿孔率的金属板吸收大部分声音，从而起到消除噪声的作用。这是近几年发展起来的一种降低噪声处理的新产品。金属微穿孔吸声板可以分为多孔平面式吸声板和穿孔块体式吸声板两种，其规格及性能如表 5-27 所列。

表 5-27　金属微穿孔吸声板的规格及性能

名称	性能和特点	规格(长×宽×厚)/(mm×mm×mm)
多孔平面式吸声板	材质为防锈铝合金 LF$_{21}$；板厚 1mm；孔径 ϕ6mm；孔距 10mm；降噪系数 1.16；工程使用降噪效果 4～8dB；吸声系数：Hz/吸声系数 125/0.13，250/1.04，500/1.18，1000/1.37，2000/1.04，4000/0.97	495×495×(50～100)
穿孔块体式吸声板	材质为防锈铝合金 LF$_{21}$；板厚 1mm；孔径 ϕ6mm；孔距 10mm；降噪系数 2.17；工程使用降噪效果 6～8dB；吸声系数：Hz/吸声系数 125/0.22，250/1.25，500/2.34，1000/2.63，2000/2.54，4000/2.25	750×750×100

3. 玻璃卡普隆顶棚

随着物质文化和精神文化水平的日益提高，人们对生活空间的环境要求也越来越高。为满足人们对生活空间的需求，采用了较多的大空间设计，而玻璃卡普隆板（又称 PC 板）成为大空间建筑顶棚材料的较佳选择。玻璃卡普隆板是以高性能的工程塑料聚碳酸酯树脂加工而成，具有透明度高、质轻、抗冲击、隔声、隔热、难燃、抗老化等特点，但不耐酸，不耐碱，是一种高科技、综合性能极其卓越、节能环保型塑料板材。玻璃卡普隆板顶棚主要产品有中空板、实心板和波纹板 3 大系列，具有以下 5 个特征。

① 板材质量较轻　卡普隆板材的质量较轻，双层中空 PC 板的质量，仅为同厚玻璃的 1/15～1/12，大大减少顶棚的自重，有利于大面积顶棚的施工，安装非常方便。

② 透光性能很好　单层透明玻璃卡普隆顶棚（PC 板）的透光率在 85％以上，双层透明 PC 板的透光率为 70％～80％，是良好的采光材料。

③ 耐冲击性能强　单层玻璃卡普隆顶棚（PC）板材的耐冲击强度是普通玻璃的 200 倍，具有冲击不破碎的优良性能，经得起台风、暴雨、冰雹、大雪等摧毁性冲击。

④ 隔热、保温性好　PC 中空板材之中空结构是依据空气隔热效应进行设计的，具有良好的隔热性能，它能阻止热量从室内散失或冷空气侵入室内。

⑤ 其他性能优良　PC 板应具有防红外线、防紫外线、不需加热即可弯曲、色彩多样、安装方便等优良特征，这是普通玻璃和普通板材所不能替代的。

卡普隆板材的耐温差性能如表 5-28 所列，卡普隆板材的技术性能如表 5-29 所列，卡普隆板材产品的规格如表 5-30 所列。

表 5-28　卡普隆板材的耐温差性能

长期载荷允许温度/℃	120～－40
短期载荷脆裂温度/℃	100
短期载荷变形温度/℃	140

表 5-29 卡普隆板材的技术性能

测试项目	测验方式	单位	平均值
相对密度	D-792		1.2
吸水率(24h)	D-570	%	0.15
伸张强度	D-638	psi[1]	9.500
张力模数	D-638	psi	345.00
抗弯强度	D-790	psi	13.500
冲击强度	D-256	ft·lb/(kg·ft cm/cm)	12·17
热变形温度	D-648	°F(℃)	270(132)
软化温度	D-1525	°F(℃)	315(157)
电阻值	D-150	Ω·cm	>4.2×10.4

[1] 1psi＝6.89476×10³Pa。

表 5-30 卡普隆板材产品的规格

类 型	规格 宽×长×厚/(mm×mm×mm)	每平方米质量/(kg/m²)	颜色
中空	2100×5800×4 2100×5800×6 2100×5800×8 2100×5800×10	0.9 1.3 1.5 1.7	宝蓝、透明、绿色、乳白色、茶色等
实心平板	2050×3000×3	3.5	
波纹板	1260×5800×0.8	1.17	
PC板(中空板)	1210×5800×6 1210×5800×10 1210×5800×16	1.70(3层) 1.40(2层) 1.96(2层) 2.94(3层)	透明、蓝色、绿色、茶色、乳白色
阳光板	1800×2400×(1～12) 1800×3000×(1～12) 1800×3600×(1～12)		无色透明、彩色透明、彩色不透明、彩色花纹板

(二) 轻钢龙骨配件、吊件和挂件的质量要求

安装吊顶罩面板的紧固件、螺钉、钉子宜为镀锌的,吊杆用的钢筋、角钢等应进行防锈处理,胶黏剂应按照所用罩面板的品种配套选用。如果需要在现场配制胶黏剂,其配合比应由试验确定。吊顶工程中常用轻钢龙骨配件表面应光洁、平整,镀锌层不应有锈蚀、起皮、起瘤、脱落等缺陷。喷漆、喷塑等涂层不应有露底及明显气泡、枯皮等缺陷。轻钢龙骨吊件和挂件的力学性能如表 5-31 所列。

表 5-31　轻钢龙骨吊件和挂件的力学性能

名称	类别	荷载 P/N	技术要求
吊件(除 T 型龙骨吊件外)	与 60 型承载龙骨配套	2500	三个试件残余变形量平均值不大于 2.0mm,最大值不大于 2.5mm
	与 50 型承载龙骨配套	2000	
	与 38 型承载龙骨配套	1200	
挂件(除 T、H 型龙骨挂件外)	—	600	挂件不滑脱、两角部不变形

第二节　吊顶工程施工质量管理

房屋吊顶是现代建筑室内装饰中非常重要的一部分,它是围成室内空间除墙体、地面以外的另一主要组成。工程实践充分证明,吊顶的施工质量优劣,直接影响整个建筑室内空间的装饰效果和美观,因此对吊顶工程施工质量的管理就显得尤为重要。

从总体上讲,吊顶工程的施工质量主要应符合下列要求:a. 吊顶工程所用材料的品种、形式、颜色以及基层构造、固定方法等均应符合设计要求;b. 安装必须牢固稳定、使用安全、分格均匀、线条顺直、表面平整、整体美观;c. 罩面板与龙骨应连接紧密,表面应平整,不得有污染、折裂、缺棱掉角、锤伤等缺陷,接缝应均匀一致,粘贴的罩面不得有脱层,胶合板不得有刨切穿透之处,搁置的罩面板材不得有漏、透、翘角现象;d. 吊顶工程安装的允许偏差应符合设计和国家现行标准的要求。

吊顶装饰工程按其结构形式不同,主要分为暗龙骨吊顶工程和明龙骨吊顶工程两种。两种吊顶的形式虽然不同,其施工方法也不同,但在施工中对其质量管理目标是一样的。

一、暗龙骨吊顶工程施工质量管理

暗龙骨吊顶也称为隐蔽式吊顶,主要指龙骨不外露,是一种用饰面板体现整体装修效果的吊顶形式。饰面板与龙骨的连接固定有两种方式,用螺钉拧在龙骨上,或者用胶黏剂粘在龙骨上,并将罩面板制作成为企口形式,用龙骨将罩面板连接成整体。

1. 吊顶弹线的质量管理

(1) 查明施工图纸和其他设计文件上对房间四周墙面装饰面层类型及其厚度要求,并重新测量房间四周墙面是否规方。

(2) 考虑四周墙面留出饰面层厚度,将中间部分的边线规方后弹在地面上;对于有对称要求的吊顶,先在地面上弹出对称轴,然后从对称轴向两侧测量距离弹线。

(3) 对有高度变化的吊顶,应在地面上弹出不同高度吊顶的分界线;对有灯盒、风口和特殊装饰的吊顶,也应在地面上弹出这些设施的对应位置。

(4) 用线坠或接长的水平尺子将地面上弹的线反到顶棚上,对有标高变化的吊顶,在不同高度吊顶分界线的两侧标明各自的吊顶底标高。

(5) 根据以上的弹线,再在顶棚上弹出龙骨布置线,并沿四周墙面弹出吊顶底标高线。

(6) 在安装吊顶罩面板后,还需在罩面板上弹出安装各种设施的开洞位置及特殊饰物的安装位置。

（7）按照吊顶工程设计平面图，在顶板上弹出主龙骨的位置。主龙骨应从吊顶中心向两边分，最大间距为 1000mm，并标出吊杆的固定点，吊杆的固定点间距 900～1000mm，如遇到梁和管道固定点大于设计和规程要求时应增加吊杆的固定点。

2. 吊杆的安装质量管理

吊杆是连接龙骨与楼板（或屋面板）的承重构件，它的形式和选用与楼板（或屋面板）的形式、龙骨的形式及材料有关，还与吊顶工程的质量有关。在工程中常见的吊杆安装方式主要有以下几种。

① 在预制板缝中安装吊杆　在预制板缝中浇灌细石混凝土或砂浆时，沿着预制板的缝隙设置一根直径 8～12mm 的钢筋，将吊杆的一端打弯，勾在板缝中通长的钢筋上；另一端从板缝中抽出，抽出长度为板的底部到龙骨的高度再加上绑扎尺寸。

② 在现浇楼板上安放吊杆　在现浇混凝土楼板时，按照吊顶设计的间距，将钢筋吊杆一端放在现浇混凝土层中，在木模板上钻孔，孔径应稍大于钢筋吊杆直径，吊杆另一端从此孔中穿出。

③ 在已硬化楼板上安装吊杆　用射钉枪将射钉打入楼板底，可选用尾部带孔与不带孔的两种射钉规格。在带孔射钉上穿上铜丝或镀锌钢丝，用以绑扎龙骨；也可在射钉上直接焊接吊杆。

在吊点的设计位置，用冲击钻机打胀管螺栓，然后将胀管螺栓同吊杆焊接在一起。这种方法可省去预埋件，操作比较灵活，对于荷载较大的吊顶，比较适用。

④ 在梁上设置吊杆　在框架的下弦、木梁或木条上设吊杆，如果是钢筋吊杆，可直接绑上即可，如果是木吊杆，可用铁钉将吊杆钉上，每个木吊杆不得少于 2 个钉子。

3. 边龙骨的安装质量管理

边龙骨是用于吊顶四周的固定及水平定位，制作检修孔的一种吊顶龙骨。边龙骨的安装应按照设计要求进行弹线，沿着墙（柱）上的水平龙骨线把 L 形镀锌轻钢条，用自攻螺钉固定在预埋木砖上。如果是混凝土墙（柱）可用射钉进行固定，射钉间距应不大于吊顶次龙骨的间距。

4. 主龙骨的安装质量管理

主龙骨指在吊顶承重上主要承重的龙骨。主龙骨的主要作用是承受吊顶的主要重力，并为次龙骨的架设提供受力面。

① 主龙骨应吊挂在吊杆上，主龙骨间距 900～1000mm。主龙骨分为不上人 UC38 小龙骨和上人 UC60 大龙骨两种。主龙骨宜平行房间长向安装，同时应起拱，起拱的高度为房间跨度的 1/300～1/200。主龙骨的悬臂端不应大于 300mm，否则应增加吊杆。主龙骨的接长应采取对接，相邻龙骨的对接接头要相互错开。主龙骨挂好后应将其基本调平。

② 跨度大于 15m 的吊顶，应在主龙骨上，每隔 15m 加一道大龙骨，并垂直主龙骨焊接牢固。

③ 如有较大的造型顶棚，其造型部分应当选用角钢或角钢焊接成框架，并应与楼板连接牢固。

④ 吊顶如设置检修走道，应另设附加吊挂系统，用 10mm 的吊杆与长度为 1200mm 的 15mm×15mm×5mm 角钢横担用螺栓连接，横担间距 1800～2000mm，在横担上铺设走道，可以用 6 号槽钢，两根间距 600mm，它们之间用 10mm 的钢筋焊接，钢筋的间距为

100mm，将槽钢与横担角钢焊接牢固，在走道的一侧设有护栏，高度为 900mm，可以用 50mm×50mm×4mm 的角钢做立柱，焊接在走道槽钢上，之间用 30mm×4mm 的扁钢连接。

5. 次龙骨的安装质量管理

次龙骨也称为副龙骨，是在吊顶承重上分散承重的龙骨。次龙骨的主要作用是分散吊顶承重受力面，并为石膏板的铺设提供受力面。

次龙骨应紧贴着主龙骨安装，次龙骨的间距一般为 300～600mm。用 T 形镀锌铁片连接件将次龙骨固定在主龙骨上时，次龙骨的两端应搭在 L 形边龙骨的水平翼缘上。墙上应预先标出次龙骨中心线的位置，以便安装罩面板时找到次龙骨的位置。

当采用自攻螺钉安装板材时，板材接缝处必须安装在宽度不小于 40mm 的次龙骨上。次龙骨不得以搭接方式连接。在通风、水电等洞口周围应设附加龙骨，附加龙骨的连接用拉铆钉铆固。吊顶灯具、风口及检修口等应设附加吊杆和补强龙骨。

6. 石膏板类罩面板的安装质量管理

① 在进行石膏板安装时，应当从吊顶顶棚的一个边角开始，逐块排列依次推进。纸面石膏板的纸包边长应沿着次龙骨平行铺设。为了使顶棚受力均匀，在同一条次龙骨上的拼缝不能贯通，即铺设板时应错缝。其主要原因是：在板的拼缝处，受力面很容易断开。如果拼缝贯通，则在此次龙骨处形成一条线荷载，易造成开裂的质量通病。

② 石膏板用镀锌 3.5mm×25mm 自攻螺钉固定在龙骨上。一般从一端角或中间开始顺序往前或两边安装，钉帽应嵌入石膏板内约为 0.5～1mm，钉子间距为 150～170mm，钉子距离板边缘以 15mm 为佳，以保证石膏板边缘不受破坏，从而保证板的强度。板与板之间、板与墙体之间应留 3～5mm 缝隙，以便于用腻子嵌缝。

③ 当采用双层石膏板时，应注意其长短边与第一层石膏板的长短边，应当错开一个龙骨间距以上，且第二层石膏板也应像第一层一样错缝铺钉，应采用 3.5mm×35mm 的自攻螺钉固定在龙骨上，螺钉位置也应适当错位。

④ 吊顶石膏板铺设完成后，应进行嵌缝处理。嵌缝的填充材料，主要有老粉（双飞粉）、石膏、水泥及配套专用嵌缝腻子。常见的材料以水和胶配制而成，几种材料也可根据设计要求配合在一起，然后加上水与胶水搅拌均匀后使用。专用嵌缝腻子不用加胶水，只要根据产品说明加适量的水搅拌均匀后即可使用。

7. 纤维水泥压力板的安装质量管理

纤维水泥压力板是一种新型的建筑材料，按照国家的建筑材料行业标准在建筑平板中属于无石棉和温石棉纤维水泥平板。目前国内以温石棉纤维水泥压力板为主，主要材质为纤维（蛇纹石石棉）、水泥（硅酸盐水泥）、硅灰粉以及其他附加材料，采用特殊的生产工艺，经过制浆、加压、养护等程序而生产的建筑用水泥平板，它以优越的性能已经被广泛应用于建筑行业的各个领域。在纤维水泥压力板的安装中主要应注意以下质量管理。

① 吊顶龙骨的间距、螺钉与板边的距离以及螺钉间距等，应当满足设计要求和有关产品规定。

② 纤维水泥压力板与龙骨固定时，所用手电钻钻头的直径应当比选用螺钉的直径小 0.5～1.0mm；固定后，钉帽应进行防锈处理，并用油性腻子将钉眼嵌平。

③ 用密封膏、石膏腻子或掺界面剂的水泥砂浆嵌塞板缝并刮平，硬化后用砂纸将表面

磨光，板缝宽度应＜50mm；板材的开孔和切割应按产品的有关要求进行。

8. 胶合板和纤维板的安装质量管理

① 胶合板应当光面向外，相邻板的色彩与木纹要协调，可用钉子加以固定，钉子间距为 80～150mm，钉长为 25～35mm，钉帽应打扁，并进入板面 0.5～1.0mm，钉眼用油性腻子抹平。胶合板面如涂刷清漆时，相邻板的色彩与木纹应基本相同。

② 纤维板可用钉子固定，钉子间距为 80～120mm，钉长为 20～30mm，钉帽应打扁，并进入板面 0.5mm，钉眼用油性腻子抹平。硬质纤维板应用水浸透，自然晾干后再安装。

③ 胶合板、纤维板用木条固定时，钉子间距不应大于 200mm，将钉子头部砸平，并使其进入板面 0.5～1.0mm，钉子眼用油性腻子抹平。

9. 钙塑板和金属板的安装质量管理

（1）钙塑板的安装　钙塑装饰板用胶黏剂粘贴时，涂胶一定要均匀、适量，粘贴板子后应采取临时固定措施，并及时清除挤出的胶液。当用钉子固定时，钉子间距不宜大于150mm，钉帽应与板面齐平，排列整齐，并用与板面颜色相同的涂料涂饰。

（2）金属板的安装　金属板的安装应从边上开始，存有搭接缝的金属板，应顺着搭接缝的方向逐块进行，板要用力插入齿口内，使其啮合。金属条板式吊顶龙骨一般可直接吊挂，也可增加主龙骨，主龙骨间距不大于 1.2m，龙骨的形式应与条板配套。

金属方板式吊顶次龙骨分为明装 T 型和暗装卡口两种，根据金属方板式样选定次龙骨，次龙骨与主龙骨间用固定件连接；金属格栅的龙骨可明装也可以暗装，龙骨间距由格栅做法确定。金属板吊顶与四周墙面所留空隙，用金属压缝的条板嵌塞或补边吊顶找平，金属压条板的材质应与金属面板相同。

二、明龙骨吊顶工程施工质量管理

明龙骨吊顶是指吊顶饰面板之间能够看见龙骨，一眼就能看出每块吊顶饰面板之间的接茬。明龙骨吊顶的装修多见于大型商业区域和办公区域，明龙骨吊顶的装修设计要求较低，但施工质量管理不可忽视。

1. 吊顶弹线的质量管理

（1）用水准仪在房间内每个墙角上抄出水平点，弹出距地面为 500mm 的水准线，从水准线量至吊顶设计高度加上 12mm（一层石膏板的厚度），用粉线沿墙弹出水准线，即为吊顶次龙骨的下皮线。

（2）按照吊顶平面图，在混凝土顶板上弹出主龙骨的位置。主龙骨应从吊顶中心向两边分，最大间距为 1000mm，并标出吊杆的固定点，吊杆的固定点间距 900～1000mm，如遇到梁和管道固定点大于设计和规程要求时应增加吊杆的固定点。

2. 吊杆的安装质量管理

（1）非上人的吊顶，当吊杆长度小于 1000mm 时，可以采用直径 6mm 的吊杆；如果吊杆长度大于 1000mm，则应采用直径 8mm 的吊杆，同时还应设置反向支撑。吊杆可以采用冷拔钢筋和盘圆钢筋。

（2）上人的吊顶，当吊杆长度小于 1000mm 时，可以采用直径 8mm 的吊杆；如果吊杆的长度大于 1000mm，则应采用直径 10mm 的吊杆，同时也应设置反向支撑。

（3）吊杆可以采用膨胀螺栓进行固定，即用冲击电锤在楼板上打孔，孔径应稍大于膨胀螺栓的直径。

（4）吊杆的一端同 30mm×30mm×3mm 的角钢焊接，另一端可以用套丝长度大于100mm 的丝杆或成品丝杆进行焊接。制作好的吊杆应当进行防锈处理。

3. 边龙骨的安装质量管理

边龙骨的安装应按照设计的要求进行弹线，沿墙（柱）上的水平龙骨线把 L 形镀锌轻钢条用自攻螺钉固定在预埋木砖上；如果是混凝土墙（柱），可用射钉固定，射钉间距应不大于吊顶次龙骨的间距。

4. 主龙骨的安装质量管理

（1）主龙骨应吊挂在吊杆上。主龙骨的间距为 900～1000mm。轻钢龙骨可选用 UC50 中龙骨和 UC38 小龙骨。

（2）主龙骨应平行房间长向安装，同时进行起拱，起拱的高度一般应为房间跨度的 1/300～1/200。主龙骨的悬臂段不应大于 300mm，否则应增加吊杆。主龙骨的接长应采取对接的方式，相邻龙骨的对接接头要相互错开。主龙骨安装完毕后应达到基本调平。

（3）跨度大于 15m 的吊顶，应在主龙骨上每隔 15m 加一道大龙骨，并垂直主龙骨焊接牢固。

（4）如果设计为较大的造型顶棚，其造型部分应当用角钢或扁钢焊接成框架，并应与楼板连接牢固。

5. 次龙骨的安装质量管理

（1）为使吊顶龙骨成为一个整体，并承担相应的重量，次龙骨应紧贴主龙骨进行安装，次龙骨的间距为 300～600mm。

（2）次龙骨分为 T 形烤漆龙骨、T 形铝合金龙骨和各种条形扣板厂家配备的专用龙骨。

（3）用 T 形镀锌铁片连接件，将次龙骨固定在主龙骨上时，次龙骨的两端应搭在 L 形边龙骨的水平翼缘上，条形扣板有专用的阴角线作为边龙骨。

6. 罩面板的安装质量管理

（1）嵌装式装饰石膏板安装质量要求　嵌装式装饰石膏板是以建筑石膏为主要原料，掺入适量的纤维增强材料和外加剂，与水一起搅拌成均匀的料浆，经浇注成型、干燥而成的不带护面纸的板材。板材背面四边加厚，并带有嵌装的企口，板材正面为平面，带孔或带浮雕图案。嵌装式装饰石膏板安装质量应符合下列要求。

① 嵌装式装饰石膏板应根据设计要求进行选择，石膏板应与龙骨配套。

② 嵌装式装饰石膏板安装前应分块弹线，花式图案应符合设计要求，如果设计无要求，嵌装式装饰石膏板宜由吊顶中间向两边对称排列安装，墙面与吊顶接缝应交圈一致。

③ 嵌装式装饰石膏板安装宜选用企口暗缝咬接法。安装时应注意企口的相互咬合及图案的拼接。

④ 龙骨调平及拼缝处应认真施工，在固定石膏板时，应视吊顶高度及板厚，在板与板之间留出适当间隙，拼缝缝隙用石膏腻子补平，并贴一层穿孔接缝纸。

（2）金属微穿孔吸声板安装质量要求　金属微穿孔吸声板具有绿色环保、经久耐用、美观、吸声性强、隔声效果好、安装使用方便等特点，主要适用于歌剧院、影剧院、录音棚、播音室、商务办公室、电视台、多功能厅、会议室、演播厅、音乐厅、礼堂、体育馆、地铁、车站候车室、大型娱乐城、酒店、KTV、高级别墅和家居生活等对声学要求较严格的场所，还广泛应用于需要吸声降噪的厂房、机房等。金属微穿孔吸声板的安装质量应符合下列要求。

① 在安装吸声板之前，必须认真调直、调平已经安装好的龙骨，这是保证大面积吊顶施工质量和装饰效果的关键。

② 安装微穿孔吸声板宜采用板用木螺钉或自攻螺钉固定在龙骨上，对于有些铝合金板吊顶，也可将微穿孔板卡在龙骨上，其具体的固定方法要根据板的断面而决定。

③ 在安装金属微穿孔板时，一般应当按照设计的安装方向开始，依次逐块进行安装。

④ 在方板或板条安装完毕后铺设吸声材料。条板可将吸声材料放在板条内；方板可将吸声材料放在板的上面。

第三节　吊顶装饰工程施工质量标准

吊顶装饰工程质量管理是指对建筑装饰工程产品，按照国家现行标准，使用规定的检验方法，对规定的验收项目，进行质量检测和质量等级评定等工作。吊顶装饰工程质量管理的方法有观察、触摸、听声等方式，常用的检测工具有钢直尺、卷尺、塞尺、靠尺或靠板、托线板、直角卡尺及水平尺等。

根据现行国家标准《建筑装饰装修工程质量验收标准》（GB 50210—2018）中的有关规定，吊顶装饰工程应按照整体面层吊顶工程、板块面层吊顶工程和格栅吊顶工程等进行验收。

一、吊顶工程质量管理的一般规定

（1）根据现行国家标准《建筑装饰装修工程质量验收标准》（GB 50210—2018）中的规定，吊顶工程质量管理的一般规定适用于整体面层吊顶、板块面层吊顶和格栅吊顶等分项工程的质量验收。整体面层吊顶包括以轻钢龙骨、铝合金龙骨和木龙骨等为骨架，以石膏板、水泥纤维板和木板等为整体面层的吊顶；板块面层吊顶包括以轻钢龙骨、铝合金龙骨和木龙骨等为骨架，以石膏板、金属板、矿棉板、木板、塑料板、玻璃板和复合板等为板块面层的吊顶；格栅吊顶包括以轻钢龙骨、铝合金龙骨和木龙骨等为骨架，以金属、木材、塑料和复合材料等为格栅面层的吊顶。

（2）吊顶工程验收时应检查下列文件和记录：a. 吊顶工程的施工图、设计说明及其他设计文件；b. 材料的产品合格证书、性能检验报告、进场验收记录和复验报告；c. 隐蔽工程验收记录；d. 施工记录。

（3）吊顶工程应对人造木板的甲醛释放量进行复验，必须符合《民用建筑工程室内环境污染控制标准》（GB 50325—2020）中的规定。

（4）为了既保证吊顶工程的使用安全，又做到竣工验收时不破坏饰面，吊顶工程的隐蔽工程验收非常重要。吊顶工程应对下列隐蔽工程项目进行验收：a. 吊顶内管道、设备的安装及水管试压、风管严密性检验；b. 木龙骨防火、防腐处理；c. 预埋件或拉结筋；d. 吊杆安装；e. 龙骨安装；f. 填充材料的设置；g. 反支撑及钢结构转换层。

（5）各分项工程的检验批应按下列规定划分：同一品种的吊顶工程每 50 间（大面积房

间和走廊按吊顶面积 30m² 计为一间）应划分为一个检验批，不足 50 间也应划分为一个检验批。

（6）检查数量应符合下列规定：每个检验批应至少抽查 10%，并不得少于 3 间，不足 3 间时应全数检查。

（7）安装龙骨前，应按设计要求对房间净高、洞口标高和吊顶内管道、设备及其支架的标高进行交接检验。

（8）吊顶工程的木龙骨和木质饰面板必须进行防火处理，并应符合现行国家标准《建筑内部装修设计防火规范》（GB 50222—2017）规定中 A 级或 B1 级的标准。

（9）吊顶工程中的预埋件、钢筋吊杆和型钢吊杆应进行防锈处理。

（10）在安装吊顶饰面板前，应完成吊顶内管道和设备的调试及验收。

（11）吊杆距主龙骨端部距离不得大于 300mm，当大于 300mm 时应增加吊杆；当吊杆长度大于 1500mm 时应设置反支撑。当吊杆与设备相遇时，应调整并增设吊杆或采用型钢支架。

（12）重型设备和有振动荷载的设备严禁安装在吊顶工程的龙骨上。

（13）吊顶的预埋件与吊杆的连接、吊杆与龙骨的连接、龙骨与面板的连接应安全可靠。

（14）吊杆上部为网架、钢屋架或吊杆长度大于 2500mm 时，应设有钢结构转换层。

（15）大面积或狭长形吊顶面层的伸缩缝及分格的缝隙应符合设计要求。

二、整体面层吊顶工程施工质量标准

整体面层吊顶工程施工质量管理适用于以轻钢龙骨、铝合金龙骨、木龙骨等为骨架，以石膏板、水泥纤维板和木板等为整体面层的吊顶工程质量验收。根据现行国家标准《建筑装饰装修工程质量验收标准》（GB 50210—2018）中的规定，暗龙骨吊顶工程的质量验收应符合下列要求。

1. 整体面层吊顶工程施工质量管理的主控项目

（1）吊顶标高、尺寸、起拱和造型应符合设计要求。
检验方法：观察；尺量检查。

（2）面层材料的材质、品种、规格、图案、颜色和性能应符合设计要求及国家现行标准的有关规定。
检验方法：观察；检查产品合格证书、性能检测报告、进场验收记录和复验报告。

（3）整体面层吊顶工程的吊杆、龙骨和面板的安装必须牢固。
检验方法：观察；手扳检查；检查隐蔽工程验收记录和施工记录。

（4）吊杆和龙骨的材质、规格、安装间距及连接方式应符合设计要求。金属吊杆、龙骨应经过表面防腐处理；木吊杆、龙骨应进行防腐、防火处理。
检验方法：观察；尺量检查；检查产品合格证书、性能检测报告、进场验收记录和隐蔽工程验收记录。

（5）石膏板、水泥纤维板的接缝应按其施工工艺标准进行板缝防裂处理。安装双层板时，面层板与基层板的接缝应错开，并不得在同一根龙骨上接缝。
检验方法：观察。

2. 整体面层吊顶工程施工质量管理的一般项目

（1）面层材料表面应洁净、色泽一致，不得有翘曲、裂缝及缺损。压条应平直、宽窄一致。

检验方法：观察；尺量检查。

（2）面板上的灯具、烟感器、喷淋头、风口箅子和检修口等设备设施的位置应合理、美观，与面板的交接应吻合、严密。

检验方法：观察。

（3）金属龙骨的接缝应均匀一致，角处的缝隙应吻合，表面应平整，无翘曲和锤印。木质吊杆、龙骨应顺直，无劈裂和变形。

检验方法：检查隐蔽工程验收记录和施工记录。

（4）吊顶内填充吸声材料的品种和铺设厚度应符合设计要求，并应有防散落措施。

检验方法：检查隐蔽工程验收记录和施工记录。

（5）整体面层吊顶工程安装的允许偏差和检验方法应符合表 5-32 的规定。

表 5-32　整体面层吊顶工程安装的允许偏差和检验方法

项次	项目	允许偏差/mm	检验方法
1	表面平整度	3	用 2m 靠尺和塞尺检查
2	缝格、凹槽直线度	3	拉 5m 线，不足 5m 的拉通线，用钢直尺检查

三、板块面层吊顶工程施工质量标准

板块面层吊顶工程施工质量管理适用于以轻钢龙骨、铝合金龙骨、木龙骨等为骨架，以石膏板、金属板、矿棉板、塑料板、玻璃板或复合板、木板等为面板的吊顶工程的质量验收。根据现行国家标准《建筑装饰装修工程质量验收标准》（GB 50210—2018）中的规定，板块面层吊顶工程的质量验收应符合下列要求。

1. 板块面层吊顶工程施工质量管理的主控项目

（1）吊顶标高、尺寸、起拱和造型应符合设计要求。

检验方法：观察；尺量检查。

（2）面层材料的材质、品种、规格、图案、颜色和性能应符合设计要求及国家标准的有关规定。当饰面材料为玻璃板时，应使用安全玻璃或采取可靠的安全措施。

检验方法：观察；检查产品合格证书、性能检测报告、进场验收记录和复验报告。

（3）面板材料的安装应稳固严密。面板材料与龙骨的搭接宽度应大于龙骨受力面宽度的 2/3。

检验方法：观察；手扳检查；尺量检查。

（4）吊杆和龙骨的材质、规格、安装间距及连接方式应符合设计要求。金属吊杆和龙骨应进行表面防腐处理；木龙骨应进行防腐、防火处理。

检验方法：观察；尺量检查；检查产品合格证书、性能检验报告、进场验收记录和隐蔽工程验收记录。

（5）板块面层吊顶工程的吊杆和龙骨安装必须牢固。

检验方法：手扳检查；检查隐蔽工程验收记录和施工记录。

2. 板块面层吊顶工程施工质量管理的一般项目

（1）面板材料表面应洁净、色泽一致，不得有翘曲、裂缝及缺损。面板与龙骨的搭接应平整、吻合，压条应平直、宽窄一致。

检验方法：观察；尺量检查。

（2）面板上的灯具、烟感器、喷淋头、风口算子等设备设施的位置应合理、美观，与面板的交接应吻合、严密。

检验方法：观察。

（3）金属龙骨的接缝应平整、吻合、颜色一致，不得有划伤、擦伤等表面缺陷。木质龙骨应平整、顺直，应无劈裂。

检验方法：观察。

（4）吊顶内填充吸声材料的品种和铺设厚度应符合设计要求，并应有防散落措施。

检验方法：检查隐蔽工程验收记录和施工记录。

（5）板块面层吊顶工程安装的允许偏差和检验方法应符合表 5-33 的规定。

表 5-33　板块面层吊顶工程安装的允许偏差和检验方法

项次	项目	允许偏差/mm				检验方法
		石膏板	金属板	矿棉板	木板、塑料板、玻璃板、复合板	
1	表面平整度	3.0	2.0	3.0	2.0	用 2m 靠尺和塞尺检查
2	接缝直线度	3.0	2.0	3.0	3.0	拉 5m 线,不足 5m 拉通线,用钢直尺检查
3	接缝高低差	1.0	1.0	1.0	1.0	用钢直尺和塞尺检查

四、格栅吊顶工程施工质量标准

格栅吊顶工程质量管理适用于以轻钢龙骨、铝合金龙骨、木龙骨等为骨架，以金属、木材、塑料、复合材料等为饰面材料的格栅吊顶工程的质量验收。

1. 格栅吊顶工程质量管理的主控项目

（1）吊顶标高、尺寸、起拱和造型应符合设计要求。

检验方法：观察；尺量检查。

（2）格栅的材质、品种、规格、图案、颜色和性能应符合设计要求及国家现行标准、规范的有关规定。

检验方法：观察；检查产品合格证书、性能检验报告和进场验收记录和复验报告。

（3）吊杆和龙骨的材质、规格、安装间距及连接方式应符合设计要求。金属吊杆、龙骨应进行表面防腐处理；木龙骨应进行防腐、防火处理。

检验方法：观察；尺量检查；检查产品合格证书、性能检验报告、进场验收记录和隐蔽工程验收记录。

（4）格栅吊顶工程的吊杆、龙骨和格栅的安装必须牢固。

检验方法：观察；手扳检查；检查隐蔽工程验收记录和施工记录。

2. 格栅吊顶工程质量管理的一般项目

（1）格栅表面应洁净、色泽一致，不得有翘曲、裂缝及缺损。栅条的角度应一致，边缘整齐，接口无错位。压条应平直、宽窄一致。

检验方法：观察；尺量检查。

（2）吊顶的灯具、烟感器、喷淋头、风口箅子、检修口等设备设施的位置应合理、美观，与格栅套割的交接处应吻合、严密。

检验方法：观察。

（3）金属龙骨的接缝应平整、吻合、颜色一致，不得有划伤、擦伤等表面缺陷。木质龙骨应平整、顺直，应无劈裂。

检验方法：观察。

（4）吊顶内填充吸声材料的品种和铺设厚度应符合设计要求，并应有防散落措施。

检验方法：检查隐蔽工程验收记录和施工记录。

（5）格栅吊顶内楼板、管线设备等饰面处理应符合设计要求，吊顶内各种设备管线布置应合理、美观。

检验方法：观察。

（6）格栅吊顶工程安装的允许偏差和检验方法应符合表 5-34 的规定。

表 5-34　格栅吊顶工程安装的允许偏差和检验方法

项次	项目	允许偏差/mm		检验方法
		金属格栅	木格栅、塑料格栅、复合材料格栅	
1	表面平整度	2	3	用 2m 靠尺和塞尺检查
2	格栅直线度	2	3	拉 5m 线,不足 5m 拉通线,用钢直尺检查

第四节　吊顶工程质量问题与防治措施

吊顶工程是室内装饰的主要组成部分，随着人们对物质文明和精神文明要求的提高，对室内吊顶工程的质量和审美也随之提高，吊顶工程的投资比重也越来越大，现在已大约占室内装饰总投资的 30％～50％，因此吊顶工程的装饰装修一定要按照国家有关规定施工，尽可能避免出现质量问题，对于已经出现的质量缺陷，应当采取有效技术措施，经过维修和返修使其达到现行有关质量标准的要求。

一、吊顶龙骨的质量问题与防治措施

吊顶龙骨是整个吊顶工程的骨架，它不仅承担着吊顶的全部荷载，关系到吊顶工程的稳定性和安全性，而且对饰面的固定起着重要作用，关系到吊顶工程的整体性和装饰性。

（一）轻钢龙骨纵横方向线条不直

1. 质量问题

吊顶的龙骨安装后，主龙骨和次龙骨在纵横方向上存在着不顺直、有扭曲、歪斜现象；主龙骨的高低位置不同，使得下表面的拱度不均匀、不平整，个别甚至成波浪线；有的吊顶完工后，经过短期使用就产生凹凸变形。

2. 原因分析

① 主龙骨和次龙骨在运输、保管、加工、堆放和安装中受到扭折，在安装时虽然经过修整，但仍然达不到规范要求，安装后形成龙骨纵横方向线条不直。

② 龙骨设置的吊点位置不正确，特别是吊点距离不均匀，有的吊点间距偏大，由于各个吊点的拉牵力不均匀，则易形成龙骨线条不直。

③ 在进行龙骨安装施工中，未拉通线全面调整主龙骨、次龙骨的高低位置，从而形成安装的龙骨在水平方向高低不平。

④ 在测量确定吊顶水平线时，误差超过规范规定，中间的水平线起拱度不符合规定，在承担全部荷载后不能达到水平。

⑤ 在龙骨安装完毕后，由于施工过程中不加以注意，造成局部施工荷载过大，从而导致龙骨局部产生弯曲变形。

⑥ 由于吊点与建筑主体固定不牢、吊挂连接不牢、吊杆强度不够等原因，使吊杆产生不均匀变形，出现局部下沉过大，从而形成龙骨纵横方向线条不直。

3. 防治措施

① 对于受扭折较轻的杆件，必须在校正完全合格后才能用于龙骨；对于受扭折较严重的主龙骨和次龙骨，一律不得用于骨架。

② 按照设计要求认真弹线，准确确定龙骨的吊点位置，主龙骨端部或接长部位应当增设吊点，吊点间距不宜大于 1.2m。吊杆距主龙骨端部距离不得大于 300mm，当该距离大于 300mm 时应适当增加吊杆；当吊杆长度大于 5m 时，应设置反支撑。当吊杆与设备的位置发生矛盾时，应调整并增设吊杆。

③ 四周墙面或柱面上，也要按吊顶高度要求弹出标高线，弹线位置应当正确，线条应当清楚，一般可采用水柱法弹出水平线。

④ 将龙骨与吊杆进行固定后，按标高线调整龙骨的标高。在调整时一定要拉上水平通线，按照水平通线对吊杆螺栓进行调整。大房间可根据设计要求进行起拱，起拱度一般为 1/200。

⑤ 对于不上人的吊顶，在进行龙骨安装时，挂面不应挂放施工安装器具；对于大型上人吊顶，在龙骨安装完毕后，应为机电安装等人员铺设通道板，避免龙骨承受过大的不均匀荷载而产生不均匀变形。

4. 处理方法

对于已出现的龙骨纵横方向线条不直质量问题，如果不十分严重，可以采用以下两种措施进行处理。

① 利用吊杆或吊筋螺栓调整龙骨的拱度，这是一种简单有效的处理方法。

② 对于膨胀螺栓或射钉的松动、虚焊脱落等而造成的龙骨不直，应当采取补钉补焊措施。

（二）木吊顶龙骨拱度不匀

1. 质量问题

木吊顶龙骨装铺后，其下表面的拱度不均匀、不平整，甚至形成波浪形；木吊顶龙骨周边或四角与中间标高不同；木吊顶完工后，经过短期使用产生凹凸变形。

2. 原因分析

（1）木吊顶龙骨选用的材质不符合要求，变形大、不顺直、有疤节、有硬弯，施工中又难于调直；木材的含水率较大，在施工中或交工后产生收缩翘曲变形。

（2）不按有关施工规程进行操作，施工中吊顶龙骨四周墙面上未弹出施工中所用的水平线，或者弹线不准确，中间未按规定起拱，从而造成拱度不匀。

（3）设置的吊杆或吊筋的间距过大，吊顶龙骨的拱度不易调整均匀；同时，在龙骨受力后易产生挠度，造成凹凸不平。

（4）木吊顶龙骨接头装铺不平或搭接时出现硬弯，直接影响吊顶的平整度，从而造成龙骨拱度不匀。

（5）受力节点结合不严密、不牢固，受力后产生位移变形。这种质量问题比较普遍，常见的有以下几种。

① 在装铺吊杆、吊顶龙骨接头时，由于木材材质不良或选用钉的直径过大，节点端头被钉劈裂，出现松动而产生位移。

② 吊杆与吊顶龙骨未采用半燕尾榫相连接，极容易造成节点不牢或使用不耐久的弊病，从而形成龙骨拱度不匀。

③ 位于钢筋混凝土板下的吊顶，如果采用螺栓固定龙骨时，吊筋螺母处未加垫板，龙骨上的吊筋孔径又较大，受力后螺母被旋进木料内，造成吊顶局部下沉；或因吊筋长度过短不能用螺母固定，导致吊筋间距增大，受力后变形也必然增大。

④ 位于钢筋混凝土板下的吊顶，如果采用射钉锚固龙骨时，射钉未射入或固定不牢固，会造成吊点的间距过大，在承受荷载后射钉产生松动或脱落，从而使龙骨的挠度增大、拱度不匀。

3. 防治措施

（1）首先应特别注意选择合适的木材，木吊顶龙骨应选用比较干燥的松木、杉木等软质木材，并防止制作与安装时受潮和烈日暴晒；不要选用含水率过大、具有缺陷的硬质木材，如桦木和柞木等。

（2）木吊顶龙骨在装铺前，应按设计标高在四周墙壁上弹线找平，作为龙骨安装的标准；在龙骨装铺时四周以弹线为准，中间按设计进行起拱，起拱的高度应当为房间短向跨度的 1/200，纵横拱度均应吊匀。

（3）龙骨及吊顶龙骨的间距、断面尺寸均应符合设计要求；木料应顺直，如果有硬弯，应将硬弯处锯掉，调整顺直后再用双面夹板连接牢固；木料在两个吊点间如果稍有弯度，使用时应将弯度向上，以替代起拱。

（4）各受力节点必须装铺严密、牢固，符合施工规范质量要求。对于各受力节点可以采取以下措施。

① 木吊顶的吊杆和接头夹板必须选用优质软木制作，钉子的长度、直径、间距要适宜，既能满足强度的要求，装铺时又不能出现劈裂。

② 吊杆与龙骨连接应采用半燕尾榫，如图 5-1 所示，交叉地钉固在吊顶龙骨的两侧，以提高其稳定性；吊杆与龙骨必须切实钉牢，钉子的长度为吊杆木材厚度的 2.0～2.5 倍，吊杆端头应高出龙骨上皮 40mm，以防止装铺时出现劈裂，如图 5-2 所示。

③ 如果采用吊筋固定的龙骨，其吊筋的位置和长度必须埋设准确，吊筋螺母处必须设

置垫板。如果木料有弯曲与垫板接触不严，可利用撑木、木楔靠严，以防止吊顶变形。必要时应在上、下两面均设置垫板，用双螺母进行紧固。

图 5-1　半燕尾榫示意

1—屋架下弦；2—吊顶龙骨；3—龙骨；4—吊杆；5—板条

图 5-2　木屋架吊顶

1—吊顶龙骨；2—吊杆

④ 吊顶龙骨接头的下表面必须装铺顺直、平整，其接头不要在一个高程上，要相互错开使用，以加强吊顶的整体性；对于板条抹灰的吊顶，其板条接头必须分段错位钉在吊顶的龙骨上，每段错位宽度不宜超过 500mm，这样可以加强吊顶龙骨的整体刚度。

⑤ 在墙体砌筑时，应按吊顶标高沿墙牢固地预埋木砖，木砖的间距一般为 1m，以便固定墙周边的吊顶龙骨，或在墙上按一定的间距留洞，把吊顶龙骨固定在墙内。

⑥ 如果采用射钉进行锚固，射钉必须射入墙内要求的深度并牢固，射钉的间距一般不宜大于 400mm。

（5）对于木吊顶，应在其内设置通风窗，使木骨架处于通风干燥的环境中，以防止木材产生过大的湿胀干缩变形；在室内进行抹灰时，应将吊顶通风孔封严，待墙面完全干燥后再将通风孔打开，使吊顶保持干燥环境。

4. 处理方法

（1）如果木吊顶龙骨的拱度不匀，局部超过允许的误差比较大时，可利用吊杆或吊筋螺栓的松紧来调整拱度。

（2）如果吊筋螺母处未加垫板，应及时卸下螺母加设垫板，并把吊顶龙骨的拱度调匀；如果因吊筋长度过短不能用螺母固定，可用电焊法将螺栓加长，并安好垫板和螺母，把吊顶龙骨的拱度调匀。

（3）如果吊杆被钉劈裂而使节点松动，必须将已劈裂的吊杆换掉；如果吊顶龙骨接头有硬弯，应将硬弯处的夹板起掉，调整顺直后再钉牢。

（4）如果因射钉松动而使节点不牢固，必须补射射钉加以固定。如果射钉不能满足节点荷载，应改用膨胀螺栓进行锚固。

（三）吊顶造型不对称，布局不合理

1. 质量问题

在吊顶罩面板安装后，发现吊顶造型不对称，罩面板布局不合理，严重影响吊顶表面美观，达不到质量验收标准。

2. 原因分析

（1）没有根据吊顶房间内的实际情况弹好中心"十"字线，使施工中没有对称控制线，从而造成吊顶造型不对称，罩面板布局不合理。

（2）未严格按照规定排列、组装主龙骨、次龙骨和边龙骨，结果造成吊顶骨架不对称，

很难使整个吊顶达到对称。

（3）在铺设罩面板时，其施工流向不正确，违背了吊顶工程施工的规律，从而造成造型不对称，布局不合理。

3. 防治措施

（1）在进行吊顶正式安装前，先按照吊顶的设计标高和房间内实际情况，在房间四周弹出施工水平线，然后在水平线位置拉好"十"字中心线，作为吊顶施工的基准线，以便控制吊顶的标高和位置。

（2）严格按照设计要求布置各种龙骨，在布置中要随时对照检查图纸的对称性和位置的准确性，随时纠正安装中出现的问题。

（3）罩面板一般应从中间向四周进行铺设，中间部分先铺整块的罩面板，余量应平均分配在四周最外的一块，或者不被人注意的次要部位。

二、抹灰吊顶的质量问题与防治措施

抹灰吊顶是吊顶装饰工程中最简单的一种形式，其主要由板条和灰浆层组成，具有施工简单、材料丰富、造价低廉等优点，但存在装饰性较差、耐久性不良、表面易开裂等缺点，一般仅适用于档次较低的建筑室内吊顶工程。

（一）板条吊顶抹灰层不平整

1. 质量问题

板条吊顶抹灰层不平整，在抹灰后容易出现空鼓、开裂质量问题，不仅影响抹灰吊顶表面的美观，而且严重时会出现成片的脱落，甚至因抹灰层脱落而砸伤人员和损坏物品。

2. 原因分析

（1）基层龙骨、板条所采用的木料材质不符合设计要求，或者木材的含水率过大，龙骨截面尺寸不够，接头处不严，起拱度不准确，从而抹灰后使面层产生较大挠度，造成抹灰层不平整、空鼓和开裂。

（2）吊顶的板条没有钉牢固，板条的间隙过小或过大，两端未分段错位进行接缝，或未留出一定的缝隙，造成板条吸水膨胀和干缩应力集中，引起抹灰层表面凹凸偏差过大而使其不平整。

（3）抹灰层的厚度不均匀，灰浆与板条黏结不牢固，引起与板条方向平行的裂缝及接头处裂缝，甚至出现空鼓脱落质量问题。

3. 防治措施

（1）木板条应选用松木、杉木等优质的软木材进行制作，各板条制作质量应符合设计要求，其厚度必须加工一致，这是确保抹灰吊顶不产生开裂和空鼓的重要措施之一。

（2）如果个别板条具有硬弯缺陷，应当用钉将其固定在龙骨上，板条吊顶龙骨的间距不宜大于400mm。

（3）抹灰板条必须牢固地钉在龙骨上，板条的接头地方一般不得少于2个钉子，钉子的长度不得小于25mm；在装铺木板条时，木板条端部之间应留出3～5mm的空隙，以防止木板条受潮膨胀而产生凹凸变形。

（4）抹灰是否开裂与抹灰材料和施工工艺有密切关系，因此在进行板条吊顶设计时应当精心选材、正确配合，严格按有关操作方法进行施工。

4. 处理方法

（1）对于仅有轻微开裂而两边不空鼓的裂缝，这是比较容易处理的质量问题。可在裂缝表面用乳胶粘贴一条宽2～3cm的薄质尼龙纱布，再刮腻子喷浆进行修补，而不宜直接采用刮腻子修补的方法。

（2）对于已开裂并且两边有空鼓的裂缝，这是比较难以处理的质量问题。应当先将空鼓的部分彻底铲除干净，清理并湿润基层后，重新再用与原来相同配合比的灰浆进行修补。在进行修补时应分多遍进行，一般应当抹灰3～4遍；在接缝处应留1mm左右的抹灰厚度，待以前修补的抹灰不再出现裂缝后，将接缝两边处理粗糙，最后上灰抹平压光。

（二）苇箔抹灰吊顶面层不平

1. 质量问题

坡屋顶房屋采用苇箔吊顶，不仅施工非常简单、比较美观坚固，而且苇箔资源非常充足，价格比木板条便宜很多，这是有些农村建房比较理想的吊顶形式和施工方法。苇箔抹灰吊顶抹灰面层产生下挠，出现凹凸不平质量问题，虽然对工程安全性影响不大，但严重影响其装饰效果。

2. 原因分析

（1）抹灰的基层面苇箔铺设厚度不匀，尤其是在两苇箔的接头处，常出现搭接过厚的现象，有的甚至超过底层或中层抹灰的厚度。

（2）由于苇箔的接头搭茬过长，致使搭茬的端头出现翘起，从而造成面层不平，如图5-3所示。

(a) 正确做法　　　　　　　　(b) 错误做法

图 5-3　苇箔搭茬过长出现的面层不平

1—吊顶龙骨；2—苇箔；3—铁丝；4—钉子；5—搭茬过长

（3）在固定苇箔时，由于钉子间距过大或铁丝绷得不紧，致使苇箔在两个钉子之间产生下垂，使面层出现凹凸不平，如图5-4所示。

(a) 正确做法　　　　　　　　(b) 错误做法

图 5-4　钉子间距过大、铁丝绷得不紧出现的面层不平

1—吊顶龙骨；2—苇箔；3—铁丝；4—钉子；5—钉子间距过大或铁丝绷得不紧

（4）由于吊顶设置的龙骨间距过大，苇箔在受力后产生较大的向下挠曲，从而使苇箔抹灰吊顶面层不平。

3. 防治措施

（1）苇箔要严格进行挑选，应当选择厚度基本相同、表面比较平整、强度比较高、厚度比较薄的产品。

（2）苇箔铺设的密度要均匀适宜，其接头的搭接厚度不得超过两层苇箔的厚度，搭接的长度不宜超过80mm，苇箔的接头搭茬部位必须用钉固定在吊顶龙骨上，并且一定要将苇箔固定牢固。

（3）铺钉前，将苇箔卷紧并用绳子捆牢，用尺子量出长度后进行截割。铺钉时，每隔1m用一个长50mm的钉子做临时铺钉，然后再每隔70～80mm用一个长35mm的钉子固定随用钉子固定随用铁丝扣穿，并将铁丝拉直绷紧，以确保苇箔面层的平整。

4. 处理方法

苇箔抹灰吊顶面层出现不平质量问题时，应根据具体情况分别采取不同的处理方法。对于不平整度比较轻微时，可以采取局部修补的方法；对于平整度超差较大时，应当根据产生的原因进行返工修整，直至符合要求为止。

（三）钢丝网抹灰吊顶不平

1. 质量问题

钢丝网抹灰吊顶面层出现下垂质量问题，致使抹灰层产生空鼓及开裂，不仅影响装饰效果，而且也会发生成片脱落。

2. 原因分析

（1）用于钢丝网固定的钉子间距过大，对钢丝网拉得不紧，绑扎不牢，接头不平，从而造成抹灰吊顶不平。

（2）水泥砂浆或混合砂浆的配合比设计不良，尤其是水灰比较大时，在硬化的过程中有大量水分蒸发，再加上养护条件达不到要求，很容易出现收缩裂缝。

（3）如果找平层采用麻刀石灰砂浆，底层采用水泥混合砂浆，由于两者收缩变形不同，导致抹灰吊顶产生空鼓、裂缝，甚至产生抹灰脱落等质量问题。

（4）由于施工操作不当，起拱度不符合要求等，使得抹灰层厚薄不均匀，抹灰层较厚的部位易发生空鼓、开裂质量问题。

图 5-5　钢丝网抹灰吊顶做法

1—骨架；2—钢丝网；3—吊筋；4—龙骨；5—吊木；
6—垫板；7—吊顶龙骨；8—双螺母固定；9—骑马钉

3. 防治措施

（1）严格按照规定的施工操作方法进行施工。钢丝网抹灰吊顶的基本做法，如图5-5所示。在钢丝网拉紧扎牢后，必须进行认真检查，达到1m内的凹凸偏差不得大于10mm的标准，经检查合格后才能进行下道工序的施工。

（2）钢丝网顶棚的基层在抹灰之前，必须进行施工验收，表面平整高差应不超过

8mm；顶棚的起拱以房间短向尺寸为准，长度在 4m 以内为 1/200，长度在 4m 以上为 1/250，四周水平线应符合规定。

（3）钢丝网抹灰吊顶，底层和找平层应当采用相同的砂浆；当使用水泥混合砂浆时，水泥用量不宜太大，抹灰后应注意加强养护，使之在湿润空气中养护。

（4）当采用纸筋或麻刀石灰砂浆抹灰时，对于面积比较大的顶棚，需要采用加麻丝束的做法，以便加强抹灰层的黏结强度。

（5）钢丝网顶棚的吊筋固定必须牢固可靠，主龙骨之间的间距一般不得大于 1500mm，次龙骨的间距一般不得大于 400mm。

4．处理方法

钢丝网抹灰吊顶不平的处理方法，与苇箔抹灰吊顶基本相同。对于不平整度较轻微时，可采取局部修补的方法；对平整度超差较大时，应当根据产生的原因进行返工修整，直至符合质量要求为止。

三、金属板吊顶的质量问题与防治措施

金属板吊顶是以不锈钢板、铝合金板、镀锌铁板等为基板，经特殊加工处理而制成，具有质量轻、强度高、耐高温、耐高压、耐腐蚀、防火、防潮、化学稳定性好等优良性能。目前在装饰工程中常用的是铝合金板吊顶和不锈钢板吊顶。

（一）吊顶不平质量问题

1．质量问题

金属板吊顶安装完毕后，在金属板与板之间有明显的接茬高差，甚至产生波浪形状，使其表面很不美观，严重影响装饰效果。

2．原因分析

（1）在金属板安装施工中，未能认真按照水平标高线进行施工，从而造成板块安装高低不平，产生较大误差。

（2）在安装金属板块时，固定金属板块的龙骨未调平就进行安装，使板块受力不均匀而产生波浪形状。

（3）由于在龙骨架上直接悬吊重物而造成局部变形，这种现象一般多发生在龙骨兼卡具的吊顶形式中。

（4）吊杆固定不牢固，引起局部下沉，造成金属板块局部下降，而产生吊顶不平质量问题。如吊杆本身固定不牢靠，产生松动或脱落；或吊杆未加工顺直，受力后因拉直而变长。以上两种情况均会造成吊顶不平整。

（5）由于在运输、保管、加工或安装过程中不注意，造成金属板块自身产生变形，安装时又未经矫正，从而使吊顶产生不平。

3．防治措施

（1）对于吊顶四周的水平标高线，应十分准确地弹到墙面上，其误差不得大于 ±5mm。当吊顶跨度较大时，应在中间适当位置加设标高控制点。在一个断面内应拉通线进行控制，通线一定要拉直，不得出现下沉。

（2）在安装金属板块前，首先应按照规定将龙骨调平，对于较大的跨度，应根据设计进

行起拱，这是保证吊顶平整的一项重要的工作。

（3）在安装较重的设备时，不能直接悬吊在吊顶上，应当另外设置吊杆，不与吊顶联结在一起，直接与结构固定。

（4）如果采用膨胀螺栓固定吊杆，应做好隐蔽工程的施工验收工作，严格按现行国家的有关规定控制膨胀螺栓的埋入深度、规格、间距等，对于关键部位的膨胀螺栓还应当进行抗拔试验。

（5）在安装金属板块前，应当逐块对金属板进行认真检查，严格控制其表面平整和边缘的顺直情况，对于不符合要求的一定要在安装前调整合格，以避免安装后发现不合格而再取下调整。

4. 处理方法

（1）对于因吊杆不牢固而造成的不平，对不牢固的吊杆一定要重新进行锚固，其关系到在长期使用中的安全问题，不得有任何马虎。

（2）对于因龙骨未调平而造成的不平，应将未调平的龙骨进行调平。

（3）对于已经变形的铝合金板块，在吊顶面上很难进行调整，一般应当将铝合金板块取下进行调整。

（二）接缝明显质量问题

1. 质量问题

接缝明显是板块材料吊顶装饰中最常见的一种质量问题，主要表现在：由于接缝处缝隙较大，接缝处露出白茬，严重影响吊顶的装饰效果；由于接缝不平整，接缝处产生明显的错位，更加影响吊顶的美观。

2. 原因分析

（1）在金属板块进行切割时，切割线条和切割角度控制不好，造成线条不顺直，角度不准确，安装后必然出现上述质量问题。

（2）在金属板块安装前，未对切割口部位进行认真修整，造成接缝不严密。

3. 防治措施

（1）认真做好金属板块的下料工作，严格按照设计要求切割，特别要控制好线条顺直和角度准确。

（2）在金属板块安装前，应逐块进行检查，切口部位应用锉刀将其修平整，将毛刺边及不平处修整好，以便使缝隙严密、角度准确。

（3）如果安装后发现接缝有明显质量问题，在不严重的情况下可以用相同色彩的胶黏剂（如硅胶）对接口部位进行修补，使接缝比较密合，并对切白边进行遮盖；如果接缝特别明显，应将不合格板材重新更换为合格板材。

（4）固定金属板块的龙骨一定要事先调平，这是避免出现露白茬和接缝不平质量问题的基础。

四、石膏板吊顶的质量问题与防治措施

石膏板是以建筑石膏为主要原料制成的一种材料。它是一种质量较轻、强度较高、厚度较薄、加工方便以及隔声绝热和防火等性能较好的建筑装饰板材，在墙面、顶棚及隔断工程中，是当前着重发展的绿色新型轻质板材之一。

石膏板已广泛用于住宅、办公楼、商店、旅馆和工业厂房等各种建筑物的内隔墙、墙体覆面板（代替墙面抹灰层）、天花板、吸声板、地面基层板和各种装饰板等，用于室内的不宜安装在浴室或者厨房。

我国生产的石膏板种类很多，在建筑工程中常用的主要有纸面石膏板、装饰石膏板、石膏空心条板、纤维石膏板、石膏吸声板、定位点石膏板等。这几类石膏板吊顶常见的质量问题有以下几个方面。

（一）罩面板大面积挠度明显

1. 质量问题

在吊顶的罩面板安装后，出现罩面板挠度较大的质量问题，使吊顶表面大面积下垂而不平整，严重影响整个吊顶的装饰性。

2. 原因分析

（1）当石膏罩面板采用黏结安装法施工时，由于涂胶不均匀、涂胶量不足、粘贴时间不当等原因，导致黏结不牢、局部脱胶，从而使石膏罩面板产生下挠变形。

（2）在吊杆安装时，由于未进行弹线定点，导致吊杆间距偏大，或吊杆间距大小不均，吊杆间距大的位置石膏罩面板则可能出现下挠变形的现象。

（3）龙骨与墙面相隔间距偏大，致使吊顶在使用一段时间后石膏罩面板的挠度较为明显。

（4）如果主龙骨与次龙骨的间距偏大，也会导致石膏罩面板挠度过大。

（5）当采用螺钉固定石膏板时，螺钉与石膏板边的距离大小不均匀。

（6）次龙骨的铺设方向不是与石膏板的长边垂直，而是顺着石膏罩面板长边铺设，不利于螺钉的排列。

3. 防治措施

（1）在安装吊杆时，必须按规定在楼板底面上弹出吊杆的位置线，并按照石膏罩面板的规格尺寸确定吊杆的位置，吊杆的间距应当均匀。

（2）龙骨与墙面之间的距离应不大于100mm，如果选用的石膏罩面板是尺寸较大的板材，龙骨间距以不大于500mm为宜。

（3）在使用纸面石膏板时，固定石膏板所用的自攻螺钉与板边的距离不得小于10mm，也不宜大于16mm，板中间螺钉的间距控制在150～170mm范围内。

（4）在铺设大规格尺寸的板材时，应使石膏板的长边垂直于次龙骨方向，以利于螺钉的排列。

（5）当采用黏结安装法固定罩面板时，胶黏剂应涂刷均匀、足量，不得漏涂，粘贴的时间要符合要求，不得过早或过迟。另外，还要满足所用胶黏剂的施工环境温度和湿度的要求。

（二）拼缝不平整质量问题

1. 质量问题

当石膏板安装完毕后，在石膏板的接缝处出现不平整或错台质量问题，虽然这种质量问题不影响吊顶的使用，但严重影响吊顶的美观。

2. 原因分析

（1）在石膏板安装前，未按照规定对主龙骨与次龙骨进行调平，在石膏板固定于次龙骨上后必然出现接缝不平整或错台现象。

（2）对所用的石膏罩面板选材不认真、不配套，或板材加工不符合标准，都是造成石膏板拼缝不平整的主要原因。

（3）固定螺钉的排列装铺顺序不正确，特别是多点一侧同时固定，很容易造成板面不平，接缝不严。

3. 防治措施

（1）在安装主龙骨后，应当拉通线检查其位置是否正确、表面是否平整，然后边安装石膏板边再进行调平，使其满足板面平整度的要求。

（2）在加工石膏板材时，应使用专用机具，以保证加工板材尺寸的准确性，减少原始误差和装配误差，以保证拼缝处的平整。

（3）在选择石膏板材时，应当采购正规厂家生产的产品，并选用配套的材料，以保证石膏板的质量和拼缝符合要求。

（4）按设计挂放石膏板时，固定螺钉应从板的一个角或中线开始依次进行，以避免多点同时固定而引起板面不平、接缝不严。

（三）吸声板面层孔距排列不均

1. 质量问题

吸声板安装完毕后，发现板面孔距排列不均，孔眼横看、竖看和斜看均不成一条直线，有弯曲和错位现象，严重影响吊顶的美观。

2. 原因分析

（1）在板块的孔位加工前，没有根据板的实际规格尺寸对孔位进行精心设计和预排列；在加工过程中精度达不到要求，出现的偏差较大。以上两个方面是造成吸声板面层孔距排列不均的主要原因。

（2）在装铺吸声板块时，如果板块拼缝不顺直，分格不均匀、不方正，均可以造成孔距不均、排列错位。

图 5-6　板块装匣钻孔示意
1—钢板样板；2—铁匣；
3—夹具；4—吸声板块

3. 防治措施

为确保孔距均匀、孔眼排列规整，板块应采取装匣钻孔，如图 5-6 所示，即将吸声板按计划尺寸分成板块，把板边刨直、刨光后装入铁匣内，每次装入 12～15 块。把厚度为 5mm 的钢板做成样板，放在被钻孔板块的表面上，并用夹具夹紧进行钻孔。在钻孔时，钻头中心必须对准试样孔的中心，钻头必须垂直板面。第一铁匣板块钻孔完毕后，应在吊顶龙骨上试拼，经过反复检查完全合格无误后再继续钻孔。

4. 处理方法

吸声板面层孔距排列不均，在安装完毕后是不易修理的，所以在施工过程中要随时进行拉线检查，及时修整孔距出现偏差的板块。

五、轻质板吊顶的质量问题与防治措施

轻质装饰板吊顶最大的特点是采用的装饰面板单位面积的质量均比较小，这样不仅施工比较方便，而且可以大大减轻吊顶的自重，从而可以采用规格尺寸较小的龙骨，达到减轻吊顶本身重量、降低工程造价的目的。

在装饰吊顶工程中常用的轻质板种类很多，例如金属板、矿物棉板、玻璃棉板、纤维板、胶合板等。这里主要介绍纤维板和胶合板等轻质装饰板出现的质量问题、原因分析与防治措施。

（一）轻质板吊顶面层变形

1. 质量问题

轻质装饰板吊顶装铺完工后，经过一段时间的使用，部分纤维板或胶合板逐渐产生凹凸变形，造成吊顶面层不平整，严重影响装饰效果。

2. 原因分析

（1）由于有些轻质装饰板不是均质材料（如纤维板等），在使用中如果吸收空气中的一定水分，其各部分吸湿程度和变形程度是不相同的，因此极易产生凹凸变形。

（2）在装铺轻质装饰板时，由于忽略这类板材具有吸湿膨胀的性能，在板块的接头处未留空隙，导致吸湿膨胀没有伸胀余地，两个接头顶在一起，会使变形程度更加严重。

（3）对于面积较大的轻质装饰板块，在装铺时未能与吊顶龙骨全部贴紧，就从四角或从四周向中心用钉进行装铺，板块内产生应力，致使板块凹凸变形。

（4）由于吊顶龙骨分格过大，轻质装饰板的刚度不足，板块易产生挠度变形。

3. 防治措施

（1）为确保吊顶面层不出现变形质量问题，应选用优质板材，这是避免面层变形的关键。胶合板宜选用五层以上的椴木胶合板，纤维板宜选用硬质纤维板。

（2）为防止轻质装饰板块出现凹凸变形，装铺前应采取以下措施。

① 为了使所选用的纤维板的含水率，与使用环境的相对含水率达到平衡或接近，减少由纤维板吸湿引起的凹凸变形，对纤维板应进行浸水湿处理。其具体做法是：将纤维板放在水池中浸泡 15～20min，然后从水池中将纤维板捞出，并使其毛面向上堆放在一起，大约在24h 后打开垛，使整个板面处于 10℃以上的大气中，与大气的湿度平衡，一般放置 3～7d 就可铺钉。

在进行浸水湿润处理时应注意不同材料的纤维板应用不同温度的水进行浸泡，工程实践证明：一般硬质纤维板用冷水浸泡比较适宜，掺有树脂胶的纤维板用 45℃左右的水浸泡比较适宜。

② 经过浸水湿润处理的纤维板，四边很容易产生毛口，从而影响吊顶的装饰美观。因此，用于装铺纤维板明拼缝吊顶或钻孔纤维板吊顶时，宜将加工后的小板块两面涂刷一遍猪血来代替浸水，经过 24h 干燥后再涂刷一遍涂料，待涂料完全干燥后在室内平放成垛保管待用。

③ 对胶合板的处理，与硬质纤维板不同，它不能采用浸水湿润处理方法。在胶合板装

铺前，应在两面均匀涂刷一遍涂料，以提高其抗吸湿变形的能力。

（3）轻质装饰板应当用小齿锯割裁成适应设计分格尺寸小块后再进行装铺。装铺时必须由中间向两端排钉，以避免板块内产生应力而出现凹凸变形。板块接头拼缝要留出 3～5mm 的间隙，以适应板块吸湿膨胀变形的要求。

（4）当采用纤维板和胶合板作为吊顶面层材料时，为防止面板产生挠度超标问题，吊顶龙骨的分格间距不宜超过 450mm。如果分格间距必须要超过 450mm，则在分格中间加设一根 25mm×40mm 的小龙骨。

（5）合理安排施工工序，尽量避免轻质板变形的概率。当室内湿度较大时，应当先装铺吊顶木骨架，然后进行室内抹灰，待室内抹灰干燥后再装铺吊顶的面层。但施工时应注意周边的吊顶龙骨要离开墙面 20～30mm（即抹灰厚度），以便在墙面抹灰后装铺轻质装饰板块及压条。

4. 处理方法

（1）纤维板要先进行浸水处理，纵横拼缝要预留 3～5mm 的缝隙，为板材胀缩留有一定的空间。

（2）当轻质板吊顶面层普遍变形较大时，应当查明原因重新返工整修。个别板块变形较大时，可由检查孔进入吊顶内，在变形处补加 1 根 25mm×40mm 的小龙骨，然后在下面再将轻质装饰板铺钉平整。

（二）拼缝与分格质量问题

1. 质量问题

在轻质板吊顶中，同一直线上的分格木压条或板块明拼缝，出现其边棱有弯曲、错位等现象；纵横木压条或板块明拼缝，出现分格不均匀、不方正等问题。

2. 原因分析

（1）在吊顶龙骨安装时，对施工控制线确定不准确，如线条不顺直和规方不严；吊顶龙骨间距分配不均匀；龙骨间距与板块尺寸不相符等。

（2）在轻质板吊顶施工中，没有按照弹线装铺板块或装铺木压条。

（3）采用明拼缝板块吊顶时，由于在截取板块时不认真，造成板块不方、不直或尺寸不准，从而使拼缝不直、分格不均。

3. 防治措施

（1）在装铺吊顶龙骨时，必须保证其位置准确，纵横顺直，分格方正。其具体做法是：在吊顶之前，按吊顶龙骨标高在四周墙面上弹线找平，然后在平线上按计算出的板块拼缝间距或压条分格间距，准确地分出吊顶龙骨的位置。在确定四周边龙骨位置时，应扣除墙面抹灰的厚度，以防止分格不均；在装铺吊顶龙骨时，按所分位置拉线进行顺直、找方正和固定，同时应注意水平龙骨的拱度和平整问题。

（2）板材应按照分格尺寸截成板块。板块尺寸按吊顶龙骨间距尺寸减去明拼缝宽度（8～10mm）。板块要截得形状方正、尺寸准确，不得损坏棱角，四周要修去毛边，使板边挺直光滑。

（3）装铺板块之前，在每条纵横吊顶龙骨上，按所分位置拉线弹出拼缝中心线，必要时应再弹出拼缝边线，然后沿墨线装铺板块；在装铺板块时，如果发现超线，应用细刨子进行修整，以确保缝口齐直、均匀，分格美观、整齐。

（4）木压条应选用软质优良的木材制作，其加工的规格必须一致，在采购和验收时应严把质量关，表面要刨得平整光滑；在装铺木压条时，要先在板块上拉线弹出压条分格墨线，然后沿墨线装铺木压条，压条的接头缝隙应十分严密。

4. 处理方法

当木压条或板块明拼缝装铺不直超差较大时，应根据产生的原因进行返工修整，使之符合设计的要求。

（三）吊顶与设备衔接不妥

1. 质量问题

（1）灯盘、灯槽、空调风口算子等设备，在吊顶上所留设的孔洞位置不准确；或者吊顶的面不平，衔接吻合不好。

（2）自动喷淋头和烟感器等设备在安装时，与吊顶表面衔接吻合不好、不严密。自动喷淋头需通过吊顶平面与自动喷淋系统的水管相接，如图 5-7（a）所示。在安装中易出现水管伸出吊顶表面的问题；水管预留长度过短，自动喷淋头不能在吊顶表面与水管相接，如图 5-7（b）所示，如果强行拧上，会造成吊顶局部凹进；喷淋头边上有遮挡物等现象，如图 5-7（c）所示。

(a) 自动喷淋头正确位置　　(b) 水管预留不到位　　(c) 喷淋头边上有遮挡物

图 5-7　自动喷淋头与吊顶的关系

2. 原因分析

（1）在整个工程设计方面，结构、装饰和设备未能有机地结合起来，导致施工安装后衔接不好。

（2）未能编制出科学合理的施工组织设计方案，或者在施工衔接的细节上考虑不周全，从而造成施工顺序不合理。

3. 防治措施

（1）在编制施工组织设计时，应当将设备安装工种与吊顶施工有机结合、相互配合，采取合理的施工顺序。

（2）如果孔洞较大，其孔洞位置应先由设备工种确定准确，吊顶在此部位断开；吊顶时也可以先安装设备，然后再将吊顶封口。回风口等较大的孔洞，一般是先将回风口算子固定，这样既可以保证回风口位置准确，也能比较容易进行收口。

（3）对于面积较小的孔洞，宜在顶部进行开洞，这样不仅便于吊顶的施工，也能保证孔洞位置的准确。如在吊顶上设置的嵌入式灯口，一般应采用顶部开洞的方法。为确保灯口位置准确（如在一条直线上或对称排列），开洞时应先拉通长中心线，准确确定位置后再用往复锯来进行开洞。

（4）自动喷淋头系统的水管预留长度务必准确，在拉吊顶标高线时也应检查消防设备的安装位置和尺寸。

（5）大开洞处的吊杆、龙骨等吊顶构件，应进行特殊处理，孔洞的周围应进行加固，以确保其刚度和稳定性。

4. 处理方法

（1）如果吊顶上的设备孔洞位置预留不准确，再进行纠正是比较困难的，有时花费较大精力，效果也并不一定十分理想。因此，在放线操作中应当从严掌握，要准确地确定各种设备的位置。

（2）自动喷淋系统是现代建筑中重要的设备，如果出现预留水管过长或过短，一定要进行认真调整，应割下一段水管或更换水管，绝对不可强行拧上自动喷淋头。

第六章
轻质隔墙工程质量管理

建筑隔墙是分隔建筑物内部空间的非承重构件，要求其自质轻、厚度薄，以便减轻楼板荷载和增加房间的有效面积，而且便于安装和拆除，在现代建筑装饰工程中得到了广泛应用。建筑隔墙一般是在主体结构完成后进行安装或砌筑而成的，不仅起着分隔建筑物内部空间的作用，而且还具有隔声、防潮、防火等功能。

近年来，轻质隔墙的涌现，充分体现出轻质隔墙具有设计灵活、墙身较窄、自质轻、施工简易、使用方便等特点，其已成为现代建筑墙体材料改革与发展的重要成果。轻质隔墙施工技术是建设部要求推广的新技术之一。轻质隔墙是近几年发展起来的一种新型隔墙，它以许多独特的优点在建筑室内装饰工程中起着非常重要的作用。

第一节　轻质隔墙工程常用材料的质量管理

随着科学技术的发展、社会的进步、生活水平的提高，人们对建筑室内的装饰装修要求越来越高，不仅仅是为了满足居住功能性需要，更是要求其美观、舒适，具有欣赏性和艺术性，而室内隔墙工程装修材料作为实现这一目标的一部分，起着不可替代的作用。隔墙依据其构造方式和所用材料不同，在实际的工程中可分为骨架隔墙、板材隔墙、活动隔墙和玻璃隔墙四大类。

一、板材隔墙材料的质量要求

目前，在板材轻质隔墙工程中常见的有加气混凝土板隔墙、增强石膏条板隔墙、增强水泥条板隔墙、轻质陶粒混凝土条板隔墙、预制混凝土板隔墙等。

1. 隔墙轻质板材的质量要求

（1）原材料要求　隔墙板材所用的集料、胶凝材料、增强材料以及外加剂等原材料，其品质应符合设计要求、现行的国家标准或行业标准的有关规定。用于室内的轻质隔墙，不得对人体有害、性能不稳定及对环境造成污染的原材料，以及含有辐射污染的砂石材料和工业废渣等。

（2）产品的质量　工程中隔墙板材的规格、品种、外观质量、尺寸允许偏差及技术性能等，应满足设计要求并符合国家标准或行业标准的有关规定。轻质条形墙板的主要规格尺寸要求可参照表 6-1 中的规定。

表 6-1　轻质条形墙板的主要规格尺寸要求

项次	项目	尺寸要求/mm
1	长度标志尺寸（L）	为楼层高减去梁高或楼板厚度及技术处理空间尺寸，一般为 2400～4000，常取 2400～2800
2	宽度标志尺寸（B）	宜按 100 递增，常取 600
3	厚度标志尺寸（T）	最小为 60，宜按 10 递增，常取 60、90、100、120
4	空心条板孔洞的外壁厚度和孔间肋厚度	孔洞的最小外壁厚度不宜小于 15，且两边壁厚应一致，孔间肋厚度不宜小于 20

（3）门窗框板、过梁板成品材料的抗压强度，应大于或等于 7.5MPa。设置预埋件或连接部位 150mm 内的板材（及预制配件板），应使用实心板预制材料。

（4）进入施工现场的条板，应有产品出厂合格证、板材质量检测资料，并应按有关标准的相应规定进行验收。

2. 钢丝网架夹芯板的质量要求

生产钢丝网架夹芯墙板的钢丝等、芯材、集料、水泥、外加剂及水泥砂浆等原材料均应符合现行国家标准的有关规定。

（1）低碳钢丝的性能指标应符合表 6-2 中的规定；镀锌低碳钢丝应符合表 6-3 中的规定；钢网片应符合现行的国家标准《镀锌电焊网》（GB/T 33281—2016）的规定。钢丝网架、三维空间焊接钢丝网、钢网片架、钢板扩张网也应符合有关标准的规定。

表 6-2　低碳钢丝的性能指标

钢丝直径/mm	抗拉强度/MPa	冷弯试验反复弯曲 180°/次	主要用途
2.0±0.05	≥550	≥6	可用于网片
2.2±0.05	≥550	≥6	可用于腹部丝

表 6-3　镀锌低碳钢丝的性能指标

直径/mm	抗拉强度/MPa		冷弯试验反复弯曲 180°/次	镀锌层质量/(g/m²)
	A 级	B 级		
2.03±0.05	550～740	590～850	≥6	≥20

（2）墙板芯材　矿棉：表观密度为 80～120kg/m³，半硬质矿棉板厚度为 40mm、50mm、60mm；膨胀珍珠岩条块：表观密度≤250kg/m³，热导率≤0.76W/(m·K)；聚苯乙烯塑料板条：表观密度为（15±1）kg/m³，阻燃型，氧指数≥30，其他指标应符合现行国家标准《绝热用挤塑聚苯乙烯泡沫塑料（XPS）》（GB/T 10801.2—2018）的规定。

（3）水泥　轻质隔墙板材所用水泥应符合现行国家标准《通用硅酸盐水泥》（GB 175—2007/XG3—2018）的规定。

（4）集料　轻质隔墙板材所用集料应当符合现行国家标准《建设用砂》（GB/T 14684—2011）和《建设用卵石、碎石》（GB/T 14685—2011）中的规定；砂子应采用中砂，细度模数不低于 2.3。

（5）钢丝网架夹芯墙板所用的水泥砂浆，其强度等级应不低于 M10，并符合现行国家标准《砌体结构工程施工质量验收规范》（GB 50203—2011）的规定；面层抹灰砂浆应符合设计要求。隔墙体的墙垫，宜采用 C20 细石混凝土。

3. 其他材料的质量要求

隔墙板材所用的其他材料主要包括黏结材料、填充材料、防裂盖缝与密封材料、抹灰材料及安装配件等。

（1）嵌缝密封材料和条板接缝黏结　如聚合物水泥浆、聚合物水泥砂浆、弹性黏结料、发泡密封胶，以及防裂盖缝材料等的技术要求，应符合设计要求及相应现行材料标准的有关规定。

（2）填充材料　工程中用于填充的细石混凝土或水泥砂浆，以及所采用的水泥、砂、石原料的技术性能要求，均应符合相应材料标准的规定。

（3）安装定位材料　应用于板材安装定位的斜楔，应采用三角形木楔；如果采用垫层（块），可用水泥砂浆制作。

（4）金属型材　工程中采用的铝合金或钢合金等金属型材，以及配合使用的其他配件等，其材质应符合建筑用铝材、钢材标准的规定。

（5）条板墙面抹灰装饰材料　轻质条板墙体表面所采用的水泥砂浆，应与条板产品要求的材料相适应，并应符合设计要求及现行有关标准的规定。

二、骨架隔墙材料的质量要求

骨架隔墙也称龙骨隔墙，主要用木料或钢材构成骨架，再在骨架的两侧做面层。简单说是指在隔墙龙骨两侧安装面板以形成的轻质隔墙，骨架分别由上槛、下槛、竖筋、横筋（又称横档）、斜向支撑等组成。竖筋的间距取决于所用材料的规格，再用同样的断面的材料在竖筋间沿着高度方向，按板材规格而设定横筋，两端撑紧、钉牢，以增加稳定性。骨架隔墙的面层材料通常有纤维板、纸面石膏板、胶合板、钙塑板、塑铝板、纤维水泥板等轻质薄板。面板和骨架的固定方法，可以根据不同材料采用钉子、膨胀螺栓、铆钉或金属夹子等。

1. 轻钢龙骨材料的质量要求

轻钢龙骨的技术要求，主要包括外观质量、角度允许偏差、内角半径、力学性能和尺寸允许偏差等方面。其具体要求分别参见表 5-2～表 5-5 和表 6-4。

表 6-4　轻钢龙骨力学性能要求

类别			项目		要求
墙体			抗冲击性试验		残余变形量不大于 10.0mm，龙骨不得有明显的变形
			静载试验		残余变形量不大于 2.0mm
吊顶	U、C、V、L 型（不包括造型用 V 型龙骨）		静载试验	覆面龙骨	加载挠度不大于 5.0mm 残余变形量不大于 1.0mm
				承载龙骨	加载挠度不大于 4.0mm 残余变形量不大于 1.0mm
	T、H 型			主龙骨	加载挠度不大于 2.8mm

2. 墙体罩面平板材料的质量要求

（1）罩面板的品种、规格和技术性能，应符合设计要求和现行国家标准的相关规定。

（2）生产罩面板的原材料，如胶凝材料、增强材料、集料和外加剂等，均应符合现行国家标准的有关规定。不得采用对人体有害、污染环境的罩面板原材料。

（3）墙体罩面采用的纸面石膏板，其应符合表6-5～表6-7中的技术要求。

表 6-5　尺寸偏差要求　　　　　　　　　　　　　　　单位：mm

项目	长度	宽度	厚度	
			9.5	≥12.0
尺寸偏差	−6～0	−5～0	±0.5	±0.6

注：1. 板材应切割成矩形，两对角线长度差应不大于5mm。

2. 对于棱边形状为楔形的板材，楔形棱边宽度应为30～80mm，楔形棱边深度应为0.6～1.9mm。

表 6-6　面密度要求

板材厚度/mm	面密度/（kg/m²）
9.5	9.5
12.0	12.0
15.0	15.0
18.0	18.0
21.0	21.0
25.0	25.0

表 6-7　断裂荷载要求

板材厚度/mm	断裂荷载/N			
	纵向		横向	
	平均值	最小值	平均值	最小值
9.5	400	360	160	140
12.0	520	460	200	180
15.0	650	580	250	220
18.0	770	700	300	270
21.0	900	810	350	320
25.0	1100	970	420	380

（4）墙体罩面采用的纤维增强水泥建筑平板的规格尺寸，应符合合格产品的要求；纤维增强低碱度水泥建筑平板应符合表6-8中的技术要求。

表 6-8　纤维增强低碱度水泥建筑平板的技术要求

项　　目		技术指标		
		优等品	一等品	合格品
外观质量	板的正面	应平整、光滑、边缘整齐，不应有裂缝、孔洞		
	板的缺角（长×宽）	不能大于30mm×20mm，且一张板的缺角不能多于1个		
	经加工的板	（1）边缘平直度，长或宽的偏差，不应大于2mm/m； （2）边缘垂直度的偏差，不应大于3mm/m		
	板的平整度偏差	不应大于5mm		

项　目		技术指标		
		优等品	一等品	合格品
尺寸允许偏差	长度/mm	±2	±5	±8
	宽度/mm	±2	±5	±8
	厚度/mm	±0.2	±0.5	±0.6
	厚度不均匀度/%	≤8	≤10	≤12
物理力学性能	抗折强度/MPa		≥13.5	≥7.0
	吸水率/%		≤30	≤32
	抗冲击强度/(kJ/m²)		≥1.9	≥1.5
	密度/(g/cm³)		<1.8	<1.6

注：厚度不均匀度系指同块板厚度的极差除以公称厚度。

三、活动隔墙材料的质量要求

活动隔墙又称为移动隔断、移动隔断墙、轨道隔断、移动隔声墙，是一种根据实际需要随时把大空间分割成小空间，或者把小空间连成大空间、具有一般墙体功能的活动式墙体，独立空间区域，能起到一厅多能、一房多用的作用。活动隔墙具有易于安装、可重复利用、可工业化生产、防火性能好、绿色环保等显著特点，活动隔墙可以给人们的工作和生活带来很大的方便。

① 活动隔墙所用墙板、配件等材料的品种、规格、性能和木材的含水率，应符合设计要求及现行有关标准的规定。

② 有阻燃、防潮等特性要求的工装活动隔墙，所用的材料应有相应性能等级的合格证书和检测报告。

③ 活动隔墙所用的骨架、罩面板材料等，在进场、存放、使用过程中应当妥善管理，确保其不变形、不受潮、不损坏、不污染。

四、玻璃隔墙材料的质量要求

玻璃隔墙是一种到顶的，可完全划分空间的隔断。玻璃隔墙主要作用就是使用玻璃作为隔墙将空间根据需求划分，更加合理地利用好空间，满足各种家装和工装用途。为确保使用过程中的安全，玻璃隔墙通常采用钢化玻璃，这种玻璃具有抗风压性、抗寒暑性、抗冲击性等优点，所以更加安全、牢固和耐用。

根据玻璃结构不同，玻璃隔墙可分为单层玻璃隔墙、双层玻璃隔墙、夹胶玻璃隔墙，以及真空玻璃隔墙；根据隔断材质不同，玻璃隔墙可分为铝合金玻璃隔墙、不锈钢玻璃隔墙、纯钢化玻璃无框隔墙、混合材料框架的新型玻璃隔墙、木龙骨玻璃隔墙、塑钢玻璃隔墙等。玻璃隔墙所用材料的质量应符合以下要求。

（1）玻璃隔墙工程所用材料的品种、规格、性能、图案和颜色应符合设计要求。玻璃应使用安全玻璃，其技术指标应符合现行国家标准《建筑用安全玻璃　第1部分：防火玻璃》（GB 15763.1—2009）、《建筑用安全玻璃　第2部分：钢化玻璃》（GB 15763.2—2005）、《建筑用安全玻璃　第3部分：夹层玻璃》（GB 15763.3—2009）和《建筑用安全玻璃　第4

部分：匀质钢化玻璃》（GB 15763.4—2009）中的规定。

（2）玻璃隔墙所用的空心玻璃砖的规格和性能，应符合表6-9中的要求。

表 6-9　空心玻璃砖的规格和性能

规格/mm			抗压强度/MPa	传热系数/[W/(m²·K)]	单块质量/kg	隔声量/dB	透光率/%
长度	宽度	高度					
190	190	80	6.0	2.35	2.4	40	81
240	115	80	4.8	2.50	2.1	45	77
240	240	80	6.0	2.30	4.0	40	85
300	90	100	6.0	2.55	2.4	45	77
300	190	100	6.0	2.50	4.5	45	81
300	300	100	7.5	2.50	6.7	45	85

（3）玻璃隔墙工程所用的铝合金建筑型材应符合现行国家标准《铝合金建筑型材　第1部分：基材》（GB/T 5237.1—2018）中的规定；所用的槽钢应符合现行国家标准《热轧型钢》（GB/T 706—2016）中的规定；所用的钢筋应符合现行国家标准《钢筋混凝土用钢　第1部分：热轧光圆钢筋》（GB 1499.1—2017）和《钢筋混凝土用钢　第2部分：热轧带肋钢筋》（GB 1499.2—2018）中的规定。

（4）玻璃隔墙工程所用紧固材料如膨胀螺栓、射钉、自攻螺钉、木螺钉和粘贴嵌缝料，应符合设计要求和现行标准的规定。

第二节　轻质隔墙工程施工质量管理

用各种玻璃或轻质罩面板拼装制成的装饰隔墙工程，为达到墙体的功能完善和外形比较美观，除了必须有相应合格的骨架材料、嵌缝材料、接缝材料、吸声材料和隔声材料等进行配套外，还必须按照一定的构造要求和施工工艺进行施工，并且在施工的过程中一定要加强施工质量管理，达到设计和现行施工规范中的质量要求。

一、板材隔墙施工质量要求

（1）隔墙的板材正式安装前，首先在设计位置弹出施工控制线，弹线必须符合设计要求，经过复验合格后方可进行下道工序的施工。

（2）隔墙的板材正式安装前，在安装隔墙位置处光滑的楼地面应进行凿毛处理，并将凿下的废渣清扫干净，然后洒水湿润。

（3）安装条板时均应当从门旁处用整块板开始，收口处可根据实际需要随意锯开再拼装黏结，但收口不应设置在门边。

（4）安装前在条板的顶面和侧面应满涂108胶水泥砂浆，先推紧侧面，再顶牢顶面，在条板下两侧各1/3处垫两组木楔，并用靠尺进行检查安装的位置是否准确，然后在下端浇筑硬性细石混凝土。

（5）当隔墙采用石膏空心条板时，为了防止石膏条板板底端吸水，可在其底端先涂刷防潮涂料——甲基硅醇钠。

（6）当隔墙采用铝合金条板装饰墙面时，可用螺钉直接将铝合金条板固定在结构层上，也可用锚固件悬挂的方法，将铝合金条板固定在墙筋上。

二、骨架隔墙施工质量要求

1. 隔断龙骨的安装要求

（1）当选用"支撑卡"系列龙骨时，应先将"支撑卡"安装在竖向龙骨的开口上，卡距一般为 400～600mm，距龙骨两端的距离为 20～25mm。

（2）当选用通贯的系列龙骨时，高度低于 3m 的隔墙可安装一道；高度为 3～5m 时应安装两道；高度为 5m 以上时应安装 3 道。

（3）在门窗或特殊节点处，应按照设计要求加设附加龙骨，以便增强隔墙的稳定性。

（4）隔断的下端如用木踢脚板覆盖，隔断的罩面板下端应离地面 20～30mm；如用大理石、水磨石板材作踢脚板时，罩面板下端应与踢脚板上口齐平，接缝要严密。

2. 石膏条板的安装要求

（1）石膏板应采用自攻螺钉进行固定。周边螺钉的间距应不大于 200mm，中间部分螺钉的间距应不大于 300mm，螺钉与板边缘的距离应为 10～15mm。

（2）在安装石膏板时，应从板的中部开始向板的四边固定。钉帽略微进入板内，但不得损坏纸面；钉子孔眼应用石膏腻子抹实抹平。

（3）石膏板应当按照框格尺寸裁割准确；就位时应将其与框格靠紧，但不得强力压入。

（4）隔墙端部的石膏板与周围的墙体或柱子间应留有 3mm 的槽口。铺设罩面板时，应先在槽口处加注嵌缝膏，然后铺板并挤压嵌缝膏使面板与邻近表面接触紧密。

（5）在丁字形或十字形相接处，如果是"阴角"应用腻子嵌满，并贴上接缝带；如果是"阳角"应做护角。

3. 铝合金条板的安装要求

用铝合金条板装饰墙面时，可用螺钉直接将其固定在结构层上，也可用锚固件悬挂的方法，将板固定在轻钢龙骨上，或将板固定在墙筋上。

4. 细部处理的质量要求

墙面安装胶合板时，"阳角"处应做护角，以防止板边角损坏。"阳角"的处理应采用刨光起线的木质压条，以便提高其装饰效果。

三、活动隔墙施工质量要求

（1）活动隔墙安装完毕后，必须进行多次试验，达到能正常重复及动态使用的要求，同时必须保证使用的安全性和灵活性。

（2）推拉式活动隔墙的轨道必须平直，在安装完毕后，应推拉平稳、操作灵活，没有噪声、弹跳和卡阻现象。

（3）在施工过程中，应做好成品保护，防止已施工完的地面、隔墙受到损坏。

四、玻璃隔墙施工质量要求

（一）玻璃隔墙工程施工质量要求

（1）隔墙的放线应清晰，位置应准确。隔墙基层应平整、牢固；骨架边框的安装应符合设计和产品组合的要求；压条应与边框紧贴，不得弯曲、凸鼓；安装玻璃前应对骨架、边框的牢固程度进行检查，如有不牢固的地方应进行加固；玻璃安装应当符合现行国家标准《建筑装饰装修工程质量验收标准》（GB 50210—2018）中门窗工程的有关规定。

（2）玻璃与固定框的结合不能太紧密，玻璃放入固定框时应设置橡胶支承"垫块"和定位块，支承"垫块"的长度不得小于 50mm，宽度应等于玻璃厚度加上前后部余隙，厚度应等于边缘余隙。定位块的长度应不小于 25mm，宽度和厚度与支承"垫块"相同。支承"垫块"与定位块的安装位置，应距固定框槽角 1/4 边的位置处。

（3）固定压条通常用自攻螺钉固定，在压条与玻璃之间注入密封胶或嵌密封条。如果压条为金属槽条，并且为了表面美观不得用自攻螺钉固定时，可先将木压条用自攻螺钉固定，然后用万能胶将金属条卡在木压条外，以达到装饰的目的。

（4）安装好的玻璃应平整、牢固，不得有任何松动现象；密封条与玻璃、玻璃槽口的接触应紧密、平整，并不得露在玻璃槽口的外面。

（5）用橡胶垫镶嵌的玻璃，橡胶垫应与裁口、玻璃及压条紧贴，并不得露在压条外面；密封胶与玻璃、玻璃槽口的边缘应黏结牢固，接缝应齐平。

（6）玻璃隔墙（断）安装完毕后，应当在玻璃单侧或双侧设置护栏或摆放花盆等装饰物，或者在玻璃表面，距地面 1500～1700mm 处设置醒目的彩条或标志，以避免人体直接撞击玻璃而受伤。

（二）玻璃砖隔墙工程施工质量要求

工程实践证明，玻璃砖墙宜以高度 1.5m 为一个施工段，待下部施工段黏结材料达到设计强度后再进行上部的施工。当玻璃砖墙面积过大时应增加支撑。玻璃砖墙的骨架应与结构连接牢固。玻璃砖应排列均匀整齐，表面平整，嵌缝的油灰或密封膏应饱满密实。

1. 实心玻璃砖的施工质量要求

（1）首先底部的玻璃砖要按弹出的墙体线进行砌筑。在砌筑墙两端的第一块玻璃砖时，将玻璃纤维毡或聚苯乙烯放入两端的边框内。玻璃纤维毡或聚苯乙烯随着砌筑高度的增加而放置，一直到顶对接。

（2）在每砌筑完一层玻璃砖后，用透明塑料胶带将玻璃砖墙的竖向缝贴封，然后向竖向缝内灌入砂浆并捣实；玻璃砖墙层与层之间应放置双排钢筋网，钢筋搭接位置选在玻璃砖墙中央；最上一层玻璃砖砌筑在墙中间收头，顶部槽钢内放置玻璃纤维毡或聚苯乙烯；水平灰缝和竖向灰缝的厚度一般为 8～10mm。

（3）"划缝"应紧接竖向缝灌注砂浆进行，"划缝"深度为 8～10mm，并要深浅一致，清扫干净。"划缝"2～3h 后即可进行勾缝，勾缝砂浆内掺入水泥质量 2% 的石膏粉；砌筑砂浆应根据砌筑量随时拌和，且其存放时间不得超过 3h。

2. 空心玻璃砖的施工质量要求

（1）固定金属型材框用的镀锌钢膨胀螺栓直径不得小于 8mm，间距不得大于 500mm。

用于 80mm 厚的空心玻璃砖的金属型材框，最小截面为 90mm×50mm×3mm；用于 100mm 厚的空心玻璃砖的金属型材框，最小截面为 108mm×50mm×3mm。

（2）空心玻璃砖的水泥砌筑砂浆强度等级应不低于 M5，一般宜采用白色硅酸盐水泥和粒径小于 3mm 的砂拌制。

（3）室内空心玻璃砖隔墙的高度和长度均超过 1.5m 时，应在垂直方向上每两层空心玻璃砖水平设置 2 根直径为 6mm 或 8mm 的钢筋；当隔墙只有高度超过 1.5m 时，可以只设置 1 根钢筋。

（4）在水平方向上，除了应采用错缝砌筑外，每 3 个缝间至少垂直设置 1 根钢筋，钢筋每端伸入金属型材框的尺寸不得小于 35mm。最上层的空心玻璃砖应深入顶部的金属型材框中，深入尺寸不得小于 10mm，也不得大于 25mm。

（5）空心玻璃砖之间的接缝宽度不得小于 10mm，且不得大于 30mm。

（6）空心玻璃砖隔墙与金属型材框两翼接触的部位应留有滑缝，且不得小于 4mm，腹面接触的部位应留有胀缝，且宽度不得小于 10mm。滑缝、胀缝均用沥青油毡和硬质泡沫塑料进行填充。金属型材框与建筑墙体和屋顶的结合部，以及空心玻璃砖砌体与金属型材框两端的结合部位应用弹性密封材料封闭。

第三节　轻质隔墙工程施工质量标准

建筑轻质隔墙按其组成结构不同，主要可分为骨架隔墙、板材隔墙、活动隔墙、玻璃隔墙等分项工程。为了确保轻质隔墙的质量符合设计和现行施工规范的要求，必须按照现行国家标准《建筑装饰装修工程质量验收标准》（GB 50210—2018）中的规定进行质量管理和工程验收。

一、轻质隔墙质量管理的一般规定

（1）轻质隔墙工程的质量管理主要适用于板材隔墙、骨架隔墙、活动隔墙、玻璃隔墙等分项工程的质量验收。板材隔墙包括复合轻质墙板、石膏空心板、增强水泥板和混凝土轻质板等隔墙；骨架隔墙包括以轻钢龙骨、木龙骨等为骨架，以纸面石膏板、人造木板、水泥纤维板等为墙面板的隔墙；玻璃隔墙包括玻璃板、玻璃砖隔墙。

（2）轻质隔墙工程验收时应检查下列文件和记录：a. 轻质隔墙工程的施工图、设计说明及其他设计文件；b. 材料的产品合格证书、性能检验报告、进场验收记录和复验报告；c. 隐蔽工程验收记录；d. 施工记录。

（3）轻质隔墙工程应对人造木板的甲醛释放量进行复验，必须符合现行国家标准《民用建筑工程室内环境污染控制标准》（GB 50325—2020）中的规定。

（4）轻质隔墙工程应对下列隐蔽工程项目进行验收：a. 骨架隔墙中设备管线的安装及水管试压；b. 木龙骨防火、防腐处理；c. 预埋件或拉结筋；d. 龙骨安装；e. 填充材料的设置。

（5）各分项工程的检验批应按下列规定划分：同一品种的轻质隔墙工程每 50 间（大面积房间和走廊按轻质隔墙面积每 30m² 计为一间）应划分为一个检验批，不足 50 间也应划分为一个检验批。

（6）板材隔墙和骨架隔墙每个检验批应至少抽查 10%，并不得少于 3 间，不足 3 间时应全数检查；活动隔墙和玻璃隔墙每个检验批应至少抽查 20%，并不得少于 6 间，不足 6 间时应全数检查。

（7）轻质隔墙与顶棚和其他墙体的交接处，应当采取有效防止开裂的技术措施。

（8）民用建筑轻质隔墙工程的隔声性能应符合现行国家标准《民用建筑隔声设计规范》（GB 50118—2010）中的规定。

二、板材隔墙工程质量标准

板材隔墙工程质量管理主要适用于复合轻质墙板、石膏空心板、增强水泥板、混凝土轻质板等板材隔墙工程的质量验收。根据现行国家标准《建筑装饰装修工程质量验收标准》（GB 50210—2018）中的规定，板材隔墙工程的质量检查验收应符合下列要求。

（一）板材隔墙工程质量的主控项目

（1）隔墙板材的品种、规格、性能、颜色应符合设计要求。有隔声、隔热、阻燃、防潮等特殊要求的工程，板材应有相应性能等级的检验报告。

检验方法：观察；检查产品合格证书、进场验收记录和性能检验报告。

（2）安装隔墙板材所需预埋件、连接件的位置、数量及连接方法应符合设计要求。

检验方法：观察；尺量检查；检查隐蔽工程验收记录。

（3）隔墙板材安装必须牢固。

检验方法：观察；手扳检查。

（4）隔墙板材所用接缝材料的品种及接缝方法应符合设计要求。

检验方法：观察；检查产品合格证书和施工记录。

（5）隔墙板材安装位置应正确，板材不应有裂缝或缺损。

检验方法：观察；尺量检查。

（二）板材隔墙工程质量的一般项目

（1）板材隔墙表面应光洁、平顺、色泽一致，接缝应均匀、顺直。

检验方法：观察；手摸检查。

（2）隔墙上的孔洞、槽、盒应位置正确、套割方正、边缘整齐。

检验方法：观察。

（3）板材隔墙安装的允许偏差和检验方法应符合表 6-10 的规定。

表 6-10　板材隔墙安装的允许偏差和检验方法

项次	项目	允许偏差/mm				检验方法
		复合轻质墙板		石膏空心板	钢丝网水泥板	
		金属夹芯板	其他复合板			
1	立面垂直度	2	3	3	3	用 2m 垂直检测尺检查
2	表面平整度	2	3	3	3	用 2m 靠尺和塞尺检查
3	阴阳角方正	3	3	3	4	用 200mm 直角检测尺检查
4	接缝高低差	1	2	2	3	用钢直尺和塞尺检查

三、骨架隔墙工程质量标准

骨架隔墙工程质量管理主要适用于以轻钢龙骨、木龙骨等为骨架，以纸面石膏板、人造木板、水泥纤维板等为墙面板的隔墙工程的质量验收。

根据现行国家标准《建筑装饰装修工程质量验收标准》（GB 50210—2018）中的规定，骨架隔墙工程的质量检查验收应符合下列规定。

（一）骨架隔墙工程质量的主控项目

（1）骨架隔墙所用龙骨、配件、墙面板、填充材料及嵌缝材料的品种、规格、性能和木材的含水率应符合设计要求。有隔声、隔热、阻燃、防潮等特殊要求的工程，材料应有相应性能等级的检验报告。

检验方法：观察；检查产品合格证书、进场验收记录、性能检验报告和复验报告。

（2）骨架隔墙地梁所用材料、尺寸及位置等应符合设计要求。骨架隔墙的沿地、沿顶及边框龙骨必须与基体结构连接牢固。

检验方法：手扳检查；尺量检查；检查隐蔽工程验收记录。

（3）骨架隔墙中龙骨间距和构造连接方法应符合设计要求。骨架内设备管线的安装、门窗洞口等部位加强龙骨的安装应牢固、位置正确。填充材料的品种、厚度和设置均应符合设计的要求。

检验方法：检查隐蔽工程验收记录。

（4）木龙骨及木墙面板的防火和防腐处理必须符合设计要求。

检验方法：检查隐蔽工程验收记录。

（5）骨架隔墙的墙面板应安装牢固，无脱层、翘曲、折裂及缺损。

检验方法：观察；手扳检查。

（6）墙面板所用接缝材料的接缝方法应符合设计要求。

检验方法：观察。

（二）骨架隔墙工程质量的一般项目

（1）骨架隔墙表面应平整光滑、色泽一致、洁净、无裂缝，接缝应均匀、顺直。

检验方法：观察；手摸检查。

（2）骨架隔墙上的孔洞、槽、盒应位置正确、套割吻合、边缘整齐。

检验方法：观察。

（3）骨架隔墙内的填充材料应干燥，填充应密实、均匀、无下坠。

检验方法：轻敲检查；检查隐蔽工程验收记录。

（4）骨架隔墙安装的允许偏差和检验方法应符合表 6-11 的规定。

表 6-11　骨架隔墙安装的允许偏差和检验方法

项次	项目	允许偏差/mm		检验方法
		纸面石膏板	人造木板、水泥纤维板	
1	立面垂直度	3	4	用 2m 垂直检测尺检查

项次	项目	允许偏差/mm		检验方法
		纸面石膏板	人造木板、水泥纤维板	
2	表面平整度	3	3	用2m靠尺和塞尺检查
3	阴阳角方正	3	3	用200mm直角检测尺检查
4	接缝直线度	—	3	拉5m线,不足5m拉通线,用钢直尺检查
5	压条直线度	—	3	拉5m线,不足5m拉通线,用钢直尺检查
6	接缝高低差	1	1	用钢直尺和塞尺检查

四、活动隔墙工程质量标准

活动隔墙工程质量管理主要适用于各种活动隔墙工程的质量验收。根据现行国家标准《建筑装饰装修工程质量验收标准》（GB 50210—2018）中的规定，活动隔墙工程质量检查验收应符合下列要求。

（一）活动隔墙工程质量的主控项目

（1）活动隔墙所用墙板、轨道、配件等材料的品种、规格、性能和人造木板甲醛释放量、燃烧性能应符合设计要求。

检验方法：观察；检查产品合格证书、进场验收记录、性能检验报告和复验报告。

（2）活动隔墙轨道必须与基体结构连接牢固，并且位置应正确。

检验方法：尺量检查；手扳检查。

（3）活动隔墙用于组装、推拉和制动的构配件必须安装牢固、位置正确，推拉必须安全、平稳、灵活。

检验方法：尺量检查；手扳检查；推拉检查。

（4）活动隔墙的组合方式、安装方法应符合设计要求。

检验方法：观察。

（二）活动隔墙工程质量的一般项目

（1）活动隔墙表面应色泽一致、平整光滑、洁净，线条应顺直、清晰。

检验方法：观察；手摸检查。

（2）活动隔墙上的孔洞、槽、盒，应当位置正确、套割吻合、边缘整齐。

检验方法：观察；尺量检查。

（3）活动隔墙推拉应无噪声。

检验方法：推拉检查。

（4）活动隔墙安装的允许偏差和检验方法应符合表6-12的规定。

表 6-12　活动隔墙安装的允许偏差和检验方法

项次	项目	允许偏差/mm	检验方法
1	立面垂直度	3	用2m垂直检测尺检查

项次	项目	允许偏差/mm	检验方法
2	表面平整度	2	用2m靠尺和塞尺检查
3	接缝直线度	3	拉5m线,不足5m拉通线,用钢直尺检查
4	接缝高低差	2	用钢直尺和塞尺检查
5	接缝宽度	2	用钢直尺检查

五、玻璃隔墙工程质量标准

玻璃隔墙工程质量管理主要适用于玻璃板、玻璃砖隔墙工程的质量验收。根据现行国家标准《建筑装饰装修工程质量验收标准》(GB 50210—2018)中的规定,玻璃隔墙工程的质量检查验收应符合下列要求。

(一)玻璃隔墙工程质量的主控项目

(1)玻璃隔墙工程所用材料的品种、规格、性能、图案和颜色应符合设计要求。玻璃板隔墙应使用安全玻璃。

检验方法:观察;检查产品合格证书、进场验收记录和性能检验报告。

(2)玻璃板安装及玻璃砖砌筑方法应符合设计要求。

检验方法:观察。

(3)有框玻璃板隔墙的受力杆件应与基体结构连接牢固,玻璃板安装橡胶垫位置应正确。玻璃板安装应牢固,受力应均匀。

检验方法:观察;手推检查;检查施工记录。

(4)无框玻璃板隔墙的受力爪件应与基体结构连接牢固,爪件的数量、位置应正确,爪件与玻璃板的连接应牢固。

检验方法:观察;手推检查;检查施工记录。

(5)玻璃门与玻璃墙板的连接、地弹簧的安装位置应符合设计要求。

检验方法:观察;开启检查;检查施工记录。

(6)玻璃砖隔墙砌筑中埋设的拉结筋,必须与基体结构连接牢固,数量、位置应正确。

检验方法:手扳检查;尺量检查;检查隐蔽工程验收记录。

(二)玻璃隔墙工程质量的一般项目

(1)玻璃隔墙表面应色泽一致、平整洁净、清晰美观。

检验方法:观察。

(2)玻璃隔墙接缝应横平竖直,玻璃应无裂痕、缺损和划痕。

检验方法:观察。

(3)玻璃板隔墙嵌缝及玻璃砖隔墙勾缝应密实平整、均匀顺直、深浅一致。

检验方法:观察。

(4)玻璃隔墙安装的允许偏差和检验方法应符合表6-13的规定。

表 6-13　玻璃隔墙安装的允许偏差和检验方法

项次	项目	允许偏差/mm		检验方法
		玻璃砖	玻璃板	
1	立面垂直度	2	3	用 2m 垂直检测尺检查
2	表面平整度	—	3	用 2m 靠尺和塞尺检查
3	阴阳角方正	2	—	用 200mm 直角检测尺检查
4	接缝直线度	2	—	拉 5m 线,不足 5m 拉通线,用钢直尺检查
5	接缝高低差	2	3	用钢直尺和塞尺检查
6	接缝的宽度	1	—	用钢直尺检查

第四节　轻质隔墙工程质量问题与防治措施

众多工程实践证明,由于隔墙都是非承重墙,一般都是在主体结构完成后在施工现场进行安装或砌筑的,因此隔墙的墙板与结构的连接是工程施工质量的关键,必须将上部、中部和下部 3 个部位与主体结构连接牢固,它不仅关系到隔墙的使用功能,而且还关系到隔墙的安全性。对于隔墙板与板之间的连接,装饰装修后易出现的各种质量通病,应当采取有效措施予以防范和治理,以保证隔墙工程的施工质量。

一、加气混凝土板隔墙质量问题与防治措施

加气混凝土板全称蒸压加气混凝土板,是以硅质材料和钙质材料为主要原料,用铝粉作为发泡剂,经过加水搅拌、浇注成型、预养切割、蒸压养护等工序制成的一种多孔轻质板材。为增强板材的强度和抗裂性,在板内常配有单层钢筋网片。

加气混凝土板材以其具有质轻、保温、隔声、足够的强度和良好的可加工等综合性能被广泛应用于各种非承重室内隔墙中。加气混凝土板材隔墙显著特点是施工时不需要进行吊装,人工即可进行搬运和安装,并且平面布置非常灵活;由于加气混凝土板材幅面较大,所以比其他砌筑墙体的施工速度快,可大大缩短施工周期;劳动强度低而且墙面比较平整。但是,在加气混凝土板隔墙施工中也会出现各种质量问题,必须引起足够的重视。

(一)隔墙板与结构连接不牢

1. 质量问题

在加气混凝土板安装完毕后,发现黏结砂浆涂抹不均匀、不饱满,板与板、板与主体结构之间有缝隙,稍用力摇晃有松动感,时间长了隔墙板会产生脱落。

2. 原因分析

(1)黏结砂浆的质量不符合要求。主要表现在:选用的砂浆原材料质量不好,水泥强度等级不高或过期,砂中含泥量超过现行标准的规定;砂浆配合比不当或计量不准确,砂浆搅拌不均匀,或一次搅拌量过多;砂浆的使用时间超过 2h 也会严重降低黏结强度。

（2）黏结面处理不符合要求。主要表现在黏结面清理不干净，表面上有影响隔墙板与结构黏结的浮尘、油污和杂质等；黏结面表面过于光滑，与砂浆不能牢固地黏结在一起；在黏结面上砂浆涂抹不均匀、不饱满。

（3）加气混凝土板材本身过于干燥，在安装前没有按要求进行预先湿润，造成板材很快将砂浆中的水分吸入体内，砂浆因严重快速失水而造成黏结强度大幅度下降。

（4）在加气混凝土板材的安装过程中，没有严格按照现行施工规范中要求的工艺去施工，结果造成条板安装质量不符合要求。

3. 防治措施

（1）在加气混凝土板材安装之前，应当用钢丝刷子认真对板材的上下两个端面、结构顶面、地面、墙面（或柱面）等结合部位的黏结面进行清刷，将板材和基面上的油污、浮尘、碎渣和其他杂质等清理干净。凡是突出墙体的砂浆、混凝土渣等必须进行剔除，并用毛刷蘸水稍加湿润。

（2）安装时，加气混凝土板材的连接部位应采用正确的连接方法，这是确保连接牢固的根本措施。根据工程实践，加气混凝土板材上部与结构连接，有的靠板面预留角铁，用射钉钉入顶板进行连接；有的靠黏结砂浆与结构连接，板材的下端先用经过防腐处理、宽度小于板面厚度的木楔顶紧，然后再填入坍落度不大于 20mm 的细石混凝土。如果木楔未经防腐处理，在板材下端的细石混凝土硬化 48h 后撤出木楔，并用细石混凝土填塞木楔孔。

（3）加气混凝土板材在安装时，应在板材的上端涂抹一层 108 胶水泥砂浆，其配合比为，水泥∶细砂∶108 胶∶水＝1∶1∶0.2∶0.3，或者水泥∶砂＝1∶3 并加适量的 108 胶水溶液。108 胶水泥砂浆的厚度一般为 3mm，然后将板材按线立于预定位置上，用撬棍将板材撬起，将板材顶部与顶板底面贴紧挤严，板材的一侧与主体结构或已安装好的另一块板材贴紧，并在条板下部用木楔顶紧，将撬棍撤出，板材即临时固定，然后再填入坍落度不大于 20mm 的 C20 细石混凝土。

（4）如果木楔已经过防腐处理可以不撤出，未进行防腐处理的木楔，等加气混凝土板材下面的细石混凝土凝固具有一定强度后撤出（常温下为 48h 撤出），再用细石混凝土将木楔孔处填实。黏结面应严密平整，并将挤出的黏结砂浆刮平、刮净，再认真检查一下砂浆是否饱满。

（5）严格控制黏结砂浆原材料的质量及设计配合比，达到材料优良、配比科学、计量准确的基本要求；黏结用的 108 胶水泥砂浆要随用随配，使用时间在常温下不得超过 2h。黏结砂浆的参考配合比如表 6-14 所列。

表 6-14　黏结砂浆的参考配合比

序号	配合比	序号	配合比
1	水泥∶细砂∶108 胶∶水＝1∶1∶0.2∶0.3	4	水泥∶108 胶∶珍珠岩粉∶水＝1∶0.15∶0.03∶0.35
2	水泥∶砂＝1∶3，加适量 108 胶水溶液	5	水玻璃∶磨细矿渣粉∶细砂＝1∶1∶2
3	磨细矿渣粉∶中砂＝1∶2 或 1∶3，加适量水玻璃		

（6）在加气混凝土板与板之间，最好采用 108 胶水泥砂浆进行黏结，拼缝一定要严密，以挤出砂浆为宜，缝隙宽度不得大于 5mm，挤出的水泥砂浆应及时清理干净。在沿板缝上、下各 1/3 处按 30°角斜向打入铁销或铁钉，以加强隔墙的整体性和刚度。

（7）要做好加气混凝土板材安装后的成品保护工作。刚刚安装好的加气混凝土板要用明显的标志加以提示，防止在进行其他作业时，其受到碰撞而损伤。尤其是用黏结砂浆固定的板材，在砂浆硬化之前绝对不能对其产生扰动和振动。

（二）抹灰面层出现裂缝

1. 质量问题

加气混凝土板材安装完毕并抹灰后，在门洞口上角及沿缝产生纵向裂缝，在管线和穿墙孔周围产生龟纹裂缝，在面层上产生干缩裂缝。

以上所述各种裂缝均出现在饰面的表面，不仅严重影响饰面的美观，而且还易使液体顺着裂缝渗入，造成加气混凝土板材的损坏。

2. 原因分析

（1）门洞口上方的小块加气混凝土板，在两旁板材安装后才嵌入，板材两侧的108胶水泥砂浆被加气混凝土板碰掉，使板缝之间的108胶水泥砂浆不饱满，抹灰后易在此处产生裂缝。

（2）由于抹灰基层处理不平整，使灰层厚薄不均匀，厚度差别较大时，在灰浆干燥硬化的过程中则产生不等程度的收缩，很容易出现裂缝质量缺陷。

（3）由于施工计划不周或施工顺序安排错误，在抹灰完成后管线穿墙需要凿洞，墙体由于受到剧烈冲击振动而产生不规则裂缝。

（4）在冬春两季进行抹灰施工时，由于温度变化较大、风干收缩较快，从而也会引起墙体出现裂缝。

3. 防治措施

（1）加气混凝土板材安装应尽量避免后塞门框的做法，使门洞口上方小块板能顺墙面进行安装，以此来改善门框与加气混凝土板材的连接。

（2）加气混凝土板材的安装质量要求应当符合一般抹灰的标准，严格按照现行国家标准《建筑装饰装修工程质量验收标准》（GB 50210—2018）中一般抹灰工程质量标准和检验方法进行施工。

（3）在挑选加气混凝土板材时，要注意选用厚薄一致、表面状况大致相同的板材，并应控制抹灰的厚度，水泥珍珠岩砂浆不得超过5mm，水泥砂浆或混合砂浆不得超过10mm。

（4）要科学合理地安排施工综合进度计划，在墙面上需要进行凿洞钻眼穿管线的工作，应当在抹灰之前全部完成，这样可避免抹灰层受到过大的振动冲击。

（5）为避免抹灰风干过快及减少墙体受到的振动，在室内加气混凝土板材装修阶段应关闭门窗，加强对成品的养护和保护，特别要注意避免碰撞和振动。

（三）门框固定不牢

1. 质量问题

在加气混凝土板固定后，门框与加气混凝土板间的塞灰，由于受到外力振动而出现裂缝或脱落，从而使门框产生松动脱开，久而久之加气混凝土板之间也会出现裂缝。

2. 原因分析

（1）采用后塞入的方法进行安装门框，很容易造成塞入的灰浆不饱满密实，再加上抹黏结砂浆后未及时钉钉子，已凝结的水泥砂浆受到振动而开裂，从而失去其挤压固定作用，使门框出现松动现象或裂缝。

（2）刚安装完毕的门框或板材，未按照规定进行一定时间的养护和保护，在水泥砂浆尚未达到强度时受到外力碰撞也会使门框产生松动。

3. 防治措施

（1）在加气混凝土板安装的同时，应当按照设计的安装顺序立好门框，门框和板材应采用水泥砂浆固定与钉子固定相结合的方法。即预先在条板上，门框上、中、下留木砖的位置，钻出深为100mm、直径为25～30mm的洞，将洞内渣子清理干净，用水湿润后将相同尺寸的圆木蘸108胶水泥砂浆钉入洞眼中，在安装门窗框时将木螺钉拧进圆木内，也可以用扒钉、膨胀螺栓等方法固定门框。

（2）隔墙门窗洞口处的过梁，可以用加气混凝土板材按照具体尺寸要求进行切割，加气混凝土隔墙门窗洞口过梁的处理，可分为倒八字构造、正八字构造和一侧为钢筋混凝土柱构造。

（3）如果门框采取后填塞的方法进行固定，门框四周余量不超过10mm。

（4）在门框塞入灰浆和抹黏结砂浆后，要加强养护和保护，尽量避免或减少墙体的振动，待达到设计强度后才可进行下一工序的施工。

（5）采用后塞口的方法固定门框，所用灰浆的收缩量要小，灰浆的稠度不得太稀，填塞一定要饱满密实。

（四）隔墙表面不平整

1. 质量问题

加气混凝土板隔墙由若干条板拼接而成，如果板材缺棱掉角，特别是在接缝处出现错台，表面的不平整度超过允许值，则使得隔墙表面不平整、不美观，直接影响加气混凝土板隔墙的装饰装修效果。

2. 原因分析

（1）板材制作尺寸和形状不规矩，偏差比较大；或在吊运过程中吊具使用不当，损坏了板面和棱角。

（2）加气混凝土板材在安装时，因为位置不合适需要用撬棍进行撬动，但由于未使用专用撬棍将条板棱角磕碰损伤。

3. 防治措施

（1）在加气混凝土板材装车、卸车和现场存放时，应采用专用吊具或用套胶管的钢丝绳轻吊轻放，运输和现场存放均应侧立堆放，不得叠层平放。

（2）在加气混凝土板材安装前，应当按照设计要求在顶板、墙面和地面上弹好墙板位置线，安装时以控制线为准，接缝要平顺，不得有错台。

（3）在加气混凝土板材进行加工的过程中，要选用加工质量合格的机具，条板的切割面应平整垂直，特别是门窗口边侧必须保持平直。

（4）在加气混凝土板材安装前，要认真选择板材，如有缺棱掉角的、表面凹凸不平的，应用与加气混凝土板材性质相同的材料进行修补，未经修补的板材或表面有酥松等缺陷的板一律不得用于隔墙工程。

（5）在加气混凝土板材安装过程中，如果安装的位置不合适需要移动，应当用带有横向角钢的专用撬棍，以防止损坏板材。

二、石膏空心板隔墙质量问题与防治措施

在建筑隔墙工程中所用的石膏空心板常见的有 4 种，即石膏珍珠岩空心板、石膏硅酸盐空心板、磷石膏空心板和石膏空心板。用石膏薄板或空心石膏条板组成的轻质隔墙可用来分隔室内空间，其具有构造简单、质量较轻、强度较高、隔声、隔热、防火性好、便于加工与安装的特点。石膏空心板是在隔墙工程中提倡应用的一种板材。

（一）条板安装后出现板缝开裂

1. 质量问题

轻质隔墙的石膏空心板安装完毕后，在相邻两块条板的接缝处有时会出现两道纵向断续的发丝裂缝，这些发丝裂缝虽然比较窄，但是不仅影响轻质隔墙表面的美观，而且影响轻质隔墙的整体性。

2. 原因分析

（1）石膏空心板制作完毕后，储存期不足 28d，条板的收缩尚未完全结束，在安装后由于本身干缩而出现板缝开裂现象。

（2）由于石膏空心板间勾缝材料选用不当，例如石膏空心板使用混合砂浆勾缝，因两种材料的收缩性不同，从而出现板缝开裂现象。

（3）石膏空心板接缝不够紧密或嵌缝不密实，也会产生收缩裂缝。

3. 防治措施

（1）石膏空心板制作完成后，一般要在厂家贮存 28d 以上，让石膏空心板在充足的时间内充分收缩变形，安装完毕后再留有一定的干燥收缩时间，然后再进行嵌缝。

（2）在石膏空心板裂缝处刨出宽度为 40mm、深度为 4mm 的槽，并将槽中杂物打扫清理干净，然后涂刷 108 胶水溶液（108 胶∶水＝1∶4）一遍，抹聚合物水泥浆（108 胶∶水∶水泥＝1∶4∶10）一遍，然再贴上一条玻璃纤维网格布条，最后用聚合物水泥浆抹至与板面平齐。

（3）正确进行石膏空心板接缝的处理。将石膏空心板接缝的两侧打扫干净，刷上一遍 108 胶水溶液，抹聚合物水泥浆进行拼接；在板缝两侧刨出宽 40mm、深 4mm 的槽，在槽内刷一遍 108 胶水溶液，抹厚度为 1mm 的聚合物水泥浆；然后将裁剪好的玻璃纤维网格布条贴在槽中；再用聚合物水泥浆涂抹与板面平齐。

（4）在进行 T 形条板接缝的处理时，在板面弹好单面安装控制线，将接缝的板面打扫清理干净；在板面与板侧处刷一遍 108 胶水溶液，再抹聚合物水泥浆拼接密实。当条板产生收缩裂缝时，在两侧的阴角处抹一遍聚合物水泥浆，再贴玻璃纤维网格布。

（5）采用嵌密封胶法也可以预防接缝开裂。即接缝在干燥后，沿垂直缝刨出深度为 6mm 的 V 形槽，打扫干净后嵌入与条板相同颜色的柔性密封胶。

（二）板材受潮，强度下降

1. 质量问题

由于石膏空心板主要是以石膏为强度组分，其构造上又都是空心的，所以这种板材吸水

比较快，如果在运输途中或现场堆放时受潮，其强度降低十分明显。如石膏珍珠岩空心板浸水 2h，饱和含水率为 32.4%，其抗折强度将下降 47.4%。如果板材长期受潮，墙板很容易出现缺棱掉角、强度不足等破坏，严重影响石膏空心板的使用。

2. 原因分析

（1）石膏空心板在制造厂家露天堆放受潮，或在运输途中和施工现场未覆盖防潮用具而受潮。

（2）由于工序安排不当，使石膏空心板受潮；或受潮的板材没有干透就急于安装，并进行下一道工序，使板内水分不易蒸发，导致板材强度严重下降。

3. 防治措施

（1）石膏空心板在制造、运输、储存、现场堆放和施工中，都必须将防止石膏空心板潮湿当作一项重要工作，必须采取切实可行的防雨和地面防潮措施，防止石膏空心板因受潮而产生变形和强度下降。

（2）石膏空心板在场外运输时，宜采用车厢宽度大于 2m、长度大于板长的车辆，板材必须捆紧绑牢和覆盖防雨材料，以防止损伤和受潮；装车时应将两块板正面朝里，成对垂直堆放，板材间不得夹有硬质杂物，板的下面应加垫方木，距板两端一般为 500～700mm。人工搬运石膏空心板时要轻抬轻放，防止碰撞。

（3）石膏空心板露天堆放时，应选择在地势较高、平坦坚实的场地搭设平台，平台距地面不小于 300mm，其上面再满铺一层防潮油毡，堆垛周围用苫布遮盖。

（4）石膏空心板在现场以及运输的过程中，堆置高度一般应不大于 1m，堆垛之间要有一定的空隙，底部所垫木块的间距应不大于 600mm。

（5）石膏空心板的安装工序要科学安排、合理布置，要首先做好地面（防潮）工程，然后再安装石膏空心板，板材的底部要用对拔楔将其垫起，用踢脚板将其封闭，防止地面潮气对板材产生不良影响，避免板材因受潮而强度下降。

（6）石膏空心板材品种很多，其吸水和吸潮的性质也各不相同，要根据石膏空心板隔墙的使用环境和要求正确选择合适的石膏空心板。

（三）石膏空心板与结构连接不牢

1. 质量问题

石膏空心板安装完毕后，经检查由于石膏空心板与楼板底面、承重墙或柱、地面局部连接不牢固，从而出现裂缝或松动现象，不仅影响隔墙的美观，而且影响隔墙的使用功能。

2. 原因分析

（1）石膏空心板的板头不方正，或采用下楔法施工时，仅在石膏空心板的一面用楔，而与楼板底面接缝不严。

（2）石膏空心板与外墙板（或柱子）黏结不牢，从而出现一些不规则的裂缝。

（3）在预制楼板或地面上，没有按要求进行凿毛处理，或基层清扫工作不彻底，表面有灰土、油污等杂质，致使石膏空心板不能与基层牢固黏结。另外，石膏空心板下部填塞的细石混凝土坍落度过大、填塞不密实，也会造成墙板与地面连接不牢。

3. 防治措施

（1）在进行石膏空心板板切割时，要按照规定弹出的切割线来找规矩，确保底面与地面、顶面与楼板底面接触良好。

（2）在使用下楔法架立石膏空心板条板时，要在距板宽两边 50mm 处各设一组相同的木楔，使板能均匀垂直向上挤严粘实。

（3）石膏空心板条板安装后要进行质量检查，对于不合格的应及时加以纠正，其垂直度应小于 5mm，平整度小于 4mm；然后将板底面和地面打扫干净，并洒水进行湿润，用配合比为水：水泥：中砂：细石＝0.4：1：2：2 的细石混凝土填嵌密实，稍收水后分两次压实，湿养护时间不得少于 7d。

（4）石膏空心板条板与承重墙的连接处，可以采取以下措施进行处理：规划好条板隔墙的具体位置，用垂线弹于承重墙面上；弹线范围内的墙面用水泥砂浆（水泥：砂子＝1：2.5）粉抹平整，经过湿养护硬化后再安装条板。墙面与板侧面接触处要涂刷一层胶黏剂，石膏空心板条板与墙面要挤密实。

（四）石膏空心板接缝勾缝材料不当

1. 质量问题

石膏空心板条板之间的接缝是非常重要的施工部位，如果石膏空心板的接缝材料选择不当，会在接缝处出现微细的裂缝，不仅影响石膏空心板墙体饰面的美观，而且影响隔墙的稳定性和安全性。

2. 原因分析

（1）选用勾缝材料不当，两种材料的性能不同，其收缩性也不同，从而导致在相邻两块板的接缝处出现发丝裂缝。

（2）在石膏空心板条板接缝处施工时，未按照施工规范进行操作，导致接缝间的材料填充不密实，在干燥过程中则会出现裂缝。

（3）在石膏空心板条板接缝处施工完毕后，未按照施工要求进行养护，导致接缝材料因养护条件不满足而出现裂缝。

3. 防治措施

（1）石膏空心板接缝处应选择适宜的材料。工程实践证明，石膏空心板间安装拼接的黏结材料，可选用 1 号石膏型胶黏剂（如表 6-15 所列）或 108 胶水泥砂浆。108 胶水泥砂浆的配合比为 108 胶水：水泥：砂＝1：1：3 或 1：2：4。在拼接施工中从接缝挤出的黏结材料应及时清除干净。

表 6-15　石膏型胶黏剂及腻子技术性能与配合比

项　目	技术指标		
	1 号石膏型胶黏剂	2 号石膏型胶黏剂	石膏腻子
抗剪强度/MPa	≥1.5	≥2.0	—
抗压强度/MPa	—	—	≥2.5
抗折强度/MPa	—	—	≥1.0
黏结强度/MPa	≥1.0	≥2.0	≥0.2
凝结时间/h	初凝 0.5～1.0	初凝 0.5～1.0	终凝 3.0

项　目	技术指标		
	1 号石膏型胶黏剂	2 号石膏型胶黏剂	石膏腻子
配合比	KF80-1 胶∶石膏粉＝1.0∶（1.5～1.7）	水∶KF80-2 粉＝1.0∶（1.5～1.7）	石膏∶粉珍珠岩＝1∶1,用108 胶溶液（15％～20％）拌和成稀糊状
用　途	用于条板与条板的拼缝,条板顶端与主体结构的黏结	用于条板上预留吊挂件、构配件黏结和条板预埋做补平	用于条板墙面的修补和找平

（2）选用的勾缝材料必须与石膏空心板材本身的成分相同。待接缝挤出的黏结材料刮净后,用 2 号石膏型胶黏剂抹平并粘贴宽度 100mm 的网状防裂胶带,再用 108 胶水泥砂浆在胶带上涂一遍,待 108 胶水泥砂浆晾干后,用 2 号石膏型胶黏剂粘贴 50～60mm 宽玻璃纤维布,用力刮平、压实,将胶黏剂与玻璃纤维布中的气泡赶出,最后用石膏腻子分两遍刮平,使玻璃纤维布埋入腻子层中。

（3）在石膏空心板接缝处进行操作时,一定要严格按现行施工规范施工,将接缝处的材料填充密实,并在规定的条件下养护,防止因施工质量较差、养护条件不满足而出现裂缝。

（4）阴阳角和门窗框边缝处,宜用 2 号石膏型胶黏剂粘贴 200mm 宽玻璃纤维布,然后用石膏腻子分两遍刮平,总厚度控制在 3mm。

（五）搁板承托件及挂件松动

1. 质量问题

石膏空心板隔墙上的搁板承托件及吊挂件,出现松动或脱落现象,不仅直接影响饰面的装饰效果,而且对墙体的稳定不利。

2. 原因分析

（1）采用黏结方法固定的搁板承托件和挂件,因板材过于松软,抗拉强度和抗剪强度较低,负荷后易产生松动或脱落。

（2）安装承托件和挂件的方法不当,如有的所用螺钉规格偏小,有的打洞位置不合适,与孔板的孔壁接触面少,常造成受力后产生松动或脱落。

3. 防治措施

（1）采用黏结方法固定搁板承托件及挂件时,应当选用比较坚硬、抗拉强度和抗剪强度较高的板材,以防止负荷后产生松动现象。

（2）安装搁板承托件和挂件应采用正确的方法,一是打洞的位置要准确,二是固定所用的螺钉规格要适宜,千万不要偏小。

（六）门框与结构固定不牢

1. 质量问题

由于门框与结构固定不牢,门框出现松动和脱开,从而使隔墙出现松动摇晃,有的呈现出倾斜,有的则产生裂缝,严重者影响正常使用。

2. 原因分析

（1）由于未按照规范进行操作，导致隔墙边框与结构主体固定不牢固，立撑、横撑没有和边框很好连接。

（2）在设计或施工过程中，由于门框骨架的龙骨尺寸偏小，材料质量较差，不能满足与结构连接的需要，从而导致门框与结构固定不牢。

（3）门框下槛被断开，固定门框的竖筋断面尺寸偏小，或者门框上部没有设置"人"字撑，使门框刚度不足而导致固定不牢。

（4）由于施工中未进行详细的施工组织设计，门的安装工序安排不当，致使边框没有固定牢固。

3. 防治措施

（1）门框的上部、下部要与顶面、地面固定牢固。如果两端为砖墙，门框的上部和下部横框，伸入墙体的长度不得少于120mm，伸入的部分应当进行防腐处理，并确定固定牢固；如果两端为混凝土柱或墙，应采用预埋木砖或预埋件固定。如无预埋件，可用射钉、钢钉、膨胀螺栓等方法进行连接，或用高分子黏结剂粘牢。

（2）选用的木龙骨规格不宜太小，一般情况下不应小于40mm×70mm，木龙骨的材质要符合设计要求。凡是有腐朽、劈裂、扭曲、多节疤的木材不得用于主龙骨；木材的含水率不得大于12％。

（3）正确掌握木龙骨的安装顺序。一般应按照先下横楞、上横楞，再立左右靠墙立竖楞，竖向楞要和预埋木砖钉牢，中间空隙要用木片垫平。如无木砖时，要用膨胀螺栓固定，也可在砖缝中扎木楔钉牢；然后再立竖龙骨，划好间距，上下端要顶紧横向楞，校正好垂直度，用钉斜向钉牢。

（4）为防止门框因下横向楞在门框外边断开，门框两边要用优质木材加大截面，伸入地面以下30mm，上面与梁、楼板底部顶牢的竖向楞，楞要与门框钉牢，或用对销螺栓拧牢，门框上部要设置"人"字撑。

（七）门侧条板面出现裂缝

1. 质量问题

在门扇开启的一侧出现弧形裂缝，但这种裂缝很不规则，长短不一，有的甚至使板材出现贯通裂缝而被破坏。

2. 原因分析

（1）石膏空心板板侧强度与密实性均比较差，条板的厚度不够；或与门框连接节点达不到标准，由于门的开闭频繁振动而产生裂缝。

（2）有的门扇开关的冲击力过大，特别是具有对流条件的居室门，在风压力和风吸力的作用下其冲击力更大，强烈的振动引起门侧条板面出现裂缝。

3. 防治措施

（1）应根据工程的实际情况，认真研究门边加强的具体条件，从而改善门框与条板的连接，使门框与条板连接牢固。

（2）针对隔墙的实际运用情况，选用抗冲击、韧性好的条板，特别应注意条板的强度和密实性一定要满足要求。

（3）在条板安装后，要加强对成品的保护，防止产生较大的冲击力，以免影响条板的正常使用和安装质量。

三、预制混凝土板隔墙质量问题与防治措施

在高层建筑的住宅工程中，厨房、卫生间、浴室、阳台隔板等，由于这些空间经常湿度较大，因此非承重隔墙适宜采用预制钢筋混凝土板隔墙。这种做法既减少了施工现场的湿作业，又增加了使用面积。但是，在工程施工中也会出现很多质量缺陷，必须对其进行正确认识和采取一定的防治措施。

（一）预制钢筋混凝土板接缝开裂

1. 质量问题

在隔墙板安装完毕后，隔墙板与顶板之间、隔墙板与隔墙板之间、隔墙板与侧面墙体连接处，因勾缝砂浆黏结不牢而出现接缝开裂现象，不仅影响隔墙表面美观，而且影响隔墙的整体性和使用。

2. 原因分析

（1）预制钢筋混凝土隔墙板设计的构造尺寸不当。由于施工产生的误差，墙体混凝土标高控制不准确，有的隔墙上口顶住楼板，需要进行剔凿；有的隔墙则上口不到楼板，造成上部缝隙过大；结构墙体位置偏差较大，造成隔墙板与墙体间缝隙过大等。以上这些均可能导致接缝开裂。

（2）在预制钢筋混凝土隔墙板的生产中，由于工艺较差、控制不严，使尺寸误差过大，造成隔墙板与顶板、隔墙板与墙体间的缝隙过大或过小。

（3）勾缝砂浆配合比不当、计量不准确、搅拌不均匀、强度比较低，均可以导致接缝开裂；缝隙较大，没有分层将勾缝砂浆嵌入密实，或缝隙太小而不容易将勾缝砂浆嵌入密实；勾缝砂浆与顶板或与结构墙体黏结不牢，均会导致板缝开裂。

3. 防治措施

（1）准确设计和制作隔墙板，确保板的尺寸精确，这是避免或减少出现接缝开裂的基本措施。在一般情况下，隔墙板的高度以按房间高度净空尺寸预留 2.5cm 空隙为宜，隔墙板与墙体间每边以预留 1cm 空隙为宜。

（2）预先测量定线、校核隔墙板尺寸，努力提高施工精度，保证标高及墙体位置准确，使隔墙板形状无误、尺寸准确、位置正确、空隙适当、安装顺利。

（3）采用适宜的勾缝砂浆和正确的勾缝方法，确保勾缝的质量。勾缝砂浆宜采用配合比为 1：2（水泥：细砂）水泥砂浆，采用的水泥强度等级不得小于 32.5MPa，并按用水量的20％掺入 108 胶。勾缝砂浆的流动性要好，但不宜太稀。勾缝砂浆应当分层嵌入压实，不要一次将缝塞满。

（4）要加强对已完成隔墙成品的保护。在勾缝砂浆凝结硬化的期间，要满足其硬化时所需要的温度和湿度，要特别加强其初期的养护。在正式使用前，不能使隔墙受到较大的振动和碰撞。

（二）门框固定不牢靠

1. 质量问题

预制钢筋混凝土板安装后，门框边勾缝砂浆处出现断裂、脱落现象，甚至因门的松动使整个墙面的连接处出现裂缝，从而造成门框固定不牢靠。

2. 原因分析

（1）预留木砖原来含水率较高，经过一段时间干燥产生收缩，从而造成松动；在安装门扇后关闭碰撞造成门口松动。

（2）门口预留洞口的尺寸余量过大，自然形成门框两边缝隙过大，勾缝砂浆与混凝土墙黏结不好；或者黏结砂浆强度等级太低，配合比设计不当，砂浆原材料不良，当门扇碰撞振动时会造成勾缝砂浆的断裂、脱落。

3. 防治措施

（1）门是频繁开启和经常受到振动的构件，在一般情况下，预制钢筋混凝土板隔墙的门框与结构墙体的固定应当采用预埋件连接固定的方法，而不能单纯依靠水泥砂浆黏结进行固定。

（2）对于质量要求较高的隔墙工程，应当采用改进门框的固定的方法。可在隔墙板门洞的上、中、下3处安装预埋件（预埋件外皮与混凝土板外皮平齐），木门框的相应位置用螺钉固定扁铁（扁铁应当插进门框内，扁铁的外表面与门框外表面平齐），安装门框后将隔墙板预埋件与门框上的扁铁焊牢。

（3）门洞口的预留尺寸要适宜，应使勾缝砂浆与混凝土墙板能够良好黏结，但此预留尺寸既不要过大也不能太小。工程实践证明，以门框两边各留1cm缝隙为宜。

（4）门框处应设置压条或贴脸，将门框与隔墙板相接的缝隙盖上，既增加美观又保护缝隙。

（5）严格控制勾缝砂浆的质量，以确保勾缝砂浆与墙板的黏结力。勾缝砂浆应当采用配合比为1：2的水泥砂浆，并掺入用水量80％～90％的108胶。在勾缝砂浆拌制中，计量要准确，搅拌要均匀，配制后要在2h内用完。勾缝砂浆应当分层压实、抹平。

（6）如果原设计不理想，门框边缝隙在3cm以上，则需要在缝内加一根直径为6mm的立筋，并与预埋件点焊，用细石混凝土压实、抹平。细石混凝土中应掺加用水量20％的108胶，以增加其黏结强度。

（三）隔墙板断裂、翘曲或尺寸不准确

1. 质量问题

预制钢筋混凝土隔墙板出现断裂，一般在5cm厚的隔墙板中发生较多；5cm厚隔墙板中的"刀把板"易在中部产生横向断裂；质量低劣的隔墙板在安装后表面出现不平整，或发生翘曲。这些质量问题，既影响美观又影响使用，甚至造成破坏。

2. 原因分析

（1）在一般情况下，厚度为5cm的隔墙板常采用单层配筋，其构造不合理，本身刚度差，当采用台座生产，在吊离台座时薄弱部位容易产生裂缝，尤其是"刀把板"中部易产生

横向断裂。

（2）如果厚度为 5cm 的隔墙板采用双向 $\phi 4@120\sim150mm$ 的配筋，由于墙的厚度较小，面积较大，刚度较差，也容易出现断裂现象。

（3）加工制作钢筋混凝土隔墙板不精心，造成其尺寸不准确，板面发生翘曲，安装后墙面不平整。

3. 防治措施

（1）采用台座生产的预制钢筋混凝土隔墙板的厚度应在 7cm 以上，只有在采用成组立模立式生产时预制钢筋混凝土隔墙板的厚度才可采用 5cm。

（2）钢筋混凝土隔墙板，一般宜采用双向直径为 4mm、间距为 200mm 双层点焊的网片，这样虽然增加了钢筋的用量，但大大加强了隔墙板的刚度，避免了其在生产、运输和施工中出现折断。

（3）提高预制钢筋混凝土隔墙板加工质量，搞好混凝土配合比设计和配筋计算，保证钢筋混凝土构件尺寸准确。采用台座法生产时，必须待构件达到规定强度后再吊离台座，避免构件产生裂缝和翘曲。

（4）预制钢筋混凝土隔墙板的强度等级一般不得低于 C20，采用的水泥强度等级不宜低于 32.5MPa，并应采用抗裂性良好的水泥品种。

（5）由于预制钢筋混凝土隔墙板是一种薄壁板，其抗折和抗剪强度较低，如果放置方式不当则很容易产生裂缝、翘曲和变形，所以应当采用架子进行立放。

（四）预埋件移位或焊接不牢

1. 质量问题

由于种种原因，结构墙体或隔墙板中的预埋件产生移位，焊件中的焊缝高度和厚度不足，从而产生焊接不牢。

2. 原因分析

（1）预埋件没有按照规定方法进行固定，只是用铅丝简单绑扎，在其他因素的影响下则可产生移位；当墙体浇筑混凝土时，如果振捣方法不当，预埋件也会产生较大的移位。

（2）预埋件产生移位后，用钢筋头进行焊接，焊缝高度和厚度不符合要求，从而造成焊接不牢。

（3）预埋件构造设计或制作不合理，在浇筑混凝土时预埋件产生移位。

3. 防治措施

（1）预制钢筋混凝土隔墙板与结构墙体、隔墙板之间的预埋件位置必须准确，并按照设计或焊接规范要求焊接牢固。

（2）在浇筑完墙体混凝土后，在墙体的相应位置进行打眼，用 108 胶水泥砂浆把预埋件埋入墙体内，这是一种简单易行、能确保预埋件位置准确的好方法，但对于结构墙体有一定的损伤。

（3）隔墙板上的预埋件应制作成设计要求的形状，预埋件的高度应为墙板的厚度减去保护层厚度，这种形状的预埋件在浇筑混凝土时不会产生移位。

（4）精心设计，精心施工，每个环节都应加强责任心，特别是焊缝的高度、长度和宽度，一定要按照设计的要求去做。

四、木龙骨板材隔墙质量问题与防治措施

木龙骨木板材隔墙是以木方为骨架，两侧面可用纤维板、刨花板、木丝板、胶合板等作为墙面材料组成的轻质隔墙，可以广泛用于工业与民用建筑非承重分隔墙。

（一）墙面粗糙，接头不严

1. 质量问题

龙骨装钉板的一面未刨光找平，板材厚薄不均匀，或者板材受潮后变形，或者木材松软产生的边楞翘起，从而造成墙面粗糙、凹凸不平。

2. 原因分析

（1）木龙骨的含水率过大，超过规范规定的12%，在干燥后产生过大变形，或者在室内抹灰时龙骨受潮变形，或者施工中木龙骨被碰撞变形未经修理就铺钉面板，以上这些均会造成墙面粗糙、接头不严。

（2）施工工序发生颠倒，如先铺设面板，后进行室内抹灰，由于室内水分增大，使铺设好的面板受潮，从而出现边楞翘起、脱层等质量问题。

（3）在选择面板时没有考虑防水防潮，表面比较粗糙又未再认真加工，板材厚薄不均匀，也未采取补救措施，铺钉到木龙骨上后则出现凹凸不平、表面粗糙现象。

（4）钉板的顺序颠倒，应当按先下后上进行铺钉，结果因先上后下压力变小，使板间拼接不严或组装不规格，从而造成表面不平整。

（5）在板材铺设完毕修整时，由于铁冲子过粗，冲击时用力过大，结果因面板钉子过稀，钉眼冲得太大，造成板表面凹凸不平。

3. 防治措施

（1）要选择优质的材料，这是保证木龙骨木板材隔墙质量的根本。龙骨一般宜选红白松木，含水率不得大于12%，并应做好防腐处理。板材应根据使用部位选择相应的面板，面板的质量应符合有关规定，对于选用的纤维板需要进行防潮处理。面板的表面应当光滑，当表面过于粗糙时应用刨子刨一遍。

（2）所有木龙骨铺钉板材的一面均应刨光，龙骨应严格按照控制线进行组装，做到尺寸一致，找方找直，交接处要十分平整。

（3）安排工序时要科学合理，先钉上龙骨再进行室内抹灰，最后待室内湿度不大时再钉板材。在铺钉面板之前，应认真检查一遍，如果龙骨发生干燥变形或被碰撞变形，应修理后再铺钉面板。

（4）在铺钉面板时，如果发现面板厚薄不均匀应以厚板为准，在薄板背面加以衬垫，但必须保证垫实、垫平、垫牢，面板的正面应当刮顺直、刨平整。

（5）面板铺钉应从下面一个角开始，逐块向上钉设，并以竖向铺钉为好。板与板的接头宜加工成坡楞，如留缝隙时，面板应当从中间向两边由下而上铺钉，接头缝隙以5~8mm为宜，板材分块大小要按照设计要求，拼缝应位于木龙骨的立筋或横撑上。

（6）修整钉子的铁冲子端头应磨成扁头，并与钉帽大小一样，在铺设前将钉帽预先砸扁（对纤维板不必砸扁），顺木纹钉入面板表面内1mm左右，钉子的长度应为面板厚度的3倍。钉子的间距不宜过大或过小，纤维板一般为100mm，其他板材为150mm。钉木丝板时

在钉帽下应加镀锌垫圈。

（二）隔墙与结构或骨架固定不牢

1. 质量问题

隔墙在安装完毕后，门框产生松动脱开，隔墙板产生松动倾斜，不仅严重影响表面美观，而且严重影响其使用。

2. 原因分析

（1）门框的上、下槛和主体结构固定不牢靠，立筋横撑没有与上下槛形成一个整体，因此，只要稍有振动和碰撞隔墙就会出现变形或松动。

（2）选用的木龙骨的断面尺寸太小，不能承受正常的设计荷载；或者木材材质太差，有斜纹、节疤、虫眼、腐朽等缺陷；或者木材的含水率超过 12%，在干缩时很容易产生过大变形。

（3）安装顺序和方法不对，先安装了竖向龙骨，并将上下槛断开，不能使木龙骨成为一个整体。

（4）门口处的下槛被断开，两侧立筋的断面尺寸未适当加大，门框上部未加钉"人"字撑，均能造成隔墙与骨架固定不牢。

3. 防治措施

（1）上下槛一定要与主体结构连接牢固。如果两端为砖墙时，上下槛插入砖墙内的长度不得少于 12cm，伸入部分应当做防腐处理；如果两端为混凝土墙柱，应预留木砖，并应加强上、下槛和顶板、底板的连接，可采取预留铅丝、螺栓或后打膨胀螺栓等方法，使隔墙与结构紧密连接，形成一个整体。

（2）对于木龙骨选材要严格把关，这是确保工程质量的根本。凡有腐朽、劈裂、扭曲、节疤等疵病的木材不得用于工程中；作为木板材隔墙木龙骨的用料尺寸，应不小于 40mm×70mm。

（3）安排合理的龙骨固定顺序，一般应先下槛、后上槛、再立筋，最后钉上水平横撑。立筋的间距一般掌握在 40~60cm 之间，安装一定要垂直，两端要顶紧上下槛，用钉子斜向钉牢。靠墙立筋与预留木砖的空隙应用木垫垫实并钉牢，以加强隔墙的整体性。

（4）如果遇到有门口时，因下槛在门口处被断开，其两侧应用通天立筋，下端应埋入楼板内嵌实，并应加大其断面尺寸至 80mm×70mm，或将 2 根 40mm×70mm 的方木并用。在门框的上部加设"人"字撑。

（三）木板材隔墙细部做法不规矩

1. 质量问题

隔墙板与墙体、顶板交接处不直不顺，门框与面板不交圈，接头不严密不顺直，踢脚板出墙不一致，接缝处有翘起现象。

2. 原因分析

（1）出现细部做法不规矩的原因，主要是在隔墙安装施工前，对于细部的做法和要求交代不清楚，操作人员不了解质量标准等。

（2）虽然在安装前对细部做法有明确交代，但因操作人员工艺水平较低，或者责任心较差，也会产生隔墙细做法不规矩。

3. 防治措施

（1）在隔墙安装前应认真熟悉图纸，多与设计人员进行协商，了解每一个细部构造的组成和特点，制订细部构造处理的具体方案。

（2）为了防止潮湿空气由边部侵入墙内引起边部的翘起，应在板材四周接缝处加钉盖缝条，将其缝隙遮盖严实。根据所用板材的不同，也可采用四周留缝的做法，缝隙的宽度为10mm左右。

（3）门口处的构造应根据墙的厚度而确定，当墙厚度等于门框厚度时可以加贴脸；当墙厚度小于门框厚度时应当加压条。

（4）在进行隔墙设计和施工时，对于分格的接头位置应特别注意，应尽量避开视线敏感范围，以免影响隔墙的美观。

（5）当采用胶接工艺施工时，所用胶不能太稠过多，要涂刷均匀，接缝时要用力挤出多余的胶，否则易产生黑纹。

（6）如果踢脚板为水泥砂浆，下边应当砌筑二层砖，在砖上固定下槛，上口抹平，面板直接压到踢脚板上口；如果踢脚板为木质材料，应当在钉面板后再安装踢脚板。

（四）抹灰面层开裂、空鼓、脱落

1. 质量问题

木板条隔墙在抹灰后，随着时间的推移抹灰层出现开裂、空鼓、脱落等质量缺陷，不仅影响隔墙的装饰效果，而且影响隔墙的使用功能。时间长了，再加上经常振动，还会出现抹灰层成片下落。

2. 原因分析

（1）采用的板条规格过大或过小，或板条的材质不好，或铺钉的方法不对（如板条间隔、错头位置、对头缝隙大小等）。

（2）采用的钢丝网过薄或搭接过厚，网孔过小，钉得不牢、不平，搭接长度不够，不严密，均可以造成抹灰面层开裂、空鼓和脱落。

（3）抹灰砂浆采用的配合比不当，操作方法不正确，各抹灰层之间间隔时间控制不好，抹灰后养护条件较差，不能与木板条牢固地黏结，都很容易造成抹灰面层开裂、空鼓和脱落。

3. 防治措施

（1）用于木板条隔墙的板条最好采用红松、白松木材，不得用腐朽、劈裂、节疤的材料。板条的规格尺寸要适宜，其宽度为20~30mm、厚度为3~5mm，间距以7~10mm为宜，当采用钢丝网时应为10~12mm。两块板条接缝应设置于龙骨之上，对头缝隙不得小于5mm，板条与龙骨相交处铺钉不得少于2颗钉子。

（2）板条的接头应分段错开，每段长度以50cm左右为宜，以保证墙面的完整性。板条表面应平整，用2m靠尺进行检查，其表面凹凸度不超过3mm，以避免或减少因抹灰层厚薄不均而产生裂缝。

如果铺设钢丝网，除板条间隔稍加大一些外，钢丝网厚度应不超出0.5mm，网孔一般为 20mm×20mm，并要求固定平整、牢固，不得有鼓肚现象。钢丝网的接头应错开，搭接长度一般不得少于 200mm，在其搭接头上面应加钉一排钉子，严防钢丝网边角翘起。

（3）在板条铺设完成后、正式抹灰开始前，板条铺设和固定的质量应经有关质检部门和抹灰班组检验，合格后才准开始抹灰。

（五）木板条隔墙出现裂缝或翘曲

1. 质量问题

在木板条隔墙抹灰完成后，门口墙边或顶棚处产生裂缝或翘曲，不仅影响隔墙的美观，而且影响使用功能。

2. 原因分析

（1）在木板条隔墙施工之前，有关技术人员未向操作人员进行具体的技术交底，致使操作人员对细部的做法不明白，施工中无法达到设计要求。

（2）在木板条隔墙的施工中，操作人员未按照施工图纸施工，对一些细部未采取相应的技术措施。

（3）具体操作人员工艺水平不高，或者责任心不强，施工时不认真，细部不能按设计要求去做。

3. 防治措施

（1）首先应当认真地熟悉施工图纸，搞清楚各细部节点的具体做法，针对薄弱环节采取相应的技术措施。

（2）与需要抹灰的墙面（如砖墙或加气混凝土板墙）相接处应加设钢板网，每侧卷过去应不少于 150mm。

（3）与不需要抹灰的墙面相接处可采取加钉小压条方法，以防止出现裂缝和边部翘曲现象。

（4）与门口交接处也可加贴脸或钉小压条。

（六）木龙骨选用的材料不合格

1. 质量问题

由于制作木龙骨所用的材料未严格按设计要求进行选材，导致龙骨的材质很差，规格尺寸过小，在安装后使木龙骨产生劈裂、扭曲、变形，不仅致使木龙骨与结构固定不牢，甚至出现隔墙变形，既影响隔墙的质量又不符合耐久性要求。

2. 原因分析

工程实践经验证明，发生木龙骨选用材料不合格的原因，主要包括以下几个方面：一是在进行木龙骨设计时，未认真进行力学计算，只凭经验选择材料；二是在进行木龙骨制作时，未严格按设计规定进行选材，而是选用材质较差、规格较小的材料，在安装后产生一些质量缺陷。

3. 防治措施

（1）在进行木龙骨设计时，必须根据工程实际进行力学计算，通过计算选择适宜的材料，不可只凭以往设计经验来选择材料。

（2）木质隔墙的木龙骨应采用质地坚韧、易于"咬钉"、不腐朽、无严重节疤、斜纹很少、无翘曲的红松或白松树种制作，黄花松、桦木、柞木等易变形的硬质树种不得使用。木龙骨的用料尺寸一般不小于 40mm×70mm。

（3）制作木龙骨的木材，应当选用比较干燥的材料，对于较湿的木材应采取措施将其烘干，木材的含水率不宜大于 12%。

（4）制作木龙骨的木材防腐及防火的处理，应符合设计要求和现行国家标准《木结构工程施工质量验收规范》（GB 50206—2012）中的有关规定。

（5）接触砖石或混凝土的木龙骨和预埋木砖，必须进行防腐处理，所用的铁钉件必须进行镀锌，并办理相关的隐蔽工程验收手续。

五、轻钢龙骨石膏板隔墙质量问题与防治措施

轻钢龙骨石膏板隔墙是以薄壁镀锌钢带或薄壁冷轧退火卷带为原材料，经过冲压、冲弯曲而制成的轻质型钢为骨架，两侧面可用纸面石膏板或纤维石膏板作为墙面材料，在施工现场组装而成的轻质隔墙。

轻钢龙骨石膏板隔墙具有自质较轻、厚度较薄、装配化程度高、全为干作业、易于施工等特点，可以广泛用于工业与民用建筑的非承重隔墙。

（一）隔墙板与结构连接处有裂缝

1. 质量问题

轻钢龙骨石膏板隔墙安装后，隔墙板与墙体、顶板、地面连接处有裂缝，不仅影响隔墙表面的装饰效果，而且影响隔墙的整体性。

2. 原因分析

（1）由于轻钢龙骨是以薄壁镀锌钢带制成，其强度虽高，但刚度较差，容易产生变形；有的通贯横撑龙骨、支撑卡装的数量不够，致使整片隔墙骨架没有足够的刚度，当受到外力碰撞时出现裂缝。

（2）隔墙板与侧面墙体及顶部相接处，由于没有黏结 50mm 宽玻璃纤维带，只用接缝腻子进行找平，致使在这些部位出现裂缝。

3. 防治措施

（1）根据设计图纸测量放出隔墙位置线，作为施工的控制线，并引测到主体结构侧面墙体及顶板上。

（2）将边框龙骨（包括沿地面龙骨、沿顶龙骨、沿墙龙骨、沿柱子龙骨）与主体结构固定，固定前先铺一层橡胶条或沥青泡沫塑料条。边框龙骨与主体结构连接，采用射钉或电钻打眼安装膨胀螺栓。其固定点的间距应符合下列规定：水平方向不大于 80cm；垂直方向不大于 100cm。

（3）根据设计的要求，在沿顶龙骨和沿地面龙骨上分档画线，按分档位置准确安装竖龙骨，竖龙骨的上端、下端要插入沿顶和沿地面龙骨的凹槽内，翼缘朝向拟安装罩面板的方向。调整竖向龙骨的垂直度，定位后用铆钉或射钉进行固定。

（4）安装门窗洞口的加强龙骨后，再安装通贯横撑龙骨和支撑卡。通贯横撑龙骨必须与竖向龙骨的冲孔保持在同一水平面上，并卡紧牢固，不得出现松动，这样可将竖向龙骨撑

牢，使整片隔墙骨架有足够的强度和刚度。

（5）石膏板的安装，两侧面的石膏板应错位排列，石膏板与龙骨采用十字头的自攻螺钉进行固定，一层石膏板用螺钉长度为 25mm，两层石膏板用螺钉长度为 35mm。

（6）与墙体、顶板接缝处黏结 50mm 宽玻璃纤维，再分层刮腻子，以避免出现裂缝。

（7）隔墙下端的石膏板不应直接与地面接触，应当留有 10～15mm 的缝隙，并用密封膏密封严密，要严格按照施工工艺进行操作才能确保隔墙的施工质量。

（二）门口上角墙面易出现裂缝

1. 质量问题

在轻钢龙骨石膏板隔墙安装完毕后，门口两个上角出现垂直裂缝，裂缝的长度、宽度和出现的早晚有所不同，严重影响隔墙的美观。

2. 原因分析

（1）当采用复合石膏板时，由于预留缝隙较大，后填入的 108 胶水泥砂浆不严不实，且收缩量较大，再加上门扇振动，在使用阶段门口上角出现垂直裂缝。

（2）在龙骨接缝处嵌入以石膏为主的脆性材料，在门扇撞击力的作用下，嵌缝材料与墙体不能协同工作，也容易出现这种裂缝。

3. 防治措施

要特别注意对石膏板的分块，把石膏板面板接缝与门口竖向缝错开半块板的尺寸，这样可避免门口上角墙面出现裂缝。

（三）轻钢龙骨与主体结构连接不牢

1. 质量问题

轻钢龙骨与主体结构连接不牢固，影响了隔墙的使用功能和安全稳定。

2. 原因分析

（1）轻钢龙骨与主体结构的连接未按照设计要求进行操作，特别是沿地、沿顶、沿墙龙骨与主体结构的固定点间距过大，轻钢龙骨出现连接不牢现象。

（2）在制作轻钢龙骨和进行连接固定时，选用的材料规格、尺寸和质量等不符合设计要求，也会因材料选择不合适而造成连接不牢。

（3）轻钢龙骨出现一定变形，有的通贯横撑龙骨、支撑卡安装的数量不够等，致使整个轻钢龙骨的骨架没有足够的刚度和强度，也容易出现连接不牢质量问题。

3. 防治措施

（1）在制作和安装轻钢龙骨时，必须选用符合设计的材料和配件，不允许任意降低材料的规格和尺寸，不得将劣质材料用于轻钢龙骨的制作和安装。

（2）当设计采用水泥、水磨石和大理石等踢脚板时，在隔墙的下端应浇筑 C20 的混凝土墙垫；当设计采用木板或塑料板等踢脚板时，则隔墙的下端可直接搁置于地面。安装时先在地面或墙垫层及顶面上按位置线铺设橡胶条或沥青泡沫塑料，再按规定间距用射钉或膨胀螺栓，将沿地、沿顶和沿墙的龙骨固定于主体结构上。

（3）射钉的中心距离一般按照 0.6～1.0m 布置，水平方向不大于 0.8m，垂直方向不大于 1.0m。射钉射入基体的最佳深度：混凝土基体为 22～32mm，砖砌基体为 30～35mm。龙骨的接头要对齐顺直，接头两端 50～100mm 处均应设置固定点。

（4）将预先切好长度的竖向龙骨对准上下墨线，依次插入沿地、沿顶龙骨的凹槽内，翼缘朝向拟安装的板材方向，调整好垂直度及间距后，用铆钉或自攻螺钉进行固定。竖向龙骨的间距按设计要求采用，一般宜控制在 300～600mm 范围内。

（5）在安装门窗洞口的加强龙骨后，再安装通贯横撑龙骨和支撑卡。通贯横撑龙骨必须与竖向龙骨撑牢，使整个轻钢龙骨的骨架有足够的刚度和强度。

（6）在安装隔墙的罩面板前，应检查轻钢龙骨安装的牢固程度，门窗洞口、各种附墙设备、管线安装和固定是否符合设计要求，如果有不牢固之处应采取措施进行加固，经检查验收合格后才可进行下一道工序的操作。

第七章
饰面板工程质量管理

饰面板工程是指将饰面板材料镶贴在基层上的一种装饰方法。随着材料科学技术的快速发展，用于饰面板工程的装饰材料种类很多，常用的有天然饰面材料和人工合成饰面材料两大类，如天然石材板材、实木板材、人造板材、合成树脂饰面板材、复合饰面板材等。

饰面板工程主要分为外墙饰面板工程和内墙饰面板工程两大部分。在一般情况下，外墙饰面板主要起着保护墙体、美化建筑、美化环境和改善墙体性能等作用；内墙饰面板主要起着保护墙体、改善室内使用条件和美化室内环境等作用。

第一节 饰面板常用材料的质量管理

饰面板装饰工程是室内外装饰的主要组成部分，传统的饰面板装饰是将大理石、花岗石等天然石材加工而成的板材，通过构造连接安装或镶贴于墙体表面形成装饰层。近几年来，新型高档的饰面材料更是层出不穷，如铝塑装饰板、彩色涂层钢板、铝合金复合板、彩色压型钢板等，极大地丰富了建筑饰面装饰工程。

一、木质饰面材料的质量要求

为了减少天然木材在饰面装饰工程中的用量，目前在饰面装饰工程中常用的木质材料多为人造板材，主要有胶合板、纤维板、刨花板和细木工板等，它们的结构和功能不同，也适用于不同的场合。

（一）胶合板的质量要求

胶合板是由木段旋切成单板或由木方刨切成薄木，再用胶黏剂胶合而成的 3 层或多层的板状材料，通常用奇数层单板，并使相邻层单板的纤维方向互相垂直胶合而成。胶合板能有效地提高木材利用率，是节约木材的一个主要途径。

胶合板是建筑装饰工程中常用材料之一，为人造木质板三大板材之一，也可供飞机、船舶、火车、汽车、家具、建筑装饰和包装箱等使用。

（1）表面胶合强度反映的是装饰单板层与胶合板基材间的胶合强度。国家标准规定该项指标应≥0.70MPa。若该项指标不合格，说明装饰单板与基材胶合板的胶合质量较差，在使用中可能造成装饰单板层开胶鼓起。

（2）浸渍剥离反映的是装饰单板贴面胶合板各胶合层的胶合性能，试件贴面胶层上的每一边剥离长度均不得超过25mm。该项指标不合格说明板材的胶合质量较差，在使用中可能造成装饰单板层开胶。

（3）胶合板的表面不允许有开裂、鼓泡、起皱、变色、污染、翘曲、枯燥等质量缺陷，并且尺寸稳定。

（4）甲醛释放限量。甲醛释放限量应符合现行国家标准《室内装饰装修材料　人造板及其制品中甲醛释放限量》（GB 18580—2017）中规定。

胶合板甲醛释放限量应达到如下要求：E_0 级≤0.5mg/L，E_1 级≤1.5mg/L，E_2 级≤5.0mg/L。其中 E_0、E_1 级可直接用于室内装修，E_2 级胶合板经过处理并达到 E_1 级胶合板后方可允许用于室内装修。

普通胶合板通用技术条件，应符合现行国家标准《普通胶合板》（GB/T 9846—2015）中的要求，普通胶合板通用技术条件具体规定如表7-1所列。

表 7-1　普通胶合板通用技术条件

普通胶合板的含水率		
胶合板的材种	含水率/%	
	Ⅰ、Ⅱ类	Ⅲ类
阔叶树材（含热带阔叶树材）、针叶树材	6～14	6～16

普通胶合板的胶合强度指标值/MPa		
树种名称	类别	
	Ⅰ、Ⅱ类	Ⅲ类
椴木、杨木、拟赤杨、泡桐、柳安、奥克榄、白梧桐、海棠木	≥0.70	≥0.70
水曲柳、荷木、枫香、槭木、榆木、柞木、阿必东、克隆、山樟	≥0.80	
桦木	≥1.00	
马尾松、云南松、落叶松、辐射松	≥0.80	

普通胶合板的甲醛释放限量					
级别标志	限量值/(g/L)	备注	级别标志	限量值/(g/L)	备注
E_0	≤0.5	可直接用于室内	E_2	≤5.0	必须饰面处理后方可允许用于室内
E_1	≤1.5	可直接用于室内			

（二）湿法硬质纤维板的质量要求

硬质纤维板幅面大表面光滑，色泽质地均匀，具有防潮、防湿、隔热、隔声的特点，是车辆、船舶、房屋内部装修的良好材料。在建筑装饰装修工程中，应用较多的纤维板是湿法硬质纤维板。湿法硬质纤维板是指由木质纤维素纤维交织成型，并利用其固有胶黏性能或辅以胶黏剂所制成的人造板。

根据现行国家标准《湿法硬质纤维板 第 2 部分：对所有板型的共同要求》（GB/T 12626.2—2009）中的规定，湿法硬质纤维板的共同指标符合表 7-2 中的要求。

表 7-2　湿法硬质纤维板的共同指标

项目		技术指标		
厚度偏差①	基本厚度范围/mm	≤3.5	>3.5~5.5	>5.5
	未砂光板/mm	±0.40	±0.50	±0.70
	砂光板/mm	±0.30	±0.30	±0.30
	装饰板/mm	±0.60	±0.60	±0.60
长度和宽度偏差/(mm/m)		±2.0,最大±5.0		
垂直度/(mm/m)		±2.0		
板内密度偏差/%		±10.0		
含水率/%		3~13		
外观质量②		分层、鼓泡、裂痕、水湿、炭化、边角松软不允许		

① 任意一点的厚度与基本厚度之差。
② 外观质量中其他缺陷如水渍、油污斑点、粘痕、压痕等要求，可根据供需双方合同商定。

（三）刨花板的质量要求

刨花板又称微粒板、颗粒板、蔗渣板，是由木材或其他木质纤维素材料制成的碎料，加入适量的胶黏剂后在热力和压力作用下胶合成的人造板，又称为碎料板。刨花板主要用于家具制造、建筑室内外装修及火车、汽车车厢制造。因为刨花板结构比较均匀，加工性能良好，可以根据需要加工成大幅面的板材，是制作不同规格、样式的家具较好的原材料。

根据现行国家标准《刨花板》（GB/T 4897—2015）中的规定，刨花板按用途不同可分为普通型刨花板、家具型刨花板、承载型刨花板和重载型刨花板；按功能不同可分为阻燃刨花板、防虫害刨花板和抗真菌刨花板等。刨花板的质量应符合下列具体要求。

（1）刨花板的尺寸偏差要求应符合表 7-3 中的规定；刨花板的外观质量要求应符合表 7-4 中的规定。

表 7-3　刨花板的尺寸偏差要求

项目		基本厚度范围/mm	
		12	>12
厚度偏差/mm	未砂光板	+1.5，−0.3	+1.7，−0.5
	砂光板	±0.3	
长度和宽度偏差/(mm/m)		≤2	
垂直度/(mm/m)		≤2	
边缘的直度/(mm/m)		≤1	
平整度/mm		≤12	

表 7-4　刨花板的外观质量要求

缺陷名称	质量要求
断痕、透裂	不允许
压痕	肉眼不允许
单个面积大于 40mm^2 胶斑、石蜡斑、油污斑等污染点	不允许
边角残损	在公称尺寸内不允许

注：其他缺陷及要求由供需双方协商确定。

（2）刨花板的板内密度偏差为±10%；刨花板含水率的范围为 3%～13%；甲醛释放限量应符合《室内装饰装修材料　人造板及其制品中甲醛释放限量》（GB 18580—2017）中规定，E$_0$ 级≤0.5mg/L，E$_1$ 级≤1.5mg/L，E$_2$ 级≤5.0mg/L。

（3）各类刨花板的物理力学性能应符合现行国家标准《刨花板》（GB/T 4897—2015）中的规定。

（四）细木工板的质量要求

细木工板的质量不仅应符合现行国家标准《细木工板》（GB/T 5849—2016）对产品技术性能要求的规定，同时还应符合国家标准《室内装饰装修材料　人造板及其制品中甲醛释放限量》（GB 18580—2017）的规定，细木工板的质量要求主要包括以下 5 个方面。

（1）允许缺陷　阔叶树材细木工板外观分等的允许缺陷应符合现行国家标准《细木工板》（GB/T 5849—2016）中表 1 的要求，针叶树材细木工板外观分等的允许缺陷应当符合现行国家标准《细木工板》（GB/T 5849—2016）中的要求。

（2）横向静曲强度　横向静曲强度是细木工板产品非常重要的物理力学性能指标，它反映了细木工板产品承载能力和抵抗受力变形的能力。根据国家的现行规定，细木工板的横向静曲强度应当≥14.0MPa。

（3）胶合强度　胶合强度也是细木工板产品非常重要的物理力学性能指标，它反映了细木工板产品结构的稳定性、抵抗受力和受潮开胶的能力。根据国家的现行规定，细木工板的横向静曲强度应当≥0.80MPa。

（4）含水率　含水率也是细木工板产品非常重要的物理性能指标，它关系到细木工板产品当环境湿度变化时抵抗变形的能力，含水率不合格容易使人造板在使用中出现变形翘曲现象。现行国家标准规定，细木工板的含水率要在 6%～14%范围内。

（5）甲醛释放限量　根据现行国家标准《室内装饰装修材料　人造板及其制品中甲醛释放限量》（GB 18580—2017）的规定，细木工板的甲醛释放量应达到：E$_0$ 级≤0.5mg/L，E$_1$ 级≤1.5mg/L，E$_2$ 级≤5.0mg/L。

二、天然石材饰面板的质量要求

天然石材饰面板是一种有悠久历史的建筑装饰材料，它不仅具有较高的强度、硬度、耐久性、耐磨性等显著的优良性能，而且经表面处理后可获得优良的装饰性，对建筑物起着保护和装饰双重作用。建筑装饰用的天然饰面石材，是从天然岩体开采、可加工成各种块状或板状材料。用于建筑装饰工程中的天然饰面石材品种繁多，主要分为大理石和花岗石两大类。

（一）天然大理石板材的质量要求

天然大理石是一种变质岩，它是由石灰岩、白云岩、方解石、蛇纹石等在高温、高压作用下变质而生成，其结晶主要由方解石和白云石组成，其成分以碳酸钙为主。可称为大理石的岩石主要有各种大理岩、火山凝灰岩、石灰岩、砂岩、石英岩、蛇纹岩、白云岩、石膏岩等。

现行国家标准《天然大理石建筑板材》（GB/T 19766—2016）适用于建筑装饰用天然大理石建筑板材，其他用途的天然大理石建筑板材可参照采用。

（1）天然大理石建筑板材的规格尺寸允许偏差应符合表 7-5 中的规定。

表 7-5　天然大理石建筑板材的规格尺寸允许偏差

项目			允许偏差/mm		
			优等品	一等品	合格品
规格尺寸允许偏差	普通型板材	长度、宽度	0，−1.0		0，−1.5
		厚度/mm　≤12	±0.5	±1.0	±1.0
		厚度/mm　>12	±1.0	±1.5	±2.0
		干挂板材厚度/mm	+2.0，0		+3.0，0
	圆弧型板材	壁厚/mm	≥20		
		弦长/mm	0，−1.0		0，−1.5
		高度/mm	0，−1.0		0，−1.5
平面度允许偏差	普通型板材	板材长度/mm　≤400	0.2	0.3	0.5
		板材长度/mm　400～800	0.5	0.6	0.8
		板材长度/mm　>800	0.7	0.8	1.0
	圆弧型板材	直线度（按板材高度）/mm　≤800	0.6	0.8	1.0
		直线度（按板材高度）/mm　>800	0.8	1.0	1.2
		线轮廓度/mm	0.8	1.0	1.2
角度允许偏差	普通型板材	板材长度/mm　≤400	0.3	0.4	0.5
		板材长度/mm　>400	0.4	0.5	0.7
		拼缝板正面与侧面夹角/(°)	<90		
	圆弧型板材	角度允许公差/(°)	0.4	0.6	0.8
		侧面角/(°)	≥90		

（2）天然大理石建筑板材的正面外观质量应符合表 7-6 中的规定。

表 7-6　天然大理石建筑板材的正面外观质量

缺陷名称	规定内容	优等品	一等品	合格品
裂纹	长度超过 10mm 的允许条数/条	0	0	0
缺棱	长度≤8mm、宽度≤1.5mm（长度<4mm、宽度≤1mm 不计），每米长度允许个数/个	0	1	2
缺角	沿板材边长顺延方向，长度≤3mm、宽度≤3mm（长度≤2mm、宽度≤2mm 不计），每块板的允许个数/个	0	1	2
色斑	面积≤6mm²（面积<2mm² 不计），每块板的允许个数/个	不明显	有，不影响装饰效果	
砂眼	直径在 2mm 以下			

注：1. 同一批板材的色调应基本调和，花纹应基本一致。
2. 板材允许黏结和修补，黏结和修补后不影响板材的装饰效果和物理性能。

（3）天然大理石建筑板材的物理力学性能，应符合表 7-7 中的规定。

表 7-7　天然大理石建筑板材的物理力学性能

项目		技术指标	项目	技术指标
体积密度/(g/cm³)		≥2.30	吸水率/%	≤0.50
干燥压缩强度/MPa		≥50.0	耐磨度①/cm³	≥10
干燥	弯曲强度/MPa	≥7.0	镜面板材的镜向光泽度	不低于 70 光泽度或供需双方协商
水饱和		≥7.0		

　① 为了颜色和设计效果，以两块或多块天然大理石板材组合拼接时，耐磨度差异应不大于 5，建议经受严重踩踏的阶梯、地面和月台使用的石材耐磨度最小为 12。

（4）大理石板材的抛光面应具有良好镜面光泽，并且能够清晰地反映出景物；厂家应按板材中化学主要成分不同控制板材镜面光泽度，其数值不得低于表 7-8 中的规定。

表 7-8　大理石板材镜面光泽度要求

主要化学成分含量/%				镜面光泽度（光泽单位）		
氧化钙	氧化镁	二氧化碳	灼烧减量	优等品	一等品	合格品
40～56	0～5	0～15	30～45	90	80	70
25～36	15～25	0～15	35～45			
25～35	15～25	10～25	25～35	80	70	60
34～37	15～18	0～1	42～45			
1～5	44～50	32～38	10～20	60	50	40

　注：表中未包括的板材，其镜面光泽度由供需双方商定。

（二）天然花岗石板材的质量要求

　　天然花岗石是火成岩，也称为酸性结晶深成岩，是火成岩中分布最广的一种岩石，属于硬石材，由长石、石英和云母组成，其成分以二氧化硅为主，约占 60%～75%。花岗石不易风化变质，外观色泽可保持百年以上，因此多用于墙基础和外墙饰面。由于花岗石硬度较高、耐磨性好，常用于高级建筑装修工程。

　　根据现行国家标准《天然花岗石建筑板材》（GB/T 18601—2009）中规定，天然花岗石建筑板材的质量应符合下列具体要求。

　　（1）天然花岗石建筑板材的加工质量要求应符合表 7-9 中的规定；天然花岗石建筑板材正面外观质量应符合表 7-10 中的规定。

表 7-9　天然花岗石建筑板材的加工质量要求　　　　　　　　　单位：mm

项目			具体要求					
			镜面和细面板材			粗面板材		
			优等品	一等品	合格品	优等品	一等品	合格品
规格尺寸允许偏差	毛光板	平面度	0.80	1.00	1.50	1.50	2.00	3.00
		厚度 ≤12	±0.5	±1.0	+1.0,−1.5	—	—	—
		厚度 >12	±1.0	±1.5	±2.0	+1.0,−2.0	±2.0	+2.0,−3.0

项目			具体要求					
			镜面和细面板材			粗面板材		
			优等品	一等品	合格品	优等品	一等品	合格品
规格尺寸允许偏差	普通型板	长度,宽度	0,−1.0		0,−1.5	0,−1.0		0,−1.5
		厚度 ≤12	±0.5	±1.0	+1.0,−1.5	—	—	—
		厚度 >12	±1.0	±1.5	±2.0	+1.0,−2.0	±2.0	+2.0,−3.0
	圆弧板	干挂板厚度	+3.0~−1.0					
		壁厚	≥18					
		弦长	0,−1.0		0,−1.5	0,−1.5	0,−2.0	0,−2.0
		高度				0,−1.0	0,−1.0	0,−1.5
平面度的允许公差	普通型板	板材长度L L≤400	0.20	0.35	0.50	0.60	0.80	1.00
		板材长度L 400<L<800	0.50	0.65	0.80	1.20	1.50	1.80
		板材长度L L≥800	0.70	0.85	1.00	1.50	1.80	2.00
	圆弧板	直线度(按板材高度) ≤800	0.80	1.00	1.20	1.00	1.20	1.50
		直线度(按板材高度) >800	1.00	1.20	1.50	1.50	1.80	2.00
		线轮廓度	0.80	1.00	1.20	1.00	1.50	2.00
角度允许公差	普通型板	板材长度L L≤400	0.30	0.50	0.80	0.30	0.50	0.80
		板材长度L L>400	0.40	0.60	1.00	0.40	0.60	1.00
		拼缝板正面与侧面夹角	≤90°					
	圆弧板	角度允许偏差	0.40	0.60	1.00	0.40	0.60	1.00
		侧面角 α	≥90°					
镜面板材的镜向光泽度			不低于80光泽单位,特殊需要和圆弧板由供需双方协商确定					

表7-10 天然花岗石建筑板材正面外观质量

缺陷名称	规定内容	具体要求		
		优等品	一等品	合格品
裂纹	长度不超过两端顺延至板边总长度的1/10(长度<20mm的不计),每块板的允许条数/条	不允许	1	2
缺棱	长度≤10mm、宽度≤1.2mm(长度<5mm、宽度<1mm不计),周边每米长度允许个数/个		1	2
缺角	沿板材边长,长度≤3mm、宽度≤3mm(长度≤2mm、宽度≤2mm不计),每块板的允许个数/个		1	2
色斑	面积≤15mm×30mm(面积<10mm×10mm不计),每块板的允许个数/个		2	3
色线	长度不超过两端顺延至板边总长度的1/10(长度<40mm的不计),每块板的允许条数/条		2	3

注:干挂板材不允许有裂纹存在。

(2)天然花岗石建筑板材的物理性能及放射性应符合7-11中的规定。

表 7-11　天然花岗石建筑板材的物理性能及放射性

项目		技术指标	
		一般用途	功能用途
体积密度/(g/cm³)		≥2.56	≥2.56
吸水率/%		≤0.60	≤0.40
压缩强度/MPa	干燥	≥100.0	≥131.0
	水饱和		
弯曲强度/MPa	干燥	≥8.0	≥8.3
	水饱和		
耐磨性①/cm³		25	25
特殊要求		工程对物理性能指标有特殊要求的,按工程要求执行	
放射性		应符合《建筑材料放射性核素限量》(GB 6566—2010)的规定	

① 使用在地面、楼梯踏步、台面等严重踩踏或磨损部位的花岗石石材应检验此项。

(三) 天然石灰石建筑板材的质量要求

根据现行国家标准《天然石灰石建筑板材》(GB/T 23453—2009) 中的规定,天然石灰石建筑板材按材料密度不同可分为:低密度石灰石,密度不小于 1.76g/cm³,且不大于 2.16g/cm³;中密度石灰石,密度不小于 2.16g/cm³,且不大于 2.56g/cm³;高密度石灰石,密度不小于 2.56g/cm³。天然石灰石建筑板材按材料形状不同可分为毛板(MB)、普通板(PX)、圆弧板(HM)和异型板(YX)。

(1) 天然石灰石建筑板材的加工质量　天然石灰石建筑板材的加工质量应符合表 7-12 中的规定。

表 7-12　天然石灰石建筑板材的加工质量

毛板平面度公差和厚度偏差/mm					普通板平面度允许公差/mm			
项目		优等品	一等品	合格品	板材长度	优等品	一等品	合格品
厚度偏差	≤12	±0.5	±0.8	±1.0	≤400	0.20	0.30	0.50
	>12	±1.0	±1.5	±2.0	400~800	0.50	0.60	0.80
平面度公差		0.80	1.00	1.50	>800	0.70	0.80	1.00
普通板规格尺寸允许偏差/mm					圆弧板直线度与轮廓度允许公差/mm			
项目		优等品	一等品	合格品	项目		优等品	一等品	合格品
长度、宽度		0,-1.0	0,-1.0	0,-1.5	直线度(按板材高度)	≤800	0.60	0.80	1.00
厚度偏差	≤12	±0.5	±0.8	±1.0		>800	0.80	1.00	1.20
	>12	±1.0	±1.5	±2.0	线轮廓度		0.80	1.00	1.20
圆弧板规格尺寸允许偏差/mm					普通板材的角度允许公差/mm			
项目		优等品	一等品	合格品	板材长度	优等品	一等品	合格品
弦长、高度		0,-1.0	0,-1.0	0,-1.5	≤400	0.30	0.50	0.80
					>400	0.40	0.60	1.00

注:1. 圆弧板的端面角度允许公差:优等品为 0.40mm,一等品为 0.60mm,合格品为 0.80mm。

2. 普通板的拼缝板材正面与侧面的夹角不得大于 90°。

3. 圆弧板侧面角度应不小于 90°。

4. 板材的表面加工处理由供需双方协商确定。

5. 圆弧板壁厚最小值应不小于 20mm。

（2）天然石灰石建筑板材的外观质量　天然石灰石建筑板材的外观质量应符合表 7-13 中的规定。

表 7-13　天然石灰石建筑板材的外观质量

缺陷名称	规定内容	优等品	一等品	合格品
裂纹	长度超过 10mm 的允许条数/条	0	0	0
缺棱	长度≤8mm、宽度≤1.5mm（长度≤4mm、宽度≤1mm 不计），每米长度允许个数/个	0	1	2
缺角	沿板材边长顺延方向，长度≤3mm、宽度≤3mm（长度≤2mm、宽度≤2mm 不计），每块板的允许个数/个			
色斑	面积≤6mm²（面积＜2mm² 不计），每块板的允许个数/个			
砂眼	直径在 2mm 以下		不明显	有，不影响装饰效果

注：1. 对毛板的缺棱、缺角不做要求。

2. 同一批天然大理石荒料的色调、花纹应基本一致。

3. 板材允许黏结和修补，黏结和修补后不影响板材的装饰效果和物理性能。

（3）天然石灰石建筑板材的物理力学性能　天然石灰石建筑板材的物理力学性能应符合表 7-14 中的规定。

表 7-14　天然石灰石建筑板材的物理力学性能

项目		技术指标		
		低密度石灰石	中密度石灰石	高密度石灰石
吸水率/%		≤12.0	≤7.5	≤3.0
压缩强度/MPa	干燥	≥12.0	≥28.0	≥55.0
	水饱和			
弯曲强度/MPa	干燥	≥2.9	≥3.4	≥6.9
	水饱和			
耐磨性/(1/cm³)		≥10	≥10	≥10

注：1. 耐磨性仅适用在地面、楼梯踏步、台面等易磨损部位的砂岩石材。

2. 工程对天然石灰石建筑板材物理力学性能及项目有特殊要求的，按工程要求执行。

（四）建筑装饰用水磨石的质量要求

根据现行的行业标准《建筑装饰用水磨石》（JC/T 507—2012）中的规定，建筑装饰用水磨石是指以水泥或水泥和树脂的混合物为胶黏剂、以天然碎石和砂或石粉为主要骨料，经搅拌、振动或压制成型、养护，表面经研磨和/或抛光等工序制作而成的建筑装饰材料。

根据现行的行业标准《建筑装饰用水磨石》（JC/T 507—2012）中的规定，预制水磨石的常用规格尺寸应符合表 7-15 中的要求；水磨石装饰面的外观缺陷技术要求如表 7-16 所列；有图案水磨石磨光面越线和图案偏差技术要求如表 7-17 所列；预制水磨石的尺寸允许偏差、平面度、角度允许极限公差应符合表 7-18 中的要求；水磨石的物理力学性能应符合表 7-19 中的要求。

表 7-15　预制水磨石的常用规格尺寸　　　　　　　　　　　单位：mm

项目	技术指标						
长度	300	305	400	500	600	800	1200
宽度	300	305	400	500	600	800	—

注：其他规格尺寸由设计使用部门与生产厂共同议定。

表 7-16　水磨石装饰面的外观缺陷技术要求

缺陷名称	技术要求	
	普通水磨石	水泥人造石
裂缝	不允许	不允许
返浆、杂质	不允许	不允许
色差、划痕、杂石、气孔	不明显	不允许
边角缺损	不允许	不允许

表 7-17　有图案水磨石磨光面越线和图案偏差技术要求

缺陷名称	技术要求	
	普通水磨石	水泥人造石
图案偏差	≤3mm	≤2mm
越线	越线距离≤2mm，长度≤10mm，允许 2 处	不允许

表 7-18　预制水磨石的尺寸允许偏差、平面度、角度允许极限公差　　　　单位：mm

类别	长度、宽度		厚度		平面度		角度	
	普通水磨石	水泥人造石	普通水磨石	水泥人造石	普通水磨石	水泥人造石	普通水磨石	水泥人造石
Q	0，−1	0，−1	+1，−2	±1	0.8	0.6	0.8	0.6
D	0，−1	0，−1	±2	+1，−2	0.8	0.6	0.8	0.6
T	±2	±1	±2	+1，−2	1.5	1.0	1.0	0.8
G	±3	±2	±2	+1，−2	2.0	1.5	1.5	1.0

表 7-19　水磨石的物理力学性能

项目		技术要求	
		普通水磨石	水泥人造石
抗折强度/MPa	平均值	≥5.0	≥10.0
	最小值	≥4.0	≥8.0
吸水率/%		≤8.0	≤4.0
光泽度（光泽单位）		≥25	≥60

水磨石的其他功能性能应符合下列要求。

（1）地面用的水磨石耐磨度应≥1.5。

（2）有防滑要求的水磨石的防滑等级应符合下列要求或设计要求：a. 通常情况下，防滑等级应不低于 1 级；b. 对于室内老人、儿童、残疾人等活动较多的场所，防滑等级应达到 2 级；c. 对于室内易浸水的地面，防滑等级应达到 3 级；d. 对于室内有设计坡度的干燥地面，防滑等级应达到 2 级，有设计坡度易浸水的地面，防滑等级应达到 4 级；e. 对于室外有设计坡度的地面，防滑等级应达到 4 级，其他室外地面的防滑等级应达到 3 级；f. 石材地面工程的防滑等级指标要求如表 7-20 所列。

表 7-20　石材地面工程的防滑等级指标要求

防滑等级	0	1	2	3	4
抗滑值 F_B	$F_B<25$	$25\leqslant F_B<35$	$35\leqslant F_B<45$	$45\leqslant F_B<55$	$F_B\geqslant55$
摩擦系数	$\geqslant0.50$				

（3）防静电型水磨石的防静电性能应达到 GJB 3007A 防静电工作区技术要求。

（4）不发火水磨石的不发火性能应达到《建筑地面工程施工质量验收规范》（GB 50209—2010）中附录 A 的要求。

（5）水磨石的耐污染性能应符合设计要求。

（6）洁净水磨石的空气洁净度等级应符合设计要求。

三、金属饰面板的质量要求

目前，建筑装饰饰面工程中常用的钢材制品种类很多，主要有普通不锈钢钢板、彩色不锈钢板、彩色涂层钢板、覆塑钢板等。

（一）普通不锈钢钢板的质量要求

常用普通不锈钢薄钢板的参考规格如表 7-21 所列；普通不锈钢薄钢板的力学性能如表 7-22 所列。

表 7-21　常用普通不锈钢薄钢板的参考规格

| 钢板厚度 /mm | 钢板宽度/mm | | | | | | | | | 备注 |
| | 500 | 600 | 700 | 750 | 800 | 850 | 900 | 950 | 1000 | |
	钢板长度/mm									
0.35、0.40、0.45、0.50、0.55、0.60、0.70、0.75	—	1200	—	1000	—	—	—	—	—	
	1000	1500	1000	1500	1500	—	1500	1500	—	
	1500	1800	1420	1800	1600	1700	1800	1900	1500	
	2000	2000	2000	2000	2000	2000	2000	2000	2000	
0.80、0.90	—	—	—	1500	1500	1500	1500	1500	—	热轧钢板
	1000	1200	1400	1800	1600	1700	1800	1900	1500	
	1500	1420	2000	2000	2000	2000	2000	2000	2000	
1.0、1.1、1.2、1.25、1.4、1.5、1.6、1.8	—	—	—	1000	—	—	1000	—	—	
	1000	1200	1000	1500	1500	1500	1500	1500	—	
	1500	1420	1420	1800	1600	1700	1800	1900	1800	
	2000	2000	2000	2000	2000	2000	2000	2000	2000	

钢板厚度/mm	钢板宽度/mm									备注
	500	600	700	750	800	850	900	950	1000	
	钢板长度/mm									
0.20、0.25、0.30、0.40	1000	1200	1420	1500	1500	1500	—	—	—	冷轧钢板
	1800	1800	1800	1800	1800	1500		1500		
	2000	2000	2000	2000	2000	2000		2000		
0.50、0.55、0.60	—	1200	1420	1500	1500	1500	—		—	
	1000	1800	1800	1800	1800	1800	1500		1500	
	1500	2000	2000	2000	2000	1800			2000	
0.70、0.75	—	1200	1420	1500	1500	1500	—		—	
	1000	1800	1800	1800	1800	1800	1800		1500	
	1500	2000	2000	2000	2000	1800			2000	
0.80、0.90	—	1200	1420	1500	1500	1500	—		—	
	1000	1800	1800	1800	1800	1800	1800		1500	
	1500	2000	2000	2000	2000	2000			2000	
1.0、1.1、1.2、1.4、1.5、1.6、1.8、2.0	1000	1200	1420	1500	1500	1500	—	—		
	1500	1800	1800	1800	1800	1800	1800			
	2000	2000	2000	2000	2000	2000	2000		2000	

表 7-22　普通不锈钢薄钢板的力学性能

牌　号	力学性能			硬　度			备　注
	屈服强度/MPa	拉伸强度/MPa	伸长率/%	HR	HRB	HV	
1Cr17Ni8	≤21	≤58	≤45	≤187	≤90	≤200	经固溶处理的奥氏体型钢
1Cr17Ni9	≤21	≤53	≤40	≤187	≤90	≤200	
1Cr17	≤21	≤46	≤22	≤183	≤88	≤200	经退火处理的铁素体型钢
1Cr17Mo	≤21	≤46	≤22	≤183	≤88	≤200	
00Cr17Mo	≤25	≤42	≤20	≤127	≤96	≤230	

（二）彩色涂层钢板的质量要求

彩色涂层钢板是以冷轧钢板、电镀锌钢板、热镀锌钢板或镀铝锌钢板为基板，经过表面脱脂、磷化、铬酸盐处理后，涂上有机涂料经烘烤而制成的产品。彩色涂层钢板基材的化学成分和力学性能应符合相应标准的规定；涂层性能应符合现行国家标准《彩色涂层钢板及钢带》（GB/T 12754—2019）的有关规定。彩色涂层钢板及钢带的尺寸如表 7-23 所列，彩色涂层钢板及钢带的涂层光泽、弯曲性能和反向冲击性能如表 7-24 所列，彩色涂层钢板及钢带的铅笔硬度和耐久性如表 7-25 所列。

表 7-23　彩色涂层钢板及钢带的尺寸

名　　称	公称厚度	公称宽度	钢板公称长度	钢卷内径
尺寸/mm	0.20～2.0	600～1600	1000～6000	450、508 或 610

表 7-24　彩色涂层钢板及钢带的涂层光泽、弯曲性能和反向冲击性能

级别	涂层光泽 （光泽度）	弯曲性能 （T 弯值）	反冲击性能 （冲击功）/J
低（A）	≤40	≤5T	≥6
中（B）	>40～70	≤3T	≥9
高（C）	>70	≤1T	≥12

表 7-25　彩色涂层钢板及钢带的铅笔硬度和耐久性

面漆种类	铅笔硬度	耐中性盐雾 试验时间/h	紫外灯加速老化试验时间/h	
			UVA-340	UAB-313
聚酯	≥F	≥480	≥600	≥400
硅改性聚酯	≥F	≥960	≥720	≥480
高耐久性聚酯	≥HB	≥1440	≥960	≥600
聚偏氟乙烯	≥HB	≥1920	≥1800	≥1000

（三）覆塑钢板的质量要求

新型的覆塑钢板是一种多用途装饰钢质板材，不仅具有普通彩色涂层钢板的性能和优点，还较大地弥补了普通彩色涂层钢板的色彩单调的不足，具备多种表面效果及色彩，按图案可分为木纹、大理石纹、花岗岩纹、砖纹、仿不锈钢拉丝纹、迷彩等几种。覆塑钢板的规格及技术性能如表 7-26 所列。

表 7-26　覆塑钢板的规格及技术性能

产品名称	规格/mm	技术性能
塑料钢板	长：1800、2000 宽：450、500、1000 厚：0.35、0.40、0.50、0.60、0.70、0.80、1.0、1.5、2.0	(1)耐腐蚀性：可耐酸、碱、油、醇类的腐蚀，但对有机溶剂的耐腐蚀性差； (2)耐水性能：耐水性好； (3)绝缘、耐磨性能：良好； (4)剥离强度及深冲性能：塑料与钢板的剥离强度≥20N/cm²，当冷弯曲180°，复合层不分离不开裂； (5)加工性能：具有普通钢板所具有的切断、弯曲、深冲、钻孔、铆接、咬合、卷材等性能，加工温度以 20～40℃最好； (6)使用温度：在 10～60℃可以长期使用，短期可耐 120℃

四、其他饰面材料的质量要求

建筑饰面工程所用的其他材料品种很多，用量较大的主要有水泥、砂子和石灰等，它们的质量应分别符合下列要求。

（1）水泥质量要求　饰面板工程施工用的水泥，宜采用 32.5 级或 42.5 级矿渣水泥或普

通水泥，其技术性能应符合现行国家标准《通用硅酸盐水泥》（GB 175—2020）中的要求，应有出厂证明或复验合格证，若出厂日期超过 3 个月或已结有小块的水泥不得使用；采用的白水泥不仅应符合设计要求，而且符合现行国家标准《白色硅酸盐水泥》（GB/T 2015—2017）中的要求。

（2）砂子质量要求　饰面板工程施工用的砂子，在使用前应当进行过筛，其粒径一般为 0.35～0.5mm，含泥量≤3％，颗粒坚硬、干净，无有机杂质，其技术性能应符合现行国家标准《建设用砂》（GB/T 14684—2011）中的规定。

（3）石灰质量要求　饰面板工程施工用的石灰应用块状生石灰进行淋制，并用孔径 3mm×3mm 的筛网过滤，并贮存在沉淀池中。石灰的熟化时间，常温下不少于 15d，用于罩面的石灰，熟化时间不应少于 30d，石灰膏内不得含有未熟化的颗粒和其他物质。

第二节　饰面板工程施工质量管理

建筑装饰饰面板工程是室内外装饰的主要组成部分，是将大理石、花岗石等天然石材加工而成的板材，或人工加工而制成的其他饰面材料，通过构造连接安装或镶贴于建筑表面形成装饰层。建筑装饰饰面板的主要目的是保护结构安全，增强建筑表面的美化功能，极大提高建筑物的使用质量，改善城市的环境和面貌，延长建筑物的使用年限。

一、饰面板安装工程质量预控要点

（1）饰面板多数是脆硬性的材料，在搬运过程中应当轻拿轻放，防止出现棱角破坏和板材断裂。堆放时要尽量竖直排放，避免出现碰撞和倾倒。光面、镜面饰面板在搬运时要光面（镜面）对光面（镜面），中间用软纸加以衬隔。大理石、花岗石不能采用褪色的材料进行包装。

（2）在饰面板安装前，建筑的水电管线及设备、墙上预留预埋件已安装完毕，经检查质量符合设计要求；施工中所用的垂直运输机具准备齐全，经检查运转正常。

（3）在饰面板正式安装前，建筑物的外门窗已安装完毕，经检查质量符合设计和现行标准的要求。

（4）在大面积饰面板安装前，应先在适当位置做样板工程，样板经有关单位检验合格并确认后方可组织人员正式进行饰面板的施工。

二、饰面板安装工程质量施工要点

1. 石材饰面板湿铺设施工要点

（1）在饰面板正式安装前，对于基层应先进行找平，按设计要求分块弹线，并进行试排、预拼装和编号，为饰面板正式安装打下良好的基础。

（2）在墙上凿出结构施工时预埋的钢筋，将直径 6mm 或 8mm 的钢筋按竖向和横向绑扎或焊接在预埋钢筋上，使其形成钢筋网片。水平钢筋行数应与饰面板行数一致并平行。如结构施工时未预埋钢筋，则可用膨胀螺栓或凿洞埋开脚螺柱的方法来固定钢筋网片。

（3）饰面板所用的锚固件及连接件，一般应采用镀锌铁件或连接件进行防腐处理。镜面和光面的大理石、花岗石饰面，应用钢或不锈钢连接件。

（4）固定饰面板的钢筋网片应当与锚固件连接牢固。固定饰面板的连接件直径或厚度大于饰面板的接缝宽度时应当凿沟槽进行埋置。

（5）在每块饰面板安装前，其上、下边打眼数量均不得少于2个；当板材的宽度大于700mm时，其上、下边打眼数量均不得少于3个。连接饰面板的铜丝不小于双股16号。

（6）为确保饰面板表面美观、缝隙一致，板间的接缝宽度应符合设计和现行规范的要求。

（7）饰面板安装完毕后，在灌注砂浆之前，先将两边竖向缝用15～20mm的麻丝填塞，以防止灌注砂浆时出现漏浆，光面、镜面和水磨石饰面板的竖缝，可用石膏灰进行封闭。

（8）饰面板绑扎或焊接安装后，应对饰面板采取临时固定措施，以防灌注砂浆时饰面板发生移动。

（9）待饰面板就位并经检查合格后，应用1：2.5水泥砂浆分层灌注固定，每层灌注高度为150～200mm，且不得大于板高的1/3，并随时插捣密实，待水泥砂浆达到初凝后应检查饰板面的位置，如发生移动错位应拆除重新安装；若无移动现象方可继续灌注上层水泥砂浆，施工缝应留在饰面板水平接缝以下50～100mm处。

2. 石材饰面板干挂法施工要点

（1）安装前先将饰面板在地面上按照设计图纸及墙面实际尺寸进行预排，将色调明显不一的饰面板挑出，换上色泽一致的饰面板，尽量使上下左右的花纹近似协调，然后逐块加以编号，分类竖向堆放好备用。

（2）在墙面上弹出施工水平控制线和垂直控制线，并每隔一定距离做出控制墙面平整度的砂浆灰饼，或用麻线拉出墙面平整度的控制线。

（3）饰面板的干挂安装一般应由下向上逐排进行，每排应根据饰面的实际情况由中间或一端开始。

（4）在最下排饰面板安装的上、下口，用麻线拉两根水平控制线，用不锈钢膨胀螺栓将不锈钢连接件固定在墙上；在饰面板的上下侧向面用电钻钻孔或槽，孔的直径和深度按销钉的尺寸而定，然后将饰面板搁在连接件上，将销钉插入孔内，板缝应用专用弹性衬料垫隔，待饰面板调整到正确位置时，拧紧连接件的螺母，并用环氧树脂胶或密封胶将销钉固定。待最后一排安装完毕后，再在其上边按同样方法进行安装。

（5）饰面板全部安装完毕后，板间的接缝应按照设计和规范要求在里侧嵌弹性条，外面用密封胶进行封闭。

3. 干挂瓷质饰面施工要点

（1）在进行正式干挂前应对瓷板编号、开槽或钻孔，在墙上安装胀锚螺栓；挂件的安装应满足设计中的规定。

（2）在进行瓷板安装前，应认真检查已完工的建筑结构质量是否符合设计要求，对已损坏的外墙防水层应加以修补。

（3）瓷板安装的拼缝应符合设计要求，瓷板的槽（孔）内及挂件表面的灰粉应清除。

（4）扣齿板的长度应符合设计要求，当设计中未做规定时不锈钢扣齿板与瓷板支承边等长，铝合金扣齿板比瓷板支承边长应短20～50mm。

（5）为确保瓷板安装牢固可靠，扣齿板或销钉插入瓷板的深度应符合设计要求。

（6）当采用不锈钢挂件时，应将环氧树脂浆液抹入槽（孔）内，与瓷板接合部位的挂件应满涂，然后插入扣齿板或销钉。

（7）瓷板中部加强点的连接件与基面连接应非常可靠，其位置及面积应符合设计要求。

（8）灌缝的密封胶液应符合设计要求，其颜色应与瓷板色彩相配，灌缝应当饱满平直，宽窄一致，不得在潮湿时灌注密封胶；在灌缝中不得污损瓷板表面。

（9）底板的拼缝有排水孔设置要求时，其排水通道不得出现阻塞。

4. 挂贴瓷质饰面施工要点

（1）瓷板应按照作业流水进行编号，瓷板拉结点的竖向孔应钻在板厚中心线上，孔径一般为 3.3～3.5mm，深度为 20～30mm，瓷板背部模孔应与竖向孔连通；用防锈金属丝穿孔进行固定，金属丝直径大于瓷板拼缝宽度时应采取凿槽埋置的方法。

（2）瓷板铺设应由下而上进行，出墙面勒脚的瓷板，应待上层饰面完成后再进行铺设。楼梯护栏、栏板及墙裙的瓷板，应在楼梯踏步、地面面层完成后再进行铺设。

（3）当基层采用拉结钢筋网时，钢筋网应与锚固点焊接牢固。锚固点为螺栓连接时，其紧固力矩应取 40～45N·m。

（4）除设计中有特殊要求外，挂贴的瓷质饰面在同一幅墙面上的瓷板色彩应一致。

（5）瓷质饰面板在挂贴时，应当找规矩、吊垂直后用金属丝绑牢在拉结钢筋网上，挂贴时可用木楔调整，瓷板的拼缝宽度应符合设计要求，并不宜大于 1mm。

（6）在灌注填缝砂浆前，应将墙体及瓷板背面浇水润湿，并用石膏灰浆临时封闭瓷板竖缝，以防止灌注砂浆时漏浆。用稠度 100～150mm、体积比为（1:2.5）～（1:3）的水泥砂浆分层灌注，每层高度为 150～200mm，应及时插捣密实，待砂浆达到初凝后，应检查板面位置是否正确，合格后方可灌注上层砂浆，否则应拆除重新安装。施工缝应留在瓷板水平缝以下 50～100mm 处，待填缝砂浆初凝后方可拆除石膏灰及临时固定物。

（7）瓷板的拼缝处理应符合设计要求，当设计无具体要求时可用与瓷板颜色相配的水泥浆抹匀严密。

5. 塑料板粘贴施工要点

（1）对于受摩擦力较大的地方，塑料板的粘贴应满涂黏合剂，以使板材粘贴牢固。

（2）对于受摩擦力较小的地方，塑料板可局部涂黏合剂，即在接头的两旁和房间的周边涂黏合剂。塑料板中间黏合剂带的间距不大于 500mm，其宽度一般为 100～200mm。

（3）在进行粘贴时，应在塑料板和基层面上各涂刷黏合剂两遍，纵横交错进行，应涂得薄而均匀，不要出现漏涂。第二遍应在第一遍黏合剂干燥至不粘手时再涂。第二遍涂好后也要等其略干后再粘贴塑料板。

（4）软质的塑料板粘贴后应用辊子滚压，赶出其底部的气泡，以提高粘贴质量。粘贴时不得用力拉扯塑料板，以防止板材产生变形。

（5）塑料板粘贴完成后应进行养护，养护时间应按照黏合剂说明而确定。

（6）为缩短黏合剂的硬化时间，有条件时可采用室内加温或放置热砂袋等方法促凝。

（7）当选用的黏合剂不能满足耐腐蚀要求时，应在接缝处用焊接条进行封焊。

（8）黏合剂和溶剂多为易燃有毒物质，施工时应戴上防毒口罩和手套，操作地点要有良好的通风条件，并应具有可靠的防火措施。

三、饰面板安装工程施工质量管理

（一）饰面板施工质量控制

（1）饰面板安装工艺流程 饰面板安装的工艺流程为：钻孔切槽→穿铜丝→绑扎钢筋网→弹线→安装饰面板→灌浆→擦缝。本操作工艺适用于工业与民用建筑室内外墙柱面安装高度超过1m、边长大于400mm、厚度25mm以上的饰面板工程。

（2）钻孔切槽 先将饰面板按照设计要求用台钻进行打眼，事先应当操作支架使钻头直对板材上端面，在每块板的上、下两个面打眼，孔打在距板宽两端的1/4处，每个面各打两个眼，孔径为5mm，深度为20mm，孔中心距石板背面以8mm为宜。如大理石或预制水磨石、磨光花岗岩板材宽度较大时，可以适当增加孔数。成孔后用切割机将饰面板背面的孔壁轻轻切一道槽，深度为5mm左右，连同孔眼形成象鼻眼，以准备穿铜丝。

当饰面板规格较大时，特别是预制水磨石和磨光花岗岩板，如下端不便于拴绑铜丝，现场也可在未镶贴饰面板的一侧，采用手提砂轮切割机，按规定在板高的1/4处上、下各开一槽，槽长度约30～40mm，槽深度约12mm，与饰面板背面打通，竖向的槽应居中，也可以偏外，但以不损坏外饰面和不泛碱为宜。先将铜丝卧在槽内，再将其与钢筋网绑扎固定。

（3）穿铜丝 将准备好的铜丝剪成长200mm左右，一端用木楔粘环氧树脂将铜丝楔进孔内固定牢固，另一端将铜丝顺孔槽弯曲并卧在槽内，使饰面板的上、下端面没有铜丝突出，以便和相邻的饰面板接缝严密。

（4）绑扎钢筋网 先剔出墙上预埋的钢筋，再将墙面镶贴饰面板的部位清扫干净，然后绑扎一道竖向直径6mm的钢筋，并把绑扎好的竖向钢筋用预埋钢筋弯压于墙面。横向钢筋为绑扎饰面板所用，当板材高度为600mm时，第一道横向钢筋在地面以上100mm处与主筋绑牢，用作绑扎固定第一层饰面板下口的铜丝；第二道横向钢筋在水平线上70～80mm，比饰面板的上口低20～30mm处，用于绑扎固定第一层饰面板上口的铜丝。再往上每隔600mm绑一道横向钢筋即可。

（5）弹线 首先将饰面板的墙面、柱面和门窗套用垂线从上至找出垂直（高层应用经纬仪找垂直）。考虑板材厚度、灌注砂浆的空隙和钢筋网所占尺寸，一般饰面板外皮距结构面的厚度应以50～70mm为宜。找出垂直后，在地面上顺着墙弹出饰面板外轮廓尺寸线（柱面和门窗套等同），此线即为饰面板的安装基准线。编好号的饰面板在画好的基准线上面画出就位线，每块饰面板留1mm缝隙，如设计要求拉开缝，则按设计规定留出缝隙。

（6）安装饰面板 先按部位取饰面板并理顺铜丝，然后将饰面板就位，上口外仰，右手伸入饰面板的背面，将饰面板下口的铜丝绑扎在横向钢筋上。绑扎时不宜太紧可留余量，只要将铜丝与横向钢筋拴牢即可。下口绑扎完，将饰面板竖起，便可绑扎上口铜丝，并用木楔垫稳。饰面板与基层间的缝隙一般为30～50mm。用靠尺检查调整木楔，再拧紧铜丝，依次逐块进行。第一层安装完毕应用靠尺板找垂直，用水平尺检查饰面板表面是否平整，用方尺检查阴阳角是否方正。在安装饰面板时，如发现其规格不准确或饰面板之间的空隙不符，应用铅皮垫牢，使饰面板之间的缝隙均匀一致，并保持第一层饰面板上口的平直。在找完饰面板的垂直、平整和方正后，将调制成糊状的熟石膏贴在板块的上下、左右接缝之间；在安装室外的饰面板时，则用胶黏剂将板缝黏结在一起。再用靠尺板检查有无变形，待石膏或胶黏剂硬化后方可灌浆。如设计有嵌缝塑料软管者，应在灌浆前将管放好。

（7）灌浆　将 1：2.5 水泥砂浆放入桶中加水调制，其稠度一般为 80～120mm，用铁簸箕将水泥砂浆倒入安装好的饰面板缝隙中，注意灌浆中不得碰撞饰面板，边灌浆边用橡皮锤轻轻敲击饰面板表面，使灌入砂浆形成的气体排出。第一层浇灌高度为 150mm，且不得超过饰面板高度的 1/3，既可起到锚固饰面板的下口铜丝作用，又可起到固定饰面板的作用。如发生饰面板外移错动，应立即拆除重新安装。

第一层灌浆后停 1～2h，待水泥砂浆初凝时，应检查饰面板的位置是否准确，若无异常再进行第二层灌浆，灌浆高度一般为 200～300mm，待达到初凝后再继续灌浆。第三层灌浆应至低于饰面板上口 50～100mm 处。

（8）擦缝　饰面板安装完毕后，先清除板缝处的石膏或胶黏剂，然后用橡胶密封膏填塞平顺。当设计有要求时应按设计要求进行嵌缝。

（二）饰面板施工应注意的质量问题

（1）灌浆时应分层进行，并且不得灌得过高，层与层之间也不能跟得过紧，以免出现接缝不平、高低差过大。

（2）清理饰面板面的石膏等残留物，不得用力进行剔凿，以免板材受损、形成空鼓。

（3）在安装饰面板时，应在结构沉降稳定后进行。顶部和底部应留有一定的缝隙，以免结构压缩变形，使饰面板直接承重被压开裂。

（4）如室内大面积安装饰面板时，而且是直接朝阳面时，宜采用干挂法施工，以免雨后泛碱和温差过大而产生饰面板的脱落。

四、石材饰面板工程施工质量管理

（一）石材饰面板施工质量控制

（1）石材饰面板的工艺流程　石材饰面板的工艺流程为：清理结构表面→测量放线→安装金属骨架→石材饰面板、连接件和固定件加工→安装石材饰面板→拼接缝灌注密封胶→清洁石材饰面板。本工艺标准适用于工业与民用建筑高度不大于 24m、抗震设防烈度不大于 7 度的石材饰面板安装工程的施工。

（2）清理结构表面　安装石材饰面板的结构表面和预埋件表面，应将黏结的混凝土、砂浆及其他杂物剔除并清理干净，为石材饰面板的安装做好准备。

（3）测量放线　对结构上的预埋件进行全面检查和测量，当主体结构未设置预埋件时，应根据设计要求安设"后置埋件"。当预埋件的偏差较大时，将测量结果提供给设计人员，必要时应调整设计。根据金属骨架的布置设计和石材饰面的排板设计，弹出金属骨架的水平控制线、竖向控制线，预埋件的位置、标高控制线等。

（4）安装金属骨架

① "后置埋件"用膨胀螺栓或化学螺栓固定，后加螺栓每处应不少于 2 个，螺栓直径不小于 10mm，长度不小于 110mm。"后置埋件"安设后，应抽样进行拉拔试验，其拉拔强度应符合设计要求。

② 当基层为非承重内隔墙、空心砖墙、轻质混凝土空心砌块墙、加气混凝土墙时，一般采用金属骨架干挂石材饰面板。金属骨架与预埋件或"后置埋件"的连接应符合设计规定，一般应采用焊接连接，也可用连接件螺栓连接。金属骨架安装时，应先安装竖向构件，

后安装水平构件。

③ 竖向构件的安装，应从下向上进行，并应先安装同立面两端的竖向构件，再拉通线依次安装中间的竖向构件；在进行安装时，依据水平控制线或竖向控制线及距离结构表面尺寸，并用吊线坠或靠尺纠正垂直，先临时加以固定，待竖向构件安装完后，再用吊线坠和拉线方法进行复核，一切均符合设计要求后正式进行固定。

④ 水平构件的安装，在同一层内应从下向上进行；在安装时，依据水平控制线与石材饰面板的连接方式相适应，拉出水平线绳，与竖向构件相连接。

⑤ 金属骨架与预埋件之间的连接，以及金属骨架竖向构件与水平构件间的连接，当采用螺栓连接时，必须将螺栓紧固牢固；当采用焊接连接时，焊缝长度和厚度应符合设计要求，焊接完成后应做好焊接连接处的防腐防锈处理。

（5）石材饰面板、连接件和固定件加工

① 石材饰面板的厚度不应小于 25mm，面积不宜大于 $1m^2$。表面处理后的石材饰面板在车间用切割机切割，施工现场可用手提切割机切割。石材饰面板加工后，连接部位不得有崩坏、暗裂等缺陷，其他部位的崩边不大于 5mm×20mm、缺角不大于 20mm 时可修补后使用，但每层修补的石材块数不应大于 2%，且宜用于立面不明显的部位；火烧石材不得有暗裂和崩裂情况。石材加工后应进行编号标识，并且应与设计一致。

② 石材饰面板的钻孔或开槽应符合设计要求。当采用钢销式端面安装时，应在石材的上下端面钻孔；当采用通槽式端面安装时，应在石材的上下端面开通槽；当采用短槽式端面安装时，应在石材的上下端面开短槽；当采用背面矩槽式端面安装时，应在石材的背面开短槽。开通槽应在加工车间内完成，钻孔和开短槽可以在加工车间内完成，也可在现场进行。

③ 钢销孔位应在石材饰面板厚度的正中，到边端的距离不得小于石材饰面板厚度的 3 倍，也不得大于 180mm，开孔间距不宜大于 600mm。边长不大于 1m 时，每端设置两个孔；边长大于 1m 时，应在两侧端部增加钢销钻孔或增加短槽式安装方式。孔深度宜为 22～25mm，孔径宜为 7mm 或 8mm（比钢销的直径大 2mm）。开孔时应将石材饰面板固定，按设计要求放出孔位后，用台钻或冲击钻钻孔。钻孔时应严格控制孔深、垂直度和钻孔速度。石材钢销孔洞处不得有损坏或崩裂现象，孔内应光滑、洁净。

④ 通槽在加工车间用开槽机开槽，宜采用水平位置送件，刀片水平位置旋转，严格控制刀片与台面的距离，保证槽口在石材饰面板厚度方向居中，槽宽度宜为 6～7mm，槽深度宜为 17～22mm，且宜浅不宜深。石材饰面板开槽后，不得有损坏或崩裂现象，槽口应打磨成 45°倒角，槽应光滑、洁净。

⑤ 短槽的数量为每端面两个，背面的短槽可以代替同数量的端面短槽；短槽边距离石材饰面板端部不应小于石材饰面板厚度的 3 倍，且不应小于 85mm，也不得大于 180mm；短槽的长度不应小于 100mm；有效长度内的槽深不宜小于 15mm，但背面短槽的槽深应严格控制；槽宽度宜为 6mm 或 7mm。短槽在加工车间用开槽机开槽，现场可用手提砂轮机开槽，应严格控制槽的位置、长度和宽度。石材饰面板开槽后，不得有损坏或崩裂现象，槽口应打磨成 45°倒角，槽应光滑、洁净。

⑥ 连接杆和固定件一般应在车间加工，其材质、规格尺寸均应符合设计要求。连接件一般采用连接板（或角码）。固定件的形式随安装方式而定，钢销式安装时为钢销，通槽和短槽式安装时为支撑板。钢销和连接板应采用不锈钢，钢销的直径宜为 5mm 或 6mm，长度宜为 20～30mm；连接板截面尺寸不宜小于 40mm×4mm。不锈钢支撑板的厚度不宜小于

3.0mm，铝合金支撑板的厚度不宜小于 4.0mm。

（6）安装石材饰面板

① 连接件、连接板、支撑板的位置应与石材饰面板上的孔位或槽位相对应。石材饰面板与结构面或金属骨架间的净距离一般为 50～70mm。连接件与金属骨架、预埋件等一般采用焊接连接，也可采用螺栓连接，同时均应符合设计要求。连接件安装时，按放线位置、标高焊接或螺栓连接，焊缝的长度和厚度应符合设计要求，螺栓应紧固。

② 石材饰面板在安装前，应将石材饰面板孔内、槽内以及钢销、连接板、支撑板等清理干净。石材饰面板与钢销、支撑板等固定件用黏结剂进行黏结。安装应逐层从下向上顺序进行。每层安装时，应先安装两端和门窗口边的石材饰面板，再拉水平线安装中间部位的石材饰面板。每块石材饰面板安装时，先安装石材下端的连接板或支撑板，用螺栓临时固定，当连接板孔位与钢销的位置或槽位与支撑板位置相吻合时，用螺栓正式固定连接板或支撑板，并在石材饰面板孔内或槽内注满黏结剂，使石材饰面板就位，并对饰面板临时固定，对其平整度、垂直度、缝宽、接缝直线度、高低差和阴阳角方正等进行检查校正，经检查完全符合要求后，刮除多余的黏结剂。等黏结剂固化后，在石材饰面板的上端孔或槽内填注黏结剂，安装上端的连接板或支撑板。

每一层石材饰面板安装完后再详细检查一遍，符合设计要求后安装上一层石材饰面板。石材饰面板的缝隙应根据设计缝宽度，以定制塑料块来控制；应注意连接板、支撑板的安放标高，应紧托上层的石材饰面板，而与下层石材饰面板间留有孔隙。窗套顶板和其他悬吊板可用短槽式或通槽式并辅以背面短槽式安装方法，窗台板宜采用背面短槽式安装方法。

③ 当墙面上有突出物时，石材饰面板用钻孔或切割等方法来形成孔洞，使孔洞的边缘整齐，与突出物的边缘吻合。

（7）拼接缝灌注密封胶　密封胶的种类和嵌填的厚度应符合设计要求，密封胶一般用低模数中性硅酮胶。清除拼接缝内的杂物，选用 40mm 宽的胶带纸作为防污条，沿着石材饰面板和突出物边缘粘贴，使其与边缘贴齐，与石材饰面板面和突出物表面贴牢；在缝隙内嵌塞直径略大于缝隙宽的海绵条，填塞的深度应满足密封胶的厚度；在拼接缝内海绵条外用嵌缝枪打入密封胶，并立即用胶筒或刮刀刮平；注胶时用力要匀，移动嵌缝枪时要稳而慢，使密封胶饱满、连续、严密、均匀、平直、无气泡。并避免在雨天、高温和气温低于 5℃时进行注胶作业。

（8）清洁石材饰面板　揭掉粘贴的防污条，用棉纱将石材饰面板表面擦净，若有胶或其他黏结牢固的杂物时，可用铲刀将其铲除，用棉纱蘸丙酮擦干净，使石材饰面板表面洁净无污染。

（二）石材饰面板应注意的质量问题

（1）在正式安装石材饰面板施工前，应根据墙面尺寸、门窗洞口位置、尺寸、勒脚尺寸、装饰线条、接缝宽度等进行排板设计，以实现总体装饰效果。

（2）安装前对石材饰面板进行预排和挑选，使整体墙面的色泽协调一致，防止有缺边掉角、裂缝和严重擦伤的石材饰面板上墙。

（3）在石材饰面板安装过程中，用靠尺、直角尺、拉线绳等方法进行质量检查，不符合要求的及时进行处理。

（4）石材饰面板的孔、槽和固定件应清理干净，孔、槽内应灌注足够的黏结剂，使饰面板固定牢固。

（5）接缝处注胶应连续、密实，外墙饰面板应防止出现渗漏。

五、金属饰面板工程施工质量管理

（一）金属饰面板施工质量控制

（1）工艺流程　金属饰面板工程施工工艺流程为：吊直、套方、找规矩、弹线→固定骨架的连接件→固定骨架→金属饰面板安装→收口构造。

（2）吊直、套方、找规矩、弹线　首先根据设计图纸的要求和几何尺寸，要对镶贴金属饰面板的墙面进行吊直、套方、找规矩，并进行一次实测和弹线，确定饰面墙板的尺寸和数量。

（3）固定骨架的连接件　骨架的横竖杆件是通过连接件与结构固定的，而连接件可以与结构的预埋件焊牢，也可以在墙上打膨胀螺栓。由于后一种方法比较灵活，尺寸误差比较小，容易保证位置的准确性，因而实际施工中采用得比较多。

（4）固定骨架　骨架应预先进行防腐处理。安装骨架位置要准确，结合要牢固。安装后应全面检查中心线、表面标高等。对高层建筑外墙，为了保证金属饰面板的安装精度，宜用经纬仪对横竖杆件进行贯通。变形缝、沉降缝等也应妥善处理。

（5）金属饰面板安装

① 墙板的安装顺序是从每面墙的边部竖向第一排下部的第一块板开始，自下而上进行安装。安装完该面墙的第一排墙板再安装第二排墙板。每安装铺设10排墙板后，应吊线检查一次，以便及时消除误差。为了保证墙面的外观质量，螺栓位置必须准确，并采用单面施工的钩形螺栓固定，使螺栓的位置横平竖直。固定金属饰面板的方法常用的主要有两种：一是将板条或方板用螺栓拧到型钢或木架上，这种方法耐久性较好，多用于外墙金属饰面板安装；二是将板条卡在特制的龙骨上，这种方法多用于内墙金属饰面板安装。

② 板与板之间的缝隙一般为10～20mm，多用橡胶条或密封弹性材料处理。当饰面板安装完毕，要注意在易于被污染的部位要用塑料薄膜覆盖保护。易被划伤和碰撞的部位，应设安全护栏加以保护。

（6）收口构造

① 水平部位的压顶、端部的收口、伸缩缝的处理，两种不同材料的交接处理等，不仅关系到装饰效果，而且对使用功能也有较大的影响。因此，一般多用特制的两种材质性能相似的成型金属板进行妥善处理。

② 构造比较简单的转角处理方法，大多是用一条较厚的（1.5mm）的直角形金属板，与外墙板用螺栓连接固定牢。

③ 窗台、女儿墙的上部，均属于水平部位的压顶处理即用铝合金板盖住，使之能阻挡风雨浸透。水平桥的固定，一般先在基层焊上钢骨架，然后用螺栓将盖板固定在骨架上。盖板之间的连接直接采取搭接的方法（高处压低处，搭接宽度符合设计要求，并用胶密封）。

④ 墙面边缘部位的收口处理，是用颜色相似的铝合金成形板将墙板端部及龙骨部位封住。

⑤ 墙面下端的收口处，是用一条特制的披水板，将板的下端封住，同时将板与墙之间的缝隙盖住，防止雨水渗入室内。

⑥ 伸缩缝、沉降缝的处理，首先要适应建筑物伸缩、沉降的需要，同时也应考虑装饰效果。另外，此部位也是防水的薄弱环节，其构造节点应周密考虑。一般可用氯丁橡胶带起连接和密封作用。

⑦ 墙板的外、内包角及钢窗周围的泛水板等需在现场加工的异形件，应参考图纸对安装好的墙面进行实测，确定其形状尺寸，使其加工准确、便于安装。

（二）金属饰面板应注意的质量问题

（1）金属饰面板安装要保证密封严实。首先要从每安装一块饰面板起，就必须严格按照规范规程去认真施工，尤其是收口构造的各部位必须处理好，质检部门检查要及时到位。

（2）严格按要求进行注胶和嵌缝，这与板的渗漏有非常密切的关系，如果处理不好会造成很大影响。据不完全统计，注胶和嵌缝造成的渗漏和返工，占玻璃幕墙、金属饰面板和铝合金门窗安装工程的 30% 左右，是 3 种外装饰工程质量通病的主要种类，因此要特别重视注胶和嵌缝这道工序。

（3）分格缝不匀和不直是金属饰面板施工中常见的质量问题。主要是施工前没有认真按照图纸尺寸，核对结构施工的实际尺寸，加上分段分块时弹线不细、拉线不直和吊线检查不及时等造成的。

（4）金属饰面板施工很容易造成表面污染，严重影响饰面的美观。造成饰面污染的原因是多方面的：一是操作工艺造成的，即自下而上的安装顺序和工艺，直接给成品保持带来一定的难度，越是高层其难度也就越大；二是操作人员必须养成随安装随进行清理的良好习惯；三是要加强成品保护的管理和教育工作；四是在竣工前要自上而下地进行全面清理工作。另外，还要注意清理时使用的工具、材料必须符合金属饰面板有关说明。

第三节　饰面板工程施工质量标准

饰面板工程对建筑主体主要起着装饰和保护的作用，同时还具有保温、隔热、防腐、防辐射、防水等功能。饰面板工程的施工质量如何，不仅直接关系到建筑物的装饰效果，而且还影响工程的使用和其他功能，甚至还关系到建筑主体的使用寿命和工程造价。因此，在饰面板工程施工的全过程中，一定要严格按照设计规定进行施工，确保施工质量达到现行《建筑装饰装修工程质量验收标准》（GB 50210—2018）中的规定。

一、饰面板质量管理的一般规定

（1）饰面板工程质量管理主要适用于内墙饰面板安装工程和高度不大于 24m、抗震设防烈度不大于 8 度的外墙饰面板安装工程的石板安装、陶瓷板安装、金属板安装、木板安装、塑料板安装等分项工程的质量验收。

（2）饰面板工程验收时应检查下列文件和记录：a. 饰面板工程的施工图、设计说明及其他设计文件；b. 材料的产品合格证书、性能检验报告、进场验收记录和复验报告；c. 预埋件（或后置埋件）的现场拉拔检验报告；d. 满粘法施工的外墙石板和外墙陶瓷板黏结强度检验报告；e. 隐蔽工程验收记录；f. 施工记录。

（3）饰面板工程应对下列材料及其性能指标进行复验：a.室内用花岗石板的放射性、室内用人造木板的甲醛释放量；b.水泥类黏结料的黏结强度；c.外墙陶瓷板的吸水率；d.寒冷地区外墙陶瓷板的抗冻性。

（4）饰面板工程应对下列隐蔽工程项目进行验收：a.预埋件（或后置埋件）；b.龙骨安装；c.连接节点；d.防水、保温、防火节点；e.外墙金属板防雷连接节点。

（5）各分项工程的检验批应按下列规定划分：a.相同材料、工艺和施工条件的室内饰面板工程每50间（大面积房间和走廊按施工面积 $30m^2$ 为一间）应划分为一个检验批，不足50间也应划分为一个检验批；b.相同材料、工艺和施工条件的室外饰面板工程每 $1000m^2$ 应划分为一个检验批，不足 $1000m^2$ 也应划分为一个检验批。

（6）饰面板安装工程的允许偏差检验方法和检查数量应符合下列规定：a.室内每个检验批应至少抽查10%，并不得少于3间，不足3间时应全数检查；b.室外每个检验批每 $100m^2$ 应至少抽查一处，每处不得小于 $10m^2$。

（7）饰面板工程的防震缝、伸缩缝、沉降缝等部位的处理，应保证缝的使用功能和饰面的完整性。

二、石材饰面板安装工程施工质量标准

石板安装工程质量管理适用于石板安装工程的质量验收。石板安装工程质量管理分为主控项目和一般项目。

（一）石材饰面板安装工程施工的主控项目

（1）石板的品种、规格、颜色和性能应符合设计要求及国家现行标准、规范的有关规定。

检验方法：观察；检查产品合格证书、进场验收记录、性能检验报告和复验报告。

（2）石板孔、槽的数量、位置和尺寸应符合设计要求。

检验方法：检查进场验收记录和施工记录。

（3）石板安装工程的预埋件（或后置埋件）、连接件的材质、数量、规格、位置、连接方法和防腐处理必须符合设计要求。预埋件（或后置埋件）的现场拉拔强度必须符合设计要求。石板安装必须牢固。

检验方法：手扳检查；检查进场验收记录、现场拉拔检验报告、隐蔽工程验收记录和施工记录。

（4）采用满粘法施工的石板工程，石板与基体之间的黏结料应饱满、无空鼓。石板黏结必须牢固。

检验方法：用小锤轻击检查；检查施工记录；检查外墙石板黏结强度检验报告。

（二）石材饰面板安装工程施工的一般项目

（1）石板表面应平整、洁净、色泽一致，无裂痕和缺损。石板表面应无泛碱等污染。

检验方法：观察。

（2）石板填缝应密实、平直，宽度和深度应符合设计要求，填缝材料色泽应一致。

检验方法：观察；尺量检查。

（3）采用湿作业法施工的石板安装工程，石板应进行防碱封闭处理。石板与基体之间的

灌注材料应饱满、密实。

检验方法：用小锤轻击检查；检查施工记录。

（4）石板上的孔洞应割切吻合，边缘应整齐。

检验方法：观察。

（5）石板安装的允许偏差和检验方法应符合表 7-27 的规定。

表 7-27　石板安装的允许偏差和检验方法

项次	项目	允许偏差/mm			检验方法
		光面	剁斧石	蘑菇石	
1	立面垂直度	2.0	3.0	3.0	用 2m 垂直检测尺检查
2	表面平整度	2.0	3.0	—	用 2m 靠尺和塞尺检查
3	阴阳角方正	2.0	4.0	4.0	用直角检测尺检查
4	接缝直线度	2.0	4.0	4.0	拉 5m 线，不足 5m 拉通线，用钢直尺检查
5	墙裙、勒脚上口直线度	2.0	3.0	3.0	拉 5m 线，不足 5m 拉通线，用钢直尺检查
6	接缝高低差	1.0	3.0	—	用钢直尺和塞尺检查
7	接缝的宽度	1.0	2.0	2.0	用钢直尺检查

三、陶瓷饰面板安装工程施工质量标准

陶瓷板安装工程质量管理适用于陶瓷板安装工程的质量验收。陶瓷板安装工程质量管理分为主控项目和一般项目。

（一）陶瓷饰面板安装工程施工的主控项目

（1）陶瓷板的品种、规格、颜色和性能应符合设计要求及国家现行标准、规范的有关规定。

检验方法：观察；检查产品合格证书、进场验收记录和性能检验报告。

（2）陶瓷板孔、槽的数量、位置和尺寸应符合设计要求。

检验方法：检查进场验收记录和施工记录。

（3）陶瓷板安装工程的预埋件（或后置埋件）、连接件的材质、数量、规格、位置、连接方法必须符合设计要求。预埋件（或后置埋件）的现场拉拔强度必须符合设计要求。瓷板安装必须牢固。

检验方法：手扳检查；检查进场验收记录、现场拉拔检验报告、隐蔽工程验收记录和施工记录。

（4）采用满粘法施工的陶瓷板工程，陶瓷板与基层之间的黏结料应饱满、无空鼓。陶瓷板黏结必须牢固。

检验方法：用小锤轻击检查；检查施工记录；检查外墙陶瓷板黏结强度检验报告。

（二）陶瓷饰面板安装工程施工的一般项目

（1）陶瓷板表面应平整、洁净、色泽一致，无裂痕和缺损。

检验方法：观察。

（2）陶瓷板填缝应密实、平直，宽度和深度应符合设计要求，填缝材料色泽应一致。

检验方法：观察；尺量检查。

（3）陶瓷板安装的允许偏差和检验方法应符合表 7-28 的规定。

表 7-28　陶瓷板安装的允许偏差和检验方法

项次	项目	允许偏差/mm	检验方法
1	立面垂直度	2.0	用 2m 垂直检测尺检查
2	表面平整度	2.0	用 2m 靠尺和塞尺检查
3	阴阳角方正	2.0	用直角检测尺检查
4	接缝直线度	2.0	拉 5m 线,不足 5m 拉通线,用钢直尺检查
5	墙裙、勒脚上口直线度	2.0	拉 5m 线,不足 5m 拉通线,用钢直尺检查
6	接缝高低差	1.0	用钢直尺和塞尺检查
7	接缝的宽度	1.0	用钢直尺检查

四、木板饰面板安装工程施工质量标准

木板安装工程质量管理适用于木板安装工程的质量验收。木板安装工程质量管理分为主控项目和一般项目。

（一）木板饰面板安装工程施工的主控项目

（1）木板的品种、规格、颜色和性能应符合设计要求及国家现行标准、规范的有关规定。木龙骨、木饰面板的燃烧性能等级应符合设计要求。

检验方法：观察；检查产品合格证书、进场验收记录、性能检验报告和复验报告。

（2）木板安装工程的龙骨、连接件的材质、数量、规格、位置、连接方法和防腐处理必须符合设计要求。木板安装必须牢固。

检验方法：手扳检查；检查进场验收记录、隐蔽工程验收记录和施工记录。

（二）木板饰面板安装工程施工的一般项目

（1）木板表面应平整、洁净、色泽一致，无裂痕和缺损。

检验方法：观察。

（2）木板接缝应平直，宽度应符合设计要求。

检验方法：观察；尺量检查。

（3）木板上的孔洞应切割吻合，边缘应整齐。

检验方法：观察。

（4）木板安装的允许偏差和检验方法应符合表 7-29 的规定。

表 7-29　木板安装的允许偏差和检验方法

项次	项目	允许偏差/mm	检验方法
1	立面垂直度	2.0	用 2m 垂直检测尺检查
2	表面平整度	1.0	用 2m 靠尺和塞尺检查
3	阴阳角方正	2.0	用直角检测尺检查
4	接缝直线度	2.0	拉 5m 线,不足 5m 拉通线,用钢直尺检查

项次	项目	允许偏差/mm	检验方法
5	墙裙、勒脚上口直线度	2.0	拉 5m 线,不足 5m 拉通线,用钢直尺检查
6	接缝高低差	1.0	用钢直尺和塞尺检查
7	接缝的宽度	1.0	用钢直尺检查

五、金属饰面板安装工程施工质量标准

金属板安装工程质量控制适用于金属板安装工程的质量验收。金属板安装工程质量管理分为主控项目和一般项目。

（一）金属饰面板安装工程施工的主控项目

（1）金属板的品种、规格、颜色和性能应符合设计要求及国家现行标准、规范的有关规定。

检验方法：观察；检查产品合格证书、进场验收记录和性能检验报告。

（2）金属板安装工程的龙骨、连接件的材质、数量、规格、位置、连接方法和防腐处理必须符合设计要求。金属板安装必须牢固。

检验方法：手扳检查；检查进场验收记录、隐蔽工程验收记录和施工记录。

（3）外墙金属板的防雷装置应与主体结构防雷装置可靠接通。

检验方法：检查隐蔽工程验收记录。

（二）金属饰面板安装工程施工的一般项目

（1）金属板表面应平整、洁净、色泽一致。

检验方法：观察。

（2）金属板接缝应平直，宽度应符合设计要求。

检验方法：观察；尺量检查。

（3）金属板上的孔洞应切割吻合，边缘应整齐。

检验方法：观察。

（4）金属板安装的允许偏差和检验方法应符合表 7-30 的规定。

表 7-30　金属板安装的允许偏差和检验方法

项次	项目	允许偏差/mm	检验方法
1	立面垂直度	2.0	用 2m 垂直检测尺检查
2	表面平整度	3.0	用 2m 靠尺和塞尺检查
3	阴阳角方正	3.0	用直角检测尺检查
4	接缝直线度	2.0	拉 5m 线,不足 5m 拉通线,用钢直尺检查
5	墙裙、勒脚上口直线度	2.0	拉 5m 线,不足 5m 拉通线,用钢直尺检查
6	接缝高低差	1.0	用钢直尺和塞尺检查
7	接缝的宽度	1.0	用钢直尺检查

六、塑料饰面板安装工程施工质量标准

塑料板安装工程质量管理适用于塑料板安装工程的质量验收。塑料板安装工程质量管理分为主控项目和一般项目。

（一）塑料饰面板安装工程施工的主控项目

（1）塑料板的品种、规格、颜色和性能应符合设计要求及国家现行标准、规范的有关规定。塑料饰面板的燃烧性能等级应符合设计要求。

检验方法：观察；检查产品合格证书、进场验收记录和性能检验报告。

（2）塑料板安装工程的龙骨、连接件的材质、数量、规格、位置、连接方法和防腐处理必须符合设计要求。塑料板安装必须牢固。

检验方法：手扳检查；检查进场验收记录、隐蔽工程验收记录和施工记录。

（二）塑料饰面板安装工程施工的一般项目

（1）塑料板表面应平整、洁净、色泽一致，应无缺损。

检验方法：观察。

（2）塑料板接缝应平直，宽度应符合设计要求。

检验方法：观察；尺量检查。

（3）塑料板上的孔洞应切割吻合，边缘应整齐。

检验方法：观察。

（4）塑料板安装的允许偏差和检验方法应符合表 7-31 的规定。

表 7-31　塑料板安装的允许偏差和检验方法

项次	项目	允许偏差/mm	检验方法
1	立面垂直度	2.0	用 2m 垂直检测尺检查
2	表面平整度	3.0	用 2m 靠尺和塞尺检查
3	阴阳角方正	3.0	用直角检测尺检查
4	接缝直线度	2.0	拉 5m 线,不足 5m 拉通线,用钢直尺检查
5	墙裙、勒脚上口直线度	2.0	拉 5m 线,不足 5m 拉通线,用钢直尺检查
6	接缝高低差	1.0	用钢直尺和塞尺检查
7	接缝的宽度	1.0	用钢直尺检查

第四节　饰面板工程质量问题与防治措施

饰面板装饰是把饰面材料镶贴到结构基层上的一种装饰方法。饰面材料的种类很多，既有天然饰面材料也有人工合成饰面材料。饰面板工程要求设计精巧，制作细致，安全可靠，观感美丽，维修方便。但是，不少建筑装饰由于对饰面板工程缺少专项设计、镶贴砂浆黏结力没有专项检验、至今仍采用传统的密缝安装方法三大弊病，以及手工粗糙、空鼓脱落、渗

漏析白、污染积垢等质量问题，致使饰面板工程装修标准虽高，但装饰效果不尽如人意，反而会造成室内装修发霉、发黑，甚至发生不可预料的事故。

一、花岗石饰面板质量问题与防治措施

花岗石饰面板是一种传统而高档的饰面材料，在我国有着悠久的应用历史和施工经验。这种饰面具有良好的抗冻性、抗风化性、耐磨性、耐腐蚀性，用于室内外墙面装饰，能充分体现出古朴典雅、富丽堂皇、非常庄重的建筑风格。

花岗石饰面板我国多采用干挂法施工，其安装工艺与湿贴（灌浆）安装大致相同，只是将饰面板材用耐腐蚀金属构件直接固定于墙柱基面上，内留空腔，不灌砂浆。花岗石饰面板干挂安装与湿贴安装相比具有很多优点。但是，由于各方面的原因，花岗石饰面板在工程中仍会出现的一些质量问题，主要有花岗石板块表面的长年水斑、饰面不平整、接缝不顺直、饰面色泽不匀、纹理不顺、花岗石饰面空鼓脱落和花岗石墙面出现污染现象等。

（一）花岗石板块表面的长年水斑

1. 质量问题

采用湿贴法（粘贴或灌浆）工艺安装的花岗石墙面，在安装期间板块表面就开始出现水印；随着镶贴砂浆的硬化和干燥，水印会逐渐缩小至消失。如果采用的石材结晶较粗，颜色较浅，且未做防碱、防水处理，墙面背阴面的水印可能残留下来，板块出现大小不一、颜色较深的暗影，即俗称的"水斑"。

在一般情况下，水斑孤立、分散地出现在板块的中间，对外观影响不大，这种由于镶贴砂浆拌合水引发的板块水斑，称为"初生水斑"。随着时间的推移，遇上雨雪或潮湿天气，水从板缝、墙根等部位浸入，花岗石墙面的水印范围逐渐扩大，水斑在板缝附近连成片，板块颜色局部加深，缝中析出白色结晶体，严重影响外观。晴天时水印虽然会缩小，但长年不会消失，这种由于外部环境水的侵入而引发的板块水斑，称为"增生水斑"。

2. 原因分析

（1）花岗石的结晶相对较粗，其吸水率一般可以达到 $0.2\% \sim 1.7\%$，试验结果表明其抗渗性能还不如普通水泥砂浆。出现水斑是颜色较浅、结晶较粗花岗石饰面的特有质量缺陷，因此花岗石板块安装之前，如果不对花岗石板块进行专门的防碱与防水处理，其"水斑"病害难以避免。

（2）水泥砂浆析出氢氧化钙是硅酸盐系列水泥水化的必然产物，如果花岗石板块背面不进行防碱处理，水泥砂浆析出的氢氧化钙就会随着多余的拌合水，沿着石材的毛细孔入侵板块内部。拌合水越多，移动到砂浆表面的氢氧化钙就越多。水分蒸发后，氢氧化钙就积存在板块内，在一定的条件下花岗石板块表面就会出现水斑。

（3）混凝土墙体存在 $Ca(OH)_2$，或在水泥中添加了含有 Na^+ 的外加剂，如早强剂 Na_2SO_4、粉煤灰激发剂 $NaOH$、抗冻剂 $NaNO_3$ 等。黏土砖土壤中就含有 Na^+、Mg^{2+}、K^+、Ca^{2+}、Cl^-、SO_4^{2-}、CO_3^{2-} 等离子；在烧制黏土砖的过程中，采用煤进行烧制会提高 SO_4^{2-} 的含量。上述物质遇水溶解后，均会渗透到石材毛细孔里或顺板缝流出，形成影响板面美观的水斑。

（4）目前，在我国花岗石饰面仍多沿用传统的密缝安装法，从而形成"瞎缝"。施工规范中规定，花岗石的接缝宽度（如无设计要求时）为1mm，室外接缝可采用"干接"，用水泥浆填抹，但接缝根本不能防水，因此干接缝的水斑最为严重；也可在水平缝中垫硬塑料板条，用水泥细砂砂浆勾缝，但其防水效果也不好；如用干性的油腻子嵌入板缝，也会因为板缝太窄，嵌入十分困难，仍不满足防水要求。如果饰面不平整，板缝更加容易进水，"水斑"现象则更加严重，如图7-1所示。

图 7-1　外部环境水入侵与防治

（5）采用离缝法镶贴的板块，嵌缝胶质量不合格或板缝中不干净。嵌缝后，嵌缝胶在与石材的接触面部位开裂或嵌缝胶自身开裂，或胶缝里夹杂尘土、砂粒，出现砂眼，渗入的水从石板中渗出，从而也形成水斑。

（6）花岗石外墙饰面无压顶的板块或压接不合理（如压顶的板块不压竖向板块），雨水从板缝侵入，从而形成水斑。

（7）花岗石外墙饰面与地面的连接部位没进行防水处理，地面水（或潮湿）沿着墙体或砂浆层侵入石材板块内，也会形成水斑。

3. 防治措施

（1）室外镶贴可采用经检验合格的水泥类商品胶黏剂，这种胶黏剂具有良好的保水性，能大大减轻水泥凝结泌水。室内镶贴可采用石材化学胶黏剂进行点粘（基层砂浆含水率不大于6%，胶污染应及时用布蘸酒精擦拭干净），从而避免湿作业带来水斑点质量问题。

（2）由于石材板块单位面积自重较大，为了方便固定、便于灌浆，防止砂浆未硬化之前板块出现下坠，板块的镶贴一般都是自下而上进行。在湿润墙面和花岗石板块时，如果大量进行淋水会产生水斑或加重水斑。因此，石材和基层的浮尘、脏物应事先清净，板块应事先进行润湿，墙面不应大量淋水。

（3）地面墙根下应设置防水防潮层。室外墙体表面应涂抹水泥基料的防渗材料（卫生间、浴室等用水房间的内壁亦需做防渗处理）。

（4）镶贴用的水泥砂浆宜掺入减水剂，这样可减少 $Ca(OH)_2$ 析出至镶贴砂浆表面的数量，从而减免由于镶贴砂浆水化而引发的初生水斑。粘贴法砂浆稠度宜为6~8cm，灌浆法（挂贴法）砂浆稠度宜为8~12cm。

（5）为了防止雨雪从板缝侵入，墙面板块必须安装平整，墙顶水平压顶的板块必须压住墙面竖向板块，如图7-1（b）所示。墙面板块必须离缝镶贴，缝的宽度不应小于5mm（板缝过小，密封胶不能嵌进缝里）。只有离缝镶贴，板缝才能嵌填密实；只有做防水处理，才能防止镶贴砂浆、找平层、基体的可溶性碱和盐类被水带出，才能预防"增生水斑"和析白流挂。

（6）室外施工应搭设防雨篷布。处理好门窗框周边与外墙的接缝，防止雨水渗漏入墙。

（7）板块防碱防水处理。石材板底部涂刷树脂胶，再贴化纤丝网格布，形成一层抗拉防水层（还可增加粗糙面，有利于粘贴）；或者采用石材背面涂刷专用处理剂或石材防污染剂，对石材的底面和侧面周边做涂布处理。也可采用环氧树脂胶涂层，再粘粒径较小的石子以增强黏结能力，但施工比较麻烦，效果不如专用的处理剂（如果板底部涂刷有机硅乳液，会因表面太光滑而影响黏结力）。

图 7-2　花岗石墙面防水嵌缝

（8）板缝嵌填防水耐候密封胶（加阻水塑料芯棒）如图 7-2 所示，密封材料应采用中性耐候硅酮密封胶，选择如表 7-32 所列。

所用的耐候硅酮密封胶，应当进行与石材接触的相容性试验，无污染、无变色，不发生影响黏结性的物理、化学变化。也可采用商品专用柔性水泥嵌缝料（内含高性能合成乳液，适用于小活动量板缝）。嵌缝后，应检查嵌缝材料本身或与石材接触面有无开裂现象。

（9）镶贴、嵌缝完毕，室外的石材饰面应全面喷涂有机硅防水剂或其他无色护面涂剂（毛面花岗石更为必要）。

表 7-32　建筑密封材料系列产品选用

档次	产品名称	代号	特点	适用范围	注意事项	预期寿命/年
高级	硅酮	SR	温度敏感性小，黏结力强，寿命长	玻璃幕墙、多种金属、非金属的垂直、水平面及顶部，不流淌	吸尘污染后，装修材料不黏结。低模量的适用于石材、陶瓷板块的接缝密封，高模量的可能腐蚀石材及金属面，玻璃适用	25～30
	单（双）组分聚硫密封胶	PS	弹性好，其他性能也较理想	中空玻璃、墙板及屋面板缝、陶瓷	可能与石材成分发生呈色反应	20
	聚氨酯	PU	模量低、弹性好，耐气候、耐疲劳，黏结力强	公路、桥梁、飞机场、隧道及建筑物的伸缩缝、陶瓷	黏结玻璃有问题，避免高温部位残留黏性。单组分的贮存时稳定性差，双组分的有时起泡	15～20
中级	丙烯酸酯	AC	分子量大，固含量高，耐久性和稳定性好，不易污染变色	混凝土外墙板缝、轻钢建筑、门窗、陶瓷、卫生间、厨房等	适用于活动量比较小的接缝，未固化时，遇雨会流失；注意固结随固化收缩变形增大，有的随龄期变硬	12
	丁基橡胶	IIR	气密性、水密性较好	第 2 道防水，防水层接缝处理及其他	不宜在阳光直射部位使用，随着固化收缩，变形增大	10～15
	氯磺化聚乙烯	CSPE	价格适中，具有一定的弹性及耐久性，污染变色	工业厂房、民用建筑屋面	宜在常温干燥环境贮存，应避免阳光直射，并远离热源	12

（二）饰面不平整，接缝不顺直

1. 质量问题

在花岗石板块墙面镶贴完毕后，经过检查发现有大面凹凸不平，接缝横向不水平、竖向不垂直，缝隙宽度不相同，相邻板块高低不平，均不符合石材板块墙面施工的质量标准，不仅严重影响墙面的美观，而且容易积落灰尘而污染墙面。

2. 原因分析

（1）由于对饰面基层的处理不认真，造成基层的平整度和垂直度偏差过大，加上在灌注水泥砂浆时厚薄不均匀，使其收缩后产生的高低差过大。

（2）在花岗石饰面板的加工过程中质量控制不严，加工设备落后或生产工艺不合理，以及操作人员技术水平不高，从而导致石材加工精度差，造成板块外形尺寸偏差较大，从而使饰面施工质量难以保证。

（3）有弯曲或弧形面的板块，未在工厂车间按照设计图纸进行制作，而在施工现场用手工或手提切割机加工，从而造成板材精度较差、偏差较大。常见的质量问题有：板块厚薄不一，板面凹凸不平，板角不方正，板块尺寸超过允许误差。

（4）在镶贴板块前施工准备工作不充分。例如对板块材料验收不严格，对板块未认真进行检查和挑选，在镶贴前未对板块进行预排，操作人员施工图纸不熟悉，施工控制线不准确等。

（5）如果采用干缝（或密缝）安装，无法利用板缝的宽度适当调整板块加工中产生的偏差，导致面积较大的墙面板缝积累偏差越来越大，超过施工规范中的允许偏差。

（6）施工中操作不当，很容易造成饰面不平整、接缝不顺直。例如采用粘贴法施工的墙面，基层面抹灰不平整。采用灌浆法（挂贴法）施工的墙面，表面凹凸过大，灌浆不畅通，板块支撑固定不牢，或一次灌浆过高，造成侧向压力过大，挤压板块产生位移。

3. 防治措施

（1）在铺设饰面板前，应当按照设计或规范的要求认真处理好基层，使基层的平整度和垂直度符合设计要求。饰面板材采用粘贴法施工时，找平层施工后应进行一次质量验收，按照高级抹灰的质量要求，其平整度和垂直度的允许偏差不应大于 3mm。

（2）批量板块应由石材厂加工生产，废止在施工现场批量生产板块的落后做法；弯曲的面或弧形平面板应由石材厂专用设备（如电脑数控机床）加工制作。石材进场应按标准规定检查外观质量，检查内容包括规格尺寸、平面度、角度、外观缺陷等。超过允许偏差者，应退货或磨边修整，使板材厚薄一致，不翘曲、不歪斜。

（3）对墙面板块进行专项装修设计：a. 施工前有关人员应认真进行图纸会审，明确板块的排列方式、分格和图案，伸缩缝位置、接缝和凹凸部位的构造大样；b. 室外墙面有防水要求，板缝宽度不应小于 5mm，并可采用适当调整板缝宽度的办法，减少板块制作或镶贴造成的积累偏差。室内墙面无防水要求，光面和镜面花岗石的板缝采用干接缝方式，是接缝不顺直的重要原因之一。因此，干接缝板材的方正平直不应超过优等品的允许偏差标准，否则会给干接缝安装带来困难。

传统的逐块进行套切割的方法检查板块几何尺寸，并按偏差大小分类归堆的方法，固然可以减少因尺寸偏差带来的毛病，使接缝变得顺直；但是可能会打乱石材的原编号和增大色差（有花纹的石材还可能因此而使花纹更混乱），效果并不一定就好。根据规定，板块的长度和宽度只允许负偏差，对于面积较大的墙面，为减少板块制作尺寸的积累偏差，板缝宽度宜适当放宽至 2mm 左右。

（4）绘制好施工大样图，严格按图施工。在板块安装前，首先应根据建筑设计图纸的要求，认真核对板块安装部位结构实际尺寸及偏差情况，如墙面平整度、垂直度及纠正偏差所增减的尺寸，绘制出修正图。超出允许偏差的，如果采用灌浆法施工，则应在保证基体与板块表面距离不小于 30mm 的前提下重新排列分块尺寸。

在确定排板图时应做好以下工作。

① 测量墙面和柱的实际高度，定出墙与柱的中心线，柱与柱之间的距离，墙和柱上部、

中部、下部的结构尺寸，以确定墙、柱面边线，据此计算出板块排列分块尺寸。

② 对于外形变化较复杂的墙面和柱面，特别是需要异形板块镶贴的部位，应当先用薄铁皮或三夹板进行实际放样，以便确定板块排列分块尺寸。

③ 根据实测的板块规格尺寸，计算出板块的排列，按安装顺序将饰面板块进行编号，绘制分块大样图和节点大样图，作为加工板块和零配件以及安装施工的依据。

（5）墙、柱的安装，应当按照设计轴线弹出墙、柱中心线，板块分格线和水平标高线。由于挂线容易被风吹动或意外触碰，或受墙面凸出物、脚手架的影响，测量放线应当采用经纬仪和水平仪，这样可以减少尺寸的偏差，确保放线的精度。

（6）对于镶贴质量要求较高的工程，应当先做样板墙，经建设、设计、监理、施工等单位共同商定和认可后再按照样板大面积进行施工。在做样板墙时应按照以下方法进行。

① 安装前应进行试拼，调整花纹，对好颜色，使板块之间上下左右纹理通顺、颜色协调一致、接缝平直、缝隙宽度均匀，将经过预先拼装后的板块由下向上逐块编号，确定每块的镶贴顺序和位置，然后对号入座。

② 板块安装顺序是根据事先找好的中心线、水平通线、墙面试拼的编号，然后在最后一行两端用块材找平、找直，拉上水平横线，再从中间或一端开始安装，随时采用托线板靠直、靠平，保证板与板交接部位四角平整。

③ 每一块板块的安装，均应当找正、吊直，并采取临时固定措施，以防止灌注砂浆时板位发生移动。

④ 板块接缝宽度宜用商品十字塑料卡控制，并应确保外表面平整、垂直及板上口平顺。突出墙面勒脚的板块安装，应等上层的饰面工程完工后进行。

（7）板块灌浆前应浇水将板的背面和基体表面润湿，再分层灌注砂浆，每层灌注高度为150～200mm，且不得大于板高的 1/3，对砂浆要插捣密实，以避免板块外移或错动。待其初凝后，应检查板面位置，若有移动错位，应拆除重新安装；若无移动错位，才能灌注上层砂浆，施工缝应留在板块水平接缝以下 50～100mm 处。

（8）如采用粘贴法施工，找平层表面平整度允许偏差为 3mm，不得大于 4mm；板块厚度允许偏差应按优等品的要求，如板块厚度在 12mm 以内者其允许偏差为 ±0.5mm。

（9）大面的板块镶贴完毕后，应用经纬仪及水平仪沿板缝进行打点，使墙面板块缝在水平和竖向均能通线，再沿板缝两侧用粉线弹出板缝边线，沿粉线贴上分色胶带纸，打防水密封胶。嵌缝胶的颜色选择应慎重，事先做几个样板，请有关人员共同协商确定。在一般情况下，板缝偏小的墙面宜用深色，使缝隙更显得宽度均匀、横平竖直；板缝偏大的墙面宜用浅色，但不宜采用无色密封胶。

（10）在饰面板安装完毕后应进行质量检查，以便发现问题及时解决。合格后应注意成品保护，不使其受到碰撞挤压。

（三）饰面色泽不匀，纹理不顺

1. 质量问题

饰面板块之间色泽不匀、色差比较明显，个别板块甚至有明显的杂色斑点和花纹。有花纹的板块，花纹不能通顺衔接，横竖突变，杂乱无章，严重影响墙面外观。

2. 原因分析

（1）板块产品不是同一产地和厂家，而是东拼西凑，这样不仅规格不同，而且色差明显。在生产板块选材时，对杂色斑纹、石筋裂隙等缺陷未注意剔除。在石材出厂前，如果板块未干燥即进行打蜡，随着水分的蒸发、蜡的渗入也会使石材表面引起色差。

（2）在安装板块时，由于种种原因造成饰面不平整，相邻板块高低差过大，若采用打磨方法整平，不仅会擦伤原来加工好的镜面，而且会因打磨不同而产生色差。

（3）采购时订货不明确。多数花岗石是无花纹的，对于有花纹要求的花岗石板块，如果订货单上不明确，厂家未按设计要求加工，或运至工地后无检查或试拼，就可能出现花纹杂乱无章、纹理不顺。

（4）镜面花岗石反射光线性能较好，对于光线和周围环境比较敏感，加上人有"远、近、正、斜、高、低、明、暗"的不同观角，很容易造成观感效果上的差异，甚至得出相反的装饰效果。

3. 防治措施

（1）一个主装饰面所用的花岗石板块材料，应当来源于同一矿山、同一采集面、同一批荒料、同一厂家生产的产品。但是，对于大面积高档墙面来说，达到设计标准要求是很难的，为达到饰面基本色泽均匀、纹理通顺，可在以下几个方面采取措施。

① 保证批量板块的外观、纹理、色泽以及物理力学性能基本一致，便于安装时色泽、纹理的过渡。

② 对于大型建筑墙面选用花岗石时，设计时不宜完全采用同一种板块，可采用先调查材料来源情况，后确定设计方案的方法。

③ 确定样板时找两块颜色较接近的作为色差的上下界限，确定这样一个色差幅度，给石料开采和加工厂家留有余地。

④ 石材进场后还要进行石材纹理、色泽的挑选和试拼，使色调花纹尽可能一致，或利用颜色差异构成图案，将色差降低到最低程度。

（2）石材开采、板块加工、进场检验和板块安装，都要认真注意饰面的平整度，避免板块安装后因饰面不平整而需要再次打磨，从而由于打磨而改变原来的颜色。

（3）板块进场拆包后，首先应进行外观质量检查，将破碎、变色、局部污染和缺棱掉角的板块全部挑出来另行堆放。确保大面和重要部位全用合格板块，对于有缺陷的板块应改小使用，或安排在不显眼的部位。

（4）对于镜面花岗石饰面，应当先做样板进行对比，视其与光线、环境的协调情况，以及与人的视距观感效果，再优化选择合适的花岗石板材。

（四）花岗石饰面空鼓脱落

1. 质量问题

花岗石饰面板块镶贴之后，板块出现空鼓质量问题。这种墙面空鼓与地面空鼓不同，可能会随着时间的推移，空鼓范围逐渐发展扩大，甚至产生松动脱落，对墙下的人和物有很大的危害。

2. 原因分析

（1）在花岗石板块镶贴前，对基体（或基层）、板块底面未进行认真清理，有残存灰尘或污物，或未用界面处理剂对基体（或基层）进行处理。

（2）花岗石板块与基体间的灌浆不饱满，或配制的砂浆太稀、强度低、黏结力差、干缩量大，或灌浆后未进行及时养护。

（3）花岗石饰面板块现场钻孔不当，太靠边或钻伤板的边缘；或用铁丝绑扎固定板块，由于防锈措施不当，日久锈蚀松动而产生板块空鼓脱落。

（4）石材防护剂涂刷不当，或使用不合格的石材防护剂，造成板块背面光滑，削弱了板块与砂浆间的黏结力。

（5）板缝嵌填密封胶不严密，造成板缝防水性差，雨水顺着缝隙入侵墙面内部，使黏结层、基体发生冻融循环、干湿循环，由于水分的入侵，容易诱发析盐，水分蒸发后，盐结晶产生体积膨胀，也会削弱砂浆的黏结力。

3. 防治措施

（1）在花岗石板块镶贴之前，基体（或基层）表面、板块背面必须清理干净，用水充分湿润，阴干至表面无水迹时即可涂刷界面处理剂；待界面处理剂表面干燥后即可进行镶贴板块。

（2）采用粘贴法的砂浆稠度宜为 6～8mm，采用灌浆法的砂浆稠度宜为 8～12mm。由于普通水泥砂浆的黏结力较小，可采用合格的专用商品胶黏剂粘贴板块，或在水泥中掺入改性成分（如 EVA 或 VAE 乳液），均能使黏结力大大提高。

（3）夏季镶贴室外饰面板应当防止暴晒，冬季施工砂浆的施工温度不得低于 5℃，在砂浆硬化前要采取防冻措施。

（4）板块边长小于 400mm 的，可采用粘贴法镶贴；板块边长大于 400mm 的，应采用灌浆法镶贴，其板块应绑扎固定，不能单靠砂浆的黏结力。若饰面板采用钢筋网，应与锚固件连接牢固。每块板的上、下边打眼数量均不得少于 2 个，并用防锈金属丝系牢。

（5）废除传统落后的钻"牛鼻子"孔的方法，采用板材先直立固定于木架上，再钻孔、剔凿，使用专门的不锈钢 U 形钉子或经防锈处理的碳钢弹簧卡，将板材固定在基体预埋钢筋网或胀锚螺栓上，如图 7-3 和图 7-4 所示。

图 7-3　石板就位固定示意

1—基体；2—U 形钉；3—石材胶；4—大头木楔

图 7-4　金属夹安装示意

（单位：mm）

（6）使用经检验合格的石材防护剂，并按照说明书中的规定进行涂刷。

（7）较厚或尺寸较大的板块应考虑在自重作用下如何保证每个饰面板块垂直的稳定性，受力分析包括板块和砂浆的自重、板块安装垂直度偏差、灌浆未硬化时的水平推力、水分可能入侵后的冻胀力等。

（8）由于石材单位面积较重，因此轻质砖墙不应直接作为石材饰面的基体；否则，应加强措施。加强层应符合下列规定。

① 采用规格直径为 1.5mm、孔目为 15mm×15mm 的钢丝网，钢丝网片搭接或搭入框架柱（构造柱）长度不小于 200mm，并作可靠连接。

② 设置 M8 穿墙螺栓、30mm×30mm 垫片连接和绷紧墙体两侧的钢丝网，穿墙螺栓纵横向的间距不大于 600mm。

③ 石板采用粘贴法镶贴时，找平层用聚合物水泥砂浆与钢丝网黏结牢固，其厚度不应小于 25mm。采用灌浆法镶贴时，可以不抹找平层，而用 M8 穿墙螺栓同时固定钢筋网，灌浆厚度一般为 50mm 左右。

（9）板缝的防水处理，可参见"花岗石板块表面的长年水斑"的防治措施。

（10）要注意成品保护，防止发生振动、撞击等外伤，尤其注意避免镶贴砂浆、胶黏剂早期受到损伤。

（五）花岗石墙面出现污染现象

1. 质量问题

花岗石板块在制作、运输、存放和安装过程中，由于种种原因板块出现外侵颜色，导致板块产生污染。在墙面镶贴后，饰面上出现水泥斑迹、长年水斑、析白流挂、铁锈褐斑、电焊灼伤、介质侵蚀。花岗石在使用过程中，饰面受到风吹日晒、雨雪侵蚀、污物沾染，严重影响花岗石饰面的美观。

2. 原因分析

（1）如果采用的花岗石原材料中含有较多的硫铁矿物成分，板块会因硫化物的氧化而产生变色。如果在切割加工中用钢砂摆锯，钢砂的锈水会渗入花岗石结晶体之间，造成花岗石材的污染。另外，在研磨过程中也会因磨料含杂质渗入石材而引起污染。

（2）板块在加工的过程中和加工完毕后，对石材的表面没有采取专门的防污染处理措施，进场后也没有进行物理性能和外观缺陷的检验。

（3）板块出厂时包装采用草绳、草袋或有色纸箱，遇到潮湿、水浸或雨淋，包装物黄褐色液体侵入板块，则使板块发生黄溃污染。

（4）传统的板块安装是用熟石膏临时固定和封堵，由于安装后熟石膏不容易从板缝中清理干净，残留石膏经雨水冲刷流淌，将严重污染墙面。若采用麻丝、麻刀灰、厚纸板等封堵接缝的，在强碱作用下也可能产生黄色液体污染。

（5）如果嵌缝时选用的防水密封材料选择不当，有些品种可以造成腐蚀石材表面，或与石材中的成分发生变色反应，造成板缝部位石材污染或变色。

（6）由于板块出现长年水斑和板缝出现析白流挂，也会造成对花岗石饰面的污染。

（7）在板块安装施工中，对成品保护不良而造成施工污染。由于石材板块的镶贴施工顺序是由下而上进行，在镶贴上层板块时就有可能因砂浆、涂料、污液、电焊等对下层成品产生污染。

（8）在花岗石饰面的使用过程中，由于受钢铁支架、上下水管铁锈水污染，或酸碱盐类化学物质的侵蚀等，墙面板块表面受到严重污染。

（9）环境对花岗石板块的污染。空气中的二氧化硫（SO_2）、二氧化碳（CO_2）、三氧化硫（SO_3）等酸性气体或酸雨均可以造成对花岗石饰面的污染。

3. 防治措施及处理方法

花岗石墙面产生污染，再进行彻底清理是一项较难的工作。因为使墙面产生污染的因素和物质很多，所采用的处理方法也有很大区别。

在清洗污染之前应先进行腐蚀性检验，检验清洗效果和有无副作用，宜优先选用经检验合格的商品专用清洗剂和专用工具，最好由专业清洁公司进行清洗。避免因使用清洗材料和方法不当，使墙面清洗产生副作用。

根据污染物不同和清洗方法不同，一般可按照下列方法进行处理。

（1）手工铲除　手工铲除实际上是饰面污染处理的初步清理。即对于板缝析白流挂或板面水泥浆污染，因其生成物为不溶于水的碳酸钙（$CaCO_3$）、硫酸钙（$CaSO_4$）或水泥水化物等结晶物，在采用其他清洗方法之前，先以人工用砂纸轻轻将其打磨掉，为进一步清洗打下良好基础。

（2）清水清洗　清水清洗是现有清洗技术中破坏性最小、对能溶于水的污物最有效的处理方法。水洗一般可采用以下几种方法。

① 对于疏松污垢，可采用喷洒雾状水对其慢慢软化，然后用中等压力水喷射清除，并配合轻轻擦拭污垢。

② 对于较硬的污垢需要反复进行湿润，必要时可辅以铜丝刷清洗，然后用中等压水喷射清除。

在反复湿润中，很容易造成石材体内污染物被激活，对于较敏感的部位应加强水量控制和脉冲清洗，以防止出现新的色斑。

（3）化学清洗

① 一般清洗。一般清洗通常分为预冲洗和消除清洗，预冲洗即用氢氧化钠碱溶液冲洗，接着用氢氟酸溶液进行消除清洗，两种清洗应用中压喷射水枪轮换进行。氢氟酸溶液是使石材中不残留可溶性盐类，但对玻璃有较强的腐蚀性，冲洗中要覆盖门窗玻璃。

② 石材因包装物产生的污染，应根据污染物的性质来决定处理方案。如碱性的颜色污染可用草酸清除，一般颜色污染可用双氧水（H_2O_2）刷洗。严重的颜色污染可用双氧水和漂白粉掺在一起拌成糊状涂于污染处，待 2～3d 后将污染物铲除。

③ 青苔污染的清除。长期处于潮湿和阴暗的饰面，常常会发生青苔污染。这种污染可以用氨基磺酸铵清除，留下的粉状堆积物再水冲洗掉。

④ 木材污染及海藻和菌类等生物污染。可以用家用漂白剂配制成浓度为 10％～20％的溶液，将溶液涂刷于污染面上即可。一般木材污染的处理时间很短，其他物质污染需要处理时间较长。

⑤ 油墨污染。将 250g 氯化钠溶入 25L 的水中，静置到氯化钠沉淀到底部为止，将此溶液澄清过滤，向过滤的溶液中加入 15g 浓度为 24％的醋酸（乙酸），再将一块法兰绒泡入此溶液中，取出后覆盖在油墨污染处。用一块玻璃、石块或其他不透水材料压在法兰绒布上。当法兰绒布干透后即可清除油墨污染。如果一次清除不彻底，可重复进行几次。

⑥ 亚麻子油、棕榈油、动物油污染的处理方法有 3 种。第 1 种处理方法同采用油墨污染处理法。第 2 种处理方法是用 50g 磷酸三钠、35g 过硼酸钠和 150g 滑石粉干拌均匀，将 500g 软肥皂溶入 2.5L 的热水中，再将肥皂水与干粉料拌制成稠浆；将稠浆抹在被污染的部位，直至稠浆干透后，将其细心刮除。第 3 种处理方法是将一块法兰绒浸泡在丙酮：醋酸戊酯＝1：1 的溶液中，再将绒布覆盖在污染处，并压一块玻璃板，以防溶液迅速挥发，如果一次未除净，可重复进行。

⑦ 润滑油污染。发生润滑油污染后，立即用卫生纸或吸水性强的棉织品吸收，如果润

滑油较多，应更换卫生纸或棉织品，不得重复使用。然后用面粉、干水泥或类似的吸附材料覆盖在石材表面，一般保留1d，如果还有痕迹也可用漂白剂在污染处擦洗。

⑧ 沥青污染。沥青与石材有很好的黏结性，清除沥青污染比较困难。无论采用哪种方法除污，均应首先去除剩余的沥青，并用擦洗剂及水进行擦洗，但绝对不能用钢丝刷刷洗，也不能用溶剂擦洗。可将棉布浸泡在二甲亚矾（也称为DMSO）的溶液（DMSO：水＝1：1）中，然后将棉布贴在污斑表面，待1h后用硬棕刷擦洗，沥青就会被洗掉。

另外，还可用滑石粉和煤油（或三氯乙烯）制成糊膏状，将其抹在沥青污染处，至少保持10min。这种方法十分有效，但必须多次重复进行。

⑨ 烟草污染。将1kg磷酸三钠溶入8L水中，然后在另一个单独的容器内，用约300g的氯化钠和水拌成均匀的稠浆，将磷酸三钠水溶液注入氯化钠稠浆中，充分搅拌均匀。待氯化钙沉淀到底部，便可将澄清的液体吸出，并用等量水进行稀释。将这种稀释液与滑石粉调制成均匀的稠浆，用抹子涂抹于污染处，直至烟草污染除掉为止。

⑩ 烟污染。将三氯乙烯和滑石粉配制成均匀的稠浆，用上述方法将稠浆抹在污染部位，再用一块玻璃板或其他不吸水材料覆盖在稠浆上面，以防止三氯乙烯过快挥发。如果涂布数次之后，表面仍有污迹，可将残留的灰浆清除掉，使表面完全干燥，然后再采用除去"烟草污染"的方法除去烟污染。

⑪ 涂料污染。未干的涂料如果采用直接擦洗，反而会造成污染物的扩散。应当先用卫生纸吸干，然后用石材专用的清洁剂涂敷和水冲洗残余的涂料。时间长已干燥成膜的涂料污染首先应尽可能刮去，然后用清洁剂涂敷，再用清水进行冲洗。

⑫ 铜和青铜污染。将1份氨和10份水搅拌均匀，然后将1kg滑石粉和250g氯化铵干拌均匀，最后将溶液和粉料拌制成均匀的稠浆。将稠浆抹在被污染的部位，厚度不得少于10mm；待稠浆干透后，再将其去掉，用清水洗净便可除去污斑。若一次不行，应重复抹多次，直到污染消除为止。氨具有一定的毒性，使用时应注意通风。

⑬ 铁锈污染。最好使用商品石材专用的除锈液（剂）、清洁剂，用棉布涂敷被污染的表面。铁锈消失后，用清水冲洗石材表面。

另外，也可以配制除铁锈污染剂，其配合比为：双氧水：磷酸氢二钠：乙二胺四乙酸二钠＝100：（20～30）：（20～30），在配制中也可根据饰面污染程度，将配合比进行适当调整，其中双氧水的浓度为30%。双氧水对人体有害，应特别注意加强防护，若皮肤被腐蚀应及时用松节油擦洗。

（4）磨料清洗　磨料清洗是一种技术要求较高的处理方法，非熟练工人可能会对建筑物造成损坏，因此应由有经验的技术人员认真监管或亲自操作。磨料清洗一般采用干喷或湿喷，这两种方法各有特点、操作方法各不相同。

① 干喷。由专业人员用喷砂机对于析白、流挂部位或水泥污迹、树脂污染部位喷射干燥的细砂。如果采用喷射细小玻璃微珠或弹性研磨材料，不仅可以清除石材表面上的污物，而且还起到轻度的抛光作用。

② 湿喷。在需要减少粗糙磨料影响的部位，可采用压缩空气中加水的湿喷砂方法，这种方法有利于控制灰尘飞扬。但由此积聚在工作面上的泥浆，在装饰比较复杂的细部施工时会影响饰面的可见度，还需要用压力水清洗。

（5）打磨翻新　打磨翻新是由专业公司使用专用工具将受污染（或风化、破损）的石材饰面表面磨去薄薄的一层，然后在新的石材表面上进行抛光处理，再喷涂专用的防护剂，使旧石材恢复其天然色泽和光洁度。

（6）护面处理　天然花岗石饰面在清除污迹后，光面饰面应重新进行抛光。室内墙面应定期打蜡保护，室外墙面应喷涂有机硅憎水剂或其他专用无色护面涂剂。

（六）花岗石饰面板块出现开裂

1. 质量问题

在饰面工程选用花岗石饰面板时，由于各种原因造成部分板块有色线、暗缝和隐伤等缺陷，不仅严重影响饰面的美观，而且也存在着安全隐患。

2. 原因分析

（1）在加工花岗石饰面板时未认真选择原料，所用的石材的石质比较差，板材本身有色线、暗缝和隐伤等质量缺陷；或者在切割、搬运、装卸过程中，对石材饰面板产生损伤而出现开裂。

（2）在板材安装前未经检查和修补，将有开裂的板材安装于饰面上，安装后受到振动、温变和干湿等因素的作用，在这些部位由于应力集中而引起开裂。

（3）在板块安装的施工中，由于灌浆不密实，板缝嵌入不密封，造成侵蚀气体、雨水或潮湿空气透入板缝，从而导致钢筋网锈蚀膨胀，造成石材板块的开裂。

（4）由于各方面的原因，建筑主体结构产生沉降或地基不均匀下沉，板材随之变形受到挤压而开裂。

（5）在墙或柱子的上下部位，板缝未留空隙或空隙太小，一旦受到压力变形，板材受到较大的垂直方向的压力；或大面积的墙面不设置变形缝，受到环境温度变化，板块受到挤压而产生开裂。

（6）由于计划不周或施工无序，在饰面板材安装后又在墙上开凿孔洞，导致饰面板上出现犬牙和裂缝。

3. 防治措施

（1）在石材板块加工前，首先应根据设计要求选用质量较好的石材原料，使加工出来的板材自身质量优良，完全符合设计的要求。

（2）在选择石材板块时，应剔除不符合质量要求的石材板，在加工、运输、装卸、存放和安装的过程中应仔细进行操作，避免板材出现开裂和损坏。

（3）在石材板块安装时，应对板材进行认真仔细地检查和挑选，对于有微小缺陷能用于饰面的板材，应按要求进行修补，防止有缺陷板材安装后，因振动、温变和干湿等作用而引起开裂。

（4）在进行石材板块安装时，灌浆应饱满，嵌缝应严密，避免腐蚀性气体、水汽侵入钢筋网内，使钢筋网锈蚀膨胀而导致板材开裂。

（5）在新建建筑结构沉降基本稳定后，再进行饰面石材板块的安装作业。在墙、柱顶部和底部安装石板材时，应留有不少于5mm的空隙，并嵌填柔性密封胶，板缝用水泥砂浆进行勾缝。室外饰面宜每隔5~6m（室内10~12m）设置一道宽为10~15mm的变形缝，以防止因结构出现微小变形而导致板材开裂。

（6）如果饰面墙上需要开凿孔洞（如安装电气开关、镶嵌招牌等），应事先加以考虑并在板块未上墙之前加工，以避免板材安装后再进行凿洞作业。

二、大理石饰面板质量问题与防治措施

大理石虽然结晶较小，结构致密，但空气中的二氧化硫对其腐蚀较大，会使其表面层发生化学反应生成石膏而色泽晦暗，呈风化现象逐渐破损。其强度、硬度较低，耐久性较差，除个别品种（如汉白玉、艾叶青）外，一般适用于室内装修工程。

（一）大理石板块开裂，边角缺损

1. 质量问题

板块暗缝、"石筋"或石材加工、运输隐伤部位，以及墙、柱顶部或根部，墙和柱阳角部位等出现裂缝、损伤，影响美观和耐久性。

2. 原因分析

（1）板块材质局部产生风化脆弱，或在加工运输过程中造成隐伤，安装前未经检查和修补，安装完毕后发现板块有开裂。

（2）由于计划不周或施工无序，在饰面安装之后又在墙上开凿孔洞，导致饰面出现犬牙和裂缝。

（3）墙、柱上下部位，板缝未留需要的空隙，结构受压产生变形；或大面积墙面未设变形缝，受环境温度的变化，板块受到较大挤压；或轻质墙体未进行加强处理，墙体出现干缩开裂。

（4）大理石板块镶贴在紧贴厨房、厕所、浴室等潮气较大的房间时，由于镶贴安装不认真，板缝灌浆不严密，侵蚀气体或湿空气侵入板缝，使连接件遭到锈蚀，产生体积膨胀，给大理石板块一个向外的推力，从而造成板块开裂。

3. 防治措施

（1）在大理石板块底面涂刷树脂胶，再贴化纤丝网格布，从而形成一层抗拉强度高、表面粗糙、有利粘贴的防水层；或采用有衬底的复合型超薄型石材，以减少开裂和损伤。为防止在运输、堆放、搬动、钻孔等过程中造成损伤，板块应当立放和加强保护。

（2）根据某些需要（如电开关、镶招牌等），在饰面墙上有时难免要开孔洞。为避免现场开洞出现开裂和边角缺损，应事先设计并在工厂进行加工，切勿在饰面安装后再手工锤凿。如果需要在饰面墙上开凿圆孔，应用专用的金刚石钻孔机。

（3）大理石板块进场拆包后，首先应进行外观检验，轻度破损的板块，可用专门的商品石材胶修补，也可用自配环氧树脂胶黏剂，质量配合比如表 7-33 所列。修补时应将黏结面清洁干净并干燥，两个黏合面涂厚度 ≤0.5mm 黏结膜层，在温度 ≥15℃ 的环境中粘贴，在相同温度的室内进行养护；对表面缺边、坑洼、疵点，可刮环氧树脂腻子并在 15℃ 的室内养护 1d，而后用 0 号砂纸打磨平整，再养护 2～3d。石材修补后，板面不得有明显的痕迹，颜色应与板面花色基本相同。

（4）考虑墙和柱受上部楼层荷载的压缩及成品保护需要等原因，饰面工程应在建筑物的施工后期进行。墙、柱顶部和根部的板块，应当预留不小于 5mm 的空隙，在缝隙中嵌填柔性密封胶，以适应下层墙和柱受长期荷载的压缩或温度变化。板缝用水泥砂浆勾缝的墙面，室内大理石饰面板块宜每隔 10～12m 设一道宽度 10～15mm 的变形缝，以适应施工环境温度的变化。

表 7-33　自配环氧树脂胶黏剂与环氧树脂腻子配合比

材料名称	质量配合比		材料名称	质量配合比	
	胶黏剂	腻子		胶黏剂	腻子
环氧树脂 E44(6101)	100	100	邻苯二甲酸二丁酯	20	10
			白水泥	0	100～200
乙二胺	6～8	10	颜料	适量(与修补板材颜色相近)	适量(与修补板材颜色相近)

（二）大理石板面产生腐蚀污染

1. 质量问题

由于大理石的强度比较低、耐蚀性比较差，所以经过一段时间之后，其光亮的表面逐渐变色、褪色和失去光泽，有的还产生麻点、开裂和剥落，严重影响大理石的装饰效果。

2. 原因分析

（1）在大理石板块出厂或安装前，对石材表面未进行专门的防护处理，从而造成腐蚀性污染。

（2）大理石是一种变质岩，主要成分碳酸钙约占 50％以上，含有不同的其他成分则呈现不同的颜色和光泽，如白色含碳酸钙、碳酸镁，紫色含锰，黑色含碳、沥青质，绿色含钴化物，黄色含铬化物，另外还有红褐色、棕黄色等。

在五颜六色的大理石中，暗红色、红色最不稳定，绿色次之。白色大理石的成分比较单纯，性能比较稳定，腐蚀速度比较缓慢。环境中的腐蚀性气体（如 SO_2 等），遇到潮湿空气或雨水生成亚硫酸，然后变为硫酸，与大理石中的碳酸钙发生反应，在大理石表面生成石膏。石膏微溶于水，使磨光的大理石表面逐渐失去光泽，变得粗糙晦暗，产生麻点、开裂和剥落等质量问题。

（3）施工过程中由于不文明施工而产生的污染和损害。在使用期间受墙壁渗漏、铁件支架、上下水管锈水，卫生间酸碱液体侵蚀污染。

3. 防治措施

（1）对大理石板面的腐蚀污染，应树立"预防为主、治理为辅"的观念。在石材安装前应浸泡或涂抹商品专用防护剂（液），能有效地防止污渍渗透和腐蚀。

（2）大理石板块进场后，应按照现行国家标准《天然大理石建筑板材》（GB/T 19766—2016）的规定，进行外观缺陷和物理性能检验。

（3）大理石不宜用作室外墙面饰面，特别不宜在腐蚀环境中建筑物上采用。如果个别工程需要采用大理石时，应根据腐蚀环境的实际情况，事先进行品种的选择，挑选品质纯、杂质少、耐风化、耐腐蚀的大理石（如汉白玉等）。

（4）大理石饰面的另一侧，若是卫生间、浴室、厨房等用水房间，必须先做好防水处理，墙根也应当设置防潮层一类的防潮、防水处理。

（5）室外大理石墙面压顶部位，必须认真进行处理，其水平压顶的板块必须压接住墙面的竖向板块，确保接缝处不产生渗水。板块的横竖接缝必须防水，板块背面灌浆要饱满，每块大理石板与基体钢筋网拉接不少于 4 个点。设计上尽可能在上部加雨罩，以防止大理石墙面直接受到日晒雨淋。

（6）要坚持文明施工，重视对成品的保护。对于室内大理石饰面必须定期打蜡或喷涂有机硅憎水剂，室外大理石墙面必须喷涂有机硅憎水剂或其他无色护面涂剂，以隔离腐蚀和污染。

（7）其他防治措施可参见"花岗石板块的长年水斑"的有关措施。

（三）大理石饰面出现空鼓脱落

1. 质量问题

大理石饰面出现的空鼓脱落质量问题，与上节"花岗石饰面空鼓脱落"基本相同，随着使用时间的增加空鼓范围逐渐扩大，脱落面积将逐渐扩展。

2. 原因分析

大理石饰面出现空鼓脱落的原因，与花岗石饰面出现空鼓脱落相同，这里不再重复。

3. 防治措施

（1）淘汰传统的水泥砂浆粘贴方法，使用经检验合格的商品聚合物水泥砂浆干混料作为镶贴砂浆；尽量采用满粘法，不采用点粘法，这样可有效避免出现空鼓。

（2）当采用点粘法施工时，必须选用合格的胶黏剂，严格按说明书施工，必要时还可辅以铜丝与墙体适当拉结。

（3）其他防治措施可参见"花岗石饰面空鼓脱落"有关内容。

（四）大理石板材出现开裂

1. 质量问题

大理石板材在施工完毕和在使用过程中，发现板面有不规则的裂纹。这些裂纹不仅影响饰面的美观，而且很容易使雨水渗入板缝之中，造成对板内部的侵蚀。

2. 原因分析

（1）大理石板材在生产、运输、贮存和镶贴的过程中，由于未按规程进行操作，造成板材有隐伤；或者在施工中因凿洞和开槽而产生缺陷。

（2）由于受到结构沉降压缩变形外力作用，使大理石板材产生应力集中，当应力超过一定数值时石板则出现开裂。

（3）湿度较大的部位由于安装比较粗糙，板缝间灌浆不饱满密实，侵蚀气体和湿空气容易进入板缝，使钢筋网和金属挂钩等连接件锈蚀产生膨胀，最终将大理石板材胀裂。

3. 防治措施

（1）在镶贴大理石板材之前，应严格对板材进行挑选，剔除色纹、暗缝和隐伤等缺陷的石板。

（2）在生产、运输、贮存和镶贴的过程中，应当按照规程进行操作，不得损伤加工品和成品；在施工的过程中，加工孔洞、开槽应仔细操作，不得出现损伤。

（3）镶贴大理石板材时，应等待结构沉降稳定后进行。在顶部或底部镶贴的板材应留有适当的缝隙，以防止因结构压缩变形对板材产生应力集中，导致板材破坏开裂。

（4）磨光石材板块接缝缝隙应≤0.5～1.0mm，灌浆应当饱满，嵌缝应当严密，避免侵蚀性气体侵入缝隙内。

（5）因结构沉降而引起的板材开裂，等待结构沉降稳定后，根据沉降和开裂的不同程度，采取补缝或更换。非结构沉降而引起的板材开裂，随时可采用水泥色浆掺加801胶进行修补。

（五）大理石板材有隐伤和风化等缺陷

1. 质量问题

由于各种原因，大理石板材表面有隐伤和风化等缺陷，如果饰面工程使用了这种饰面板，易造成板面开裂、破损，甚至出现渗水和剥落，不仅严重影响饰面的美观和耐久性，而且还存在着不安全因素。

2. 原因分析

（1）在加工板块时未认真选择原料，所用的石材的石质较差，板材本身有风化、暗缝和隐伤等缺陷；或者在切割、搬运、装卸过程中，对石材产生损伤而出现隐伤。

（2）在大理石板材进场时，由于验收不认真，把关不严格，有风化和隐伤缺陷的板材未挑出，从而使安装中有使用不合格板材的可能。

（3）大理石板材进场后，对于其保管和保护不够，没有堆放在平整、坚实的场地上，没有用塑料薄膜隔开靠紧码放，导致大理石板材出现损坏和风化。

3. 防治措施

（1）在大理石板材加工前，首先应选用质量较好的石材原料，不得存有隐伤和风化缺陷，使加工的板材自身质量优良，完全符合设计要求。

（2）在大理石加工订货时要提出明确的质量要求，使大理石饰面板的品种、规格、形状、平整度、几何尺寸、光洁度、颜色和图案等，必须符合设计的要求，在进场时必须有产品合格证和有关的检测报告。

（3）大理石板材进场后应严格检查验收，对于板材颜色明显有差别的，有裂纹、隐伤和风化等缺陷的，要单独进行码放，以便退还给厂家更换。

（4）对于轻度破损的大理石板材，经过有关方面的同意，可以用专门的商品石材胶进行修补，用于亮度较差的部位。但修补后的大理石板面不得有明显的痕迹，颜色应与板面花色相近。

（5）大理石板材堆放场地要夯实、平整，不得出现不均匀下沉，每块板材之间要用塑料薄膜隔开靠紧码放，防止板材粘在一起和倾斜。

（6）大理石板材不得采用褪色的材料进行包装，在加工、运输和保管的过程中不得被雨淋。

（六）大理石湿法工艺未进行防碱处理

1. 质量问题

大理石板材的湿法工艺安装的墙面，在安装期间板块会出现水印，随着镶嵌砂浆的硬化和干燥，水印会慢慢缩小，甚至消失。如果板块未进行防碱处理，石材的结晶较粗、不够密实、颜色较浅，再加上砂浆的水灰比过大，饰面上的水印很可能残留下来，板块上出现大小不一、颜色较深的暗影，即形成"水斑"。

随着时间的推移，遇上雨雪或潮湿的天气，水会从板缝和墙根处浸入，大理石墙面上的水印范围逐渐扩大，"水斑"在板缝附近串联成片，使板块颜色局部加深，板面上的光泽暗淡，严重影响石材饰面的装饰效果。

2. 原因分析

（1）当采用湿法工艺安装墙面时，对大理石板材未进行防碱背面涂刷处理，这是造成"水斑"的主要原因。

（2）粘贴大理石板材所用的水泥砂浆，在水化中会析出大量的氢氧化钙 $[Ca(OH)_2]$，当渗透到大理石板材表面上将产生一些不规则的花斑。

（3）混凝土墙体中存在氢氧化钙 $[Ca(OH)_2]$，或在水泥中掺加了含有钠离子的外加剂，如早强剂 Na_2SO_4、粉煤灰激发剂 $NaOH$、抗冻剂 $NaNO_3$ 等；黏土砖墙体中的黏土砖含有钠、镁、钾、钙、氯等离子，以上这些物质遇水溶解，并且均会渗透到石材的毛细孔中或顺着板缝流出。

3. 防治措施

（1）在天然大理石板材安装之前，必须对石材板块的背面和侧边，用防碱背面涂刷处理剂进行背面涂布处理。石材防碱背面涂刷处理剂的性能应符合表 7-34 中的要求。

表 7-34　石材防碱背面涂刷处理剂的性能

项次	项目	性能指标	项次	项目	性能指标
1	外观	乳白色	6	透碱性试验 168h	合格
2	固体含量（质量分数）/%	≥37	7	黏结强度/(N/mm²)	≥0.4
3	pH 值	7	8	贮存时间/月	≥6
4	耐水试验 500h	合格	9	成膜温度/℃	≥5
5	耐碱试验 300h	合格	10	干燥时间/min	20

涂布处理的具体方法如下。

① 认真进行石材板块的表面清理，如果表面有油迹，可用溶剂擦拭干净，然后用毛刷清扫石材表面上的尘土，再用干净的丝绵认真仔细地把石材背面和侧面擦拭干净。

② 开启防碱背面涂刷处理剂的容器，并将处理剂搅拌均匀，倒入干净的塑料小桶内，用毛刷将处理剂涂布于石材板的背面和侧面。涂刷时应注意不得将处理剂涂布或流淌到石材板块的正面，如有污染应及时用丝棉反复擦拭干净，不得留下任何痕迹，以免影响饰面板的装饰效果。

③ 第一遍石材处理的干燥时间，一般需要 20min 左右，干燥时间的长短取决于环境温度和湿度。待第一遍处理剂干燥后方可涂布第二遍，一般至少应涂布两遍。

在涂布处理剂时应注意：避免出现气泡和漏涂现象；在处理剂未干燥时，应防止尘土等杂物被风吹到涂布面上；当环境气温在 5℃ 以下或阴雨天应暂停涂布；已涂布处理的石材板块在现场如需切割时，应再及时在切割处涂刷石材处理剂。

（2）室内粘贴大理石板材，基层找平层的含水率一般不应大于 6%，并可采用石材化学胶黏剂进行点粘，从而可避免湿作业带来的一系列问题。

（3）粘贴大理石板材所用的水泥砂浆，宜掺入适量的减水剂，以降低用水量和氢氧化钙析出量，从而可减少因水泥砂浆水化而发生的水斑。工程实践证明：粘贴法水泥砂浆的稠度宜控制在 60～80mm，镶贴灌浆法水泥砂浆的稠度宜控制在 80～120mm。

第八章
饰面砖工程质量管理

建筑饰面装饰是指饰面材料镶贴在基层上的一种装饰方法。随着材料科学技术的快速发展，用于建筑饰面工程的装饰材料种类很多，常用的有饰面板材和饰面砖两大类。

按照建筑饰面装饰的部位不同，主要分为外墙饰面工程和内墙饰面工程两大部分。一般情况下，外墙饰面主要起着保护墙体、美化建筑、美化环境和改善墙体性能等作用；内墙饰面主要起着保护墙体、改善室内使用条件和美化室内环境等作用。

第一节 饰面砖常用材料的质量管理

饰面砖装饰工程是室内外装饰的主要组成部分，传统的饰面砖装饰是将烧制而成的陶瓷制品，通过构造连接安装或镶贴于墙体表面形成装饰层。近几年来，新型高档的饰面砖材料更是层出不穷，如彩色玻璃面砖、釉面玻璃砖、文化石、艺术砖等。

一、陶瓷饰面砖材料的质量要求

建筑饰面陶瓷制品我国建筑陶瓷源远流长，自古以来就作为建筑物的优良装饰材料之一，现代建筑装修工程中应用的陶瓷制品主要包括陶瓷墙地砖、卫生陶瓷、琉璃陶瓷制品等。传统的陶瓷制品主要功能是制造生活用具和艺术品。进入新的时代后，随着建筑装饰业的发展，陶瓷制品在保留原有功能的同时更大量地向建筑装饰材料领域发展，已经成为其中重要的一员，如园林陶瓷、陶瓷壁画等。

（一）内墙面砖的技术质量要求

内墙釉面砖的尺寸允许偏差应符合表 8-1 中的规定；内墙釉面砖的表面缺陷允许范围应符合表 8-2 中的规定；内墙釉面砖的色差允许范围应符合表 8-3 中的要求；内墙釉面砖平整度、边直角和直角度的允许范围应符合表 8-4 中的规定；内墙釉面砖的物理力学性能，应符合表 8-5 中的规定。

表 8-1　内墙釉面砖的尺寸允许偏差　　　　　　　　　　　单位：mm

尺　寸		允许偏差
长度或宽度	≤152	±0.50
	>152 ≤250	±0.80
	>250	±1.0
厚　度	≤5	+0.40，−0.30
	>5	厚度的±8%

表 8-2　内墙釉面砖的表面缺陷允许范围

缺陷名称	优等品	一等品	合格品
开裂、夹层、釉裂	不允许		
背面磕碰	深度为砖厚度1/2	不影响使用	
剥边、落脏、釉泡、斑点、缺釉、棕眼裂纹、图案缺陷等	距离砖面 1m 处目测无可见的缺陷	距离砖面 2m 处目测缺陷不明显	距离砖面 3m 处目测缺陷不明显

表 8-3　内墙釉面砖的色差允许范围

项目	优等品	一等品	合格品
色　差	基本一致	不明显	不严重

表 8-4　内墙釉面砖平整度、边直角和直角度的允许范围

平整度		优等品	一等品	合格品
中心弯曲度 /%	≤152mm	+1.40 −0.50	+1.80 −0.80	+2.00 −1.20
	>152mm	+0.50	+0.70	+1.00
翘曲度/%	≤152mm	0.80	1.30	1.50
	>152mm	−0.40	−0.60	−0.80
边直角/%		+0.80 −0.30	+1.00 −0.50	+1.20 −0.70
直角度/%		±0.50	±0.70	±0.90

表 8-5　内墙釉面砖的物理力学性能

物理力学性能	性能指标
吸水率	≤21%
耐急冷急热性试验	150～190℃热交换一次不裂
弯曲强度	平均值不低于 16.0MPa；当厚度大于 7.5mm 时弯曲强度平均值不应小于13.0MPa
白度	一般不低于78度，或由供需双方协商确定
抗龟裂性	经抗龟裂试验，釉面无裂纹
釉面抗化学腐蚀性	需要时可由供需双方协商抗化学腐蚀的级别

（二）外墙面砖的技术质量要求

（1）外墙面砖的技术质量要求 主要包括尺寸允许偏差、表面质量、物理力学性能和耐化学腐蚀性等。无釉外墙面砖的尺寸允许偏差应符合表 8-6 中的规定；彩釉外墙面砖的尺寸允许偏差应符合表 8-7 中的规定；无釉外墙面砖的表面质量及变形应符合表 8-8 中的规定；彩釉外墙面砖表面质量及变形应符合表 8-9 中的规定。

表 8-6　无釉外墙面砖的尺寸允许偏差　　　　　　　　　单位：mm

基　本　尺　寸		允　许　偏　差
边长(L)	$L<100$	±1.5
	$100 \leqslant L \leqslant 200$	±2.0
	$200 < L \leqslant 300$	±2.5
	$L > 300$	±3.0
厚度(H)	$H \leqslant 10$	±1.0
	$H > 10$	±1.5

表 8-7　彩釉外墙面砖的尺寸允许偏差　　　　　　　　　单位：mm

基　本　尺　寸		允　许　偏　差
边长(L)	$L<150$	±1.5
	$L=150 \sim 200$	±2.0
	$L > 200$	±2.5
厚度(H)	$H < 12$	±1.0

表 8-8　无釉外墙面砖的表面质量及变形

缺陷	优等品	一级品	合格品
斑点、起泡、溶洞、碰磕、粉化、麻面、图案模糊	距离砖面 1m 处目测无可见缺陷	距离砖面 2m 处目测缺陷不明显	距离砖面 3m 处目测缺陷不明显
裂缝	不允许		总长不超过对应边长的 6%
开裂			正面≤5mm
色差	距离砖面 1.0m 处目测缺陷不明显		距离砖面 1.0m 处目测缺陷不明显
缺陷	优等品	一级品	合格品
平整度 /%	±0.50	±0.60	±0.80
边直角 /%	±0.50	±0.60	
直角度 /%	±0.60	±0.70	

注：无釉外墙面砖表面凸背纹的高度及凹背纹的深度均不得小于 0.5mm。

表 8-9　彩釉外墙面砖表面质量及变形

缺陷	优　等　品	一　等　品	合　格　品
斑点、起泡、溶洞、碰磕、粉、麻面、图案模糊	距离砖面 1m 处目测有可见缺陷的砖数，不超过 5%	距离砖面 2m 处目测有可见缺陷的砖数，不超过 5%	距离砖面 3m 处目测缺陷不明显

缺 陷	优 等 品	一 等 品	合 格 品
色差	距离砖面 3m 处目测缺陷不明显		
中心弯曲度/%	±0.5	±0.6	−0.6～+0.8
翘曲度/%	±0.5	±0.6	±0.7
边直角/%	±0.5	±0.6	±0.7
直角度/%	±0.5	±0.7	±0.8

（2）无釉面砖的物理力学性质 吸水率 3%～6%；经 3 次急冷急热循环试验，不出现炸裂或裂纹。经 20 次冻融循环，不出现破裂或裂纹；弯曲强度平均值不小于 24.5MPa。

（3）彩釉面砖的物理力学性质 吸水率≤10%；经 3 次急冷急热循环试验，不出现炸裂或裂纹。经 20 次冻融循环，不出现破裂或裂纹。

二、其他饰面材料的质量要求

建筑饰面工程所用的其他材料品种很多，用量较大的主要有水泥、砂和石灰等，它们的质量应分别符合下列要求。

（1）水泥质量要求 饰面工程施工用的水泥，宜采用 32.5 级或 42.5 级矿渣水泥或普通硅酸盐水泥，其技术性能应符合《通用硅酸盐水泥》（GB 175—2020）中的要求，应有出厂证明或复验合格证，若出厂日期超过 3 个月或已结有小块的水泥不得使用；采用的白水泥不仅应符合设计要求，而且符合《白色硅酸盐水泥》（GB/T 2015—2017）中的要求。

（2）砂质量要求 饰面工程施工用的砂，在使用前应当进行过筛，其粒径一般为 0.35～0.5mm，含泥量不大于 3%，颗粒坚硬、干净，无有机杂质，其技术性能应符合《建设用砂》（GB/T 14684—2011）中的规定。

（3）石灰质量要求 饰面工程施工用的石灰应用块状生石灰进行淋制，并用孔径 3mm×3mm 的筛网过滤，并贮存在沉淀池中，石灰的熟化时间，常温下不少于 15d；用于罩面的石灰，熟化时间不应少于 30d，石灰膏内不得含有未熟化的颗粒和其他物质。

（4）找平、黏结、填缝材料的质量要求 根据现行的行业标准《外墙饰面砖工程施工及验收规程》（JGJ 126—2015）中的规定，找平、黏结、填缝材料的质量应符合下列要求。

① 外墙基体找平材料宜采用预拌水泥砂浆。气候区为Ⅲ、Ⅳ、Ⅴ区的应采用水泥防水砂浆，其性能应符合国家现行标准《预拌砂浆》（GB/T 25181—2019）和《聚合物水泥防水砂浆》（JC/T 984—2011）中的规定。

② 外墙饰面砖粘贴应采用水泥基黏结材料，其性能应符合现行的行业标准《陶瓷砖胶粘剂》（JC/T 547—2017）的规定。不得采用有机物为主的黏结材料。

③ 外墙饰面砖填缝材料应符合现行的行业标准《陶瓷砖填缝剂》（JC/T 1004—2017）的规定，其中外墙外保温系统粘贴外墙饰面砖所用填缝材料的横向变形不得小于 1.5mm。

④ 外墙饰面砖伸缩缝所用耐候密封胶，应符合国家现行标准《石材用建筑密封胶》（GB/T 23261—2009）中的规定。

第二节 饰面砖工程施工质量管理

建筑装饰饰面工程是室内外装饰的主要组成部分，是将大理石、花岗石等天然石材加工而成的板材，或面砖、瓷砖等烧制而成的陶瓷制品，或人工加工而制成的其他饰面材料，通过构造连接安装或镶贴于建筑表面形成装饰层。建筑装饰饰面的主要目的是保护结构安全，增强建筑表面的美化功能，极大提高建筑物的使用质量，改善城市的环境和面貌，延长建筑物的使用年限。

一、饰面砖安装工程质量预控要点

（1）阳台护栏、预留孔洞及排水管等应处理完毕，门窗框按照要求全部固定牢靠，隐蔽部位的防腐、填充应全部处理好，并用1∶3（水泥∶砂）水泥砂浆将缝隙堵塞严实；铝合金门窗、塑料门窗、不锈钢门等框边缝所用嵌入材料及密封材料应符合设计要求，且应塞堵密实，并事先粘贴好保护膜。

（2）粘贴饰面砖的墙面基层清理干净，脚手眼、窗台、窗套等事先应用与基层相同的材料砌筑堵塞好。

（3）在粘贴饰面砖前，应根据设计图、饰面砖尺寸、颜色、图案等进行选砖，同时进行初步排列，然后分类堆放备用。

（4）大面积饰面砖施工前应先放大样，并做出样板墙，从而确定施工工艺及操作要点，同时做好施工技术交底工作。样板墙面完成后，必须经质量检查和有关部门鉴定合格后，再经过设计单位、建设单位和施工单位共同验收确认，方可按样板墙进行大面积施工。

二、饰面砖安装工程质量施工要点

（一）内墙面釉面砖粘贴施工要点

（1）粘贴室内釉面砖时，一般按照由下往上的顺序逐层施工，从阳角处开始粘贴，先贴大面，后贴阴阳角、凹槽等难度较大的部位。

（2）每层釉面砖的上口应平齐成一线，竖向缝隙应单边与墙上的控制线齐直，所有砖缝应达到横平竖直的要求。

（3）粘贴室内釉面砖时，如果设计对砖缝无具体要求，缝隙的宽度为1～1.5mm。

（4）为使粘贴的釉面砖美观、合理和施工方便，墙裙、浴盆、水池等处和阴阳角处，应使用专用配件砖进行粘贴。

（5）粘贴室内釉面砖的房间，粘贴前应对阴阳角处找方正，要防止地面沿墙边出现宽窄不一现象。

（6）如果设计中无要求，粘贴完毕的釉面砖应用白水泥进行擦缝，这样可使砖缝美观并防止缝内混入杂质。

（二）外墙面釉面砖粘贴施工要点

（1）粘贴室外面砖时，水平缝用嵌缝条进行控制。使用前嵌缝木条应先捆扎起来用水浸泡，以保证缝分格的均匀。施工中每次重复使用木条前，都应及时清除沾在木条上的灰浆。

（2）粘贴室外面砖的竖向缝用竖向弹线进行控制，其弹出的线密度可根据操作工人的技术水平而确定，一般 2～3 块弹一垂线。操作时，面砖下面坐落在木条上，一边与竖向弹线齐平，然后依次向上粘贴。

（3）外墙面砖不应采用并列缝隙粘贴。粘贴完毕的外墙面砖，应用 1:1（水泥:砂）水泥砂浆勾缝，先勾横缝，后勾竖向缝，缝隙深度宜凹进面砖 2～3mm，宜用方板平底缝，不宜勾成圆弧底缝，完成后用布擦净面砖。必要时可用浓度 10% 的稀盐酸刷洗，但必须随即用清水冲洗干净。

（4）外墙饰面粘贴前和施工过程中，均应在相同的基层上做样板件，并对样板件的饰面砖黏结强度进行检验。每 300m² 同类墙体取一组试样，每组 3 个，每层楼不得少于一组；不足 300m² 的每个层楼层取一组。每组试样的平均黏结强度不应小于 0.4MPa；每组可有一个试样的黏结强度小于 0.4MPa，但不应小于 0.3MPa。

（5）饰面板（砖）工程的伸缩缝、沉降缝、抗震缝等部位的处理，应保证缝的使用功能和饰面的完整性。

（三）陶瓷锦砖粘贴施工要点

（1）外墙粘贴陶瓷锦砖时，整幢房屋宜从上往下依次进行；如需要上下分段施工时，也可从下往上进行粘贴；整间或独立部分应一次完成。

（2）陶瓷锦砖宜采用水泥浆或聚合物水泥浆粘贴。在正式粘贴前将基层湿润，并刷水泥浆一遍，同时将每联陶瓷锦砖铺在木垫板上，清扫干净，缝中灌入 1:2（水泥:砂）干水泥砂。用软毛刷刷净底面砂，涂上 2～3mm 厚的一层水泥浆，然后进行粘贴。

（3）在陶瓷锦砖粘贴完毕后约 20～30min，将纸面用水润湿，慢慢地揭去纸面，再根据实际调整缝隙，使其达到横平竖直，并仔细拍平、拍实，用水泥浆擦缝隙后擦净面层。

三、饰面砖安装工程施工质量控制

（一）饰面砖安装工程施工的一般规定

（1）外墙饰面砖工程在正式施工前，应检查所用的各种材料检验报告及产品合格证，应检查进场材料的品种、规格和外观质量，并应按下列规定对进场的材料进行复验。

① 外墙饰面砖应复验表 8-10 中所列的项目，性能应符合《外墙饰面砖工程施工及验收规程》（JGJ 126—2015）中第 3.1 节的规定。

表 8-10　外墙饰面砖复验项目

气候区名	复验项目	气候区名	复验项目
Ⅰ	吸水率和抗冻性	Ⅴ	吸水率
Ⅱ	吸水率和抗冻性	Ⅵ	吸水率和抗冻性
Ⅲ	吸水率	Ⅶ	吸水率和抗冻性
Ⅳ	吸水率	—	—

② 水泥基黏结材料应复验与所用外墙饰面砖的拉伸胶黏的原强度，Ⅰ、Ⅱ、Ⅵ、Ⅶ气

候区应复验冻融循环后的拉伸胶黏强度，强度应符合现行的行业标准《陶瓷砖胶粘剂》❶（JC/T 547—2017）的规定。

③ 外墙饰面砖伸缩缝中所用的耐候密封胶，应复验其污染性，污染性应符合国家现行标准《石材用建筑密封胶》（GB/T 23261—2009）中的规定。

（2）外墙饰面砖工程施工前，应对粘贴外墙饰面砖的基层和基体进行验收，并应对基层表面平整度和立面垂直度进行检验，基层表面平整度偏差不应大于 3mm，立面垂直偏差不应大于 4mm。

（3）外墙饰面砖工程大面积施工前，应采用设计要求的外墙饰面砖和黏结材料，在将要施工的每种类型的基层上应各粘贴至少 1m² 饰面砖样板，按现行的行业标准《建筑工程饰面砖粘结强度检验标准》（JGJ/T 110—2017）检验饰面砖黏结强度应合格，并应经建设、设计和监理等单位确认。

（4）现场粘贴外墙饰面砖所用材料和施工工艺必须与施工前黏结强度检验合格的饰面砖样板相同。

（5）外墙饰面砖的粘贴施工尚应具备下列条件：a. 基体应按设计要求处理完毕；b. 日最低气温应在 5℃ 以上，当低于 5℃ 时必须有可靠的防冻措施；c. 当高于 35℃ 时应有遮阳措施；施工现场所需的水、电、机具和安全设施应齐备；d. 门窗洞、脚手眼、阳台和落水管预埋件等应处理完毕。

（6）应合理安排整个工程施工程序，避免后续工程对饰面造成损坏或污染。

（二）饰面砖安装工程的基体找平

（1）水泥抹灰砂浆找平应符合下列规定。

① 在基体处理完毕后，应按设计要求进行挂线、粘贴灰饼、冲筋，其间距不宜大于 2m。

② 在抹找平层前首先应将基体的表面润湿，需要时在基体的表面涂刷结合层。

③ 找平层应分层施工，每层的厚度不应大于 7mm，且应前一层终凝后再抹后一层，不得空鼓；找平层的厚度不应大于 20mm，超过 20mm 时应采取可靠的加强措施。

④ 找平层的表面应当刮平搓毛，并应在终凝后浇水或保湿养护。

（2）基体找平层的黏结强度应符合现行的行业标准《建筑工程饰面砖粘结强度检验标准》（JGJ/T 110—2017）中的规定。

（三）饰面砖安装工程的饰面砖粘贴

（1）饰面砖安装工程的饰面砖粘贴可采用下列工艺流程：基层处理→排砖、分格、弹线→粘贴饰面砖→填缝→清理表面。

（2）基层上的粉尘和污染应处理干净，饰面砖粘贴前背面不得有粉状物，在找平层上宜涂刷结合层。

（3）排砖、分格、弹线应符合下列规定。

① 应按设计要求和施工样板进行排砖、分格，进行排列砖时应使用整砖，对必须使用非整砖的部位，非整砖的宽度不宜小于整砖宽度的 1/3。

---

❶ 除标准名外，本书中作"胶黏剂"。

② 以上工作完成后，应弹出施工中的控制线，作为饰面砖粘贴时的依据和标准。

（4）粘贴饰面砖应符合下列规定：

① 在粘贴前应对饰面砖进行挑选，使挑选的饰面砖规格、色彩、花纹、数量符合设计要求，为正式粘贴做好准备工作。

② 饰面砖一般宜自上而下进行粘贴，宜用齿形抹刀在找平基层上刮黏结材料，同时也在饰面砖背面刮黏结材料，黏结层的总厚度宜为 3～8mm。

③ 在黏结层的允许调整时间内，可调整饰面砖的位置和接缝宽度并敲击密实；在超过允许调整时间后，严禁振动或移动饰面砖。

（5）饰面砖应符合下列规定。

① 填缝材料和接缝深度应符合设计要求，填缝应连续、平直、光滑、无裂纹、无空鼓。

② 填缝宜按先水平、后垂直的顺序进行。

（6）饰面砖填缝后应及时将表面清理干净。

（四）饰面砖安装工程联片饰面砖粘贴

（1）饰面砖安装工程的联片饰面砖粘贴可采用下列工艺流程：基层处理→排砖、分格、弹线→粘贴联片饰面砖→填缝→清理表面。

（2）基层上的粉尘和污染应处理干净，联片饰面砖粘贴前背面不得有粉状物，在找平层上宜涂刷结合层。

（3）排砖、分格、弹线应符合下列规定。

① 应按设计要求和施工样板并以联片饰面砖整片为单位进行排砖、分格、弹出控制线。

② 排列砖时宜使联片饰面砖中的砖为整砖，对必须使用非整砖的部位，非整砖的宽度不宜小于整砖宽度的 1/3。

（4）粘贴联片饰面砖应符合下列规定。

① 在基层上应用齿形抹刀刮黏结材料，将联片饰面砖背面的缝隙用塑料模片封盖后，满刮黏结材料，然后揭掉缝隙封盖塑料模片，粘贴联片饰面砖，并应压实拍平，黏结层的总厚度宜为 3～8mm。

② 应从下口粘贴线向上粘贴联片饰面砖。

③ 应在黏结材料达到初凝前，将联片饰面砖表面的联片纸用水润透，并应轻轻揭去联片纸，应及时修补表面缺陷，调整缝隙。

（5）填缝应符合下列规定。

① 填缝材料和接缝深度应符合设计要求，填缝应连续、平直、光滑、无裂纹、无空鼓。

② 填缝宜按先水平、后垂直的顺序进行。

（6）联片饰面砖填缝后应及时将表面清理干净。

四、室外墙柱面饰面砖施工工艺

（一）室外墙柱面饰面砖施工工艺流程

（1）室外墙柱面饰面砖施工工艺流程为：基层处理→吊垂直、套方、找规矩、粘贴灰饼→抹底层砂浆→弹线分格→排列面砖→浸湿面砖→镶贴面砖→面砖勾缝及擦缝。

（2）基层处理

① 基层为混凝土墙面时，将凸出墙面的混凝土剔平，对于基体混凝土表面很光滑的，可采取"毛化处理"，即先将表面的尘土、污垢清扫干净，然后用水泥砂浆内掺水重20%的界面剂胶，用笤帚将水泥砂浆甩到墙上，水泥砂浆甩得要均匀，终凝后浇水养护，直至水泥砂浆全部粘到混凝土的墙上，并且有较高的强度。

② 基层为砖砌体墙面时，在抹灰粘贴饰面砖前，墙面必须清扫干净，浇水加以湿润。

③ 基层为加气混凝土墙面时，可酌情选用下列两种方法中的一种。

A. 用水湿润加气混凝土墙表面，修补缺棱掉角的地方。修补前，先刷一道聚合物水泥浆，然后用1∶3∶9＝水泥∶白灰膏∶砂混合砂浆分层补平，隔天刷聚合物水泥浆，并抹1∶1∶6混合砂浆打底，用木抹子搓平，隔天养护。

B. 用水湿润加气混凝土墙表面，在缺棱掉角处刷聚合物水泥浆一道，用1∶3∶9混合砂浆分层补平，待完全干燥后，钉金属网一层并绷紧。在金属网上分层抹1∶1∶6混合砂浆打底（最好采取机械喷射工艺），砂浆与金属网应结合牢固，最后用木抹子轻轻搓平，隔天浇水养护。

（3）吊垂直、套方、找规矩、粘贴灰饼

① 基层为混凝土墙面时，高层建筑物应在四大角和门窗口边用经纬仪找垂直线；多层建筑物可从顶层开始用特制的大线坠绷紧钢丝找垂直线，然后根据面砖的规格尺寸分层设点、粘贴灰饼，间距为1.6m。横向水平线以楼层为水平基准线控制，竖向垂直线以四角大角和通天柱或墙垛为基准线控制，并应当全部是整砖。阳角处要双面排直。每层打底时，应以粘贴的灰饼为基准点进行冲筋，使底层抹灰层横平竖直。同时要注意找好突出檐口、雨篷、腰线、窗台等饰面的流水坡度和滴水线（槽）。

② 基层为砖砌体墙面时，吊垂直、套方、找规矩：大墙面和四角、门窗口边弹线进行找规矩，必须由顶层到底一次进行，弹出垂直线，并决定饰面砖出墙的尺寸，分层设点、粘贴灰饼（间距为1.6m）。横向水平线以楼层为水平基准线控制，竖向垂直线以四角大角和通天柱或墙垛为基准线控制。每层打底时则以此灰饼作为基准点进行冲筋，使底层抹灰层横平竖直。同时要注意找好突出檐口、雨篷、腰线、窗台等饰面的流水坡度。

③ 基层为加气混凝土墙面时，同基层为混凝土墙面的做法。

（4）抹底层砂浆

① 基层为混凝土墙面时，先刷一道掺水重10%的界面剂胶水泥浆，打底应分层进行抹底层砂浆，常温时常采用配合比为1∶3的水泥砂浆。第一遍厚度宜为5mm，抹后用木抹子搓平、扫毛，当第一遍达到六成干时即可抹第二遍，厚度宜为8～12mm，随即用木杠刮平，用木抹子搓毛，终凝后洒水养护。底层砂浆的总厚度不得超过20mm，否则应进行加强处理。

② 基层为砖砌体墙面时，先把墙面浇水湿润；然后用配合比为1∶3的水泥砂浆刮一遍，厚度为5～6mm；紧跟着用同强度等级的灰浆与冲筋抹平；随即用木杠刮平，用木抹子搓毛，隔天浇水养护。

③ 基层为加气混凝土墙面时，同基层为混凝土墙面的做法。

（5）弹线分格　待底层灰浆达到六七成干时，按照设计图纸的要求，按照饰面砖规格及实际条件进行弹线，线纹要清晰、准确。

（6）排砖　根据大样图及墙面尺寸进行横向和竖向排砖，以保证饰面砖缝隙均匀、排列合理，符合设计图纸的要求，要注意大墙面通天柱子和垛子要排整砖，以及在同一墙面上的横竖排列，均不得出现有一行以上的非整砖。非整砖应排在建筑的次要部位，如窗间墙或阴角处等。但也要注意一致和对称。如遇有突出的卡件，应用整砖切割吻合，不得用非整砖随意拼凑镶贴。饰面砖接缝的宽度不应小于5mm，不得采用密缝。

（7）选砖、浸泡砖　釉面砖和外墙砖在粘贴前，应挑选颜色相同、规格一致的砖；在浸泡砖时，应将面砖清扫干净，放入干净的水中浸泡2h以上，取出待表面晾干或擦干净后方可使用。

（8）镶贴面砖

① 面砖粘贴应自上而下进行。高层建筑采取一定措施后，可以分段进行。在每一分段或分块内的面砖，均为自下而上进行镶贴。从最下一层砖下皮的位置线先稳定好靠尺，以此托住第一层面砖。在面砖背面宜采用1:0.2:2＝水泥:石灰膏:砂的混合砂浆镶贴，砂浆厚度为6～10mm，粘贴后用灰铲柄轻轻敲打，使面板附线，再用钢片开刀调整竖缝，并用小木杠通过标准点调整平面和垂直度。

② 另外一种做法是：用1:1水泥砂浆加水重20％的界面剂胶，在面砖背面抹3～4mm厚粘贴即可。但此种做法其基层灰浆必须抹得平整，而且砂子必须用窗纱筛后使用，不得采用有机物作为主要黏结材料。

③ 另外，也可以用胶粉来粘贴饰面砖，其厚度为2～3mm，用此种方法时其基层灰浆必须更平整。

④ 如要求釉面砖拉缝镶贴时，饰面砖之间的水平缝宽度用米厘条控制，米厘条用贴砖或用砂浆与中层灰浆临时镶贴，米厘条粘贴在已镶贴好的饰面砖上口，为保证其平整，可临时加垫小木楔。

⑤ 女儿墙压顶、窗台、腰线等部位平面也需要镶贴饰面砖时，除流水坡度应符合设计外，还应采取顶面砖压住立面砖的做法，以防止向内渗水，引起面砖的空鼓和开裂；同时还应采取立面中最低一排面砖必须压住底平面面砖，并低出平面面砖3～5mm的做法，让其起到滴水线（槽）的作用，以防止产生"尿檐"，引起面砖的空鼓和开裂。

（9）面砖勾缝及擦缝　饰面砖铺贴的缝隙，用1:1（水泥:砂）水泥砂浆勾缝或采用勾缝胶勾缝，应先勾水平缝再勾竖缝，勾好后要求凹进饰面砖外表面2～3mm。若横竖向缝为干挤缝，或缝宽度小于3mm者，应用白水泥配颜料进行"擦缝"处理。饰面砖勾缝完成后，用布或棉丝蘸稀盐酸进行擦洗、清理。

（二）室外墙柱面饰面砖施工注意质量问题

（1）严格按照设计要求的配合比拌制砂浆，所用的砂子含泥量不得大于3％，底层灰浆与粘贴饰面砖的间隔时间不要跟得太紧，一般应隔天养护后再粘贴，以防空鼓和脱落。

（2）在抹底层灰浆时，应严格按照工艺规程进行贴灰浆饼、设置冲筋，并用木杠将表面刮平，用木抹子搓平整搓毛，经质量检查合格后方可进行下道工序，以免影响粘贴饰面砖的平整度和垂直度及观感质量。

（3）应认真按照设计要求的图纸尺寸，结合结构的施工实际情况进行分段、分块、弹线、排砖、选砖、粘贴，以免分格缝不匀、不直。粘贴完后应当按照规定进行养护。

（4）夏季高温下粘贴室外饰面砖，为保证施工质量符合设计要求，应有防止暴晒的可靠措施。

（5）需要在冬季施工时，一般只在冬季的初期施工，严寒阶段不得施工。施工中应注意以下事项：砂浆的使用温度不得低于5℃，砂浆在硬化之前应采取可靠的防冻措施。用冻结法砌筑的墙，应待墙体解冻后再进行抹灰。镶贴砂浆硬化初期不得受冻，室外气温低于5℃时，室外镶贴砂浆内可掺入能降低冻结温度的外加剂，其掺量应由试验确定。

（6）严防黏结层砂浆早期受冻，并保证操作质量，禁止使用白灰膏和界面剂胶，宜采用同体积粉煤灰代替或改用水泥砂浆抹灰。

（7）饰面砖勾缝完成后并清洗干净，经验收认可后方可拆除脚手架。

五、室内墙柱面饰面砖施工工艺

（一）室内墙柱面饰面砖施工工艺流程

（1）室内墙柱面饰面砖施工工艺流程　基层处理→吊垂直、套方、找规矩→粘贴灰饼→抹底层砂浆→弹线分格→排列面砖→浸湿面砖→镶贴面砖→面砖勾缝及擦缝。

（2）基层处理

① 基层为混凝土墙面时，将凸出墙面的混凝土剔平，对于基体混凝土表面很光滑的，可采取"毛化处理"，或用掺加界面剂的水泥细砂浆做小拉毛墙，也可直接涂刷界面剂，并浇水湿润基层。

② 基层为砖砌体墙面时，在抹灰前墙面必须清扫干净，并浇水湿润基层。

（3）吊垂直、套方、找规矩

① 基层为混凝土墙面时，高层建筑物应在四大角和门窗口边用经纬仪找垂直线；多层建筑物可从顶层开始用特制的大线坠绷紧钢丝找垂直线，然后根据面砖的规格尺寸分层设点、粘贴灰饼，间距为1.6m。横向水平线以楼层为水平基准线控制，竖向垂直线以四角大角和通天柱或墙垛为基准线控制，并应当全部是整砖。阳角处要双面排直。每层打底时，应以粘贴的灰饼为基准点进行冲筋，使底层抹灰层横平竖直。同时要注意找好突出檐口、雨篷、腰线、窗台等饰面的流水坡度和滴水线（槽）。

② 基层为砖砌体墙面时，吊垂直、套方、找规矩。大墙面和四角、门窗口边弹线进行找规矩，必须由顶层到底一次进行，弹出垂直线，并决定饰面砖出墙的尺寸，分层设点、粘贴灰饼（间距为1.6m）。横向水平线以楼层为水平基准线控制，竖向垂直线以四角大角和通天柱或墙垛为基准线控制。每层打底时则以此灰饼作为基准点进行冲筋，使底层抹灰层横平竖直。同时要注意找好突出檐口、雨篷、腰线、窗台等饰面的流水坡度。

③ 基层为加气混凝土墙面时，同基层为混凝土墙面的做法。

（4）粘贴灰饼　用废釉面砖粘贴标准点，用粘贴灰饼的混合砂浆按要求贴在墙面上，用以控制粘贴釉面砖的表面平整度。

（5）抹底层砂浆

① 基层为混凝土墙面时，用10mm厚1:3（水泥:砂）的水泥砂浆打底，打底应分层分遍抹砂浆，随抹砂浆随刮平抹压，并用木抹子搓毛。

② 基层为砖砌体墙面时，用12mm厚1:3（水泥:砂）的水泥砂浆打底，打底应分层涂抹，每层厚度宜为5～7mm，并随即抹平搓毛。

（6）弹线分格　待底层灰浆达到六七成干时，按照设计图纸的要求，按照饰面砖的规格及实际条件进行弹线，线纹要清晰、准确。

（7）排砖　根据大样图及墙面尺寸进行横向和竖向排砖，以保证饰面砖缝隙均匀、排列合理，符合设计图纸的要求，要注意大墙面通天柱子和垛子要排整砖，以及在同一墙面上的横竖排列，均不得出现有小于 1/4 砖的非整砖。非整砖应排在建筑的次要部位，如窗间墙或阴角处等。但也要注意一致和对称。如遇有突出的卡件，应用整砖切割吻合，不得用非整砖随意拼凑镶贴。

（8）选砖、浸泡砖　釉面砖和外墙砖在粘贴前，应挑选颜色相同、规格一致的砖；在浸泡砖时，应将面砖清扫干净，放入干净的水中浸泡 2h 以上，取出待表面晾干或擦干净后方可使用。

（9）镶贴面砖　饰面砖粘贴应自上而下进行。抹厚度 8mm 配合比为 1∶0.1∶2.5 的水泥石灰膏砂浆结合层，随抹灰随自下而上粘贴饰面砖，要求砂浆饱满，表面平整，并随时用尺子检查平整度，同时保证缝隙的宽度一致。

（10）饰面砖勾缝及擦缝　饰面砖粘贴完毕后，经检查无空鼓和不平整，用棉丝将其表面和缝隙处擦干净，然后用勾缝胶或白水泥进行勾缝及擦缝，并用布将缝隙外的素浆擦净。

（二）室内墙柱面饰面砖施工注意质量问题

（1）严格按照设计要求的配合比拌制砂浆，所用的砂子含泥量不得大于 3％，底层灰浆与粘贴饰面砖的间隔时间不要跟得太紧，一般应隔天养护后再粘贴，以防空鼓和脱落。

（2）在抹底层灰浆时，应严格按照工艺规程进行贴灰浆饼、设置冲筋，并用木杠将表面刮平，用木抹子搓平整搓毛，经质量检查合格后方可进行下道工序，以免影响粘贴饰面砖的平整度和垂直度及观感质量。

（3）应认真按照设计要求的图纸尺寸，结合结构的施工实际情况进行分段、分块、弹线、排砖、选砖、粘贴，以免分格缝不匀、不直。粘贴完后应当按照规定进行养护。

（4）饰面砖勾缝完成后并清洗干净，经验收认可后方可拆除脚手架。

第三节　饰面砖工程施工质量标准

饰面砖工程对建筑主体主要起着装饰和保护的作用，同时还具有保温、隔热、防腐、防辐射、防水等功能。饰面砖工程的施工质量，不仅直接关系到建筑物的装饰效果，而且还影响到工程的使用和其他功能，甚至还关系到建筑主体的使用寿命和工程造价。因此，在饰面砖工程施工的全过程中，一定要严格按照设计规定进行施工，确保施工质量达到《外墙饰面砖工程施工及验收规程》（JGJ 126—2015）和《建筑装饰装修工程质量验收标准》（GB 50210—2018）中的规定。

饰面砖工程质量管理主要适用于外墙饰面砖粘贴、内墙饰面砖粘贴等分项工程的质量验收。饰面砖从使用部位上来分主要有外墙砖、内墙砖和特殊部位的艺术造型砖 3 种。从烧制的材料及其工艺来分，饰面砖主要有陶瓷锦砖、陶质地砖、红缸砖、石塑防滑地砖、瓷质地砖、抛光砖、釉面砖、玻化砖和钒钛黑瓷板地砖等。

一、饰面砖质量控制的一般规定

（1）饰面砖质量控制适用于内墙饰面砖粘贴和高度不大于 100m、抗震设防烈度不大于 8 度、采用满粘法施工的外墙饰面砖粘贴等分项工程的质量验收。

（2）饰面砖工程验收时应检查下列文件和记录：a. 饰面砖工程的施工图、设计说明及其他设计文件；b. 材料的产品合格证书、性能检验报告、进场验收记录和复验报告；c. 外墙饰面砖施工前粘贴样板和外墙饰面砖粘贴工程饰面砖黏结强度检验报告；d. 隐蔽工程验收记录；e. 施工记录。

（3）饰面砖工程应对下列材料及其性能指标进行复验：a. 室内用花岗石和瓷质饰面砖的放射性；b. 水泥基黏结材料与所用外墙饰面砖的拉伸黏结强度；c. 外墙陶瓷面砖的吸水率；d. 严寒及寒冷地区外墙陶瓷面砖的抗冻性。

（4）饰面砖工程应对下列隐蔽工程项目进行验收：a. 防水层；b. 基层和基体。

（5）各分项工程的检验批应按下列规定划分：a. 相同材料、工艺和施工条件室内的饰面砖工程每 50 间（大面积房间和走廊按施工面积 30m² 为一间）应划分为一个检验批，不足 50 间也应划分为一个检验批；b. 相同材料、工艺和施工条件的室外饰面砖工程每 1000m² 应划分为一个检验批，不足 1000m² 也应划分为一个检验批。

（6）检查数量应符合下列规定：a. 室内每个检验批应至少抽查 10%，并不得少于 3 间，不足 3 间时应全数检查；b. 室外每个检验批每 100m² 应至少抽查一处，每处不得小于 10m²。

（7）外墙饰面砖施工过程前，应在将要施工基层上做样板件，并对样板的饰面砖黏结强度进行检验，检验方法和结果判定应符合现行的行业标准《建筑工程饰面砖黏结强度检验标准》（JGJ/T 110—2017）中的规定。

（8）饰面砖工程的抗震缝、伸缩缝、沉降缝等部位的处理应保证缝的使用功能和饰面的完整性。

二、内墙饰面砖粘贴工程质量标准

内墙饰面砖粘贴工程质量标准主要适用于内墙饰面砖粘贴工程的质量验收。内墙饰面砖粘贴工程质量标准分为主控项目和一般项目。

（一）内墙饰面砖粘贴工程质量的主控项目

（1）内墙饰面砖的品种、规格、图案、颜色和性能应符合设计要求及国家现行标准、规范的有关规定。

检验方法：观察、检查产品合格证书、进场验收记录、性能检验报告和复验报告。

（2）内墙饰面砖粘贴工程的找平、防水、黏结和勾缝材料及施工方法应符合设计要求及国家现行产品标准和工程技术标准的规定。

检验方法：检查产品合格证书、复验报告和隐蔽工程验收记录。

（3）内墙饰面砖粘贴必须牢固。

检验方法：手拍检查，检查施工记录。

（4）满粘法施工的内墙饰面砖应无裂缝，大面和阳角应无空鼓。

检验方法：观察；用小锤轻击检查。

（二）内墙饰面砖粘贴工程质量的一般项目

（1）内墙饰面砖表面应平整、洁净、色泽一致，应无裂痕和缺损。

检验方法：观察。

（2）内墙面凸出物周围的饰面砖，应使整砖切割吻合，边缘应整齐。墙裙、贴脸突出墙面的厚度应一致。

检验方法：观察；尺量检查。

（3）内墙饰面砖接缝应平直、光滑，填充应连续、密实；宽度和深度应符合设计要求。

检验方法：观察；尺量检查。

（4）内墙饰面砖粘贴的允许偏差和检验方法应符合表8-11的规定。

表 8-11　内墙饰面砖粘贴的允许偏差和检验方法

项次	项目	允许偏差/mm	检验方法
1	立面垂直度	2.0	用2m垂直检测尺检查
2	表面平整度	3.0	用2m靠尺和塞尺检查
3	阴阳角方正	3.0	用直角检测尺检查
4	接缝直线度	2.0	拉5m线，不足5m拉通线，用钢直尺检查
5	接缝高低差	1.0	用钢直尺和塞尺检查
6	接缝的宽度	1.0	用钢直尺检查

三、外墙饰面砖粘贴工程质量标准

外墙饰面砖粘贴工程质量标准主要适用于高度不大于100m、抗震设防烈度不大于8度、采用满粘法施工的外墙饰面砖粘贴工程的质量验收。外墙饰面砖粘贴工程质量标准分为主控项目和一般项目。

（一）外墙饰面砖粘贴工程质量的主控项目

（1）外墙饰面砖的品种、规格、图案、颜色和性能应符合设计要求及国家现行标准、规范的有关规定。

检验方法：观察，检查产品合格证书、进场验收记录、性能检验报告和复验报告。

（2）外墙饰面砖粘贴工程的找平、防水、黏结和填缝材料及施工方法应符合设计要求及现行的行业标准《外墙饰面砖工程施工及验收规程》（JGJ 126—2015）中的规定。

检验方法：检查产品合格证书、复验报告和隐蔽工程验收记录。

（3）外墙饰面砖粘贴工程的伸缩缝设置应符合设计要求和工程技术标准的规定。

检验方法：观察；尺量检查。

（4）外墙饰面砖粘贴必须牢固。

检验方法：检查外墙饰面砖黏结强度检验报告和施工记录。

（5）外墙饰面砖应无空鼓、裂缝。

检验方法：观察；用小锤轻击检查。

（二）外墙饰面砖粘贴工程质量的一般项目

（1）外墙饰面砖表面应平整、洁净、色泽一致，应无裂痕和缺损。

检验方法：观察。

（2）墙面凸出物周围的外墙饰面砖，应将整砖切割吻合，边缘应整齐。墙裙、贴脸突出墙面的厚度应一致。

检验方法：观察；尺量检查。

（3）外墙饰面砖接缝应平直、光滑，填充应连续、密实；宽度和深度应符合设计要求。

检验方法：观察；尺量检查。

（4）有排水要求的部位应做滴水线（槽）。滴水线（槽）应顺直，流水坡向应正确，坡度应符合设计要求。

检验方法：观察；用水平尺检查。

（5）外墙饰面砖粘贴的允许偏差和检验方法应符合表 8-12 的规定。

表 8-12　外墙饰面砖粘贴的允许偏差和检验方法

项次	项目	允许偏差/mm	检验方法
1	立面垂直度	3.0	用 2m 垂直检测尺检查
2	表面平整度	4.0	用 2m 靠尺和塞尺检查
3	阴阳角方正	3.0	用直角检测尺检查
4	接缝直线度	3.0	拉 5m 线，不足 5m 拉通线，用钢直尺检查
5	接缝高低差	1.0	用钢直尺和塞尺检查
6	接缝的宽度	1.0	用钢直尺检查

第四节　饰面砖工程质量问题与防治措施

一、外墙饰面砖质量问题与防治措施

外墙饰面砖主要包括外墙砖（亦称面砖）和锦砖（俗称马赛克），用于建筑物的外饰面，对墙体起着保护和装饰的双重作用。由于装饰效果较好，外墙饰面砖价格比天然石材低，在我国应用比较广泛。在过去由于无专门的施工及验收规范，设计和施工的随意性很大，加上缺乏专项检验规定，饰面砖的起鼓、脱落等质量问题发生较多。

（一）面砖饰面出现渗漏

1. 质量问题

雨水从面砖板缝浸入墙体内部，致使外墙的室内墙壁出现水迹，室内装修发霉变色甚至腐朽；还可能"并发"板缝出现析白流挂等质量问题。

2. 原因分析

（1）设计图纸不齐全，缺少细部大样图，或者设计说明不详细，外墙面横竖凹凸线条多，立面形状尺寸变化较大，雨水在墙面上向下流淌不畅。

（2）墙体因温差、干缩而产生裂缝，雨水顺着裂缝而渗入，尤其是房屋顶层的墙体和轻质墙体更为严重。

（3）墙体如采用普通黏土砖、加气混凝土等砌块，属于多孔性材料，其本身防水性能较差，再加上灰缝砂浆不饱满、用侧向砖砌筑墙体等因素，防水性能会更差。此外，空心砌块、轻质砖等墙体的防水能力也较差。

（4）饰面砖的镶贴通常是靠着板块背面满刮水泥砂浆（或水泥浆）粘贴上墙的，单靠手工挤压板块，砂浆很难以全部位挤满，特别是四个边和四个角砂浆更不易保证饱满，从而留下渗水的空隙和通路。

（5）有的饰面层由若干板块密缝拼成小方形图案，再由横竖宽缝连接组成大方形图案，这就要求面砖的缝隙宽窄相同。很可能由密缝粘贴的板块形成"瞎缝"，接缝无法用水泥浆或砂浆勾缝，只能采用擦缝隙方法进行处理，这种面层最容易产生渗漏。

（6）卫生间、厕所等潮湿用水房间，若瓷砖采用密缝法粘贴、擦缝，由于无大的凹缝，不会产生大的渗水；但条形饰面砖的勾缝处却是一凹槽，对于疏水非常不利，容易形成滞水，水会从缺陷部位渗入墙体内。

（7）外墙找平层如果一次成活，由于一次抹灰过厚，造成抹灰层下坠、空鼓、开裂、砂眼、接槎不严密、表面不平整等质量问题，成为藏水的空隙、渗水的通道。有些工程墙体表面凹凸不平，抹灰层超厚，墙顶与梁底之间填塞不紧密，圈梁凸出墙面等，也会造成滞水、藏水和渗水。

（8）在Ⅲ、Ⅳ、Ⅴ类气候区砂浆找平层应具有良好的抗渗性能，但有的墙面找平层设计采用1∶1∶6的水泥混合砂浆，其防水性能不能满足要求。

3. 防治措施

（1）外墙饰面砖工程应有专项设计，并有节点大样图。对窗台、檐口、装饰线、雨篷、阳台和落水口等墙面凹凸部位，应采用防水和排水构造。在水平阳角处，顶面排水坡度不应小于3%～5%，以利于排水；应采用顶面面砖压立面面砖，立面最低一排面砖压底平面面砖作法，并应设置滴水构造，如图8-1所示；45°角砖、"海棠"角等粘贴做法适用于竖向阳角，由于其板缝防水不易保证，故不宜用于水平阳角，如图8-1(a)所示。

图 8-1　水平阳角防水排水沟构造示意

（2）镶贴外墙饰面砖的墙体如果是轻质墙，在镶贴前应当对墙体进行加强处理，详见第一节"花岗石饰面空鼓脱落"的防治措施。

（3）外墙面找平层至少要求两遍成活，并且喷雾养护不少于3d，3d之后再检查找平层抹灰质量，在粘贴外墙砖之前，先将基层空鼓、裂缝处理好，确保找平层的施工质量。

（4）精心施工结构层和找平层，保证其表面平整度和填充墙紧密程度，使装饰面层的平整度完全由基层控制，从而避免基层凹凸不平，并可避免黏结层局部过厚或饰面不平整带来的弊病，也避免填充墙顶产生裂缝。

（5）找平层应具有独立的防水能力，可在找平层上涂刷一层结合层，以提高界面间的黏结力，兼封闭找平层上的残余裂纹和砂眼、气孔。其材料可用商品专用水泥基料的防渗材料，或涂刷聚合物水泥砂浆、界面处理剂。找平层完成后、外墙砖粘贴前，外墙面也可作淋水试验。其方法是在房屋最顶层安装喷淋水管网，使水自顶层顺着墙面往下流淌，喷淋水的时间应＞2h，以便及早发现找平层的渗漏点，采取相应措施及早处理，使找平层确实具有独立的防水能力。

（6）外墙饰面砖的镶贴，一般不得采用密缝，接缝宽度不小于 5mm，缝的深度不宜大于 3mm。外墙砖勾缝应饱满、密实、无裂缝，应选用具有抗渗性能和收缩率小的材料。为使勾缝砂浆表面达到"连续、平直、光滑、填嵌密实、无空鼓、无裂纹"的要求，应待第一次勾缝砂浆"收水"后、终凝前再进行第二次勾缝，并对其进行喷水养护 3d 以上。良好的勾缝质量，不但能起到较好的防水作用，而且有助于外墙砖的粘贴牢固，确保勾缝砂浆表面不开裂、不起皮，有效地防止板缝出现析白流挂现象。

（二）饰面砖出现空鼓与脱壳

1. 质量问题

饰面砖镶贴施工完毕后，在干燥和使用的过程中出现饰面砖空鼓和脱壳质量问题，不仅严重影响建筑的外观和质量，而且还容易造成面砖跌落伤人事故。

2. 原因分析

（1）基层处理不当，即没有按不同基层、采用不同的处理方法，使底层灰与基层之间黏结不良。因底层灰、中层灰和面砖自重的影响，使底层灰与基层之间产生剪应力。由于基层面处理不当，施工操作不当，当黏结力小于剪应力时就会产生空鼓和脱壳。

（2）使用劣质，或安定性不合格，或贮存期超过 3 个月，或受潮结块的水泥搅拌砂浆和黏结层粘贴面砖。

（3）搅拌砂浆不按配合比计量，稠度没有控制好，保水性能差；或搅拌好的砂浆停放时间超过 3h 仍使用；或砂的含泥量超过 3％以上等，引起不均匀干缩。

（4）面砖没有按规定浸水 2h 以上，并没有洗刷掉泥污就用于粘贴，或面砖黏结层不饱满，或面砖粘贴初凝后再去纠正偏差而松动。

3. 防治措施

（1）在墙体结构施工时，外墙应尽可能做到平整垂直，为饰面施工创造条件。如果未达到施工规范的要求，在镶贴饰面砖前要进行纠正。

（2）饰面砖在使用前，必须将其清洗干净，并用清水浸泡 24h，取出晾干后才可使用。如果使用干燥的饰面砖粘贴，有的饰面砖表面上有积灰，水泥砂浆不易与其牢固黏结；再者干燥的饰面砖吸水性强，能很快吸收砂浆中的水分，使砂浆的黏结力大大下降。如果饰面砖浸泡后没有晾干就粘贴，会因为饰面砖的表面上有明水，在粘贴时产生浮动，致使饰面砖与砂浆很难黏结牢固，从而产生空鼓和脱壳。

（3）针对不同材料的基体，应采用不同的工艺处理好基层，堵嵌修补好墙体上的一切缝隙、孔洞，这是防止外墙渗水的关键措施之一。

1）对于砖砌体基层　刮除墙面上的灰疙瘩，并彻底扫除干净，隔天用水将墙面湿润。在抹底子灰前，先刷一道聚合物水泥浆，随即粉刷 1∶3（水泥∶砂）的水泥砂浆底子灰，要求底子灰薄层而牢固，用木抹子将表面搓平；隔天再进行吊直线、找规矩。在抹中层灰时，要求阴角方正、阳角挺直、墙面平整、搓成细毛，经检查确实无裂缝、空鼓和酥松等质量问题后再湿养护不少于 7d。

2）对于混凝土基层　先要配制 10％的氢氧化钠溶液或洗洁精加水溶液，用板刷蘸溶液将基层表面的隔离剂、脱模剂、油污等洗刷干净，随即用清水反复冲洗。剔凿凸出面层部分，用 1∶2（水泥∶砂）的水泥砂浆填补好缝隙孔洞。为防止抹灰层出现脱壳，可在下述三种方法中选择一种"毛化"增强处理办法：

① 表面凿毛处理。这是一种传统最常用的"毛化"处理方法，即用尖头凿子将混凝土表面凿成间距不大于 30mm 的斜向小沟槽。扫除灰尘，用水冲洗，再刷一道聚合物水泥浆，随即抹配比为 1∶3（水泥∶砂）的水泥砂浆，分两次抹平，表面用木抹子搓平，隔天浇水养护。

② 采用喷涂（或甩毛）的方法，用聚合物砂浆进行毛化处理。即将配合比为 108 胶∶水∶水泥∶砂＝1∶4∶10∶10 的聚合物水泥砂浆，经过准确计量、搅拌均匀后，喷涂（或甩毛）在洁净潮湿的混凝土基层上，隔天湿养护硬化后，用扫帚扫除没有粘牢的砂粒，再用水泥砂浆抹底层灰和中层灰，表面粗糙（搓毛）处理后再进行湿养护。

③ 涂刷界面剂处理。这是一种简单易行的基层处理方法。即在清洗洁净的混凝土面层上涂刷界面处理剂，当涂膜表面干燥时即可用水泥砂浆粉抹搓平。

3）加气混凝土面层脱壳的处理方法　提前 1d 对墙面浇水湿润，边浇水、边将面上的污物清扫干净。补好缺棱掉角处，一般用聚合物混合砂浆分层抹平，聚合物混合砂浆的配合比为 108 胶∶水∶水泥∶石灰膏∶砂＝1∶3∶1∶1∶6。在加气混凝土板接缝处，最好铺设宽度为 200mm 钢丝网条或无碱玻纤网格布条，以增强板缝之间的拉接，减少抹灰层的开裂。如果是加气砌块块体时，也应当钉一钢丝网条或无碱玻纤维网格布条，然后喷涂上聚合物毛化水泥浆，方法和配合比同混凝土基体的"毛化处理"。

（4）饰面砖在镶贴时所用的黏结剂，可从下述两种中任选用一种，但在选用后一定要进行小面积试验，成功后才能用于大面积的铺贴。

① 聚合物砂浆黏结剂　聚合物砂浆的配合比为 108 胶∶水∶水泥∶砂＝1∶4∶10∶8，配制要计量准确、搅拌均匀、随拌和随使用。

② JC 建筑装饰黏结剂　一般选用优质单组分的黏结剂，加水搅拌均匀后即可铺贴。其可以代替水泥砂浆黏结剂。

（5）选择与浸泡饰面砖　饰面砖在铺贴前，首先要进行选砖，剔除尺寸、规格、颜色不符合要求的和有缺陷的，以保证铺贴质量。在饰面砖正式镶贴前，应当将装饰面砖表面的灰尘清洗干净，并浸水 2h 以上，然后取出晾干备用。

（6）镶贴饰面砖　垫好水平标高底尺，预排列砖的位置并划好垂直标志，刮上黏结剂进行铺贴。要严格按施工规范和验收标准施工，确保饰面表面平整、不显接茬、接缝平直。如果饰面砖一直贴到外墙顶时，上口必须贴压缝砖，防止雨水从顶面缝隙中渗入。贴好的饰面砖要用水泥浆或 JC 建筑装饰黏结剂擦缝、勾缝，防止雨水渗入缝内，并应及时清除面砖表面上的污染物。

（三）墙面出现污染现象

1. 质量问题

室外饰面砖的墙面上出现污染，这是常见的一种质量问题。主要表现在：a. 饰面板块在运输、存放过程中出现外侵颜色的污染；b. 饰面在粘贴后，墙面出现析白流挂、铁锈褐斑、电焊灼伤等；c. 建筑物在使用的过程中，墙面被其他介质污染。

2. 原因分析和防治措施

饰面砖墙面出现污染的原因和防治措施，可参见第一节"花岗石墙面出现污染现象"和

第三节"面砖饰面出现渗漏"的相关内容，同时应注意以下几个方面。

① 饰面砖在进场后必须进行严格检验，特别对其吸水率和表面质量要严格把关，不符合规定和标准的不能用于工程，这是减少出现污染和出现污染便于处理的关键环节。否则污染侵入饰面砖坯体，将成为永久性的污染。

② 严格施工管理，坚持文明施工，是减少和避免施工对饰面砖成品产生污染的重要措施。因此，在施工过程中必须坚决阻止从脚手架和室内向外乱倒脏水、垃圾，电焊时无防护遮盖电焊火花灼伤饰面等现象。

③ 避免材料因保管不善而引起的污染。饰面砖从工厂至工地的运输过程中，不加以遮盖而被雨水淋湿，从而会造成包装物掉色污染面砖。

④ 门窗、雨篷、窗台等处由于找坡度不顺，雨水从两侧流淌至墙壁上，从而会造成饰面砖墙面的污染。因此，上述部位的排水坡，必须确保雨水从正前方排出；为防止雨水从两侧流出，必要时可加设小灰埂进行挡水。

3. 防治措施

对饰面砖和饰面砖墙表面污染的防治，一般多采用化学溶剂进行清洗的方法。因此，在清洗污染之前，应当进行腐蚀性检验，主要检验以下 3 个方面：a. 对饰面砖和接缝砂浆有无损伤及损伤程度；b. 对墙面上的门窗、铁件、附件等的副作用；c. 能否清除污染、清洗剂用量、配比及停留时间。

（1）对于未上墙的饰面板块，如果被污染的颜色较浅且污染面不大者，可用浓度为 30% 的草酸溶液泡洗，或表面涂抹商品专用防污剂，可去除污渍和防止污渍的渗透。

（2）对于未上墙的饰面板块，如果被污染的颜色严重者，可用双氧水（H_2O_2）泡洗，然后再用清水冲洗干净。工程实践证明，一般被污染的饰面板材经 $12\sim24h$ 泡洗后效果很好。通过强氧化剂氧化褪色的饰面砖，不会损伤其原有的光泽。

（3）对于施工期间出现的水泥浆和析白流挂，可采用草酸进行清洗。首先初步铲除饰面上的硬垢，用钢丝刷子和水对面砖表面进行刷洗。为减轻酸液对饰面砖的内部腐蚀，应让勾缝砂浆饱水，然后用滚刷蘸 5% 浓度的草酸水对污染部位进行滚涂，再用清水和钢丝刷子冲刷干净。

（4）对于使用期间出现的析白流挂和脏渍，可采用稀盐酸或溴酸进行清洗。首先初步铲除饰面上的硬垢，用钢丝刷子和水对面砖表面进行刷洗。为减轻酸液对饰面砖的内部腐蚀，应让勾缝砂浆饱水，然后用滚刷蘸 $3\%\sim5\%$ 浓度的稀盐酸或溴酸对污染部位进行滚涂，其在墙面上停留的时间一次不得超过 $4\sim5min$，使泛白物溶解，最后再用清水和钢丝刷子冲刷。

采用酸洗的方法虽然对除掉污垢比较有效，但其副作用比较大，应当尽量避免。如盐酸不仅会溶解泛白物，而且对砂浆和勾缝材料也有侵蚀作用，造成表面水泥硬膜剥落，光滑的勾缝面被腐蚀成粗糙面，甚至露出砂粒；如果盐酸侵入饰面砖的背面，则无法用清水冲洗干净。为预防盐酸侵入板缝和背面，酸洗前应先用清水湿润墙面，酸洗后再及时用清水冲洗墙面，对墙面上的门窗、铁件等采取可靠的保护措施。

由于酸洗对饰面砖和勾缝材料均有较强的腐蚀性，因此一般情况下不宜采用酸洗法。

（四）墙面黏结层剥离破坏

1. 质量问题

饰面砖粘贴后，面砖与黏结层（或黏结层与找平层）的砂浆因黏结力低，会发生局部剥离脱层破坏，用小锤轻轻敲击这些部位，有空鼓的响声。随着时间的推移，剥离脱层范围逐渐扩大，甚至造成饰面砖松动脱落。

2. 原因分析

（1）找平层表面未进行认真处理，有灰尘、油污等不利于抹灰层黏结牢固的东西；或者找平层抹压过于光滑、不够粗糙，使其不能很好地与上层黏结。

（2）找平层表面不平整，靠增加粘贴砂浆厚度的方法调整饰面的平整度，造成粘贴砂浆超厚，因自重作用下坠而黏结不良。

（3）粘贴前，找平层未进行润湿或装饰面砖未加以浸泡，表面有积灰且过于干燥，水泥砂浆不易黏结，而且干燥的找平层和面砖会把砂浆里的水分吸干，粘贴砂浆失水后严重影响水泥的水化和养护。

（4）板块背面出现水膜。板块临粘贴前才浸水，未晾干就上墙，板块背面残存水迹，与黏结层砂浆之间隔着一道水膜，严重削弱了砂浆对板块的黏结作用。黏结层砂浆如果保水性不好，尤其水灰比过大或使用矿渣水泥拌制砂浆，其泌水性较大，泌水会积聚在板块背面，形成水膜。如果基层表面凹凸不平或分格线弹得太疏，或采用传统的1∶2水泥砂浆黏结，砂浆水分易被基层吸收，若操作较慢，板块的压平、校正都比较困难，水泥砂浆会浮至黏结层表面，造成水膜。

（5）在采用砂浆铺贴法施工时，由于板块背面砂浆填充不饱满，砂浆在干缩硬化后，饰面板与砂浆脱开，从而形成黏结层剥离。

（6）在夏季高温情况下施工时，由于太阳直接照射，墙上水分很容易迅速蒸发（若遇湿度较小、风速大的环境，水分蒸发更快），致使黏结层水泥砂浆严重失水，不能正常进行水化硬化，黏结强度大幅度降低。

（7）对砂浆的养护龄期无定量要求，板块粘贴后，找平层仍有较大的干缩变形；勾缝过早，操作时如果挤推板块，使黏结层砂浆早期受损。

（8）如果粘贴砂浆为配合比为1∶2（水泥∶砂）的水泥砂浆，未掺加适量的聚合物材料，由于成分比较单一，也无黏结强度的定量要求和检验，则会产生黏结不牢质量问题。如果采用的水泥贮存期过长、砂的含泥量过大，再加上配合比不当，砂浆稠度过大，铺贴后未加强养护，则也会产生黏结层剥离破坏。

（9）饰面板设计未设置伸缩缝，受热胀冷缩的影响，饰面板无法适应变形的要求，在热胀时板与板之间出现顶压力，致使板块与镶贴层脱开。

（10）墙体变形缝两侧的外墙砖，其间的缝隙宽度小于变形缝的宽度，致使外墙砖的一部分贴在外墙基体上，而另一部分必须骑在变形缝上，当受到温度、干湿、冻融作用时饰面砖则发生剥离破坏。

3. 防治措施

（1）对于找平层必须认真进行清理，达到无灰尘、油污、脏迹，表面平整粗糙的要求。找平层的表面平整度允许偏差为4mm，立面垂直度的允许偏差为5mm。

（2）为确保砂浆与饰面砖黏结牢固，饰面砖宜采用背面有燕尾槽的产品，并安排有施工经验的人员具体操作。

（3）预防板块背面出现水膜。

① 粘贴前找平层应先浇水湿润，粘贴时表面潮湿而无水迹，一般控制找平层的含水率

在 15％～25％范围内。

② 粘贴前应将砖的背面清理干净，并在清水中浸泡 2h 以上，待表面晾干后才能铺贴。冬季施工时为防止产生冻结，应在掺加 2％盐的温水中浸泡。找平层必须找准标高，垫好底尺，确定水平位置及垂直竖向标志，挂线进行粘贴，避免因基层表面凹凸不平或弹线太疏，一次粘贴不准，出现来回拨动和敲击。

③ 推广应用经检验合格的商品专用饰面砖胶黏剂（干混料），其黏结性、和易性和保水性均比砂浆好，凝结时间可以变慢，操作人员有充分的时间对饰面砖进行仔细镶贴，不至于因过多的拨动而造成板块背面出现水膜。

（4）找平层施工完毕开始养护，至少应有 14d 的干缩期，饰面砖粘贴前应对找平层进行质量检查，尤其应把空鼓和开裂等质量缺陷处理好。饰面砖粘贴后应先喷水养护 2～3d，待粘贴层砂浆达到一定强度后才能勾缝。如果勾缝过早，则容易造成黏结砂浆早期受损，板块滑移错动或下坠。

（5）搞好黏结砂浆的配合比设计，确保水泥砂浆的质量，这是避免产生黏结层产生剥离破坏的重要措施。

① 外墙饰面砖工程的使用寿命一般要求在 20 年以上，选用具有优异的耐老化性能的饰面砖黏结材料是先决条件。因此，外墙饰面砖粘贴应采用水泥基材料，其中包括现行业标准《陶瓷砖胶粘剂》（JC/T 547—2017）规定的 A 类及 C 类产品：A 类是指由水泥等无机胶凝材料、矿物集料和有机外加剂组成的粉状产品；C 类是指由聚合物分散液和水泥等无机胶凝材料、矿物集料等组成的双包装产品。不得采用有机物作为主要的黏结材料。

② 水泥基黏结材料应采用普通硅酸盐水泥或硅酸盐水泥，其技术性能应符合现行国家标准《通用硅酸盐水泥》（GB 175—2020）中的要求，硅酸盐水泥的强度等级应大于等于42.5MPa，普通硅酸盐水泥的强度等级应大于等于 32.5MPa。采用的砂应符合现行国家标准《建设用砂》（GB/T 14684—2011）中的技术要求，其含泥量应≤3％。

③ 水泥基黏结料应按照现行的行业标准《建筑工程饰面砖粘结强度检验标准》（JGJ/T 110—2017）规定的方法进行检验，在试验室进行制样、检验时要求黏结强度指标规定值应不小于 0.6MPa。

为确保粘贴质量，宜采用经检验合格的专用商品聚合物水泥干粉砂浆。大尺寸的外墙饰面砖，应采用经检验合格的适用于大尺寸板块的"加强型"聚合物水泥干粉砂浆，使之具有更高的黏结强度。

外墙饰面砖的勾缝，应采用具有抗渗性的黏结材料，其性能应符合表 8-13 中的要求。

表 8-13　防水砂浆的技术性能标准

试 验 项 目		性 能 指 标	
		一等品	合格品
凝结时间	初凝时间/min	≤45	≤45
	终凝时间/h	≥10	≥10
抗压强度比/％	7d	≥100	≥95
	28d	≥90	≥85
	90d	≥85	≥80
透水压力比/％		≥300	≥200

试 验 项 目	性 能 指 标	
	一等品	合格品
48h 吸水量比/%	≤65	≤75
90d 收缩率比/%	≤110	≤120

注：除凝结时间、安定性为受检净浆的试验结果外，表中所列数据均为受检砂浆与基准砂浆的比值。

（6）为保证外墙饰面砖的镶贴质量，在饰面砖粘贴施工操作过程中应当满足以下几个方面的要求。

① 在外墙面砖工程施工前，应对找平层、结合层、黏结层、勾缝和嵌缝所用的材料进行试配，经检验合格后才能使用。为减少材料试配的时间和用量的浪费，确保材料的质量，一般应优先采用经检验合格的水泥基专用商品材料。

② 为便于处理缝隙、密封防水和适应胀缩变形，饰面砖接缝的宽度不应小于 5mm，不得采用密缝粘贴。缝的深度不宜大于 3mm，也可以采用平缝。

③ 装饰面砖一般应采用自上而下的粘贴顺序（传统的施工方法，总体上是自上而下组织流水作业，每步脚手架上的粘贴多为自下而上进行），黏结层的厚度宜为 4～8mm。

④ 在装饰面砖粘贴之后，如果发现位置不当或粘贴错误，必须在黏结层初凝前或在允许的时间内进行，尽快使装饰面砖粘贴于弹线上并敲击密实；在黏结层初凝后或超过允许时间，不可再振动或移动饰面砖。

⑤ 必须在适宜的环境中进行施工。根据工程实践经验，施工温度应在 0～35℃之间。当温度低于 0℃时，必须有可靠的防冻措施；当温度高于 35℃时，应有遮阳降温设施，或者避开高温时间施工。

（7）认真检验饰面砖背面黏结砂浆的填充率，使粘贴饰面砖的砂浆饱满度达到规定的数值。在粘贴饰面砖的施工期间，一般掌握每日检查一次，每次抽查不少于两块砖。

砂浆填充率的检查具体方法是：当装饰面砖背面砂浆还比较软的时候，把随机抽查的饰面砖剥下来，根据目测或尺量，计算记录背面凹槽内砂浆的填充率。如饰面砖为 50mm×50mm 以上的正方形板块时，砂浆填充率应大于 60%；如饰面砖为 60mm×108mm 以上的长方形板块时，砂浆填充率应大于 75%。

如果抽样检查的两块饰面砖砂浆填充率均符合要求，则确定当日的粘贴质量合格；如果有一块不符合要求，则判为当日的粘贴质量不合格。再随机抽样 10 块饰面砖，如果 10 块砖的砂浆填充率全部合格，则确定该批饰面砖粘贴符合要求，将剥离下来的砖贴上即可；如果 10 块砖中有 1 块砖的砂浆填充率没达到要求，则判定该日粘贴的饰面砖全部不合格，应当全部剥离下来重新进行粘贴。

（8）在《建筑装饰装修工程质量验收标准》（GB 50210—2018）中规定，外墙饰面砖粘贴前和施工过程中，均应在相同的基层上做样板，并对样板的饰面砖黏结强度进行检验，其检验方法和结果判定应符合现行的行业标准《建筑工程饰面砖黏结强度检验标准》（JGJ/T 110—2017）中的规定。在施工过程中，可用手摇式加压的饰面砖黏结强度检测仪进行现场检验，如图 8-2 所示，黏结强度必须同时符合以下 2 项指标：a. 每组饰面砖试样平均黏结强度平均值不得小于 0.40MPa；b. 允许每组试样中有 1 个试样的黏结强度低于 0.40MPa，但不应小于 0.30MPa。

（9）饰面砖墙面应根据实际需要设置伸缩缝，伸缩缝中应采用柔性防水材料嵌缝。墙体变形缝两侧粘贴的外墙饰面砖，其间的缝隙宽度不应小于变形缝的宽度 Q，如图 8-3 所示。为方便施工、便于排列，在两伸缩缝之间还可增设分格缝。伸缩缝或分格缝的宽度太大会影响装饰性，一般应控制在 10mm 左右。

图 8-2　饰面砖黏结强度检测仪示意

图 8-3　变形缝的两侧排列砖示意

（五）饰面出现"破活"，细部粗糙

1. 质量问题

在饰面砖粘贴完毕后，在主要立面和明显部位（窗间距、通天柱、墙垛）及阳角处出现"破活"质量问题，边角细部手工比较粗糙，板块切割很不整齐且有破损，严重影响外装饰面的美观。"破活"质量问题主要表现在以下几个方面。

（1）横排对缝的墙面，门窗洞的上下；竖排对缝的墙面，门窗洞的两侧；阳角及墙面明显部位，板块排列均出现非整砖（"破砖"）现象。在墙面的阴角或其他次要部位，出现小于 1/3 整砖宽度的板块。

（2）同一墙面的门窗洞，与门窗平面相互垂直的饰面砖块数不一样，宽窄不相同，切割不一致，严重影响墙面的装饰效果。

（3）外廊式的走廊墙面与楼板底接槎部位的饰面砖不水平、不顺直，板块大小不一。梁柱接头阴角部位与梁底、柱顶的板块"破活"较多，或出现一边大、一边小。墙面与地面（或楼面）接槎部位的饰面砖不顺直，板块大小不一致，与地面或楼面有很大的空隙。

图 8-4　外墙砖竖向阴角部位砖缝缺陷示意

（4）墙面阴阳角、室外横竖线角（包括阳台、窗台、雨篷、腰线等）不方正、不顺直；墙面阴角、室外横竖线角的饰面角出现"破活"，或阴角部位出现一行"一头大、一头小"的饰面砖；阴角部位出现干缝、粗缝、双缝和非整砖压整砖，如图 8-4 所示。另外，还有切割不吻合、缝隙过大，墙裙凸出墙面，厚度不一致，"滴水线"不顺直，流水坡度不正确等质量问题。

2. 原因分析

（1）饰面砖粘贴工程无专项设计，施工中只凭以往的经验进行，对于工程的细部施工心中无数，结果造成饰面出现"破活"，细部比较粗糙。

（2）主体结构或找平层几何尺寸偏差过大，如找平层挂线及其他的标准线，容易受风吹动和自重下垂的影响；如檐口长度大，厚度小，而"滴水线"或滴水槽的截面尺寸更小；例如檐的边线几何尺寸偏大，而面砖的规格尺寸是定数，粘贴要求横平竖直，形成矛盾。

如果基体（基层）尺寸偏差大，要保证"滴水线"的功能和截面尺寸，面砖就难免到处切割；若要饰面砖达到横平竖直，则滴水线（槽）的截面尺寸和功能难以保证。

（3）施工没有预见性。如门窗框安装标高、腰线标高不考虑与大墙面的砖缝配合，如雨篷、窗台等突出墙面的部位宽度不考虑能否整砖排列。

（4）因外墙脚手架或墙面凸出部位（如雨篷、腰线等）的影响，各楼层之间上下不能挂通直的通线，在饰面砖粘贴过程中，只能对本层或者对这个施工段进行排列，而不能考虑整个楼房从上到下的横竖线角。

（5）竖向阳角的45°角砖，切角部位的角尖太薄，甚至近乎刀口；或角尖处远远小于45°，粘贴时又未满挤水泥砂浆（或水泥浆），阳角粘贴后空隙过大，产生空鼓，容易产生破损。竖向阳角处若采用"海棠"角形式，其底坯侧面全部外露，造成釉面和底坯颜色深浅不一；如果加浆勾缝（特别是平缝），角缝隙还会形成影响外观的粗线条，如图8-5所示。

(a) 45°角砖窄缝(美观)　(b) "海棠"角加平缝(粗糙)

图8-5　外墙砖的竖向阳角做法

（6）在饰面砖镶贴排列中，不一定全部正好都是整砖，有的需要进行切割，如果切割工具不先进、操作技术不熟练，很容易造成切割粗糙，边角破损。

3. 防治措施

（1）饰面砖粘贴工程必须进行专项设计，施工中对镶贴质量严格控制，这样才能避免"破活"。

（2）从主体结构、找平层抹灰到粘贴施工都必须坚持"三通"，即：拉通墙面三条线，室外墙皮线、室内墙皮线、各层门窗洞口竖向通线；拉通门窗三条线，同层门窗过梁底线、同层窗台线、门窗口立樘线；拉通外墙面凸出物三条线，檐口上下边线、腰线上下线、附墙柱外边线。

为避免风吹、意外触碰及外墙脚手架、外墙凸出物等的不利影响，"三通"线可用水平仪、经纬仪打点，用绞车绷紧细铁丝。如果以上"三通"线有保证，不但能保证墙体大面的垂直度和平整度，而且还能保证墙体的厚度一致，洞口里的饰面砖的块数相等。

（3）必须使主体结构和找平层的施工质量符合设计要求，这是确保饰面砖粘贴质量的基础。找平层的表面平整度允许偏差为4mm，立面垂直度的允许偏差为5mm。对于大墙面、高墙面，应当采用水平仪、经纬仪测定，尽量减少基线本身的尺寸偏差，才能保证阴阳角方正，阴角部位的板块不出现大小边；墙面凸出物切割吻合；"滴水线"应当顺直，流水坡度应当正确。

（4）由于主体结构施工偏差，外廊式的走廊墙面开间可能大小不一，梁的高度、宽度也可能有差别。因此，外廊式的走廊墙面楼层底板、梁柱节点及大雨篷下的柱子等，如果盲目地从底部将装饰面砖贴到顶，则很容易出现"破活"。为避免出现这种问题，一般将装饰面砖粘贴至窗台或门窗的顶部或者梁的底部为止，这种做法不仅可以避免"破活"，而且不影响装饰效果。

（5）竖向的阳角砖块在切角时，为避免棱角崩损，角尖部位要留下约1mm厚刃脚，斜度割、磨准确，应当出现负偏差，即略小于1/2阳角，才能填入砂浆；在进行粘贴时，角尖部位应刮浆满挤，保证阳角砖缝满浆严密。小于45°的竖向阳角，两角刃之间的砖缝里宜嵌进一根不锈钢小圆管，使竖向阳角不至于太尖锐，又可以达到护角的目的。

（6）为避免板块边角的缺损，应边注水边切割；非整砖切割时应留有余地，供磨边时损耗，这样才能最终达到准确的尺寸和消除切割产生的缺陷。

（六）饰面出现色泽不匀

1. 质量问题

饰面砖在镶贴完毕后，面砖与面砖、板缝与板缝之间颜色深浅不同，勾缝砂浆出现脱皮变色、开裂析白等问题，致使墙面色泽不匀，严重影响墙面的装饰效果。

2. 原因分析

（1）采购的饰面砖不是同一产地、同一规格、同一批号，如果施工中再不按规定位置镶贴，发生混用现象，必然会出现影响观感的色差。

（2）对饰面板的板缝设计和施工不重视。在饰面板施工过程中，出现板缝粘贴宽窄不一，勾缝深度相差较大，使用水泥品种不同，勾缝砂浆配合比不一样，不坚持"二次勾缝"等，均可以造成饰面色泽不匀。

（3）如果饰面砖墙面有污染时，再采用稀盐酸进行清洗，则容易使板缝砂浆表面被酸液腐蚀，留下明显的伤疤而造成饰面色泽不匀。

（4）"金属釉"的釉面砖反光率非常好，如果粘贴的墙面平整度较差，反射的光泽比较凌乱，加上距离远近、视线角度、阳光强弱、周围环境不同，装饰效果会有较大差异，甚至得出相反的效果。

3. 防治措施

（1）在饰面材料设计之前，应进行市场调查看能否满足质量与数量的要求。当同一炉号产品不能满足数量要求时，应分别按不同立面需要的数量订货，保证在同一立面不出现影响观感的色差；相邻立面可采用不同批号的产品，但应是同一颜色编号的产品，以免出现过大的色差。

（2）对于不同地产、相同规格、不同颜色、不同批号的饰面砖产品，在运输、保管和粘贴中应严格分开，以防止发生混杂。

（3）对于后封口的卷扬机进料口、大型设备预留口和其他洞口，应预留足够数量的同一炉号的饰面砖；对后封口板缝勾缝的水泥砂浆，也应当用原来勾缝的相同水泥。对于后封口部位的粘贴，应精心施工，要与大面质量相同。

（4）确保勾缝质量，不仅是墙面防水、防脱落的要求，也是饰面工程外表观感的要求，因此必须高度重视板缝的施工质量。认真搞好专项装饰设计，粘贴保证板缝宽窄一致，勾缝确保深浅相同。不得采用水泥浆进行糊缝，优先采用专用商品水泥基勾缝材料，坚持采用"二次勾缝"的做法。

（5）采用"金属釉"的饰面砖，应特别注意板块的外观质量检验，重视粘贴的平整度和垂直度，并先做样板墙面确定正式粘贴的有关事项。样板经建设、监理、质检、设计和施工单位共同认可后才能进行大面积的粘贴。

（七）面砖出现裂缝

1. 质量问题

镶贴于墙体表面的面砖出现裂缝，裂缝不仅严重影响饰面的装饰效果，而且影响整个饰面的使用寿命。

2. 原因分析

（1）面砖的质量不符合设计和有关标准的要求，材质比较松脆，吸水率比较大，在吸水受潮后，特别是在冬季受冻结冰时，因膨胀而使面砖产生裂纹。

（2）在镶贴面砖时，如果采用水泥浆加 108 胶材料，由于抹灰厚度过大，水泥凝固收缩而引起面砖变形、开裂。

（3）在面砖的运输、贮存和操作过程中，由于不符合操作要求，面砖出现隐伤而产生裂缝。

（4）面砖墙长期暴露于空气之中，由于干湿、温差、侵蚀介质等作用，面砖体积和材质发生变化而开裂。

3. 防治措施

（1）选择质量好的面砖，材质应坚实细腻，其技术指标应符合现行国家标准《陶瓷砖》（GB/T 4100—2015）中的规定，吸水率应小于 18%。

（2）在面砖粘贴之前，应将有隐伤的面砖挑出，并将合格面砖用水浸泡一定的时间。在镶贴操作过程中，不要用力敲击砖面，防止施工中产生损伤。

（3）如果选用水泥浆进行镶贴，应掌握好水泥浆的厚度，不要因抹灰过厚产生收缩而引起面砖的变形和开裂。

（4）要根据面砖的使用环境而选择适宜的品种，尤其是严寒地区和寒冷地区所用的面砖，应当具有较强的耐寒性和耐膨胀性。

二、室外锦砖的质量问题与防治措施

室外锦砖饰面主要包括陶瓷锦砖饰面和玻璃锦砖饰面。

（一）陶瓷锦砖面层脱落

1. 质量问题

镶贴好的陶瓷锦砖面层，在使用不久则出现局部或个别小块脱落，不仅严重影响锦砖饰面的装饰效果，而且对于饰面下的行人有一定的危险。

2. 原因分析

（1）选用的水泥强度等级太低，或水泥质量低劣，或水泥贮存期超过 3 个月，或水泥受潮产生结块。

（2）施工中由于组织不当，陶瓷锦砖的粘贴层铺设过早，当陶瓷锦砖镶贴时已产生初凝；或黏结层刮得过薄，由于黏结不牢而使锦砖面层产生脱落。

（3）陶瓷锦砖在揭去纸面清理时用力不均匀，或揭去纸面清理的间隔时间过长，或经调整缝隙移动锦砖等原因，致使有些锦砖出现早期脱落。

3. 防治措施

（1）必须充分做好锦砖粘贴的准备工作，这是防止陶瓷锦砖面层脱落的重要基础性工作。这项工作主要包括陶瓷锦砖的质量检验、锦砖的排列方案、选用的粘贴黏合材料、操作工艺的确定、操作人员的组合、粘贴用具的准备等。

（2）严格检查陶瓷锦砖基层抹灰的质量，其平整度和垂直度必须达到施工规范的要求，不得出现空鼓和裂缝质量问题。

（3）严格按照现行的施工规范向操作人员说明施工方法和注意事项，以确保陶瓷锦砖粘贴施工质量。

（二）饰面不平整，缝隙不均匀、不顺直

1. 质量问题

陶瓷锦砖粘贴完毕后，发现饰面表面凹凸不平；板块接缝横不水平，竖向不垂直；接缝大小不一，联与联之间发生错缝；联与联之间的接缝明显与块之间有差别。以上这些质量问题虽然不影响饰面的使用，但是严重影响饰面的表面美观。

2. 原因分析

（1）由于陶瓷锦砖单块尺寸小，黏结层厚度较薄（一般为 3～4mm），每次粘贴一联。如果找平层表面平整度和阴阳角方正偏差较大，一联上的数十块单块很难粘贴找平，产生表面不平整现象。如果用增加黏结层厚度的方法找平面，在陶瓷锦砖粘贴之后，由于黏结层砂浆厚薄不一，饰面层很难拍平，同样会产生不平整现象。

（2）由于陶瓷锦砖单块尺寸比较小，板缝要比其他饰面材料多，不仅有单块之间的接缝，而且有联之间的接缝。如果材料外观质量不合格，依靠揭纸后再去拨正板缝，不仅难度很大，而且效果不佳。单块之间的缝宽（称为"线路"）已在制作中定型，现场一般不能改变。因此，联与联之间的接缝宽度必须等同线路，否则联与联之间就会出现板缝大小不均匀、不顺直现象。

（3）由于脚手架大横杆的步距过大，如果超过操作者头顶，粘贴施工比较困难；或间歇施工缝留在大横杆附近（尤其是紧挨脚手板），操作更加困难。

（4）由于找平层平整度较差、粘贴施工无专项设计、施工基准线不准确、粘贴技术水平较低等，也会造成饰面不平整、缝隙分格不均匀、不顺直。

3. 防治措施

图 8-6　梳齿状铲刀

（1）确实保证找平层的施工质量，使其表面平整度允许偏差小于 4mm、立面垂直度的允许偏差小于 5mm。同时，粘贴前还要在找平层上粘贴灰饼，灰饼的厚度一般为 3～4mm，间距为 1.0～1.2m，使黏结层厚度一致。为保证黏结层砂浆抹得均匀，宜用梳齿状铲刀将砂浆梳成条纹状，如图 8-6 所示。

（2）陶瓷锦砖进场后，应进行产品质量检查，其几何尺寸偏差必须符合现行的行业标准《陶瓷马赛克》（JC/T 456—2015）中的要求，抽样检查不合格者决不能用于工程。具体做法是：在粘贴前逐箱将陶瓷锦砖打开，全数检查每一联的几何尺寸偏差，按偏差大小分别进行堆放。这种做法可以减少陶瓷锦砖在粘贴接缝上的累积误差，有利于缝隙分格均匀、顺直，但给施工企业带来较大的负担，并且不能解决每联陶瓷锦砖内单块尺寸偏差、线路宽度偏差过大等问题。

（3）按照饰面工程专项设计的要求进行预排和弹线，粘贴应按照"总体从上而下、分段由下而上"的工艺流程施工。先在找平层上用墨线弹出每一联陶瓷锦砖的水平和竖向粘贴控制线，联与联之间的接缝宽度应与"线路"相等，这样才能分格缝内的锦砖联与联之间成为一体。

（4）为了方便工人操作，确保陶瓷锦砖粘贴质量，脚手架步距不应过大，一般掌握在 1.6m 左右为宜；粘贴时的间歇施工缝宜留设在脚手板面约 1.0m 高的部位，特别注意用"靠尺"检查间歇施工缝部位陶瓷锦砖的平整度，并拉线检查水平缝是否合格，以便及时发现问题、及时处理。

（5）对于装饰质量较高的公共建筑，采用单块尺寸小的陶瓷锦砖，不容易达到装饰的要求，宜采用"大方"锦砖墙面。

（三）陶瓷锦砖出现脱落

1．质量问题

陶瓷锦砖镶贴施工完毕后，在干燥和使用的过程中，出现陶瓷锦砖空鼓和脱壳质量问题，不仅严重影响建筑的外观和质量，而且还容易造成面砖跌落伤人事故。

2．原因分析

（1）基层处理不当，即没有按不同基层、采用不同的处理方法，从而使底层灰与基层之间黏结不良。因底层灰、中层灰和陶瓷锦砖自重的影响，使底层灰与基层之间产生剪应力。由于基层面处理不当，施工操作不当，当黏结力小于剪应力时就会产生空鼓和脱壳。

（2）使用劣质，或安定性不合格，或贮存期超过 3 个月，或受潮结块的水泥搅拌砂浆和黏结层粘贴陶瓷锦砖。

（3）搅拌砂浆不按配合比计量，稠度没有控制好，保水性能差；或搅拌好的砂浆停放时间超过 3h 仍使用；或砂的含泥量超过 3% 以上等，引起不均匀干缩。

（4）面砖没有按规定浸水 2h 以上，并没有洗刷掉泥污就用于粘贴，或陶瓷锦砖黏结层不饱满，或陶瓷锦砖粘贴初凝后再去纠正偏差而松动。

3．正确施工方法

（1）揭纸　陶瓷锦砖贴完后，在黏结材料达到初凝前（一般为 20～30min）或按聚合物干混料使用说明书规定的时间，便可用软毛刷在纸面上刷水湿润，湿透后将纸揭下。纸面揭下后，如果有残余的纸毛和胶，还应用毛刷蘸着清水将其刷掉，然后再用棉纱擦干净。在往下揭纸时应轻轻地往下揭，用力方向与墙面平行，切不可与墙面垂直，直着往下拉，以免把陶瓷锦砖拉掉。

（2）拨缝　当陶瓷锦砖表面的牛皮纸揭掉后，应检查陶瓷锦砖的缝隙是否均匀，有无歪斜和掉块、过深的现象。将开刀插入缝内，用铁抹子轻轻敲击开刀，使陶瓷锦砖边楞顺直，凡经拨动过的单块均需用铁抹子轻压，使其黏结牢固。先调整横缝，再调整竖缝，最后把歪斜的小块起掉重贴，把掉落锦砖的部分全部补齐。对于印进墙面较深的揭下来重新再贴，使其平整度符合施工规范的要求。

（3）"擦缝"　拨好缝隙后待终凝结束后，按照设计的要求，在粘贴好的陶瓷锦砖表面上，用素水泥浆或白水泥浆或掺加好颜料的水泥浆用铁抹子把缝隙满刮平刮严，稍干后用棉纱将表面擦拭干净。

（四）玻璃锦砖出现色泽不匀，墙面污染

1．质量问题

玻璃锦砖粘贴后，饰面色泽深浅不一；墙面在施工或使用期间出现污染现象，严重影响

饰面的装饰效果。

2．原因分析

（1）玻璃锦砖出现色泽不匀的原因，可参见第四节"（六）饰面出现色泽不匀"部分的原因分析。

（2）玻璃锦砖表面有光泽，如果粘贴施工不按规范去做，玻璃锦砖饰面的平整度必然较差，反射的光泽显得非常凌乱，则出现色泽不匀问题，影响装饰面的美观。

（3）玻璃锦砖呈半透明质，如果使用的粘贴材料颜色不一致，贴好后透出来的颜色也深浅不同，甚至出现一团一团不均匀的颜色。

（4）不按施工程序进行粘贴，片面追求粘贴速度，在玻璃锦砖揭纸后，使白水泥干粉黏附在饰面上，经过洗刷和"擦缝"也未能清理干净，在使用过程中饰面上出现花白现象，若经风雨淋洗，花白现象还可能进一步扩大。

（5）门窗框周边及预留洞口处，由于处于施工后期、量小而繁杂，找平层施工很短即进行粘贴，致使找平层上的水泥分子扩散，渗透到白水泥粘贴层上，板缝部位出现灰青色斑或色带，而且不容易进行处理。

（6）在"擦缝"时往往是采用满涂满刮方法，从而造成水泥浆将玻璃锦砖晶体毛面污染，如果擦洗不及时、不干净，玻璃锦砖将失去光泽，显得锦砖表面暗淡。

（7）在粘贴玻璃锦砖的施工过程中，由于用脏污的材料擦拭玻璃锦砖的表面，使玻璃锦砖表面和接缝砂浆均受到污染；在雨天施工时还可能受到其他污水的污染。

3．防治措施

（1）玻璃锦砖色泽不匀的一般防治措施，可参见第四节"（六）饰面出现色泽不匀"部分的防治措施相关内容。

（2）现行规范规定粘贴玻璃锦砖的平整度要求比陶瓷锦砖更高，在各道施工工序中都应当严格按照施工和验收规范操作，不能降低规范中的标准。

（3）在玻璃锦砖进行施工时，除深色者可以用普通水泥砂浆粘贴外，其他浅色或彩色锦砖，均应采用白色水泥或白水泥色浆。配制砂浆的砂最好用 80 目的纯净石英砂，这样就不会影响浅色或彩色玻璃锦砖饰面的美观。

（4）在找平层施工后，要给它一个水化和干缩的龄期，给它一个空鼓、开裂的暴露期，不要急于粘贴玻璃锦砖。在一般情况下，最好要在潮湿的环境下养护 14d 左右，如果工期比较紧急，单从防污染的角度，也不得少于 3d。

（5）在玻璃锦砖揭纸后，不得采用水泥干粉进行吸水，否则不但会留下"花白"污染，而且还会降低黏结层的黏结力。

（6）在进行"擦缝"时应仔细在板缝部位涂刮，而不能在表面满涂满刮；掌握好"擦缝"的时间，以玻璃锦砖颗粒不出现移位，灰缝不出现凹陷，表面不出现条纹时，即为"擦缝"的最佳时间。"擦缝"要沿玻璃锦砖对角方向（即45°角）来回揉搓，才能保证灰缝平滑饱满，不出现凹缝和布纹。擦完缝后，应立即用干净的棉纱将表面的灰浆擦洗干净，以免污染玻璃锦砖。

为了防止铁锈对白水泥产生污染，对于重要外墙玻璃锦砖和"大方"玻璃锦砖的勾缝，宜用铝线或铜线。

（7）"散水坡"施工时水泥浆对墙面污染的预防，可将墙根部位已粘贴的面砖预先刷白灰膏等，待"散水坡"施工完毕后，再清洗墙根。但是，所涂刷的白灰膏对玻璃锦砖表面还有浸入，难免留下一些污染痕迹。

目前采用的方法是：留下墙根部位约 1.5m 的锦砖位置，待"散水坡"施工完毕后，再进行粘贴。散水坡与墙根之间的变形缝宽度，应加上饰面层的厚度。填嵌散水坡变形缝时，应在墙根部位贴上不干胶纸带，预防嵌缝料再产生对玻璃锦砖墙面的污染。

（五）陶瓷锦砖表面污染

1. 质量问题

粘贴好的陶瓷锦砖饰面，由于保护不良被喷涂液、污物、灰尘、涂料、颜料、水刷石等浆液污染，严重影响建筑物的表面美观。

2. 原因分析

（1）在陶瓷锦砖粘贴施工中，由于操作不认真，在粘贴接缝后没有擦净陶瓷锦砖面上的黏结剂浆液，使陶瓷锦砖表面产生污染。

（2）在陶瓷锦砖粘贴完毕后，对成品保护措施采取不当，被沥青、涂料、污物、水泥浆、灰尘等污染。

（3）突出墙面的窗台、挑檐、雨篷、阳台、压顶、腰线等部位的下口，没有按照设计要求做好滴水槽或滴水线，使雨水冲下的污物沾污陶瓷锦砖面；或钢铁构件产生的锈蚀污染墙面等。

（4）陶瓷锦砖在运输、贮存、施工的过程中被雨水淋湿或水浸泡，包装箱颜色或其他污染物将锦砖污染。

3. 防治措施

（1）当陶瓷锦砖饰面施工开始后，要注意坚持文明施工，不能在室内向外泼油污、泥浆、涂料、污水等，以免污染基层表面和已粘贴好的饰面。

（2）在陶瓷锦砖"擦缝"结束后，应自上而下将锦砖表面揩擦洁净，在拆除脚手架和向下运送施工设备时要防止碰坏已粘贴好的墙面锦砖。

（3）用草绳或色纸包装陶瓷锦砖时，在运输和贮存期间一定要覆盖防雨用具，以防止雨淋或受潮使陶瓷锦砖产生污染。

第九章
幕墙工程质量管理

随着国民经济的腾飞，社会的不断进步，科学技术的飞速发展，人们对物质生活和精神文化生活水平的要求不断提高，现代高质量生存和生活的新观念已深入人心，人们逐渐开始重视生活和生存的环境。国内外工程实践充分证明，现代建筑和现代装饰对人们的生活、学习、工作环境的改善，起着极其重要的作用。

随着科学技术的进步，建筑外墙装饰材料和施工技术也在突飞猛进地发展，不仅涌现了多种外墙涂料、装饰饰面和施工技术，而且产生了玻璃幕墙、石材幕墙、金属幕墙和陶瓷板幕墙等新型外墙装饰形式，并越来越向着环保、节能、智能化方向发展，使建筑显示出亮丽风光和现代化的气息。

建筑幕墙是建筑物主体结构外围的围护结构，具有防风、防雨、隔热、保温、防火、抗震和避雷等多种功能。按照国家新的质量标准、施工规范，科学合理地选用建筑装饰材料和施工方法，努力提高建筑幕墙的技术水平，对于创造一个舒适、绿色环保型外围环境以及促进建筑装饰业的健康发展，具有非常重要的意义。

第一节　幕墙工程常用材料的质量要求

建筑装饰幕墙是由金属构架与面板组成的，不承担主体结构的荷载与作用，是可以相对于主体结构有微小位移的建筑外围护结构，应当满足自身强度、防水、防风沙、防火、保温、隔热、隔声等要求。因此幕墙工程所使用的材料主要有四大类，即骨架材料、板材、密封填缝材料和结构黏结材料。

建筑装饰幕墙工程按帷幕饰面材料不同，可分为玻璃幕墙、石材幕墙、金属幕墙、人造板材幕墙和组合幕墙等，其中最常见的是玻璃幕墙、石材幕墙、金属幕墙和人造板材幕墙。在建筑工程中，幕墙装饰的运用不但可以极大地提高建筑工程的整体美观性，而且也有利于安全性的提高，所以在建筑施工过程中，幕墙装饰受到了广大工程师的青睐与重视。众多建筑装饰幕墙工程实践证明，在建筑工程不断朝着现代化、科技化方向迈进的同时，建筑装饰幕墙的运用既有难得的机遇，也面临着很大的挑战。

一、幕墙对材料的一般要求

（1）幕墙所选用的材料，应当符合国家产品标准，同时应有出厂合格证。其物理力学及耐候性能应符合设计要求。

（2）由于幕墙在建筑结构的外围，经常受到各种自然因素的不利影响，因此应选用耐候性和不燃烧性（或难燃烧性）材料。

（3）幕墙所用的金属材料和零附件除不锈钢外，钢材均应进行表面热浸镀锌处理。铝合金材料应进行阳极氧化处理。

（4）幕墙所用的硅酮结构密封胶和耐候密封胶，必须有与所接触材料的相容性试验报告，橡胶条应有成分化验报告和保质年限证书。

（5）当玻璃幕墙风荷载大于 $1.8kN/m^2$ 时，宜选用中等硬度的聚氨基甲酸乙酯低发泡间隔双面胶带；当玻璃幕墙风荷载小于或等于 $1.8kN/m^2$ 时，宜选用聚乙烯低发泡间隔双面胶带。幕墙所使用的低发泡间隔双面胶带应符合行业标准的有关规定。

（6）当幕墙的石材含有放射性物质时，应符合现行国家标准《建筑材料放射性核素限量》（GB 6566—2010）中的规定，应当选用 A 类石材产品，而 B、C 类石材产品不能应用于家庭、办公室的室内装修。

二、玻璃幕墙材料的质量要求

在现场检验玻璃幕墙工程中所使用的各种材料，是确保玻璃幕墙工程质量的一项非常重要的工作。玻璃幕墙工程材料的现场检验，主要包括铝合金型材、钢材、玻璃、密封材料以及其他配件等。以上所有材料的质量必须符合国家或行业现行的标准。

（一）铝合金型材的质量要求

铝合金型材是玻璃幕墙工程中应用最广泛的一类有色金属骨架结构材料。玻璃幕墙工程使用的铝合金型材，应符合现行国家及行业标准《铝合金建筑型材　第 1 部分：基材》（GB/T 5237.1—2017）、《变形铝及铝合金化学成分》（GB/T 3190—2020）中的规定。在幕墙工程的施工现场，应进行铝合金型材壁厚、硬度和表面质量的检验。

1. 铝合金型材壁厚的检验

（1）用于横梁、立柱等主要受力杆件，其截面受力部位的铝合金型材壁厚的实测值不得小于 3mm。

（2）铝合金型材壁厚的检验，应采用分辨率为 0.05mm 的游标卡尺或分辨率为 0.1mm 的金属测厚仪，并在杆件同一截面的不同部位测量，测点不应少于 5 个，并取最小值。

（3）铝合金型材膜厚的检验指标应当符合下列规定：a. 阳极氧化膜的最小平均膜厚不应小于 $15\mu m$，最小局部的膜厚不应小于 $12\mu m$；b. 粉末静电喷涂涂层厚度的平均值不应小于 $60\mu m$，其局部最大厚度不应大于 $120\mu m$，且也不应小于 $40\mu m$；c. 电泳涂漆复合膜的局部膜厚不应小于 $21\mu m$；d. 氟碳喷涂涂层的最小平均厚度不应小于 $30\mu m$，最小局部厚度不应小于 $25\mu m$。

（4）铝合金表面膜厚的检验，应采用分辨率为 $0.5\mu m$ 的膜厚检测仪进行检测。每个杆件在不同部位的测点不应少于 5 个,同一个测点应测量 5 次,取平均值,精确至整数。

2. 铝合金型材硬度的检验

(1) 玻璃幕墙工程使用的铝合金 6063T5 型材的韦氏硬度值不得小于 8,使用的铝合金 6063AT5 型材的韦氏硬度值不得小于 10。

(2) 铝合金型材硬度的检验,应采用韦氏硬度计测其表面硬度。型材表面的涂层应清除干净,测点不应少于 3 个,并应以至少 3 点的测量值取其平均值,精确至 0.5 个单位值。

3. 铝合金型材表面质量的检验

铝合金型材的表面质量检验应当符合下列规定:a. 铝合金型材的表面应清洁,色泽应均匀;b. 铝合金型材的表面不应有皱纹、裂纹、起皮、腐蚀斑点、气泡、电灼伤、流痕、发黏以及膜(涂)层脱落等质量缺陷存在。

(二) 玻璃材料的质量要求

玻璃是建筑装饰幕墙工程中应用量最大的材料,也是幕墙装饰性和安全性好坏的关键材料。玻璃幕墙工程所用的玻璃,在正式安装前应进行厚度、边长、外观质量、应力和边缘处理情况的检验。

1. 玻璃厚度的检验

玻璃幕墙工程所用玻璃的厚度允许偏差应当符合表 9-1 中的规定。在进行玻璃厚度检验时应采用以下方法。

表 9-1　玻璃幕墙厚度 δ 允许偏差

玻璃厚度 /mm	允许偏差/mm		
	单片玻璃	中空玻璃	夹层玻璃
5	±0.2	当 $\delta<17$ 时,为±1.0; 当 $\delta=17\sim22$ 时,为±1.5; 当 $\delta>22$ 时,为±2.0	厚度偏差不大于玻璃原片允许偏差和中间层允许偏差之和; 中间层的总厚度<2mm 时,允许偏差为零; 中间层的总厚度≥2mm 时,允许偏差为±0.2mm
6			
8	±0.3		
10			
12	±0.4		
15	±0.6		
19	±1.0		

(1) 玻璃在安装或组装之前,可用分辨率为 0.02mm 的游标卡尺测量被检验玻璃每边的中点,测量结果取平均值,精确至小数点后 2 位。

(2) 对已安装的玻璃幕墙,可用分辨率为 0.1mm 的玻璃测厚仪在被检验玻璃上随机取 4 点进行检测,测量结果取平均值,精确至小数点后 1 位。

2. 玻璃边长的检验

玻璃幕墙工程所用玻璃的边长检验,应在玻璃安装或组装之前,用分度值为 1mm 的钢卷尺沿玻璃周边测量,取其最大偏差值。玻璃边长的检验指标应符合以下规定:单片玻璃边长的允许偏差,应符合表 9-2 中的规定;中空玻璃边长的允许偏差,应符合表 9-3 中的规定;夹层玻璃边长的允许偏差,应符合表 9-4 中的规定。

表 9-2　单片玻璃边长 *L* 的允许偏差

玻璃厚度 /mm	允许偏差/mm		
	L≤1000	1000<*L*≤2000	2000<*L*≤3000
5,6	+1,−1	+1,−2	+1,−3
8,10,12	+1,−2	+1,−3	+2,−4

表 9-3　中空玻璃边长 *L* 的允许偏差

玻璃长度/mm	允许偏差/mm	玻璃长度/mm	允许偏差/mm	玻璃长度/mm	允许偏差/mm
<1000	+1.0,−2.0	1000~2000	+1.0,−2.5	>2000	+1.0,−3.0

表 9-4　夹层玻璃边长 *L* 的允许偏差

总厚度 *D* /mm	允许偏差/mm		总厚度 *D* /mm	允许偏差/mm	
	L≤1200	1200<*L*≤2400		*L*≤1200	1200<*L*≤2400
4≤*D*<6	±1	—	11≤*D*<17	±2	±2
6≤*D*<11	±1	±1	17≤*D*<24	±3	±3

3. 玻璃外观质量的检验

玻璃外观质量的检验，应在良好的自然光或散射光照条件下，距离玻璃正面约 600mm 处观察玻璃的表面；其缺陷尺寸，应采用精度为 0.1mm 的读数显微镜进行测量。玻璃外观质量的检验指标应符合下列规定。

（1）钢化玻璃、半钢化玻璃的外观质量应符合表 9-5 中的规定。

表 9-5　钢化玻璃、半钢化玻璃的外观质量

缺陷名称	检验指标	备　注
边缘爆裂	不允许存在	*a* 为玻璃划伤的长度； *b* 为玻璃划伤的宽度
划伤	每平方米允许 6 条，*a*≤100mm，*b*≤0.1mm	
	每平方米允许 3 条，*a*≤100mm，*b*≤0.5mm	
裂纹、缺角	不允许存在	

（2）热反射玻璃的外观质量应符合表 9-6 中的规定。

表 9-6　热反射玻璃的外观质量

缺陷名称	检验指标	备　注
针眼	距边缘 75mm 内，每平方米允许 8 处或中部每平方米允许 3 处，1.6mm<*d*≤2.5mm	*a* 为玻璃划伤的长度； *b* 为玻璃划伤的宽度； *d* 为玻璃缺陷的直径
	不允许存在，*d*>2.5mm	
斑纹	不允许存在	
斑点	每平方米允许 8 处，1.6mm<*d*≤5.0mm	
划伤	每平方米允许 2 条，*a*≤100mm，*b*≤0.8mm	

（3）夹层玻璃的外观质量应符合表 9-7 中的规定。

表 9-7　夹层玻璃的外观质量

缺陷名称	检验指标	缺陷名称	检验指标
胶合层气泡	直径 300mm 圆内允许长度为 1～2mm 的胶合层气泡 2 个	胶合层杂质	直径 500mm 圆内允许长度小于 3mm 的胶合层杂质 2 个
边缘爆裂	长度或宽度不得超过玻璃的厚度	划伤、磨伤	不得影响使用
裂纹	不允许存在	脱胶	不允许存在

4. 玻璃应力的检验

幕墙工程所用玻璃的应力检验指标应符合下列规定。

（1）玻璃幕墙所用玻璃的品种，应符合设计要求，一般应选用质量较好的安全玻璃。

（2）用于幕墙的钢化玻璃和半钢化玻璃的表面应力，应符合以下规定：如果采用钢化玻璃，其表面应力应≥95MPa；如果采用半钢化玻璃，其表面应力应＞24MPa 且≤69MPa。

（3）玻璃表面应力的检验，应采用以下方法：a. 用偏振片确定玻璃是否经过钢化处理；b. 用表面应力检测仪测量玻璃的表面应力。

（三）建筑钢材的质量要求

建筑钢材通常可分为钢结构用钢和钢筋混凝土结构用钢筋。钢结构用钢主要有普通碳素结构钢和低合金结构钢，品种有型钢、钢管和钢筋。幕墙工程中常用的型钢中有角钢、工字钢和槽钢。玻璃幕墙工程中所使用的钢材，应当进行膜厚和表面质量的检验。

（1）幕墙工程用钢材表面应进行防腐处理。当采用热浸镀锌处理时，钢材表面的膜厚应大于 45μm；当采用静电喷涂处理时，钢材表面的膜厚应大于 40μm。

（2）钢材表面膜厚的检验，应采用分辨率为 0.5μm 的膜厚检测仪进行检测。每个杆件在不同部位的测点不应少于 5 个，同一个测点应测量 5 次，取平均值，精确至整数。

（3）钢材的表面不得有裂纹、气泡、结疤、泛锈、夹杂和折叠等质量缺陷。

（4）钢材表面质量的检验，应在自然散射光的条件下进行，不使用放大镜观察检查。

（四）密封材料的质量要求

建筑幕墙工程所用密封材料的检验，主要包括硅酮结构胶的检验、密封胶的检验、其他密封材料和衬垫材料的检验等。

1. 硅酮结构胶的检验

（1）硅酮结构胶的检验指标　硅酮结构胶的检验指标，应符合以下规定：硅酮结构胶必须是内聚性破坏；硅酮结构胶被切开的截面，应当颜色均匀，注胶应饱满、密实；硅酮结构胶的注胶宽度、厚度，应当符合设计要求，且宽度不得小于 7mm，厚度不得小于 6mm。

（2）硅酮结构胶的检验方法　在进行硅酮结构胶的检验时，应采取以下方法：①垂直于胶条做一个切割面，由该切割面沿基材面切出两个长度约 50mm 的垂直切割面，并以大于 90°方向手拉硅酮结构胶块，观察剥离面的破坏情况；②观察检查注胶的质量，用分度值为 1mm 的钢直尺测量胶的厚度和宽度。

2. 密封胶的检验

（1）密封胶的检验指标　密封胶的检验指标应符合以下规定：密封胶的表面应光滑，不得有裂缝现象，接口处的厚度和颜色应一致；注胶应当饱满、平整、密实、无缝隙；密封胶的黏结形式、宽度应符合设计要求，其厚度不应小于 3.5mm。

（2）密封胶的检验方法　密封胶的检验，应采用观察检查、切割检查的方法，并应采用分辨率为 0.05mm 的游标卡尺测量密封胶的宽度和厚度。

3. 其他密封材料和衬垫材料的检验

（1）其他密封材料和衬垫材料的检验指标　其他密封材料和衬垫材料的检验，应符合下列规定：a. 玻璃幕墙应采用有弹性、耐老化的密封材料，所用的橡胶密封条不应有硬化龟裂现象；b. 幕墙所用的衬垫材料与硅酮结构胶、密封胶应当具有良好的相容性；c. 玻璃幕墙所用的双面胶带的黏结性能应符合设计要求和现行标准的规定。

（2）其他密封材料和衬垫材料的检验方法　其他密封材料和衬垫材料的检验，应采用观察检查的方法；密封材料的延伸性应以手工拉伸的方法进行。

（五）其他配件的质量要求

玻璃幕墙所用的其他配件，主要包括五金件、转接件、连接件、紧固件、滑撑、限位器、门窗及其他配件。

1. 五金件的质量检验

（1）五金件的检验指标　五金件外观的质量检验应符合以下规定：a. 玻璃幕墙中与铝合金型材接触的五金件，应采用不锈钢材料或铝合金制品，否则应加设绝缘的垫片；b. 玻璃幕墙中所用的五金件，除不锈钢外，其他钢材均应进行表面热浸镀锌或其他防腐处理，未经如此处理的不得用于工程。

（2）五金件的检验方法　五金件外观的质量检验，应采用观察检查的方法，即以人的肉眼观察评价其质量如何。

2. 转接件和连接件的质量检验

（1）转接件和连接件的质量检验指标　转接件和连接件的质量检验指标，应符合以下规定：a. 转接件和连接件的外观应平整，不得有裂纹、毛刺、凹坑、变形等质量缺陷；b. 转接件和连接件的开孔长度不应小于开孔宽度加 40mm，开孔至边缘的距离不应小于开孔宽度的 1.5 倍。转接件和连接件的壁厚不得有负偏差；c. 当采用碳素钢的转接件和连接件时，其表面应进行热浸镀锌处理。

（2）转接件和连接件的质量检验方法　转接件和连接件的质量检验，一般应采用以下方法：a. 用观察的方法检验转接件和连接件的外观质量，其外观质量应当符合设计要求；b. 用分度值为 1mm 的钢直尺测量构造尺寸，用分辨率为 0.05mm 的游标卡尺测量转接件和连接件的壁厚。

3. 紧固件的质量检验

紧固件的质量检验指标应符合以下规定。

（1）紧固件宜采用不锈钢六角头螺栓，不锈钢六角头螺栓应带有弹簧垫圈。当未采用弹簧垫圈时，应有防止松脱的措施，如拧紧后对明露的螺栓的敲击处理。主要受力杆件不应采用自攻螺钉。

（2）当紧固件采用铆钉时，宜采用不锈钢铆钉或"抽芯铝铆钉"，作为结构受力的铆钉应进行应力验算，构件之间的受力连接不得采用"抽芯铝铆钉"。

4. "滑撑"和限位器的质量检验

"滑撑"多为不锈钢材质，是一种用于连接幕墙上的窗扇和窗框，使窗户能够开启和关闭的连杆式活动链接装置。用于建筑幕墙的"滑撑"应符合以下要求。

（1）"滑撑"和限位器的检验指标　"滑撑"和限位器的质量检验指标，应符合以下规定：a. "滑撑"和限位器应采用奥氏体不锈钢制作，其表面应光滑，不应有斑点、砂眼及明显的划痕，金属层应色泽均匀，不应有气泡、露底、泛黄及龟裂等质量缺陷，强度和刚度应符合设计要求；b. "滑撑"和限位器的紧固铆接处不得出现松动，转动和滑动的连接处应灵活、无卡阻。

（2）"滑撑"和限位器的检验方法　"滑撑"和限位器的质量检验，应采用以下方法：a. 用磁铁检查"滑撑"和限位器的材质，其质量必须符合有关规定；b. 采用观察检查和手动试验的方法，检验"滑撑"和限位器的外观质量和使用功能。

5. 门窗及其他配件的质量检验

门窗及其他配件的质量检验指标应符合以下规定：a. 门窗及其他配件应开关灵活、组装牢固，多点联动锁配件的联动性应当完全一致；b. 门窗及其他配件的防腐处理应符合设计要求，镀层不得有气泡、露底、脱落等明显的质量缺陷。

三、金属幕墙材料的质量要求

（一）金属幕墙对材料的要求

1. 金属幕墙对材料的一般规定

（1）金属幕墙所选用的所有材料，均应符合现行国家标准或行业标准，并应有产品出厂合格证，无出厂合格证和不符合现行标准的材料，不能用于金属幕墙工程。

（2）金属幕墙所选用的所有材料，应具有较足够的耐候性，它们的物理力学性能应符合设计要求。

（3）金属幕墙所选用的所有材料，应采用不燃性和难燃性材料，以防止发生火灾时造成重大损失。

（4）金属幕墙所选用的硅酮结构密封胶材料，应有与所接触材料的相容性试验合格报告。所选用的橡胶条应有成分化验报告和保质年限证书。

2. 对金属材料的质量要求

（1）金属幕墙所选用的不锈钢材料，宜采用奥氏体不锈钢材。不锈钢材的技术要求和性能试验方法应符合国家现行标准的规定。

（2）金属幕墙所选用的标准五金件材料，应当符合金属幕墙的设计要求，并应有产品出厂合格证书。

（3）金属幕墙所选用的钢材的技术性能，应当符合金属幕墙的设计要求，性能试验方法应符合国家现行标准的规定，并应有产品出厂合格证书。

（4）当钢结构幕墙的高度超过40m时，钢构件应当采用高耐候性结构钢，并应在其表面涂刷防腐涂料。

（5）铝合金金属幕墙应根据幕墙面积、使用年限及性能要求，分别选用铝合金单板、铝塑复合板、铝合金蜂窝板等板材。铝合金板材的物理力学性能，应符合现行的国家标准及设计要求。

（6）根据金属幕墙的防腐、装饰及耐久年限的要求，采取相应措施对铝合金板的表面进行处理。

3. 对结构密封胶的质量要求

金属幕墙宜采用硅酮结构密封胶，单组分和双组分的硅酮结构密封胶应用高模数中性胶，其性能应符合表 9-8 中的规定，并应有保质年限的质量证书。

表 9-8 硅酮结构密封胶的技术性能

项　目	技术指标	项　目	技术指标
有效期/月	双组分 9；单组分 9～12	邵氏硬度/度	35～45
施工温度/℃	双组分 10～30；单组分 5～48	黏结拉伸强度/(N/mm^2)	≥0.70
使用温度/℃	−48～88	延伸率（哑铃型）/%	≥100
操作时间/min	≤30	黏结破坏率（哑铃型）/%	不允许
表面干燥时间/h	≤3	内聚力（母材）破坏率/%	100
初步固化时间/d	7	剥离强度（与玻璃、铝） /(N/mm^2)	5.6～8.7
完全固化时间/d	14～21		

（二）对铝合金及铝型材的要求

在金属幕墙的实际工程中，由于铝合金及铝型材具有质轻、高强、装饰性好、维修方便等特点，所以在金属幕墙中得到广泛应用。但对这种材料有以下具体要求。

（1）金属幕墙采用的铝合金型材，应当符合现行国家标准《铝合金建筑型材　第 1 部分：基材》（GB/T 5237.1—2017）中规定的高精级和《铝及铝合金阳极氧化膜与有机聚合物膜　第 1 部分：阳极氧化膜》（GB/T 8013.1—2018）的规定；铝合金的表面处理层厚度和材质，应符合国家标准《铝合金建筑型材》（GB/T 5237.2—2017～GB/T 5237.5—2017）的有关规定。

（2）幕墙采用的铝合金板材的表面处理层厚度和材质，应符合行业标准《建筑幕墙》（GB/T 21086—2007）中的有关规定。

（3）金属幕墙应根据幕墙面积、使用年限及性能要求，分别选用铝合金单板（简称铝单板）、铝塑复合板、铝合金蜂窝板（简称蜂窝铝板）；铝合金板材应达到国家相关标准及设计的要求，并有出厂合格证。

（4）根据防腐、装饰及建筑物的耐久年限的要求，对铝合金板材（铝单板、铝塑复合板、蜂窝铝板）表面进行氟碳树脂处理时应符合下列规定：氟碳树脂含量不应低于 75%；海边及严重酸雨地区，可采用 3 道或 4 道氟碳树脂涂层，其厚度应大于 40μm；其他地区，可采用两道氟碳树脂涂层，其厚度应大于 25μm；氟碳树脂涂层应无起泡、裂纹、剥落等现象。

（5）铝合金单板的技术指标应符合国家标准《一般工业用铝及铝合金板、带材　第 1 部分：一般要求》（GB/T 3880.1—2012）、《一般工业用铝及铝合金板、带材　第 2 部分：力学性能》（GB/T 3880.2—2012）、《变形铝及铝合金牌号表示方法》（GB/T 16474—2011）和《变形铝及铝合金状态代号》（GB/T 16475—2008）中的规定。幕墙用纯铝单板厚度不应小于 2.5mm，高强合金铝单板不应小于 2mm。

（6）我国生产的铝合金建筑装饰型材约 300 多种，这些铝合金型材大多数用于建筑装饰工程中。其中最常用铝合金型材主要是铝镁硅系合金，型材铝合金（LD$_{31}$）的化学成分应符合表 9-9 中的要求；型材铝合金（LD$_{31}$）的力学性能应符合表 9-10 中的要求；型材铝合金（LD$_{31}$）的物理性能应符合表 9-11 中的要求。

表 9-9　建筑装饰型材铝合金（LD$_{31}$）的化学成分　　　　　　　单位：%

Mg	Si	Fe	Cu	Mn	Cr	Zn	Ti	其他杂质		杂质总和	Al
								单个	合计		
0.2～0.6	0.45～0.9	0.35	0.10	0.10	0.10	0.10	0.10	0.05	0.15	0.85	其余

表 9-10　建筑装饰型材铝合金（LD$_{31}$）的力学性能

状态	抗拉强度 R_m /MPa	屈服强度 $R_{p0.2}$ /MPa	伸长率 A /%	布氏硬度 HBW /MPa	持久强度极限 /MPa	剪切强度 τ /MPa
退火	89.18	49.0	26	24.50	54.88	68.8
淬火＋人工时效	241.08	213.44	12	715.4	68.8	151.9

表 9-11　建筑装饰型材铝合金（LD$_{31}$）的物理性能

性能名称	相对密度	热导率（25℃）/[W/(m·K)]	比热容（100℃）/[kJ/(kg·K)]	电阻率（20℃,CS 状态）/(Ω·mm^2/m)	弹性模量 /MPa
数值	2.715	19.05	0.96	3.3×10^{-2}	7000

四、石材幕墙材料的质量要求

石材幕墙通常由石板和支承结构组成，是一种不承担主体结构荷载与作用的建筑围护结构。我国是石材幕墙的生产和使用大国，据不完全统计，国内年均用于墙面装饰的石材板材约 2500 万平方米。石材幕墙的应用在国内已呈上升趋势，石材的用量也随之增大，如今业内最为关心的问题就是石材幕墙的质量。

（一）石材板材的质量要求

为确保石材幕墙符合现行技术规范和设计要求，用于幕墙的石材应满足最基本的技术要求，这些技术要求主要包括石材的吸水率、石材的弯曲强度和石材的有关技术性能及放射性要求。

（1）吸水率　由于幕墙石材处于比较恶劣的露天使用环境中，尤其是冬季产生的冻胀影响，很容易损伤石材，甚至使石料板材胀裂。因此，对用于幕墙的石材吸水率要求较高。

工程试验证明，幕墙石材的吸水率和空隙的大小，直接影响含水量的变化、风化的强度，并通过这些因素影响石材的使用寿命（耐风化能力），所以石材吸水率是选择外墙用石材的一个重要物理性能。因此，在现行的行业标准《金属与石材幕墙工程技术规范》（JGJ 133—2001）中规定，用于幕墙石材的吸水率应小于 0.80%。

（2）弯曲强度　幕墙石材的弯曲强度是石材非常重要的力学指标，不仅关系到石材的强度高低和性能好坏，而且关系到幕墙的安全性和使用年限。因此，用于幕墙的花岗石板材弯曲强度，应经相应资质的检测机构进行检测确定，其弯曲强度应不小于 8.0MPa。

（3）技术性能　石材进场后，应开箱对其进行技术性能方面的检查，重点检查主要包括是否有破碎、缺棱角、崩边、变色、局部污染、表面坑洼、明暗裂缝，有无风化及进行外形尺寸边角和平整度测量、表面荔枝面形态深浅等。对存在明显缺陷及隐伤的石材严格控制不准上墙安装。安装时严格按编号就位，防止因返工引起石材损伤。

（4）放射性要求　当石材含有放射性物质时，应符合现行行业标准《建筑材料放射性核素限量》（GB 6566—2010）中的规定。

为确保石材幕墙的质量符合设计要求，所用石材的技术要求和性能试验方法，应符合国家现行标准的有关规定。总之，幕墙石材的技术性能应符合《天然花岗石建筑板材》（GB/T 18601—2009）中的规定。

（二）其他材料的质量要求

（1）石材幕墙所选用的其他材料应符合国家现行产品标准的规定，同时应有出厂合格证书、质量保证书及必要的检验报告。

（2）石材幕墙所用的其他材料应选用耐候性的材料，金属材料和零配件除不锈钢外，钢材应进行热浸镀锌处理，铝合金应进行表面阳极氧化处理。

（3）硅酮结构密封胶、硅酮耐候密封胶，必须有与所接触材料的相容性试验报告，同时还应有证明硅酮结构密封胶无污染的试验报告和保质年限的质量证书。

（4）石材幕墙采用的非标准五金件应符合设计要求，并应具有出厂合格证书。同时应符合现行国家标准《紧固件机械性能　不锈钢螺栓、螺钉和螺柱》（GB/T 3098.6—2014）和《紧固件机械性能　不锈钢螺母》（GB/T 3098.15—2014）的规定。

（5）密封胶条的技术要求应符合现行的行业标准《金属与石材幕墙工程技术规范》（JGJ 133—2001）中规定。橡胶条应有成分分析报告和保质年限证书。

（6）石材幕墙宜采用岩棉、矿棉、玻璃棉、防火板等不燃性或难燃性材料作为隔热保温材料，同时应采用铝箔或塑料薄膜包装的复合材料，作为防水和防潮材料。

五、人造板材幕墙材料的质量要求

在我国城市化进程中，高层和超高层建筑是唯一选择，而幕墙是高层建筑外围防护结构的最佳选择。据有关规定，超高层建筑一般指 40 层以上、高度 100m 以上的建筑物。我国是在建和拟建超高层建筑最多的国家，未来大量开工的项目将为建筑幕墙行业提供巨大需求。

当前在幕墙行业的产品结构中，玻璃幕墙和石材幕墙占据着幕墙行业的绝大部分市场份额。尽管如此，玻璃幕墙自爆问题频出、城市光污染严重一直都为人所诟病，并且随着石材资源日益稀缺，石材幕墙造价越来越高。因此，行业亟须用更质优价廉的新产品来解决玻璃幕墙和石材幕墙所出现的问题。在这种情况下，人造板材幕墙产品逐渐进入到人们的视野中，尽管当前这种幕墙在幕墙产品中仅占很少的市场份额。不过，人造板材幕墙因其节能环保、保温隔热、装饰性能强、安全性能高等优势，市场份额正在逐年提高。

（一）人造板材幕墙材料的一般规定

根据现行的行业标准《人造板材幕墙工程技术规范》（JGJ 336—2016）中的规定，人造板材幕墙工程所用的材料应符合以下要求。

（1）人造板材幕墙所用的材料应符合现行有关标准的规定，并满足设计要求。材料出厂时应有出厂合格证书。

（2）人造板材幕墙应选用耐候性材料，其物理和化学性能应适应幕墙所在地气候和环境，并满足幕墙设计年限的要求。

（3）人造板材幕墙所用材料的燃烧性能等级应符合下列规定：a. 幕墙支承构件和连接件材料的燃烧性能等级应为 A 级；b. 幕墙用面板的燃烧性能，当建筑高度大于 50m 时应为 A 级，当建筑高度不大于 50m 时不应低于 B1 级；c. 幕墙用保温材料的燃烧性能等级应为 A 级。

（4）人造板材幕墙所用的防火封堵材料应符合现行国家标准《防火封堵材料》（GB 23864—2009）和《建筑用阻燃密封胶》（GB/T 24267—2009）的规定。

（5）人造板材幕墙所用的金属材料和金属配件除不锈钢和耐候钢外，均应根据使用需要，采用有效的表面防腐蚀处理措施。

（6）密封胶的黏结性能和耐久性应满足设计要求，应具有适用于人造板材幕墙面板基材和接缝尺寸及变位量的类型和位移能力级别，且不应污染所接触的材料。

（7）人造板材幕墙所用面板的放射性核素限量，应符合现行国家标准《建筑材料放射性核素限量》（GB 6566—2010）的规定。

（二）对铝合金型材的要求

（1）人造板材幕墙所用铝合金型材的牌号和状态、壁厚、尺寸偏差、表面处理种类、膜厚及质量，应符现行国家标准《铝合金建筑型材　第 1 部分：基材》（GB 5237.1—2017）、《铝合金建筑型材　第 2 部分：阳极氧化型材》（GB 5237.2—2017）、《铝合金建筑型材　第 3 部分：电泳涂漆型材》（GB 5237.3—2017）、《铝合金建筑型材　第 4 部分：喷粉型材》（GB 5237.4—2017）、《铝合金建筑型材　第 5 部分：喷漆型材》（GB 5237.5—2017）、《铝合金建筑型材　第 6 部分：隔热型材》（GB 5237.6—2017）和《建筑用隔热铝合金型材》（JG 175—2011）的规定。

（2）人造板材幕墙所用铝合金型材表面处理层种类和膜厚，应根据构件的工作环境选用，并应满足使用要求。

（三）对钢材的要求

（1）人造板材幕墙所用碳素结构钢、合金结构钢、低合金高强度结构钢和碳钢铸件，应符合现行国家标准《碳素结构钢》（GB/T 700—2006）、《合金结构钢》（GB/T 3077—2015）、《低合金高强度结构钢》（GB/T 1591—2018）、《碳素结构钢和低合金结构钢热轧钢板和钢带》（GB/T 3274—2017）、《碳素结构钢和低合金结构钢热轧钢板和钢带》（GB/T 3274—2017）、《结构用无缝钢管》（GB/T 8162—2018）和《一般工程用铸造碳钢件》（GB/T 11352—2009）等的规定。

（2）人造板材幕墙所用不锈钢宜采用统一数字代号为 5304×× 和 5316×× 系列奥氏体型不锈钢，并应符合现行国家标准《不锈钢棒》（GB/T 1220—2007）、《不锈钢冷加工钢棒》（GB/T 4226—2009）、《不锈钢冷轧钢板和钢带》（GB/T 3280—2015）、《不锈钢热轧钢板和钢带》（GB/T 4237—2015）和《不锈钢丝》（GB/T 4240—2019）等的规定。

不锈钢铸件的牌号和化学成分应当符合现行国家标准《通用耐蚀钢铸件》（GB/T 2100—2017）和《工程结构用中、高强度不锈钢铸件》（GB/T 6967—2009）等的规定。

（3）人造板材幕墙所用耐候钢应符合现行国家标准《耐候结构钢》（GB/T 4171—2008）的规定。

（4）人造板材幕墙所用碳素结构钢、合金结构钢、低合金高强度结构钢时，应当采取可靠的防腐措施，并符合下列规定。

① 采用热浸镀锌防腐处理时，锌膜厚度符合现行国家标准《金属覆盖层 钢铁制件热浸镀锌层 技术要求及试验方法》（GB/T 13912—2020）的规定。

② 采用其他防腐涂料时，表面处理方法、涂料品种、漆膜厚度及维护年限应符合现行国家标准《冷弯薄壁型钢结构技术规范》（GB 50018—2002）和《钢结构工程施工质量验收规范》（GB 50205—2020）的有关规定，并完全覆盖钢材表面和无端部封板的闭口型材的内侧。

③ 采用氟碳漆或聚氨酯漆作面漆时，面漆的涂膜厚度应根据钢构件所处的大气环境腐蚀性类别确定。一般情况下，涂膜厚度不宜小于 $35\mu m$，当大气腐蚀环境类型为中腐蚀或海滨地区时涂膜厚度不宜小于 $45\mu m$。

（5）钢材之间的焊接应符合现行国家标准《钢结构焊接规范》（GB 50661—2011）的规定。焊接所用的焊条应符合现行国家标准《非合金钢及细晶粒钢焊条》（GB/T 5117—2012）、《热强钢焊条》（GB/T 5118—2012）、《不锈钢焊条》（GB/T 983—2012）等的规定。

（四）对面板材料的要求

（1）人造板材幕墙用的瓷板应符合现行的行业标准《建筑幕墙用瓷板》（JG/T 217—2007）的规定。

（2）人造板材幕墙用的陶板应符合现行的行业标准《建筑幕墙用陶板》（JG/T 324—2011）的规定。

（3）人造板材幕墙用的微晶玻璃应符合现行的行业标准《建筑装饰用微晶玻璃》（JC/T 872—2019）中外墙装饰用微晶玻璃的规定，公称厚度不应小于 20mm。在进行抗急冷急热试验时，应在试样表面均匀涂抹一层墨水，等待 5min 后用干净抹布将表面擦拭干净，不应有目视可见的微裂纹。

（4）人造板材幕墙用的石材蜂窝板应符合现行的行业标准《建筑装饰用石材蜂窝复合板》（JG/T 328—2011）的规定。面板石材为亚光面或镜面时，石材厚度宜为 3～5mm；面板石材为粗面时，石材厚度宜为 5～8mm。石材表面应涂刷符合现行的行业标准《建筑装饰用天然石材防护剂》（JC/T 973—2005）规定的一等品及以上要求的饰面型石材防护剂，其耐碱性、耐酸性应>80％。

（5）人造板材幕墙用的纤维水泥板应采用符合现行的行业标准《外墙用非承重纤维增强水泥板》（JG/T 396—2012）规定的外墙用涂装板，在未经表面防水处理和涂装处理状态下，板材的表观密度不应小于 $1.5g/cm^3$，吸水率不应大于 20％，不低于设计要求的强度等级（饱水状态抗折强度不宜小于 18MPa）。

（6）人造板材幕墙用木纤维板应符合现行的行业标准《建筑幕墙用高压热固化木纤维板》（JG/T 260—2009）阻燃型的规定。

（五）对连接件和紧固件的要求

（1）人造板材幕墙常用的紧固件应符合下列规定：

① 螺钉、螺栓的材质和机械性能应符合现行国家标准《紧固件机械性能 螺栓、螺钉和螺柱》（GB/T 3098.1—2010）、《紧固件机械性能 螺母》（GB/T 3098.2—2015）、《紧固件机械性能 自攻螺钉》（GB/T 3098.5—2016）、《紧固件机械性能 不锈钢螺栓、螺钉和螺柱》（GB/T 3098.6—2014）、《紧固件机械性能 自钻自攻螺钉》（GB/T 3098.11—2002）和《紧固件机械性能 不锈钢螺母》（GB/T 3098.15—2014）等的规定。

② 螺钉、螺栓的品种、规格应符合现行国家标准《1 型六角螺母 C 级》（GB/T 41—2016）、《平垫圈 C 级》（GB/T 95—2002）、《平垫圈 A 级》（GB 97.1—2002）、《十字槽盘头螺钉》（GB/T 818—2016）、《十字槽盘头自攻螺钉》（GB/T 845—2017）、《轻型弹簧垫圈》（GB 859—1987）、《六角头螺栓 C 级》（GB/T 5780—2016）、《六角头螺栓 全螺纹 C 级》（GB/T 5781—2016）和《自钻自攻螺钉》（GB/T 15856.1～GB/T 15856.5）等的规定。

③ 抽芯铆钉的材质、机械性能和品种、规格应符合现行国家标准《紧固件机械性能 抽芯铆钉》（GB/T 3098.19—2004）和《开口型平圆头抽芯铆钉 51 级》（GB/T 12618.4—2006）等的规定。

④ 后锚固连接用机械锚栓应符合现行的行业标准《混凝土用机械锚栓》（JG/T 160—2017）的规定。后锚固连接用化学锚栓应符合现行的行业标准《混凝土结构后锚固技术规程》（JGJ 145—2013）的规定。

（2）幕墙与建筑主体结构或支承结构之间，宜采用钢连接件或铝合金连接件。钢连接件的材质和表面防腐处理应分别符合《人造板材幕墙工程技术规范》（JGJ 336—2016）中第3.3.1条、第3.3.2条和第3.3.4条的规定。铝合金型材连接件的材质和表面防腐处理应分别符合《人造板材幕墙工程技术规范》（JGJ 336—2016）中第3.2节的有关规定。

（3）幕墙面板用不锈钢挂件，宜采用经固溶处理的奥氏体型不锈钢制品。

（4）幕墙面板铝合金型材挂件，表面应进行防腐处理并符合设计要求。

（5）幕墙防雷连接件的材质、截面尺寸和防腐处理，应符合现行国家标准《建筑物防雷设计规范》（GB 50057—2010）和《民用建筑电气设计标准》（GB 51348—2019）的有关规定。

（6）背栓应采用奥氏体型不锈钢制作，其组别和性能等级不宜低于现行国家标准《紧固件机械性能 不锈钢螺栓、螺钉和螺柱》（GB/T 3098.6—2014）和《紧固件机械性能 不锈钢螺母》（GB/T 3098.15—2014）中组别为 A4 奥氏体不锈钢。背栓的直径不应小于4mm，螺纹配合应灵活可靠，具备良好的互换性。螺纹公差等级不宜低于现行国家标准《普通螺纹 公差》（GB/T 197—2018）中的 7H/6g。

（六）对密封材料和黏结材料的要求

（1）幕墙用密封胶条宜采用三元乙丙橡胶、氯丁橡胶及硅橡胶制品，并应符合现行国家标准《建筑门窗、幕墙用密封胶条》（GB/T 24498—2009）的规定。

（2）瓷板和微晶玻璃幕墙采用注胶封闭式板缝时，密封胶宜采用符合现行的行业标准《幕墙玻璃接缝用密封胶》（JC/T 882—2001）规定的产品。

（3）陶板、石材蜂窝板、纤维水泥板幕墙板缝的密封，应采用符合现行国家标准《石材用建筑密封胶》（GB/T 23261—2009）中规定的密封胶。

（4）面板挂件与安装槽口之间的间隙，宜采用胶黏剂填充。填充用胶黏剂应符合国家现行相关标准的规定并满足使用要求。

（七）对其他材料的要求

（1）瓷板、微晶玻璃板、石材蜂窝板和纤维水泥板幕墙板缝防粘衬垫材料，宜采用聚乙烯泡沫棒，其密度不宜大于 37kg/m³。

（2）幕墙构件断热构造所采用的隔热衬垫，其形状和尺寸应经计算确定，内外型材之间应可靠连接并满足设计要求。隔热衬垫宜采用聚酰胺、聚氨酯胶、未增塑聚氯乙烯等耐候性好、热导率低的材料制作。

第二节　幕墙工程施工质量管理

装饰幕墙工程是位于建筑物外围的一种大面积结构，由于长期处于露天的工作状态，经常受到风雨、雪霜、阳光、温度及湿度变化和各种侵蚀介质的作用。近年来，装饰幕墙工程因质量差而造成国家财产损失及人身安全受到严重威胁的事件时有发生。因此，对于其制作加工、结构组成和安装质量等方面均有一定的规定和较高的要求。工程实践证明，如果加强对幕墙工程的管理，对其设计、施工的质量进行有效的控制，并切实有效地推行建设监理制度，幕墙工程的质量是能够得到保障的。

一、玻璃幕墙工程施工质量管理

玻璃幕墙是指由支承结构体系与玻璃构成的，可相对主体结构有一定位移能力、不分担主体结构所受作用的建筑外围护结构或装饰结构。墙体有单层和双层玻璃两种。玻璃幕墙是一种美观新颖的建筑墙体装饰结构，是现代主义高层建筑时代的显著特征。

（一）玻璃幕墙加工制作的一般规定

玻璃幕墙的质量如何，不仅与所用工程材料的质量有关，而且与加工制作也有着直接关系。如果加工制作质量不符合设计要求，玻璃幕墙安装则非常困难，安装质量不符合规范规定，一定会使玻璃幕墙的最终质量不合格。

根据现行的行业标准《玻璃幕墙工程技术规范》（JGJ 102—2003）中的规定，为确保玻璃幕墙的整体质量，在其加工制作的过程中应当遵守以下一般规定。

① 玻璃幕墙在正式加工制作前，首先应当与土建设计施工图进行核对，对于安装玻璃幕墙的部位主体结构进行复测，不符合设计施工图部分能进行修理者，应按设计进行必要的修改；对于不能进行修理的部分，应按实测结果对玻璃幕墙进行适当调整。

② 玻璃幕墙中各构件的加工精度，对幕墙安装质量起着关键性作用。在加工玻璃幕墙构件时，具体加工人员应技术熟练、水平较高，所用的设备、机具应满足幕墙构件加工精度的要求，所用的量具应定期进行计量认证。

③ 采用硅酮结构密封胶黏结固定隐框玻璃幕墙的构件时，应当在洁净、通风的室内进

行注胶，并且施工的环境温度、湿度条件应符合硅酮结构密封胶产品的规定；幕墙的注胶宽度和厚度应符合设计要求。

④ 为确保玻璃幕墙的注胶质量，除全玻幕墙外，其他结构形式的玻璃幕墙，均不应在施工现场注硅酮结构密封胶。

⑤ 单元式玻璃幕墙的单元构件、隐框玻璃幕墙的装配组件，均应在工厂加工组装，然后再运至现场进行安装。

⑥ 当采用低辐射镀膜玻璃时，应根据其镀膜材料的黏结性能和其他技术要求，确定加工制作施工工艺；当镀膜与硅酮结构密封胶相容性不良时，应当除去镀膜层，然后再注入硅酮结构密封胶。

⑦ 硅酮结构密封胶与硅酮建筑密封胶的技术性能不同，它们的用途和作用也不一样，两者不能混用，尤其是硅酮结构密封胶不宜作为硅酮建筑密封胶使用。

（二）玻璃幕墙施工质量预控要点

（1）安装玻璃幕墙的主体结构，应符合现行国家标准《混凝土结构工程施工质量验收规范》（GB 50204—2015）等有关规范的要求。

（2）进场安装玻璃幕墙的构件及附件的材料品种、规格、色泽和性能，应符合设计要求和现行标准的规定。

（3）玻璃幕墙的安装施工，应单独编制施工组织设计，并应包括下列内容：工程进度计划；与其他施工协调配合方案；搬运和吊装方案；施工测量方法；安装方法与安装顺序；构件、组件和成品现场保护方法；检查验收；施工安全措施等。

（4）单元式玻璃幕墙的安装施工组织设计应包括以下内容。

① 采用的吊具类型和吊具移动方法，单元组件起吊地点、垂直运输与楼层上水平运输方法和机具。

② 收口单元的位置、收口闭合工艺及操作方法。

③ 单元组件吊装顺序以及吊装、调整、定位固定等方法和措施。

④ 幕墙施工组织设计应与主体工程施工组织设计相衔接，单元幕墙收口部位应与总施工平面图中施工机具的布置协调，如果采用吊车直接吊装单元组件时，应使吊车臂覆盖全部安装位置。

（5）点支承玻璃幕墙的安装施工组织设计应包括以下内容。

① 支承钢结构的运输、现场拼装和吊装方案。

② 拉杆、拉索体系预拉力的施加、测量、调整方案及"索杆"的定位、固定方法。

③ 玻璃的运输、就位、调整和固定方案以及胶缝的充填与质量保证措施。

（6）采用脚手架施工时，玻璃幕墙安装施工单位与土建工程施工单位协商幕墙施工所用脚手架方案。悬挂式脚手架宜为3层层高，落地式脚手架应为双排布置。

（7）玻璃幕墙的施工测量应符合下列要求：a.玻璃幕墙分格轴线的测量应与主体结构的测量相配合，其偏差应及时进行调整，不得积累；b.应按照设计要求对玻璃幕墙的安装定位进行校核，以便发现问题及时纠正；c.对于高层建筑的测量应在风力不大于4级时进行，以防止出现较大的误差。

（8）玻璃幕墙安装过程中，构件存放、搬运、吊装时不得碰撞和损坏；半成品应及时进行保护，对型材的保护膜也应采取保管措施。

（9）在安装镀膜玻璃时，镀膜层的朝向应符合设计要求。镀膜层不能暴露在室外，以免因外界原因破坏镀膜层。

（10）在进行焊接作业时，对安装好的玻璃和型材应采取可靠的保护措施，防止烧伤型材或玻璃镀膜。

（三）玻璃幕墙施工质量控制要点

1. 构件式玻璃幕墙安装质量控制要点

（1）构件式玻璃幕墙立柱的安装应符合下列要求。

① 立柱安装位置应准确，在正式安装时应进行复核，其安装轴线的偏差不应大于 2mm。

② 相邻两根立柱安装标高偏差不应大于 3mm，同层立柱的最大标高偏差不应大于 5mm；相邻两根立柱固定点的距离偏差不应大于 2mm。

③ 立柱安装就位并经调整后，应及时加以固定。

（2）构件式玻璃幕墙横梁的安装应符合下列要求。

① 横梁应按设计要求安装牢固，如果设计中横梁和立柱间需要留有空隙时，空隙的宽度应符合设计要求。

② 同一根横梁两端或相邻两根横梁的水平标高偏差不应大于 1mm。同层标高偏差：当一幅幕墙宽度不大于 35m 时不应大于 5mm；当一幅幕墙宽度大于 35m 时不应大于 7mm。

③ 当安装完一层高度时，应及时进行检查、校正和固定。

（3）构件式玻璃幕墙其他主要附件的安装应符合下列要求。

① 防火和保温材料应按设计进行铺设，并要铺设平整、可靠固定，拼接处不应留缝隙。

② 冷凝水排出管及其附件应与水平构件预留孔连接严密，与内衬板出水孔连接处应密封。

③ 玻璃幕墙的其他通气槽孔及雨水排出口等，应按设计要求进行施工，不得出现遗漏。各个封口应按设计要求进行封闭处理。

④ 玻璃幕墙在安装到位后应临时加以固定，在构件紧固后应将临时固定的螺栓及时拆除。

⑤ 玻璃幕墙采用现场焊接或高强螺栓紧固的构件，应在紧固后及时进行防锈处理。

（4）幕墙玻璃安装应按下列要求进行。

① 玻璃在安装前应进行表面清洁。除设计中另有要求外，应将单片阳光控制镀膜玻璃的镀膜面朝向室内，非镀膜面朝向室外。

② 应按规定型号选用固定玻璃的橡胶条，其长度宜比边框内槽口长 1.5%～2.0%；橡胶条斜面断开后应拼成预定的设计角度，并应采用黏结剂将其黏结牢固；镶嵌应平整。

（5）铝合金装饰压板的安装，应表面平整、色彩一致，接缝应均匀严密。

（6）硅酮建筑密封胶不宜在夜晚、雨天打胶，注胶温度应符合设计要求和产品说明要求，注胶前应使打胶面清洁、干燥。

（7）构件式玻璃幕墙中硅酮建筑密封胶的施工应符合下列要求。

① 硅酮建筑密封胶的施工厚度应大于 3.5mm，施工宽度不宜小于施工厚度的 2 倍；较深的密封槽口底部，应采用聚乙烯发泡材料填塞。

② 硅酮建筑密封胶在接缝内应两面黏结，而不应三面黏结。

2. 单元式玻璃幕墙安装质量控制要点

（1）单元式玻璃幕墙施工吊装机具准备应符合下列要求。

① 应根据单元板块的实际情况选择适当的吊装机具，并与主体结构连接牢固。

② 在正式吊装前，应对吊装机具进行全面质量和安全检验，试吊装合格后方可正式吊装。

③ 吊装机具在吊装中应对单元板块不产生水平分力，吊装的运行速度应可准确控制，并具有可靠的安全保护措施。

④ 在吊装机具运行的过程中，应具有防止单元板块摆动的措施，确保单元板块的安全。

（2）单元构件的运输应符合下列要求。

① 在正式运输前应对单元板块进行顺序编号，并做好成品保护工作。

② 在装卸及运输过程中，应采用有足够承载力和刚度的周转架，并采用衬垫弹性垫，保证板块相互隔开及相对固定，不得相互挤压和串动。

③ 对于超过运输允许尺寸的单元板块，应采取特殊的运输措施，不可勉强采用普通运输。

④ 单元板块在装入运输车时应按照安装的顺序摆放平衡，不应造成板块或型材变形。

⑤ 在运输的过程中，应选择平坦的道路、适宜的行车速度，并将构件绑扎牢固，采取有效措施减小颠簸和振动。

（3）在场内堆放单元板块时应符合下列要求。

① 应根据单元板块的实际情况，设置专用的板块堆放场地，并应有安全保护措施。

② 单元板块应依照安装先出后进的原则按编号排列放置，不得无次序地乱堆乱放。

③ 单元板块宜存放在周转架上，而不能直接进行叠层堆放，同时也不宜频繁装卸。

（4）单元板块起吊和就位应符合下列要求。

① 吊点和挂点均应符合设计要求，吊点一般情况下不应少于2个。必要时可增设吊点加固措施并进行试吊。

② 在起吊单元板块时，应使各个吊点均匀受力，起吊过程应保持单元板块平稳、安全。

③ 单元板块在吊装升降和平移时，应确保单元板块不产生摆动、不撞击其他物体；同时保证板块的装饰面不受磨损和挤压。

④ 单元板块在就位时，应先将其挂在主体结构的挂点上，板块未固定前吊具不得拆除。

（5）单元板块校正及固定应按下列规定进行。

① 单元板块就位后，应及时进行校正，使其位置控制在允许偏差内。

② 单元板块校正后，应及时与连接部位进行固定，并按规定进行隐蔽工程验收。

③ 单元板块的固定经过检查合格后方可拆除吊具，并应及时清洁单元板块的槽口。

（6）安装施工中如果因故暂停安装，应将对插槽口等部位进行保护；安装完毕后的单元板块应及时进行成品保护。

3. 全玻幕墙安装质量控制要点

（1）全玻幕墙在安装前应认真清洁镶嵌槽；中途因故暂停施工时应对槽口采取可靠的保护措施。

（2）全玻幕墙在安装过程中，应随时检测和调整面板、"玻璃肋"水平度和垂直度，使墙面安装平整。

（3）每块玻璃的"吊夹"应位于同一平面，"吊夹"的受力应均匀。

（4）全玻幕墙玻璃的两边嵌入槽口深度及预留空隙应符合设计要求，左右空隙尺寸应当相同。

（5）全玻幕墙的玻璃面积、重量均很大，吊装安装宜采用机械吸盘安装，并应采取必要的安全措施。

4．点支承玻璃幕墙安装质量控制要点

（1）点支承玻璃幕墙支承结构的安装应符合下列要求。

① 钢结构安装过程中，制孔、组装、焊接和涂装等工序，均应符合现行国家标准《钢结构工程施工质量验收标准》（GB 50205—2020）中的有关规定。

② 有型钢结构构件的吊装，应单独进行吊装设计，在正式吊装前应进行试吊，完全合格后方可正式吊装。

③ 钢结构在安装就位、调整合格后，应及时进行紧固，并应进行隐蔽工程验收。

④ 钢构件在运输、存放和安装过程中损坏的涂层及未涂装的安装连接部位，应按《钢结构工程施工质量验收标准》（GB 50205—2020）中的有关规定进行补涂。

（2）张拉杆、索体系中，拉杆和拉索预拉力的施工应符合下列要求。

① 钢拉杆和钢拉索安装时，必须按设计要求施加预拉力，并应设置预拉力调节装置；预拉力宜采用测力计测定。采用扭力扳手施加预拉力时，应事先对扭力扳手进行标定。

② 施加预拉力应以张拉力为控制量；拉杆、拉索的预拉力应分次、分批对称进行张拉；在张拉的过程中，应对拉杆、拉索的预拉力随时调整。

③ 张拉前必须对构件、锚具等进行全面检查，并应签发张拉通知单。张拉通知单应包括张拉日期、张拉分批次数、每次进行张拉的控制力、张拉用机具、测力仪器及使用安全措施和注意事项，同时应建立张拉记录。

（3）支承结构的安装允许偏差应符合表 9-12 中的规定。

表 9-12　支承结构的安装允许偏差

技术要求名称	允许偏差/mm	技术要求名称	允许偏差/mm
相邻两竖向构件间距	±2.5	"爪座"水平度	2
竖向构件垂直度	$l/1000$ 或≤5	同层高度内"爪座"高低差： 间距>35m 间距≤35m	7 5
相邻三竖向构件外表面平面度	5	相邻两"爪座"垂直间距	±2.0
相邻两"爪座"水平间距和竖向间距	±1.5	单个分格"爪座"对角线	4.0
相邻两"爪座"水平高低差	1.5	"爪座"端面平面度	6.0

注：l 为跨度。

二、金属幕墙工程施工质量管理

金属幕墙是一种新型的建筑幕墙型式，是将玻璃幕墙中的玻璃更换为金属板材的一种幕墙形式，但由于面材的不同两者之间又有很大的区别，所设计施工过程中应对其分别进行考虑。由于金属板材的优良的加工性能、色彩的多样性及良好的安全性，其能完全适应各种复杂造型的设计，可以任意增加凹进和凸出的线条，而且可以加工各种形式的曲线线条，给建筑师以巨大的发挥空间，备受建筑师的青睐，因而获得了突飞猛进的发展。

（一）金属幕墙加工质量控制要点

（1）金属板材的品种、规格和色泽应符合设计要求；铝合金板材表面氟碳树脂的涂层厚度应符合设计要求。

（2）金属板材所选用的材料应符合现行国家产品标准的规定，同时应有出厂合格证。金属板材加工允许偏差应符合表 9-13 中的规定。

（3）单层铝板的加工应符合下列规定。

① 单层铝板进行折弯加工时，折弯外圆弧半径不应小于板材厚度的 1.5 倍。

② 单层铝板加劲肋的固定可以采用电栓钉，但应确保铝板外表面不变形、不褪色，固定应当确保牢固。

表 9-13　金属板材加工允许偏差　　　　　　　　　单位：mm

项目		允许偏差	项目		允许偏差
边长	≤2000	±2.0	对角线长度	≤2000	3.5
	>2000	±2.5		>2000	3.0
对边尺寸	≤2000	≤2.5	平面度		≤2/1000
	>2000	≤3.0	孔的中心距		±1.5
折弯高度		≤1.0			

③ 单层铝板的固定耳子应符合设计要求。固定耳子可以采用焊接、铆接或在铝板上直接冲压而成，并做到位置准确、调整方便、固定牢固。

④ 单层铝板构件四周应采用铆接、螺柱或胶黏与机械连接相结合的形式固定，并应做到构件刚度满足、固定牢固。

（4）铝塑复合板的加工应符合下列规定。

① 在切割铝塑复合板内层铝板和聚乙烯塑料时，应保留不小于 0.3mm 厚的聚乙烯塑料，并不得划伤外层铝板的内表面。

② 在铝塑复合板加工的过程中严禁与水接触。

③ 打孔、切口等外露的聚乙烯塑料及角缝，应采用中性硅酮耐候密封胶来加以密封。

（5）蜂窝铝板的加工应符合下列规定。

① 应根据组装要求决定切口的尺寸和形状，在切除铝芯时不得划伤蜂窝铝板外层铝板的内表面；各部位外层的铝板上应保留 0.3～0.5mm 的铝芯。

② 蜂窝铝板直角构件的加工，折角处应弯成圆弧状，角缝隙应采用硅酮耐候密封胶密封。

③ 蜂窝铝板大圆弧角构件的加工，圆弧部位应填充防火材料。

④ 蜂窝铝板边缘的加工应将外层铝板折合 180°，并将铝芯包封。

（6）金属幕墙的女儿墙部分，应用单层铝板或不锈钢板来加工成向内倾斜的盖顶。

（7）金属幕墙的吊挂件、安装件应符合下列规定。

① 单元金属幕墙使用的吊挂件、支撑件，应当采用铝合金件或不锈钢件，并应具备一定可调整范围。

② 单元金属幕墙的吊挂件与预埋件的连接应采用穿透螺栓；铝合金立柱的连接部位的

局部壁厚不得小于 5mm。

（二）金属幕墙安装质量控制要点

（1）在金属幕墙安装前，应对构件加工精度进行检验，检验合格后方可进行安装。

（2）预埋件安装必须符合设计要求，安装牢固，严禁出现歪、斜、倾现象。安装位置偏差应控制在允许范围以内。

（3）幕墙立柱与横梁安装应严格控制水平度、垂直度以及对角线长度，在安装过程中应反复检查校核，达到要求后方可进行玻璃的安装。

（4）在进行金属板安装时，应拉线控制相邻玻璃面的水平度、垂直度及大面平整度；用木模板控制缝隙宽度，如有误差应均分在每一条缝隙中，防止误差产生积累。

（5）进行密封工作前应对密封面进行清扫，并在胶缝两侧的金属板上粘贴保护胶带，防止注入胶污染周围的板面；注胶应均匀、密实、饱满，胶缝表面应光滑；同时应注意注胶方法，防止气泡产生并避免胶浪费。

（6）在进行金属幕墙清扫时，应选用合适的清洗溶剂，清扫工具禁止使用金属物品，以防止损坏金属幕墙的金属板或构件表面。

三、石材幕墙工程施工质量管理

（一）石材幕墙加工质量控制要点

（1）石材幕墙所用石板的加工质量应符合下列规定。

① 石板的连接部位应无损坏、暗裂等质量缺陷；当其他部位的崩边尺寸不大于 5mm×20mm，或缺角不大于 20mm 时可修补后使用，但每层修补的石板块数不应大于 2%，且应当用于立面不明显部位。

② 石板的长度、宽度、厚度、直角、异形角、半圆弧形状、异型材及花纹图案造型、外形尺寸均应符合设计要求。

③ 石板外表面的色泽应符合设计要求，花纹图案应按照样板进行检查。石板的周围不得有明显的色差。

④ "火烧石"是一种天然石材，色彩是天然生长而成，是天然的玄武岩，具有耐酸、耐碱、耐高温等特点。当采用"火烧石"时，应按样板检查"火烧石"的均匀程度，"火烧石"不得有暗裂和崩裂等缺陷。

⑤ 石板应结合其组合形式，并在确定安装的基本形式后进行加工。为便于幕墙石板的顺利安装，石板在加工中应进行编号，石板的编号应同设计一致，不得因加工而造成顺序混乱。

⑥ 石板加工尺寸允许偏差应符合现行国家标准《天然花岗石建筑板材》（GB/T 18601—2009）的有关规定中一等品的要求。

（2）钢销式安装的石板加工应符合下列规定。

① 钢销的孔位应根据石板的大小而定，孔位距离边端部不得小于石板厚度的 3 倍，也不得大于 180mm；钢销间距不宜大于 600mm；板材边长不大于 1.0m 时每边应设两个钢销，边长大于 1.0m 时应采用复合连接。

② 石板钢销孔洞的深度宜为 22～33mm，孔的直径宜为 7mm 或 8mm，钢销的直径宜

为 5mm 或 6mm，钢销的长度宜为 20～30mm。

③ 石板的钢销孔洞应当完整，不得有损坏或崩裂现象，孔内应光滑、顺直、洁净。

（3）通槽式安装的石板加工应符合下列规定。

① 石板的通槽宽度宜为 6mm 或 7mm，不锈钢支撑板的厚度不宜小于 3.0mm，铝合金支撑板的厚度不宜小于 4.0mm。

② 石板开槽后不得有任何损坏或崩裂缺陷，槽口应打磨成 45°倒角，槽内应光滑、洁净。

（4）短槽式安装的石板加工应符合下列规定。

① 每块石板上下边应各开两个短平槽，短平槽的长度不应小于 100mm，在有效长度内槽深度不宜小于 15mm；开槽宽度宜为 6mm 或 7mm，不锈钢支撑板的厚度不宜小于 3.0mm，铝合金支撑板的厚度不宜小于 4.0mm。弧形槽的有效长度不应小于 80mm。

② 两短槽边距离石板两端部的距离不应小于石板厚度的 3 倍且不应小于 85mm，也不应大于 180mm。

③ 石板开槽后不得有任何损坏或崩裂缺陷，槽口应打磨成 45°倒角，槽内应光滑、洁净。

（5）石板的转角宜采用不锈钢支撑件或铝合金型材专用件进行组装，并应符合下列规定。

① 当采用不锈钢支撑件进行组装时，不锈钢支撑件的厚度不应小于 3.0mm。

② 当采用铝合金型材专用件进行组装时，铝合金型材壁厚不应小于 4.0mm，连接部位的壁厚不应小于 5.0mm。

（6）单元石板幕墙的加工组装应符合下列规定。

① 有防火要求的全石板幕墙单元，应将石板、防火板、防火材料按设计要求组装在铝合金框架上。

② 有可视部分的混合幕墙单元，应将玻璃板、石板、防火板及防火材料按设计要求组装在铝合金框架上。

③ 幕墙单元内石板之间可采用铝合金 T 形连接件进行连接；T 形连接件的厚度应根据石板的尺寸及重量经计算后确定，且其最小厚度不应小于 4.0mm。

④ 幕墙单元内，边部石板与金属框架的连接，可采用铝合金 L 形连接件，L 形连接件的厚度应根据石板的尺寸及重量经计算后确定，且其最小厚度不应小于 4.0mm。

（7）石板经切割或开槽等工序后，均应将石屑用清水冲洗干净，石板与不锈钢的挂件之间应采用环氧树脂类石材专用结构胶黏结。

（8）已加工后质量合格的石板，应立存放于通风良好的仓库内，立放角度不应小于 85°。

（二）石材幕墙安装质量控制要点

（1）石材幕墙安装前对构件加工精度应进行检验，达到设计要求及规范标准方可安装。

（2）预埋件的安装必须符合设计要求，安装牢固可靠，不应出现歪斜、倾倒的质量缺陷。安装位置的偏差应控制在允许范围以内。

（3）在石材板材安装时，应拉线控制相邻板材面的水平度、垂直度及大面平整度；用木模板控制缝隙的宽度，如出现误差应均分在每一条缝隙中，防止误差的积累。

（4）在进行密封工作前应对要密封面进行认真清扫，并在胶缝两侧的石板上粘贴保护胶带，防止注入胶污染周围的板面；注胶应均匀、密实、饱满，胶缝表面应光滑；同时应注意采用正确的注胶方法，避免产生浪费。

（5）在对石材幕墙进行清扫时，应当选用合适的清洗溶剂，清扫工具禁止使用金属物品，以防止磨损石板表面或构件表面。

第三节　幕墙质量管理

在玻璃幕墙、金属幕墙、石材幕墙与人造板材幕墙等分项工程的施工过程中，严格按照现行国家标准《建筑装饰装修工程质量验收标准》（GB 50210—2018）中的规定进行质量管理，是确保幕墙工程施工质量极其重要的环节。

一、玻璃幕墙质量管理

（一）玻璃幕墙质量控制一般规定

（1）玻璃幕墙工程验收时应检查下列文件和记录。

① 玻璃幕墙工程的施工图、计算书、设计说明及其他设计文件。

② 建筑设计单位对玻璃幕墙工程设计的确认文件。

③ 玻璃幕墙工程所用各种材料、配件、构件及组件的产品合格证书、性能检验报告、进场验收记录和复验报告。

④ 玻璃幕墙工程所用硅酮结构胶的抽查合格证明；进口硅酮结构胶的商检证；国家指定检测机构出具的硅酮结构胶相容性和剥离黏结性检验报告。

⑤ "后置埋件"的现场拉拔强度检验报告。

⑥ 玻璃幕墙的气密性、水密性、耐风压性能及平面变形性能检验报告。

⑦ 打胶、养护环境的温度、湿度记录；双组分硅酮结构胶的混匀性试验记录及拉断试验记录。

⑧ 防雷装置测试记录。

⑨ 隐蔽工程验收记录。

⑩ 玻璃幕墙构件、组件和面板的加工制作记录；玻璃幕墙安装施工记录。

（2）玻璃幕墙工程应对下列材料及其性能指标进行复验。

① 玻璃幕墙用硅酮结构胶的邵氏硬度、标准条件拉伸黏结强度、相容性试验。

② 玻璃幕墙立柱和横梁截面主要受力部位的厚度。

（3）玻璃幕墙工程应对下列隐蔽工程项目进行验收。

① 预埋件（或后置埋件）。

② 构件的连接节点。

③ 变形缝及墙面转角处的构造节点。

④ 玻璃幕墙防雷装置。

⑤ 玻璃幕墙防火构造。

（4）幕墙及其连接件应具有足够的承载力、刚度和相对于主体结构的位移能力。幕墙构架立柱的连接金属"角码"与其他连接件应采用螺栓连接，并应有防松动措施。

（5）隐框、半隐框幕墙所采用的结构黏结材料必须是中性硅酮结构密封胶，其性能必须符合《建筑用硅酮结构密封胶》（GB 16776—2005）的规定；硅酮结构密封胶必须在有效期内使用。

（6）隐框、半隐框幕墙构件中板材与金属框之间硅酮结构密封胶的黏结宽度，应分别计算风荷载标准值和板材自重标准值的作用下硅酮结构密封胶的黏结宽度，并取其较大值，且不得小于 7.0mm。

（7）硅酮结构密封胶的注胶应在洁净的专用注胶室进行，且养护环境、温度、湿度条件应符合结构胶产品的使用规定。

（8）玻璃幕墙的防火除应符合现行国家标准《建筑设计防火规范》（GB 50016—2014）的有关规定外，还应符合下列规定：a. 根据防火材料的耐火极限决定防火层的厚度和宽度，并应在楼板处形成防火带；b. 防火层应采取隔离措施，防火层的衬板应采用经防腐处理且厚度不小于 1.5mm 的钢板，不得采用铝板；c. 防火层的密封材料应采用防火密封胶；d. 防火层与玻璃不应直接接触，一块玻璃不应跨两个防火分区。

（9）主体结构与幕墙连接的各种预埋件，其数量、规格、位置和防腐处理必须符合设计要求。

（10）玻璃幕墙的金属构架与主体结构预埋件的连接、立柱与横梁的连接及幕墙面板的安装必须符合设计要求，安装必须牢固。

（11）幕墙的金属构架与主体结构应通过预埋件连接，预埋件应在主体结构混凝土施工时埋入，预埋件的位置应准确。当没有条件采用预埋件连接时，应采用其他可靠的连接措施，并应通过试验确定其承载力。

（12）立柱应采用螺栓与"角码"连接，螺栓直径应经过计算，并不应小于 10mm。不同金属材料接触时应采用绝缘垫片分隔。

（13）幕墙的抗震缝、伸缩缝、沉降缝等部位的处理应保证缝的使用功能和饰面的完整性。

（14）幕墙工程的设计应满足维护和清洁的要求。

（二）构件、组件和面板的加工制作质量管理

（1）构件、组件和面板的加工制作质量管理，主要适用于玻璃幕墙构件、组件和面板等加工制作工程的质量验收。

（2）在加工制作单位自检合格的基础上，同类玻璃幕墙构件、组件或面板每 500～1000件应划分为一个检验批，不足 500 件也应划分为一个检验批。每个检验批应至少检查 5%，并不得少于 5 件；不足 5 件时应全数检查。

（三）玻璃幕墙构件、组件和面板的加工制作

1. 主控项目

（1）玻璃幕墙构件、组件和面板的加工制作所使用的各种材料和配件，应符合设计要求和现行的行业标准《玻璃幕墙工程技术规范》（JGJ 102—2003）的规定。检验方法：检查产品合格证书、性能检验报告、材料进场验收记录和复验报告。

（2）玻璃幕墙构件、组件和面板的品种、规格、颜色及加工制作应符合设计要求和现行的行业标准《玻璃幕墙工程技术规范》（JGJ 102—2003）的规定。检验方法：观察；尺量检查；检查加工制作记录。

（3）立柱、横梁主要受力部位的截面厚度应符合设计要求和现行的行业标准《玻璃幕墙工程技术规范》（JGJ 102—2003）的规定。检验方法：尺量检查。

（4）玻璃幕墙构件槽、豁、榫的加工应符合设计要求和现行行业标准《玻璃幕墙工程技术规范》（JGJ 102—2003）的规定。检验方法：观察；尺量检查；检查施工记录。

（5）玻璃幕墙钢构件焊接、螺栓连接应符合设计要求和现行国家标准《钢结构设计标准》（GB 50017—2017）、《冷弯薄壁型钢结构技术规范》（GB 50018—2002）及《钢结构焊接规范》（GB 50661—2011）的有关规定。检验方法：观察；尺量检查；检查施工记录。

（6）钢构件表面处理应符合设计要求和现行国家标准《钢结构工程施工质量验收标准》（GB 50205—2020）及行业标准《玻璃幕墙工程技术规范》（JGJ 102—2003）的有关规定。检验方法：观察；检查施工记录。

2. 一般项目

（1）玻璃幕墙面板表面应平整、洁净、色泽一致。

检验方法：观察。

（2）玻璃幕墙构件和组件表面应平整。

检验方法：观察。

（3）玻璃幕墙构件、组件和面板安装的允许偏差和检验方法，应符合表 9-14～表 9-19 的规定。

表 9-14　玻璃幕墙铝合金构件加工制作的允许偏差和检验方法

序号	项目	允许偏差/mm	检验方法	序号	项目	允许偏差/mm	检验方法
1	立柱长度	1.0	用钢卷尺检查	6	槽口尺寸	+0.5,0.0	用卡尺检查
2	横梁长度	1.0	用钢卷尺检查	7	豁口尺寸	+0.5,0.0	用卡尺检查
3	构件孔位	1.0	用钢直尺检查	8	榫头尺寸	0.0,−0.5	用卡尺检查
4	构件相邻孔距	1.0	用钢直尺检查	9	槽口、豁口或榫头中线至边部距离	0.5	用卡尺检查
5	构件多孔两端孔距	1.0	用钢直尺检查				

表 9-15　玻璃幕墙钢构件加工制作的允许偏差和检验方法

序号	项目		允许偏差/mm	检验方法
1	平板型预埋件锚板边长		5	用钢直尺检查
2	平板型预埋件锚筋长度	普通型	+10,0	用钢直尺检查
		两面整块锚板穿透型	+5,0	
3	平板型预埋件圆锚筋中心线偏离		5	用钢直尺检查
4	槽型预埋件长度		+10,0	用钢直尺检查
5	槽型预埋件宽度		+5,0	用钢直尺检查
6	槽型预埋件厚度		+3,0	用钢直尺检查
7	槽型预埋件槽口尺寸		+1.5,0.0	用卡尺检查
8	槽型预埋件锚筋长度		+5,0	用钢直尺检查
9	槽型预埋件锚筋中心线偏离		1.5	用钢直尺检查
10	锚筋与锚板面垂直度		锚筋长度/30	用直角尺检查

序号	项目	允许偏差/mm	检验方法
11	连接件长度	+5，−2	用钢直尺检查
12	连接件或支承件孔距	1.0	用卡尺检查
13	连接件或支承构件孔的宽度	+1.0，0.0	用卡尺检查
14	连接件或支承构件孔的边距	+1.0，0.0	用卡尺检查
15	连接件或支承件壁厚	+0.5，−0.2	用卡尺检查
16	连接件或支承件弯曲角度	2°	用角尺检查
17	点支承构件拼装单元节点位置	2	用钢直尺检查
18	点支承构件或拼装单元长度	长度/2000	用钢卷尺检查

表 9-16　明框玻璃幕墙组件加工制作的限值、允许偏差和检验方法

序号	项目		限值/mm	允许偏差/mm	检验方法
1	组件型材槽口尺寸	构件长度≤2000mm	—	2.0	用钢直尺检查
		构件长度＞2000mm	—	2.5	
2	组件对边长度差	构件长度≤2000mm	—	2.0	用钢卷尺检查
		构件长度＞2000mm	—	3.0	
3	相邻构件装配间隙		—	0.5	用塞尺检查
4	相邻构件同一平面度差			0.5	用钢直尺和塞尺检查
5	单层玻璃与槽口间隙	玻璃厚度 5～6mm	≥3.5	—	用钢直尺检查
		玻璃厚度 8～10mm	≥4.5	—	
		玻璃厚度≥12mm	≥5.5	—	
6	单层玻璃进入槽口尺寸	玻璃厚度 5～6mm	≥15	—	用钢直尺检查
		玻璃厚度 8～10mm	≥16	—	
		玻璃厚度≥12mm	≥18	—	
7	中空玻璃与槽口间隙	玻璃厚度 6mm	≥5	—	用钢直尺检查
		玻璃厚度≥8mm	≥6	—	
8	中空玻璃进入槽口尺寸	玻璃厚度 6mm	≥17	—	用钢直尺检查
		玻璃厚度≥8mm	≥18	—	

表 9-17　隐框玻璃幕墙组件加工制作的允许偏差和检验方法

序号	项目		允许偏差/mm	检验方法
1	框长宽尺寸		1.0	用钢卷尺检查
2	组件长宽尺寸		2.5	用钢卷尺检查
3	框接缝高度差		0.5	用钢直尺和塞尺检查
4	框内侧对角线差及组件对角线差	长边≤2000mm	2.5	用钢卷尺检查
		长边＞2000mm	3.5	
5	框组装间隙		0.5	用塞尺检查
6	胶缝宽度		+2.0，0	用卡尺检查
7	胶缝厚度		+0.5，0	用卡尺检查

序号	项目	允许偏差/mm	检验方法
8	组件周边玻璃与铝框的位置差	1.0	用钢直尺检查
9	结构组件平面度	3.0	用靠尺和塞尺检查
10	组件厚度	1.5	用卡尺检查

表 9-18　单元式玻璃幕墙组件加工制作的允许偏差和检验方法

序号	项目		允许偏差/mm	检验方法
1	组件的长度、宽度	≤2000mm	1.5	用钢直尺检查
		>2000mm	2.0	
2	组件对角线长度差	≤2000mm	2.5	用钢直尺检查
		>2000mm	3.5	
3	胶缝的宽度		+1.0,0	用卡尺或钢直尺检查
4	胶缝的厚度		+0.5,0	用卡尺或钢直尺检查
5	各搭接量(与设计值比)		+1.0,0	用钢直尺检查
6	组件的平面度		1.5	用1m靠尺检查
7	组件内镶板间接缝宽度(与设计值比)		1.0	用塞尺检查
8	连接构件竖向中轴线距组件外表面(与设计值比)		1.0	用钢直尺检查
9	连接构件水平轴线距组件水平对插入中心线		1.0(可上、下调节时2.0)	用钢直尺检查
10	连接构件竖向轴线距组件竖向对插入中心线		1.0	用钢直尺检查
11	两连接构件中心线水平距离		1.0	用钢直尺检查
12	两连接构件上、下端水平距离差		0.5	用钢直尺检查
13	两连接构件上、下端对角线差		1.0	用钢直尺检查

表 9-19　玻璃幕墙面板加工制作的允许偏差和检验方法

序号	项目			允许偏差/mm	检验方法
1	单片钢化玻璃边长	≤2000mm	厚度<15mm	1.5	用钢卷尺检查
			厚度≥15mm	2.0	
		>2000mm	厚度<15mm	2.0	
			厚度≥15mm	3.0	
2	单片钢化玻璃对角线长度差	≤2000mm	厚度<15mm	2.0	用钢卷尺检查
			厚度≥15mm	3.0	
		>2000mm	厚度<15mm	3.0	
			厚度≥15mm	3.5	
3	中空玻璃边长	<1000mm		2.0	用钢卷尺检查
		≥1000mm,<2000mm		+2.0,-3.0	
		≥2000mm		3.0	
4	夹层玻璃边长	边长≤2000mm		2.0	用钢卷尺检查
		边长>2000mm		2.5	

序号	项目		允许偏差/mm	检验方法
5	中空、夹层玻璃对角线长度差	边长≤2000mm	2.5	用钢卷尺检查
		边长>2000mm	3.5	
6	中空、夹层玻璃厚度叠加差	边长<1000mm	2.0	用卡尺检查
		边长≥1000mm，<2000mm	3.0	
		边长≥2000mm，<4000mm	4.0	
		边长≥4000mm	6.0	

（四）构架安装工程质量管理

构架安装工程质量控制主要适用于玻璃幕墙立柱、横梁等安装工程的质量验收。

1. 一般规定

（1）构架安装施工单位自检合格的基础上，检验批应按下列规定划分：a. 相同设计、材料、工艺和施工条件的幕墙工程每 500～1000m² 应划分为一个检验批，不足 500m² 也应划分为一个检验批；b. 同一单位工程的不连续的幕墙工程应单独划分检验批；c. 对于异型或有特殊要求的幕墙，检验批的划分应根据幕墙的结构、工艺特点及幕墙工程规模，由监理单位（或建设单位）和施工单位协商确定。

（2）检查数量应符合下列规定：a. 每个检验批每 100m² 应至少抽查一处，每处不得小于 10m²；b. 对于异型或有特殊要求的幕墙工程，应根据幕墙的结构和工艺特点，由监理单位（或建设单位）和施工单位协商确定。

2. 主控项目

（1）玻璃幕墙构件安装工程所使用的各种材料、构件和配件，应符合设计要求和现行的行业标准《玻璃幕墙工程技术规范》（JGJ 102—2003）的规定。

检验方法：检查产品合格证书、性能检验报告、材料进场验收记录和复验报告。

（2）玻璃幕墙主体结构上的预埋件、"后置埋件"的位置、数量及"后置埋件"的拉拔力必须符合设计要求。

检验方法：观察；检验"后置埋件"的拉拔力。

（3）玻璃幕墙的金属构架立柱与主体结构预埋件的连接、立柱与横梁的连接必须符合设计要求，安装必须牢固。

检验方法：观察；手扳检查。

（4）玻璃幕墙的防火、保温、防潮材料的设置应符合设计要求，并应密实、均匀、厚度一致。

检验方法：观察；尺量检查。

（5）玻璃框架及连接件的防腐处理应符合设计要求。

检验方法：观察；检查施工记录。

（6）玻璃幕墙的防雷装置必须与主体结构的防雷装置可靠连接。

检验方法：观察；手扳检查。

（7）各种变形缝、墙角的连接节点应符合设计要求和现行的行业标准《玻璃幕墙工程技术规范》（JGJ 102—2003）的规定。

检验方法：观察；检查施工记录。

3. 一般项目

（1）玻璃幕墙立柱和横梁表面应平整、洁净。

检验方法：观察。

（2）玻璃幕墙立柱和横梁连接接缝应严密。

检验方法：观察。

（3）玻璃幕墙立柱和横梁安装的允许偏差和检验方法应符合表9-20的规定。

表 9-20　玻璃幕墙立柱和横梁安装的允许偏差和检验方法

序号	项目		允许偏差/mm	检验方法
1	立柱垂直度	幕墙高度≤30m	10	用经纬仪检查
		30m<幕墙高度≤60m	15	
		60m<幕墙高度≤90m	20	
		幕墙高度>90m	25	
2	相邻两立柱标高偏差		3.0	用水平仪和钢直尺检查
3	同层立柱标高差		5.0	用水平仪和钢直尺检查
4	相邻两立柱间距差		2.0	用钢卷尺检查
5	相邻两横梁标高差		1.0	用1m水平尺和钢直尺检查
6	同层横梁标高差	幕墙宽度≤35m	7.0	用水平仪检查
		幕墙宽度>35m	5.0	

（五）玻璃幕墙安装工程质量管理

玻璃幕墙安装工程质量管理，主要适用于建筑高度不大于150m、抗震设防烈度不大于8度的隐框玻璃幕墙、半隐框玻璃幕墙、明框玻璃幕墙、全玻璃幕墙及点支承玻璃幕墙工程的质量验收。

1. 主控项目

（1）玻璃幕墙工程所使用的各种材料、构件和组件的质量，应符合设计要求和现行的行业标准《玻璃幕墙工程技术规范》（JGJ 102—2003）的规定。

检验方法：检查材料、构件、组件的产品合格证书、进场验收记录、性能检验报告和材料的复验报告。

（2）玻璃幕墙的造型和立面分格应符合设计要求。

检验方法：观察；尺量检查。

（3）玻璃幕墙使用的玻璃应符合下列规定。

① 幕墙应使用安全玻璃，玻璃的品种、规格、颜色、光学性能及安装方向应符合设计要求。

② 幕墙玻璃的厚度不应小于6.0mm。全玻璃幕墙肋玻璃的厚度不应小于12mm。

③ 幕墙的中空玻璃应采用双道密封。明框幕墙的中空玻璃应采用"聚硫密封胶"及丁基密封胶；隐框和半隐框幕墙的中空玻璃应采用硅酮结构密封胶及丁基密封胶；镀膜面应在

中空玻璃的第 2 或第 3 面上。

④ 幕墙的夹层玻璃应采用聚乙烯醇缩丁醛（PVB）胶片干法加工夹层玻璃。点支承玻璃幕墙夹层胶片（PVB）厚度不应小于 0.76mm。

⑤ 钢化玻璃表面不得有损伤；8.0mm 以下的钢化玻璃应进行引爆处理。

⑥ 所有幕墙玻璃均应进行边缘处理。

检验方法：观察；尺量检查；检查施工记录。

（4）玻璃幕墙与主体结构连接的各种预埋件、连接件、紧固件必须安装牢固，其数量、规格、位置、连接方法和防腐处理应符合设计要求。

检验方法：观察；检查隐蔽工程验收记录和施工记录。

（5）各种连接件、紧固件的螺栓应有防松动措施；焊接连接应符合设计要求和焊接规范的规定。

检验方法：观察；检查隐蔽工程验收记录和施工记录。

（6）隐框或半隐框玻璃幕墙，每块玻璃下端应设置两个铝合金或不锈钢托条，其长度不应小于 100mm，厚度不应小于 2mm，托条的外端应低于玻璃外表面 2mm。

检验方法：观察；检查施工记录。

（7）明框玻璃幕墙的玻璃安装应符合下列规定。

① 玻璃槽口与玻璃的配合尺寸应符合设计要求和现行的行业标准《玻璃幕墙工程技术规范》（JGJ 102—2003）的规定。

② 玻璃与构件不得直接接触，玻璃四周与构件凹槽底部应保持一定的空隙，每块玻璃下部应至少放置两块宽度与槽口宽度相同、长度不小于 100mm 的弹性定位垫块；玻璃两边嵌入量及空隙应符合设计要求。

③ 玻璃四周橡胶条的材质、型号应符合设计要求，镶嵌应平整，橡胶条长度应比边框内槽长 1.5%～2.0%，橡胶条在转角处应斜面断开，并应用黏结剂黏结牢固后嵌入槽内。

检验方法：观察；检查施工记录。

（8）高度超过 4m 的全玻璃幕墙应吊挂在主体结构上，吊夹具应符合设计要求，玻璃与玻璃、玻璃与玻璃肋之间的缝隙，应采用硅酮结构密封胶填充严密。

检验方法：观察；检查隐蔽工程验收记录和施工记录。

（9）点支承玻璃幕墙应采用带有万向头的活动不锈钢爪，其钢爪之间的中心距离应大于 250mm。

检验方法：观察；尺量检查。

（10）玻璃幕墙四周、玻璃幕墙内表面与主体结构之间的连接节点、各种变形缝、墙角的连接节点应符合设计要求和现行的行业标准《玻璃幕墙工程技术规范》（JGJ 102—2003）的规定。

检验方法：观察；检查隐蔽工程验收记录和施工记录。

（11）玻璃幕墙应无渗漏。

检验方法：在易渗漏部位进行淋水检查。

（12）玻璃幕墙结构胶和密封胶的注入应饱满、密实、连续、均匀、无气泡，宽度和厚度应符合设计要求和现行的行业标准《玻璃幕墙工程技术规范》（JGJ 102—2003）的规定。

检验方法：观察；尺量检查；检查施工记录。

（13）玻璃幕墙开启窗的配件应齐全，安装应牢固，安装位置和开启方向、角度应正确；

开启应灵活，关闭应严密。

检验方法：观察；手扳检查；开启和关闭检查。

（14）玻璃幕墙的防雷装置必须与主体结构的防雷装置可靠连接。

检验方法：观察；检查隐蔽工程验收记录和施工记录。

2．一般项目

（1）玻璃幕墙表面应平整、洁净；整幅玻璃的色泽应均匀一致；不得有污染和镀膜损坏。

检验方法：观察。

（2）每平方米玻璃的表面质量和检验方法应符合表 9-21 的规定。

表 9-21　每平方米玻璃的表面质量和检验方法

项次	项目	质量要求	检验方法
1	明显划伤和长度＞100mm 的轻微划伤	不允许	观察
2	长度≤100mm 的轻微划伤	≤8 条	用钢直尺检查
3	擦伤总面积	≤500mm²	用钢直尺检查

（3）一个分格铝合金型材的表面质量和检验方法应符合表 9-22 的规定。

表 9-22　一个分格铝合金型材的表面质量和检验方法

项次	项目	质量要求	检验方法
1	明显划伤和长度＞100mm 的轻微划伤	不允许	观察
2	长度≤100mm 的轻微划伤	≤2 条	用钢直尺检查
3	擦伤总面积	≤500mm²	用钢直尺检查

（4）明框玻璃幕墙的外露框或压条应横平竖直，颜色、规格应符合设计要求，压条安装应牢固。单元玻璃幕墙的单元拼缝或隐框玻璃幕墙的分格玻璃拼缝应横平竖直、均匀一致。

检验方法：观察；手扳检查；检查进场验收记录。

（5）玻璃幕墙的密封胶缝应横平竖直、深浅一致、宽窄均匀、光滑顺直。

检验方法：观察；手摸检查。

（6）防火、保温材料填充应饱满、均匀，表面应密实、平整。

检验方法：检查隐蔽工程验收记录。

（7）玻璃幕墙隐蔽节点遮盖密封装修应牢固、整齐、美观。

检验方法：观察；手扳检查。

（8）明框玻璃幕墙安装的允许偏差和检验方法应符合表 9-23 的规定。

表 9-23　明框玻璃幕墙安装的允许偏差和检验方法

项次	项目		允许偏差/mm	检验方法
1	幕墙垂直度	幕墙高度≤30m	10	用经纬仪检查
		30m＜幕墙高度≤60m	15	
		60m＜幕墙高度≤90m	20	
		幕墙高度＞90m	25	

项次	项 目		允许偏差/mm	检验方法
2	幕墙水平度	幕墙幅宽≤35m	5	用水平仪检查
		幕墙幅宽>35m	7	
3	构件直线度		2	用2m靠尺和塞尺检查
4	构件水平度	构件长度≤2m	2	用水平仪检查
		构件长度>2m	3	
5	相邻构件错位		1	用钢直尺检查
6	分格框对角线长度差	对角线长度≤2m	3	用钢直尺检查
		对角线长度>2m	4	

（9）隐框、半隐框玻璃幕墙安装的允许偏差和检验方法应符合表9-24的规定。

表 9-24　隐框、半隐框玻璃幕墙安装的允许偏差和检验方法

项次	项 目		允许偏差/mm	检验方法
1	幕墙垂直度	幕墙高度≤30m	10	用经纬仪检查
		30m<幕墙高度≤60m	15	
		60m<幕墙高度≤90m	20	
		90m<幕墙高度≤150m	25	
2	幕墙水平度	层高≤3m	3	用水平仪检查
		层高>3m	5	
3	幕墙表面平整度		2	用2m靠尺和塞尺检查
4	板材立面垂直度		2	用垂直检测尺检查
5	板材上沿水平度		2	用1m水平尺和钢直尺检查
6	相邻板材板角错位		1	用钢直尺检查
7	阳角方正		2	用直角检测尺检查
8	接缝直线度		3	拉5m线,不足5m拉通线,用钢直尺检查
9	接缝高低差		1	用钢直尺和塞尺检查
10	接缝宽度		1	用钢直尺检查

（10）点支承玻璃幕墙安装的允许偏差和检验方法应符合表9-25的规定。

表 9-25　点支承玻璃幕墙安装的允许偏差和检验方法

项次	项目		允许偏差/mm	检验方法
1	竖向缝及墙面垂直度	幕墙高度≤30m	10	用经纬仪检查
		30m<幕墙高度≤50m	15	
2	幕墙表面平整度		2.5	用2m靠尺和塞尺检查
3	接缝直线度		2.5	拉5m线,不足5m拉通线,用钢直尺检查
4	接缝宽度		2.0	用钢直尺或卡尺检查
5	接缝高低差		1.0	用钢直尺和塞尺检查

（11）单元式玻璃幕墙安装的允许偏差和检验方法应符合表9-26的规定。

表 9-26　单元式玻璃幕墙安装的允许偏差和检验方法

项次	项目		允许偏差/mm	检验方法
1	幕墙垂直度	幕墙高度≤30m	10	用经纬仪检查
		30m<幕墙高度≤60m	15	
		60m<幕墙高度≤90m	20	
		90m<幕墙高度≤150m	25	
2	幕墙表面平整度		2.5	用2m靠尺和塞尺检查
3	接缝直线度		2.5	拉5m线,不足5m拉通线,用钢直尺检查
4	单元间接缝宽度(与设计值比)		2.0	用钢直尺检查
5	相邻两单元接缝面板高低差		1.0	用钢直尺和塞尺检查
6	单元对插时的配合间隙(与设计值比)		+1.0	用钢直尺检查
7	单元对插时的搭接长度		1.0	用钢直尺检查

二、金属幕墙质量管理

金属幕墙质量管理主要适用于金属幕墙构件、组件和面板的加工制作及构架安装、幕墙安装等分项工程的质量验收。

(一) 金属幕墙质量控制的一般规定

(1) 金属幕墙工程验收时应检查下列文件和记录：a. 金属幕墙工程的施工图、计算书、设计说明及其他设计文件；b. 建筑设计单位对金属幕墙工程设计的确认文件；c. 金属幕墙工程所用各种材料、配件、构件的产品合格证书、性能检验报告、进场验收记录和复验报告；d. "后置埋件"的现场拉拔强度检验报告；e. 金属幕墙的气密性、水密性、耐风压性能及平面变形性能检验报告；f. 防雷装置测试记录；g. 隐蔽工程验收记录；h. 金属幕墙构件、组件和面板的加工制作记录，金属幕墙安装施工记录。

(2) 金属幕墙工程应对下列材料及其性能指标进行复验：a. 铝塑复合板的剥离强度；b. 金属幕墙立柱和横梁截面主要受力部位的厚度。

(3) 金属幕墙工程应对下列隐蔽工程项目进行验收：a. 预埋件（或后置埋件）；b. 构件的连接节点；c. 变形缝及墙面转角处的构造节点；d. 幕墙防雷装置；e. 幕墙防火构造。

(4) 金属幕墙及其连接件应具有足够的承载力、刚度和相对于主体结构的位移能力。幕墙构架立柱的连接金属"角码"与其他连接件应采用螺栓连接，并应有防松动措施。

(5) 金属幕墙的防火除应符合现行国家标准《建筑设计防火规范》（GB 50016—2014）的有关规定外，还应符合下列规定：a. 应根据防火材料的耐火极限决定防火层的厚度和宽度，并应在楼板处形成防火带；b. 防火层应采取隔离措施，防火层的衬板应采用经防腐处理且厚度不小于1.5mm的钢板，不得采用铝板；c. 防火层的密封材料应采用防火密封胶。

(6) 主体结构与幕墙连接的各种预埋件，其数量、规格、位置和防腐处理必须符合设计要求和工程技术规范的规定。

(7) 幕墙的金属构件与主体结构预埋件的连接、立柱与横梁的连接及幕墙面板的安装必须符合设计要求和工程技术规范的规定，安装必须牢固。

(8) 金属幕墙的金属构架与主体结构应通过预埋件连接，预埋件应在主体结构混凝土施工时埋入，预埋件的位置应准确。当没有条件采用预埋件连接时，应采用其他可靠的连接措施，并应通过试验确定其承载力。

（9）立柱应采用螺栓与"角码"连接，螺栓直径应经过计算，并应不小于 10mm。不同金属材料接触时应采用绝缘垫片分隔。

（10）金属幕墙的抗震缝、伸缩缝、沉降缝等部位的处理应保证缝的使用功能和饰面的完整性。

（11）金属幕墙工程的设计应满足维护和清洁的要求。

（二）构件、组件和面板的加工制作工程质量控制

构件、组件和面板的加工制作工程质量控制，适用于金属幕墙构件、组件和面板等加工制作工程的质量验收。

在加工制作单位自检合格的基础上，同类金属幕墙构件、组件或面板每 500～1000 件应划分为一个检验批，不足 500 件也应划分为一个检验批。每个检验批应至少检查 5%，并不得少于 5 件；不足 5 件时应全数检查。

1. 主控项目

（1）金属幕墙构件、组件和面板的加工制作所使用的各种材料和配件，应符合设计要求和现行的行业标准《金属与石材幕墙工程技术规范》（JGJ 133—2001）的规定。

检验方法：检查产品合格证书、性能检验报告、材料进场验收记录和复验报告。

（2）金属幕墙构件、组件和面板的品种、规格、颜色及加工制作应符合设计要求和现行行业标准《金属与石材幕墙工程技术规范》（JGJ 133—2001）的规定。

检验方法：观察；尺量检查；检查加工制作记录。

（3）立柱、横梁截面主要受力部位的厚度应符合设计要求和现行行业标准《金属与石材幕墙工程技术规范》（JGJ 133—2001）的规定。

检验方法：尺量检查。

（4）金属幕墙构件槽、豁、榫的加工应当符合设计要求和现行行业标准《金属与石材幕墙工程技术规范》（JGJ 133—2001）中的规定。

检验方法：观察；尺量检查；检查施工记录。

（5）金属幕墙钢构件焊接、螺栓连接应符合设计要求和现行国家标准《钢结构设计标准》（GB 50017—2017）、《冷弯薄壁型钢结构技术规范》（GB 50018—2002）及《钢结构焊接规范》（GB 50661—2011）的有关规定。

检验方法：观察；尺量检查；检查施工记录。

（6）钢构件表面处理应符合设计要求和现行国家标准《钢结构工程施工质量验收标准》（GB 50205—2020）和行业标准《金属与石材幕墙工程技术规范》（JGJ 133—2001）的有关规定。

检验方法：观察；检查施工记录。

2. 一般项目

（1）金属幕墙面板表面应平整、洁净、色泽一致。

检验方法：观察。

（2）金属幕墙构件表面应平整。

检验方法：观察。

（3）金属幕墙构件、组件和面板安装的允许偏差和检验方法应符合表 9-27 的规定。

表 9-27　金属幕墙构件、组件和面板安装的允许偏差和检验方法

序号	项目		允许偏差/mm	检验方法
1	立柱长度		1.0	用钢卷尺检查
2	横梁长度		0.5	用钢卷尺检查
3	构件孔位		0.5	用钢直尺检查
4	构件相邻孔距		0.5	用钢直尺检查
5	构件多孔两端孔距		1.0	用钢直尺检查
6	金属板边长	≤2000mm	2.0	用钢卷尺检查
		>2000mm	2.5	
7	金属板对边长度差	≤2000mm	2.5	用钢卷尺检查
		>2000mm	3.0	
8	金属板对角线长度差	≤2000mm	2.5	用钢卷尺检查
		>2000mm	3.0	
9	金属板平整度		2.0	用 1m 靠尺和塞尺检查
10	金属板折弯高度		+1.0,0	用卡尺检查
11	金属板边孔中心距		1.5	用钢卷尺检查

（三）构架安装工程质量管理

构架安装工程质量管理主要适用于金属幕墙立柱、横梁等安装工程的质量验收。

1. 一般规定

（1）在构架安装施工单位自检合格的基础上，检验批应按下列规定划分：a. 相同设计、材料、工艺和施工条件的幕墙工程每 500～1000m² 应划分为一个检验批，不足 500m² 也应划分为一个检验批；b. 同一单位工程的不连续的幕墙工程应单独划分检验批；c. 对于异型或有特殊要求的幕墙，检验批的划分应根据幕墙的结构、工艺特点及幕墙工程规模，由监理单位（或建设单位）和施工单位协商确定。

（2）检查数量应符合下列规定：a. 每个检验批每 100m² 应至少抽查一处，每处不得小于 10m²；b. 对于异型或有特殊要求的幕墙工程，应根据幕墙的结构和工艺特点，由监理单位（或建设单位）和施工单位协商确定。

2. 主控项目

（1）金属幕墙构架安装工程所使用的各种材料、构件和配件，应符合设计要求和现行的行业标准《金属与石材幕墙工程技术规范》（JGJ 133—2001）的规定。

检验方法：检查产品合格证书、性能检验报告、材料进场验收记录和复验报告。

（2）金属幕墙主体结构上的预埋件、"后置埋件"的位置、数量及"后置埋件"的拉拔力必须符合设计要求。

检验方法：观察；检验"后置埋件"的拉拔力。

（3）金属幕墙的金属构架立柱与主体结构预埋件的连接、立柱与横梁的连接必须符合设计要求，安装必须牢固。

检验方法：观察；手扳检查。

（4）金属幕墙的防火、保温、防潮材料的设置应符合设计要求，并应密实、均匀、厚度一致。

检验方法：观察；尺量检查。

（5）金属构架及连接件的防腐处理应符合设计和现行国家或行业标准的要求。

检验方法：观察；检查施工记录。

（6）金属幕墙的防雷装置必须与主体结构的防雷装置进行可靠连接。

检验方法：观察；手扳检查。

（7）各种变形缝、墙角的连接节点应符合设计要求和现行的行业标准《金属与石材幕墙工程技术规范》（JGJ 133—2001）的规定。

检验方法：观察；检查施工记录。

3. 一般项目

（1）金属幕墙立柱和横梁表面应平整、洁净。

检验方法：观察。

（2）金属幕墙立柱和横梁连接接缝应严密。

检验方法：观察。

（3）金属幕墙立柱和横梁安装的允许偏差和检验方法应符合表 9-28 的规定。

表 9-28　金属幕墙立柱和横梁安装的允许偏差和检验方法

序号	项目		允许偏差/mm	检验方法
1	立柱垂直度	幕墙高度≤30m	10	用经纬仪检查
		30m＜幕墙高度≤60m	15	
		60m＜幕墙高度≤90m	20	
		90m＜幕墙高度≤150m	25	
2	相邻两立柱标高差		3.0	用水平仪和钢直尺检查
3	同层立柱标高差		5.0	用水平仪和钢直尺检查
4	相邻两立柱间距差		2.0	用钢卷尺检查
5	相邻两横梁标高差		1.0	用1m水平尺和钢直尺检查
6	同层横梁标高差	幕墙宽度≤35m	5.0	用水平仪检查
		幕墙宽度＞35m	7.0	

（四）金属幕墙安装工程质量控制

金属幕墙安装工程的质量控制适用于建筑高度不大于 150m 的金属幕墙安装工程的质量验收。

1. 一般规定

（1）检验批应按下列规定划分：a. 相同设计、材料、工艺和施工条件的幕墙工程每 500～1000m² 应划分为一个检验批，不足 500m² 也应划分为一个检验批；b. 同一单位工程的不连续的幕墙工程应单独划分检验批；c. 对于异型或有特殊要求的幕墙，检验批的划分应根据幕墙的结构、工艺特点及幕墙工程规模，由监理单位（或建设单位）和施工单位协商确定。

（2）检查数量应符合下列规定：a. 每个检验批每 100m² 应至少抽查一处，每处不得小于 10m²；b. 对于异型或有特殊要求的幕墙工程，应根据幕墙的结构和工艺特点，由监理单位（或建设单位）和施工单位协商确定。

2. 主控项目

（1）金属幕墙工程所使用的各种材料和配件，应符合设计要求和现行的行业标准《金属与石材幕墙工程技术规范》（JGJ 133—2001）的规定。

检验方法：检查产品合格证书、性能检验报告、材料进场验收记录和复验报告。

（2）金属幕墙的造型和立面分格应符合设计要求。

检验方法：观察；尺量检查。

（3）金属面板的品种、规格、颜色、光泽应符合设计要求。

检验方法：观察；检查进场验收记录。

（4）金属面板的安装必须符合设计要求和现行的行业标准《金属与石材幕墙工程技术规范》（JGJ 133—2001）的规定。安装必须牢固。

检验方法：手扳检查；检查隐蔽工程验收记录。

（5）金属幕墙的板缝注胶应饱满、密实、连续、均匀、无气泡，宽度和厚度应符合设计要求和现行的行业标准《金属与石材幕墙工程技术规范》（JGJ 133—2001）的规定。

检验方法：观察；尺量检查；检查施工记录。

（6）金属幕墙应无渗漏。

检验方法：在易渗漏部位进行淋水检查。

3. 一般项目

（1）金属板表面应平整、洁净、色泽一致。

检验方法：观察。

（2）金属幕墙的压条应平直、洁净、接口严密、安装牢固。

检验方法：观察；手扳检查。

（3）金属幕墙的密封胶缝应横平竖直、深浅一致、宽窄均匀、光滑顺直。

检验方法：观察。

（4）金属幕墙上的滴水线、流水坡向应正确、顺直。

检验方法：观察；用水平尺检查。

（5）每平方米金属板的表面质量和检验方法应符合表 9-29 的规定。

表 9-29　每平方米金属板的表面质量和检验方法

项次	项目	质量要求	检验方法
1	宽度 0.1～0.3mm 的划伤	总长度小于 100mm 且不多于 8 条	用卡尺检查
2	擦伤总面积	≤500mm²	用钢直尺检查

（6）金属幕墙安装的允许偏差和检验方法应符合表 9-30 的规定。

表 9-30　金属幕墙安装的允许偏差和检验方法

项次	项目		允许偏差/mm	检验方法
1	幕墙垂直度	幕墙高度≤30m	10	用经纬仪检查
		30m<幕墙高度≤60m	15	
		60m<幕墙高度≤90m	20	
		90m<幕墙高度≤150m	25	

项次	项目		允许偏差/mm	检验方法
2	幕墙水平度	层高≤3m	3.0	用水平仪检查
		层高＞3m	5.0	
3	幕墙表面平整度		2.0	用2m靠尺和塞尺检查
4	板材立面垂直度		3.0	用垂直检测尺检查
5	板材上沿水平度		2.0	用1m水平尺和钢直尺检查
6	相邻板材板角错位		1.0	用钢直尺检查
7	阳角方正		2.0	用直角检测尺检查
8	接缝直线度		3.0	拉5m线,不足5m拉通线,用钢直尺检查
9	接缝高低差		1.0	用钢直尺和塞尺检查
10	接缝宽度		1.0	用钢直尺检查

三、石材幕墙质量管理

石材幕墙质量管理主要适用于石材幕墙构件和面板的加工制作及构架安装、幕墙安装等分项工程的质量验收。

(一) 石材幕墙质量控制的一般规定

(1) 石材幕墙工程验收时应检查下列文件和记录：a. 石材幕墙工程的施工图、计算书、设计说明及其他设计文件；b. 建筑设计单位对石材幕墙工程设计的确认文件；c. 石材与陶瓷板幕墙工程所用各种材料、五金配件、构件及面板的产品合格证书、性能检验报告、进场验收记录和复验报告；d. 石材用密封胶的耐污染性检验报告；e. "后置埋件"的现场拉拔强度检验报告；f. 石材幕墙的气密性、水密性、耐风压性能及平面变形性能检验报告；g. 防雷装置测试记录；h. 隐蔽工程验收记录；i. 石材幕墙构件和面板的加工制作记录；j. 石材幕墙安装施工记录。

(2) 石材幕墙工程应对下列材料及其性能指标进行复验：a. 石材的弯曲强度，寒冷地区石材的耐冻融性，室内用花岗石的放射性；b. 石材用结构胶的黏结强度，石材用密封胶的污染性；c. 立柱和横梁截面主要受力部位的厚度。

(3) 石材幕墙工程应对下列隐蔽工程项目进行验收：a. 预埋件（或后置埋件）；b. 构件的连接节点；c. 变形缝及墙面转角处的构造节点；d. 幕墙防雷装置；e. 幕墙防火构造。

(4) 主体结构与幕墙连接的各种预埋件，其数量、规格、位置和防腐处理必须符合设计要求和工程技术规范的规定。

(5) 幕墙的金属构件与主体结构预埋件的连接、立柱与横梁的连接及幕墙面板的安装必须符合设计要求和工程技术规范的规定，安装必须牢固。

(6) 石材幕墙及其连接件应具有足够的承载力、刚度和相对于主体结构的位移能力。幕墙构架立柱的连接金属"角码"与其他连接件应采用螺栓连接，并应有防松动措施。

(7) 石材幕墙的防火除应符合现行国家标准《建筑设计防火规范》（GB 50016—2014）的有关规定外，还应符合下列规定：a. 应根据防火材料的耐火极限决定防火层的厚度和宽度，并应在楼板处形成防火带；b. 防火层应采取隔离措施，防火层的衬板应采用经防腐处理且厚度不小于 1.5mm 的钢板，不得采用铝板；c. 防火层的密封材料应采用防火密封胶。

（8）石材幕墙的金属构架与主体结构应通过预埋件连接，预埋件应在主体结构混凝土施工时埋入，预埋件的位置应准确。当没有条件采用预埋件连接时，应采用其他可靠的连接措施，并应通过试验确定其承载力。

（9）主要柱子应采用螺栓与"角码"连接，螺栓直径应经过计算，并不应小于 10mm。不同金属材料接触时应采用绝缘垫片分隔。

（10）石材幕墙的抗震缝、伸缩缝、沉降缝等部位的处理应保证缝的使用功能和饰面的完整性。

（11）石材幕墙工程的设计应满足维护和清洁的要求。

（二）石材幕墙构件和面板的质量管理

1. 一般要求

石材幕墙构件和面板的质量管辖，主要适用于石材幕墙构件和面板等加工制作工程的质量验收。

在加工制作单位自检合格的基础上，同类石材幕墙构件或面板每 500～1000 件应划分为一个检验批，不足 500 件也应划分为一个检验批。每个检验批应至少检查 5%，并不得少于 5 件；不足 5 件时应全数检查。

2. 主控项目

（1）石材幕墙构件和面板的加工制作所使用的各种材料和配件应符合设计要求和工程技术规范的规定。

检验方法：检查产品合格证书、性能检验报告、材料进场验收记录和复验报告。

（2）石材构件和面板的品种、规格、颜色及加工制作应符合设计要求和工程技术规范的规定。

检验方法：观察；尺量检查；检查加工制作记录。

（3）立柱、横梁截面主要受力部位的厚度应符合设计要求和《金属与石材幕墙工程技术规范》（JGJ 133—2001）的规定。

检验方法：尺量检查。

（4）石材幕墙构件槽、豁、榫的加工应符合设计要求和现行行业标准《金属与石材幕墙工程技术规范》（JGJ 133—2001）的规定。

检验方法：观察；尺量检查。

（5）石材幕墙钢构件焊接、螺栓连接应符合设计要求和现行国家标准《钢结构设计标准》（GB 50017—2017）、《冷弯薄壁型钢结构技术规范》（GB 50018—2002）及《钢结构焊接规范》（GB 50661—2001）的有关规定。

检验方法：观察；尺量检查；检查施工记录。

（6）钢构件表面处理应符合设计要求和现行国家标准《钢结构工程施工质量验收标准》（GB 50205—2020）和行业标准《金属与石材幕墙工程技术规范》（JGJ 133—2001）的有关规定。

检验方法：观察；检查施工记录。

（7）石板孔、槽的位置、尺寸、深度、数量、质量应符合设计要求和现行的行业标准

《金属与石材幕墙工程技术规范》（JGJ 133—2001）的规定。

检验方法：观察；尺量检查。

（8）石板连接部位应无缺棱、缺角、裂纹、修补等缺陷；其他部位缺棱不大于 5mm×20mm，或缺角不大于 20mm 时可修补后使用，但每层修补的石板块数不应大于 2%，且宜用于视觉不明显部位。

检验方法：观察；尺量检查。

3. 一般项目

（1）石材幕墙面板表面应平整、洁净、色泽一致。

检验方法：观察。

（2）石材幕墙构件表面应平整。

检验方法：观察。

（3）石材与陶瓷幕墙构件和面板的加工制作允许偏差和检验方法应符合表 9-31 的规定。

表 9-31　石材与陶瓷板幕墙构件和面板的加工制作允许偏差和检验方法

序号	项　目	允许偏差/mm	检验方法	序号	项　目	允许偏差/mm	检验方法
1	立柱长度	1.0	用钢卷尺检查	4	构件相邻孔距	0.5	用钢直尺检查
2	横梁长度	0.5	用钢卷尺检查	5	构件多孔两端孔距	1.0	用钢直尺检查
3	构件孔位	0.5	用钢直尺检查	6	石材边长	0，−1	用钢卷尺检查

（三）构架安装工程质量管理

构架安装工程质量管理主要适用于石材幕墙立柱、横梁等构架安装工程的质量验收。

1. 一般规定

（1）在构架安装施工单位自检合格的基础上，检验批应按下列规定划分：a. 相同设计、材料、工艺和施工条件的石材幕墙工程每 500～1000m² 应划分为一个检验批，不足 500m² 也应划分为一个检验批；b. 同一单位工程的不连续的幕墙工程应单独划分检验批；c. 对于异型或有特殊要求的幕墙，检验批的划分应根据幕墙的结构、工艺特点及幕墙工程规模，由监理单位（或建设单位）和施工单位协商确定。

（2）检查数量应符合下列规定：a. 每个检验批每 100m² 应至少抽查一处，每处不得小于 10m²；b. 对于异型或有特殊要求的幕墙工程，应根据幕墙的结构和工艺特点，由监理单位（或建设单位）和施工单位协商确定。

2. 主控项目

（1）石材幕墙构架安装工程所使用的各种材料、构件和配件，应符合设计要求及现行的行业标准《金属与石材幕墙工程技术规范》（JGJ 133—2001）的规定。

检验方法：检查产品合格证书、性能检验报告、材料进场验收记录和复验报告。

（2）石材幕墙主体结构上的预埋件、"后置埋件"的位置、数量及"后置埋件"的拉拔力必须符合设计要求。

检验方法：观察；检验"后置埋件"的拉拔力。

（3）石材幕墙的金属框架立柱与主体结构预埋件的连接、立柱与横梁的连接必须符合设计要求，安装必须牢固。

检验方法：观察；手扳检查。

（4）石材幕墙的防火、保温、防潮材料的设置应符合设计要求，并应密实、均匀、厚度一致。

检验方法：观察；尺量检查。

（5）石材幕墙的构架及连接件的防腐处理应符合设计要求。

检验方法：观察；检查施工记录。

（6）石材幕墙的防雷装置必须与主体结构的防雷装置可靠连接。

检验方法：观察；手扳检查。

（7）各种变形缝、墙角的连接节点应符合设计要求和现行的行业标准《金属与石材幕墙工程技术规范》（JGJ 133—2001）的规定。

检验方法：观察；检查施工记录。

3. 一般项目

（1）石材幕墙立柱和横梁表面应平整、洁净。

检验方法：观察。

（2）石材幕墙立柱和横梁连接接缝应严密。

检验方法：观察。

（3）石材幕墙立柱和横梁安装的允许偏差和检验方法应符合表 9-32 的规定。

表 9-32　石材幕墙立柱和横梁安装的允许偏差和检验方法

序号	项目		允许偏差/mm	检验方法
1	立柱垂直度	幕墙高度≤30m	10	用经纬仪检查
		30m＜幕墙高度≤60m	15	
		60m＜幕墙高度≤90m	20	
		幕墙高度＞90m	25	
2	相邻两立柱标高差		3.0	用水平仪和钢直尺检查
3	同层立柱标高差		5.0	用水平仪和钢直尺检查
4	相邻两立柱间距差		2.0	用钢卷尺检查
5	相邻两横梁标高差		1.0	用1m水平尺和钢直尺检查
6	同层横梁标高差	幕墙宽度≤35m	5.0	用水平仪检查
		幕墙宽度＞35m	7.0	

（四）石材幕墙安装工程质量管理

石材幕墙安装工程质量管理主要适用于建筑高度不大于150m、抗震设防烈度不大于8度的石材幕墙工程的质量验收。

1. 一般规定

（1）检验批应按下列规定划分。

① 相同设计、材料、工艺和施工条件的石材幕墙工程每 $500\sim1000m^2$ 应划分为一个检验批，不足 $500m^2$ 也应划分为一个检验批。

② 同一单位工程的不连续的幕墙工程应单独划分检验批。

③ 对于异型或有特殊要求的幕墙，检验批的划分应根据幕墙的结构、工艺特点及幕墙工程规模，由监理单位（或建设单位）和施工单位协商确定。

（2）检查数量应符合下列规定：a. 每个检验批每 $100m^2$ 应至少抽查一处，每处不得小于 $10m^2$；b. 对于异型或有特殊要求的幕墙工程，应根据幕墙的结构和工艺特点，由监理单位（或建设单位）和施工单位协商确定。

2. 主控项目

（1）石材幕墙工程所用材料的品种、规格、性能等级，应符合设计要求和现行的行业标准《金属与石材幕墙工程技术规范》（JGJ 133—2001）的规定。

检验方法：观察；尺量检查；检查产品合格证书、性能检验报告、材料进场验收记录和复验报告。

（2）石材幕墙的造型、立面分格、颜色、光泽、花纹和图案应符合设计要求。

检验方法：观察。

（3）石材安装必须符合设计要求和现行的行业标准《金属与石材幕墙工程技术规范》（JGJ 133—2001）的规定，安装必须牢固。

检验方法：手扳检查；检查隐蔽工程验收记录。

（4）石材表面和板缝的处理应符合设计要求。

检验方法：观察。

（5）石材幕墙的板缝注胶应饱满、密实、连续、均匀、无气泡，板缝宽度和厚度应符合设计要求和现行的行业标准《金属与石材幕墙工程技术规范》（JGJ 133—2001）的规定。

检验方法：观察；尺量检查；检查施工记录。

（6）石材幕墙应无渗漏。

检验方法：在易渗漏部位进行淋水检查。

3. 一般项目

（1）石材幕墙表面应平整、洁净，无污染、缺损和裂痕。颜色和花纹应协调一致，无明显色差，无明显修痕。

检验方法：观察。

（2）石材幕墙的压条应平直、洁净、接口严密、安装牢固。

检验方法：观察；手扳检查。

（3）石材接缝应横平竖直、宽窄均匀；阴阳角石板压向应正确，板边拼缝应顺直；表面凸凹出墙的厚度应一致，上下口应平直；石材面板上洞口、槽边应切割吻合，边缘应整齐。

检验方法：观察；尺量检查。

（4）石材幕墙的密封胶缝应横平竖直、深浅一致、宽窄均匀、光滑顺直。

检验方法：观察。

（5）石材幕墙上的滴水线、流水坡向应正确、顺直。

检验方法：观察；用水平尺检查。

（6）每平方米石材的表面质量和检验方法应符合表 9-33 的规定。

（7）石材幕墙安装的允许偏差和检验方法应符合表 9-34 的规定。

表 9-33　每平方米石材的表面质量和检验方法

项次	项　　目	质量要求	检验方法
1	宽度 0.1～0.3mm 的划伤	每条长度小于 100mm 且不多于 2 条	用卡尺检查
2	缺棱、缺角	缺损宽度小于 5mm 且不多于 2 处	用钢直尺检查

表 9-34　石材幕墙安装的允许偏差和检验方法

项次	项目		允许偏差/mm		检验方法
			光面	麻面	
1	幕墙垂直度	幕墙高度≤30m	10		用经纬仪检查
		30m＜幕墙高度≤60m	15		
		60m＜幕墙高度≤90m	20		
		90m＜幕墙高度≤150m	25		
2	幕墙水平度		3.0		用水平仪检查
3	板材立面垂直度		3.0		用垂直检测尺检查
4	板材上沿水平度		2.0		用 1m 水平尺和钢直尺检查
5	相邻板材板角错位		1.0		用钢直尺检查
6	幕墙表面平整度		2.0	3.0	用 2m 靠尺和塞尺检查
7	阳角方正		2.0	4.0	用直角检测尺检查
8	接缝直线度		3.0	4.0	拉 5m 线,不足 5m 拉通线,用钢直尺检查
9	接缝高低差		1.0	—	用钢直尺和塞尺检查
10	接缝的宽度		1.0	2.0	用钢直尺检查

四、人造板材幕墙质量管理

(一) 人造板材幕墙工程的主控项目

(1) 人造板材幕墙工程所使用的材料、构件和组件的质量，应符合设计要求及国家现行产品标准的规定。

检验方法：检查材料、构件、组件的产品合格证书、进场验收记录和《人造板材幕墙工程技术规范》（JGJ 336—2016）第 10.1.2 条中所规定的材料力学性能复验报告。

(2) 人造板材幕墙工程的造型、立面分格、颜色、光泽、花纹和图案应符合设计要求。

检验方法：观察；尺量检查。

(3) 主体结构的预埋件和"后置埋件"的位置、数量、规格尺寸及后置埋件、槽式预埋件的拉拔力应符合设计要求。

检验方法：检查进场验收记录、隐蔽工程验收记录；槽式预埋件、"后置埋件"的拉拔力试验检测报告。

(4) 幕墙构架与主体结构预埋件或"后置埋件"以及幕墙构件之间连接应牢固可靠，金属框架和连接件的防腐处理应符合设计要求。

检验方法：手扳检查；检查隐蔽工程验收记录。

(5) 幕墙面板的挂件的位置、数量、规格和尺寸允许偏差应符合设计要求。

检验方法：检查进场验收记录或施工记录。

（6）幕墙面板连接用背栓、预置螺母、抽芯铆钉、连接螺钉的位置、数量、规格尺寸，以及拉拔力应符合设计要求。

检验方法：检查进场验收记录、施工记录以及连接点的拉拔力检测报告。

（7）空心陶板采用均布静态荷载弯曲试验确定其抗弯承载能力时，实测的抗弯承载力应符合设计要求。

检验方法：检查空心陶板均匀静态压力抗弯检测试验报告。

（8）幕墙的金属构架应与主体防雷装置可靠接通，并符合设计要求。

检验方法：观察；检查隐蔽工程验收记录。

（9）各种结构变形缝、墙角的连接节点应符合设计要求。

检验方法：检查隐蔽工程验收记录和施工记录。

（10）幕墙的防火、保温、防潮材料的设置应符合设计要求，填充应密实、均匀、厚度一致。

检验方法：观察；检查隐蔽工程验收记录。

（11）有水密性能要求的幕墙应无渗漏。

检验方法：检查现场淋水记录。

（二）人造板材幕墙工程的一般项目

（1）幕墙表面应平整、洁净，无污染，颜色基本一致。不得有缺角、裂纹、裂缝、斑痕等不允许的缺陷。瓷板、陶板的施釉表面不得有裂纹和龟裂。

检验方法：观察；尺量检查。

（2）板缝应平直，均匀。注胶封闭式板缝注胶应饱满、密实、连续、均匀、无气泡，深浅基本一致、缝隙宽度基本均匀、光滑顺直，胶缝的宽度和厚度应符合设计要求；胶条封闭式板缝的胶条应连续、均匀、安装牢固、无脱落，板缝宽度应符合设计要求。

检验方法：观察；尺量检查。

（3）幕墙的框架和面板接缝应横平竖直，缝隙宽度基本均匀。

检验方法：观察。

（4）转角部位面板边缘整齐、合缝顺直，压向符合设计要求。

检验方法：观察。

（5）"滴水线"宽窄均匀、光滑顺直，流水坡向符合设计要求。

检验方法：观察。

（6）幕墙隐蔽节点的遮挡封闭装修应整齐美观。

检验方法：观察。

（7）幕墙面板的表面质量和检验方法应符合表 9-35～表 9-38 的规定。

表 9-35　单块瓷板、陶板、微晶玻璃幕墙面板的表面质量和检验方法

项次	项目	质量要求			检验方法
		瓷板	陶板	微晶玻璃	
1	缺棱:长度×宽度不大于 10mm×1mm（长度＜5mm 的不计）周边允许/处	1	1	1	金属直尺测量

项次	项目	质量要求			检验方法
		瓷板	陶板	微晶玻璃	
2	缺角:边长不大于 5mm×2mm (边长<2mm×2mm 的不计)/处	1	2	1	金属直尺测量
3	裂纹(包括隐裂、釉面龟裂)	不允许	不允许	不允许	目测观察
4	窝坑(毛面除外)	不明显	不明显	不明显	目测观察
5	明显擦伤、划伤	不允许	不允许	不允许	目测观察
6	轻微划伤	不明显	不明显	不明显	目测观察

注:目测观察是指距板面 3m 处肉眼观察。

表 9-36　每平方米石材蜂窝板幕墙面板的表面质量和检验方法

项次	项目	质量要求	检验方法
1	缺棱:最大长度≤8mm,最大宽度≤1mm,周边每米长 允许(长度<5mm,宽度<2mm 不计)/处	1	金属直尺测量
2	缺角:最大长度≤4mm,最大宽度≤2mm,每块板 允许(长度、宽度<2mm 不计)/处	1	金属直尺测量
3	裂纹	不允许	目测观察
4	划伤	不明显	目测观察
5	擦伤	不明显	目测观察

注:目测观察是指距板面 3m 处肉眼观察。

表 9-37　单块木纤维板幕墙面板的表面质量和检验方法

项次	项目	质量要求	检验方法
1	缺棱、缺角	不允许	目测观察
2	裂纹	不允许	目测观察
3	表面划痕:长度不大于 10mm,宽度不大于 1mm 每块板上允许/处	2	金属直尺测量
4	轻微擦痕:长度不大于 5mm,宽度不大于 2mm 每块板上允许/处	1	目测观察

注:目测观察是指距板面 3m 处肉眼观察。

表 9-38　纤维水泥板幕墙面板的表面质量和检验方法

项次	项目		质量要求	检验方法
1	缺棱:长度×宽度不大于 10mm×3mm (长度<5mm 的不计)周边允许/处		2	金属直尺测量
2	缺角:边长不大于 6mm×3mm(边长<2mm×2mm 的不计)/处		2	金属直尺测量
3	裂纹、明显划伤、长度大于 100m 的轻微划伤		不允许	目测观察
4	长度小于等于 100mm 的轻微划伤		每平方米≤8 条	金属直尺测量
5	擦伤总面积		每平方米≤500mm²	金属直尺测量
6	窝坑 (背面除外)	光面板	不明显	目测观察
		有表面质感等特殊装饰效果板	符合设计要求	目测观察

注:目测观察是指距板面 3m 处肉眼观察。

（8）幕墙的安装质量检验应在风力小于 4 级时进行，幕墙的安装质量和检验方法应符合

表 9-39 的规定。

表 9-39　人造板材幕墙安装质量和检验方法

项次	项目	尺寸范围	允许偏差/mm	检验方法
1	相邻立柱间距尺寸(固定端)	—	±2.0	金属直尺测量
2	相邻两横梁间距尺寸	≤2000mm	±1.5	金属直尺测量
		>2000mm	±2.0	金属直尺测量
3	单个分格对角线长度差	长边边长≤2000mm	3.0	金属直尺或伸缩尺
		长边边长>2000mm	3.5	金属直尺或伸缩尺
4	立柱、竖向缝及墙面的垂直度	幕墙的总高度≤30m	10.0	激光仪或经纬仪
		幕墙的总高度≤60m	15.0	
		幕墙的总高度≤90m	20.0	
		幕墙的总高度≤150m	25.0	
		幕墙的总高度>150m	30.0	
5	立柱、竖向缝直线度	—	2.0	2.0m靠尺、塞尺
6		相邻的两墙面	2.0	激光仪或经纬仪
		一幅幕墙的总宽度≤20m	5.0	
		一幅幕墙的总宽度≤40m	7.0	
		一幅幕墙的总宽度≤60m	9.0	
		一幅幕墙的总宽度>80m	10.0	
7	横梁水平度	横梁长度≤2000mm	1.0	水平仪或水平尺
		横梁长度>2000mm	2.0	
8	同一标高横梁、横缝的高度差	相邻两横梁、面板	1.0	金属直尺、塞尺或水平仪
		一幅幕墙的幅度≤35m	5.0	
		一幅幕墙的幅度>35m	7.0	
9	缝的宽度(与设计值比较)	—	±2.0	游标卡尺

注：一幅幕墙是指立面位置或平面位置不在一条直线或连续弧线上的幕墙。

第四节　幕墙工程质量问题与防治措施

随着我国国民经济的高速发展和人民生活水平的不断提高，以及建筑师设计理念"人性之于建筑"的提升，建筑物越来越向高层、高档、多功能方向发展。因此建筑幕墙产品也必须向高新技术、多功能和高质量的方向发展，才能适应人们日渐增强的环保节能意识，满足市场对建筑幕墙功能的需求。

建筑幕墙作为建筑物外墙装饰围护结构，在我国建筑工程中得到了广泛的应用，并取得了较好的装饰效果和综合效益，受到设计者和使用者的欢迎。但是，幕墙工程的质量管理工作相对滞后，致使幕墙在工程质量方面存在着许多问题，影响其使用功能、装饰效果和使用寿命，应当引起足够的重视。

一、玻璃幕墙工程质量问题与防治措施

玻璃幕墙是一种构造较复杂、施工难度大、质量要求高、易出现质量事故的工程。在玻璃幕墙的施工过程中，如果不按照现行国家规范和标准进行施工，容易出现的工程质量问题很多，如预埋件强度不足、预埋件漏放和偏位、连接件与预埋件锚固不合格、构件安装接合处漏放垫片、产生渗漏水现象、防火隔层不符合要求、玻璃发生爆裂、无防雷系统等。这些质量问题不仅直接影响幕墙的外观，而且还直接关系到其使用安全。

（一）幕墙预埋件强度不足

1. 质量问题

在进行幕墙工程的设计中，对预埋件的设计与计算重视不够，未有大样图或未按照设计图纸制作加工，从而造成预埋件强度和长度不足、总截面积偏小、焊缝不饱满，导致预埋件用料和制作不规范，不仅严重影响预埋件的承载力，而且存在着很大的安全隐患。

2. 原因分析

（1）幕墙工程的预埋件未进行认真设计和计算，预埋件的制作和采用材料达不到设计要求；当设计无具体要求时，没有经过结构力学计算随意确定用料的规格。

（2）选用的预埋件的材料质量不符合现行的行业标准《玻璃幕墙工程技术规范》（JGJ 102—2003）中的有关规定。

（3）外墙主体结构的混凝土强度等级偏低，预埋件不能牢固地嵌入混凝土中，间接地也会造成预埋件强度不足。

3. 防治措施

（1）建筑幕墙预埋件的数量、间距、螺栓直径、锚板厚度、锚固长度等，应按照设计规定进行制作和预埋。如果设计中无具体规定时，应按《玻璃幕墙工程技术规范》（JGJ 102—2003）中的有关规定进行承载力的计算。

（2）选用适宜、合格的材料。建筑幕墙预埋件所用的钢板应采用 Q235 钢钢板，钢筋应采用Ⅰ级钢筋或Ⅱ级钢筋，不得采用冷加工钢筋。

（3）直锚筋与锚板的连接，应采用 T 形焊接方式；当锚筋直径不大于 20mm 时，宜采用压力埋弧焊，以确保焊接的质量。

（4）为确保建筑幕墙预埋件的质量，在预埋件加工完毕后应当逐个进行质量检查验收，对于不合格者不得用于工程。

（5）在进行外墙主体结构混凝土设计和施工时，必须要考虑到预埋件的承载力，主体结构混凝土的强度必须满足幕墙工程的要求。

（6）对于先修建主体结构后改为玻璃幕墙的工程，当原有建筑主体结构混凝土的强度等级低于 C30 时，要经过计算后增加预埋件的数量。通过结构理论计算，确定螺栓的锚固长度、预埋方法，确保玻璃幕墙的安全度。

（二）幕墙预埋件漏放和偏位

1. 质量问题

由于各种原因造成的建筑幕墙在安装施工的过程中，出现预埋件数量不足、预埋位置不准确，导致必须停止安装骨架和面板的，采用再补埋预埋件的措施；或者在纠正预埋件位置后再进行安装。这样不仅严重影响幕墙的施工进度，有时甚至破坏混凝土主体结构，严重影响幕墙的安装质量和施工进度。

2. 原因分析

（1）在建筑幕墙工程设计和施工中，对预埋件的设计和施工不重视，未经过认真计算和详细设计，没绘制正确可靠的施工图纸，导致操作人员不能严格照图施工。

（2）预埋件具体施工人员责任心不强、操作水平较低，在埋设中不能准确放线和及时检查，从而出现幕墙预埋件漏放和偏位。

（3）在进行混凝土主体结构施工时，建筑幕墙工程的安装单位尚未确定，很可能因无幕墙预埋件的设计图纸而无法进行预埋。

（4）建筑物原设计不考虑玻璃幕墙方案，而后来根据需要又采用玻璃幕墙外装饰，在结构件上没有预埋件。

（5）在建筑主体工程施工过程中，对预埋件没有采取可靠的固定措施，在混凝土浇筑和振捣中预埋件发生一定的移位。

3. 防治措施

（1）幕墙预埋件在幕墙工程中承担全部荷载，并将荷载分别传递给主体结构。因此，在幕墙工程的设计过程中，要高度重视、认真对待、仔细计算、精心设计，并绘制出准确的施工图纸。

（2）在进行预埋件施工之前，应按照设计图纸在安装墙面上进行放线，准确定出每个预埋件的具体位置；在预埋件正式施工时，要再次对照施工图纸进行校核，经检查确实无误后方可安装。

（3）建筑幕墙预埋件的安装操作人员，必须具有较高的责任心和质量意识，应具有一定的操作技术水平；在预埋件安装的过程中，应及时对每个预埋件的安装情况进行检查，以便及时发现问题并纠正。

（4）预埋件在正式埋设前，应向具体操作人员进行专项技术交底，以确保预埋件的安装质量。如交代预埋件的规格、型号、位置和埋置方法，以及确保预埋件与模板能结合牢固，防止振捣中产生移位的措施等。

（5）凡是设计有玻璃幕墙的工程，最好在建筑外墙施工时就要落实安装单位，并提供详尽的预埋件位置设计图。预埋件的预埋安装要有专人负责，并随时按要求办理隐蔽工程验收手续。混凝土的浇筑既要仔细插捣密实，认真观察施工的状况，又不能碰撞到预埋件，以确保预埋件的位置准确。

（三）玻璃幕墙有渗漏水现象

1. 质量问题

幕墙在安装完毕后经试验发现在玻璃幕墙的接缝处及幕墙四周与主体结构之间有渗漏水现象，不仅影响幕墙的外观装饰效果，而且严重影响幕墙的使用功能。严重者还会损坏室内的装饰层，缩短建筑幕墙的使用寿命。一旦渗漏水处不及时进行修补，还存在着很大的危险性，其后果是非常严重的。

2. 原因分析

（1）在进行玻璃幕墙设计时，由于设计人员考虑不周全，细部处理欠妥或不认真，很容易造成渗漏水问题。

（2）玻璃与框架接缝密封材料，如果使用质量不合格橡胶条或过期的密封胶，很容易在短期内就会出现渗漏水现象。如橡胶条与金属槽口不匹配，特别是规格较小时，不能将玻璃与金属框的缝隙密封严密；玻璃密封胶液如超过规定的期限，其黏结力将会大大下降。

（3）在密封胶液进行注胶前，基层净化处理未达到设计标准的要求，使得密封胶液与基层黏结不牢，从而使建筑幕墙出现渗漏水现象。

（4）所用的密封胶液规格或质量不符合设计要求，造成胶缝处的胶层厚薄不匀，从而形成水的渗透通道。

（5）幕墙内排水系统设计不当，或施工后出现排水不通畅或堵塞；或者幕墙的开启部位密封不良，橡胶条的弹性较差，五金配件缺失或损坏。

（6）建筑幕墙周边、压顶铝合金泛水板搭接长度不足，封口不严，密封胶液漏注，均可造成幕墙出现渗漏水现象。

（7）在建筑幕墙施工的过程中，未进行抗雨水渗漏方面的试验和检查，密封质量无保证，在使用时会出现渗漏水现象。

3. 防治措施

（1）建筑玻璃幕墙结构必须安装牢固，各种框架结构、连接件、玻璃和密封材料等，不得因风荷载、地震、温度和湿度等的变化而发生螺栓松动、密封材料损坏等现象。

（2）建筑玻璃幕墙所用的密封胶的牌号应符合设计的要求，并具有相容性试验报告。密封胶液应在保质期内使用。硅酮结构密封胶液应在封闭、清洁的专用车间内打胶，不得在现场注胶；硅酮结构密封胶在注胶前，应按照要求将基材上的尘土、污垢清除干净，注胶时速度不宜过快，以免出现针眼和堵塞等现象，底部应用无黏结胶带分开，以防止三面黏结，出现拉裂现象。

（3）建筑玻璃幕墙所用橡胶条，应当按照设计规定的材料和规格选用，镶嵌一定要达到平整、严密，接口处一定要用密封胶液填实封严；开启窗安装的玻璃应与建筑幕墙在同一水平面上，不得出现有凹进现象。

（4）在进行玻璃幕墙设计时，应设计合理的泄水通道，雨水的排水口应按照规定留置，并保持内排水系统畅通，以便集水后由管道将水排出，使大量的水及时排除远离幕墙，减少水向幕墙内渗透的机会。

（5）在填嵌密封胶之前，要将密封胶接触处擦拭干净，再用溶剂揩擦后方可嵌入密封胶，其厚度应大于 3.5mm，宽度要大于厚度的 2 倍。

（6）建筑幕墙的周边、压顶及开启部位等处构造比较复杂，设计应绘制出节点大样图，以便操作人员按图进行施工；在施工过程中，要严格按图进行操作，并应及时检查施工质量，凡有密封不良、材质较差等情况应及时加以调整。

（7）在建筑幕墙工程的施工中，应分层进行抗雨水渗漏性能的喷射水试验，检验建筑幕墙的施工质量，发现问题及时调整解决。

（四）连接件与预埋件锚固不合格

1. 质量问题

在建筑幕墙面板安装的施工中，可能会发现连接件与预埋件锚固十分困难，有的勉强锚固在一起也不牢固，甚至个别在硬性锚固时出现损坏现象。这样不仅严重影响建筑幕墙的施工进度，而且也存在着不牢固的安全隐患，严重的甚至局部坠落伤人。

2. 原因分析

（1）在进行建筑幕墙工程设计时，只注意幕墙主体结构的设计，而忽视建筑幕墙连接件与预埋件的设计，特别没有注意到连接件与预埋件之间的衔接，从而造成连接件与预埋件锚固不合格。

（2）在连接件与预埋件连接处理时，没有认真按照设计大样图进行处理，有的甚至根本没有设计大样图，只凭以往的经验施工。

（3）幕墙连接件与预埋件锚固处的焊接质量不佳，达不到设计质量要求和《钢筋焊接及验收规程》（JGJ 18—2012）中的有关规定。

3. 防治措施

（1）在进行设计玻璃幕墙时，要对各连接部位画出节点大样图，以便工人按照图纸施工；图中对材料的规格、型号、焊缝等技术要求都应注明。

（2）在进行连接件与预埋件之间的锚固或焊接时，应严格按照现行的行业标准《玻璃幕墙工程技术规范》（JGJ 102—2003）中的要求进行安装；焊缝的高度、长度和宽度，应通过设计计算确定。

（3）电焊工应经过考核合格，坚持持证上岗。连接件与预埋件锚固处的焊接质量，必须符合现行的行业标准《钢筋焊接及验收规程》（JGJ 18—2012）中的有关规定。

（4）对焊接件的质量应进行检验，并应符合下列要求：a. 焊缝受热影响时，其表面不得有裂纹、气孔、夹渣等缺陷；b. 焊缝"咬边"深度不得超过 0.5mm，焊缝两侧"咬边"的总长度不应超过焊缝长度的 10%；c. 焊缝几何尺寸应符合设计要求。

（五）幕墙玻璃发生自爆碎裂

1. 质量问题

幕墙玻璃在幕墙安装的过程中，或者在安装完成后的一段时间内，玻璃在未受到外力撞击的情况下出现自爆碎裂现象，不仅影响幕墙的使用功能和装饰效果，而且还具有下落伤人的危险性，必须予以更换和修整。

2. 原因分析

（1）幕墙玻璃采用的原片质量不符合设计要求，在温度骤然变化的情况下易发生自爆碎裂；或者玻璃的面积过大，不能适应热胀冷缩的变化。

（2）幕墙玻璃在安装时，其底部未按照规定设置弹性铺垫材料，而是将玻璃与构件槽底直接接触，受温差应力或振动力的作用而造成玻璃碎裂。

（3）玻璃材料试验证明，普通玻璃在切割后如果不进行边缘处理，在受热时因膨胀出现应力集中，很容易产生自爆碎裂。

（4）隔热保温材料直接与玻璃接触或镀膜出现破损，使玻璃的中部与边缘产生较大的温差，当温度应力超过玻璃的抗拉强度时则会出现玻璃的自爆碎裂。

（5）全玻璃幕墙的底部如果使用硬化性密封材料，当玻璃受到较大挤压时易使玻璃出现破损。

（6）建筑幕墙三维调节消化余量不足，或主体结构变动的影响超过了幕墙三维调节所能消化的余量，也会造成玻璃的破裂。

（7）隐框式玻璃幕墙的玻璃间隙比较小，特别是顶棚四周底边的间隙更小，如果玻璃受到侧向压应力影响时则会造成玻璃的碎裂。

（8）在玻璃的交接处，由于弹性垫片漏放或太薄，或者"夹件"固定太紧会造成该处玻璃的碎裂。

（9）建筑幕墙采用的钢化玻璃，如果未进行钢化防爆处理，在一定的条件下也会发生玻璃自爆现象。

3. 防治措施

（1）玻璃原片的质量应符合现行国家或行业标准的要求，产品必须有出厂合格证。当设计必须采用大面积玻璃时应采取相应的技术措施，以减小玻璃中央与边缘的温差。

（2）在进行玻璃切割加工时，应按照规范规定留出每边与构件槽口的配合距离。玻璃切割后，边缘应磨边、倒角、抛光处理完毕再加工。

（3）在进行幕墙玻璃安装时，应按照设计规定设置弹性定位垫块，使玻璃与框之间有一定的间隙。

（4）在玻璃幕墙的设计和施工中，要特别注意避免保温材料与玻璃接触，在安装完玻璃后，要做好产品保护，防止镀膜层破损。

（5）要通过设计计算确定幕墙三维调节的能力。如果主体结构变动或构架刚度不足，应根据实际情况和设计要求进行加固处理。

（6）对于隐框式玻璃幕墙，在安装中应特别注意玻璃的间隙，玻璃的拼缝宽度一般不宜小于 15mm。

（7）在"夹件"与玻璃接触处必须设置一定厚度的弹性垫片，以免刚性"夹件"同脆性玻璃直接接触受外力影响时造成玻璃的碎裂。

（8）当玻璃幕墙采用钢化玻璃时，为了防止钢化玻璃发生自爆，必须对钢化玻璃进行钢化防爆处理。

（六）幕墙工程防火不符合要求

1. 质量问题

随着我国建筑事业的发展，越来越多的高层建筑采用玻璃幕墙作为外围护结构，其不但能达到使用效果，同时还具有一定的艺术性，但是在实际使用过程中发现玻璃幕墙建筑很容易发生火灾，并且这类建筑物一旦发生火灾，火势会迅速出现蔓延，这就会产生很严重的危害，给人民的生命和财产带来严重的威胁。

所以出现以上问题，其主要原因是在玻璃幕墙的设计和施工中，由于层间防火设计不周全、不合理，施工过程中不认真、不精细，造成幕墙与主体结构间未设置层间防火；或未按要求选用防火材料，达不到防火性能要求，严重影响玻璃幕墙工程防火安全。

2. 原因分析

（1）有的玻璃幕墙在进行设计时，对防火设计未引起足够重视，没有考虑设置防火隔层，造成设计方面的漏项，使玻璃幕墙无法防火。

（2）有的楼层联系梁处没有设置幕墙的分格横梁，防火层的位置设置不正确，节点无设计大样图。

（3）采用的防火材料质量达不到规范的要求，玻璃幕墙的防火根本起不到作用。

3. 防治措施

（1）在进行玻璃幕墙设计时，千万不可遗漏防火隔层的设计。在初步设计对外立面分割时，应同步考虑防火安全的设计，并绘制出节点大样图，在图上要注明用料规格和锚固的具体要求。

（2）在进行玻璃幕墙设计时，横梁的布置与层高相协调，一般每一个楼层就是一个独立的防火分区，要在楼面处设置横梁和防火隔层。

（3）玻璃幕墙的防火设计，除应当符合《建筑设计防火规范》（GB 50016—2014）中的有关规定外，还应符合下列规定：a. 应根据防火材料的耐火极限决定防火层的厚度和宽度，并应在楼板处形成防火带；b. 防火层应采取可靠的隔离措施，防火层的衬板应采用经过防腐处理、厚度不小于 1.5mm 的钢板，不得采用铝板；c. 防火层中所用的密封材料，应当采用防火密封胶；d. 防火层与玻璃不得直接接触，同时一块玻璃不应跨两个防火区。

（4）玻璃幕墙和楼层处、隔墙处的缝隙，应用防火或不燃烧材料填嵌密实，但防火层用的隔断材料等的缝隙用防火保温材料填塞，表面缝隙用密封胶封闭严密。

（5）防火层施工应符合设计要求，幕墙窗间墙及窗槛墙的填充材料，应采用不燃烧材料，当外墙采用耐火极限不低于 1h 的不燃烧材料时，其墙内填充材料可采用难燃烧材料。防火隔层应铺设平整，锚固要可确实可靠。防火施工后要办理隐蔽工程验收手续，合格后方可进行面板施工。

（七）幕墙构件安装接合处漏放垫片

1. 质量问题

建筑幕墙的连接件与立柱之间，未按照规范要求设置垫片，或在施工中由于疏忽漏放垫片，这样金属构件在一定的条件下很容易产生电化学腐蚀，对整个建筑幕墙的使用年限和使用功能有一定影响。

2. 原因分析

出现漏放垫片的主要原因有：一是在设计中不重视垫片的设置，忘记这个小部件；二是在节点设计大样图中未注明，施工人员未安装；三是施工人员责任心不强，在施工中漏放；四是施工管理人员检查不认真，没有及时检查和纠正。

3. 防治措施

（1）为防止不同金属材料相接触时产生电化学腐蚀，在现行的行业标准《玻璃幕墙工程技术规范》（JGJ 102—2003）中规定，在接触部位应设置相应的垫片。一般应采用 1mm 厚的绝缘耐热硬质有机材料垫片，在幕墙设计和施工中不可出现遗漏。

（2）在幕墙立柱与横梁两端之间，为适应和消除横向温度变形及噪声的要求，在现行的行业标准《玻璃幕墙工程技术规范》（JGJ 102—2003）中做出规定：在连接处要设置一面有胶一面无胶的弹性橡胶垫片或尼龙制作的垫片。弹性橡胶垫片应有 20％～35％ 的压缩性，一般用邵尔 A 型 75～80 橡胶垫片安装在立柱的预定位置，并应安装牢固，其接缝要严密。

（3）在幕墙施工的过程中，操作人员必须按照设计要求放置垫片，不可出现漏放；施工管理人员必须认真进行质量检查，以便及早发现漏放、及时进行纠正。

（八）幕墙安装无防雷系统

1. 质量问题

幕墙是悬挂在建筑主体结构外的建筑外围护系统，而当建筑幕墙对建筑物进行围护时，建筑物的原防雷装置因为建筑幕墙的屏蔽，不能够直接对防雷起到作用，建筑物遭到雷击，通常是对建筑幕墙的直接雷击。所以，建筑幕墙安装防雷系统是十分重要的。

在进行建筑幕墙设计和施工中，设计不合理或没有按照设计要求施工，致使玻璃幕墙没有设置等电位连接环，或等电位连接环没有和主体结构的防雷系统相联通；或者接地电阻不符合规范要求，从而使幕墙存在着严重的安全隐患。

2. 原因分析

（1）在进行玻璃幕墙设计时，根本没考虑到防雷系统，使这样非常重要部分被遗漏，或者设计不合理，从而严重影响了玻璃幕墙的使用安全度。

（2）有些施工人员不熟悉防雷系统的安装规定，无法进行防雷系统的施工，从而造成防雷系统不安装或安装不合格。

（3）选用的等电位连接环、避雷线、引下线、接地装置等的材料，不符合设计的防雷要求，导致防雷效果不能满足要求。

3. 防治措施

（1）在进行玻璃幕墙工程的设计时，要有详尽的防雷系统设计方案，施工中要有防雷系统的施工图纸，以便施工人员按图施工。

（2）玻璃幕墙应每隔 3 层设置扁钢或圆钢等电位连接环，等电位连接环应与主体结构防雷系统相连接，接地电阻应符合设计规范中的要求，使玻璃幕墙形成自身的防雷系统。

（3）对等电位连接环、避雷线、引下线、接地装置等的用料、接头，都必须符合设计要求和《建筑物防雷设计规范》（GB 50057—2010）中的规定。

（九）玻璃四周泛黄，密封胶变色和变质

1. 质量问题

玻璃幕墙安装完毕或使用一段时间后，在玻璃的四周出现泛黄现象，密封胶也出现变色和变质，这样不仅严重影响玻璃幕墙的外表美观，而且也使幕墙存在着极大的危险性，应当引起高度重视。

2. 原因分析

（1）当密封胶液用的是非中性胶或不合格胶时，呈酸碱性的胶与夹层玻璃中的 PVB 胶片、中空玻璃的密封胶和橡胶条接触，因为它们之间的相容性不良，使 PVB 胶片或密封胶泛黄变色，使橡胶条变硬发脆，影响幕墙的外观质量，甚至出现渗漏水现象。

（2）幕墙采用的夹丝玻璃边缘未进行处理，使低碳钢丝因生锈而造成玻璃四周泛黄，严重时会使锈蚀产生膨胀，玻璃在膨胀力的作用下而碎裂。

（3）采用的不合格密封胶在紫外线的照射下，发生老化、变色和变脆，致使其失去密封防水的作用，从而又引起玻璃泛黄。

（4）在玻璃幕墙使用的过程中，由于清洁剂品种选用不当，清洁剂对玻璃产生腐蚀而引起泛黄。

3. 防治措施

（1）在玻璃幕墙安装之前，首先应做好密封胶的选择和试验工作。

① 应选择中性和合格的密封胶，不得选用非中性胶或不合格的密封胶。

② 对所选用的密封胶要进行与其他材料的相容性试验。待确定完全合格后才能正式用于玻璃幕墙。

（2）当幕墙采用夹丝玻璃时，在玻璃切割后，其边缘应及时进行密封处理，并做防锈处理，防止钢丝生锈而造成玻璃四周泛黄。

（3）清洗幕墙玻璃和框架的清洁剂，应采用中性清洁剂，并应做其对玻璃等材料的腐蚀性试验，合格后方可使用。同时要注意，玻璃和金属框架的清洁剂应分别采用，不得错用和混用。清洗时应采取相应的隔离保护措施，清洗后及时用清水冲洗干净。

（十）幕墙的拼缝不合格

1. 质量问题

明框式玻璃幕墙出现外露框或压条有横不平、竖不直缺陷，单元玻璃幕墙的单元拼缝或隐框式玻璃幕墙的分格玻璃拼缝存在缝隙不均匀、不平不直等质量问题，以上质量缺陷不但影响胶条的填嵌密实性，而且影响幕墙的外观质量。

2. 原因分析

（1）在进行幕墙玻璃安装时，未对土建的标准标志进行复验，由于测量基准不准确，导致玻璃拼缝不合格；或者在进行复验时，风力大于 4 级造成测量误差较大。

（2）在进行幕墙玻璃安装时，未按规定要求每天对玻璃幕墙的垂直度及立柱的位置进行测量核对。

（3）玻璃幕墙的立柱与连接件在安装后未进行认真调整和固定，导致它们之间的安装偏差过大，超过设计和施工规范的要求。

（4）立柱与横梁安装完毕后，未按要求用经纬仪和水准仪进行校核检查、调整。

3. 防治措施

（1）在玻璃幕墙正式测量放线前，应对总包提供的土建标准标志进行复验，经监理工程师确认后方可作为玻璃幕墙的测量基准。对于高层建筑的测量应在风力不大于 4 级的情况下进行，每天定时对玻璃幕墙的垂直度及立柱位置进行测量核对。

（2）玻璃幕墙的分格轴线的确定，应与主体结构施工测量轴线紧密配合，其误差应及时进行调整，不得产生积累。

（3）立柱与连接件安装后应进行调整和固定。它们安装后应达到如下标准：a. 立柱安装标高差不大于 3mm；b. 轴线前后的偏差不大于 2mm，左右偏差不大于 3mm；c. 相邻两根立柱安装标高差不应大于 3mm，距离偏差不应大于 2mm，同层立柱的最大标高偏差不应大于 5mm。

（4）幕墙横梁安装应弹好水平线，并按线将横梁两端的连接件及垫片安装在立柱的预定位置，并应确实安装牢固。保证相邻两根横梁的水平高差不应大于 1mm，同层标高的偏差，当一幅幕墙的宽度小于或等于 35m 时不应大于 5mm，当一幅幕墙的宽度大于 35m 时不应大于 7mm。

（5）立柱与横梁安装完毕后，应用经纬仪和水准仪对立柱和横梁进行校核检查、调整，使它们均符合设计要求。

（十一）玻璃幕墙出现结露现象

1. 质量问题

玻璃幕墙出现结露现象，不仅影响幕墙外观装饰效果，而且还会造成通视性较差、浸湿室内装饰和损坏其他设施。常见幕墙结露的现象主要有以下几种。

（1）中空玻璃的中空层如果出现结露现象，不仅使玻璃的通视性不好，而且也严重影响玻璃幕墙的美观。

（2）在比较寒冷的地区，当冬季室内外的温差较大时玻璃的内表面出现结露现象。

（3）幕墙内没有设置结露水排放系统，当结露水较多时也会浸湿室内的装饰或设施。

2. 原因分析

（1）采用的中空玻璃质量不合格，尤其是对中空层的密封不严密，很容易使中空玻璃在中空层出现结露。

（2）幕墙设计不合理，或者选择的材料不当，没有设置结露水凝结排放系统。

3. 防治措施

（1）对于中空玻璃的加工质量必须严格控制，加工制作中空玻璃要在洁净干燥的专用车间内进行，并对所用的中空玻璃进行严格的质量检验；所用的玻璃间隔橡胶一定要干净、干燥，并安装正确，在间隔条内要装入适量的干燥剂。

（2）中空玻璃的密封要特别重视，一般要采用双道密封，密封胶要正确涂敷，达到胶液饱满、厚薄均匀，转角处不得有漏涂缺损现象。

（3）幕墙设计要根据当地气候条件和室内功能要求，科学合理确定幕墙的热阻，选用合适的幕墙材料。例如，在北方寒冷地区宜选用中空玻璃。

（4）幕墙设计允许出现结露的现象时，在幕墙结构设计中必须要设置结露水凝结排放系统。

二、金属幕墙工程质量问题与防治措施

金属板饰面幕墙施工涉及工种较多，工艺较复杂，施工难度大，加上金属板的厚度比较小，在加工和安装中很容易发生变形，因此比较容易出现质量问题，不仅严重影响装饰效果，而且影响幕墙使用功能。

工程实践充分证明，金属板饰面幕墙是一种高科技建筑装饰产品，其技术复杂程度较高，影响建筑幕墙施工质量的因素众多，施工质量问题较多，对金属幕墙出现的施工质量问题应引起足够的重视，并采取措施积极进行防治。

（一）板面不平整、接缝不平齐

1. 质量问题

在金属幕墙工程完工检查验收时发现板面之间有高低不平、板块中有凹凸不平、接缝不顺直、板缝有错牙等质量缺陷。这些质量问题严重影响金属幕墙的表面美观，同时对使用中的维修、清洗也会造成困难。

2. 原因分析

产生以上质量问题的原因很多，根据工程实践经验，主要原因包括以下几个方面。

（1）连接金属板面的连接件，未按施工规定要求进行固定，固定不够牢靠，在安装金属板时，由于施工和面板的作用，使连接件发生移位，自然会导致板面不平整、接缝不平齐。

（2）连接金属板面的连接件，未按施工规定要求进行固定，尤其是安装高度不一致，使得金属板安装也会产生板面不平整、接缝不平齐。

（3）在进行金属面板加工的过程中，未按照设计或现行规范的要求进行加工，使金属面板本身不平整，或尺寸不准确；在金属面板运输、保管、堆放、吊装和安装中，不注意对金属板面进行有效保护，从而造成板面不平整、接缝不平齐。

3. 防治措施

针对以上出现板面不平整、接缝不平齐的原因，可以采取以下防治措施。

（1）确实按照设计和施工规范的要求，进行金属幕墙连接件的安装，确保连接件安装牢固平整、位置准确、数量满足。

（2）严格按要求对金属面板进行加工，确保金属面板表面平整、尺寸准确、符合要求。

（3）在金属面板的加工、运输、保管、吊装和安装中，要注意对金属面板成品的保护，不使其受到损伤。

（二）密封胶开裂，出现渗漏问题

1. 质量问题

金属幕墙在工程验收或使用过程中，发现密封胶开裂的质量问题，产生气体渗透或雨水渗漏。不仅使金属幕墙的内外受到气体和雨水的侵蚀，而且会降低幕墙的使用寿命。

2. 原因分析

（1）注胶部位未认真进行清理擦洗，由于不洁净就注胶，所以胶与材料黏结不牢，它们之间有一定的缝隙，使得密封胶开裂，出现渗漏问题。

（2）胶缝的深度过大，结果造成三面黏结，从而导致密封胶开裂质量问题，产生气体渗透或雨水渗漏。

（3）注入的密封胶尚未完全黏结前，受到灰尘沾染或其他振动，使密封胶未能牢固黏结，造成密封胶与材料脱离而开裂。

3. 防治措施

（1）在注密封胶之前，应对需黏结的金属板材缝隙进行认真清洁，尤其是对黏结面应特别重视，清洁后要加以干燥和保持。

（2）在较深的胶缝中，应根据实际情况充填聚氯乙烯发泡材料，一般宜采用小圆棒形状的填充料，这样可避免胶造成三面黏结。

（3）在注入密封胶后要认真进行保护，并创造良好环境，使其至完全硬化。

（三）预埋件位置不准，横竖料难以固定

1. 质量问题

预埋件是幕墙安装的主要挂件，承担着幕墙的全部荷载和其他荷载，预埋件的位置是否准确，对幕墙的施工和安全关系重大。但是，在预埋件的施工中，由于未按设计要求进行设置，预埋件位置不准备，这必然会导致幕墙的横竖骨架很难与预埋件固定连接，甚至出现连接不牢、重新返工的情况。

2. 原因分析

（1）在预埋件在进行放置前，未在施工现场进行认真复测和放线；或在放置预埋件时，偏离安装基准线，导致预埋件位置不准确。

（2）预埋件的放置方法，一般是采用将其绑扎在钢筋上或者固定在模板上的方法。如果预埋件与模板、钢筋连接不牢，在浇筑混凝土时会使预埋件的位置变动。

（3）预埋件放置完毕后，未对其进行很好地保护，在其他工序施工中对其产生碰撞，使预埋件位置变化。

3. 防治措施

（1）在进行金属幕墙设计时，应根据规范设置相应的预埋件，并确定其数量、规格和位置；在进行放置之前，应根据施工现场实际，对照设计图进行复核和放线，并进行必要调整。

（2）在预埋件放置中，必须与模板、钢筋连接牢固；在浇筑混凝土时应随时进行观察和纠正，以保证其位置的准确性。

（3）在预埋件放置完成后，应时刻注意对其进行保护。在其他工序的施工中，不要碰撞到预埋件，以保证预埋件不发生位移。

（4）如果混凝土结构施工完毕后，发现预埋件的位置发生较大的偏差，则应及时采取补救措施。补救措施主要有下列几种：a. 当预埋件的凹入度超过允许偏差范围时，可以采取加长铁件的补救措施，但加长的长度应当进行控制，采用焊接加长的焊接质量必须符合要求；b. 当预埋件向外凸出超过允许偏差范围时，可以采用缩短铁件的方法，或采用剔去原预埋件改用膨胀螺栓，将铁件紧固在混凝土结构上；c. 当预埋件向上或向下偏移超过允许偏差范围时，则应修改立柱连接孔或用膨胀螺栓调整连接位置；d. 当预埋件发生漏放时，应采用膨胀螺栓连接或剔除混凝土后重新埋设，决不允许故意漏放而节省费用的错误做法。

（四）胶缝不平滑充实，胶线扭曲不顺直

1. 质量问题

金属幕墙的装饰效果如何，不只是表现在框架和饰面上，胶缝是否平滑、顺直和充实也是非常重要的方面。但是，在胶缝的施工中很容易出现胶缝注入不饱满、缝隙不平滑、线条不顺直等质量缺陷，严重影响金属幕墙的整体装饰效果。

2. 原因分析

（1）在进行注胶时，未能按施工要求进行操作，或注胶用力不均匀，或注胶枪的角度不

正确，或刮涂胶时不连续，都会造成胶缝不平滑充实，胶线扭曲不顺直。

（2）注胶操作人员未经专门培训，技术不熟练，要领不明确，也会使胶缝出现不平滑充实、胶线扭曲不顺直等质量缺陷。

3. **防治措施**

（1）在进行注胶的施工中，应严格按正确的方法进行操作，要连续均匀地注胶，要使注胶枪以正确的角度注胶；当密封胶注满后，要用专用工具将注胶刮密实和平整，胶缝的表面应达到光滑无皱纹的质量要求。

（2）注胶是一项技术要求较高的工作，操作人员应经过专门的培训，使其掌握注胶的基本技能和质量意识。

（五）成品产生污染，影响装饰效果

1. **质量问题**

金属幕墙安装完毕后，由于未按规定进行保护，结果造成幕墙成品发生污染、变色、变形、排水管道堵塞等质量问题，既严重影响幕墙的装饰效果，也会使幕墙发生损坏。

2. **原因分析**

（1）在金属幕墙安装施工的过程中，不注意对金属饰面的保护，尤其是在注胶中很容易产生污染，这是金属幕墙成品污染的主要原因。

（2）在金属幕墙安装施工完毕后，未按规定要求对幕墙成品进行保护，在其他工序的施工中污染了金属幕墙。

3. **防治措施**

（1）在金属幕墙安装施工的过程中，要注意按操作规程施工和文明施工，并及时清除板面及构件表面上的黏附物，使金属幕墙安装时即成为清洁的饰面。

（2）在金属幕墙安装完毕后，立即进行从上向下的清扫工作，并在易受污染和损坏的部位贴上一层保护膜或覆盖塑料薄膜，对于易受磕碰的部位应设置防护栏。

（六）铝合金板材厚度不足

1. **质量问题**

金属幕墙的面板选用铝合金板材时，其厚度不符合设计要求，不仅影响幕墙的使用功能，而且还严重影响幕墙的耐久性。

2. **原因分析**

（1）承包商片面追求经济利益，选用的铝合金板材的厚度小于设计厚度，从而造成板材不合格，导致板材厚度不足而影响整个幕墙的质量。

（2）铝合金板材进场后，未进行认真复验，其厚度低于工程需要，而不符合设计要求。

（3）铝合金板材生产厂家未按照国家现行有关规范生产，从而造成出厂板材不符合生产标准的要求。

3. **防治措施**

铝合金面板要选用专业生产厂家的产品，在幕墙面板订货前要考察其生产设备、生产能力，并应有可靠的质量控制措施，确认原材料产地、型号、规格，并封样备查；铝合金面板进场后，要检查其生产合格证和原材料产地证明，均应符合设计和购货合同的要求，同时查验其面板厚度应符合下列要求。

（1）单层铝板的厚度不应小于 2.5mm，并应符合现行国家标准《一般工业用铝及铝合金板、带材 第 1 部分：一般要求》（GB/T 3880.1—2012）中的有关规定。

（2）铝塑复合板的上下两层铝合金板的厚度均应为 0.5mm，其性能应符合现行国家标准《建筑幕墙用铝塑复合板》（GB/T 17748—2016）中规定的外墙板的技术要求；铝合金板与夹心板的剥离强度标准值应大于 $7N/mm^2$。

（3）蜂窝铝板的总厚度为 10～25mm，其中厚度为 10mm 的蜂窝铝板，其正面铝合金板厚度应为 1mm，背面铝合金板厚度为 0.5～0.8mm；厚度在 10mm 以上的蜂窝铝板，其正面铝合金板的厚度均应为 1mm。

（七）铝合金面板的加工质量不符合要求

1. 质量问题

铝合金面板是金属幕墙的主要装饰材料，对幕墙的装饰效果起着决定性作用。铝合金面板的加工质量不符合要求，不仅会造成面板安装十分困难，接缝不均匀，而且还严重影响金属幕墙的外观质量和美观。

2. 原因分析

（1）在金属幕墙的设计中，没有对铝合金面板的加工质量提出详细的要求，致使生产厂家对质量要求不明确。

（2）生产厂家由于没有专用的生产设备，或者设备、测量器具没有定期进行检修，精度达不到加工精度要求，致使加工的铝合金面板质量不符合要求。

3. 防治措施

（1）铝合金面板的加工应符合设计要求，表面氟碳树脂涂层厚度应符合规定。铝合金面板加工的允许偏差应符合表 9-40 中的规定。

表 9-40　铝合金面板加工允许偏差　　　　　　　　　单位：mm

项目		允许偏差	项目		允许偏差
边长	≤2000	±2.0	对角线长度	≤2000	2.5
	>2000	±2.5		>2000	3.0
对边尺寸	≤2000	≤2.5	折弯高度		≤1.0
	>2000	≤3.0	平面度		≤2/1000
			孔的中心距		±1.5

（2）单层铝板的加工应符合下列规定：a. 单层铝板在进行折弯加工时，折弯外圆弧半径不应小于板厚的 1.5 倍；b. 单层铝板加劲肋的固定可用电栓钉，但应确保铝板表面不应变色、褪色，固定应牢固；c. 单层铝板的固定耳子应符合设计要求，固定耳子可采用焊接、铆接或在铝板上直接冲压而成，应当做到位置正确、调整方便、固定牢固；d. 单层铝板构件四周边应采用铆接、螺栓或胶黏与机械连接相结合的形式固定，并应做到刚性好，固定牢固。

（3）铝塑复合板的加工应符合下列规定：a. 在切割铝塑复合板内层铝板与聚乙烯塑料时，应保留不小于 0.3mm 厚的聚乙烯塑料，并不得划伤外层铝板的内表面；b. 蜂窝铝板的打孔、切割口等外露的聚乙烯塑料及角部缝隙处，应采用中性硅酮耐候密封胶进行密封；c. 为确保铝塑复合板的质量，在加工过程中严禁将铝塑复合板与水接触。

（4）蜂窝铝板的加工应符合下列规定：a. 应根据组装要求决定切口的尺寸和形状，在切割铝芯时，不得划伤蜂窝板外层铝板的内表面；各部位外层铝板上，应保留 0.3～0.5mm 的铝芯；b. 对于直角构件的加工，折角处应弯成圆弧状，蜂窝铝板的角部的缝隙处，应采用硅酮耐候密封胶进行密封；c. 大圆弧角构件的加工，圆弧部位应填充防火材料；d. 蜂窝铝板边缘的加工，应将外层铝板折合 180°，并将铝芯包封。

（八）铝塑复合板的外观质量不符合要求

1. 质量问题

铝塑复合板幕墙安装后，经质量验收检查发现板的表面有波纹、鼓泡、疵点、划伤、擦伤等质量缺陷，严重影响金属幕墙的外观质量。

2. 原因分析

（1）铝塑复合板在加工制作、运输、贮存过程中，由于不认真细致或保管不善等，造成板的表面有波纹、鼓泡、疵点、划伤、擦伤等质量缺陷。

（2）铝塑复合板在安装操作过程中，安装工人没有认真按操作规程进行操作，致使铝塑复合板的表面有波纹、鼓泡、疵点、划伤、擦伤等质量缺陷。

3. 防治措施

（1）铝塑复合板的加工要在封闭、洁净的生产车间内进行，要有专用生产设备，设备要定期进行维修保养，并能满足加工精度的要求。

（2）铝塑复合板安装工人岗前进行技术培训，熟练掌握生产工艺，并严格按工艺要求进行操作。

（3）铝塑复合板的外观应非常整洁，涂层不得有漏涂或穿透涂层厚度的损伤。铝塑复合板正反面外不得有塑料的外露。铝塑复合板装饰面不得有明显压痕、印痕和凹凸等残迹。

铝塑复合板的外观缺陷允许范围应符合表 9-41 中的要求。

表 9-41　铝塑复合板的外观缺陷允许范围

缺陷名称	缺陷规定	允许范围	
		优等品	合格品
波纹	—	不允许	不明显
鼓泡	≤10mm	不允许	≤1 个/m²
疵点	≤300mm	≤3 个/m²	≤10 个/m²
划伤	总长度	不允许	≤100mm²/m²
擦伤	总面积	不允许	≤300mm²/m²
划伤、擦伤总数	—	不允许	≤4 处
色差 ΔE	色差不明显，若用仪器测量，$\Delta E \leqslant 2$		

三、石材幕墙工程质量问题与防治措施

石材是一种脆性硬质材料，其具有自重比较大、抗拉强度和抗弯强度低等缺陷，在加工

和安装过程中容易出现各种各样的质量问题，对这些质量问题应当采取预防和治理的措施，积极、及时加以解决，以确保石材幕墙质量符合设计和规范的有关要求。

（一）石材板的加工制作不符合要求

1. 质量问题

石材幕墙所用的板材加工制作质量较差，出现板上用于安装的钻孔或开槽位置不准、数量不足、深度不够和槽壁太薄等质量缺陷，造成石材安装困难、接缝不均匀、不平整，不仅影响石材幕墙的装饰效果，而且还会造成石材板的破裂坠落。

2. 原因分析

（1）在石材板块加工前，没有认真领会设计图纸中的规定和标准，从而加工出的石材板块成品不符合设计要求。

（2）所用石材的加工人员技术水平比较差，在加工前既没有认真进行划线，也没有按规程进行操作。

（3）石材幕墙在安装组合的过程中，没有按照设计和有关规范进行施工，也会使石材板块不符合设计要求。

3. 防治措施

（1）幕墙所用石材板的加工制作应符合下列规定。

① 在石材板的连接部位应无崩边、暗裂等缺陷；其他部位的崩边不大于 $5mm \times 20mm$ 或缺角不大于 $20mm$ 时，可以修补合格后使用，但每层修补的石材板块数不应大于 2%，且宜用于立面不明显部位。

② 石材板的长度、宽度、厚度、直角、异形角、半圆弧形状、异型材及花纹图案造型、石材的外形尺寸等，均应符合设计要求。

③ 石材板外表面的色泽应符合设计要求，花纹图案应按预定的材料样板检查，石材板四周围不得有明显的色差。

④ 如果石材板块加工采用火烧石，应按材料样板检查火烧后的均匀程度，石材板块不得有暗裂、崩裂等质量缺陷。

⑤ 石材板块加工完毕后，应当进行编号存放。其编号应与设计图纸中的编号一致，以免出现混乱。

⑥ 石材板块的加工应按设计要求进行，既要结合其在安装中的组合形式，又要结合工程使用中的基本形式。

⑦ 石材板块加工的尺寸允许偏差，应当符合现行国家标准《天然花岗石建筑板材》（GB/T 18601—2009）中的要求。

（2）钢销式安装的石材板的加工应符合下列规定。

① 钢销的孔位应根据石材板的大小而定。孔位距离边缘不得小于石板厚度的 3 倍，也不得大于 $180mm$；钢销间距一般不宜大于 $600mm$；当边长不大于 $1.0m$ 时每边应设两个钢销，当边长大于 $1.0m$ 时应采用复合连接方式。

② 石材板钢销的孔深度宜为 $22 \sim 33mm$，孔的直径宜为 $7mm$ 或 $8mm$，钢销直径宜为 $5mm$ 或 $6mm$，钢销长度宜为 $20 \sim 30mm$。

③ 石材板钢销的孔附近，不得有损坏或崩裂现象，孔径内应光滑洁净。

（3）通槽式安装的石材板的加工应符合下列规定。

① 石材板的通槽宽度宜为 6mm 或 7mm，不锈钢支撑板的厚度不宜小于 3mm，铝合金支撑板的厚度不宜小于 4mm。

② 石材板在开槽后，不得有损坏或崩裂现象，槽口应打磨成 45°的倒角；槽内应光滑、洁净。

（4）短槽式安装的石材板的加工应符合下列规定。

① 每块石材板上下边应各开两个短平槽，短平槽的宽度不应小于 100mm，在有效长度内槽深度不宜小于 15mm；开槽宽度宜为 6mm 或 7mm；不锈钢支撑板的厚度不宜小于 3mm，铝合金支撑板的厚度不宜小于 4mm。弧形槽有效长度不应小于 80mm。

② 两短槽边距离石材板两端部的距离，不应小于石材板厚度的 3 倍，且不应小于 85mm，也不应大于 180mm。

③ 石材板在开槽后，不得有损坏或崩裂现象，槽口应打磨成 45°的倒角；槽内应光滑、洁净。

（5）单元石材幕墙的加工组装应符合下列规定。

① 有防火要求的石材幕墙单元，应将石材板、防火板及防火材料按设计要求组装在铝合金框架上。

② 有可视部分的混合幕墙单元，应将玻璃板、石材板、防火板及防火材料按设计要求组装在铝合金框架上。

③ 幕墙单元内石材板之间可采用铝合金 T 形连接件进行连接，T 形连接件的厚度，应根据石材板的尺寸及重量经计算后确定，且最小厚度不应小于 4mm。

（6）幕墙单元内，边部石材板与金属框架的连接，可采用铝合金 L 形连接件，其厚度应根据石材板尺寸及重量经计算后确定，且其最小厚度不应小于 4mm。

（7）石材经切割或开槽等工序后，均应将加工产生的石屑用水冲洗干净，石材板与不锈钢挂件之间，应当用环氧树脂型石材专用结构胶黏剂进行黏结。

（8）已经加工好的石材板，应存放于通风良好的仓库内，其底部应用枕木垫起来，防止底端产生污染，石材板立放的角度不应小于 85°。

（二）石材幕墙工程质量不符合要求

1. 质量问题

在石材幕墙质量检查中，其施工质量不符合设计和规范的要求，不仅其装饰效果比较差，而且其使用功能达不到规定，甚至有的还存在着安全隐患。由于石材存在着明显的缺点，所以石材幕墙的质量问题应引起足够重视。

2. 原因分析

出现石材幕墙质量不合格的原因是多方面的，主要有材料不符合要求、施工未按规范操作、监理人员监督不力等。此处详细分析的是材料不符合要求，这是石材幕墙质量不合格的首要原因。

（1）石材幕墙所选用的骨架材料的型号、材质等方面均不符合设计要求，特别是当用料断面偏小时杆件会发生扭曲变形现象，使幕墙存在着安全隐患。

（2）石材幕墙所选用的锚栓无产品合格证，也无物理力学性能测试报告，用于幕墙工程后成为不放心部件，一旦锚栓出现断裂问题，后果不堪设想。

（3）石材加工尺寸与现场实际尺寸不符，会造成以下 2 个方面的问题：a. 石材板块根本无法与预埋件进行连接，造成费工、费时、费资金；b. 勉强进行连接，在施工现场必须对石材进行加工，必然严重影响幕墙的施工进度。

（4）石材幕墙所选用的石材板块，未经严格的挑选和质量验收，结果造成石材色差比较大，颜色不均匀，严重影响石材幕墙的装饰效果。

3. 防治措施

针对以上分析的材料不符合要求的原因，在一般情况下可以采取如下防治措施。

① 石材幕墙的骨架结构，必须经具有相应资质等级的设计单位进行设计，有关部门一定按设计要求选购合格的产品，这是确保石材幕墙质量的根本。

② 设计中要明确提出对锚栓物理力学性能的要求，要选择正规厂家生产的锚栓产品，施工单位严格采购进货的检测和验货手续，严把锚栓的质量关。

③ 加强施工现场的统一测量、复核和放线，提高测量放线的精度。石材板块在加工前要绘制放样加工图，并严格按石材板块放样加工图进行加工。

④ 要加强到产地现场选购石材的工作，不能单凭小块石材样板而确定所用石材品种。在石材板块加工后要进行试铺配色，不要选用含氧化铁较多的石材品种。

（三）骨架安装不合格

1. 质量问题

石材幕墙施工完毕后，经质量检查发现骨架安装不合格，主要表现在骨架竖料的垂直度、横料的水平度偏差较大。

2. 原因分析

（1）在进行骨架测量中，测量仪器的偏差较大，测量放线的精度不高，就会造成骨架竖料的垂直度、横料的水平度偏差不符合规范要求。

（2）在骨架安装的施工过程中，施工人员未认真执行自检和互检制度，安装精度不能保证，从而造成骨架竖料的垂直度、横料的水平度偏差较大。

3. 防治措施

（1）在进行骨架测量过程中，应当选用测量精度符合要求的仪器，以便提高骨架测量放线的精度。

（2）为了确保测量的精度要求，对使用的测量仪器要定期进行送检，保证测量的结果符合石材幕墙安装的要求。

（3）在骨架安装的施工过程中，施工人员一定要认真执行自检和互检制度，这是确保骨架安装质量的基础。

（四）构件锚固不牢靠

1. 质量问题

在安装石材饰面完毕后，经质量检查发现板块锚固不牢靠，用手搬动板块有摇晃的感觉，使人产生很不安全的心理。

2. 原因分析

（1）在进行锚栓钻孔时，未按照锚栓产品说明书要求进行施工，钻出的锚栓孔径过大，锚栓锚固牢靠比较困难。

（2）挂件尺寸与土建施工的误差不相适应，则会造成挂件受力不均匀，从而使个别构件锚固不牢靠。

（3）挂件与石材板块之间的垫片太厚，必然会降低锚栓的承载拉力，承载拉力较小时则使构件锚固不牢靠。

3. 防治措施

（1）在进行锚栓钻孔时，必须按锚栓产品说明书要求进行施工。钻孔的孔径、孔深均应符合所用锚栓的要求。不能随意扩孔，不能钻孔过深。

（2）挂件尺寸要能适应土建工程的误差，在进行挂件锚固前，就应当测量土建工程的误差，并根据此误差进行挂件的布置。

（3）确定挂件与石材板块之间的垫片厚度，特别是不应使垫片太厚。对于重要的石材幕墙工程，其垫片的厚度应通过试验确定。

（五）石材缺棱和掉角

1. 质量问题

石材幕墙施工完毕后，经检查发现有些板块出现缺棱掉角，这种质量缺陷不仅对装饰效果有严重影响，而且在缺棱掉角处往往会产生雨水渗漏和空气渗透，会对幕墙的内部产生腐蚀，使石材幕墙存在着安全隐患。

2. 原因分析

（1）石材是一种坚硬而质脆的建筑装饰材料，其抗压强度很高，一般为 $100\sim300$MPa，但抗弯强度很低，一般为 $10\sim25$MPa，仅为抗压强度的 $1/12\sim1/10$。因此，在加工和安装中很容易因碰撞而造成缺棱掉角。

（2）石材抗压强度很低，如果在运输的过程中，石板的支点不当、道路不平、车速太快时石板则会产生断裂、缺棱、掉角等。

3. 防治措施

（1）根据石材幕墙的实际情况，尽量选用脆性较低的石材，以避免因石材太脆而产生缺棱掉角。

（2）石材的加工和运输尽量采用机具和工具，以解决人工在加工和搬运中，因石板过重造成破损棱角的问题。

（3）在石材板块的运输过程中，要选用适宜的运输工具、行驶路线，掌握合适的车速和启停方式，防止因颠簸和振动而损伤石材棱角。

（六）幕墙表面不平整

1. 质量问题

石材幕墙安装完毕后，经质量检查发现板面不平整，表面平整度允许偏差超过现行国家标准《建筑装饰装修工程质量验收标准》（GB 50210—2018）中的规定，严重影响幕墙的装饰效果。

2. 原因分析

（1）在石材板块安装之前，对板材的"挂件"未认真进行测量复核，结果造成挂件不在同一平面上，在安装石材板块后必然造成表面不平整。

（2）工程实践证明，幕墙表面不平整的主要原因，多数是由于测量误差、加工误差和安装误差积累所致。

3. 防治措施

（1）在石材板块正式安装前，一定要对板材挂件进行测量复核，按照控制线将板材挂件调至在同一平面上，然后再安装石材板块。

（2）在石材板块安装施工中，要特别注意随时将测量误差、加工误差和安装误差消除，不可使这 3 种误差形成积累。

（七）幕墙表面有油污

1. 质量问题

幕墙表面被涂料、密封胶污染，这是石材幕墙最常见的质量缺陷。这种质量问题虽然对幕墙的安全性无影响，但严重影响幕墙表面的美观，因此，在幕墙施工中要加以注意，施工完毕后要加以清理。

2. 原因分析

（1）石材幕墙所选用的耐候胶质量不符合要求，使用寿命较短，耐候胶形成流淌而污染幕墙表面。

（2）在上部进行施工时，对下部的幕墙没有加以保护，下落的东西造成污染，施工完成后又未进行清理和擦拭。

（3）胶缝的宽度或深度不足，注胶施工时操作不仔细，或者胶液滴落在板材表面上，或者对密封胶封闭不严密而污染板面。

3. 防治措施

（1）石材幕墙中所选用的耐候胶，一般应用硅酮耐候胶。硅酮耐候胶应当柔软、弹性好、使用寿命长，其技术指标应符合现行国家标准《石材用建筑密封胶》（GB/T 23261—2009）中的规定。

（2）在进行石材幕墙上部施工时，对其下部已安装好的幕墙，必须采取措施（如覆盖）加以保护，尽量对下部不产生污染。一旦出现污染应及时进行清理。

（3）石材板块之间的胶缝宽度和深度不能太小，在注胶施工时要精心操作，既不要使溢出的胶污染板面，也不要漏封。

（4）石材幕墙安装完毕后，要进行全面检查，对于污染的板面，要用清洁剂将幕墙表面擦拭干净，以清洁的表面进行工程验收。

（八）石板安装不合格

1. 质量问题

在进行幕墙安装施工时，由于石材板块的安装不符合设计和现行施工规范的要求，从而造成石材板块破损严重的质量缺陷，使幕墙存在极大的安全隐患。

2. 原因分析

（1）刚性的不锈钢连接件直接同脆性的石材板接触，当受到较大外力的影响时则会造成与不锈钢连接件接触部位的石板破损。

（2）在石材板块安装的过程中，为了控制水平缝隙，常在上下石板间用硬质垫板加以调整，当施工完毕后未将垫板及时撤除，造成上层石板的荷载通过垫板传递给下层石板，当超过石板固有的强度时则会造成石板的破损。

（3）如果安装石材板块的连接件出现较大松动，或钢销直接顶到下层石板上，将上层石板的重量传递给下层石材板块，或受到风荷载、温度应力或主体结构变动时均会造成石板的损坏。

3. 防治措施

（1）安装石板的不锈钢连接件与石板之间应用弹性材料进行隔离。石板槽孔间的孔隙应用弹性材料加以填充，不得使用硬性材料填充。

（2）安装石板的连接件应当能独自承受一层石板的荷载，避免采用既托上层石板，同时又勾住下层石板的构造，以免上下层石板荷载的传递。当采用上述构造时，安装连接件弯钩或销子的槽孔应比弯钩、销子略宽和深，以免上层石板的荷载通过弯钩、销子顶压在下层石板的槽、孔底上，而将荷载传递给下层石板。

（3）在幕墙的石板安装完毕后，应将调整接缝水平的硬质垫片撤除。同时应组织有关人员认真进行质量检查，不符合设计要求的应及时纠正。

第十章
涂饰工程质量管理

　　建筑物和建筑构件的保护和装饰具有多种途径，但建筑装饰涂料以其历史悠久、经验丰富、色彩艳丽、品种繁多、施工方便、维修简便、成本低廉等优点而深受人们的喜爱，已成为建筑装饰装修工程中首选的装饰材料。

　　特别是近些年来，装饰涂料的质量在国家的严格控制下，并在高分子科学的带动下，不断推出许多性能优良的绿色产品，不断推出性能出众的新产品，使建筑装饰涂料的使用量和产品更新速度等方面都居装饰材料的前列，在装饰材料市场中占有十分重要的作用，成为新产品、新工艺、新技术最多、发展最快的施工行业。

第一节　涂饰工程常用材料的质量管理

　　功能性建筑涂料是很重要的一类建筑涂料，这类涂料除了具有一般装饰功能外还能起到某种功能作用。近年来也在建筑涂料领域得到开发应用，成为新的功能性建筑涂料。可以说，功能性建筑涂料在建筑领域的方方面面发挥着各种不同的功能。这类涂料拓宽了建筑涂料的应用范围，增大了建筑涂料的实用性，提高了建筑涂料在建筑装饰装修材料中的地位。

　　根据我国在建筑工程中积极开发、生产和推广应用"绿色"环保装修材料的原则，乳胶漆涂料已经成为当今世界涂料工业发展的方向。例如，新型水性系列乳液涂料、内外墙的半光涂料、哑光涂料、高光涂料、丝绸质感内墙涂料、仿石饰面涂料、仿铝塑板饰面涂料、弹性涂料等，不仅可直接用于砖石砌筑体、水泥结构、石膏板面、木质和金属构件表面的涂饰，而且具有无毒、无嗅、防水、涂膜柔韧、附着力强、耐酸碱腐蚀、耐候性好、防粉化、防爆裂、防变色等优点。目前，在建筑装饰装修工程中常用的涂料，主要包括保护功能、装饰功能和满足建筑物的使用功能3个方面。按主要成膜物质的化学成分不同，可以将建筑涂料分为有机涂料、无机涂料和复合涂料3类。在建筑工程中主要采用溶剂型涂料、水性涂料、美术涂料、弹性建筑涂料和特种装饰涂料。

一、水性涂料的质量管理

（一）水性涂料的一般质量要求

（1）选用的建筑水性涂料，在满足使用功能要求的前提下应符合安全、健康、环保的原则。尤其是内墙涂料应选用已通过绿色无公害认证的产品。

（2）选用的建筑工程所用水性涂料，应当是经过法定质检机构检验并出具有效质检报告合格产品。

（3）应根据选定的涂料品种、功能。性能和工艺要求，结合实际面积及材料单和损耗，确定其施工中的备料量。

（4）应根据设计选定的颜色，以色卡进行订货。色卡是自然界存在的颜色在某种材质上的体现，用于色彩选择、比对、沟通，是色彩实现在一定范围内统一标准的工具。当超越色卡的范围时，应由设计者提供颜色样板，并取得建设方的许可，不得任意更改或代替。

（5）涂饰材料应存放在指定的专用库房内。材料应存放于阴凉干燥且通风的环境内，其贮存温度应介于 5～40℃之间。

（6）涂饰材料运进施工现场后，应由材料管理人员检查验收，确认完全符合设计要求方可入库备用。

（7）在涂饰工程中所用的建筑水性涂料，应当按品种、批号、颜色分别进行堆放，不得混合存放在一起。

（8）当改建工程的墙面需要重涂外墙涂料时，选用涂料的性能应与原涂层相融合，必要时采取界面处理，以确保新涂层的质量。

（二）水性涂料的具体质量要求

（1）涂料工程所用的水性涂料和半成品，均应有产品名称、执行标准、种类、颜色、生产日期、保质期、生产企业地址、使用说明、产品性能检测报告和产品合格证，并具有生产企业的质量保证书，且应经施工单位验收合格后方可使用。

（2）外墙水性涂料应选用具有耐碱和耐光性能的颜色配制；外墙水性涂料的使用寿命一般不得少于 5 年。

（3）水性涂料工程所用的腻子的塑性和易涂刷性应满足施工要求，干燥后应坚固，并按基层、底涂料和面涂料的性能配套使用。内墙腻子的技术指标应当符合《建筑室内用腻子》（JG/T 298—2010）中的规定；外墙腻子的技术指标应当符合《建筑外墙用腻子》（JG/T 157—2009）中的规定。

（4）民用建筑工程室内用水性涂料，应测定总挥发性有机化合物（TVOCs）和游离甲醛的含量，其限量应符合表 10-1 的规定。

表 10-1　室内用水性涂料总挥发性有机化合物（TVOCs）和游离甲醛的含量

测定项目	规定限量	测定项目	规定限量
TVOCs/（g/L）	≤200	游离甲醛/（g/kg）	≤0.1

（5）合成树脂乳液内墙涂料的主要技术指标，应符合现行国家标准《合成树脂乳液内墙

涂料》（GB/T 9756—2018）的规定、《建筑用墙面涂料中有害物质限量》（GB 18582—2020）和《民用建筑工程室内环境污染控制标准》（GB 50325—2020）的环保要求。合成树脂乳液内墙涂料的主要技术要求如表 10-2 所列。

表 10-2　合成树脂乳液内墙涂料的主要技术要求

项　目	指标		
	合格品	一等品	优等品
在容器中状态	无硬块,搅拌后呈均匀状态		
施工性	刷涂二道无障碍		
低温稳定性（3 次循环）	不变质		
低温成膜性	5℃成膜无异常		
涂膜外观	正常		
干燥时间（表干）/h	≤2		
对比率（白色和浅色①）	≥0.90	≥0.93	≥0.95
耐碱性（24h）	无异常		
耐洗刷性/次	≥350	≥1500	≥6000

① 浅色是指以白色涂料为主要成分，添加适量色浆后配制成的浅色涂料形成的涂膜所呈现的浅颜色，按 GB/T 15608 中规定明度值为 6 到 9 之间（三刺激值中的 $Y_{D65} \geqslant 31.26$）。

（6）合成树脂乳液外墙涂料的主要技术指标，应符合现行国家标准《合成树脂乳液外墙涂料》（GB/T 9755—2014）的规定。合成树脂乳液外墙涂料的主要技术要求如表 10-3 所列。

表 10-3　合成树脂乳液外墙涂料的主要技术要求

项　目	指标		
	合格品	一等品	优等品
容器中状态	无硬块,搅拌后呈均匀状态		
施工性	刷涂二道无障碍		
低温稳定性	不变质		
涂膜外观	正常		
干燥时间（表干）/h	≤2		
对比率（白色和浅色①）	≥0.87	≥0.90	≥0.93
耐沾污性（白色和浅色①）/%	≤20	≤15	≤15
耐洗刷性（2000 次）	漆膜未损坏		
耐碱性②（48h）	无异常		
耐水性②（96h）	无异常		
涂层耐温变性②（3 次循环）	无异常		
透水性/mL	≤1.4	≤1.0	≤0.6
耐人工气候老化性②	250h 不起泡、不剥落、无裂纹	400h 不起泡、不剥落、无裂纹	600h 不起泡、不剥落、无裂纹
粉化/级	≤1	≤1	≤1

项 目	指标		
	合格品	一等品	优等品
变色(白色和浅色^①)/级	≤2	≤2	≤2
变色(其他色)/级	商定	商定	商定

① 浅色是指以白色涂料为主要成分,添加适量色浆后配制成的浅色涂料形成的涂膜所呈现的浅颜色,按 GB/T 15608 中规定明度值为 6～9 之间(三刺激值中的 Y_{D65}≥31.26)。

② 也可根据有关方商定测试与底漆配套后或与底漆和中涂漆配套后的性能。

(7) 合成树脂乳液砂壁状建筑涂料的主要技术指标,应符合现行的行业标准《合成树脂乳液砂壁状建筑涂料》(JG/T 24—2018)的规定。合成树脂乳液砂壁状建筑涂料的主涂料及涂层体系应符合表 10-4 中的要求。

表 10-4　合成树脂乳液砂壁状建筑涂料的主涂料及涂层体系要求

项目		技术要求	
		内墙型	外墙型
主涂料	容器中状态	搅拌后无结块,呈均匀状态	
	施工性	涂刷时无障碍	
	干燥时间(表干)/h	≤4	
	初期干燥抗裂性	3h 无裂纹	
	低温稳定性(3 次循环)	不变质	
	热贮存稳定性(15d)	无结块、霉变、凝聚及组成物的变化	
	吸水量(2h)/g	—	≤2.0
涂层体系	耐水性	—	96h 无异常
	耐碱性	48h 无异常	96h 无异常
	涂层耐温变性(5 次循环)	—	无异常
	耐沾污性/级	≤2	
	黏结强度/MPa　标准状态	≥0.60	
	黏结强度/MPa　冻融循环(5 次循环后)	—	≥0.40
	耐人工气候老化性	—	600h 涂层不开裂,不起鼓,不剥落,粉化 0 级,变色≤1 级
	柔韧性	直径 50mm 无裂纹	

注:有柔韧性要求时进行测试。

(8) 复层建筑涂料按其施工厚度不同,可分为Ⅰ型、Ⅱ型和Ⅲ型。复层建筑涂料的主要技术指标应符合现行国家标准《复层建筑涂料》(GB/T 9779—2015)的规定。内墙复层建筑涂料的主要技术指标如表 10-5 所列,外墙复层建筑涂料的主要技术指标如表 10-6 所列。

(9) 外墙无机建筑涂料的主要技术指标,应符合现行的行业标准《外墙无机建筑涂料》(JG/T 26—2002)的规定。外墙无机建筑涂料的主要技术指标如表 10-7 所列。

(10) 水溶性内墙涂料的技术要求,应符合现行的行业标准《水溶性内墙涂料》(JC/T 423—1991)的规定。水溶性内墙涂料的主要技术指标如表 10-8 所列。

表 10-5　内墙复层建筑涂料的主要技术指标

项目		技术指标			
		Ⅰ		Ⅱ	Ⅲ
		单色型	多彩型	厚浆型	岩片型、砂粒型	复合型
容器中状态		搅拌混合后无硬块,呈均匀状态				
施工性		施工无困难				
干燥时间(表干)/h		≤4				
低温稳定性		不变质				
初期干燥抗裂性		—		无裂纹		
断裂伸长率 /%	标准状态	—		≥200	—	
	热处理(80℃,96h)	≥80				
柔韧性(标准状态)		—		直径 50mm 无裂纹		
复合涂层	涂膜外观	正常				
	耐洗刷性/次	≥2000		—		
	黏结强度(标准状态)/MPa	≥0.40				

表 10-6　外墙复层建筑涂料的主要技术指标

项目		技术指标			
		Ⅰ		Ⅱ	Ⅲ
		单色型	多彩型	厚浆型	岩片型、砂粒型	复合型
容器中状态		搅拌混合后无硬块,呈均匀状态				
施工性		施工无困难				
干燥时间(表干)/h		≤4				
低温稳定性		不变质				
初期干燥抗裂性		—		无裂纹		
断裂伸长率[①] /%	标准状态	—		≥200	—	
	热处理(80℃,96h)	≥80				
柔韧性(标准状态)		—		直径 50mm 无裂纹		
涂膜外观		正常				
耐洗刷性/次		≥2000		—		
黏结强度/MPa	标准状态	≥0.6				
	浸水后	≥0.40				
耐碱性(48h)		无异常				
涂层耐温变性(5 次循环)		无异常				
耐水性(96h)		无异常				
耐沾污性		≤15%	≤2 级	≤15%	≤2 级	
耐人工气候老化性(400h)		不起泡,不剥落,无裂纹,粉化 0 级,变色≤1 级				
水蒸气透过率 V[②] /[g/(m²·d)]		商定				
耐冲击性(500g,300mm)		无异常				

① 仅适用于弹性外墙复层建筑涂料。

② 仅适用于弹性外墙外保温体系用复层建筑涂料。

表 10-7　外墙无机建筑涂料的主要技术指标

项　　目	主要技术指标
容器中状态	搅拌后无结块,呈均匀状态
施工性	刷涂二道无障碍
涂膜外观	涂膜外观正常
对比率(白色和浅色)	≥0.95
热贮存稳定性(30d)	无结块、凝聚、霉变现象
低温贮存稳定性(3 次)	无结块、凝聚现象
表面干燥时间/h	≤2
耐洗刷性/次	≥1000
耐水性(168h)	无起泡、裂纹、剥落,允许轻微的掉落粉末现象
耐碱性(168h)	无起泡、裂纹、剥落,允许轻微的掉落粉末现象
耐温变性(10 次)	无起泡、裂纹、剥落,允许轻微的掉落粉末现象
耐沾污性/%	碱金属硅酸盐类≤20;硅溶胶类≤15
耐人工老化性(白色和浅色)	无起泡、裂纹、剥落、粉化≤1 级,变色≤2 级(碱金属硅酸盐类 800h;硅溶胶类 500h)

注：浅色是指白色涂料为主要成分,添加适量色浆后配制成的浅色涂料形成的涂膜所呈现的灰色。粉红色、奶黄色、浅绿色等浅颜色,按《中国颜色体系》(GB/T 15608—2006)中第 4.3.2 条规定明度值在 6～9 之间。

表 10-8　水溶性内墙涂料的主要技术指标

性能项目	技术指标	
	Ⅰ类(用于浴室、厨房内墙)	Ⅱ类(用于建筑物一般墙面)
容器中状态	无结块、沉淀和絮凝	
粘度[①]/s	30～75	
细度/μm	≤100	
遮盖力/(g/m²)	≤300	
白度[②]/%	≥80	
涂膜外观	平整,色泽均匀	
附着力/%	100	
耐水性	无脱落、起泡和皱皮	
耐干擦性/级	—	≤1
耐洗刷性/次	≥300	

①《涂料粘度测定法》(GB/T 1723—1993)中涂—4 粘度计的测定结果的单位为"s"。
② 白度规定只适用于白色涂料。

二、溶剂型涂料的质量管理

建筑涂料包括水性建筑涂料和溶剂型建筑涂料,其中溶剂型建筑涂料是以有机溶剂为分散介质而制得的建筑涂料。溶剂型建筑涂料因其固化过程释放有毒溶剂,不符合环保要求而在建筑涂料中受到限制,因此在现行国家标准《建筑装饰装修工程质量验收标准》(GB 50210—2018)中未再介绍这类建筑涂料。但工程实践证明,由于溶剂型涂料的高分子成膜物质耐老化性强、附着力好、涂层光洁、耐沾污、耐磨性、耐酸碱、耐水性等优于一般水性涂料,在一些高层建筑的内外墙装饰中仍在使用。

（1）涂料工程所用的溶剂型建筑涂料和半成品，均应有产品名称、执行标准、种类、颜色、生产日期、保质期、生产企业地址、使用说明、产品性能检测报告和产品合格证，并具有生产企业的质量保证书。

（2）外墙溶剂型建筑涂料应选用具有耐碱和耐光性能的颜色配制。

（3）溶剂型建筑涂料工程所用的腻子的塑性和易涂刷性应满足施工要求，干燥后应坚固，并按基层、底涂料和面涂料的性能配套使用。内墙腻子的技术指标应符合现行的行业标准《建筑室内用腻子》（JG/T 298—2010）中的规定；外墙腻子的技术指标应当符合现行的行业标准《建筑外墙用腻子》（JG/T 157—2009）中的规定。

（4）民用建筑工程室内用的溶剂型涂料，应按其规定的最大稀释比例混合后，测定其总挥发性有机化合物（TVOCs）和苯的含量，其限量应符合表 10-9 中的规定。

表 10-9　室内用溶剂型涂料总挥发性有机化合物（TVOCs）和苯的限量

涂料名称	TVOCs/(g/L)	苯/(g/kg)	涂料名称	TVOCs/(g/L)	苯/(g/kg)
醇酸漆	≤550		酚醛磁漆	≤380	
硝基清漆	≤750	≤5	酚醛防锈漆	≤270	≤5
聚氨酯漆	≤700		其他溶剂性涂料	≤600	
酚醛清漆	≤500				

（5）溶剂型外墙涂料的主要技术指标，应符合现行国家标准《溶剂型外墙涂料》（GB/T 9757—2001）的规定。溶剂型外墙涂料的主要技术指标如表 10-10 所列。

表 10-10　溶剂型外墙涂料的主要技术指标

项　目		技术指标		
		优等品	一等品	合格品
容器中状态		无硬块，搅拌后呈均匀状态		
施工性		刷涂两道无障碍		
干燥时间（表干）/h		≤2		
涂膜外观		正常		
对比率（白色和浅色）		≥0.93	≥0.90	≥0.87
耐水性		168h 无异常		
耐碱性		48h 无异常		
耐洗刷性/次		≥5000	≥3000	≥2000
耐人工和气候老化性	白色和浅色	1000h 不起泡、不剥落、无裂纹	500h 不起泡、不剥落、无裂纹	300h 不起泡、不剥落、无裂纹
	粉化/级	≤1		
	变色/级	≤2		
	其他色	供需双方商定		
耐沾污性（白色和浅色）/%		≤10	≤10	≤15
涂层耐温变性（5 次循环）		无异常		

注：浅色是指白色涂料为主要成分，添加适量色浆后配制成的浅色涂料形成的涂膜所呈现的浅颜色，按现行国家标准《中国颜色体系》（GB/T 15608—2006）中第 4.3.2 条规定明度值在 6～9 之间（三刺激值中的 Y_{D65}≤31.26）。

三、美术涂料的质量管理

（1）涂料、填充料、催干剂、稀释剂等材料的选用，必须符合《民用建筑工程室内环境污染控制标准》（GB 50325—2020）的环保要求，并具备国家环境检测机构出具的有关有害物质限量等级检测报告。

（2）美术涂料中所用的颜料应耐碱、耐光。

四、弹性建筑涂料的质量管理

弹性建筑涂料是以合成树脂乳液为基料，与颜料、填料及助剂配制而成，涂刷一定厚度（干膜厚度≤150μm）后，具有弥盖因基材伸缩（运动）产生细小裂纹的有弹性的功能性涂料。弹性建筑涂料是一种用于保护和保持混凝土外墙外观的厚层柔性涂料。

混凝土外墙会随着环境温度的变化而膨胀和收缩，弹性建筑涂料也会随着墙体的这种膨胀和收缩而拉伸和收缩，从而遮盖已有的和潜在的混凝土裂缝。使用弹性建筑涂料还是保护混凝土建筑免受风雨、酸雨和霜冻侵蚀的一种好办法，并能保护混凝土建筑的外观和内部结构的完整性。

根据现行的行业标准《弹性建筑涂料》（JG/T 172—2014）中的规定，本标准适用于由合成树脂乳液为基料，并由各种颜料、填料和助剂等配制而成的弹性建筑涂料。根据使用部位不同，将弹性建筑涂料分为内墙弹性建筑涂料和外墙弹性建筑涂料。弹性建筑涂料的技术指标应符合表 10-11 中的规定。

表 10-11　弹性建筑涂料的技术指标

序号	项目		技术指标				
			外墙面涂		外墙中涂		内墙
			Ⅰ型	Ⅱ型	Ⅰ型	Ⅱ型	
1	容器中状态		搅拌混合后无硬块；呈均匀状态				
2	施工性		施工无障碍				
3	涂膜外观		正常				
4	干燥时间（表干）/h		≤2				
5	对比率（白色和浅色）[①]		≥0.90		—		≥0.93
6	低温稳定性		不变质				
7	耐碱性（48h）		无异常				
8	耐水性（96h）		无异常				—
9	耐人工老化性（白色或浅色）[①]		400h 不起泡、不剥落、无裂纹		—		
			粉化≤1 级；变色≤2 级				
10	涂层耐温变性（3 次循环）		无异常				
11	耐沾污性（白色或浅色[①]）/%		<25				
12	0℃低温柔性	Φ10mm	—		—		无裂纹或断裂
	−10℃低温柔性	Φ10mm	—		无裂纹或断裂		
13	拉伸强度/MPa	标准状态下	≥2.0				

序号	项目		技术指标				
			外墙面涂		外墙中涂		内墙
			Ⅰ型	Ⅱ型	Ⅰ型	Ⅱ型	
14	断裂伸长率/%	标准状态下	≥150		≥150		≥80
		0℃	—	≥35	—		—
		−10℃	≥35	—	—		—

① 浅色是指以白色涂料为主要成分，添加适量色浆后配制成的浅色涂料形成的涂膜所呈现的浅颜色，按 GB/T 15608—2006 中 4.3.2 的规定，明度值在 6～9 之间（三刺激值中的 $Y_{D65} \geqslant 31.26$）。

五、特种装饰涂料质量管理

特种建筑装饰涂料对被涂刷物体不仅有保护和装饰作用，而且还具有其特殊功能，如防水、防火、防霉、防腐、杀虫、隔热、隔声功能等。近年来，随着国民经济的飞速发展，人民生活水平的不断提高，对建筑装饰涂料的要求，也从过去的单纯装饰保护为主要目的向着以强调功能要求为主要目的的多品种、多样化的方向发展。

（一）饰面型防火涂料质量要求

饰面型防火涂料是一种集装饰和防火功能于一体的新型涂料品种。当防火涂料涂刷于可燃基材上时，平时可起到装饰作用，一旦火灾发生时则可阻止火势蔓延，达到保护基材的目的。根据现行国家标准《饰面型防火涂料》（GB 12441—2018）中的规定，本标准适用于膨胀饰面型防火涂料。

1. 饰面型防火涂料的一般要求

（1）对于原料的要求　不宜用有害人体健康的原料和溶剂。

（2）对于颜色的要求　可根据《漆膜颜色标准》（GB/T 3181—2008）的规定，也可由供需双方协商确定。

（3）对于施工的要求　可采用刷涂、喷涂、刮涂等任何一种或多种方法进行施工，并能在通常自然环境条件下干燥、固化。成膜后表面无明显凹凸或条痕，没有脱粉、气泡、龟裂、斑点等现象，能形成平整的饰面。

2. 饰面型防火涂料的技术要求

饰面型防火涂料的技术要求应符合表 10-12 中的规定。

表 10-12　饰面型防火涂料的技术要求

序号	项目		技术指标
1	在容器中的状态		经搅拌后呈均匀状态,无结块
2	细度/μm		≤90
3	干燥时间	表干/h	≤5
		实干/h	≤24
4	附着力/级		≤3
5	柔韧性/mm		≤3

序号	项目	技术指标
6	耐冲击性/cm	≥20
7	耐水性	经24h试验,涂膜不起皱,不剥落
8	耐湿热性	经48h试验,涂膜无起泡,无脱落
9	耐燃时间/min	≥15
10	难燃性	试件燃烧的剩余长度平均值应≥150mm,其中没有一个试件的燃烧剩余长度为零;每组试验通过热电偶所测得的平均烟气温度不应超过200℃
11	质量损失/g	≤5.0
12	炭化体积/cm²	≤25

(二) 建筑玻璃用隔热涂料质量要求

玻璃隔热涂料是一种涂覆于玻璃表面,在保持一定的可见光透过率的前提条件下,以降低玻璃遮蔽系数为主要隔热方式的功能性涂料。根据现行的行业标准《建筑玻璃用隔热涂料》(JG/T 338—2011)中的规定,本标准适用于以合成树脂或合成树脂乳液为基料,与功能性颜料、填料及各种助剂配制而成的,施涂于建筑玻璃表面的透明的隔热涂料,其他玻璃表面用的隔热涂料也可参照本标准执行。

1. 建筑玻璃用隔热涂料的光学性能

建筑玻璃用隔热涂料产品的光学性能应符合表10-13中的规定。

表10-13 建筑玻璃用隔热涂料产品的光学性能

项目	技术指标		
	Ⅰ型	Ⅱ型	Ⅲ型
遮蔽系数	≤0.60	>0.60,且≤0.70	>0.70,且≤0.80
可见光透射比/%	≥50	≥60	≥70
可见光透射比保持率/%	≥95	≥95	≥95

2. 建筑玻璃用隔热涂料有害物质限量

(1)溶剂型产品的有害物质限量,应符合现行国家标准《建筑用墙面涂料中有害物质限量》(GB 18582—2020)中的要求。

(2)水性产品的有害物质限量,应符合现行国家标准《建筑用墙面 涂料有害物质限量》(GB 18582—2020)中的要求。

(三) 钢结构防火涂料质量要求

钢结构防火涂料是施涂于建筑物及构筑物的钢结构表面,能形成耐火隔热保护层以提高钢结构耐火极限的涂料。

根据现行国家标准《钢结构防火涂料》(GB 14907—2018)中的规定,本标准适用于建筑物及构筑物室内外使用的各类钢结构防火涂料。

1. 钢结构防火涂料的一般要求

钢结构防火涂料的一般要求应符合表10-14中的规定。

表10-14　钢结构防火涂料的一般要求

项目	技术指标
涂料的原料	所用原料中应不含石棉和甲醛,不宜采用苯类溶剂
施工方法要求	防火涂料可用喷涂、抹涂、刷涂、刮涂等方法中的任何一种或多种方法方便地施工,并能在通常的自然环境条件下干燥固化
复层涂料的配套性	复层涂料应相互配套,底层涂料应能同普通的防锈漆配合使用,或者底层涂料自身具有防锈性能
涂层的气味	涂层实干后不应有刺激性气味

2. 室内钢结构防火涂料的技术性能

室内钢结构防火涂料的技术性能应符合表10-15中的规定。

3. 室外钢结构防火涂料的技术性能

室外钢结构防火涂料的技术性能应符合表10-16中的规定。

表10-15　室内钢结构防火涂料的技术性能

检验项目		技术指标			缺陷分类
		NCB	NB	NH	
在容器中的状态		经搅拌后呈细腻状态,无结块	经搅拌后呈均匀液态或稠厚流体状态,无结块	经搅拌后呈均匀稠厚流体状态,无结块	C
干燥时间(表面干)		≤8h	≤12h	≤24h	C
外观与颜色		涂层干燥后,外观与颜色同样品相比,应无明显差别		—	C
初期干燥抗裂性		不应出现裂纹	允许出现1～3条裂纹,其宽度应≤0.5mm	允许出现1～3条裂纹,其宽度应≤1.0mm	B
黏结强度/MPa		≥0.20	≥0.15	≥0.04	B
抗压强度/MPa		—	—	≥0.30	C
干密度/(kg/m³)		—	—	≤500	C
耐水性/h		≥24涂层应无起泡、发泡、脱落现象			B
耐冷热循环/次		≥15涂层应无开裂、剥落、起泡现象			B
耐火性能	涂层厚度/mm	≤(2.00±0.20)	≤(5.00±0.50)	≤(25.0±2.0)	A
	耐火极限	≥1.0h	≥1.0h	≥2.0h	
		耐火极限:以136b或140b标准工字钢梁作基材			

注:裸露钢梁耐火极限为15min(136b、140b验证数据),作为表中0mm涂层厚度耐火极限基础数据。

表10-16　室外钢结构防火涂料的技术性能

检验项目		技术指标			缺陷分类
		WCB	WB	WH	
在容器中的状态		经搅拌后呈细腻状态,无结块	经搅拌后呈均匀液态或稠厚流体状态,无结块	经搅拌后呈均匀稠厚流体状态,无结块	C
干燥时间(表面干)/h		≤8	≤12	≤24	C

检验项目	技术指标			缺陷分类
	WCB	WB	WH	
外观与颜色	涂层干燥后,外观与颜色同样品相比,应无明显差别		—	C
初期干燥抗裂性	不应出现裂纹	允许出现1~3条裂纹,其宽度应不大于0.5mm	允许出现1~3条裂纹,其宽度应不大于1.0mm	B
黏结强度/MPa	≥0.20	≥0.15	≥0.04	B
抗压强度/MPa	—	—	≥0.50	C
干密度/(kg/m³)	—	—	≤650	C
耐暴热性/h	≥720 涂层应无起层、脱落、空鼓、开裂现象			B
耐湿热性/h	≥504 涂层应无起层、脱落现象			B
耐冻融循环性/次	≥15 涂层应无起层、脱落、起泡现象			B
耐碱性/h	≥360 涂层应无起层、脱落、开裂现象			B
耐酸性/h	≥360 涂层应无起层、脱落、开裂现象			B
耐盐雾腐蚀性/次	≥30 涂层应无起层、明显的变质、软化现象			B
耐火性能 涂层厚度/mm	≤(2.00±0.20)	≤(5.00±0.50)	≤(25.0±2.0)	A
耐火性能 耐火极限	≥1.0h	≥1.0h	≥2.0h	
	耐火极限:以136b 或140b 标准工字钢梁作基材			

注:裸露钢梁耐火极限为15min（136b、140b验证数据），作为表中0mm涂层厚度耐火极限基础数据。耐久性项目（耐暴热性、耐湿热性、耐冻融循环性、耐酸性、耐碱性、耐盐雾腐蚀性）的技术要求除表中规定外，还应满足耐火性能的要求，方能判定该对应项性能合格。耐酸性和耐碱性可仅进行其中一项测试。

（四）硅酸盐复合绝热涂料质量要求

硅酸盐复合绝热涂料是指以无机纤维作增强材料，以轻质的无机硅酸盐为集料，辅以表面活性剂、黏合剂等，按一定的配比经过松解、混合、搅拌而成的黏稠状浆体，这是近几年在我国发展起来的一种新型保温材料。

根据现行国家标准《硅酸盐复合绝热涂料》（GB/T 17371—2008）中的规定，本标准适用于热面温度不大于600℃的绝热工程用硅酸盐复合绝热涂料。硅酸盐复合绝热涂料的技术性能应符合表10-17中的规定。

表 10-17　硅酸盐复合绝热涂料的技术性能

项目名称	技术指标		
	A 等级	B 等级	C 等级
外观质量要求	色泽均匀一致的黏稠状的浆体		
浆体密度/(kg/m³)	≤1000	≤1000	≤1000
浆体的 pH 值	9~11	9~11	9~11
干密度/(kg/m³)	≤180	≤220	≤280
体积收缩率/%	≤15.0	≤20.0	≤20.0
抗拉强度/kPa	≥100	≥100	≥100
黏结强度/kPa	≥25.0	≥25.0	≥25.0

项目名称		技术指标		
		A 等级	B 等级	C 等级
热导率 /[W/(m·K)]	平均温度 350℃±5℃时	≤0.10	≤0.11	≤0.12
	平均温度 70℃±2℃时	≤0.05	≤0.07	≤0.08
高温后抗拉强度(600℃恒温 4h)/kPa		≥50		
憎水型涂料的憎水率/%		≥98		
对奥氏体不锈钢的腐蚀性		应符合《覆盖奥氏体不锈钢用绝热材料规范》的要求		

（五）建筑反射隔热涂料质量要求

建筑反射隔热涂料又称太阳热反射隔热涂料，其涂层能够有效反射和辐射太阳辐照能量。建筑反射隔热涂料是以合成树脂为基料，与功能性的颜料、填料及助剂等配制而成，施涂于建筑物的表面，具有较高太阳反射比和较高半球发射率的涂料。

根据现行的行业标准《建筑反射隔热涂料》（JG/T 235—2014）中的规定，本标准适用于工业与民用建筑屋面和外墙的隔热工程。建筑反射隔热涂料的技术性能指标应符合表 10-18 中的规定。

表 10-18 建筑反射隔热涂料的技术性能指标

项目名称		技术指标	
		WM 型	WQ 型
隔热性能	太阳光反射比(白色)①	≥0.80	
	半球发射率①	≥0.80	
	隔热温差/℃	≥10.0	
	隔热温差衰减(白色)/℃	根据不同工程,由设计确定	≤12
其他性能	有防水要求时，屋面反射隔热涂料还应符合《屋面工程技术规范》（GB 50345—2012）规定的技术要求，且耐人工气候老化性应符合《合成树脂乳液外墙涂料》（GB/T 9755—2014）中优等品的要求		
	外墙反射隔热涂料还应符合《合成树脂乳液外墙涂料》（GB/T 9755—2014）或《交联型氟树脂涂料》（HG/T 3792—2014）或《弹性建筑涂料》（JG/T 172—2014）规定的技术要求		

①太阳光反射比和半球发射率在建筑反射隔热涂料热工计算中的应用，参见《建筑反射隔热涂料》（JG/T 235—2014）附录 A。

（六）建筑用钢结构防腐涂料质量要求

钢结构防腐涂料是在耐油防腐蚀涂料的基础上研制成功的一种新型防腐蚀涂料。该涂料分为底漆和面漆两种，除了具有防腐蚀涂料优异的防腐蚀性能外，其应用范围更广，并且可根据需要将涂料调成各种颜色。金鹰钢结构防腐蚀涂料自问世以来，经多年使用，证明其性能稳定、可靠，得到了广大用户的好评和信赖。

现行的行业标准《建筑用钢结构防腐涂料》（JG/T 224—2007）中的规定，其适用于在大气环境下建筑钢结构防护用底漆、中间漆和面漆，也适用于大气环境下其他钢结构防护用底漆、中间漆和面漆。

建筑用钢结构防腐涂料的面漆产品性能应符合表 10-19 中的规定。建筑用钢结构防腐涂料的底漆和中间漆产品性能应符合表 10-20 中的规定。

表 10-19　建筑用钢结构防腐涂料的面漆产品性能

项目		技术指标		项目	技术指标	
		Ⅰ型面漆	Ⅱ型面漆		Ⅰ型面漆	Ⅱ型面漆
容器中的状态		搅拌后无硬块,呈均匀状态		施工性能	涂刷二道无障碍	
漆膜的外观		正常	正常	遮盖力(白色或浅色)	≤150g/m³	≤150g/m³
干燥时间/h	表面干燥	≤4	≤4	细度/μm	≤60(片状颗粒除外)	
	实体干燥	≤24	≤24	耐酸性(5%H_2SO_4)	96h 无异常	168h 无异常
耐盐水性(3%NaCl)		120h 无异常	240h 无异常	耐盐雾性	500h 不起泡、不脱落	1000h 不起泡、不脱落
附着力(划格法)/级		≤1	≤1	耐弯曲性/mm	≤2	≤2
耐冲击性/cm		≥30	≥30	涂层耐温变性	经 5 次循环,无异常	
贮存稳定性	结皮性	≥8 级	≥8 级	耐人工老化性(白色或浅色)	500h 不起泡、不开裂、不脱落,粉化≤1级,变色≤2级	1000h不起泡、不开裂、不脱落,粉化≤1级,变色≤2级
	沉降性	≥6 级	≥6 级			

注：1. 表中浅色是指以白色涂料为主要成分,添加适量的色浆后配制成的浅色涂料形成的涂膜所呈现的浅颜色,按《中国颜色体系》(GB/T 15608—2006)中规定明度值在 6～9 之间。

2. 对于多组分产品,细度主要是指主漆的细度。

3. 面漆中含有金属颜料时不测定耐酸性。

4. 耐人工老化性能中其他颜色的变色等级,由供需双方商定。

表 10-20　建筑用钢结构防腐涂料的底漆和中间漆产品性能

项目		技术指标			项目	技术指标		
		普通底漆	长效底漆	中间漆		普通底漆	长效底漆	中间漆
容器中的状态		搅拌后无硬块,呈均匀状态			施工性能	涂刷二道无障碍		
漆膜的外观		正常	正常	正常	耐水性	168h 无异常		
干燥时间/h	表面干燥	≤4	≤4	≤4	细度/μm	≤70(片状颗粒除外)		
	实体干燥	≤24	≤24	≤24	附着力(划格法)/级	≤1	≤1	≤1
耐弯曲性/mm		≤2	≤2	≤2	涂层耐温变性	经 5 次循环,无异常		
耐冲击性/cm		≥30	≥30	≥30	面漆适应性	商定	商定	商定
贮存稳定性	结皮性	≥8 级	≥8 级	≥8 级	耐盐雾性	200h 不剥落,不出现红锈	1000h 不剥落,不出现红锈	—
	沉降性	≥6 级	≥6 级	≥6 级				

注：1. 对于多组分产品,细度主要是指主漆的细度。

2. 红锈系指漆膜下面的钢铁表面局部或整体产生红色的氧化铁层现象,它常伴随有漆膜的起泡、开裂、成片剥落等缺陷。

(七) 建筑用反射隔热涂料质量要求

反射隔热涂料是由基料、热反射颜料、填料和助剂等组成。通过高效反射太阳光来达到隔热目的。反射隔热保温涂料抑制太阳辐射热、红外辐射热和屏蔽热量传导,其热工性能优于其他绝热材料;反射隔热保温涂料具有防潮、防水汽的卓越功能,可阻碍水汽冷凝,可防止被绝热体表面的氧化。

建筑用反射隔热涂料是指具有较高太阳热反射比和半球发射率，可以达到明显隔热效果的建筑涂料。根据现行国家标准《建筑用反射隔热涂料》（GB/T 25261—2018）中的规定，适用于建筑物表面隔热保温用涂料。建筑用反射隔热涂料的技术性能应符合表10-21中的规定。

表 10-21　建筑用反射隔热涂料的技术性能

项目	技术指标	项目	技术指标
太阳光反射比（白色）	≥0.80	半球发射率	≥0.80

建筑用反射隔热涂料产品的技术性能，除应满足表10-21中的要求外，产品的耐老化性能和耐沾污性能应满足国家或行业最高等级的要求，其他性能还应满足相应的国家或行业标准的要求。

第二节　涂饰工程施工质量管理

建筑涂料系指涂敷于建筑物或构件的表面，并能与表面材料牢固地黏结在一起，形成完整涂膜的材料。在建筑装饰工程中采用建筑涂料施涂后，所形成的不同质感、不同色彩和不同性能的涂膜，是一种十分便捷和非常经济的建筑饰面做法。但在实际涂饰工程的施工中，影响涂料饰面质量的因素往往较为复杂，所以对材料选用、基层处理、所用机具、工艺技术和成品保护等方面的要求也就特别严格。

一、水性涂料的施工质量管理

（一）涂饰基层处理施工质量要求

水性涂料涂饰工程中出现的许多质量事故多数是因基层处理及施工方法不当造成的。如基层强度低，出现掉粉、起砂、空鼓等现象，腻子质量差，外墙未采用封闭底漆等原因，即使使用优质涂料仍然会出现开裂、发花、脱落等工程质量事故。因此，必须要了解基层的特点、各类涂料对基层的施工的要求及质量控制措施，做出科学合理的施工方案，才能获得理想的涂饰工程质量。水性涂料涂饰工程的基层处理应符合下列要求。

（1）新建筑物的混凝土或水泥砂浆基层，在涂饰水性涂料前应涂刷抗碱封闭底漆，以防止基层中的碱性物质影响水性涂料的性能。

（2）旧建筑物的地面和墙面在涂饰涂料前，应首先清除疏松的旧装饰层，在清理干净后再涂刷一道界面剂，以便于基层与水性涂料的黏结。

（3）涂刷涂料的基层应清洁、干燥，木材基层的含水率不得大于12%，混凝土或水泥砂浆基层的含水率不得大于10%。

（4）基层上所抹的腻子应当平整、坚实、牢固、无粉化、起皮和裂缝等缺陷；室内所用腻子的黏结强度应当符合《建筑室内用腻子》（JG/T 298—2010）中的规定；厨房、卫生间和潮湿的环境中必须选用耐水腻子。

（二）水性涂料涂饰施工质量要求

（1）要做到颜色均匀、分色整齐、不漏刷、不透底，每个房间要按先刷顶棚、后由上而下的次序一次做完。在涂膜干燥前，应防止尘土污染，完成涂饰经检查合格的产品应采取保护措施，不得损坏。

（2）在施工现场配制的涂饰涂料，必须经过试验确定是否用于工程，必须保证涂膜不脱落、不掉粉、施工方便。

（3）对于湿度较大的房间（如卫生间、厨房等）涂刷涂料，应当选用防潮性能良好的腻子和涂料。

（4）采用机械喷浆可不受喷涂遍数的限制，以达到质量要求为准。门窗、玻璃等不需要刷浆的部位应严密遮盖，以防止污染这些部位。

（5）采用水性涂料进行室外涂饰，同一墙面应用相同的材料和配合比。涂料在施工中应经常加以搅拌，每遍涂层不应过厚，涂刷均匀。若分段涂刷时，其施工缝应留在分格缝、墙的阴阳角处或水落管后。

（6）在顶棚与墙面的分色处，应弹出浅色分色线。用排笔涂刷涂料时笔路长短齐，均匀一致，干燥后不得有明显的接头痕迹。

（7）采用水性涂料进行室内墙面涂饰，一个墙面每一遍必须一次完成，在涂饰上部时，溅到下部的涂料浆点，要随时用铲刀将其铲除掉，以免影响墙面的平整和美观。

二、溶剂型涂料的施工质量管理

（一）涂饰基层处理施工质量要求

（1）混凝土和抹灰基层上，应先涂刷抗碱封闭底漆；旧墙基层应清理除去疏松的旧装饰层，并涂刷界面剂。

（2）混凝土或水泥砂浆基层涂刷溶剂型涂料时，含水率不得大于8%；木材基层的含水率不得大于12%。

（3）基层腻子应平整、坚实、牢固、无粉化、起皮和裂缝；室内所用腻子的黏结强度应符合《建筑室内用腻子》（JG/T 298—2010）的规定。

（二）混凝土表面涂饰施工质量要求

（1）在正式涂饰前，基层应充分干燥并清理干净，不得有起皮、松散的质量缺陷。粗糙处应打磨光滑，缝隙、小洞及不平处应用油性腻子补平。外墙在涂饰前先刷一遍封闭涂层，然后再刷底子涂料、中间层和面层。

（2）在涂刷乳胶漆时，稀释后的乳胶漆应在规定时间内用完，并不得加入催干剂；外墙表面的缝隙、孔洞和磨面，不得用大白纤维素等低强度的腻子填补，应用水泥乳胶腻子填补。

（3）外墙面所用的涂料，应选用防水性能和抗老化性能良好的材料。

（三）木材表面涂饰施工质量要求

（1）在涂刷底层涂料时，木料表面、橱柜、门窗等玻璃口的四周必须涂刷到位，不可出现遗漏。

（2）木料表面的缝隙、毛刺、戗茬和脂囊修整后，应用腻子多次进行修补，干燥后用砂纸磨光。对于较大的树脂囊应用木纹相同的材料蘸着胶液镶嵌。

（3）在木材表面抹腻子时，对于宽缝和深洞处要将腻子填入压实，并将其抹平刮光。

（4）在木材表面用砂纸打磨时，要将其打磨光滑，但不能磨穿油底，不可磨损棱角。

（5）在涂刷木材产品时，要注意不得遗漏涂刷涂料，如橱柜、门窗扇的上冒头顶面和下冒头底面等。

（6）涂刷涂料时应做到横平竖直、纵横交错、均匀一致。涂刷顺序应遵循先上后下、先内后外、先浅色后深色的原则，并按木纹方向理平整、理顺直。

（7）每遍涂料均应涂刷均匀，每层必须结合牢固。每遍涂料施工均必须待前一遍涂料干燥后再进行。

（四）金属表面涂饰施工质量要求

（1）在进行金属表面涂饰前，金属表面上的油污、鳞皮、锈斑、焊渣、浮砂、尘土等，必须彻底清除干净。

（2）防锈涂料要涂刷均匀，不得出现遗漏。在镀锌金属表面涂饰时，应选用C53-33醇酸防锈涂料，其面漆应选用C04-45灰铝锌醇酸磁漆。

（3）防锈涂料和第一遍银粉涂料，应在设备、管道安装就位前进行涂刷，最后一遍银粉涂料应在刷浆工程完工后再涂刷。

（4）薄钢板屋面、檐沟、水落管、泛水等部位涂刷涂料时，可以不刮腻子，但涂刷防锈涂料不应少于两遍。

（5）金属构件和半成品在进行正式安装前，必须认真检查防锈有无损坏，损坏处必须进行补刷。

（6）薄钢板制作的屋脊、檐沟和天沟等咬口处，应当选用防锈油性腻子填压抹密实。

（7）金属表面除锈后，应在干燥环境中于8h内尽快涂刷底涂料，待底涂料充分干燥后再涂刷中层和面层涂料，其间隔时间视具体条件而定，一般不应少于48h。第一层和第二层防锈涂料的间隔时间不应超过7d。

（8）高级涂料进行磨退时，应用醇酸磁涂料涂刷，并根据涂膜厚度增加1～2遍涂料和磨退、打砂蜡、打油蜡、擦亮工作。

（9）金属构件在组装之前，先涂刷一遍底子油（干性油、防锈涂料），安装后再按设计要求涂刷涂料。

三、美术涂料的施工质量管理

（一）美术涂饰施工质量要求

（1）美术涂饰工程的基层腻子应平整、坚实、牢固，无粉化、起皮和裂缝等质量缺陷。

（2）采用水溶性涂料和溶剂型涂料涂饰，应涂刷均匀、黏结牢固，不得有漏涂、透底、起皮和反锈等质量缺陷。

（3）一般涂料涂刷施工的环境温度不宜低于10℃，相对湿度不宜大于60％。

（4）对于湿度较大的房间（如浴室、厨房等），应采用具有耐水性的腻子和涂料。

（5）在涂饰施工的过程中，后一遍涂料必须待前一遍涂料干燥后才能进行。

（二）仿天然石美术涂料施工质量要求

（1）底漆质量控制　底涂料用量每一遍应在0.3kg/m² 以上，应均匀刷涂或用尼龙毛辊滚涂，直到没有渗透色现象为止。

（2）放样弹线，粘贴线条胶带　为提高仿天然石的效果，一般设计中有分块分格的要求。因此，在施工时要进行弹线、贴线条胶带，先贴竖直方向，后贴水平方向，在接头处可临时钉上铁钉，便于施涂后找出胶带的端头。

（3）喷涂中层质量控制　中层涂料施工宜采用喷枪喷涂，空气压力控制在 $6\sim8kgf/m^2$（$1kgf/m^2=9.80665Pa$）之间，涂层厚度为 $2\sim3mm$，涂料用量 $4\sim5kg/m^2$，喷涂面应与事先选定的样片外观效果相符合。喷涂硬化 24h 后才能进行下道工序。

（4）揭除分格线胶带　中层涂料施工完毕后，可随即揭除分格胶带，揭除时不得损伤涂膜的切角，应将胶带垂直向上拉，而不能垂直于墙面拉。

（5）喷制及镶贴石头漆片　这种做法仅用于室内饰面，一般是对于饰面要求颜色复杂、造型处理图案多变的情况。可预先在板片或贴纸类材料上喷出石头漆切片，待涂膜硬化后，即可用强力胶黏剂将其镶贴于既定位置，以达到富有立体感的美术装饰效果。

（6）喷涂罩面层质量控制　待中层涂料完全硬化，局部粘贴石头漆片胶结牢固后，即全面喷涂罩面层涂料，其配套的面漆一般为透明搪瓷漆，罩面喷涂用量应在 $0.3kg/m^2$ 以上。

第三节　涂饰工程施工质量标准

　　建筑工程实践证明，建筑涂饰涂料作为室内外装修材料所起的作用，比其他建筑装饰材料如壁纸、壁布、面砖、马赛克等具有许多突出优点。如何使涂饰工程实现所具有的作用和优点，关键在于确保其施工质量，使涂饰工程的质量达到现行施工规范的标准。由此可见，按照建筑涂饰工程的现行质量标准进行施工是一项非常重要的工作。

　　国家或行业规定的涂饰工程施工过程中的质量标准，是确保涂饰工程质量符合设计要求的根本措施。涂饰工程的质量标准内容很多，主要包括对涂料的技术要求、对涂料施工环境的条件要求和对涂饰基层的处理要求等方面。

一、涂饰工程的一般规定

　　（1）涂饰工程的质量一般规定适用于水性涂料涂饰、溶剂型涂料涂饰、美术涂饰等分项工程的质量验收。

　　（2）涂饰工程在进行验收时应检查下列文件和记录：a. 涂饰工程的施工图、设计说明及其他设计文件；b. 材料的产品合格证书、性能检验报告、有害物质限量检验报告和进场验收记录；c. 施工记录。

　　（3）各分项工程的检验批应按下列规定划分：a. 室外涂饰工程每一栋楼的同类涂料涂饰的墙面每 $500\sim1000m^2$ 应划分为一个检验批，不足 $500m^2$ 也应划分为一个检验批；b. 室内涂饰工程同类涂料涂饰墙面每 50 间（大面积房间和走廊按涂饰面积 $30m^2$ 为一间）应划分为一个检验批，不足 50 间也应划分为一个检验批。

　　（4）检查数量应符合下列规定：a. 室外涂饰工程每 $100m^2$ 应至少检查一处，每处不得小于 $10m^2$；b. 室内涂饰工程每个检验批应至少抽查总数的 10%，并不得少于 3 间，不足 3 间时应全数检查。

（5）涂饰工程的基层处理应符合下列要求：a. 新建筑物的混凝土或抹灰基层，在用腻子找平或直接涂饰涂料前，应涂刷抗碱性的封闭底漆；b. 旧墙面在用腻子找平或直接涂饰涂料前应清除疏松的旧装修层，并涂刷界面剂；c. 混凝土或抹灰基层在用溶剂型腻子找平或直接涂刷溶剂型涂料时，含水率不得大于8%；在用乳液型腻子找平或直接涂刷乳液型涂料时，含水率不得大于10%；木材基层的含水率不得大于12%；d. 找平层应平整、坚实、牢固，无粉化、起皮和裂缝；内墙找平层的黏结强度应符合《建筑室内用腻子》（JG/T 298—2010）的规定；e. 厨房、卫生间墙面的找平层必须使用耐水腻子。

（6）为确保涂料的施工质量，水性涂料涂饰工程施工环境温度应在5～35℃之间。

（7）涂饰工程施工时应对与涂层衔接的其他装修材料、邻近的设备等采取有效的保护措施，以避免涂刷涂料时造成的沾污。

（8）涂饰工程应按照规定进行养护，并在涂层养护期满后进行质量验收。

（9）涂饰工程所选用的建筑涂料，其检验报告各项性能应符合下列标准的技术指标，如果适用有害物质限量标准，还应提供符合相关标准的检验报告：a.《合成树脂乳液外墙涂料》（GB/T 9755—2014）；b.《合成树脂乳液内墙涂料》（GB/T 9756—2018）；c.《溶剂型外墙涂料》（GB/T 9757—2001）；d.《复层建筑涂料》（GB/T 9779—2015）；e.《饰面型防火涂料》（GB 12441—2018）；f.《木器涂料中有害物质限量》（GB 18581—2020）；g.《建筑用墙面涂料中有害物质限量》（GB 18582—2020）；h.《外墙柔性腻子》（GB/T 23455—2009）；i.《室内装饰装修用溶剂型醇酸木器涂料》（GB/T 23995—2009）；j.《室内装饰装修用溶剂型金属板涂料》（GB/T 23996—2009）；k.《室内装饰装修用溶剂型聚氨酯木器涂料》（GB/T 23997—2009）；l.《合成树脂乳液砂壁状建筑涂料》（JG/T 24—2018）；m.《外墙无机建筑涂料》（JG/T 26—2002）；n.《建筑外墙用腻子》（JG/T 157—2009）；o.《弹性建筑涂料》（JG/T 172—2014）；p.《建筑内外墙用底漆》（JG/T 210—2018）；q.《建筑室内用腻子》（JG/T 298—2010）；r.《水溶性内墙涂料》（JC/T 423—1991）；s.《交联型氟树脂涂料》（HG/T 3792—2014）。

二、水性涂料涂饰工程的质量标准

水性涂料涂饰工程质量管理，主要适用于乳液型涂料、无机涂料、水溶性涂料等水性涂料涂饰工程的质量验收。

1. 水性涂料涂饰工程质量主控项目

（1）水性涂料涂饰工程所用涂料的品种、型号和性能应符合设计要求及国家现行标准、规范的有关规定。

检验方法：检查产品合格证书、性能检验报告、有害物质限量检验报告和进场验收记录。

（2）水性涂料涂饰工程的颜色、光泽、图案应符合设计要求。

检验方法：观察。

（3）水性涂料涂饰工程应涂饰均匀、黏结牢固，不得出现漏涂、透底、开裂、起皮和掉粉末等质量问题。

检验方法：观察；手摸检查。

（4）水性涂料涂饰工程的基层处理应符合《建筑装饰装修工程质量验收标准》（GB 50210—2018）中的要求。

检验方法：观察；手摸检查；检查施工记录。

2．水性涂料涂饰工程质量一般项目

（1）水性涂料涂饰工程的允许偏差和检验方法应符合表10-22的规定。

表 10-22　水性涂料涂饰工程的允许偏差和检验方法

项次	项目	允许偏差/mm					检验方法
		薄涂料		厚涂料		复层涂料	
		普通涂饰	高级涂饰	普通涂饰	高级涂饰		
1	立面垂直度	3	2	4	3	5	用2m垂直检测尺检查
2	表面平整度	3	2	4	3	5	用2m靠尺和塞尺检查
3	阴阳角方正	3	2	4	3	4	用直角检测尺检查
4	装饰线、分色的线直线度	2	1	2	1	3	拉5m线,不足5m拉通线,用钢直尺检查
5	墙裙、勒脚上口直线度	2	1	2	1	3	拉5m线,不足5m拉通线,用钢直尺检查

（2）薄涂料的涂饰质量和检验方法应符合表10-23的规定。

表 10-23　薄涂料的涂饰质量和检验方法

项次	项目	普通涂饰	高级涂饰	检验方法
1	涂层的颜色	均匀一致	均匀一致	观察
2	光泽、光滑	光泽基本均匀,光滑无挡手感	光泽均匀一致,手感非常光滑	
3	泛碱、咬色	允许少量轻微	不允许出现	
4	流坠、疙瘩	允许少量轻微	不允许出现	
5	砂眼、刷纹	允许少量轻微砂眼、刷纹通顺	无砂眼,无刷纹	

（3）厚涂料的涂饰质量和检验方法应符合表10-24的规定。

表 10-24　厚涂料的涂饰质量和检验方法

项次	项目	普通涂饰	高级涂饰	检验方法
1	涂层的颜色	均匀一致	均匀一致	观察
2	涂层的光泽	光泽基本均匀	光泽均匀一致	
3	泛碱、咬色	允许少量轻微	不允许出现	
4	点状分布	—	疏密均匀	

（4）复层涂料的涂饰质量和检验方法应符合表10-25的规定。

表 10-25　复层涂料的涂饰质量和检验方法

项次	项目	质量要求	检验方法	项次	项目	质量要求	检验方法
1	颜色	均匀一致	观察	3	泛碱、咬色	不允许	观察
2	光泽	光泽基本均匀		4	喷点疏密程度	均匀,不允许连片	

（5）涂层与其他装修材料和设备衔接处应吻合，界面应清晰。

检验方法：观察。

三、溶剂型涂料涂饰工程质量标准

溶剂型涂料涂饰工程质量管理，主要适用于丙烯酸酯涂料、聚氨酯丙烯酸涂料、有机硅丙烯酸涂料、"交联型"氟树脂涂料等溶剂型涂料涂饰工程的质量验收。

（一）溶剂型涂料涂饰工程质量主控项目

（1）溶剂型涂料涂饰工程所选用涂料的品种、型号和性能应符合设计要求及国家现行标准、规范的有关规定。

检验方法：检查产品合格证书、性能检验报告、有害物质限量检验报告和进场验收记录。

（2）溶剂型涂料涂饰工程的颜色、光泽、图案应符合设计要求。

检验方法：观察。

（3）溶剂型涂料涂饰工程应涂饰均匀、黏结牢固，不得出现漏涂、透底、开裂、起皮和反锈等质量问题。

检验方法：观察；手摸检查。

（4）溶剂型涂料涂饰工程的基层处理应符合《建筑装饰装修工程质量验收标准》（GB 50210—2018）中的要求。

检验方法：观察；手摸检查；检查施工记录。

（二）溶剂型涂料涂饰工程质量一般项目

（1）溶剂型涂料涂饰工程的允许偏差和检验方法应符合表 10-26 中的规定。

表 10-26　溶剂型涂料涂饰工程的允许偏差和检验方法

项次	项目	允许偏差/mm				检验方法
		色漆		清漆		
		普通涂饰	高级涂饰	普通涂饰	高级涂饰	
1	立面垂直度	4	3	3	2	用 2m 垂直检测尺检查
2	表面平整度	4	3	3	2	用 2m 靠尺和塞尺检查
3	阴阳角方正	4	3	3	2	用直角检测尺检查
4	装饰线、分色的线直线度	1	1	2	1	拉 5m 线，不足 5m 拉通线，用钢直尺检查
5	墙裙、勒脚上口直线度	2	1	2	1	拉 5m 线，不足 5m 拉通线，用钢直尺检查

（2）色漆的涂饰质量和检验方法应符合表 10-27 中的规定。

表 10-27　色漆的涂饰质量和检验方法

项次	项目	普通涂饰	高级涂饰	检验方法
1	颜色	均匀一致	均匀一致	观察
2	光泽、光滑	光泽基本均匀，光滑无挡手感	光泽均匀一致，光滑	观察、手触摸进行检查

项次	项目	普通涂饰	高级涂饰	检验方法
3	刷纹	刷纹通顺	无刷纹	观察
4	裹棱、流坠、皱皮	明显处不允许	不允许	观察

（3）清漆的涂饰质量和检验方法应符合表 10-28 中的规定。

表 10-28　清漆的涂饰质量和检验方法

项次	项目	普通涂饰	高级涂饰	检验方法
1	颜色	基本一致	均匀一致	观察
2	木纹	棕眼刮平,木纹清楚	棕眼刮平,木纹清楚	观察
3	光泽、光滑	光泽基本均匀, 光滑无挡手感	光泽均匀一致,光滑	观察、手触摸检查
4	刷纹	无刷纹	无刷纹	观察
5	裹棱、流坠、皱皮	明显处不允许	不允许	观察

（4）涂层与其他装修材料和设备衔接处应吻合，界面应清晰。

检验方法：观察。

四、美术涂饰工程的质量标准

美术涂饰是以油和油性涂料为基本材料，运用美术的手法，把人们喜爱的花卉、鱼鸟、山水等动、植物的图像，彩绘在室内墙面、顶棚等处，作为室内装饰的一种形式。

室内美术涂饰工程的质量管理，主要适用于套色涂饰、滚花涂饰、仿花纹涂饰等室内外美术涂饰工程的质量验收。

（一）美术涂饰工程质量主控项目

（1）美术涂饰工程所用材料的品种、型号和性能应符合设计要求及国家现行标准、规范的有关规定。

检验方法：观察；检查产品合格证书、性能检验报告、有害物质限量检验报告和进场验收记录。

（2）美术涂饰工程应涂饰均匀、黏结牢固，不得出现漏涂、透底、开裂、起皮、掉粉、反锈等质量问题。

检验方法：观察；手摸检查。

（3）美术涂饰工程的基层处理应符合现行国家标准《建筑装饰装修工程质量验收标准》（GB 50210—2018）中的要求。

检验方法：观察；手摸检查；检查施工记录。

（4）美术涂饰工程的套色、花纹和图案应符合设计和现行标准的要求。

检验方法：观察。

（二）美术涂饰工程质量一般项目

（1）美术涂饰工程的允许偏差和检验方法应符合表 10-29 的规定。

表 10-29　美术涂饰工程的允许偏差和检验方法

项次	项目	允许偏差/mm	检验方法
1	立面垂直度	4	用 2m 垂直检测尺检查
2	表面平整度	4	用 2m 靠尺和塞尺检查
3	阴阳角方正	4	用直角检测尺检查
4	装饰线、分色的线直线度	2	拉 5m 线，不足 5m 拉通线，用钢直尺检查
5	墙裙、勒脚上口直线度	2	拉 5m 线，不足 5m 拉通线，用钢直尺检查

（2）美术涂饰工程的表面应洁净，不得出现流坠现象。

检验方法：观察。

（3）仿花纹涂饰的饰面应具有被模仿材料的纹理。

检验方法：观察。

（4）套色涂饰的图案不得产生移位，纹理和轮廓应比较清晰。

检验方法：观察。

第四节　涂饰工程质量问题与防治措施

　　建筑涂料具有装饰功能、保护功能和居住性改进功能。各种功能所占的比重因使用目的不同而不尽相同。装饰功能是通过建筑物的美化来提高它的外观价值的功能，主要包括平面色彩、图案及光泽方面的构思设计及立体花纹的构思设计。保护功能是指保护建筑物不受环境的影响和破坏的功能，不同种类的被保护体对保护功能要求的内容也各不相同，例如室内与室外涂装所要求达到的指标差别就很大。有的建筑物对防霉、防火、保温隔热、耐腐蚀等有特殊要求。居住性改进功能主要是对室内涂装而言，就是有助于改进居住环境的功能，如隔声性、吸声性涂料的作用及其分类，防止结露等。

　　近年来，通过观察建筑涂料的施工过程和施工质量，发现由于施工人员技术不熟练、基层处理不恰当、施工环境选择不合适等原因，内外墙涂料施工质量不理想，普遍存在刷痕、流坠、涂膜粗糙、裂纹、掉粉、发花现象，严重的甚至起泡、脱皮。只有透过这些现象找出弊病原因，加以分析，并采取针对性的防治措施，才能提高建筑涂料的施工质量，才能使建筑涂料具有装饰功能、保护功能和居住性改进功能。

一、水性涂料的质量问题与防治措施

　　凡是用水作溶剂或者作分散介质的涂料，均可称为水性涂料。水性涂料包括水溶性涂料、水稀释性涂料和水分散性涂料（乳胶涂料）3 种。水溶性涂料的水溶性树脂可直接溶于水中，与水形成单相的溶液，其配制容易、施工简便、色彩鲜艳、造型丰富、易于维修、价格便宜。但耐水性差，耐候性不强，不耐洗刷。水溶性涂料及其涂膜产生的质量问题，既有涂料本身的质量问题，也有施工工艺、涂饰基层、施工环境等方面的问题。

(一) 涂层颜色不均匀

1. 质量问题

在建筑涂料施涂后，经检查在同一涂面上，涂层的颜色深浅不一致，或有明显的接槎现象，严重影响饰面的装饰效果。工程实践也表明，涂层颜色不均匀，是涂饰工程施工中最常出现的质量问题。

2. 原因分析

（1）同一工程用的不是同厂同批涂料，颜料掺量有一定的差异。或者颜料与基料的比例不合适，颜料和填料用量过多，树脂成分过少，结果造成涂层颜色不均匀。

（2）在进行涂饰时对涂料未充分搅拌均匀，或不按照规定任意向涂料中加水，结果使涂料本身颜色深浅不同，造成饰面涂层颜色不均匀。

（3）基层（或基体）具有材质不同的差异，混凝土或砂浆龄期相差悬殊，或者基层（或基体）湿度和碱度有明显差别，特别是新修补的混凝土和砂浆与旧基层存在着更大的差异，很容易形成涂层颜色不均匀。

（4）基层处理差别较大，如有明显的接槎、光滑程度不同、麻面程度不一，这些均会致使吸附建筑涂料不均匀；在涂料涂刷完毕后，由于光影的反射作用，很容易造成饰面颜色深浅不匀。

（5）脚手架设计不合理，距离饰面距离太近，架高不满足便于涂刷的要求，靠近脚手板的上下部位操作不便，均可致使涂刷不均匀。

（6）操作工艺不当，反复涂刷或未在分格缝部位接槎，或在涂刷施工中随意甩槎，或接槎虽设在分格缝处，但未加遮挡，使未涂刷部分溅上涂料等都会造成明显的色差。

（7）对已涂刷完毕的成品保护不好，如涂料施工完成后，又在饰面上凿洞或进行其他工序的施工，结果造成必须再修补而形成色疤。

3. 防治措施

（1）对于同一工程、同一饰面，必须选用同一工厂生产的同批涂料；每批涂料的颜料和各种材料的配合比，必须保持完全一致。

（2）由于涂料中有树脂、颜料和其他各种材料，容易出现沉淀分层，使用时必须将涂料搅拌均匀，并不得任意加水。搅拌的具体方法是：一桶乳胶漆先倒出 2/3，搅拌剩余的 1/3，然后倒入原先的 2/3，再整桶搅拌均匀。

（3）混凝土基体的龄期应在 30d 以上，砂浆基层的龄期应在 15d 以上，并且含水率应控制在 8% 以下，pH 值在 10 以下。

（4）对于基层表面上的麻面、小孔，事先应用经检验合格的商品腻子修补平整；在刮批腻子时，应采用不锈钢或橡皮刮板，避免铁锈的产生。

（5）内外墙面的基层，均应涂刷与面层漆相配套的封闭涂料，使基层吸附涂料均匀；如果有油污、铁锈、脱模剂、灰尘等污物时，应当用洗涤剂清洗干净。

（6）搭设的脚手架离墙的距离不得小于 30cm，对于靠近脚手板的部位，在涂刷时应当认真操作，特别注意涂刷的均匀性。

（7）涂刷时要连续进行，在常温情况下涂刷衔接时间一般不得超过 3min。接槎应当在分格缝或阴阳角部位，既不要在大面上也不得任意停工甩槎。对于未遮盖而受涂料飞溅沾污的部位应及时进行清除。

（8）涂饰工程应在建筑安装工程完成后进行，对于涂刷完毕的涂饰工程应当加强对成品的保护。

（二）饰面涂膜出现不均匀

1. 质量问题

在涂料涂刷完毕后，涂料表面尤其薄涂料表面出现明显的抹痕、斑疤、疙瘩等缺陷，在阳光的照射下反差更加明显，即使饰面涂料的颜色非常均匀，其近距离的装饰效果仍不理想。喷涂表面易出现饰面不光滑平整、颗粒不均匀；多彩花纹涂料表面易出现花纹紊乱、毫无规律现象。以上这些质量问题均影响涂料饰面的装饰效果。

2. 原因分析

（1）抹灰面用木抹子搓成毛面，致使基层表面变得粗糙、粗细不均匀；有的边角部位用铁制阴角和阳角工具进行光面，大面部位却用木抹子搓面，粗细反差更加明显。表面粗细不均匀和粗细反差大，在涂刷涂料后更显示出饰面不均匀。

（2）由于各种质量方面的原因，某些局部修理返工，从而造成基层补疤明显高低不平，涂刷涂料后也显得不均匀。

（3）在涂刷建筑涂料时，基层各部位干湿程度不同，则涂刷出来的涂料颜色也不相同；如果基层的材料不同，或材料的品种虽然相同，但它们的质量不同，基层对涂料的渗吸量不均匀。

（4）涂料的批号和质量不一样，或配制中计量不准确，涂料稠度不合适；或乳胶漆搅拌不均匀，上部的涂料比较稀，而下部涂料越来越稠；或者多彩花纹涂料所用的细骨料颗粒不一致。

（5）在涂刷中没有严格按规范施工，涂刷工艺水平比较差，出现任意甩槎和接槎部位涂层叠加过厚现象，从而造成饰面不均匀。

（6）由于脚手架设计和架设不当，如脚手架每层的高度不合适、工人操作不方便等，结果造成涂刷不均匀。

（7）喷涂机具发生故障，出料速度不均匀或输料胶管不畅。在喷涂过程中，空气压缩机压力不稳定，喷涂距离、喷涂角度、移动速度前后不一致。喷涂移动速度过快，涂膜厚度太薄，遮盖率达不到设计要求。

3. 防治措施

（1）抹灰面层用铁抹子压光太光滑，用木抹子抹出的表面太粗糙，用排笔蘸水扫毛时降低面层强度。最好用塑料抹子或木抹子上钉海绵收光，这样可以做到大面平整、粗细均匀、适于涂刷、颜色相同。

（2）重视对基层表面成品的保护，避免成活后再凿洞或损坏，局部修补要用专门的修补腻子。在刮抹腻子前要对基层涂刷配套的封底涂料，并且要求抹的腻子要薄，防止过厚或因打磨过于光滑而降低涂料的黏结力。

（3）在涂刷涂料前，要使基层尽量干燥，木材的含水率不得大于12%，混凝土和砂浆抹灰层的含水率不得大于8%，并且使各部位的干燥程度一致。

（4）采用中、高档次且各层材料都配套供应的涂料，在涂刷前要充分搅拌均匀。采用多彩花纹涂料时，对所用的细骨料应分别过筛，达到颗粒均匀的要求。

（5）搞好涂刷施工专项设计，科学地安排涂刷的顺序和分格位置，施工接槎应在分格缝部位。

（6）为了便于涂刷施工操作，确保涂刷的质量符合设计要求，脚手架距离饰面不得小于30cm，架高一般为1.5m，妨碍操作的部位应均匀施涂。在刮风雨雪天气不进行涂刷施工，夏天在烈日下也不宜操作。

（7）如果采用喷涂施工，事先应检查喷涂设备的完好和运转情况，保证运转正常、压力稳定。在正式进行喷涂前，最好要进行喷涂试验，以便确定喷涂距离、喷涂速度、喷涂角度、喷涂压力等技术参数，作为正式喷涂施工中的依据。在一般情况下，喷嘴到喷涂面的距离为400～600mm，喷涂速度要前后一致。待试验性喷涂一切合格、正常后，再进行大面积操作，保证达到适当的遮盖率。

（三）涂膜出现发花现象

1. 质量问题

涂膜出现发花是涂料尤其是深色涂料的常见现象，涂膜出现发花主要发生在漆膜干燥的初期阶段。在涂料干燥成膜时，一小部分密度较小的颜料颗粒漂浮于涂膜表面（工程上称为浮色），致使涂料的颜色分离，出现涂膜表面发花的质量问题，严重影响涂膜的美观。

2. 原因分析

（1）涂料本身有浮色　涂料最终显现的颜色是由多种颜料调和出来的，由于各种颜料的密度不同，有的甚至相差很大，结果造成密度大的颜料颗粒下沉，而密度小的颜料颗粒漂浮于上面，致使颜色产生分离。在涂刷前虽然经过均匀搅拌，但在涂膜干燥后涂层仍容易出现色泽上的差异，即产生发花现象。

（2）涂料中颜料的分散性不好，或两种以上的颜料相互混合不均匀，也是造成颜色发花的非常重要原因之一。如酞菁蓝为沉淀性颜料，色浆较难分散水解，很容易产生沉淀；酞青绿为悬浮性颜料，比较容易水溶分散。这些颜料配成天蓝、果绿等复色时，因颜料分散性不好、密度相差过大，在刷涂或滚涂施工时，沿涂刷和辊涂的方向易产生条纹状色差，即有浮色产生。

（3）在涂料涂刷操作过程中，有的工人技术水平较差，涂刷不均匀，厚薄不一样，或对涂料搅拌不均匀，或对涂料稀释不当，均可出现涂膜发花现象。

（4）基层表面处理不符合要求，表面粗糙度不同，孔隙未进行封闭，或基层碱性过大，涂料使用不耐碱的颜料，都是产生发花的原因之一。

3. 防治措施

（1）根据涂料的品种和性能，选用适宜的颜料分散剂，宜将有机、无机分散剂配合使用，使颜料处于良好的稳定分散状态。在一般情况下，涂料宜选用中、高档产品，不要选用劣质和低档产品。

（2）适当提高乳胶涂料的黏度，这样可使颜料能够均匀地分散于涂料中。如果涂料黏度过低，浮色现象比较严重；如果涂料黏度偏高，即使密度相差较大的颜料，也会减少分层的倾向。

（3）在涂刷涂料之前，应当将涂料充分搅拌均匀，使其没有浮色或沉淀现象。在涂刷的过程中涂料中不得任意加水进行稀释。

（4）涂料应分层进行涂刷，涂膜应力求均匀，厚度不宜过厚，如果涂膜越厚，越易出现浮色发花现象，必要时可采用滚涂工艺。

（5）严格控制基层含水率和碱度，混凝土和砂浆含水率应小于8%，pH值应小于10。为使基层吸收涂料均匀并且抗碱，对于基层的局部修补宜采用合格的商品"修补腻子"，涂面均应涂刷配套的封闭底涂。

（四）涂料发生流坠

1. 质量问题

涂料在刷涂后，不能按照设计要求均匀稳定地黏附于饰面上，在涂料自重的作用下产生较明显的流淌现象，其形态如泪痕或垂幕，这种质量问题不仅严重影响饰面的美观，而且严重影响涂膜的功能。

2. 原因分析

（1）基层（基体）的处理不符合要求。或表面处理太光滑，涂料与基层的黏结力下降；或基层含水率太高，如木材的含水率超过12%、混凝土和砂浆的含水率超过8%；或基层上的油污、脱模剂和灰尘等未清理干净。

（2）配制的涂料本身黏度过低，与基层的黏结力较小；或者在涂刷中任意向涂料中加水，均会发生涂料流坠。

（3）在垂直涂面上一次涂刷过厚，形成的向下流淌作用力较大，使涂料成膜速度变慢，很容易形成流坠。试验证明，流坠的发生与涂料膜层厚度的立方成正比例关系。

（4）在配制涂料时如果掺加较多密度大的颜料和填料，这些颜料和填料会造成涂料下坠。如果施工环境的湿度过大或温度过低，涂料结膜的速度将大大减慢，也比较容易出现流坠。

（5）在涂刷操作过程中，墙面、顶棚等转角部位未采取遮盖措施，致使先后刷涂的涂料在这些部位叠加过厚而产生流坠。

（6）在涂料施工前未将涂料充分搅拌均匀，由于上层涂料较稀，所以容易产生流淌。

（7）在采用喷涂施工工艺时，由于喷嘴与涂面距离过近、喷枪移动速度过慢、喷涂压力过大，均可造成喷涂厚度过厚，从而造成涂料的流淌。

3. 防治措施

（1）严格控制基层的含水率。木质涂面的含水率不得大于12%，水泥混凝土和砂浆基层涂刷水性和乳液涂料时，其含水率不得大于10%，采用"弹涂"施工工艺时基层的含水率不得大于8%。

（2）认真进行基层的处理。应将基层表面上的油污、脱模剂、灰尘等彻底清除干净，将孔隙、凹凸面认真进行处理，确实达到涂刷的标准。混凝土和砂浆的表面应平整，并具有一定的粗糙度。

（3）严格控制涂料涂刷厚度，一般干涂膜的厚度控制在$20\sim25\mu m$为宜，如果涂刷厚度过大则容易形成流坠。

（4）在设计和配制乳胶涂料时，不要过多地使用密度较大的颜料和填料，以避免出现涂料分层（上面稀下面稠）、涂料自重力增大。

（5）在涂刷涂料时，应具有适宜的施工环境温度和湿度。普通涂料的施工环境温度应保持在10℃以上，相对湿度应小于85%。

（6）在涂刷涂料过程中，对于墙面、顶棚等阴阳转角部位，应使用遮盖物加以保护，以防止两个涂面的涂料产生互相叠加而出现流坠。

（7）在涂料涂刷之前，首先应按照"涂层颜色不均匀"防治措施中的方法，对涂料进行充分搅拌，确保桶内的涂料上下完全一致。

（8）举办涂饰技术培训班，学习先进的涂饰工艺，选用先进的无气喷涂施工设备，努力提高技术水平和操作水平，确保涂料的涂刷质量。

（9）对于刷涂工艺可以采取如下防治措施：其涂刷的方向和行程长短均应一致，千万不可纵横乱涂、长短不一。如果涂料干燥速度快、施工环境温度高，应当采取勤蘸、快刷的方法，并将接槎设在分格缝部位。涂刷必须分层进行，层次一般不得少于二层，在前一层涂层表面干燥后才能进行后一层的涂刷。前后两次涂刷的间隔时间，与施工环境温度和湿度密切相关，通常不得少于2～4h。

（10）对于滚涂工艺可以采取如下防治措施：当滚涂黏度小、较稀的涂料时，应选用刷毛较长、细而软的"毛辊"；滚涂黏度较大、较稠的涂料时，应选用刷毛较短、较粗、较硬的毛辊。在滚涂前先将桶内搅拌均匀的涂料倒入一个特制涂料槽内，涂料槽底部是带有凹凸条纹的斜坡，其宽度稍大于毛辊的长度。"毛辊"在涂料槽一端蘸满涂料后，在斜坡条纹上轻轻往复几个来回，直到"毛辊"中的吸浆量均匀合适为止。当"毛辊"中的涂料用去1/3～1/2时，应再重新蘸涂料后进行辊涂。

（11）对于喷涂工艺可以采取如下防治措施：涂料的稠度必须适中，如果太稠，喷涂困难；如果太稀，影响涂层厚度，且容易产生流淌。对含粗填料或含云母片的喷涂，空气压力宜在0.4～0.8MPa之间选择；喷射距离一般为40～60cm，如果距离被涂面过近，涂层厚度难以控制，易出现过厚或流淌等现象。

（12）对于"弹涂"工艺可以采取如下防治措施：首先在基层表面上刷一至二度涂料，作为底色涂层，待底色涂层干燥后才可进行弹涂。在"弹涂"操作时，"弹涂"机应垂直对准涂面，保持30～50cm的距离，自上而下、自右至左，按照规定好的顺序，循序渐进。"弹涂"应特别注意"弹涂"速度适中均匀、涂点密度适当均布、上下左右无明显接痕。

（五）涂膜出现鼓泡与剥落

1. 质量问题

目前，墙体涂料施工后都存在不同程度的涂装问题，其中鼓泡与剥落现象比较普遍，不仅破坏建筑饰面的整体效果，严重的还会给居民生活带来诸多烦恼。涂膜表面出现鼓泡、剥落现象，在内墙和外墙涂料饰面上均有发生。

鼓泡与剥落是涂膜失去黏附力，出现的先鼓泡、后剥落质量问题。尤其涂膜剥落是一种比较严重的质量缺陷，有时只是在涂膜的表面，有时却深入所有的涂层。涂饰工程实践证明，容易出现鼓泡与剥落的涂料是乳胶漆，有时甚至会出现大片鼓泡或剥落。

2. 原因分析

（1）基层处理不符合要求，表面比较酥松、油污、浮尘、隔离剂等未清理干净，或基层打磨过于光滑，从而造成涂膜附着力较差。

（2）混凝土和砂浆基层的含水率较大，pH 值超过 10，水分向外蒸发或析出结晶粉末而造成鼓泡。

（3）工程实践经验证明，涂层出现鼓泡与剥落的最主要原因，就是腻子受潮后与基层产生脱离。我国传统的内墙基层处理方法，是用纤维素大白粉腻子或石膏腻子，其耐水性很差，遇水膨胀而逐渐溶于水中，由于体积增大和黏结强度下降，从而发生粉化。

（4）在涂料组分中颜料和填料的含量过高，或者在涂料中掺加水过多，树脂的含量过低，造成涂膜的附着力较差，或者卫生间、厨房等潮湿房间未使用耐水涂料。

（5）在涂料涂刷中操作要求不严格，各层涂料施工间隔时间太短，或涂刷及成膜时环境温度过低、湿度过大，致使乳胶涂料本身成膜质量不高，即乳液未形成连续透明膜而产生龟裂，遇水后还会出现脱落。

3. 防治措施

（1）对基层进行认真处理，将酥松层铲掉补平，将浮尘、油污等彻底清理干净。对于轻质墙体或原石灰浆的基层，应用"高渗透型"的底面处理剂进行处理，内外墙涂面均应涂刷与面层涂料配套的封闭底层涂料。

（2）严格控制涂刷的基层的湿度和碱度，含水率应不大于 8％、pH 值应在 10 以下。但墙壁也不应过于干燥，如果过干应适当加水湿润。

（3）根据内墙与外墙的不同要求，选用黏结性和韧性好的耐水腻子。工程中内墙常用建筑耐水腻子，外墙常用水泥基腻子。刮的腻子不宜过厚，以找平涂面为准，一定要待腻子完全干燥后再施涂涂料。

（4）选用合适的建筑涂料品种。外墙涂料宜选用水性丙烯酸共聚薄质（或厚质）外墙涂料、低毒溶剂型丙烯酸外墙涂料、溶剂型丙烯酸聚氨酯外墙涂料。内墙乳胶漆宜选用聚醋酸乙烯乳液涂料、乙-丙乳液涂料、苯-丙或丙乳液涂料。外墙水性涂料的耐洗刷性应当经复验合格。

（5）保证涂刷的间隔时间，在涂刷及成膜时的温度应在 10℃ 以上，相对湿度应小于85％，不得在湿度较大的天气和雨天施工，成膜掺加的助剂品种要正确、掺量要适当。

（六）涂膜出现粉化

1. 质量问题

配方中含有钛白粉的涂料在室外日晒雨淋的长期侵蚀下会导致一种涂层粉化的质量问题出现。聚氨酯漆粉化表现为涂膜表面有粉末状物质析出，用手轻轻擦拭就会掉下白粉。实际上，是指涂料中主要的成膜物质——合成树脂发生老化，失去胶结作用，颜料从涂膜中脱离出来，在涂膜表面呈现出一层粉末，这种质量问题称为涂膜粉化。涂膜出现粉化，将严重影响涂膜的装饰效果和使用效果。

2. 原因分析

（1）混凝土和砂浆基层的龄期太短或强度太低；基层表面未认真进行清理；基层含水率超过标准规定；基层的碱性过大，pH 值超过 10；在碱性基层上直接涂刷不耐碱的含金属颜料的涂料。

（2）使用的腻子强度较低或不具有耐碱性能。涂料组分中颜料和填料含量过高，树脂乳液含量过低，涂料耐水性能比较差，经过一段时间使用或雨水冲刷，则可造成涂膜起皮、粉化。

（3）如果涂膜干燥速度过快，成膜质量不良，很容易造成涂膜的粉化。如夏季刷涂后在烈日下直接照射，涂刷不久则遭到大风吹袭等。

（4）涂料混合不均匀，填料和密度较大的颜料沉淀于桶底，树脂乳液浮于桶上部，在进行涂刷前又未搅拌均匀。

（5）涂料在涂刷及成膜时的气温，低于涂料最低成膜温度，或涂料还未成膜时就遭到雨淋。

（6）在配制涂料加入固化剂时，计量有误或涂料过度稀释，致使涂膜的耐久性变差。另外，在涂料表面干燥但未完全成膜时，重复滚压涂层也会造成涂膜粉化。

总之，涂膜产生粉化的原因主要是由于基料树脂在化学结构上的不稳定性，造成氧化、水分和紫外光波的混合作用而将基料树脂分解破坏所致。此外，还应注意下列一些易造成涂膜粉化的因素：a. 粉化夏天比冬天明显；b. 漆膜太薄造成早期粉化；c. 锐钛型钛白粉很容易粉化；d. 环氧树脂层耐候性差，一般较易粉化。

3. 防治措施

（1）对于混凝土和水泥砂浆基层，必须认真清理干净，含水率不得大于 8%，pH 值不应大于 10。内墙与外墙均应涂刷配套的封闭底涂，墙面局部修补宜用经检验合格的商品专用修补腻子。

（2）宜选用中、高档次的涂料，涂料应具有耐水、耐碱、耐候等性能。涂料不得任意加水和稀释剂，应按出厂说明进行稀释。用于外墙的水性涂料的耐洗刷性，应经复验合格才能用于工程。

（3）在夏季高温情况下施工时，应搭设凉棚遮阳，避免日光的直接照射。遇到雨天及刮风时应立即停止施涂。当气温在最低成膜温度以下时也应停止施工，或采取保温措施，确保成膜的温度和湿度。

（4）在涂刷涂料前应将涂料充分搅拌均匀；按规定掺加的固化剂，要称量准确、充分混合。要确保各层涂刷的间隔时间。

（七）涂膜发生变色与褪色

1. 质量问题

采用外墙乳胶涂料时，由于涂膜长期暴露于自然环境中，经常受到风吹、雨淋、日晒和其他侵蚀介质的作用，时间长久后外观颜色会发生较大变化，最常见的变化就是涂膜的变色和褪色。这种变化在外墙、内墙中均有可能发生。变色有时是在局部发生，往往呈现出地图斑状，如墙面局部渗漏或泛碱；褪色一般是大面积发生。无论是变色还是褪色都会严重影响涂膜的装饰效果。

2. 原因分析

（1）涂膜发生变色和褪色，通常与基料和颜料的性质有关，主要与耐候性、耐光性、耐腐蚀性和耐久性有密切关系。如某些有机颜料耐光性能和耐碱性能较差，在日光、大气污染、化学药品和其他因素的作用下，颜料会发生质变而变色；有些颜料由于种种原因产生粉化现象，也会造成涂膜变色或褪色。

（2）基层处理不符合要求，尤其是含水率过高、碱性过大，是引起涂料变色和褪色的主要原因。涂料中某些耐碱性差的金属颜料或有机颜色，由于发生化学反应而变色，这种现象在新修补的基层上发生最普遍。

（3）乳胶漆与聚氨酯类涂料同时进行施涂，由于市场上销售的聚氨酯类涂料中，有的含有游离的甲苯二异氰酸酯，会严重导致未干透的乳胶漆泛黄变色。

（4）面层与底层所用的涂料不配套，面层涂料能溶解底层涂料，如果两者颜色有差别就会出现因"渗色"而变色现象。

（5）内墙与外墙所处的环境不同，应当选用不同性质的涂料，特别是外墙涂料应具有良好的耐光、耐候、耐冲刷和耐腐蚀性能。如果将内墙涂料用于外墙，必然会导致涂料很快发生变色与褪色。

（6）如果施工现场附近和今后的使用环境中，有能与颜料起化学作用的氨、二氧化硫等侵蚀性介质，就能使涂膜颜色发生变化。

3. 防治措施

（1）只要不是临时性建筑的涂饰就应当选用中、高档次的涂料。在设计外墙乳胶涂料的配方时，一定要选择耐碱、耐候、耐蚀的基料和颜料，如丙乳液、苯丙乳液等涂料，金红型钛白、氧化铁系、酞菁系颜料。这是避免或减少涂膜变色和褪色的重要防治措施。

（2）涂饰基层必须保持干燥状态，混凝土和砂浆基层的 pH 值要小于 10，含水率不得大于 8%。无论内墙、外墙的基层都均应涂刷与面层涂料配套的封底涂料。内墙应采用建筑耐水腻子，外墙应采用聚合物水泥基腻子，墙面的局部修补应采用商品专用修补腻子。

（3）底层宜采用高品质的聚氨酯涂料或醇酸树脂涂料，等待这些涂料彻底干燥后再涂刷乳胶漆。

（4）在涂料涂刷之前，应认真检验底层涂料与面层涂料是否配套，避免产生面涂溶解底涂的"渗色"现象。因此，所选用的面层涂料与底层涂料，应当是属于同一成膜干燥机理的涂料，如乳胶漆是靠物理作用干燥挥发涂层中的水分和溶剂而成膜的，而环氧树脂、聚氨酯树脂等涂料，则是靠化学作用固化干燥成膜的，两者不能混用和配套使用，更不能将化学干燥的面涂涂在物理干燥的底涂上，也不能将强溶剂的面涂涂在弱溶剂的底涂上。

（5）内墙与外墙所处的位置不同，受到的环境影响也不相同，因此，所选用的涂料性能也有较大差异，特别值得注意的是内墙涂料决不能用于外墙。

（6）当建筑物内墙和外墙设计采用涂料装饰材料时，应当千方百计使氨、二氧化硫等腐蚀性发生源远离施工现场。

（八）涂膜发生开裂

1. 质量问题

在涂膜干燥后和使用过程中，生成线状、多角状或不定状裂纹，随着时间的推移，裂缝条数可能会逐渐增加并逐渐变宽。这种质量缺陷在内墙和外墙都有可能发生。涂膜干燥后发生开裂是常见的涂膜弊病，长期以来是涂料配方设计要考虑解决的问题。涂饰工程实践证明，由墙体或抹灰层引发的涂膜开裂，涂膜自身及腻子层的开裂，几乎各占 1/2。涂膜开裂不仅影响饰面的美观，而且影响其使用功能和使用寿命。

2. 原因分析

（1）由于墙体自身变形而发生开裂，尤其是轻质墙体其变形较大。墙体变形开裂后，附着在墙面上的涂膜自然发生开裂。

（2）基层和抹灰层发生开裂。即基层未清理干净或表面太光滑，墙面水泥砂浆找平层与基体黏结不牢；或基体材料强度较低（如轻质墙体），或基体自身干缩产生变形开裂，或抹灰层厚度过大或一次抹灰太厚，或在硬化中未按规定进行养护等，均可导致基层开裂而造成涂膜开裂。

（3）如果在刷（喷）涂料前用水泥浆（或1∶1的水泥细砂砂浆）嵌塞抹灰面层，很容易使抹灰面层发生开裂，连带着涂膜产生开裂。

（4）外墙面抹灰层不分缝，或者缝隙间距过大，在抹灰砂浆产生干缩时，由于无分缝隙或分缝隙过大，容易使抹灰层表面发生裂缝，从而导致涂膜也产生开裂。

（5）基层未进行认真处理，抹灰层所用的砂浆强度太低，或者基层上有掉落粉末、粉尘、油污等。

（6）使用不合格的涂料，尤其是涂料中所用基料过少，而掺加的填料和颜料过多，或者成膜助剂用量不够，也容易使涂料干燥中产生开裂。

（7）在进行基层处理时，所用的腻子柔韧性比较差，特别是室内冬季供暖后，受墙体热胀冷缩的影响，墙的表面也极易发生变形，引发腻子开裂，从而导致涂膜开裂。

（8）乳胶涂料的基料采用的是不同类型的乳液，每一种乳液都有相应的最低成膜温度。如果为了抢工期，在较低的气温下涂刷乳胶涂料，当环境温度达不到乳液的成膜温度时，乳液则不能形成连续的涂膜，从而导致乳胶涂料出现开裂。

（9）当底涂或第一道涂层涂刷过厚而又未完全干燥就开始涂刷面层或第二道涂料时，会由于内外干燥速度和收缩程度不同，涂膜开裂。

（10）在涂料施涂后，由于环境温度过高或通风很好，涂膜的干燥速度过快，形成表面已干而内部仍湿，也容易使涂膜产生开裂。

3. 防治措施

（1）如果墙体或抹灰层有开裂缺陷，可以采取以下相应防治措施：抹灰层的水泥砂浆应采用强度等级不低于42.5MPa的普通硅酸盐水泥配制，抹灰后应在湿润条件下养护不少于7d，冬季施工应采取保温措施；对于砖墙应设置伸缩缝和拉结筋，混凝土基体应用界面处理剂处理基体表面等。

（2）为了避免涂膜基层产生开裂，抹灰面层压光时可采用海绵拉毛，也可采用塑料抹子压光。在砂浆面层成活后，不要再加抹水泥净浆或石灰膏罩面，局部修补宜用经检验合格的商品专用修补腻子。

（3）外墙面受到温差胀缩影响很大，抹灰层应当设置分缝格，水平分缝可设置在楼层的分界部位，垂直分缝可设置在门窗两侧或轴线部位，间距宜为2～3m。

（4）过去内墙涂料涂刷一般不需要封闭底涂，但从工程实践和成功经验来看，封闭底涂的使用对防止涂膜开裂和确保工程质量有重要作用。因此，对于新建建筑物的内外墙混凝土或砂浆基层表面，均应当涂刷与面层涂料配套的抗碱封闭底涂；旧墙面在清除酥松的旧装修层后，应当涂刷界面处理剂。

封闭底层涂料具有很多优越性，可以使风化、起粉、酥松等强度较低的基层得到较大的加强；可以明显降低基层的毛细吸水能力，并使之具有憎水性；可以使底层涂料能渗入到基层一定深度，并形成干燥层，阻碍外部水分的侵入和内部可溶性盐碱的析出；可以具有较高的透气性，基层内部的水分能以水汽形式向外扩散；可以增强面层涂料和基层的黏结力，不仅能避免涂膜产生开裂，而且能延长涂料的使用寿命。

（5）选用柔韧性能好、能够适应墙体或砂浆抹灰层温度变化、干缩变形，并经检验合格的商品腻子（内墙可选用建筑耐水腻子，外墙可选用聚合物水泥基腻子）。对腻子的技术要求是：按照腻子膜柔韧性方法测试，腻子涂层干燥后绕 50mm 而不断裂为合格，腻子的线收缩率小于 1% 时则不易开裂。

涂饰工程实践证明，水泥砂浆基层、高弹性抗裂腻子、普通乳胶漆三者结合，是属于优化组合，不仅可以较好地防止涂膜开裂，而且搭配合适、价格适中、性能适宜。高弹性抗裂腻子涂层厚度达到 1.2～1.5mm，解决裂缝的可靠性更高。

二、溶剂型涂料的质量问题与防治措施

溶剂型涂料对涂刷条件要求不高，可在较广的温度范围内进行施工。溶剂型涂料稠度较大而不易流淌；溶剂型涂料流平性好，漆膜平滑，刷纹或辊纹少。溶剂型涂料的表面渗透性强，特别是对露天的木头，可增加其附着力和表面保护能力；在平滑的表面上油性漆的附着力较好；溶剂型涂料有较鲜艳夺目的光泽；溶剂型涂料的漆膜比较坚硬。

总之，溶剂型涂料形成的涂膜细腻光滑、质地坚韧，有较好硬度、光泽、耐水性和耐候性，气密性好，耐酸碱性强，对建筑物表面有较好保护作用，使用温度最低可达到 0℃。其主要缺点是：在涂饰施工时有大量的有机溶剂挥发，会造成环境污染；易引起火灾；对人体毒性较大；涂膜透气性较差，不宜在潮湿基层上施工；价格比较高。

（一）涂料出现色泽不匀

1. 质量问题

色泽不匀是在涂料涂饰工程中最常见的一种质量问题，在透明涂饰工艺、半透明涂饰工艺及不透明涂饰工艺中均可出现，一般产生于上底色、涂刷色漆和刮着色腻子的过程中。色泽不匀严重影响涂料工程的美观。

2. 原因分析

（1）被涂饰的木质不相同、不均匀，对着色吸收不一样，或着色时揩擦不匀，尤其深色重复涂刷；染色后色彩鲜艳，但容易发生色调浓淡不匀现象；在涂过水色后，木质涂面遭到湿手触摸；操作不当，配料不同，涂刷不均匀，都是出现色泽不匀的原因。

（2）在上色后的涂面上刮着色腻子，由于腻子中所含的水分多、油性少，从而引起白坯面上填嵌腻子的颜色深于刮的腻子。特别是在着色腻子中任意加入颜料及体质颜料，最容易引起色漆的底漆与面漆不相同。

（3）在相同的底层上如果涂刷的涂料遍数不同，或相同涂料、相同遍数涂刷在不同色的基层上，均可形成色泽不匀。

3. 防治措施

（1）在涂刷水色前，可在白木坯上涂刷一遍虫胶清漆，或揩擦过水老粉后再涂刷一遍虫胶清漆，以防止木材出现色泽过深及分布不匀的现象。如果局部吸收水色过多，可用干净的干棉纱将色泽揩擦淡一些；如果水色在物面上不能均匀分布，在某些部位甚至涂刷甚少，可用蘸有水色的排笔擦一遍后再进行涂刷，避免在同一部位重复涂刷。

（2）涂刷完毕合格的涂面，要加强对成品的保护，不能再用湿手或潮湿物触摸涂面，更应当注意千万不可遭受雨水和其他物质侵入。

（3）刮腻子中应当水分少、油性多，底色、嵌填腻子、刮腻子配制的颜色应当由浅到深，着色腻子应当一次配成，不能任意加色或加入体质颜料。在不透明涂饰工艺中涂刷色漆，应当底层浅面层深、逐渐加深，涂刷时要用力均匀，轻重一致。

（4）木质建筑和家具的涂饰一般都采用虫胶漆液打底，由于虫胶涂料呈紫色或棕黄色，不宜做成浅色或本色漆；虫胶底漆与聚氨酯面漆的附着性差，往往产生漆膜脱落现象；其耐热度一般为 80℃ 左右。因此，采用树脂色浆的新工艺，或采用 XJ-1 酸固化氨基底漆代替虫胶底漆，是适用涂饰淡色或本色木材的好底漆，其具有颜色很浅、封闭性好、用量节省等优点，但在高湿和低温下干燥速度较慢，需掺加浓度为 2% 的硫酸作硬化剂。

（二）涂料涂刷出现流坠

1. 质量问题

在垂直物体的表面，或线角的凹槽部位或合页连接部位，有些涂料在重力的作用下发生流淌现象，这也是涂料涂饰中最常见的质量问题之一。轻者形成串珠泪痕状，严重的如帐幕下垂，形成突出的山峰状的倒影，用手摸涂膜的表面明显地感到流坠部位的漆膜有凸出感，不仅造成涂料的浪费，而且严重影响漆膜外观。

2. 原因分析

（1）在涂料配制的过程中，为了便于涂刷而在涂料中掺加稀释剂过多，降低了涂料正常的施工黏度，涂料不能很好地附着在物体的表面而产生流淌下坠。

（2）一次涂刷的漆膜太厚，再加上底层干燥程度未达到要求，紧接着涂刷上层，在涂料与氧化作用未完成前，由于涂料的自重而造成流坠。

（3）涂刷涂料的施工环境温度过低，或湿度过大，或涂料本身干燥速度较慢，也容易形成流坠。

（4）使用的稀释剂挥发太快，在漆膜未形成前已挥发，从而造成涂料的流平性能差，很容易形成漆膜厚薄不匀；或使用的稀释剂挥发太慢，或周围空气中溶剂蒸发浓度高，涂料流动性太大，也容易发生流坠。

（5）在凹凸不平的物体表面上涂刷涂料，容易造成涂刷不均匀，厚薄不一致，涂料较厚的部位容易发生流坠；物体表面处理不彻底、不合格，不仅有毛刺、凹坑和纹痕，而且还有油污、灰尘和水等，结果造成涂料涂刷后不能很好地附着在物面上，从而形成自然下坠。

（6）在涂刷物体的棱角、转角或线角的凹槽部位、合页连接部位时，没有及时将这些不明显部位上的涂料收刷，因此处涂料过厚而造成流坠。

（7）涂刷涂料选用的漆刷太大，刷毛太长、太软；或涂刷涂料时蘸得油太多，均易造成涂料涂刷厚薄不均匀，较厚的部位自然下坠。

（8）在喷涂涂料时，选用的喷嘴孔径过大，喷枪距离物面太近，或喷涂中距离不能保持一致；喷漆的气压不适宜、不均匀，有时太小、有时太大等，都容易造成漆膜不均匀而产生自然下坠。

（9）涂料中含重质颜料过多（如红丹粉、重晶石粉等）；喷涂前搅拌不均匀，颜料研磨不均匀；颜料湿润性能不良，也会使涂料产生流坠。

（10）有些经涂料涂刷后的平面，涂刷的涂料厚度较厚，未经表面干燥即竖立放置，则形成涂料自然下坠。

3. 防治措施

（1）根据所涂饰的基层材料，选用适宜优良的涂料材料和配套的稀释剂，这是避免产生流坠的重要措施，必须引起足够的重视。

（2）在涂饰涂料之前，对于物体表面一定要认真进行处理，要确保表面平整、光滑，不准有毛刺、凹凸不平和过于粗糙，要将物体表面上的油污、水分、灰尘、杂物等污物彻底清除干净。

（3）物体表面凹凸不平部位要正确处理。对于凸出部位要铲磨平整，凹陷部位应用腻子抹平，较大的孔洞要分次用力填塞并抹平整。

（4）涂刷涂料要选择适当的施工环境温度和湿度。一般涂料（生漆除外）施工环境温度以 15～25℃、相对湿度以 50%～70% 最适宜。

（5）选用适宜的涂料黏度。涂料的黏度与施工环境温度、涂饰方法有关，当施工环境温度高时，黏度应当小一些；采用刷涂方法黏度应稍大些，如喷涂硝基清漆为 25～30s，涂刷调和漆或油性磁漆为 40～45s。

（6）涂料涂饰要分层进行，每次涂刷涂料的漆膜不宜太厚，一般涂料控制在 50～70μm 范围内，喷涂的涂料应比刷涂的稍微薄一些。

（7）如果选用喷涂的方法，关键在于选择喷嘴孔径、喷涂压力和喷涂距离。喷嘴孔径一般不宜太大，喷涂空气压力应在 0.2～0.4MPa 范围内，喷枪距物体表面的距离，使用小喷枪时为 15～20cm，使用大喷枪时为 20～25cm，并在喷涂中保持距离一致性。

（8）在涂料喷涂正式施工前，首先进行小面积喷涂试验，检验所选择涂料、配套稀释剂、喷涂机械、喷涂压力和喷涂距离是否合适。另外，还要确定以下两个方面：一是要采用正确的喷涂移动轨迹，一般可采用直喷、绕喷和横喷；二是确定喷枪的正确操作技术，距喷涂物表面距离适宜。

（9）选用刷涂方法涂饰涂料时，要选择适宜的涂料刷子，毛要有弹性、耐用，根部粗、梢部细、鬃毛厚、口部齐，不掉毛。刷门窗涂料时可使用 50mm 刷子；大面积刷涂可使用 60～75mm 刷子。刷面层漆或黏度较大的涂料时，可用七八成新的涂料刷子；刷底漆或黏度较小的涂料时，可用新涂料刷子。

（10）刷油的顺序要正确，这是保证涂刷质量和不产生流淌的重要技术工艺。要坚持采用正确的涂刷工艺。在理油前应在涂料桶边将涂料刷子内的涂料刮干净后，再将物面上的涂料上下（或顺木纹）理平整，做到涂料厚薄均匀一致，涂刷要按照一定方向和顺序进行，不要横涂乱抹。在线角和棱角部位用涂料刷子轻按一下，将多余的涂料蘸起来并顺开，避免此处漆膜过厚而产生流坠。

（11）垂直表面上涂刷罩光面漆必须达到薄而匀的要求，使用的刷子以八成新最为适宜；涂刷涂料后的平板要保持平放，不能立即竖起，必须待涂料表干、结膜后才能竖起。

（三）涂膜粗糙、表面起粒

1. 质量问题

在涂料涂饰在物体表面上后，漆膜中颗粒较多，表面比较粗糙，不但影响涂料表面美观，而且会造成粗粒凸出，部分漆膜早期出现损坏。各类漆膜都可能出现这类质量问题，但相比之下，油脂漆的漆膜较软且粗糙，酚醛树脂漆的漆膜较脆，都比较容易产生小颗粒；有光涂料由于外表面光滑，问题最为明显；亚光涂料次之，无光涂料不易发现。

2. 原因分析

（1）在涂料的调制过程中，如果研磨不够、用油不足都会产生漆膜粗糙；有的涂料调配时细度很好，但涂刷后却又现出斑点（如酚醛与醇酸清漆），混色漆中蓝色、绿色及含铁蓝等涂料均容易产生面层粗糙。

（2）涂料在调制时搅拌不均匀，或贮存时产生凝胶，贮存过长涂料变质，过筛时不细致，将杂质污物混入涂料中；在调配涂料时，产生的气泡在涂料内尚未散开便涂刷，尤其在低温情况下，气泡更不容易散开，涂膜在干燥过程中即产生粗糙。

（3）在涂料涂饰施工中，将两种不同性质的涂料混合使用，造成干燥较快的涂料即刻发生粗糙，干燥较慢的涂料涂完后才发生表面粗糙。如用喷过油性涂料的喷枪喷硝基涂料时，溶剂可将旧漆皮咬起成渣而带入硝基涂料中，从而造成表面粗糙。

（4）施工环境不符合要求，空气中有灰尘和粉粒；刮风时将砂粒等飘落于涂料中，或直接沾在未干的涂膜上。

（5）在涂刷涂料前，未对物体表面进行认真清理，表面打磨不光滑，有凹凸不平、灰尘和砂粒，尤其是表面上的油污和水清理不干净，更容易造成涂料流坠。

（6）漆桶、毛刷等工具不洁净，涂料表面沾有漆皮或其他杂物；涂料的底部有灰砂，或未经过筛就进行涂刷，都会使漆膜粗糙。

（7）使用喷涂方法时，由于喷枪孔径小、压缩空气压力大，喷枪与被涂表面距离太远，施工环境温度过高，喷涂未到达物面便开始干结，或将灰尘带入涂料中，均可使涂膜出现粗糙现象。

3. 防治措施

（1）根据被涂饰物的材料，选择适宜、优良的涂料；对于贮存时间长、技术性能不明的涂料，不能随便使用，应样板试验合格后再用于工程。

（2）涂料的调制质量是漆膜质量好坏的关键，必须严格配比、搅拌均匀，并过筛将混入的杂物除净，必须将其静置一段时间，待气泡散开后再使用。

（3）对于型号不同、性能不同的涂料，即使其颜色完全相同也严格禁止混合使用，只有性质完全相同的涂料才可混合在一起，喷涂硝基涂料时应当用专用的喷枪。

（4）选择适宜的涂饰天气，净化涂料的施工现场，做好涂膜成品的保护工作。对于刮风或有灰尘的现场不得进行施工，刚涂刷完的涂料应采取措施防止尘土的污染。

（5）认真处理好基层表面，在涂料涂饰前，对凹凸不平部位应当刮上腻子，并用砂纸打磨光滑，擦去粉尘后再涂刷涂料。

（6）涂料的边缘应保持洁净，不应有旧的涂料皮。未使用完的涂料，应当立即封盖，或表面加些溶剂，或用纸、塑料布遮盖，防止涂料表面结皮或杂物落入桶内。

（7）当选用喷枪进行涂饰时，应当通过喷涂试验确定适宜的喷嘴孔径、空气压力、喷枪与物面距离、喷枪移动轨迹，并熟练掌握喷涂施工工艺。

（8）当在涂饰施工中发现底漆有粗粒时应先进行底漆处理，待处理合格后再涂刷涂料面层。

（四）漆膜上出现针孔缺陷

1. 质量问题

漆膜上出现圆形小圈，形成周围逐渐向中心凹陷，小的状如针刺，较大的如麻点的小孔，这种缺陷称为针孔。针孔的直径为 $100\mu m$ 左右，膜从里到外都贯穿成一条条针一样细的通道。针孔几乎穿透了整个漆膜，这样就降低了漆膜的密闭性，使外部水分极易浸入漆膜内部，直至底材。

一般是以清漆或颜料含量较低的磁漆，用喷涂或滚涂进行涂饰时容易出现；硝基漆、聚氨酯漆在施工时，漆膜在涂刷的物面上留下的小气泡，经打磨后易破裂，留下犹如针孔状的小洞。在漆膜表面出现针孔缺陷，不仅影响漆膜的使用寿命和美观，而且严重降低漆膜的密闭性和抗渗透性。

2. 原因分析

（1）选用的溶剂品种或配比不当，低沸点的挥发性溶剂用量过多；涂刷后在溶剂挥发到初期结膜阶段，由于溶剂挥发过快，漆液来不及补充挥发的空档，从而形成一系列小穴及针孔；溶剂使用不当或施工环境温度过高，如沥青漆用汽油稀释就会产生（部分树脂析出）针孔，经烘烤时这种现象将更加严重。

（2）烘干型涂料如果进入烘烤箱过早或烘烤不均匀，则容易出现针孔缺陷，如果受高温烘烤则更严重。

（3）施工中不够细致，腻子打磨不光滑，尚未干燥一定程度；或底层出现污染；或未涂底漆或二道底漆，急于喷涂面漆，均可能出现针孔缺陷。采用硝基漆，比油基的涂料更容易出现针孔。

（4）施工环境湿度过高，喷涂设备油水分离器失灵，喷涂时水分随着压缩空气经由喷嘴喷出，也会造成漆膜表面针孔，严重者还会出现水泡。另外，喷嘴距离被喷的物体面太远，压缩空气压力过大，都容易出现针孔缺陷。

（5）硝基漆面出现针孔的原因：一是配制涂料的稀释剂质量不佳、品种不当、配比不对，造成含有水分，挥发不均衡；二是涂刷操作工艺不熟练、不认真，结果造成涂层厚薄不均匀，涂刷或喷涂质量低劣。

（6）聚氨酯漆面出现针孔的原因：一是被涂物体或涂料、溶剂中含有水分；二是腻子或底漆干燥程度不符合要求涂刷面漆；三是涂料中加入的低沸点溶剂或干燥剂过多；四是涂刷漆膜太厚，表面结膜太快，形成外干内不干；五是被涂刷物体的基层未处理好。

3. 防治措施

（1）烘干型漆液的黏度要适中，涂刷完毕后不要急于进入烘烤箱，要在室内温度下放置15min。在烘烤过程中，应当先以低温预热一段时间，然后按规定控制温度和时间，使涂料中的溶剂正常挥发。

（2）沥青烘漆用松节油稀释，涂漆后要静置 15min，烘烤时先用低温烘烤 30min，然后按规定控制温度和时间。在纤维漆中可加入适量的甲基环己醇硬脂酸或氯化石蜡；在"酯胶清漆"中可加入 10% 的乙基纤维，这样既可以防止针孔产生又能改进涂料的干性和硬度；对于过氯乙烯漆，可用调整溶剂挥发速度的方法来防止针孔的产生。

（3）涂于基层的腻子涂层一定要填刮密实、刮涂光滑，喷漆前要涂好底漆再进行面漆涂刷。如果对涂料涂刷要求不太高，底漆应尽量采用刷涂，刷涂速度虽然施工较慢，但可以较好填补针孔。

（4）在喷涂面层漆时，施工环境相对湿度以 70% 为宜，并认真检查喷涂设备油水分离器的可靠性。使用的压缩空气需要经过过滤，严禁油、水及其他杂质的混入。

（5）硝基漆的施工中防治措施：涂刷木质物体所用的稀释剂，宜采用低毒性苯类或优质稀释剂等溶剂，以便使溶剂均匀挥发。涂刷厚度应均匀一致，涂刷后在漆膜上用排笔轻轻掸一下，以减少小气泡。对于凹陷的小针孔，可用棉球蘸着蜡揩平整。

（6）聚氨酯漆的施工中防治措施：被涂刷表面必须充分干燥，木质制品含水率不得大于12％；待腻子和底漆完全干燥后才能涂刷面层漆；配制涂料的溶剂不能含有过多的水分，使用前必须进行水分含量的测定；采用溶解力强、挥发速度慢的高沸点溶剂；涂刷的每层涂料厚度不可太大；不平整的漆膜不能用水砂纸磨平。

（五）漆膜表面出现刷纹缺陷

1. 质量问题

在涂刷涂料后漆膜上留有明显的刷痕，待干燥后依然有高低不平的"涂刷纹"，高的"涂刷纹"称"漆梁"，低的"涂刷纹"称"漆谷"。刷纹明显的部位漆膜厚薄不均，不仅影响涂层的外观，而且漆谷底部是漆膜最薄弱环节，是引起漆膜开裂的地方。

"涂刷纹"在平整光滑的表面上比较明显，当表面比较粗糙时不显"涂刷纹"；当有光漆的底面上有涂刷纹时，其面层的"涂刷纹"更加明显；在颜料含量较高的涂料中"涂刷纹"比较多见。

2. 原因分析

（1）涂料中的填料吸油量大，颜料中含水较多；或涂料中的油质不足或涂料中未使用熟炼油，都会造成涂料流平性差，涂刷形成"涂刷纹"。

（2）如果涂料贮存时间过长，遇水形成乳化悬垂体，使涂料黏度增大呈现非真厚的状态；涂料中挥发性溶剂过多，挥发速度太快，或涂料的黏度较大等，涂刷后漆层还未流平整而表面就迅速成膜；底层物面吸收性太强，涂料涂刷后很快被基层吸干，必然造成涂刷困难，用力涂刷时也很容易留下刷纹。

（3）涂刷技术好坏是是否产生刷纹的重要原因，即使选用的是优质涂料和油刷，如果涂刷方法不正确、涂刷时不仔细，也会产生刷纹，如漏刷、油刷倾斜角度不对，收刷子的方向无规律，间隔时间过长，用力大小不同。基层过于粗糙或面积过大，而选用的漆刷太小，毛太硬，也易产生刷纹。

（4）刷纹的产生与涂料的种类有很大关系，实践证明磁性涂料要比油性涂料更容易显露刷纹。如硝基漆和过氯乙烯漆的干燥速度过快，尤其是在高温环境下，漆膜来不及涂刷均匀就开始成膜，造成明显的刷纹。

（5）刷涂环境温度与是否产生刷纹也有密切关系。如果环境温度过高，涂料中的溶剂挥发速度快，很容易造成涂料来不及流平、漆膜尚未刷匀，油刷已拉不动，易产生刷纹。

（6）与猪鬃混合使用的油刷以及尼龙或其他纤维的毛刷，不仅不容易将涂层涂刷均匀，而且易产生刷纹。

3. 防治措施

（1）选用优良的涂料，不使用挥发性过快的溶剂，涂料黏度应调配适中。为防止出现刷纹，可采取以下技术措施：在涂料中掺加适量的稀释剂，调整涂料的稠度；开油的面积应与涂料品种、施工温度等相适应，不要太大；选用的涂料刷子要合适，不得过硬过软；在吸收强的底层上先刷一道底油；施工温度一般控制在 $10 \sim 20 ℃$ 范围内；选用挥发性慢的溶剂或稀释剂。

（2）猪鬃涂料刷子对涂料的吸收性比较适宜，弹性也较好，适宜涂刷各种涂料。挑选技术熟练的涂料工进行涂刷，认真细致地涂刷可以减轻刷纹，如果最后一遍面漆能顺木纹方向涂刷，将大大减轻、减少刷纹。

（3）在涂刷磁性涂料时，要选用较软的漆刷，最后"理油"时的动作一定要轻巧，要顺木纹方向平行操作，不要横涂乱抹。

（4）涂刷硝基涂料和过氯乙烯涂料等快干漆时，刷涂的动作一定要迅速，往返涂刷的次数要尽量减少，并将这类漆调得稀一些。刷漆难免留下一定的刷纹，对工艺要求较高的饰面，应采用喷涂或擦涂的方法。

（六）涂漆时出现渗透色现象

1. 质量问题

漆膜渗透色是指在深色底漆上再涂浅色涂料时，深色底漆被浅色面漆所溶解，底漆的颜色渗透到面漆上来，使底漆与面漆颜色混杂，严重影响涂料涂饰的外观。

2. 原因分析

（1）底层使用了干燥速度慢的材料。如大漆腻子刮在物体表面后，其干燥速度极慢。在这种物面上无论涂刷水色还是油色或酒色，即使刚刷后的颜色很均匀，但经过 0.5h 左右的时间，大漆的黑斑腻子部位的颜色就会全部显露于漆面。再如涂过沥青的物面再刷涂料，漆面上会出现沥青的痕迹。

（2）底漆尚未彻底干燥时就开始涂刷面漆，如在未干的红丹酚醛防锈漆上，涂刷蓝、绿醇酸磁漆或调合漆时，就很容易使底漆的颜色渗到面漆表面。在喷涂硝基漆时，由于溶剂的溶解性很强，下层的底漆有时会透过面漆，使面漆颜色产生污染。

（3）在涂刷底漆之前，未彻底清除物面上的油污、松脂、染料、灰尘、杂物等，又未用虫胶漆进行封闭，即刷涂料，造成漆膜渗色。

（4）如果底漆是深色或含有染色，而面漆是浅色。如白色面漆涂刷在红色或棕色的底漆上，面漆会渗出红色或棕色，特别是硝基漆渗透色现象更加严重。

3. 防治措施

（1）底层不用干燥速度慢的大漆腻子打底。着色腻子必须浅于底漆和面漆，刮的腻子应均匀一致，并认真做好封闭隔绝底色工作。由于虫胶漆打底存有一些缺陷，可采用树脂色浆打底。

（2）底漆与面漆应配套使用，尤其是面漆中的溶剂对底漆的溶解性要弱，要待底漆彻底干透后才能涂刷面漆，不要单纯追求进度、急于求成。

（3）在涂刷底漆前，一定要彻底清除基层面上的油污、松脂、沥青、染料、灰尘、红汞、杂物等，除掉面漆渗透色的根源。

（4）涂刷不同颜色的硝基漆时，在面漆中应适当减少稀释剂的用量，涂刷的厚度要尽量薄，使漆膜能迅速干燥，防止面漆对底漆产生溶解渗色。

（5）在大面积涂料正式刷（喷）涂前，对所采用的腻子、底漆和面漆进行样板试验，待完全符合要求，不再出现渗透色现象后，将试验成功的各种材料用于实际工程。

（七）漆膜发生失光现象

1. 质量问题

漆膜发生失光现象，是指有光漆在成膜后不发光，或者发光达不到原设计的效果，不能实现原来的装饰效果。

2. 原因分析

（1）被涂表面未进行认真处理，表面孔隙较多或比较粗糙，经涂刷有光漆后不能显示出涂料的光亮，即使再加一层漆也很难发光。

（2）采用虫胶漆和硝基漆时，必须在平整光滑的底层上经过多次涂刷后才有光亮，如果涂刷次数较少是不会显示光亮的；采用大漆中掺加熟桐油量不足，也会使漆膜呈半光或无光状态。

（3）木材是一种多孔性材料，在涂刷面漆前必须进行封闭处理。如果木质表面没有用清漆作封闭底漆，面漆内的油分会逐渐渗入木材的孔中，使涂料失去光亮。

（4）如果在涂料中混入煤油或柴油，由于煤油和柴油对涂料的溶解能力差，容易使涂料变粗，从而使漆膜呈半光或无光状态。

（5）如果涂料中稀释剂的用量过多，降低了固体分子的含量，再加上涂刷次数较少，漆膜达不到应用的厚度，造成漆膜没有光泽。

（6）使用颜料含量过多的色漆涂刷，如果涂料搅拌不均匀，则形成桶上部的涂料颜料较少、涂料较多，涂刷后光泽较好；而桶下部的涂料颜料较多、涂料较少，涂刷后光泽较差或无光泽。

（7）如果将几种不同性能的涂料混合涂装面漆，或者在硝基清漆内加入过多的防潮剂，也会引起漆膜失光。

（8）施工环境不好，被涂刷的物体表面有油污、水分或气候潮湿，施工环境温度太低，施工场所不干净，或在干燥过程中遇到风、雨、雪、烟雾等，漆膜也容易出现半光或无光。特别是掺加桐油的涂膜，遇到风雨、煤烟熏后很容易失光。油性漆膜受到冷风袭击后，既干燥速度极慢，又会失去光泽。

（9）底漆和腻子未完全干透就涂刷面漆，不仅容易产生互相渗透色现象，而且也会造成面漆失光。

（10）选用的涂料不符合使用环境的要求，如使用耐晒性差的涂料，涂刷初期虽有较好的光泽，但漆膜经一段时间的日光暴晒，很快就会失去光泽。

3. 防治措施

（1）加强对涂层表面的处理，用适宜的腻子将涂层确实刮光滑，这样才能发挥有光漆的作用。木质表面应用清漆或树脂色浆将其进行封闭，避免木材细孔将漆中油分吸入。尽量用聚氨酯清漆或不饱和聚酯清漆取代硝基清漆和虫胶漆。

（2）在冬期进行涂料涂刷时，应首先进行涂膜干燥试验，以确定再采取的其他措施。对于涂刷施工现场，必须堵塞门窗以防寒风袭击，在涂料中加入适量的催干剂，或采取其他的升温干燥措施。

（3）当采用挥发性涂料涂刷时，施工现场的相对湿度以 60%～70% 为宜，如果湿度过大，工件应预热，或在涂料中掺加 10%～20% 的防潮剂。

（4）在涂料涂刷施工期间，应当选择良好的天气（晴朗、无风、干燥），排除施工场地的煤气和熏烟，防止因污染未干燥的涂膜而失去光泽。

（5）稀释剂的掺量应适宜，应保持涂料的正常黏度。根据工程经验，刷涂的黏度为30s以上，喷涂的黏度为20s左右。

（6）当采用色漆进行涂刷时，应先在桶内搅拌均匀后才能进行稀释和涂刷，这样才能避免上部涂料发光、下部涂料无光。

（7）室外应采用耐腐蚀、耐候性好的涂料。

（八）漆膜在短期内产生开裂

1. 质量问题

漆膜开裂是涂料的一种老化现象，也是一种比较严重的质量问题。大部分涂料天长日久受到氧化作用，使漆膜逐渐失去弹性、增加脆性，就会发生开裂。

涂料漆膜开裂，从表面现象上有粗裂、细裂和龟裂之分。粗裂和细裂是漆膜在老化过程中产生的收缩现象，即漆膜的内部收缩力大大超过它的内聚力而造成的破裂。龟裂是指漆膜破裂到底露出涂饰的物面，或表面开裂外观呈梯子状或鸟爪状。

2. 原因分析

（1）被涂饰的木材含水率大于12%，在涂料涂刷完毕后，木材中的水分向外蒸发，产生干缩变形，变形过大时使漆膜产生开裂。

（2）底漆涂膜太厚，未等干透就涂刷面漆，或者采用"长油度"的涂料作为底漆，而罩上"短油度"面漆，两种漆膜的收缩力不同，会因面漆的弹性不足而产生开裂，厚度越大收缩越大，漆膜开裂后甚至会露出底漆。

（3）选用的涂料品种不当，如室内用的涂料或"短油度"涂料被用于室外涂装，由于这类涂料抗紫外线辐射性能不良，涂刷不久就会出现开裂。

（4）选用的涂料质量不好。例如，采用低黏度硝化棉制成的硝基漆，由于缺乏良好的耐久性和耐候性，或未经耐候性、耐光性良好的合成树脂进行改性。又例如大漆本身的含水率高，或在大漆中掺加水分，未进行充分涂刷调理等。

（5）在配制涂料或在涂刷涂料前，未将涂料搅拌均匀，从而造成油桶中的涂料下部颜料含量较多，而上部含量较少，使用颜料含量较多的涂料时易出现裂纹。

（6）油漆工的技术操作水平较差，再加上涂刷时不认真仔细，很容易出现刷纹，则"漆谷"成为易产生开裂的薄弱环节。

（7）配制涂料时掺加了过量的挥发性成分或催干剂，干燥速度过快、收缩过大而造成开裂。在硝基漆调制过程中，所掺加的稀释剂不当，也会出现类似状态。

（8）漆膜受到不利因素影响，造成表面开裂。如日光强烈照射，环境温度高、湿度大，漆膜突然受冷热而产大过大伸缩，水分吸收和蒸发时的穿透作用比较频繁，使用过程中有侵蚀介质的反复作用，在使用期保护、保养不当等均可以产生漆膜开裂。

3. 防治措施

（1）严格控制涂饰基层的含水量，以防止基层产生较大的干缩。如木材制品的含水率应严格控制在12%以下。

（2）正确选择涂料的品种；在达到规定的干燥时间后再涂刷下一层涂料；涂料中掺加的

挥发性成分或催干剂应适量；漆膜上沾有浆糊或胶水应立即清除干净。

（3）采用品质优良的涂料。在硝基漆的制造过程中，必须用高黏度硝化棉作原料，并用性能良好的合成树脂进行改性，以提高硝基漆的耐候性、耐光性和耐久性。还需要加入耐光性良好的稀释剂、增韧性等优质助剂，以增强漆膜的柔韧性。

（4）明确涂刷工艺具体要求，提高油漆工的操作水平，不得出现刷纹缺陷。在使用过程中尽量避免日光暴晒和风吹雨打，漆膜应定期用上光剂进行涂揩、保养，以延长漆膜寿命。

（九）漆膜发生起泡

1. 质量问题

涂刷的漆膜干透后，表面出现大小不同凸起的气泡，用手指按压稍有弹性，气泡是在漆膜与物面基层，或面漆与底漆之间发生的。富有弹性非渗透性的漆膜被下面的气体、固体或液体形成的压力鼓起各种气泡。气泡内的物质与涂刷面的材料有关，一般有水、气体、树脂及铁锈等。

新生成的气泡软而有弹性，旧气泡硬脆易于清除。漆膜下的水、树脂和潮气上升到漆面形成的气泡，与阳光或其他热源产生的热量有关，一般情况下热量越大，则产生气泡的可能性越大，形成的气泡越持久。深色涂料反射光的能力差，对热量的吸收比较多，比浅色涂料更容易产生气泡。

2. 原因分析

（1）耐水性较差的涂料用于浸水物体的涂饰，采用的油性腻子未完全干燥或底漆未干就涂刷面漆，石膏凝胶中的水或底漆膜中残存的溶剂受热蒸发，腻子和底漆中的水分和溶剂气化时逸散不出，均可形成气泡。

（2）采用喷涂方法施工时，压缩空气中含有水分和空气，与涂料一同被喷涂在涂饰面上；或者涂刷的漆黏度太大，当漆刷沿着涂料涂刷时夹带的空气进入涂层，不能跟随溶剂挥发而产生气泡。

（3）施工环境温度太高，或日光强烈照射使底漆未干透，遇到雨水又涂刷面漆；底漆在干结时产生气体将面漆膜顶起，形成气泡。另外，如果在强烈的日光下涂刷涂料，涂层涂得厚度过大，表面的涂料经暴晒干燥，热量传入内层涂料后，涂料中的溶剂迅速挥发，结果造成漆膜起泡。

（4）底漆涂刷质量不符合要求，留有小的空气洞，当烘烤时空气膨胀，也会将外层漆膜顶起。涂料品种选用不当，如醇酸磁漆涂于浸水材料表面；漆膜过厚，与表面附着不牢，或层间缺乏附着力。在多孔表面上涂刷涂料时，没有将孔眼填实，在涂料干燥的过程中，孔眼中的空气受热膨胀后形成气泡。

（5）在木质制品上涂刷涂料产生气泡的原因，主要有以下几个方面。

① 制作的木质制品的含水率超过 15%，水分受热蒸发时漆膜就容易出现气泡，室外朝阳部位和室内暖气附近尤为明显。当气温达到露点后，木材中的水分会产生冷凝，也会使漆膜形成小泡。

② 已风干的木质表面含水量虽然较低，但湿气仍会从木面的某些部位渗入形成气泡。与砖、混凝土接触的木材端部、接缝、钉孔及刮涂不好的油灰都容易吸潮，室外的木质面即使有防雨措施，由于吸入大量的潮湿空气，已风干的木面也会出现气泡。

③ 涂料如果涂刷在树脂含量较高的木面上，特别是涂刷在未风干的新木面上，当受到高温影响后，树脂会变成液态，体积增大形成一定压力，将漆膜鼓起形成气泡，或将漆膜顶破而流出树脂。

④ 有些硬质木面，如橡木表面有许多开放式的管孔，涂刷涂料时易将空气封闭在管孔内，受热后管孔内的气体膨胀形成气泡。

⑤ 使用带水的涂料刷子涂刷，或涂料桶内有水或涂刷面上有露水等，均可使涂层形成潮气产生气泡。

（6）新的砖石、混凝土、抹灰面上的漆膜产生气泡的原因主要有以下两个方面。

① 在含水率较高的新墙面上涂刷不渗透性涂料时，很容易产生气泡，特别是墙的两面都涂刷这类涂料，墙内的水分不易散出，当环境温度升高时，墙内水分向外蒸发，由于漆膜阻挡形成压力，从而产生气泡。

② 水泥及混凝土制品表面为多孔性基层，并含有一定量的盐分和碱性物质，直接涂装涂料往往发生起泡、脱落、泛白等质量问题，甚至与涂料发生皂化作用而损坏漆层。

（7）旧的砖石、混凝土、抹灰面上的漆膜产生气泡的原因主要有以下两个方面。

① 产生气泡的主要原因是基体（基层）内潮湿，潮湿气体因某种原因不断上升，如防潮层产生损坏、室外地面高于防潮层、墙面有破损雨水渗入、给排水或空调系统渗漏等。

② 被涂刷的物面未进行认真清理，基层表面上有细孔而未填实，有脏污（如油污、灰尘、沥青等）未清理干净。

（8）钢铁面上的漆膜产生气泡，主要是由于基体表面处理不当，或底漆涂刷不善而产生锈蚀，含有潮湿的铁锈被涂膜封闭后均会产生气泡。

（9）其他金属面漆膜产生气泡，主要是当环境温度升高或金属基体受热后，溶剂含量高的涂层容易出现气泡。漆膜受热后变软，弹性增大，并可能使涂膜内的溶剂挥发产生气体，从而产生气泡。

（10）聚氨酯漆膜产生气泡的原因主要有以下几个方面。

① 第一道涂层中的溶剂未完全挥发，随即涂刷第二道涂层，由于间隔时间不满足，在两道涂层之间含有挥发性物质，待挥发时便使上层鼓起气泡。

② 施工环境温度太高，或加热速度过快，溶剂挥发的速度超过涂料允许的指标。

③ 在施工过程中有水分或气体侵入，如喷涂施工中，如果油水分离器失灵，会将气体和水带入涂料中。

④ 如果采用虫胶漆作底漆，在化学反应生成一定量的二氧化碳气体，从而形成气泡。

3. 防治措施

（1）基体（基层）表面处理如果采用油性腻子，必须等腻子完全干燥后再涂刷涂料。当基层有潮气或底漆上有水时必须把水擦拭干净，待潮气全部散尽后再做涂刷。

（2）在潮湿及经常接触水的部位涂饰涂料时，应当选用耐水性良好的涂料。

（3）选用的涂料黏度不宜太大，一次涂饰的厚度不宜太厚；喷涂料所用的压缩空气要进行过滤，防止潮气侵入漆膜中造成起泡。

（4）多孔材料干燥后，其表面应及时涂刷封闭底漆或树脂色浆；施工时，避免用带有汗水的手接触工件；工件涂刷完毕后，不要放在日光或高温下；喷涂和刷涂的涂料，应根据使用环境选择适宜的品种。

（5）对于木质面上的涂料涂层应当注意以下几个方面。

① 必须严格控制木材的含水率不得大于 12%。当施工现场湿度较大，无法满足规定含水率时，可在干燥环境中涂刷防潮漆后再运至施工现场安装。

② 含有树脂的木材应对其加温，使树脂稠度降低或流出，然后用刮刀刮除，严重的可将其挖除修补。对含树脂的木面也可经打磨除尘后，涂刷一层耐刷洗的水浆涂料或乳胶漆，使填孔、着色、封闭一步化。

（6）对于新的砖石、混凝土、抹灰面上的涂料涂层应当注意以下几个方面。

① 这类基层面至少要经过 2～3 个月的风干时间，待含水率小于 8%、pH 值在 10 以下时再涂刷涂料。

② 急需刷漆的基层可采用 15%～20% 的硫酸锌或氯化锌溶液涂刷数次，待干燥后扫除析出的粉质和浮粒，即可涂刷涂料。

（7）对于旧的砖石、混凝土、抹灰面上的涂料涂层应当注意以下几个方面。

① 将旧建筑物的缺陷处修补好，等基层完全干燥后再涂刷新的涂层。如果问题无法解决，或未做防潮层，可不涂刷不渗透性涂料，只涂刷乳胶漆一类的渗透性涂料。

② 对于旧混凝土的表面，还要用稀氢氧化钠溶液去除油污，然后再用清水进行冲洗，干燥后再涂刷涂料。

（8）对于钢铁面上的涂料涂层应当注意以下几个方面。

① 采用喷砂方法清除钢铁面上的铁锈，然后涂刷防锈底漆（如红丹），以涂刷两遍为宜，待底漆干燥后再刷面漆。

② 在钢铁面上涂刷涂料，要选择干燥、无风、晴朗、常温天气进行，涂刷前要检查表面处理是否符合要求，重点查看除锈和干燥情况如何。

（9）对于金属面上的涂料涂层应当注意以下几个方面。

① 在涂刷涂料前，应了解金属构件在使用中能经受的最高温度，以便选择适宜涂料品种。

② 在适宜的施工环境中进行涂刷涂料。

（10）对于聚氨酯漆涂层应当注意以下几个方面。

① 必须等第一道涂层中溶剂大部分挥发后再刷第二道，在采用湿工艺涂刷时要特别注意这一点，不能为赶涂刷速度而对漆膜突然进行高温加热。

② 一般宜选用稀释的聚氨酯作为底漆，如果用虫胶漆作为底漆时，必须待虫胶漆彻底干燥后才可涂饰面漆。

③ 施工时，涂饰物面、工具及容器要干燥，严格防止沾上水分，并且不要在潮湿的环境中施工，这是防止聚氨酯漆膜起泡的重要措施。

④ 涂料黏度增高时，可用稀释剂进行稀释，但配合比改变很可能使漆膜出现气泡。因此，对于掺加稀释剂一定要慎重，要进行涂刷试验加以验证，并且不宜再涂装在主要装饰部位。

⑤ 为了防止起泡，可在配制涂料时加入适当硅油，硅油掺加量为树脂漆的 0.01%～0.05%。如果硅油掺加量过多，会出现缩孔、凹陷现象。

三、特种涂料的质量问题与防治措施

最近几年，涂料工业飞速发展，涂料的种类和功能越来越多，涌现出许多具有特种功能的涂料，如防火涂料、防水涂料、防霉涂料、防止结露涂料、保温涂料、闪光涂料、防腐涂料、抗静电涂料、彩幻涂料等。这些特种涂料组成不同、功能不同，所表现出来的质量问题也不相同。下面仅列举几种建筑上常用的特种涂料常见的质量问题并加以分析和处理。

（一）防腐涂料成张揭起

1. 质量问题

在湿度较大的环境中涂刷过氯乙烯防腐涂料面层，或在下层未干透便涂刷上层时，就会使下面涂层成张揭起。涂层成张揭起不仅严重影响涂料涂刷速度，而且还严重影响饰面美观。

2. 原因分析

因过氯乙烯防腐涂料的施涂，是由多遍涂刷完成的，如底层涂膜未干透，则涂膜内残存溶剂即施涂面涂层就会因附着力差而被成张揭起。

3. 防治措施

（1）把好每道涂刷的工序，这是防止成张揭起的根本措施。抹灰面清理洁净、保持干燥。底层涂刷1～2遍。因过氯乙烯涂料干燥特别快，所以操作时只能刷一上一下，不能多刷，更不能横刷刮涂，以免吊起底涂层。

（2）嵌批腻子，过氯乙烯腻子可塑性差、干燥快，嵌批时操作要快。随批腻子随刮平，不能多刮，防止从底层翻起。批腻子后要打磨、擦净。

（3）每道涂层施涂前要确保底层干燥。用0～1号砂纸带水打磨到涂膜无光泽为好。揩擦干净，晾干后再继续涂刷面层涂料。

（二）过氯乙烯涂料出现咬底

1. 质量问题

在涂刷面层涂料时，面涂中的溶剂把底涂膜软化，不仅影响底层涂料与基层的附着力，而且使涂膜产生破坏而咬底。

2. 原因分析

（1）过氯乙烯涂料底涂料未干透或其附着力较差，在涂刷面层涂料后，面层涂料中的溶剂将其软化，从而引起咬底质量问题。

（2）涂刷工艺不当，面层涂料经过反复多次涂刷，使原有的底涂膜溶解破坏，出现"咬色"的现象。

3. 防治措施

（1）过氯乙烯涂料的配套使用　选用 X06-1 磷化底涂料、G06-4 铁红过氯乙烯涂料、G52-1 各色过氯乙烯防腐涂料及 G52-2 过氯乙烯防腐清漆，以整套配合施用。

（2）掌握正确的涂刷工艺　底涂层必须实干，用1号砂纸打磨揩拭干净。涂刷时只能一上一下刷两次，不能多刷，以防咬底。

（三）防霉涂膜层泛碱与"咬色"

1. 质量问题

砌体、混凝土墙体、水泥砂浆、水泥混合砂浆中含碱量大，当受潮后产生泛碱、析白，使涂膜层褪色，影响防霉效果。

2. 原因分析

（1）基层含碱量大，墙基没有做防潮层或防潮层失效，基层下面的水分上升，使墙身反潮、泛碱，导致涂膜褪色，产生霉变。

（2）基体局部受潮湿或漏水，导致泛碱，使涂层起鼓、变色，以致防霉涂层不能防霉。

3. 防治措施

（1）为保持基体（基层）干燥，必须要有防潮技术措施，如墙基要做防潮层、地下室要做好防水层，使防霉基体（基层）保持干燥。抹灰层要经常冲洗，降低碱度。基体（基层）达到干燥后方可施涂涂料。

（2）防霉涂料宜采用氯-偏共聚乳液防霉涂料。其性能是无毒、无味、不燃、耐水、耐酸碱，涂膜致密，有较好的防霉性和耐擦洗性。

（3）涂刷工艺要点

① 认真进行基层处理　要求涂刷防霉涂料的基层，要达到表面平整，无疏松、不起壳、无霉变、不潮湿、干燥的基本要求。

② 杀菌　配制7%～10%磷酸三钠水溶液，用排笔涂刷二遍。涂刷封底涂料，嵌批腻子、打磨，再施涂防霉涂料2～3遍。第一遍干燥后再涂刷第二遍。干燥后再打磨，最后涂刷第三遍。

（四）防火涂膜层开裂与起泡

1. 质量问题

防火涂料的主要功能是防火，又称阻燃涂料。它既具有优良的防火性能，又具有较好的装饰性。当物体表面遇火时，能防止初期火灾和减缓火势蔓延、扩大，为人们提供灭火时间。涂膜层的开裂和起泡都将影响防火效果。

2. 原因分析

（1）木质基层面没有清理干净，使涂层与基层黏结不牢；或木材中含水率大于12%，在干燥过程中产生收缩裂缝，使涂膜也随着出现开裂。

（2）涂刷底层涂膜表面过于光滑，与上层没有足够的黏结力，再加上没有打磨失光就罩面层涂料，底层与面层不能成为一个有机的整体。

（3）不注意涂料的质量，只片面追求降低工程造价，使用劣质防火涂料，其技术性能不能满足设计要求。

3. 防治措施

（1）认真选用优质防火涂料。目前。适合木材面的无机防火涂料的型号为 E60-1，其具有涂膜坚硬、干燥性好、涂饰方便、可防止延燃及抵抗瞬时火焰等优良特性，适用于建筑物室内的木质面和织物面。由于这种防火涂料不耐水，所以不能用于室外。

（2）掌握正确的操作方法，即清理干净、嵌批腻子、打磨平整、涂刷第一遍防火涂料，干燥磨光、打扫干净、涂刷第二遍，最后涂刷第三遍防火涂料。

（五）防水涂膜层开裂与鼓泡

1. 质量问题

防水涂料涂刷完毕不久，涂膜层出现开裂、鼓泡，甚至完全失去防水的功能，从裂缝和鼓泡的部位出现渗漏水现象，这样不仅使水渗入建筑物的基层内部，而且还会危及建筑结构的安全。

2. 原因分析

（1）基层没有认真进行处理，如基层上的油污、粉尘等处理不干净，基层中的含水量过大，或基层本身出现空鼓、裂缝现象。

（2）在涂刷防火涂料前，没有按照有关规定涂刷基层处理剂，造成防水涂料与基层不能很好地黏结在一起。

（3）采用的施工工艺不当，或涂刷中不认真对待，特别是底层涂料没有实干就涂刷面层涂料，两者不能黏结牢固，最容易造成涂膜层起泡。

（4）选用的防水涂料品种不对，或选用的防水涂料质量低劣，均容易造成防水涂膜开裂与鼓泡。

3. 防治措施

（1）根据所涂饰基层材料的性能，选用优质、适应性良好的防水涂料，并经抽样测试合格后方可使用。

（2）严格掌握涂饰标准。基层处理一定要干净，要确保基层、底层完全干燥；涂刷基层处理剂，干燥后再涂好底层涂料，实干后按设计要求铺设胎体增强材料，然后再涂中层和面层；要按设计要求达到涂刷的遍数，要确保设计规定的涂刷厚度。

第十一章
裱糊与软包工程质量管理

建筑装饰裱糊工程，在建筑装饰装修工程中简称为裱糊工程，是指在室内平整光洁的墙体面、顶棚面、柱体面和室内其他构件的表面上，用壁纸、墙布等装饰织物进行裱糊的装饰工程，由于其具有色泽艳丽和凹凸图案，装饰效果非常独特，选用相应品种或采取适当的构造做法后，还可以使之具有一定的吸声、隔声、保温等功能。

装饰软包工程是建筑中的精装修工程的一种，室内墙面用专用装饰布和海绵包起来，墙裙可采用木质材料进行装饰，软包饰面是室内墙面装修最常用的做法之一，它具有吸声、保温、防止儿童碰伤、质感舒适、美观大方等显著特点。

装饰裱糊与软包的主要功能是美化居住环境，满足使用功能的要求，同时对墙体、顶棚起一定的保护作用。裱糊与软包工程是室内装修工程重要的组成部分，也是我国古老而传统的一种装饰工艺，同涂料工艺一样，随着科学的进步和工业的发展，新材料、新工艺和新技术使裱糊与软包工程向多样化发展。

第一节　裱糊与软包工程常用材料的质量管理

裱糊与软包工程所用的装饰材料，主要是指装饰织物，这是目前国内外使用最为广泛的装饰材料。装饰织物以多变的图案、丰富的色泽、仿照传统材料的外观，以独特的柔软质地产生的特殊效果，装饰建筑空间，美化室内环境，起到把温暖和祥和带到室内的作用，深受用户的欢迎，在宾馆、住宅、办公楼、舞厅、影剧院等有装饰要求的室内墙面、顶棚、柱面应用较为普遍。

目前，我国生产的装饰织物的品种很多，在裱糊与软包工程中主要品种有织物壁纸、玻璃纤维印花贴墙布、无纺贴墙布、化纤装饰贴墙布、麻草壁纸、皮革及人造革，以及锦缎、丝绒、呢料等高级织物。

一、裱糊工程常用材料的质量管理

纸基织物壁纸系以棉、麻、丝、毛等天然纤维织物或化学纤维当作面料，制成的各种色泽、花式的粗细纱或织物，用不同的纺织工艺和花色拈线加工方式，将纱线粘贴到基层纸上，从而制成花样繁多的纺织纤维壁纸。也可以用扁草、竹丝或麻皮条等天然材料，经过漂白或染色再与棉线交织后同基纸粘贴，制成植物纤维壁纸。

（一）壁纸的质量要求

壁纸是室内装饰中常用的一种装饰材料，不仅广泛用于墙面、柱面裱糊装饰，也可用于吊顶。因其色彩丰富、质感各样、图案美观、装饰性强，且有高、中、低多档次供人们选择，并且耐用，易清洗，有极好的装饰效果，因而乐于被人们选用。墙纸的历史可以追溯到我国明清时代，那时就有用洒金粉或绘制的纸张、锦缎装饰宫殿和民居的记载，而至今此种装饰方法依然在使用。

近年来，随着人民生活水平的不断提高，裱糊工程所用材料的生产和应用正在迅速发展和普及。目前，普通壁纸在实际的装饰工程已使用较少，塑料壁纸、玻璃纤维墙布应用较多，而高级建筑有选用高档墙毡、高档无纺贴墙布的趋势。

根据现行的行业标准《壁纸》（QB/T 4034—2010）中的规定，壁纸是指以纸为基材，通过胶黏剂粘贴于墙面或天花板上的装饰材料，但不包括墙毡（贴在墙上的地毯、布）和其他类似的墙挂。壁纸可分为纸基壁纸和无纺纸基壁纸、纯纸质壁纸和纯无纺纸壁纸。

1. 壁纸尺寸及面积要求

我国生产的壁纸宽度为 $500\sim530\text{mm}$ 或 $600\sim1400\text{mm}$，其中 $500\sim530\text{mm}$ 宽的成品壁纸的面积应为 $(5.326\pm0.03)\ \text{m}^2$。每卷壁纸都应标明其宽度和长度，且长度和宽度允许偏差应不超过额定尺寸的 $\pm1.5\%$。

2. 壁纸每卷段数和段长

根据现行的行业标准《壁纸》（QB/T 4034—2010）中的规定，10m/卷的成品壁纸每卷为一段，15m/卷和 50m/卷成品壁纸每卷段数和段长应符合表 11-1 中的要求。

表 11-1　15m/卷和 50m/卷成品壁纸每卷段数和段长

项目	技术要求		
	优等品	一等品	合格品
每卷段数/段	$\leqslant2$	$\leqslant3$	$\leqslant5$
每段长度/m	$\geqslant5$	$\geqslant3$	$\geqslant3$

3. 壁纸的外观质量要求

成品壁纸外观质量应符合表 11-2 中的要求。

4. 壁纸的物理性能

（1）成品纸基壁纸和无纺纸基壁纸的物理性能应符合表 11-3 中的要求。

表 11-2 成品壁纸外观质量要求

项目	技术要求		
	优等品	一等品	合格品
色差	不应有明显差异		允许有差异,但不影响使用
伤痕和皱折	不应有		允许基材有轻微折印,但成品表面不应有死折
气泡	不应有		不应有影响外观的气泡
套印精度	偏差≤1.5mm		偏差≤2.0mm
露底	不应有		露底≤2.0mm
漏印	不应有		不应有影响外观的漏印
污染点	不应有	不应有目视明显的污染点	允许有目视明显的污染点,但不应密集

表 11-3 成品纸基壁纸和无纺纸基壁纸的物理性能

指标名称			单位	技术要求					
				优等品		一等品		合格品	
				纸基壁纸	无纺纸基壁纸	纸基壁纸	无纺纸基壁纸	纸基壁纸	无纺纸基壁纸
褪色性			级	≥4		≥4		≥3	
耐摩擦色牢度	干摩擦	纵向	级	≥4		≥4		≥3	
		横向							
	湿摩擦	纵向		≥4		3~4		≥3	
		横向							
遮蔽性[①]			级	≥4		≥3			
湿润拉伸负荷	纵向		kN/m	≥0.33	≥0.67	≥0.20	≥0.53	≥0.13	≥0.33
	横向								
黏合剂可擦拭性[②](横向)			—	20 次无外观上的损伤和变化					
可洗性[③]	可洗		—	30 次无外观上的损伤和变化					
	特别可洗		—	100 次无外观上的损伤和变化					
	可刷性		—	40 次无外观上的损伤和变化					

① 对于粘贴后需再做涂饰的产品,其遮蔽性不做考核。

② 可擦拭性是指粘贴壁纸的黏合剂附在壁纸的正面,在黏合剂未干时应尽可能用湿布或海绵拭去而不留下明显痕迹。

③ 可洗性是壁纸在粘贴后的使用期内可洗涤的性能。

（2）成品纯纸质壁纸和纯无纺纸壁纸的物理性能应符合表 11-4 中的要求。

表 11-4 成品纯纸质壁纸和纯无纺纸壁纸的物理性能

指标名称	单位	技术要求					
		优等品		一等品		合格品	
		纯纸质壁纸	纯无纺纸壁纸	纯纸质壁纸	纯无纺纸壁纸	纯纸质壁纸	纯无纺纸壁纸
褪色性	级	≥4		≥4		≥3	

指标名称			单位	技术要求					
				优等品		一等品		合格品	
				纯纸质壁纸	纯无纺纸壁纸	纯纸质壁纸	纯无纺纸壁纸	纯纸质壁纸	纯无纺纸壁纸
耐摩擦色牢度	干摩擦	纵向	级	≥4		≥4		≥3	
		横向							
	湿摩擦	纵向		≥4		3~4		≥3	
		横向							
遮蔽性①			级	≥4		≥3			
湿润拉伸负荷		纵向	kN/m	≥0.53	≥1.00	≥0.33	≥0.67	≥0.20	≥0.53
		横向							
吸水性			g/m²	≤20.0		≤50.0		≤50.0	
伸缩性			%	≤1.2	≤0.6	≤1.2	≤1.0	≤1.5	≤1.5
黏合剂可擦拭性②（横向）			—	20 次无外观上的损伤和变化					
可洗性③	可洗		—	30 次无外观上的损伤和变化					
	特别可洗		—	100 次无外观上的损伤和变化					

① 对于粘贴后需再做涂饰的产品，其遮蔽性不做考核。

② 可擦拭性是指粘贴壁纸的黏合剂附在壁纸的正面，在黏合剂未干时应尽可能用湿布或海绵拭去而不留下明显痕迹。

③ 可洗性是壁纸在粘贴后的使用期内可洗涤的性能。

（二）聚氯乙烯壁纸的质量要求

根据现行的行业标准《聚氯乙烯壁纸》（QB/T 3805—1999）中的规定，聚氯乙烯壁纸系指以纸为基材，以聚氯乙烯塑料为面层，经压延或涂布以及印刷、轧花或发泡而制成的聚氯乙烯壁纸。聚氯乙烯壁纸用黏合剂贴于建筑物的内墙或顶棚的镶面，粘贴后不需要进行再装饰。

1. 聚氯乙烯壁纸尺寸要求

我国生产的壁纸宽度为（530±5）mm 或 [（900~1000）±10] mm；530mm 宽的成品壁纸每卷长度为（10+0.05）m，900~1000mm 宽的成品壁纸每卷长度为（50+0.50）m。其他规格尺寸由供需双方协商或以标准尺寸的倍数供应。

2. 聚氯乙烯壁纸每卷段数和段长

根据现行的行业标准《聚氯乙烯壁纸》（QB/T 3805—1999）中的规定，10m/卷的成品壁纸每卷为一段，50m/卷成品壁纸每卷段数和段长应符合表 11-5 中的要求。

表 11-5　50m/卷成品壁纸每卷段数和段长

项目	技术要求		
	优等品	一等品	合格品
每卷段数/段	≤2	≤3	≤6
每段长度/m	≥10	≥3	≥3

3. 聚氯乙烯壁纸的外观质量要求

成品聚氯乙烯壁纸外观质量应符合表 11-6 中的要求。

表 11-6　成品聚氯乙烯壁纸外观质量

项目	技术要求		
	优等品	一等品	合格品
色差	不允许有	不应有明显差异	允许有差异,但不影响使用
伤痕和皱折	不允许有		允许基材有轻微折印,但成品表面不应有死折
气泡	不允许有		不应有影响外观的气泡
套印精度	偏差≤0.7mm	偏差≤1.0mm	偏差≤2.0mm,但不允许密集
露底	不允许有		露底≤2.0mm
漏印	不允许有		不应有影响外观的漏印
污染点	不允许有	不应有目视明显的污染点	允许有目视明显的污染点,但不应密集

4. 聚氯乙烯壁纸的物理性能

成品聚氯乙烯壁纸的物理性能应符合表 11-7 中的要求。

表 11-7　成品聚氯乙烯壁纸的物理性能

指标名称			单位	技术要求		
				优等品	一等品	合格品
褪色性			级	>4	≥4	≥3
耐摩擦色牢度	干摩擦	纵向	级	>4	≥4	≥3
		横向				
	湿摩擦	纵向		≥4	3～4	≥3
		横向				
遮蔽性			级	4	≥3	≥3
湿润拉伸负荷	纵向		N/15mm	>2.0	>2.0	>2.0
	横向					
黏合剂可擦拭性(横向)			—	20 次无外观上的损伤和变化		
可洗性	可洗		—	30 次无外观上的损伤和变化		
	特别可洗			100 次无外观上的损伤和变化		
	可刷性		—	40 次无外观上的损伤和变化		

（三）壁纸中有害物质的含量

装饰裱糊工程所用的壁纸应当选用环保材料,壁纸中的有害物质含量应符合现行国家标准《室内装饰装修材料　壁纸中有害物质限量》(GB 18585—2001)中的规定。壁纸中有害物质限量如表 11-8 所列。

表 11-8　壁纸中有害物质限量　　　　　　　　　　　　　　单位：mg/kg

有害物质名称		限量值	有害物质名称		限量值
重金属（或其他）元素	钡（Ba）	≤1000	重金属（或其他）元素	砷（As）	≤8
	镉（Cd）	≤25		汞（Hg）	≤20
	铬（Cr）	≤60		硒（Se）	≤165
	铅（Pb）	≤90		锑（Sb）	≤20
氯乙烯单体		≤1.0	甲醛		≤120

（四）装饰墙布的质量要求

装饰墙布也称为壁布或纺织壁纸，其表面为纺织材料，也可以印花、压纹。现在生产的墙布产品已具有款式丰富、色彩缤纷、肌理鲜明、质感柔和、吸声透气、不易爆裂、裱贴简单、更换容易和可用水清洗等优点，并已制成了阻燃、隔热、保温、吸声、隔声、抗菌、防霉、防水、防油、防污、防尘、抗静电等环保的多功能聚合产品，是一种常用的建筑内墙墙面装饰材料。

（1）装饰墙布的外观质量应符合表 11-9 中的要求。

表 11-9　装饰墙布的外观质量

疵点名称	一等品	二等品	备注
同批内色差	4 级	3～4 级	同一包（300m）内
左中右色差	4～5 级	4 级	指相对范围
前后色差	4 级	3～4 级	指在同一卷内
深浅不均	轻微	明显	严重者为次品
折皱	不影响外观	轻微影响外观	明显影响外观为次品
花纹不符	轻微影响	明显影响	严重影响为次品
花纹印偏斜	15mm 以内	30mm 以内	—
边疵	15mm 以内	30mm 以内	—
豁边	10mm 以内 3 只	20mm 以内 6 只	—
破洞	不透露胶面	轻微影响胶面	透露胶面为次品
色条色泽	不影响外观	轻微影响外观	明显影响外观为次品
油污水渍	不影响外观	轻微影响外观	明显影响外观为次品
边破损	10mm 以内	20mm 以内	—
幅宽	同卷内不超过±15mm	同卷内不超过±20mm	—

（2）装饰玻璃纤维布的国家统一企业标准应符合表 11-10 中的规定；装饰墙布的规格及性能应符合表 11-11 中的规定。

表 11-10　装饰玻璃纤维布的国家统一企业标准

项目名称		统一企业标准
纱线的支数/（支数/股数）	经纱	42/2
	纬纱	45/2

项目名称	统一企业标准	
单丝公称直径/μm	经纱	8
	纬纱	8
厚度/mm	0.15±0.015	
宽度/mm	91±1.5	
质量/(g/m²)	155±15	
密度/(根/cm)	经纱	20±1
	纬纱	16±1
断裂强度(20mm×100mm)/N	经纱	650
	纬纱	550
含油率组织	斜纹	

注：玻璃纤维布的品种规格：厚度为 0.15～0.17mm，幅宽为 800～840mm，每平方米质量约 200g。

表 11-11　装饰墙布的规格及性能

品名	规格	技术性能	品名	规格	技术性能
装饰墙布	厚度 0.35mm	冲击韧度：34.7J/cm²	装饰墙布	厚度 0.35mm	日晒强度：7 级
		断裂强度：纵向 770N/(5mm×20mm)			静电效应：静电值 184V 半衰期 1s
		断裂伸长度：纵向 3%，横向 8%			刷洗强度：3～4 级
		耐磨性：500 次			湿摩擦：4 级

（五）水基型胶黏剂的质量要求

裱糊与软包工程中所用的胶黏剂可选用成品材料，也可以自行配制，应按照壁纸和墙布的品种选配，并应具有防霉、耐久等性能，如有防火要求胶黏剂应具有耐高温性能。水基型胶黏剂中的有害物质限量值应符合表 11-12 中的规定。

表 11-12　水基型胶黏剂中的有害物质限量值

项目名称	有害物质限量值				
	缩甲醛类胶黏剂	聚乙酸乙烯酯胶黏剂	橡胶类胶黏剂	聚氨酯类胶黏剂	其他胶黏剂
游离甲醛/(g/kg)	≤1	≤1	≤1	—	≤1
苯/(g/kg)	≤0.2				
甲苯＋二甲苯/(g/kg)	≤10				
总挥发性有机化合物/(g/L)	≤50				

（六）室内墙面腻子的质量要求

裱糊和软包工程应选用环保型腻子，其技术指标主要包括耐水性、施工性、耐碱性、耐磨性、黏结强度、干燥时间和理论涂布量等方面，应当完全符合现行的行业标准《建筑室内用腻子》（JG/T 298—2010）中的规定，其具体的技术指标如表 11-13 所列。

表 11-13　绿色环保型室内墙面用腻子的技术指标

项目		技术指标		项目	技术指标	
		耐水腻子	一般腻子		耐水腻子	一般腻子
耐水性		良好	—	耐碱性	良好	良好
施工性		良好	良好	耐磨性	良好	良好
黏结强度 /MPa	标准状态	>0.50	>0.3	干燥时间(表干)/h	≤5	≤5
	浸水后	0.30	—	理论涂布量/(kg/m²)	0.70~1.80	

二、软包工程常用材料的质量管理

（1）软包墙面木框、龙骨、底板、面板等木材的树种、规格、等级、含水率和防腐处理，必须符合设计图纸中的要求。

（2）软包面料及内衬材料和边框的材质、颜色、图案、燃烧性能等级，应符合设计要求及国家现行标准的有关规定，具有防火性能检测报告。普通布料需要进行两次防火处理，并经检测合格。

（3）软包工程的龙骨一般应用白松烘干料，其含水率不得大于 12%，厚度应根据设计要求选用，木材不得有腐朽、节疤、劈裂、扭曲等疵病，并预先经过防腐、防蛀处理。龙骨、衬板、边框应安装牢固，无翘曲，拼缝应平直。

（4）建筑外饰面用的分格框料和木贴脸等面料，一般采用人工经烘干加工的半成品料，含水率不得大于 12%。一般宜选用优质五夹板，如基层情况特殊或有特殊要求者，也可选用九夹板。

（5）软包工程施工用的胶黏剂，一般可选用立时得万能胶，不同部位也应采用不同的胶黏剂。

（6）在民用建筑工程中所用的无机非金属装修材料，其放射性指标限量应符合表 11-14 中的规定。

表 11-14　无机非金属装修材料放射性指标限量

测定项目	放射性指标限量	
	A	B
内照射指数(IRa)	≤1.0	≤1.3
外照射指数(Ir)	≤1.3	≤1.9

（7）民用建筑工程室内用的人造木板及饰面人造木板，必须严格测定游离甲醛含量或游离甲醛释放量，制品中甲醛释放限量必须符合现行国家标准《室内装饰装修材料　人造板及其制品中甲醛释放限量》（GB 18580—2017）中的规定。

第二节　裱糊与软包工程施工质量管理

裱糊与软包工程是建筑室内装饰工程中的重要组成部分，众多工程实践证明，其施工质量如何是一个非常重要的方面，不仅关系到建筑工程的室内装饰效果、建筑装饰风格和传统文化，而且关系到裱糊与软包工程的功能能否充分发挥。因此，严格按照现行国家或行业的质量标准和检验方法，对裱糊与软包工程进行严格的质量管理，是装饰工程施工过程中极其重要的技术问题和经济问题。

一、裱糊工程施工质量管理

（一）裱糊工程质量预控要点

（1）新建筑物的混凝土或水泥砂浆抹灰基层墙面，在刮腻子之前应首先涂刷一遍抗碱封闭底漆，这样可以防止基层中的碱性物质影响裱糊工程施工质量。

（2）旧建筑物的基层墙面或柱面，在裱糊前应清除疏松的旧装饰层，并将表面的杂质清理干净，然后涂刷上一遍界面剂。

（3）基层按照设计要求木砖或木筋已埋设好，水泥砂浆找平层已经抹完。混凝土或水泥砂浆抹灰基层经干燥后含水率应不大于 8％，木材基层的含水率应不大于 12％。

（4）建筑室内的水电管道及设备、其他管线和墙上预留预埋件已完成，经检查质量合格，门窗的涂料已基本干透。

（5）建筑室内各房间的地面工程已经完成，经质量检查符合设计要求。

（6）在进行大面积裱糊工程装修前应当首先做样板间，经过有关部门鉴定合格后方可正式组织大面积施工。

（二）裱糊工程基层处理质量管理

（1）裱糊工程对基层的处理比较严格，要求基层面的各项允许偏差必须达到高级抹灰标准。表面必须平整光洁、不疏松掉粉、颜色一致、无砂眼裂缝等缺陷。

（2）在裱糊施工前，首先必须检查基层面平整度、垂直度、阴阳角方正等允许偏差，是否达到类似高级抹灰标准，如果达不到则应返工或进行处理。

（3）对基体或基层的含水率进行测定检查：混凝土和水泥砂浆基层的含水率不得大于 8％，木材制品基层的含水率不得大于 12％。

（三）裱糊工程施工过程质量管理

（1）壁纸和墙布的种类、规格、图案、颜色和燃烧性能等级，必须符合设计要求及国家现行标准的有关规定。同一房间的壁纸和墙布应用同一批料，在裱糊前应认真检查，即使同一批料，当有色差时也不应贴在同一墙面上。

（2）在进行裁剪壁纸或墙布时，长度应有一定的余量，剪口应考虑对花并与边线垂直，裁成后加以卷拢，横向进行存放。不足幅宽的窄幅，应粘贴在较暗的阴角处。窄条下料时，应考虑对缝和搭接缝关系，手裁的一边只能作为搭接缝，不能对缝。

（3）裱糊工程施工所用的胶黏剂应集中进行调制，并通过 400 孔/cm² 的筛子过滤，胶黏剂的调制量应根据裱糊工程用量确定，调制好的胶黏剂应在当天用完。

（4）为确保裱糊工程的施工质量符合设计要求，在裱糊前应弹出第一幅粘贴的垂直线，以此作为裱糊时的基准线。

（5）在一般情况下墙面应采用整幅裱糊的方式，并统一设置对缝，在阳角处不得有接缝现象，阴角处的接缝应采用搭接。

（6）无花纹的壁纸，可以采用两幅之间重叠 2cm 的搭接方式。有花纹的壁纸，则采取两幅间壁纸花纹重叠对准，然后用钢直尺压在重叠处，用刀切断、撕去余纸，然后粘贴压实。

（7）在裱糊普通壁纸前，应先将壁纸浸水湿润 3～5min（具体时间应根据壁纸性能而定），然后取出再静置 20min。进行裱糊时，基层表面和壁纸背面同时涂刷胶黏剂，在常温下壁纸在刷胶后静置 5min 后粘贴上墙。

（8）在裱糊玻璃纤维墙布时，应先将玻璃纤维墙布的背面清理干净；在进行裱糊时应在基层表面涂刷胶黏剂。

（9）裱糊后各壁纸间的拼接应横平竖直，拼接处的花纹、图案应吻合，不离缝，不显搭接和拼缝；粘贴应牢固，不得有漏贴、补贴、脱层、空鼓和翘曲等质量缺陷。

（10）裱糊后的壁纸、墙布表面应平整，色泽应一致，不得有波纹起伏、气泡、裂缝、皱折及斑污，斜视时应无胶痕；复合压花壁纸的压痕及发泡壁纸的发泡层应无损坏；壁纸和墙布与各种装饰线、设备线盒应交接严密；壁纸、墙布边缘应平直整齐，不得有纸毛、飞刺；壁纸和墙布阴角处的搭接应顺直光滑、阳角处应无接缝。

（11）在裱糊工程施工过程中和裱糊成品干燥前，应防止穿堂风和温度大幅度突然变化，以防止裱糊成品干燥过快而产生裂缝。

（12）裱糊工程施工完毕经检查质量合格后应当加强对已合格产品的保护，避免出现损坏和污染。

二、软包工程施工质量管理

（一）软包工程质量预控要点

（1）混凝土和墙面抹灰工程完工后，基层已按设计要求埋入经防腐处理的木砖或木筋，水泥砂浆找平层已抹完并涂刷冷底子油。

（2）在软包工程正式施工前，室内的水电管道及设备、其他管线和墙上预留预埋件已完成，并经检查质量合格。

（3）在软包工程正式施工之前，房间的吊顶分项工程基本完成，经检查质量完全符合设计要求。

（4）在软包工程正式施工之前，房间的地面分项工程基本完成，经检查质量完全符合设计要求。

（5）对软包工程的基层进行认真检查，要求基层平整、牢固，垂直度、平整度均符合细木制作验收规范的规定。

（二）软包工程施工过程质量管理

（1）对软包工程所用材料质量的控制。机、针织物、皮、人造革的材质、纹理、图案等应符合设计及有关国家标准的规定，应有出厂合格证，应符合环保、设计的防火等级要求，有相关检测报告。

（2）软包工程所用的填充材料、纺织面料、龙骨材料、木质基层板等均应进行防火处理，同时必须满足环保方面的相关要求。

（3）软包工程的混凝土或水泥砂浆抹灰基层经干燥后含水率应不大于 8%，木材基层的含水率应不大于 12%。同时对墙面还要进行防潮处理，一般可均匀涂刷一层清油或满铺一层油纸。

（4）软包工程的木龙骨宜采用凹槽榫工艺进行预制，采用整体或分片安装，与墙体的连接应紧密、可靠、牢固。

（5）软包工程施工所用的的填充材料制作尺寸应正确，棱角应规矩方正，应与木质基层板粘贴严密。

（6）织物面料在裁剪前经纬应顺直，安装应紧贴墙面，接缝应严密，花纹应吻合，无波纹起伏、翘曲和褶皱，表面应清洁。

（7）软包布面与压缝条、贴脸线、踢脚板、电气盒等交接处，应严密、顺直、无毛边。电气盒等开洞处，切割尺寸应准确，完工后表面应美观。

（8）软包工程施工完毕经检查质量合格后，应当注意加强对已合格产品的保护，避免出现损坏和污染。

第三节　裱糊与软包工程施工质量标准

随着社会经济和装饰技术的高速发展，人们对居住环境的要求也越来越高，建筑室内的装饰质量也引起了人们的普遍重视。裱糊与软包工程具有美化家居环境的重要作用，在装饰工程中得到了广泛应用。裱糊工程是装饰施工中的重要工序，施工过程必须严格遵循施工工艺，按照现行的国家或行业的施工质量标准进行操作。

根据现行的国家标准《建筑装饰装修工程质量验收标准》（GB 50210—2018）、《住宅装饰装修工程施工规范》（GB 50327—2001）和《建筑工程施工质量验收统一标准》（GB 50300—2013）等的规定，室内墙面、门等部位的裱糊与软包工程应符合以下具体要求。裱糊与软包工程质量标准管理主要适用于聚氯乙烯塑料壁纸、纸质壁纸、墙布等裱糊工程和墙面、门等软包工程的质量验收。

一、裱糊与软包工程一般规定

（1）裱糊与软包工程的施工质量标准适用于聚氯乙烯塑料壁纸、纸质壁纸、墙布等裱糊工程，同时适用于织物、皮革、人造革等软包工程的质量验收。

（2）裱糊与硬包、软包工程验收时应检查下列资料：a. 裱糊与软包工程的施工图、设计说明及其他设计文件；b. 饰面材料的样板及确认文件；c. 材料的产品合格证书、性能检验报告、进场验收记录和复验报告；d. 饰面材料及封闭底漆、胶黏剂、涂料的有害物质限量检验报告；e. 隐蔽工程验收记录；f. 施工记录。

（3）软包工程应对木材的含水率及衬板的甲醛释放量进行复验，尤其是衬板的甲醛释放量应符合《民用建筑工程室内环境污染控制标准》（GB 50325—2020）中的规定。

（4）裱糊工程应对基层封闭底漆、腻子、封闭底胶及软包内衬材料进行隐蔽工程验收。裱糊前，基层处理应达到下列要求。

① 新建筑物的混凝土抹灰基层墙面在刮腻子前应涂刷抗碱封闭底漆。

② 粉化的旧墙面应先除去粉化层，并在刮涂腻子前涂刷一层界面处理剂。

③ 混凝土或抹灰基层含水率不得大于 8%；木材基层的含水率不得大于 12%。

④ 石膏板基层，接缝及裂缝处应粘贴加强网布后再刮腻子。

⑤ 基层腻子应平整、坚实、牢固，无粉化、起皮、空鼓、酥松、裂缝和泛碱；腻子的黏结强度不得小于 0.3MPa。

⑥ 基层表面平整度、立面垂直度及阴阳角方正应达到《建筑装饰装修工程质量验收标准》（GB 50210—2018）的中高级抹灰的要求。

⑦ 基层表面颜色应一致。

⑧ 裱糊前应用封闭底胶涂刷基层。

（5）各分项工程的检验批应按下列规定划分：同一品种的裱糊或软包工程每 50 个自然间（大面积房间和走廊按照施工面积以 30m² 为一间）划分为一个检验批，不足 50 间也划分为一个检验批。

（6）检查数量应符合下列规定。

① 裱糊工程每个检验批应至少抽查 5 间，不足 5 间的应全数检查。

② 软包工程每个检验批应至少抽查 10 间，不足 10 间的应全数检查。

二、裱糊工程的质量标准

裱糊工程的质量管理适用于聚氯乙烯塑料壁纸、纸质壁纸、墙布等裱糊工程的质量验收，主要包括质量主控项目和质量一般项目。

1. 主控项目

（1）壁纸、墙布的种类、规格、图案、颜色和燃烧性能等级必须符合设计要求及国家现行标准的有关规定。

检验方法：观察检查；检查产品合格证、进场验收记录和性能检验报告。

（2）裱糊工程基层处理质量应符合现行的国家标准《建筑装饰装修工程质量验收标准》（GB 50210—2018）中第 4.2.10 条高级抹灰的要求。

检验方法：检查隐蔽工程验收记录和施工记录。

（3）裱糊后壁纸和墙布间的拼接应横平竖直，拼接处的花纹和图案应吻合，不离缝，不搭接，不显拼缝。

检验方法：距离墙面 1.5m 处观察检查。

（4）壁纸、墙布必须粘贴牢固，不得有漏贴、补贴、脱层、空鼓、翘曲等现象。

检验方法：观察检查；手摸检查。

2. 一般项目

（1）裱糊后的壁纸、墙布表面应平整，不得有波纹起伏、气泡、裂缝、皱折；表面色泽应一致，不得有斑污，斜视时应无胶痕。

检验方法：观察检查；手摸检查。

（2）复合压花壁纸和发泡壁纸的压痕或发泡层应无损坏。

检验方法：观察检查。

（3）壁纸、墙布与装饰线、踢脚板、门窗框的交接处应吻合、严密、顺直。与墙面上电气槽、盒的交接处套割应吻合，不得有缝隙。

检验方法：观察检查。

（4）壁纸、墙布边缘应平直整齐，不得有纸毛、飞刺。

检验方法：观察检查。

（5）壁纸、墙布的阴角处搭接时应顺光进行，在阳角处应无接缝。

检验方法：观察检查。

（6）裱糊工程的允许偏差和检验方法应符合表 11-15 的规定。

表 11-15　裱糊工程的允许偏差和检验方法

项次	项目	允许偏差/mm	检验方法
1	表面平整度	3.0	用 2m 靠尺和塞尺检查
2	立面垂直度	3.0	用 2m 垂直尺检查
3	阴阳角方正	3.0	用直角尺检查

三、软包工程的质量标准

软包工程的质量控制适用于墙面、门等软包工程的质量验收，主要包括质量主控项目和质量一般项目。

1. 主控项目

（1）软包工程的安装位置及构造做法应符合设计要求。

检验方法：观察检查；尺量检查；检查施工记录。

（2）软包边框所选木材的材质、花纹、颜色和燃烧性能等级应符合设计要求及国家现行标准、规范的有关规定。

检验方法：观察检查；检查产品合格证、进场验收记录、性能检验报告和复验报告。

（3）软包衬板材质、品种、规格、含水率应符合设计要求。面料及内衬材料的品种、规格、颜色、图案及燃烧性能等级应符合国家现行标准的有关规定。

检验方法：观察检查；检查产品合格证、进场验收记录、性能检验报告和复验报告。

（4）软包工程的龙骨、边框应安装牢固。

检验方法：手扳检查。

（5）软包衬板与基层应连接牢固，无翘曲、变形，拼缝应平直，相邻板面接缝应符合设计要求，横向无错位拼接的分格应保持通缝。

检验方法：观察检查；检查施工记录。

2. 一般项目

（1）单块软包面料不应有接缝，四周应绷紧压严密。需要拼花的，拼接处花纹、图案应吻合。软包饰面上电气槽、盒的开口位置、尺寸应正确，套割应吻合，槽、盒四周应镶硬边。

检验方法：观察检查；手摸检查。

（2）软包工程的表面应平整、洁净、无污染、无凹凸不平及皱折；图案应清晰、无色差，整体应协调美观、符合设计要求。

检验方法：观察检查。

（3）软包工程的边框表面应平整、光滑、顺直，无色差，无钉眼；对缝、拼接角处应均匀对称、接缝吻合。清漆制品木纹、色泽应协调一致。其表面涂饰质量应符合《建筑装饰装修工程质量验收标准》（GB 50210—2018）的中第 12 章的有关规定。

检验方法：观察检查；手摸检查。

（4）软包内衬应当填充饱满，边缘应平齐。

检验方法：观察检查；手摸检查。

（5）软包墙面与装饰线、踢脚板、门窗框的交接处应吻合、严密、顺直。交接（留缝）方式应符合设计要求。

检验方法：观察检查。

（6）软包工程安装的允许偏差和检验方法应符合表 11-16 的规定。

表 11-16　软包工程安装的允许偏差和检验方法

项次	项目	允许偏差/mm	检验方法
1	单块软包边框水平度	3.0	用 1m 水平尺和塞尺检查
2	单块软包边框垂直度	3.0	用 1m 垂直检查
3	单块软包对角线长度差	3.0	从框的裁割口的里角用钢直尺检查
4	分格条(缝)直线度	3.0	拉 5m 线,不足 5m 拉通线用钢直尺检查
5	单块软包高度与宽度偏差	0,—2	从框的裁割口的里角用钢直尺检查
6	裁割口线条和结合处高度差	1.0	用直尺和塞尺检查

第四节　裱糊与软包工程质量问题与防治措施

裱糊与软包工程均处于建筑室内的表面，对于室内装饰效果起着决定性的作用，因此人们非常重视裱糊与软包工程技术进步和施工质量。随着科学技术的不断发展，当代高档裱糊与软包工程的材料新品种越来越多，如荧光壁纸、金属壁纸、植绒壁纸、藤皮壁纸、麻质壁纸、草丝壁纸、纱线墙布、珍贵微薄木墙布、瓷砖造型墙布等，具有装饰性效果好、多功能性、施工方便、维修简便、豪华富丽、无毒无害、使用寿命长等特点。但是，在裱糊与软包工程施工和使用的过程中也会出现这样或那样的质量问题，这样就要求设计和施工者积极加以预防、减少或避免出现质量问题、正确进行处理。

一、裱糊工程质量问题与防治措施

工程实践证明，裱糊工程施工质量的好坏影响因素很多，主要是操作工人的认真态度和技术熟练程度，其他还有基层、环境，以及壁纸、墙布、胶黏剂材质等因素，因此在施工过程中要把握好每一个环节才能达到国家或行业规定的裱糊质量。

（一）裱糊工程的基层处理不合格

1. 质量问题

裱糊工程的基层处理质量如何直接影响其整体质量。由于裱糊壁纸或墙布的基层处理不符合设计要求，所以会使裱糊出现污染变色、空鼓、翘边、剥落、对花不齐、起皱、拼缝不严等质量弊病，这些质量问题不仅严重影响裱糊工程的装饰效果，而且也会影响裱糊工程的使用功能和使用年限。

2. 原因分析

（1）施工人员对裱糊工程的基层处理不重视，未按照设计和规范规定对基层进行认真处理，有的甚至不处理就进行裱糊操作，必然造成裱糊工程的质量不合格。

（2）未按照不同材料的基层进行处理或处理不合格，如：新建筑物混凝土或砂浆墙面的碱性未清除，表面的孔隙未封堵密实；旧混凝土或砂浆墙面的装饰层、灰尘未清除，空鼓、裂缝和脱落等质量缺陷未修补；木质基层面上的钉眼、接缝未用腻子抹平等。

3. 防治措施

（1）满足裱糊工程基层处理的基本要求　裱糊壁纸的基层，要求质地坚固密实，表面平整光洁，无疏松、粉化，无孔洞、麻点和飞刺缺陷，表面颜色基本一致。混凝土和砂浆基层的含水率不应大于 8%，木质基层的含水率不应大于 12%。

（2）新建筑物混凝土或砂浆基层的处理　在进行正式裱糊前，应将基体或基层表面的污垢、尘土和杂质清除干净，对于泛碱的部位，应采用 9% 的稀醋酸溶液进行中和，并用清水冲洗后晾干，达到规定的含水率。基层上不得有飞刺、麻点、砂粒和裂缝，基层的阴阳角处应顺直。

在混凝土或砂浆基层清扫干净后，满刮一遍腻子并用砂纸磨平。如基层有气孔、麻点或凹凸不平时，应增加满刮腻子和砂纸打磨的遍数。腻子应采用乳胶腻子、乳胶石膏腻子或油性石膏腻子等强度较高的腻子，不要用纤维素大白等强度较低、遇湿溶解膨胀剥落的腻子。在满刮腻子磨平并干燥后，应喷刷一遍 108 胶水溶液或其他材料做汁浆处理。

（3）旧混凝土或砂浆基层的处理　对于旧混凝土或砂浆基层，在正式裱糊前，应用相同的砂浆修补墙面脱灰、孔洞、裂缝等较大的质量缺陷。清理干净基层面原有的涂料、污点和飞刺等，对原有的溶剂涂料墙面应进行打毛处理；对原有的塑料墙纸，用带齿状的刮刀将表面的塑料刮掉，再用腻子找平麻点、凹凸不平、接缝和裂缝，最后用掺加胶黏剂的白水泥在墙面上罩一层，干燥后用砂纸打磨平整。

（4）木质基层和石膏板基层的处理　对于木质基层和石膏板等基层，应先将基层的接缝、钉眼等用腻子填补平整；木质基层再用乳胶腻子满刮一遍，干燥后用砂浆打磨平整。如果基层表面有色差或油脂渗出，也应根据情况采取措施进行处理。

纸面石膏板基层应用油性腻子局部找平，如果质量要求较高，也应满刮腻子并打磨平整。无纸面石膏板基层应刮涂一遍乳胶石膏腻子，干燥后打磨平整即可。

（5）不同基层材料相接处的处理　对于不同基层材料的相接处，一定应根据不同材料采取适当措施进行处理。如石膏板与木质基层相接处，应用穿孔纸带进行粘贴，在处理好的基层表面再喷刷一遍酚醛清漆：汽油 = 1：3 的汁浆。

（二）壁纸（墙布）出现翘边

1. 质量问题

裱糊的壁纸（墙布）边缘由于各种原因出现脱胶，粘贴好的壁纸（墙布）离开基层而卷翘起来，使接缝处露出基层，严重影响裱糊工程的美观和使用。工程实践证明，壁纸（墙布）出现边缘翘曲也是裱糊工程最常出现的质量问题。

2. 原因分析

（1）基层未进行认真清理，表面上有灰尘、油污、隔离剂等，或表面过于粗糙、干燥或潮湿，造成胶液与基层黏结不牢，使壁纸（墙布）出现翘边。

（2）胶黏剂的胶性较小，不能使壁纸（墙布）的边沿粘贴牢固，特别是在阴角处，第二幅壁纸（墙布）粘贴在第一幅壁纸（墙布）上，更容易出现边缘翘曲现象。

（3）在阳角处应超过阳角的壁纸（墙布）长度不得少于20mm，如果长度不足难以克服壁纸（墙布）的表面张力，很容易出现翘边。

3. 防治措施

（1）基层处理必须符合裱糊工程的要求。对于基层表面上的灰尘、油污、隔离剂等，必须清除干净；混凝土或抹灰基层的含水率不得超过8%，木材基层含水率不得大于12%；当基层表面有凸凹不平时，必须用腻子刮涂平整；基层表面如果松散、粗糙和干燥，必须涂刷（喷）一道胶液，底胶不宜太厚，并且要均匀一致。

（2）根据不同种类的壁纸（墙布），应当选择不同的黏结胶液。壁纸和胶黏剂的挥发性有机化合物含量及甲醛释放量，均应当符合现行国家标准《民用建筑工程室内环境污染控制标准》（GB 50325—2020）和国家市场监督管理总局发布的《室内装饰装修材料有害物质限量》10项强制性国家标准中的规定。一般可选用与壁纸（墙布）配套的胶黏剂。在壁纸（墙布）施工前，应进行样品试贴，观察粘贴的效果，选择合适的胶液。

（3）壁纸（墙布）裱糊刷胶黏剂的胶液，必须根据实际情况而定。一般可以只在壁纸（墙布）背面刷胶液，如果基层表面比较干燥，应在壁纸（墙布）背面和基层表面同时刷黏结胶液。涂刷的胶液要达到薄而均匀。裱糊工程实践证明，已涂刷胶液的壁纸（墙布）待略有表干时再上墙，裱糊效果会更好。

（4）在壁纸（墙布）粘贴上墙后，应特别注意其垂直度和接缝密合，用橡胶刮板或钢皮刮板、胶辊、木辊等工具由上至下进行仔细抹刮，垂直拼缝处要按照横向外推的顺序将壁纸（墙布）刮平整，将多余的黏结胶液挤压出来，并及时用湿毛巾或棉丝将挤出的胶液擦干净。特别要注意在滚压接缝边缘时，不要用力过大，防止把胶液挤压干结而无黏结性。擦拭挤压出来的胶液的布不可过于潮湿，避免布中的水由纸边渗入基层冲淡胶液，从而降低粘贴强度，边缘的壁纸或墙布粘贴不牢。

（5）在阴角壁纸（墙布）搭接缝时，应先裱糊压在里面的壁纸（墙布），再用黏性较大的胶液粘贴面层壁纸（墙布）。搭接面应根据阴角的垂直度而定，搭接宽度一般不得＜2mm，如图11-1所示，壁纸（墙布）的边应搭在阴角处，并且保持垂直无毛边。

（6）严格禁止在阳角处进行接缝，壁纸（墙布）超过阳角的长度应≥20mm，如图11-1所示，包角壁纸（墙布）必须使用黏结性较强的胶液，

图11-1　阴角与阳角处壁纸的搭接

粘贴一定要贴紧压实，不得出现空鼓和气泡现象，壁纸（墙布）上下必须垂直，不得产生倾斜。有花饰的壁纸（墙布）更应当注意花纹与阳角直线的关系。

(三) 选用的胶黏剂质量不符合要求

1. 质量问题

胶黏剂是裱糊工程施工中不得缺少的重要材料，实践证明，所选用的胶黏剂质量如何，不仅直接关系到裱糊的材料是否牢固和耐久，而且也关系到裱糊工程的使用寿命和人体的健康。如果选用的胶黏剂质量不合格，达不到要求的黏结强度、耐水、防潮、杀菌、防霉、耐高温、环保等各方面的要求，则裱糊的材料将会黏结不牢，出现起泡、剥落、变色、长霉菌等质量缺陷，严重的会损害居住者的身体健康。

2. 原因分析

(1) 选用的胶黏剂质量不符合设计和有关标准的要求，如果黏结强度较低，则裱糊的材料很容易出现脱落，严重影响裱糊工程的使用寿命。

(2) 选用的胶黏剂不符合绿色环保的要求，其中甲醛、苯、氨等有害物质的含量，不符合现行国家标准《住宅装饰装修工程施工规范》(GB 50327—2001) 和《民用建筑工程室内环境污染控制标准》(GB 50325—2020) 中的有关规定。

(3) 选用的胶黏剂其耐水性、耐胀缩性、防霉性等不符合设计和现行标准的要求，导致裱糊材料出现剥落、变色等质量缺陷。

3. 防治措施

根据裱糊工程的实践经验，对于大面积裱糊纸基塑料壁纸使用的胶黏剂应当满足以下几个方面的要求。

(1) 严格按照现行国家标准《住宅装饰装修工程施工规范》(GB 50327—2001) 和《民用建筑工程室内环境污染控制标准》(GB 50325—2020) 中的有关规定，选用室内用水溶性的胶黏剂，不得选用溶剂性的胶黏剂，这是现代建筑绿色环保和人体健康的基本要求。

(2) 裱糊工程施工中所选用的胶黏剂，对墙面和壁纸背面都具有较高的黏结强度，使裱糊的材料能够牢固地粘贴于基层上，以确保粘贴质量和使用寿命。

(3) 裱糊工程施工中所选用的胶黏剂应当具有一定的耐水性。在裱糊工程施工时，基层不一定是完全干燥的，所选用的胶黏剂应在一定含水情况下牢固并顺利地将材料粘贴在基层上。

基层中所含的水分，可通过壁纸或拼缝处逐渐向外蒸发；在裱糊饰面使用过程中为了保持清洁，也需要对其表面进行湿擦，因而在拼缝处可能会渗入水分，此时胶黏剂应保持相当的黏结力，而不致产生壁纸剥落等现象。

(4) 裱糊工程所选用的胶黏剂应具有一定的防霉作用。因为霉菌会在基层和壁纸之间产生一个隔离层，严重影响黏结力，甚至还会使壁纸表面变色。

(5) 裱糊工程所选用的胶黏剂应具有一定的耐胀缩性。即胶黏剂应能适应由于阳光、温度和湿度变化等因素引起的材料胀缩变化，不至于产生开裂、脱落等情况。

(6) 裱糊工程施工中所选用的胶黏剂，不仅应采用环保型的材料，而且其技术指标应当符合表 11-17 中的要求。

表 11-17　裱糊所选用的胶黏剂技术指标

项次	项　目		第Ⅰ类		第Ⅱ类	
			优等品	合格品	优等品	合格品
1	成品胶黏剂的外观		均匀无团块胶液			
2	pH 值		6～8			
3	适用期		不变质(不腐败、不变稀、不长霉)			
4	晾置时间/min		15		10	
5	湿黏性	标记线距离/mm	200	150	300	250
		20s 移动距离/mm	5			
6	干黏性	纸破损率/%	100			
7	滑动性/mm		≤2		≤5	
8	防霉性等级(仅测防霉性产品)		1		0	1

（四）壁纸或墙布的接缝、花饰不垂直

1. 质量问题

相邻两张壁纸或墙布的接缝不垂直，阳角和阴角处的壁纸或墙布不垂直；或者壁纸或墙布的接缝虽然垂直，但花纹不与纸边平行，造成花饰不垂直。以上这些不垂直缺陷严重影响裱糊的外表美观。

2. 原因分析

（1）在壁纸进行粘贴之前未做垂线控制线，致使粘贴第一幅壁纸或墙布时就产生歪斜；或者操作中掌握不准确，依次继续裱糊多幅后偏斜越来越严重，特别是有花饰的壁纸（墙布）更为明显。

（2）由于墙壁的阴阳角抹灰的垂直偏差较大，在裱糊前又未加纠正，造成壁纸或墙布裱糊不平整，并直接影响其接缝和花纹的垂直。

（3）在选择壁纸或墙布时质量控制不严格，花饰与壁纸或墙布边部不平行，又未经纠正处理就裱糊，结果造成花饰不垂直。

3. 防治措施

（1）根据阴角处的搭接缝的里外关系，决定先粘贴哪一面墙时，在贴第一幅壁纸或墙布前，应先在墙面上弹一条垂线，裱糊第一幅壁纸或墙布时，其纸边必须紧靠此线，作为以后裱糊其他壁纸或墙布的依据。

（2）第二幅与第一幅壁纸或墙布采用接缝法拼接时，应注意将壁纸或墙布放在一个平面上，根据尺寸大小、规格要求、花饰对称和花纹衔接等进行裁割，在裱糊时将其对接起来。采用搭接缝法拼接时，对于无花纹的壁纸或墙布，应注意使壁纸或墙布之间的拼缝重叠 2～3cm；对于有花饰的壁纸或墙布，可使两幅壁纸或墙布的花纹重叠，待花纹对准确后，在准备拼缝部位用钢直尺将重叠处压实，用锋利的刀由上而下裁剪下来，将切去的多余壁纸或墙布撕掉。

（3）凡是采用裱糊壁纸或墙布进行装饰的墙面，其阴角与阳角处必须垂直、平整、无凸

凹。在正式裱糊前先进行墙面质量检查，对不符合裱糊施工要求的应认真进行修整，直至完全符合要求才可裱糊操作。

（4）当采用接缝法裱糊花饰壁纸或墙布时，必须严格检查壁纸或墙布的花饰与其两边缘是否平行，如果不平行，应将其偏斜的部分裁剪（割）加以纠正，待完全平行后再裱糊。

（5）裱糊壁纸或墙布的每一个墙面上，应当用仪器弹出垂直线，作为裱糊的施工控制线，防止将壁纸或墙布贴斜。在进行粘贴的过程中，最好是粘贴2～3幅后就检查一下接缝的垂直度，以便及时纠正出现的偏差。

图 11-2　花饰或接缝不对称现象

（五）壁纸或墙布的花饰不对称

1. 质量问题

具有花饰的壁纸或墙布因装饰性良好，其是裱糊工程施工中最常选用的材料。但是在其裱糊后，如果不细心往往会出现两幅壁纸或墙布的正反面或阴阳面的花饰不对称；或者在门窗口的两边、室内对称的柱子、两面对称的墙等处，裱糊的壁纸或墙布花饰不对称。如图11-2所示。

2. 原因分析

（1）由于基层的表面不平整，孔隙比较多，胶黏剂涂刷后被基层过多地吸收，使壁纸（墙布）滑动性较差，不易将花对齐，且容易引起壁纸（墙布）延伸、变形和起皱，致使对花困难，不易达到对齐、对称要求，严重影响壁纸或墙布的观感质量，甚至显得壁纸或墙布上的花饰很别扭。

（2）对于需要裱糊壁纸或墙布的墙面没有根据工程实际进行仔细测量和规划，也没有根据壁纸或墙布的规格尺寸、花饰特点等进行设计，没有区分无花饰和有花饰壁纸或墙布的特点等。总之，在准备工作很不充分的情况下便开始盲目操作，很容易造成壁纸或墙布的花饰不对称而影响美观。

（3）在同一幅装饰壁纸或墙布上，往往印有正花饰与反花饰、阳花饰与阴花饰，在裱糊施工时由于对花饰未仔细进行辨认，造成相邻壁纸或墙布花饰相同。

3. 防治措施

（1）对于需要准备裱糊壁纸或墙布的墙面，首先应当认真观察、确定有无需要对称的部位，如果有需要对称的部位，应当根据裱糊墙面尺寸和壁纸或墙布的规格，仔细设计排列壁纸或墙布的花饰，使粘贴的壁纸（墙布）达到花饰对称要求。

（2）在壁纸或墙布按照设计要求裁剪（割）后，应准确弹出对称部位的中心线和控制线，先粘贴对称部位的壁纸或墙布，并将搭接缝挤到阴角处。如果房间里只有中间一个窗户，为了使壁纸或墙布的花饰对称，在裱糊前应在窗口处弹出中心线，以便以中心线为准向两边分贴壁纸或墙布。

如果窗户不在中间，为保证窗间墙的阳角花饰对称，也应先弹出中心线，由中心线向两侧进行粘贴，使窗两边的壁纸（墙布）花饰都能保持对称。

（3）当在同一幅壁纸或墙布上印有正花饰与反花饰、阴花饰与阳花饰时，在裱糊粘贴时一定要仔细分辨，最好采用搭接缝法进行裱糊，以避免由于花饰略有差别而误贴。如果采用接缝法施工，已粘贴的壁纸或墙布边部花饰如为正花饰，必须将第二幅壁纸或墙布边部的正花饰裁剪（割）掉，然后对接起来才能对称。

（六）壁纸（墙布）间出现离缝或亏纸

1. 质量问题

两幅相邻壁纸（墙布）间的连接缝隙超过施工规范允许范围称为离缝，即相邻壁纸（墙布）接缝间隙较大；壁纸（墙布）的上口与挂镜线（无挂镜线时，为弹的水平线），下口与踢脚板接缝不严密，显露出基底的部分称为"亏纸"，如图 11-3 所示。

图 11-3　离缝和"亏纸"示意

2. 原因分析

（1）第一幅壁纸或墙布按照垂直控制线粘贴后，在粘贴第二幅壁纸或墙布时，由于粗心大意、操作不当，尚未与第一幅连接准确就压实，结果出现偏斜而产生离缝；或者虽然连接准确，但在粘贴滚压底层胶液时，由于推力过大而使壁纸（墙布）伸长，在干燥的过程中又产生回缩，从而造成离缝或亏纸现象。

（2）未严格按照量好的尺寸裁割壁纸或墙布，尤其是裁剪（割）尺寸小于实际尺寸时，必然造成离缝或亏纸；或者在裁剪（割）时多次变换刀刃方向，再加上对壁纸或墙布按压不紧，使壁纸或墙布忽而膨胀和亏欠，待壁纸或墙布裱糊后亏损部分必然形成离缝或"亏纸"，从而严重影响壁纸或墙布的粘贴质量。

3. 防治措施

（1）在裁割壁纸或墙布时，必须严格按测量或设计的尺寸，在下刀前应复核尺寸是否有出入。当钢直尺压紧后不得再随意移动，要用锋利的刀刃贴紧钢直尺一气呵成，中间尽量不出现停顿或变换持刀角度。在裁剪（割）中用力要均匀、位置要准确，尤其是裁剪已粘贴在墙上的壁纸或墙布时，千万不可用力过猛，防止将墙面划出深沟，使刀刃受损，影响再次裁割的质量。

（2）为防止出现"亏纸"现象，应根据壁纸或墙布的尺寸，先以粘贴的上口为准，将壁纸或墙布裁割准确，下口可比实量墙面粘贴尺寸略长 10~20mm。当壁纸或墙布粘贴后，在踢脚板上口压上钢直尺，裁割掉多余的壁纸或墙布。如果壁纸或墙布上带有花饰，必须将上口的花饰统一成一种形状，然后特别细心地进行裁割，从而使壁纸或墙布上的花饰完全一样，以确保装饰效果。

（3）在壁纸或墙布正式粘贴前，首先要进行"焖水"，使其受潮后横向伸胀，以保证粘贴时尺寸的准确。工程实践和材料试验证明，一般 80cm 宽的壁纸或墙布经过浸水处理后约膨胀出 10mm。

（4）在粘贴第二幅壁纸或墙布时，必须与第一幅壁纸或墙布靠紧，尽力使它们之间无缝隙，在压实壁纸或墙布底面的胶液时，应当由接缝处横向往外赶压胶液和气泡，千万不可斜向来回赶压，或者由两侧向中间推挤，要保证使壁纸或墙布对好接缝后不再出现移动。如果出现移动时要及时进行纠正，压实回到原位置。

（5）在裁割壁纸或墙布时，应采取措施保证边直而光洁，不得出现凸出和毛边；裁割后的壁纸要卷起来平放，不得进行立放。采用直接对花的壁纸或墙布，在对花处不可裁割。

（七）壁纸（墙布）出现空鼓现象

1. 质量问题

壁纸（墙布）粘贴完毕后，发现表面有凸起的小块，用手进行按压时，有弹性和与基层附着不牢的感觉，敲击时有鼓声。这种质量缺陷不仅使表面不平整，而且在外界因素的作用下容易产生破裂，从而降低饰面的耐久性。

2. 原因分析

（1）在粘贴壁纸或墙布时，由对壁纸或墙布的压实方法不得当，特别是往返挤压胶液次数过多，使胶液干结后失去黏结作用；或压实力量太小，多余的胶液不能挤出，仍然存留在壁纸或墙布的内部，长期不能干结，形成胶囊状；或没有将壁纸或墙布内部的空气赶出而形成空鼓。

（2）在基层或壁纸或墙布底面涂刷胶液时，或者涂到厚薄不均匀，或者有的地方漏刷，都会出现因黏结不牢而导致空鼓。

（3）基层处理不符合裱糊的要求。有的基层过于潮湿，混凝土基层含水率超过 8%，木材基层含水率超过 12%；或基层表面上的灰尘、油污、隔离剂等未清除干净，大大影响了基层与壁纸或墙布的黏结强度。

（4）石膏板基层的表面在粘贴壁纸或墙布后，由于基层纸基受潮而出现起泡或脱落，从而引起壁纸或墙布的空鼓。

（5）石灰或其他较松软的基层，由于强度较低，出现裂纹空鼓，或孔洞、凹陷处未用腻子嵌实找平、填补结实，也会在粘贴壁纸或墙布后出现空鼓。

3. 防治措施

（1）严格按照壁纸或墙布规定的粘贴工艺进行操作，必须用橡胶刮板和橡胶滚子由里向外进行滚压，这样可将壁纸或墙布下面的气泡和多余的胶液赶出，使壁纸或墙布粘贴比较平整和牢固，决不允许无次序地刮涂和乱压。

（2）在旧墙面上裱糊时，首先应认真检查墙面的状况，对于已经疏松的旧装饰层，必须清除修补，并涂刷一遍界面剂。

（3）裱糊壁纸或墙布的基层含水率必须严格控制，混凝土和砂浆基层的含水率不得大于 8%，木质基层的含水率不得大于 12%。基层有孔洞或凹陷处，必须用石膏腻子或大白粉、滑石粉、乳胶腻子等刮涂平整，油污、尘土必须清除干净。

（4）如果石膏板表面纸基上出现起泡和脱落，必须彻底铲除干净，重新修补好纸基，然后再粘贴壁纸或墙布。

（5）涂刷的胶液必须做到厚薄均匀一致，千万不可出现漏刷。为了防止胶液涂刷不均匀，在涂刷胶液后可用橡胶刮板满刮一遍，并把多余的胶液回收再用。

（八）壁纸或墙布的色泽不一致

1. 质量问题

壁纸或墙布的色泽是饰面效果如何的主要标志，因此同一饰面上壁纸或墙布色泽一致性是非常重要的质量问题。表现在壁纸或墙布的色泽不一致，主要有粘贴同一墙面上的壁纸或墙布表面有花斑，色相不统一；或者新粘贴的与原壁纸或墙布颜色不一致。

2. 原因分析

（1）在壁纸或墙布粘贴前未对产品质量进行认真检查，所选用的壁纸或墙布质量不合格，花纹色泽不一致，在露天的使用条件下颜色也易产生褪色。

（2）基层比较潮湿会使壁纸或墙布发生变色，或经日光暴晒也会使壁纸或墙布表面颜色发白变浅。

（3）如果壁纸或墙布颜色较浅、厚度较薄，而混凝土或水泥砂浆基层的颜色较深时，较深的颜色会映透壁纸或墙布面层而产生色泽不一致。

3. 防治措施

（1）精心选择质量优良、不易褪色的壁纸或墙布材料，不得使用残次品。对于重要的工程，对所选用的壁纸或墙布要进行试验，合格后才能用于工程。

（2）当基层的颜色较深时（如混凝土的深灰色等），应选用较厚或颜色较深、花饰较大的壁纸（墙布），不能选用较薄或颜色较浅的壁纸或墙布。

（3）必须严格控制粘贴壁纸或墙布基层的含水率，混凝土和砂浆抹灰层的含水率不得大于 8%，木质基层的含水率不得大于 12%，否则不能进行粘贴壁纸或墙布。

（4）尽量避免壁纸或墙布在强烈的阳光下直接照射，必要时采取一定的遮盖措施；壁纸或墙布应避免在有害气体的环境中贮存和粘贴施工。

（5）在粘贴壁纸或墙布之前，要对其进行认真检查，将那些已出现褪色或颜色不同的壁纸或墙布裁掉，保持壁纸或墙布色相一致。

（九）相邻壁纸（墙布）出现搭缝

1. 质量问题

在壁纸或墙布粘贴完毕后，发现相邻的两幅壁纸或墙布有重叠凸起现象，不仅使壁纸或墙布的饰面不平整，而且使有花饰的表面不美观。

2. 原因分析

（1）在进行壁纸或墙布裁割时，由于尺寸不准确，在裁剪时发生移动，在粘贴时又未进行认真校核，结果造成粘贴后相邻壁纸或墙布出现重叠。

（2）在进行壁纸或墙布粘贴时，未严格按照规定的操作工艺进行施工，未将两幅壁纸或墙布的接缝推压分开，从而造成重叠。

3. 防治措施

（1）在裁剪（割）壁纸或墙布之前，应当准确地确定所裁剪（割）的具体尺寸；在进行裁剪（割）时，应保证壁纸或墙布的边直而光洁，不出现凸出和毛边，尤其对于塑料层较厚的壁纸或墙布更应当注意。

（2）粘贴无收缩性的壁纸或墙布时不准搭接。对于收缩性较大的壁纸或墙布，粘贴时可以适当多搭一些，以便收缩后正好合缝。

（3）在壁纸或墙布正式粘贴前，应当在适当的位置先进行试粘贴，以便掌握壁纸或墙布的收缩量和其他性能，在正式粘贴时取得良好的效果。

(十) 壁纸 (墙布) 出现死折

1. 质量问题

在壁纸或墙布粘贴后,表面上有明显的皱纹棱脊凸起,这些凸起部分(即死折)不仅无法与基层黏结牢固,而且影响壁纸或墙布的美观,时间长久后甚至出现鼓胀。

2. 原因分析

(1) 所选用的壁纸或墙布材质不良或者厚度较薄,在粘贴时不容易将其铺设平整,这样就很容易出现死折缺陷。

(2) 粘贴壁纸或墙布的操作技术不佳或工艺不当,没有用橡胶刮板和橡胶滚子由里向外依次进行刮贴,而是用手无顺序地进行压贴,无法使壁纸或墙布与基层紧密粘贴,必然使壁纸或墙布出现死折。

3. 防治措施

(1) 在设计和采购时,应当根据设计要求选用优质的壁纸或墙布,不得使用残品和次品。壁纸或墙布进货后,要进行认真检查,对颜色不均、厚薄不同、质量不合格的壁纸或墙布一律将其剔除,不得用于工程。

(2) 在裱糊壁纸或墙布时,应当首先用手将壁纸或墙布展开后才能用橡胶刮板或橡胶滚子压平整,在刮压中用力要均匀一致、连续不停。在壁纸或墙布没有舒展平整时,不得使用钢皮刮板硬性推压,特别是壁纸或墙布已经出现死折时,必须将壁纸或墙布轻轻揭起,用手慢慢地将弯折处推平,待无皱折时再用橡胶刮板刮平整。

(3) 必须重视对基层表面的处理,这是防止出现死折的基础性工作,要特别注意基层表面的平整度,不允许有凹凸不平的沟槽。对于不平整的基层,一定要铲除凸起部分、修补凹陷部分,最后用砂纸打磨平整。

(十一) 裱糊工程所用腻子质量不合格

1. 质量问题

在需要进行基层处理的表面上,刮涂选用的腻子后,在干燥的过程中产生翻皮和不规则的裂纹,不仅严重影响裱糊基层表面的观感质量,而且也使裱糊材料的粘贴无法正常进行。特别是在凹陷坑洼处裂缝更加严重,甚至出现脱落。

2. 原因分析

(1) 如果采用的是购买的成品腻子,很可能腻子的技术性能不适宜,或者腻子与基层材料的相容性不良,或者腻子因过期质量下降。如果采用的是自行调配的腻子,很可能配制腻子的配合比不当,或者搅拌腻子不均匀,或者腻子的质量不合格,或者腻子存放期过长。

(2) 由于所用腻子的胶性较小、稠度较大、失水太快,从而造成腻子出现翻皮和裂纹;或者由于基层的表面有灰尘、隔离剂、油污或含水率过大等,造成腻子的翻皮;或者由于基层表面太光滑,在表面温度较高的情况下刮腻子,均会造成腻子出现翻皮和裂纹。

(3) 由于基层凹陷坑洼处的灰尘、杂物等未清理干净,在腻子干燥过程中出现收缩裂缝;或者凹陷孔洞较大,刮涂的腻子有半眼、蒙头等缺陷,使腻子未能生根而出现裂纹。

(4) 在刮涂腻子时,未按照规定的厚度和遍数进行,如果腻子一次刮涂太厚,可能造成部分或大部分腻子黏结不牢，从而在干燥中出现裂纹或脱落。

3. 防治措施

（1）一定要根据基层实际情况购买优良合适的腻子，腻子进场后要进行必要的复检和试验，符合设计要求才能用于工程。

（2）如果采用自行调配腻子时，一定要严格掌握和确定其配合比，不得任意进行改变。配制的腻子要做到"胶性要适中、稠度要适合"。另外，对自行调配的腻子，要在适当部位进行小面积试验，合格后才能用于工程。

（3）对于表面过于光滑的基层或清除油污的基层，要涂刷一层胶黏剂（如乳胶），然后再刮腻子，每遍刮腻子的厚度要适当，并且不得在有冰霜、潮湿和高温的基层刮涂腻子，对于翻皮和裂纹的腻子应当铲除干净，找出产生的原因，应采取一定的措施后再重新刮腻子。

（4）对于要刮涂腻子处理的基层表面，要按照有关规范要求进行处理，防止基体或基层本身的过大胀缩而使腻子产生裂纹。

（5）对于基层表面特别是孔洞凹陷处，应将灰尘、浮土和杂物等彻底清除干净，并涂刷一层黏结液，以增加腻子的附着力。

（6）对于孔洞较大的部位，所用的腻子的胶性应当略大些，并要分层用力抹压入洞内，反复涂抹平整、坚实、牢固；对于洞口处的半眼、蒙头腻子必须挖出，处理后再分层刮入腻子直至平整、坚实。

（十二）壁纸裱糊时滚压方法不对

1. 质量问题

由于各种原因的影响，在壁纸裱糊时质量不符合现行施工规范的要求，容易造成壁纸或墙布出现空鼓、边缘翘曲或离缝等质量缺陷，这些质量问题不仅严重影响壁纸或墙布的装饰效果，而且也影响其使用功能。

2. 原因分析

（1）在裱糊壁纸或墙布时，由于采用的滚压壁纸方式不得当，往返挤压胶液次数过多，从而使胶液干结失去黏结作用，造成壁纸或墙布出现空鼓、边缘翘曲或离缝等。

（2）在进行滚压时，用的力量太小，多余的胶液不能充分赶出，存留在壁纸或墙布的内部，长期不能干结，从而形成胶囊状。

（3）在进行滚压时，未将壁纸或墙布内部的空气彻底赶干净，在壁纸或墙布中形成气泡，从而造成饰面的表面不平整，严重影响饰面的美观。

3. 防治措施

（1）壁纸背面在涂刷胶时，胶液的稠度要调配适宜，从壁纸的上半部开始，应先刷边缘，后涂刷其中央，涂刷时要从里向外，以避免污染壁纸的正面。上半部涂刷完毕后，对折壁纸，用同样的方法涂刷下半部。一般墙布不刷胶（纯棉装饰墙布也刷胶），可直接在基层上涂刷胶液，但要求胶液的稀稠适度，涂刷均匀。

（2）在裱糊壁纸或墙布时，要使用软硬适当的专用平整刷子将其刷平，并且将其中的皱纹与气泡顺势刷除，但不宜施加过大的压力，以免塑料壁纸绷得太紧而产生干缩，从而影响壁纸或墙布接缝和上下花纹对接的质量。

（3）在滚压壁纸或墙布底部的胶液时，应由拼缝处横向往外赶压胶液和气泡，不允许斜向来回赶压，或者由两侧向中间推挤，保证使壁纸或墙布对好接缝后不再移动，并及时用湿毛巾或棉丝将多余胶液擦拭干净。注意滚压接缝边缘处时不要用力过大，防止把胶液挤压干结而无黏结性。擦拭多余胶液的布不可太潮湿，避免水由壁纸的边缘渗入基层冲淡胶液，降低胶液的黏结强度。

（十三）壁纸在阴阳角处出现空鼓和卷边

1. 质量问题

由于各方面的原因，壁纸或墙布粘贴后在阴阳角处出现空鼓和卷边质量缺陷，空鼓后壁纸或墙布容易被拉断裂，卷边后易落入灰尘，日久会使卷边越来越严重，甚至壁纸出现脱落。不仅严重影响壁纸的装饰效果，而且也严重影响使用功能。

2. 原因分析

（1）在粘贴壁纸或墙布之前，基层未认真按要求进行清理，表面有灰尘、油污和其他杂物，或者表面粗糙、过于潮湿、过于干燥等，从而造成壁纸或墙布与基层黏结不牢，出现空鼓和卷边等质量缺陷。

（2）裱糊壁纸或墙布所选用的胶黏剂品种不当，或胶黏剂的质量不良，或胶黏剂过期失效，这样都不能将壁纸或墙布牢固地粘贴在基层上。

（3）在建筑结构的阳角处，超过阳角棱角的壁纸或墙布宽度少于20mm，不能克服壁纸（墙布）的表面张力，从而引起壁纸或墙布在阳角处的卷边。

（4）当采用整张的壁纸或墙布在阳角处对称裱糊时，要很好地照顾到两个面和一个角有很大难度，也很容易造成空鼓和卷边质量缺陷。

（5）如果基层的阴角处不直、不平，或者涂刷胶液不均匀或局部漏涂，也容易出现壁纸或墙布空鼓质量缺陷。

3. 防治措施

（1）裱糊壁纸或墙布的基层，必须按照要求进行处理，必须将表面的灰尘、油污和其他杂质清除干净。当基层表面凹凸不平时必须用腻子进行刮平处理。

（2）裱糊壁纸或墙布的基层，其含水率不宜过大或过于干燥。混凝土或抹灰基层的含水率不得超过8％，木质基层的含水率不得超过12％。在粘贴壁纸或墙布前一定要对基层的含水率进行测定。

（3）裱糊壁纸或墙布应选用配套的胶黏剂，在大面积正式裱糊前应做样品进行试粘贴，以便观察其粘贴效果，选择适合的胶黏剂，不得选用劣质和过期失效的胶黏剂。

（4）阳角要完整垂直，不得有缺棱掉角。在裱糊中要预先做好计划，严禁在阴角处接缝，超过阳角的宽度不应小于20mm。如果用整张壁纸或墙布对称裱糊时，要在阳角两边弹出垂线，尺寸要合适。包角壁纸或墙布必须用黏结性较强的胶液，涂刷胶液要均压，对壁纸或墙布的压实要到位。

（5）墙壁的阴角若不垂直方正，应当按要求进行修理，使其符合裱糊的设计要求。壁纸（墙布）的裱糊应采用搭接缝方法，先裱糊压在里面的壁纸或墙布，并转过墙面5～10mm，再用黏性较大的胶液粘贴面层壁纸或墙布。搭接面应根据阴角垂直度而定，搭接的宽度一般不小于2～3mm，纸边搭在阴角处，并且要保持垂直无毛边。

二、软包工程质量问题与防治措施

软包工程所使用的材料质地柔软，色彩柔和，能够柔化整体空间氛围，其纵深的立体感亦能提升家居档次，无论是在实用性还是装饰性方面都备受消费者的喜爱，现在在建筑室内很多部位都会应用到软包形式。

软包墙面是一种室内高级装饰，对其施工质量要求非常高，所以从选择操作工人、装饰材料及每个操作工序，都要进行精心策划和施工，这样才能达到高标准的软包质量。但是，在软包工程施工过程和使用中总会出现各种各样的质量问题。针对这些质量问题，应采取有效措施加以解决和预防。

（一）软包材料不符合要求

1. 质量问题

软包墙面的材料主要由饰面材料、内衬材料（心材）、基层龙骨和板材等构成。工程实践证明，软包的材料质量决定着软包工程的整体质量。如果选用的材料不符合有关规范的要求，不仅会存在严重安全隐患和缩短使用寿命，而且还会严重影响人体健康。

2. 原因分析

（1）软包工程所选用的材料不符合绿色环保的要求，甲醛、苯、氨等有害物质的含量，不符合现行国家标准《住宅装饰装修工程施工规范》（GB 50327—2001）和《民用建筑工程室内环境污染控制标准》（GB 50325—2020）中的有关规定。

（2）软包工程所选用的材料未按有关规定进行必要的处理。例如，龙骨和板材未进行防潮、防腐和防火处理，则会在一定条件下出现腐朽，也存在着发生火灾的隐患；饰面材料和心材不使用防火材料，很容易引起火灾。

3. 防治措施

（1）软包工程所选用的材料，必须严格按照现行国家标准《住宅装饰装修工程施工规范》（GB 50327—2001）和《民用建筑工程室内环境污染控制标准》（GB 50325—2020）中的有关规定进行选择，严格控制材料中有害物质的含量。

（2）按照现行国家标准《建筑装饰装修工程质量验收标准》（GB 50210—2018）中的规定，材料进场后应通过观察、检查产品合格证书、性能检测报告等，确保软包工程所用的饰面材料、内衬材料（心材）及边框的材质、颜色、图案、燃烧性能等级、木材的含水率及材料的其他性能等，均应符合设计要求及国家现行标准规范的要求。

（3）软包工程所用的木龙骨及木质基层板材和露明的木框、压条等，其含水率均不应高于 12%，且不得有腐朽、结疤、劈裂、扭曲、虫蛀等疵病，并应预先做好防火、防潮、防腐等处理。

（4）软包工程所用的人造革、织锦缎等饰面材料，应经过阻燃处理，并满足 B1 和 B2 燃烧等级的要求。

（二）软包工程的基层不合格

1. 质量问题

如果基层存在凹凸不平、鼓包等质量缺陷，很容易造成软包墙面不平整，斜视有疙瘩；

如果基层中的含水率过大，不进行防潮处理，会使基层的面板翘曲变形、表面织物发霉。以上这些质量问题都会影响软包工程的装饰效果，甚至造成质量隐患。

2. 原因分析

（1）对基层未按照有关规范的规定进行认真处理，导致基层的表面平整度达不到设计要求，出现凹凸不平，在软包工程完成后必然造成质量不合格。

（2）基层的表面未按有关要求进行防潮处理，在软包工程完成后，基层中的水分向外散发，会使木龙骨腐朽、面板翘曲变形、表面软包织物变色或发霉。

（3）预埋木砖、木龙骨骨架、基层表面面板、墙筋等，未按照有关要求进行防火、防腐处理，导致出现腐朽破坏。

3. 防治措施

（1）按照设计要求和施工规范的规定，对软包的基层进行剔凿、修补等工作，使基层表面的平整度、垂直度达到设计要求。

（2）为牢固固定软包的骨架，按照规定在墙内预埋木砖。在砖墙或混凝土中埋入的木砖必须经过防腐处理，其间距为 400～600mm，视板面的划分而确定。

（3）软包工程的基层应进行抹灰、做防潮层。通常做法是：先抹 20mm 厚 1：3 的水泥砂浆找平层，干燥后刷一道冷底子油，然后再做"一毡、二油"防潮层。

（4）墙面上的立筋一般宜采用截面为（20～50）mm×（40～50）mm 的方木，用钉子将木筋固定在木砖上，并进行找平、找直。木筋应做防腐、防火处理。

（三）表面花纹不平直、不对称

1. 质量问题

软包工程施工完毕后，经质量检查发现花纹不平直，造成花饰不垂直，严重影响装饰效果；卷材的反正面或阴阳面不一致，或者拼缝下料宽窄不一样，造成花饰不对称，也严重影响装饰效果。

2. 原因分析

（1）在进行表面织物粘贴时，由于未按照预先弹出的线进行施工，造成相邻两幅卷材出现不垂直或不水平，或卷材接缝虽然垂直，但表面花饰不水平，从而也会造成花饰不垂直。

（2）对于要软包的房间未进行周密观察和测量，没有认真通过吊垂直、找规矩、弹线等，对织物的粘贴定出标准和依据。

（3）在粘贴过程中，没有仔细区别卷材的正面和反面，不负责任地盲目操作，造成卷材正反面或阴阳面的花饰不对称。

（4）对进行软包施工的房间，未根据房间内的实际情况定出软包施工的顺序，造成粘贴操作混乱，结果导致饰面花纹不平直、不对称。

3. 防治措施

（1）在制作拼块软包面板或粘贴卷材织物时，必须认真通过吊垂直、找规矩、弹线等工序，使制作或粘贴有操作的标准和依据。

（2）对准备软包施工的房间应仔细观察，如果室内有门窗口和柱子，要特别仔细地进行对花和拼花，按照房间实际测量的尺寸进行面料的裁剪，并通过做样板间，在施工操作中发现问题，通过合理的排列下料找到解决的方法，经业主、监理、设计单位认可后才能进行大面积施工。

（3）在软包工程施工开始时，尤其是粘贴第一幅卷材时必须认真、反复吊垂直线，这是进行下一步粘贴的基础，并要注意卷材表面的对花和拼花。

（4）在进行饰面卷材粘贴的过程中，要注意随时进行检查，以便及早发现花饰有不对称时可以通过调换面料或调换花饰来解决。

（四）饰面粘贴卷材离缝或亏料

1. 质量问题

相邻两幅卷材间的连接缝隙超过允许范围，露出基底的缺陷称为离缝；卷材的上口与挂镜线（无挂镜线时为弹的水平线），下口与墙裙上口或踢脚上接缝不严，露出基底的缺陷称为亏料。饰面粘贴卷材时出现离缝和亏料，均严重影响软包的外观质量和耐久性。

2. 原因分析

（1）第一幅卷材按照垂直控制线粘贴后，在粘贴第二幅时，由于粗心大意、操作不当，尚未与第一幅连接准确就进行压实，结果出现偏斜而产生离缝；或者虽然连接准确，但在粘贴赶压时，由于推力过大而使卷材产生一定的伸长，在干燥的过程中又产生回缩，从而造成离缝或亏料现象。

（2）未严格按照量好的尺寸裁剪卷材，尤其是裁剪的尺寸小于实际尺寸时，必然造成离缝或亏料；或者在裁剪时多次变换刀刃方向，再加上对卷材按压不紧密，使卷材或胀或亏，待卷材裱糊后亏损部分必然形成离缝或亏料。

（3）对于要软包的房间未进行周密观察和实际测量，没有认真通过吊垂直、找规矩、弹线等，对织物的粘贴定出标准和依据，使之粘贴的卷材不垂直而造成离缝。

3. 防治措施

（1）在裁剪软包工程的面料时，必须严格掌握应裁剪的尺寸，在下剪刀前应反复核查尺寸有无出入。在一般情况下，所剪的长度尺寸要比实际尺寸放大 30～40mm，待粘贴完毕压紧后再裁去多余的部分。

（2）在正式裁剪面料和粘贴之前，要对软包工程的房间进行周密观察和实际测量，同时认真进行吊垂直、找规矩、弹出竖向和横向粘贴线等，对饰面织物的粘贴定出标准和依据，使饰面材料能够准确就位。

（3）在正式粘贴面料时，要注意再次进行吊垂直，确定面料粘贴的位置，不能使其产生歪斜和偏离现象，并要使相邻两幅面料的接缝严密。

（4）在裁剪软包工程的面料时，尺子压紧后不得再有任何移动，裁剪时要将刀刃紧贴尺子边缘，裁剪要一气呵成，中间不得发生停顿或变换持刀的角度，用的手劲要均匀一致，用的剪刀要锐利。

（5）在粘贴操作的过程中，要随时进行检查，以便发现问题及时纠正；粘贴后要认真进行检查，发现有离缝或亏料时应返工重做。

（五）软包墙面高低不平、垂直度差

1. 质量问题

软包饰面工程完成后，经质量检查发现软包墙面高低不平，饰面卷材粘贴的垂直度不符合要求，严重影响软包饰面的装饰效果，给人一种不舒适的感觉。

2. 原因分析

（1）软包墙面基层未按照设计要求进行处理，基层表面有鼓包、不平整，造成粘贴饰面材料后，软包墙面高低不平。

（2）在进行木龙骨、衬板、边框等安装时，由于位置控制不准确，不在同一立面上，结果造成卷材粘贴出现歪斜，垂直度不符合规范的要求。

（3）由于木龙骨、衬板、边框等所用木材的含水率过高（＞12％），在干燥过程中发生干缩翘曲、开裂和变形，从而致使软包墙面高低不平，垂直度不符合要求，造成质量隐患，影响软包观感。

（4）由于软包内所用的填充材料不当，或者未填充平整，或者面层未绷紧，也会出现软包墙面高低不平等质量问题。

3. 防治措施

（1）根据软包施工不同材料的基层，按施工规范和设计要求进行不同的处理。使基层表面清理干净，无积尘、腻子包、小颗粒和胶浆疙瘩等，真正达到质地坚硬、表面平整、垂直干净、防水防潮、便于粘贴的要求。

（2）在安装木龙骨时，要预先在墙面基层上进行弹垂线，严格控制木龙骨的垂直度；安装中还要拉横向通线，以控制木龙骨表面在同一个立面上。在安装衬板、边框时，同样要通过弹线或吊线坠等手段或仪器控制其垂直度。

（3）软包内所用的填充材料，应按设计要求进行选用，不准采用不符合要求的材料；填充材料铺设要饱满、密实、平整，面层材料要切实绷紧、整平。

（4）木龙骨、衬板和边框等材料，其含水率不得大于12％，以防止在干燥过程中发生翘曲、开裂和变形，从而致使软包墙面高低不平，垂直度不符合要求。

（六）软包饰面接缝和边缘处翘曲

1. 质量问题

软包饰面工程完成后，经质量检查发现软包饰面接缝和边缘处出现翘曲，使基层上的衬板露出，不仅严重影响软包饰面的装饰效果，而且还会导致衬板的破坏，从而又会影响软包工程的耐久性。

2. 原因分析

（1）由于选用的胶黏剂的品种不当或黏结强度不高，在饰面材料干燥时产生干缩而造成翘曲。

（2）在饰面材料粘贴时，由于未按要求将胶黏剂涂刷均匀，特别是每幅的边缘处刷胶较少或局部漏刷，则很容易造成材料卷边而翘曲。

（3）在粘贴操作的施工中，由于边缘处未进行专门压实，干燥后很容易出现材料边缘翘曲现象。

（4）粘贴饰面的底层和面层处理不合格，如存在局部不平、尘土和油污等质量缺陷，也会造成软包饰面接缝和边缘处翘曲。

3. 防治措施

（1）在软包饰面正式粘贴前，应按设计要求选择胶黏剂，其技术性能（特别是黏结力）应当满足设计要求，不使饰面材料干缩而产生脱落翘曲。

（2）在粘贴饰面材料，必须按要求将胶黏剂涂刷足量、均匀，接缝部位及边缘处应适当多涂刷一些胶黏剂，以确保材料接缝和边缘处粘贴牢固。

（3）在进行饰面材料粘贴时，对其（特别是接缝和边缘处）应认真进行压实，并将挤出的多余的胶黏剂用湿毛巾擦干净；当发现接缝和边缘处有翘曲时应及时补刷胶黏剂，并用压辊加以压实。

（4）在软包饰面正式粘贴前，应按设计要求对底层和面层进行处理，将其不平整之处采取措施修整合格，将表面的尘土、油污和杂物等清理干净。

（七）软包面层出现质量缺陷

1. 质量问题

软包工程的面层布料出现松弛和皱折，单块软包面料在拼装处产生开裂，这些质量缺陷不仅严重影响软包的装饰效果，而且也会影响软包工程的使用年限。

2. 原因分析

（1）在进行软包工程设计时，由于各种原因选择的软包面料不符合设计要求，尤其是面料的张力和韧性达不到设计要求的指标，软包面层布料则容易出现松弛和皱折，单块软包面料在拼装处则容易产生开裂。

（2）单块软包在铺设面料时，未按照设计要求采用整张面料，而是采用几块面料拼接的方式，在一定张力的作用下面料会从拼接处出现开裂。

3. 防治措施

（1）在进行软包工程面料的选购时，面料的品种、颜色、花饰、技术性能等方面均应当符合设计的要求，不得选用质量不符合要求的面料。

（2）在进行面料选择时，应特别注意优先选择张力较高、韧性较好的材料，必要时应当进行力学试验，以满足设计对面料的要求。

（3）在进行软包工程面料的施工时，一定要按照施工和验收规范的标准去操作，对面层要绷紧、绷严，使其在使用过程中不出现松弛和皱折。

（4）对于单块软包上的面料，应当采用整张进行铺设，不得采用拼接的方式。

第十二章
细部工程质量管理

装饰细部工程是建筑装饰工程的重要组成部分，大多数都处于室内的显要位置，对于改善室内环境、美化空间起着非常重要的作用。工程实践充分证明，装饰细部工程不仅是一项技术性要求很高的工艺，而且还要具有独特欣赏水平和较高的艺术水平。因此，装饰细部工程的施工，要做到精心细致、位置准确、接缝严密、花纹清晰、颜色一致，每个环节和细部都要符合规范的要求，这样才能起到衬托装饰效果的作用。

第一节　细部工程常用材料的质量管理

在传统的装饰工程施工中，细木制品工程系指室内的木制窗帘盒、窗台板、筒子板、贴脸板、挂镜线、木楼梯、吊柜、壁柜、厨房的台柜、室内装饰线和墙面木饰等一些制品的制作与安装工程。

装饰细部工程虽然是结构主体的装饰性工程，但其所用的材料却涉及面非常广泛。不仅需要黑色金属和有色金属，而且还需要很多非金属材料；不仅需要水硬性胶凝材料，而且还需要气硬性胶凝材料；不仅需要有机材料，而且还需要无机材料。不管采用何种材料，其规格、性能、型号和其他方面均应符合现行的国家和行业的标准。在进行细部工程设计和施工时，应根据细部工程的实际需要，科学地进行材料的选择和质量管理。

一、橱柜工程所用材料的质量管理

制作橱柜所用的材料，主要有木材、胶合板、细木工板、纤维板、金属框包厢、硬质PVC等材料。橱柜门还可以用平板玻璃和有机玻璃等材料。

（1）橱柜制作与安装所用材料的材质和规格、木材的阻燃性能等级和含水率、花岗石的放射性及人造木板的甲醛含量等，均应符合设计要求及国家现行标准的有关规定。

（2）木方料。木方料是装饰细部工程制作骨架的基本材料，应选用木质较好、无腐朽、不潮湿、无扭曲变形的合格材料，其含水率不得大于 12%。

（3）胶合板和细木工板。胶合板和细木工板应选用不潮湿并无胶脱开裂的板材；饰面胶合板应选用木纹流畅、色泽纹理一致、无疤痕、无脱胶空鼓、装饰性较好的板材；胶合板的甲醛含量应符合现行国家标准《普通胶合板》（GB/T 9846—2015）中的规定。细木工板的甲醛含量应符合现行国家标准《细木工板》（GB/T 5849—2016）中的规定。

（4）配件。根据装饰细部的连接方式选择相应的五金配件，如拉手、铰链、镶边条等；并按装饰细部的造型与色彩选择五金配件，以适应各种彩色装饰细部的使用。

二、窗帘盒、窗台板和散热器罩材料的质量管理

窗帘盒、窗台板和散热器罩是建筑室内重要的组成部分，它们所用材料是否符合设计要求，对于这些部位的美观、使用和环境均有很大影响。因此，在对其所用材料的质量管理方面应注意以下几个方面。

① 窗帘盒制作与安装所使用的材料和规格，木材的阻燃性能等级和含水率、人造木板的甲醛含量等，均应符合设计要求及国家现行标准的有关规定。

② 窗台板制作与安装所使用的材料和规格，木材的阻燃性能等级和含水率、人造木板的甲醛含量等，均应符合设计要求及国家现行标准的有关规定。

③ 散热器罩制作与安装所使用的材料和规格，木材的阻燃性能等级和含水率、人造木板的甲醛含量等，均应符合设计要求及国家现行标准的有关规定。制作暖气罩的龙骨材料应符合设计要求。

④ 木龙骨及饰面材料应符合细木装修的标准，材料无缺陷，木材的含水率应低于 12%；胶合板的含水率应低于 8%。

⑤ 木方料。木方料是装饰细部工程制作骨架的基本材料，应选用木质较好、无腐朽、不潮湿、无扭曲变形、无严重节疤的合格材料，其含水率不得大于 12%。

⑥ 防腐剂、涂料、钉子和其他各种小五金的质量必须符合设计要求及国家现行标准的有关规定。

三、门窗套的质量管理

门窗套是指在门窗洞口的两个立边垂直面，用于保护和装饰门框及窗框，包括筒子板和贴脸，与墙体连接在一起。门窗套可以突出外墙形成边框，也可以与外墙平齐，既要立边垂直平整又要满足与墙面平整，因此质量要求很高。在对其所用材料的质量管理方面应注意以下几个方面。

① 门窗套的制作与安装所用的材料的材质、规格、花纹和颜色、木材的阻燃性能等级和含水率、人造木板的甲醛含量等，均应符合设计要求及国家现行标准的有关规定。

② 门窗套的制作与安装所用的木材应采用干燥的材料，其含水率不得大于 12%；腐朽、虫蛀、扭曲变形、有节疤的木材不能使用。

③ 胶合板应选用不潮湿并无胶脱开裂的板材；饰面胶合板应选用木纹流畅、色泽纹理一致、无疤痕、无脱胶空鼓、装饰性较好的板材。

④ 木龙骨基层木材的含水率必须控制在 12% 以内，但也不宜小于 8%（否则吸水后容易产生变形）；在安装前一般将木材应提前运到现场，放置 10d 以上，使木材含水率与现场湿度相吻合。

⑤ 胶合板的甲醛含量应当符合现行国家标准《普通胶合板》（GB/T 9846—2015）中的规定；细木工板的甲醛含量应当符合现行国家标准《细木工板》（GB/T 5849—2016）中的规定。

四、护栏和扶手的质量管理

（1）护栏和扶手制作与安装所用的材料的材质、规格、数量和木材、塑料的阻燃性能等应符合设计要求。

（2）木制扶手一般应选用硬杂木加工或选购成品，其树种、规格、尺寸、形状应符合设计要求。选用的木材应纹理顺直、颜色一致，不得有腐朽、节疤、裂缝、扭曲等缺陷；含水率不得大于 12%。弯头材料一般采用扶手料，以 45°角断面相接，断面特殊的木扶手按照设计要求备弯头料。

（3）胶黏剂。护栏和扶手一般多用聚醋酸乙烯（乳胶）等胶黏剂，其质量应符合设计要求。尤其是胶黏剂中总挥发性有机化合物（TVOCs）和甲醛含量等必须符合现行国家标准《室内装饰装修材料　胶黏剂中有害物质限量》（GB 18583—2008）中的规定。

（4）玻璃栏板用材质量要求，应符合下列规定。

① 玻璃。由于玻璃在栏板构造中既是装饰构件又是受力构件，需具有防护功能及承受推、靠、挤等外力作用，所以应采用安全玻璃，一般多选用安全玻璃，单层钢化玻璃的厚度一般为 12mm。由于钢化玻璃不能在施工现场裁割，所以应根据设计尺寸在厂家订制，要特别注意尺寸准确、排列合理。

② 扶手材料。扶手是玻璃栏板的收口和稳固连接构件，其材质影响到使用功能和栏板的整体装饰效果。因此扶手的造型与材质需要与室内其他装饰一并设计。目前所使用的玻璃栏板扶手材料主要有不锈钢圆管、黄铜圆管和高级木料 3 种。

五、花饰工程的质量管理

花饰工程是建筑装饰中的重要组成部分。在建筑装饰工程中，花饰多用于室内外门窗、花格、花墙、外廊、阳台护栏、隔断、墙垣以及其他工程部位等，它主要起着分隔和联系空间、疏导人流及装饰作用。随着人民生活水平的不断提高，对生产、办公和住宿场所的要求也增高，花饰工程可增加建筑物室内外的装饰美，使人们心情舒畅。在对其所用材料的质量管理方面应注意以下方面。

① 花饰工程所用的材料主要有水泥砂浆花饰、混凝土花饰、木制花饰、金属花饰、塑料花饰和石膏花饰，其品种、规格、材质、颜色、式样等应符合设计要求。

② 花饰工程所用的胶黏剂、螺栓、螺钉、焊接材料、铺贴的粘贴材料等，其品种、规格和性能应当符合设计要求和现行国家有关规范的规定。胶黏剂中总挥发性有机化合物（TVOCs）和游离甲醛等的含量，应符合现行国家标准《室内装饰装修材料　胶粘剂中有害物质限量》（GB 18583—2008）中的规定。

③ 花饰工程所用胶合板的甲醛含量应符合现行国家标准《普通胶合板》（GB/T 9846—2015）中的规定；花饰工程所用细木工板的甲醛含量应符合现行国家标准《细木工板》（GB/T 5849—2016）中的规定。

第二节 细部工程施工质量管理

工程实践充分证明，装饰细部工程不仅是一项技术性要求很高的工艺，而且还要具有独特欣赏水平和较高的艺术水平。因此，装饰细部工程的施工，要切实加强施工全过程的质量管理，要做到精心细致、位置准确、接缝严密、表面平整、花纹清晰、颜色一致，每个环节和细部都要符合现行规范的要求，这样才能使细部工程起到衬托装饰效果的作用。

一、橱柜工程的施工质量管理

（1）当橱柜工程中涉及一些不同材料的饰面施工时，应注意安装程序的合理安排，它关系到装饰整体性和最终的装饰质量。

（2）橱柜工程是大量使用胶合板的工程，对胶合板的施工要注意以下几点。

① 橱柜工程所用胶合板的选择必须符合建筑的等级和用途。

② 特别是有防火要求的场合必须使用阻燃性（又称为难燃型）两面刨光一级胶合板。

（3）在装配橱柜时应注意构件的部位和正反面，需要涂胶的部位必须涂刷均匀，并及时将装配中挤出的胶液擦拭干净。采用锤击装配时，应将构件的锤击部位垫上木块，锤击不能过猛。如果装配拼合不严，应找出原因后采取相应措施纠正，切不可采用硬锤击的方法。

（4）当用膨胀螺栓固定吊橱时，膨胀螺栓不得安装在多孔砖或加气砌块上。当遇到上述情况时应事先采取妥善的预埋件措施，预埋件的数量、规格、位置应符合设计要求，确保使用过程的安全。

（5）安装后橱柜的造型、尺寸、颜色、安装位置，配件的品种、规格、数量均应符合设计要求。橱柜安装必须牢固，配件应齐全。

二、窗帘盒、窗台板和散热器罩的施工质量管理

（1）在安装窗帘盒的墙体上或过梁上预埋 2～3 个木砖或螺栓，木砖和螺栓均应进行防腐处理。如用燕尾扁钢时，应在砌墙时留洞后埋设。

（2）窗帘盒安装离窗口尺寸应由设计规定，但两端的边部应高低一致，离窗洞距离一致，盒身与墙面垂直。在同一房间内同标高的窗帘盒应拉线找平找齐，使其标高一致。

（3）安装窗台板时，其出墙与两侧伸出窗洞以外的长度要求一致，在同一房间内安装标高应相同，并各自保持水平。宽度大于 150mm 的窗台板，其拼合时应穿暗带。

（4）散热器罩制作可采用实木板上下刻孔洞的做法，也可采用胶合板、硬质纤维板、硬木条等制作成格片，还可采用木雕装饰等。

（5）为了便于散热器及管道的日常维修，散热器罩既要安装牢固又要摘挂方便，因此与主体连接宜采用插装、挂接和钉接等方法。

三、门窗套的施工质量管理

（1）根据门窗洞口的实际尺寸，先用木方料制成木龙骨架。一般骨架分为 3 片，中间 1 片，两侧各 1 片。每片两根立杆，当筒子板宽度大于 500mm 需要拼缝时，中间应适当增加

立杆。

（2）横撑间距根据筒子板厚度决定。当面板厚度为 10mm 时，横撑间距不大于 40mm；板厚为 5mm 时，横撑间距不大于 300mm。横撑间距必须与预埋件间距位置对应。

（3）木龙骨架可直接用圆钉钉成，并将朝外的一面刨光，其他 3 个面应涂刷防腐剂与防火剂。

（4）为了防止木龙骨潮湿变形和腐朽，龙骨架与墙体之间应干铺一层油毡，龙骨架安装应牢固、规矩。

（5）面板的颜色和木纹应进行认真挑选，比较近似者应在同一个房间使用。接缝应避开视线位置，同时注意木纹是否通顺，接头应留在横撑上。

（6）当使用厚板作为面板时，为防止板面产生变形弯曲，可在板背面做宽度为 10mm、深度为 5～8mm、间距为 100mm 的卸除应力槽。

（7）板面与木龙骨间要涂胶粘牢。固定板面所用钉子的长度应为面板厚度的 3 倍，钉子的间距一般为 100mm，钉帽砸扁后冲进木材面层 1～2mm。

（8）筒子板的里侧要装进门、窗框预先做好的凹槽里。外侧要与墙面齐平，割角一定要严密方正。

四、木护栏和扶手施工质量控制

（1）在制作木扶手之前，首先按照设计要求做出扶手横断面的足尺样板，将扶手底部刨平直后，定出其中线，在其两端对好样板划出断面，刨出底部木槽，槽深度一般为 3～4mm，槽宽度应根据铁板而定，但不得超过 40mm。

（2）制作扶手的弯头之前应做出足尺样板。把弯头的整料先规方，用样板进行画线，锯割成具有一定形状的毛料，但应注意毛料应比实际扶手的尺寸大 10mm 左右，然后按样板进行加弯头。

（3）安装木扶手由下往上依次进行。首先按设计要求安装好起步点的弯头；再接着安装扶手。木扶手的木螺钉应拧紧，螺钉头应进入木扶手的表面，螺钉的间距不宜大于 400mm。

（4）当木扶手断面宽度或高度超过 70mm 时，如在施工现场进行斜面拼缝，最好也应采用暗木榫方式进行加固。

（5）木扶手末端与墙体或柱子的连接必须牢固，不能简单地将木扶手伸入墙内，因为水泥砂浆不能与木扶手牢固结合，水泥砂浆的收缩裂缝会使木扶手进入墙体部分产生松动。

（6）沿墙木扶手的安装方法，与以上所述基本相同。由于连接扁钢不是连续的，所以在固定预埋铁件和安装连接件时必须拉通线找准位置，并且不能松动。

（7）所有的木扶手安装好后，要对所有木扶手构件的连接进行仔细检查，木扶手的拼接要平顺光滑，对于不平整的地方要进行刨光处理，再用砂纸打磨光滑，然后刮腻子补色，最后按照设计的要求刷涂涂料。

五、花饰工程施工质量控制

（1）预制花饰安装前应将基层或基体认真清理干净，处理平整，并检查基底是否符合安装花饰的要求，若不符合应采取措施进行处理。

（2）在预制花饰安装前，应按设计要求确定安装位置线。即按设计位置由测量配合，弹出花饰位置中心线及分块的控制线。

（3）花饰安装必须选择适当的固定方法及粘贴材料。注意胶黏剂的品种、性能必须符合设计要求，特别要防止粘贴不牢，造成开粘而脱落。

（4）水泥砂浆花饰和水泥水刷石花饰，宜采用水泥砂浆或聚合物水泥砂浆进行粘贴。

（5）石膏花饰一般宜用石膏灰或水泥浆进行粘贴，安装前应检查石膏花饰的数量，并将严重损坏的拣出，对损坏较轻的装饰件可进行修补。

（6）木制花饰和塑料花饰可以采用胶黏剂进行粘贴，也可以采用钉子固定方法进行安装。

（7）所有花饰采用的胶黏剂中的有害物质含量，应符合现行国家标准《室内装饰装修材料　胶粘剂中有害物质限量》（GB 18583—2008）中的规定。

（8）金属花饰一般宜用螺钉方法进行固定，也可以根据实际的构造情况选用焊接方法进行安装。

（9）预制混凝土花饰或浮面花饰制品，应用1∶2水泥砂浆砌筑，拼块的相互间用钢销子系固，并与结构连接牢固。

（10）重量较大的花饰采用螺钉固定方法进行安装。安装时将花饰预留孔对准结构预埋固定件，用铜或镀锌钉适量加以拧紧，花饰图案应精确吻合，固定后1∶1水泥砂浆将安装孔洞堵严，表面选用同花饰颜色一样的材料修饰，但不得有明显的痕迹。

（11）质量重、体积大的花饰采用螺栓固定法安装。安装时将花饰预留孔对准安装位置的预埋螺栓，按设计要求基层与花饰表面规定的缝隙尺寸，用螺母或其他措施加以固定，并加临时支撑。花饰图案应精确，对缝处应吻合。

（12）花饰与墙面间隙的两侧和底面用石膏临时堵住，待石膏凝固后，用1∶2水泥砂浆分层灌入花饰与墙面的缝隙中，由下而上每次灌100mm左右，下层终凝后再灌上一层。灌缝砂浆达到强度后才能拆除支撑，清除周边临时封堵缝的石膏，并进行修饰。

（13）大重型金属花饰宜采用焊接固定方法安装。根据设计构造，采用临时固定的方法后，按设计要求先找正位置，焊接点应受力均匀，焊接质量应满足设计及有关规范的要求。

（14）花饰安装完毕后应当加强对成品的保护，采取可靠的措施保证已安装好花饰的完好、洁净，防止受到撞击、损坏和污染。

第三节　细部工程施工质量标准

细部工程在建筑装饰装修工程中，虽然是主体结构的表面装饰或辅助工程，对于建筑主体结构的安全性影响不大，但对于装饰效果好坏却起着极其重要的作用。根据现代建筑工程的发展趋势，橱柜、窗帘盒、窗台板、门窗套、护栏、扶手、花饰等制作与安装，在建筑装饰装修工程中的比重越来越大。因此，严格按照现行国家标准《建筑装饰装修工程质量验收标准》（GB 50210—2018）中的规定进行施工，使细部工程的施工质量达到设计和现行规范中的要求。

一、细部工程质量管理一般规定

（1）细部工程质量管理适用于下列分项工程的质量验收：橱柜制作与安装、窗帘盒和窗台板制作与安装、门窗套的制作与安装、护栏和扶手制作与安装、花饰制作与安装。

（2）细部工程验收时应检查下列文件和记录：a. 施工图、设计说明及其他设计文件；b. 材料的产品合格证书、性能检验报告、进场验收记录和复验报告；c. 隐蔽工程验收记录；d. 施工记录。

（3）细部工程应对所采用的花岗石放射性和人造木板的甲醛释放量进行复验。

（4）细部工程应对下列部位进行隐蔽工程验收：a. 预埋件（或后置埋件）；b. 护栏与预埋件的连接节点。

（5）各分项工程的检验批应按下列规定划分：a. 同类制品每 50 间（处）应划分为一个检验批，不足 50 间（处）也应划分为一个检验批；b. 每部楼梯应划分为一个检验批。

（6）橱柜、窗帘盒、窗台板、门窗套和室内花饰每个检验批应至少抽查 3 间（处），不足 3 间（处）时应全数检查；护栏、扶手和室外花饰每个检验批应全数检查。

二、橱柜制作与安装工程质量标准

（一）橱柜制作与安装工程质量一般规定

（1）橱柜制作与安装工程质量控制适用于位置固定的壁柜、吊柜等橱柜制作、安装工程的质量验收。但不包括移动式橱柜和家具的质量验收。

（2）检查数量应符合下列规定：每个检验批应至少抽查 3 间（处），不足 3 间（处）时应全数检查。

（二）橱柜制作与安装工程质量主控项目

（1）橱柜制作与安装所用材料的材质、规格、性能、有害物质限量及木材的燃烧性能等级和含水率应符合设计要求及国家现行标准、规范的有关规定。

检验方法：观察；检查产品合格证书、进场验收记录、性能检验报告和复验报告。

（2）橱柜安装预埋件（或后置埋件）的数量、规格、位置应符合设计要求。

检验方法：检查隐蔽工程验收记录和施工记录。

（3）橱柜的造型、尺寸、安装位置、制作和固定方法应符合设计要求。橱柜安装必须牢固。

检验方法：观察；尺量检查；手扳检查。

（4）橱柜配件的品种、规格应符合设计要求。配件应齐全，安装应牢固。

检验方法：观察；手扳检查；检查进场验收记录。

（5）橱柜的抽屉和柜门开闭比较频繁，应开关灵活、回位正确。

检验方法：观察；开启和关闭检查。

（三）橱柜制作与安装工程质量一般项目

（1）橱柜的表面应平整、洁净、色泽一致，不得有裂缝、翘曲及损坏等质量缺陷。
检验方法：观察。

（2）橱柜的裁口处应顺直，拼缝应严密。
检验方法：观察。

（3）橱柜安装的允许偏差和检验方法应符合表 12-1 的规定。

表 12-1　橱柜安装的允许偏差和检验方法

项次	项目	允许偏差/mm	检验方法
1	橱柜外形尺寸	3.0	用钢直尺进行检查
2	立面垂直度	2.0	用1m垂直检测尺检查
3	门与框架的平直度	2.0	用钢直尺进行检查

三、窗帘盒和窗台板制作与安装工程质量标准

（一）窗帘盒和窗台板制作与安装工程质量一般规定

（1）窗帘盒有木材、塑料、金属等多种材料做法，窗台板有天然石材、水磨石等多种材料做法。窗帘盒和窗台板制作与安装工程质量控制，适用于窗帘盒和窗台板制作、安装工程的质量验收。

（2）检查数量应符合下列规定：每个检验批应至少抽查3间（处），不足3间（处）时应全数检查。

（二）窗帘盒和窗台板制作与安装工程质量主控项目

（1）窗帘盒和窗台板制作与安装所使用材料的材质、规格、性能、有害物质限量及木材的燃烧性能等级和含水率应符合设计要求及国家现行标准、规范的有关规定。

检验方法：观察；检查产品合格证书、进场验收记录、性能检验报告和复验报告。

（2）窗帘盒和窗台板的造型、规格、尺寸、安装位置和固定方法必须符合设计要求。窗帘盒、窗台板和散热器罩的安装必须牢固。

检验方法：观察；尺量检查；手扳检查。

（3）窗帘盒配件的品种、规格应符合设计要求，安装应牢固。

检验方法：手扳检查；检查进场验收记录。

（三）窗帘盒和窗台板制作与安装工程质量一般项目

（1）窗帘盒和窗台板表面应平整、洁净、线条顺直、接缝严密、色泽一致，不得有裂缝、翘曲及损坏。

检验方法：观察。

（2）窗帘盒和窗台板与墙体、窗框的衔接应严密，密封胶缝应顺直、光滑。

检验方法：观察。

（3）窗帘盒和窗台板安装的允许偏差和检验方法应符合表12-2的规定。

表 12-2　窗帘盒和窗台板安装的允许偏差和检验方法

项次	项目	允许偏差/mm	检验方法
1	窗帘盒和窗台板的水平度	2.0	用1m水平尺和塞尺检查
2	上口、下口直线度	3.0	拉5m线,不足5m拉通线,用钢直尺检查
3	两端距窗洞口长度差	2.0	用钢直尺进行检查
4	两端出墙厚度差	3.0	用钢直尺进行检查

四、门窗套的制作与安装工程质量标准

（一）门窗套的制作与安装工程质量一般规定

（1）门窗套的制作与安装工程质量管理，主要适用于门窗套的制作与安装工程的质量检查和验收。

（2）检查数量应符合下列规定：每个检验批应至少抽查3间（处），不足3间（处）时应全数检查。

（二）门窗套的制作与安装工程质量主控项目

（1）门窗套的制作与安装所使用材料的材质、规格、花纹、颜色、性能、有害物质限量及木材的燃烧性能等级和含水率应符合设计要求及国家现行标准、规范的有关规定。

检验方法：观察；检查产品合格证书、进场验收记录、性能检验报告和复验报告。

（2）门窗套的造型、尺寸和固定方法应符合设计要求，安装应牢固。

检验方法：观察；尺量检查；手扳检查。

（三）门窗套的制作与安装工程质量一般项目

（1）门窗套的表面应平整、洁净、线条顺直、接缝严密、色泽一致，不得有裂缝、翘曲及损坏。

检验方法：观察。

（2）门窗套安装的允许偏差和检验方法应符合表12-3的规定。

表 12-3　门窗套安装的允许偏差和检验方法

项次	项目	允许偏差/mm	检验方法
1	正、侧面垂直度	3.0	用1m垂直检测尺检查
2	门窗套上口水平度	1.0	用1m水平检测尺和塞尺检查
3	门窗套上口直线度	3.0	拉5m线，不足5m拉通线，用钢直尺检查

五、护栏和扶手制作与安装工程质量标准

（一）护栏和扶手制作与安装工程质量一般规定

（1）护栏和扶手制作与安装工程质量控制，主要适用于护栏和扶手制作与安装工程的质量验收。

（2）检查数量应符合下列规定：由于护栏和扶手安全性十分重要，所以每个检验批的护栏和扶手全部检查。

（二）护栏和扶手制作与安装工程质量主控项目

（1）护栏和扶手制作与安装所使用材料的材质、规格、数量和木材、塑料的燃烧性能等级应符合设计要求。

检验方法：观察；检查产品合格证书、进场验收记录和性能检验报告。

（2）护栏和扶手的造型、尺寸及安装位置应符合设计要求。

检验方法：观察；尺量检查；检查进场验收记录。

（3）护栏和扶手安装预埋件的数量、规格、位置以及护栏与预埋件的连接节点应符合设计要求。

检验方法：检查隐蔽工程验收记录和施工记录。

（4）护栏高度、护栏间距、安装位置必须符合设计要求。护栏安装必须牢固。

检验方法：观察；尺量检查；手扳检查。

（5）承受水平荷载的栏板玻璃应使用公称厚度不小于12mm的钢化玻璃或公称厚度不小于16.76mm的钢化夹层玻璃。当栏板玻璃最低点离一侧楼地面高度为3～5m时，应使用公称厚度不小于16.76mm的钢化夹层玻璃。

检验方法：观察；尺量检查；检查产品合格证书和进场验收记录。

（三）护栏和扶手制作与安装工程质量一般项目

（1）护栏和扶手转角弧度应符合设计要求，接缝应严密，表面应光滑，色泽应一致，不得有裂缝、翘曲及损坏。

检验方法：观察；手摸检查。

（2）护栏和扶手安装的允许偏差和检验方法应符合表12-4的规定。

表 12-4　护栏和扶手安装的允许偏差和检验方法

项次	项目	允许偏差/mm	检验方法
1	护栏垂直度	3.0	用1m垂直检测尺检查
2	护栏间距	0，−6	用钢直尺检查
3	扶手直线度	4.0	拉通线，用钢直尺检查
4	扶手高度	+6,0	用钢直尺检查

六、花饰制作与安装工程质量标准

（一）花饰制作与安装工程质量一般要求

（1）花饰制作与安装工程质量控制适用于混凝土、石材、木材、塑料、金属、玻璃、石膏等花饰安装工程的质量验收。

（2）检查数量应符合下列规定：室外每个检验批全部检查，室内每个检验批应至少抽查3间（处）；不足3间（处）时应全数检查。

（二）花饰制作与安装工程质量主控项目

（1）花饰制作与安装所使用材料的材质、规格、性能、有害物质限量及木材的燃烧性能等级和含水率应符合设计要求及国家现行标准、规范的有关规定。

检验方法：观察；检查产品合格证书、进场验收记录、性能检测报告和复验报告。

（2）花饰的造型、尺寸应符合设计要求。

检验方法：观察；尺量检查。

（3）花饰的安装位置和固定方法必须符合设计要求，安装必须牢固。

检验方法：观察；尺量检查；手扳检查。

（三）花饰制作与安装工程质量一般项目

（1）花饰的表面应洁净，接缝应严密吻合，不得出现歪斜、裂缝、翘曲及损坏等质量缺陷。

检验方法：观察。

（2）花饰安装的允许偏差和检验方法应符合表 12-5 的规定。

表 12-5　花饰安装的允许偏差和检验方法

项次	项　目		允许偏差/mm		检验方法
			室内	室外	
1	条型花饰的水平度或垂直度	每米	1.0	3.0	拉线和用 1m 垂直检测尺检查
		全长	3.0	6.0	
2	单独花饰中心位置偏移		10.0	15.0	拉线和用钢直尺检查

第四节　细部工程质量问题与防治措施

装饰细部工程是建筑装饰工程中的重要组成部分，其施工质量如何不仅直接影响着整体工程的装饰效果，而且有时也影响主体结构的使用寿命。但是，在细部工程制作与安装的过程中，由于材料不符合要求、制作水平不高、安装偏差较大等方面的原因，会出现或存在着这样那样的质量问题。因此，应当严格按照有关规定进行认真制作与安装，当出现质量问题后应采取有效措施加以解决。

一、橱柜工程质量问题与防治措施

橱柜是室内不可缺少体积较大的用具，在室内占有一定空间并摆放于比较显眼的部位，其施工质量如何，对室内整体的装饰效果有直接影响，对使用者也有直接的利益。因此，对橱柜在制作与安装中出现的质量问题应采取技术措施及时加以解决。

（一）橱柜的内夹板变形，甚至霉变腐朽

1. 质量问题

在橱窗安装完毕在使用一段时间后，经过质量检查发现有如下质量问题：a. 内夹板出现过大变形，严重影响橱柜的美观；b. 个别内夹板出现霉变腐朽。

2. 原因分析

（1）用于橱柜装修的木材含水量过高，木材中的水分向外蒸发，使内夹板吸收一定量的水分，从而造成由于内夹板受潮而产生变形。

（2）在室内装饰工程施工中，墙面和地面采用现场湿作业，当墙面和地面尚未完全干透时就开始安装橱柜，墙面和地面散发的水分被木装修材料吸收，由于木装修长期处于潮湿状

态，则会引起内夹板变形，甚至发生霉变腐朽。

（3）在橱柜内设置有排水管道，由于管道封口不严或地面一直处于潮湿状态，使大量水分被落地橱柜的木质材料所吸收，时间长久则会出现变形和霉变腐朽。

（4）由于墙体中含有一定量的水分，所以要求靠近墙面的木质材料均要进行防水和防腐处理。如果此处的木质材料未做防水和防腐处理，很容易使木材吸湿而产生较大变形和霉变腐朽。

（5）如果制作橱柜的木材含水比较高（木材含水率超过12%），再加上木质材料靠墙体部分的水分不易散发，则会使橱柜的局部出现霉变腐朽和变形。

3. 防治措施

（1）制作橱柜所用的木材含水率必须严格进行控制。一般在我国南方空气湿度比较高的地区，所用木材的含水率不应超过15%；在北方地区或供暖地区，所用木材的含水率不应超过12%。

（2）在需要安装橱柜的墙面和地面处，必须待墙面和地面基本干燥后进行。在安装橱柜之前，要认真检查测定安装部位的含水情况，当不符合要求时不得因为加快施工进度而勉强进行橱柜的安装。

（3）在安装橱柜之前，应根据橱柜的具体位置，确定橱柜与墙面和地面接触的部位。对这些易受潮湿变形和霉变腐朽之处，在木材的表面应当涂刷一层防腐剂。

（4）设置于橱柜内的排水管道接口应当非常严密，不得出现水分外溢现象。对于水斗、面盆的四周要用密封胶进行密封，以防用水时溢出的水沿着缝隙渗入木质材料。

（5）橱柜安装于墙面和地面上后，如果水分渗入木质材料内，特别是橱柜内部不通风的地方，水分不易散发，很容易被木质材料吸收而变形。为防止木质材料吸水，对橱柜内的夹板等木质材料表面应涂刷涂料。

（二）壁橱门玻璃碎裂

1. 质量问题

在壁橱门的玻璃安装后，在开关的过程中稍微用力则出现玻璃碎裂，甚至有个别玻璃还会自行破碎。这些质量问题不仅影响壁橱的使用功能，而且还可能会伤人。

2. 原因分析

（1）在进行玻璃安装时，玻璃与门扇槽底、压条之间没有设置弹性材料隔离，而是将玻璃与槽口直接接触。由于缺少弹性减震的垫层，玻璃受到振动时容易出现破裂。

（2）安装的玻璃不符合施工规范的要求，玻璃没有安装牢靠或钉子固定太紧，当门扇开关振动时就容易造成玻璃的破裂。

（3）橱柜门上的玻璃裁割的尺寸过大，边部未留出一定的空隙，在安装玻璃时相对应的边直接顶到门扇的槽口，或者在安装时硬性将玻璃嵌入槽内，当环境温度发生变化，由于温差较大玻璃产生变形，玻璃受到挤压而破损。

（4）由于开关橱柜时用力过猛或其他原因，钢化玻璃产生自爆，从而出现粉碎性的破裂。

3. 防治措施

（1）在裁割壁橱门上的玻璃时，应根据测量的槽口实际尺寸每边缩小3mm，使玻璃与槽口之间有一定的空隙，以适应玻璃变形的需要。

（2）在进行安装玻璃时，应使用弹性材料（例如油灰、橡胶条、密封胶等）进行填充，使玻璃与门扇槽口、槽底之间隔离，并且处于弹性固定状态，以避免产生碰撞而造成玻璃的破裂。

（3）钢化玻璃在进行钢化处理之前，应预先进行磨边和倒角处理，因为钢化玻璃的端部和边缘部位抵抗外力的能力较差，经磨边、倒棱角处理的钢化玻璃安装到门扇上后可以防止玻璃边缘的某一点受刚性挤压而破裂。

（三）橱柜的门产生较大变形

1. 质量问题

有些橱柜的门扇在使用一段时间后，产生门扇弯曲变形，启闭比较困难，甚至有的根本无法开关，严重影响使用性能。

2. 原因分析

（1）制作橱柜门扇所用的木材，其含水率过高或过低均会引起过大变形。如果木材的含水率过低，木材吸水后会发生较大的膨胀变形；如果木材的含水率过高，木材中的水分散发后会产生较大的收缩变形。

（2）橱柜的门扇正面涂刷涂料，但门扇的内侧却未涂刷涂料，未刷涂料一面的木质材料，会因单面吸潮而使橱柜门扇产生弯曲变形。此外，由于普通的橱柜门扇比较薄，薄木板经不起外界的环境影响，当环境出现温差和湿度变化时很容易产生变形。

（3）由于选用的制作橱柜门扇的木材不当，木材本身的材质问题，木门随着含水率的温度变化而产生变形。

3. 防治措施

（1）在制作橱柜时，要根据所在地区严格控制木材的含水率，这是防止橱柜的门产生较大变形的主要措施。一般在我国南方空气湿度比较高的地区，所用木材的含水率应控制在15%左右；在北方和比较干燥的地区，所用木材的含水率应控制在12%范围内，但一般不应低于8%，以避免木材吸潮后影响橱柜门的开关。

（2）橱柜门刷涂料的目的是保护木材免受外界环境对其的影响，因此橱柜门的内外侧乃至门的上下帽顶面均要涂刷均匀的涂料。如果橱柜门的表面粘贴塑料贴面，也应当全面进行粘贴。

（3）橱柜门扇的厚度不得太小，一般不宜小于20mm。制作橱柜门扇的材料宜采用细木工板、多层夹板；当采用木板制作橱柜门扇时，应选用优质变形小的木材，而避免使用易变形的木材（如水曲柳）和木材的边缘部位。

二、护栏和扶手质量问题与防治措施

护栏与扶手是现代多层和高层建筑中非常重要的组成部分，不仅代表着整个建筑的装修档次，而且关系到在使用过程中的安全。因此，在护栏与扶手的施工中，要特别注意按照现行国家标准《建筑装饰装修工程质量验收标准》（GB 50210—2018）中的要求去做，对于施工中容易出现的质量问题应加以预防。

（一）木扶手质量不符合设计要求

1. 质量问题

在木扶手安装完毕后，经质量检查发现如下问题：a. 木材的纹理不顺直，同一楼中扶手的颜色不一致；b. 个别木扶手有腐朽、节疤、裂缝和扭曲现象；c. 弯头处的处理不美观；d. 木扶手安装不平顺、不牢固。

2. 原因分析

（1）未认真挑选色泽一致、纹理顺直的木材，进行木扶手的制作；在安装木扶手时也没有仔细进行木扶手的搭配和预拼。结果造成木扶手安装完毕后，形成纹理不顺直，颜色不一致的问题。

（2）在进行木扶手制作时，对所用木材未严格进行质量把关，使得制作出的扶手表面有腐朽和节疤等质量缺陷。

（3）由于制作木扶手所用的木材含水率过高，尤其是含水率大于12％时，木扶手安装后散发水分，很容易造成扶手出现裂缝和扭曲。

（4）对于木扶手的转弯处的木扶手弯头，未按照转弯的实际情况进行割配；在进行木扶手安装时，未按照先预装弯头、再安装直段的顺序进行操作，结果使弯头与直段衔接不自然、不美观。

（5）在扶手安装之前，未对护栏的顶部标高、位置、坡度进行认真校核，如果有不符合要求之处，安装扶手后必然造成扶手表面不平顺。

（6）木扶手安装不牢固的主要原因有：与支撑固定件的连接螺钉数量不足，连接螺钉的长度不够，大断面扶手缺少其他固定措施。

3. 防治措施

（1）在正式制作木扶手之前，应严格挑选制作木扶手所用的木材，不能用腐朽、节疤、斜纹的木材，应选用材质较硬、纹理顺直、色泽一致、花纹美丽的木材。如果购买木扶手成品，应当严格进行挑选，按照设计要求进行采购。

（2）严格控制制作木扶手所用木材的含水率，比较潮湿的南方地区含水率不宜超过15％，北方及干燥地区不宜超过12％。

（3）要根据转弯处的实际情况配好起步弯头，弯头应用扶手料进行割配，即采用割角对缝黏结的方法。在进行木扶手预装时，先预装起步弯头及连接第一段扶手的折弯弯头，再配上折弯之间的直线扶手。

（4）在正式安装木扶手之前，应当对各护栏的顶部标高、位置、楼梯的坡度、护栏形成的坡度等进行复核，使护栏的安装质量必须完全符合设计要求，这样安装木扶手才能达到平顺、自然、美观。

（5）在护栏和扶手分段检查无误后，进行护栏与栏杆上固定件安装，用木螺丝拧紧固定，固定间距应控制在400mm以内，操作时应在固定点处先将扶手钻孔，再将木螺丝拧入。对于大于70mm断面的扶手接头配置，除采用黏结外，还应在下面做暗榫或用铁件配合。

（二）护栏存在的质量问题

1. 质量问题

护栏是扶手的支撑，是影响室内装修效果和使用安全的最明显部件。护栏在施工中存在的主要质量问题有：a. 护栏的高度不符合设计要求；b. 护栏排列不整齐、不美观；c. 护栏之间的间距不同；d. 金属护栏的焊接表面不平整。

2. 原因分析

（1）在护栏设计或施工中，未严格遵守现行国家标准《民用建筑设计统一标准》（GB 50352—2019）中的有关规定，随意将护栏的高度降低。

（2）在进行土建工程施工时，未严格按设计图纸要求预埋固定护栏的铁件；在安装护栏时也未进行复核和调整，结果造成护栏排列不整齐、不美观，甚至出现护栏标高、坡度不符合设计要求，从而影响扶手的安装质量。

（3）在安装护栏时，未认真测量各护栏之间的间距，结果造成护栏分配不合理，间距不相等，严重影响护栏的美观。

（4）在进行金属护栏焊接时，未按照焊接施工规范操作，焊缝的高度和宽度不符合设计要求，造成表面有焊瘤、焊痕和高低不平，严重影响护栏的安装质量。

3. 防治措施

（1）护栏高度应从楼地面或屋面至护栏扶手顶面垂直高度计算，护栏的高度应超过人体重心高度，才能避免人体靠近护栏时因重心外移而坠落。在现行国家标准《民用建筑设计统一标准》（GB 50352—2019）中规定：当临空面的高度在 24m 以下时，护栏高度不应低于1.05m；当临空面的高度在 24m 及 24m 以上（包括中高层住宅）时，护栏高度不应低于1.10m。在施工中应严格遵守这一规定。

（2）在进行土建工程施工中，对于楼梯部位的护栏预埋件，其位置、规格、数量、高程等，必须完全符合设计图纸中的规定；在正式安装护栏之前，必须对护栏预埋件进行全面检查，确认无误时才可开始安装，并且要做到安装一根核对一根。

（3）在进行金属护栏安装时，必须用计量精确的钢直尺，按照设计图纸标注的尺寸，准确确定护栏之间的间距。

（4）在进行金属护栏焊接连接时，要严格按照现行国家标准《钢结构焊接规范》（GB 50661—2011）中的规定进行操作。

三、花饰工程质量问题与防治措施

花饰是装饰细部工程中的重要组成，起着点缀和美化的作用。花饰有石膏制品花饰、预制混凝土花饰、水泥石渣制品花饰、金属制品花饰、塑料制品花饰和木制品花饰等，花样繁多，规格齐全。在室内装饰工程中，一般多采用石膏制品花饰和木制品花饰，其他品种花饰可作为室外花饰。

石膏制品花饰属于脆性材料，在运输、贮存、安装和使用中都要特别小心，做到安装牢固、接缝顺直、表面清洁、不显裂缝、色调一致、无缺棱掉角。如果发现有质量缺陷，应及时进行维修。

（一）花饰制品安装固定方法不当

1. 质量问题

花饰按照其材质不同，有石膏花饰、水泥砂浆花饰、混凝土花饰、塑料花饰、金属花饰和木制花饰等；花饰按照其重量和大小不同，有轻型花饰和重型花饰等。如果花饰安装不牢固，不仅影响其使用功能和寿命，而且会发生坠落而具有较大的危险性。

2. 原因分析

（1）在进行花饰制品安装固定时，没有按照所选用的花饰制品的材质、形状和重量，来选择相应的固定方法，这是使花饰制品安装不牢固的主要原因。

（2）在进行花饰正式安装固定前，未预先对需要安装固定的花饰进行弹线和预排列，造成在安装固定中施工不顺利、安装无次序、固定不牢靠。

（3）花饰制品安装固定操作的人员，对花饰安装技术不熟练、方法不得当，特别是采用不合适的固定方法，将更加无法保证花饰的安装质量。

3. 防治措施

（1）按照设计要求的花饰品种、规格、形状和重量，确定适宜的安装固定方法，选择合适的安装固定材料。对于不符合要求的安装固定材料，必须加以更换。

（2）在花饰正式安装固定前，应在拼装平台上按设计图案做好安装样板，经检查鉴定合格后进行编号，作为正式安装中的顺序号；并在墙面上按设计要求弹好花饰的位置中心线和分块的控制线。

（3）根据花饰制品的材质、品种、规格、形状和重量来选择相应的固定方法。在工程常见的安装固定方法有以下几种。

① 粘贴法安装：粘贴法安装一般适用于轻型花饰制品，粘贴的材料根据花饰材料的品种而选用。如水泥砂浆花饰和水刷石花饰，可采用水泥砂浆或聚合物水泥砂浆粘贴；石膏花饰，可采用快粘粉粘贴；木制花饰和塑料花饰，可采用胶黏剂粘贴。必要时，再用钉子、钢销子、螺钉等与结构加强连接固定。

② 螺钉固定法安装：螺钉固定法适用于较重的花饰制品安装，安装时将花饰预留孔对准结构预埋固定件，用镀锌螺钉适量拧紧固定，花饰的图案应对齐、精确、吻合，固定后用配合比为 1∶1 的水泥砂浆将安装孔眼堵严，最后表面用同花饰颜色一样的材料进行修饰，使花饰表面不留痕迹。

③ 螺栓固定法安装：螺栓固定法适用于质量重、大体形的花饰制品安装，安装时将花饰预留孔对准安装位置的预埋螺栓，用螺母和垫板固定并加临时支撑，花饰图案应清晰、对齐，接缝应吻合、齐整，基层与花饰表面留出缝，用 1∶2（水泥∶砂）水泥砂浆分层进行灌缝，由下往上每次灌 100mm 高度，下层砂浆终凝后再灌上一层砂浆，灌缝砂浆达到设计强度后拆除临时支撑。

④ 焊接固定法安装：焊接固定法适用于质量重、大体形的金属花饰制品安装，安装时根据花饰块体的构造，采用临时悬挂固定的方法，按设计要求找准位置进行焊接，焊接点应应力均匀，焊接质量应满足设计及有关规范的要求。

（4）对于不符合设计要求和施工规范标准的，应根据实际情况采用不同的维修方法。如不符合质量要求的花饰，要进行更换；凡是影响花饰工程安全的，尤其是在室内外上部空间的，必须重新进行安装固定，直至完全符合有关规定为止。

（二）花饰安装不牢固并出现空鼓

1. 质量问题

花饰安装完毕后，经质量检查发现：不仅花饰安装不够牢固，而还存在空鼓等质量缺陷，存在着严重的安全隐患。

2. 原因分析

（1）由于在基层结构的施工中，对预埋件或预留孔洞不重视，导致其位置不正确、安装不牢固，必然会造成花饰与预埋件连接不牢固。

（2）在花饰进行安装前，未按照施工要求对基层进行认真清理和处理，结果使基层不清洁、不平整，抹灰砂浆不能与花饰牢固地黏结。

（3）花饰的安装方法未根据其材质和轻重等进行正确选择，造成花饰安装不牢固并出现空鼓现象。

3. 防治措施

（1）在基层结构施工的过程中，必须按设计要求设置预埋件或预留孔洞，并做到位置正确、尺寸准确、埋设牢固。在花饰安装前应对其进行测量复核，发现预埋件或预留孔洞位置不正确、埋设不牢、出现遗漏，应及时采取修整和补救措施。

（2）如果花饰采用水泥砂浆等材料进行粘贴，在粘贴前必须按要求认真处理基层，做到表面平整、清洁、粗糙，以利于花饰与基层接触紧密、粘贴牢固。

（3）花饰应与预埋在基层结构中的锚固件连接牢固，在安装中必须按施工规范进行认真操作，不允许有晃动和连接不牢等现象。

（4）在抹灰基层上安装花饰时，必须待抹灰层达到要求的强度后进行，不允许在水泥砂浆未硬化时进行安装。

（5）要根据花饰的材质和质量轻重选择适宜的安装固定方法，安装过程中和安装完毕后均应进行认真质量检查，发现问题及时解决。

（6）对于少量花饰的不牢固和空鼓质量缺陷，可根据不同程度采取相应方法（如补浆、钉固等）进行处理。但对于质量重、体形大的花饰，如果有空鼓和不牢固现象，必须重新进行安装，以防止出现坠落而砸伤人。

（三）花饰安装的位置不符合要求

1. 质量问题

在花饰安装完毕后，经检查发现：花饰的安装位置不符合设计要求，导致花饰偏离、图案紊乱、花纹不顺，不仅严重影响花饰装饰的观感效果，有时甚至会造成大部返工，从而使工程造价大幅度提高。

2. 原因分析

（1）在花饰安装固定前，未对需要进行安装花饰部位进行测量复核，结果造成实际工程与设计图纸有一定差别，必然会影响到花饰位置的准确性。

（2）在主体结构施工的过程中，对安装花饰所应埋设的预埋件或预留孔洞未进行反复校核，结果造成基层预埋件或预留孔位置不正确，则造成花饰的位置不符合要求。

（3）在花饰正式安装固定前，未按设计在基层上弹出花饰位置中心线和分块控制线，或复杂分块花饰未预先进行拼装和编号，导致花饰安装就位不正确，图案吻合不精确。

3. 防治措施

（1）在结构施工的过程中，要重视安装花饰基层预埋件或预留孔工作，并且要做到：安装预设前应进行测量复核，施工中要随时进行检查和校核，发现预埋件或预留孔位置不正确或遗漏，应立即采取补救措施。一般可采用打膨胀螺栓的方法进行补救。

（2）在花饰正式安装固定前，应认真按设计要求在基层上弹出花饰位置的中心线，分块安装花饰的还应弹出分块控制线。

（3）对于比较复杂分块花饰的安装，应对花饰规格、色调等进行检验和挑选，并按照设计图案在平台上进行拼装，经预检验合格后进行编号，作为正式安装的顺序号，安装时花饰图案应精确吻合。

（4）对于个别位置不符合设计要求的花饰，应将其拆除重新进行安装；对于位置差别较大影响装饰效果的花饰，应全部拆除后返工。

（四）花饰运输和贮存不当而受损

1. 质量问题

室内花饰大多数是采用脆性材料制成，如石膏花饰、混凝土花饰和水泥石渣花饰等，在花饰制作、运输和贮存的过程中，如果制作不精细、运输和贮存不注意等均会出现表面污染、缺棱掉角等质量问题，将严重影响花饰构件形状、图案完整、线条清晰，使花饰的整体观感不符合设计要求，安装后也会影响花饰的美观。

2. 原因分析

（1）在水泥花饰制品的制作过程中，其浇筑、振捣和养护不符合施工要求，造成花饰制作比较粗糙，甚至形状不规则、尺寸不准确、表面不平整。

（2）在花饰运输的过程中，选用的运输工具不当、道路路面不平整、花饰搁置方法不正确，结果造成花饰出现断裂、线条损坏、缺棱掉角。

（3）在花饰贮存的过程中，由于堆放方法和地点不当，或贮存中不注意保护，造成花饰出现污染、受潮和损伤。

3. 防治措施

（1）严格按设计要求选择花饰，进场后要仔细进行检查验收，其材质、规格、形状、图案等应符合设计要求，凡有缺棱掉角、线条不清晰、表面污染的花饰，应做退货处理。

（2）对于水泥、石膏类花饰的制作，一定要按照施工规范的要求进行操作，做到形状规则、尺寸准确、表面平整、振捣密实、养护充分。

（3）加强花饰装卸和运输过程中的管理，运输时要妥善包装，避免受到剧烈的振动；要选择适宜的运输工具和道路，防止出现悬臂和颠簸；花饰的搁置方法要正确；装饰时要轻拿轻放，选好受力的支撑点，防止晃动、碰撞损坏和磨损花饰。

（4）在花饰的贮存时要垫放平稳，堆放方式要合理，悬臂的长度不宜过大，堆放的高度不宜过高，并要用适当的材料加以覆盖，防止日光暴晒、雨淋和受潮。

（5）在花饰的运输和贮存过程中，尤其在未涂饰涂料之前，要保持花饰的表面清洁，以免造成涂饰时的困难，或无法清理干净而影响花饰的观感质量。

（6）对于不符合设计要求的花饰，不得用于工程中。对于已安装的花饰，缺陷不太明显并可修补者可进行修理，个别缺陷明显不合格者可采取更换的方法。

（五）水泥花饰安装操作不符合要求

1. 质量问题

水泥类花饰是重量较大的一种花饰，其安装是否牢固关系重大。由于在安装中未按施工规范操作，从而造成花饰安装不牢固，存在严重安全隐患，甚至关系到整个花饰面的稳定。

2. 原因分析

（1）水泥花饰在正式安装前，对基层未按照有关规定进行认真清理，基层的表面未预先洒水湿润，致使花饰与基层不能牢固地黏结。

（2）在水泥花饰进行粘贴时，未将花饰背面的浮灰和隔离剂等污物彻底清理干净，也未进行洒水湿润处理，使花饰与基层的黏结力较差。

（3）在水泥花饰进行粘贴时，粘贴用的水泥砂浆抹得不均匀或有漏抹，或者砂浆填充不密实，或者采用的水泥砂浆黏结强度不足。

（4）在夏季施工时未遮阳防暴晒，冬季施工时未采取保温防冻措施，或者未按水泥砂浆和混凝土的特性操作，使花饰的黏结力减弱或破坏，从而存在严重安全隐患。

3. 防治措施

（1）在水泥花饰安装前，首先应按照有关规定对基层进行认真处理，使基层表面平整、粗糙、清洁，并用清水对基层进行湿润。

（2）在水泥花饰进行安装时，将水泥花饰背面的浮灰和隔离剂等污物彻底清理干净，并事先洒水进行湿润。

（3）严格控制水泥砂浆的配合比，确保水泥砂浆的配制质量，在粘贴花饰时要抹均匀，不得出现漏抹，并要做到随涂抹、随粘贴。

（4）水泥花饰粘贴后，要分层填塞砂浆，填塞的砂浆必须密实饱满。

（5）夏季施工要注意遮阴防暴晒，并按要求进行洒水养护；冬季施工要注意保温防冻，防止黏结砂浆在硬化前受冻。

（6）水泥类花饰是属于质量比较重的构件，如果不按施工规范要求操作，会存在很大的安全隐患，对人的安全有很大威胁，因此对于安装不牢固的水泥花饰必须拆除后重新进行安装。

（六）石膏花饰安装中常见质量缺陷

1. 质量问题

石膏花饰制作后通常会存在着翘曲变形和厚薄不一等质量缺陷，安装后石膏花饰的拼装接缝处不平，不仅严重影响花饰的装饰效果，而且也影响黏结牢固性。

2. 原因分析

（1）石膏花饰在进场时未认真检查验收，在正式安装前也未经仔细挑选，使用的花饰有翘曲变形和厚薄不一等质量问题。

（2）在进行石膏花饰安装固定时，没有按照施工规范中的要求进行操作，造成石膏花饰没有找平、找直，安装质量不符合设计要求。

（3）石膏花饰的安装常采用快粘粉或胶黏剂进行粘贴，这些黏结材料均需要一定的凝固时间，如果在黏结材料未凝固前石膏花饰受到碰撞，则会出现位置变化和粘贴不牢。

（4）拼装接缝之间所用的腻子，一般是施工单位自己配制，如果腻子的配比不准，或配好后存放时间过长，都会造成石膏花饰拼装接缝不平、缝隙不均、黏结不牢等，严重影响装饰观感效果和黏结牢固性。

3. 防治措施

（1）石膏花饰进场后应认真进行检查验收，其花饰规格、形状、颜色和图案等均应符合设计要求，对于翘曲变形大、线条不清晰、表面有污染、规格不符合和缺棱掉角者，必须做退货处理，不得用于工程。

（2）在石膏花饰安装前，应认真处理和清理基层，使基层表面平整、干净和干燥，并仔细检查基底是否符合安装花饰的要求。对于不符合花饰安装要求的基层，应重新进行清理和处理。

（3）在石膏花饰安装前，事先应认真对花饰进行挑选，达到规格、形状、颜色和图案统一，并在拼装台上试组装，对于翘曲变形大、厚薄不一致、缺陷较严重的花饰应剔除，把误差接近组合后进行编号。

（4）在石膏花饰安装时，应认真按照施工规范进行操作，必须做到线条顺直、接缝平整，饰面调整完毕后再进行固定。

（5）采用快粘粉或胶黏剂粘贴的石膏花饰，要加强对成品的保护工作，在未凝固前应避免碰撞和污染石膏花饰。

（6）配制石膏腻子应选用正确的配合比，计量要准确，拌制要均匀，填缝要密实，并要在规定的时间内用完。

（7）对于不符合设计要求的石膏花饰，应当进行更换；对于不平整和不顺直的接缝，要进行调整；对于碰撞位移的花饰，要重新进行粘贴。

四、窗帘盒、窗台板和散热器质量问题与防治措施

窗帘盒、窗台板和散热器罩，在建筑工程室内装饰中虽是比较细小的装饰部件，但由于它们处于室内比较明显的部位，如果施工中存在各种质量问题，不仅影响其装饰效果，而且也影响其使用功能。

（一）窗帘盒的位置不准确，产生形状变形

1. 质量问题

窗帘盒安装完毕后，经检查发现有如下质量问题：安装位置偏离，不符合施工图纸中的规定，不仅严重影响其装饰性，而且对使用也有影响；另外，还存在着弯曲、变形和接缝不严密等质量缺陷，同样也影响窗帘盒的美观和使用。

2. 原因分析

（1）产生窗帘盒安装位置不准确的原因很多，主要有以下几种：a. 在安装前没有认真审核施工图纸，找准窗帘盒的准确位置；b. 在安装前没按有关规定进行放线定位，使安装

没有水平基准线；c. 在安装过程中没有认真复核，造成安装出现一定的偏差；d. 具体施工人员的技术水平较低，不能确保安装质量。

（2）制作窗帘盒的木材不合格，尤其是木材的含水率过高，安装完毕在水分蒸发后产生干缩变形。

（3）窗帘盒的尺寸较大，而所用的制作材料较小，结果造成在窗帘盒自重和窗帘的下垂作用下而出现弯曲变形。

3. 防治措施

（1）在进行窗帘盒安装前，应采取措施找准水平基准线，使安装有一个基本的依据。通长的窗帘盒应以其下口为准拉通线，将窗帘盒两端固定在端板上，并与墙面垂直。如果室内有多个窗帘盒安装，应按照相同标高通线进行找平，并各自保持水平，两侧伸出窗洞口以外的长度应一致。

（2）在制作木质窗帘盒时，应选用优质不易开裂变形的软性木材，尤其是木材的含水率必须低于 12%。对于含水率较高的木材，必须经过烘烤将含水率降低至合格后才能使用；同时，木材在其他方面的指标应符合设计要求。

（3）窗帘盒的尺寸应当适宜，其长度和截面尺寸必须通过计算确定。窗帘盒顶盖板的厚度一般不小于 15mm，以便安装窗帘轨道，并不使其产生弯曲变形。

（二）窗台板有翘曲，高低有偏差

1. 质量问题

窗台板安装后，经过质量检查发现主要存在以下质量问题：a. 窗台板挑出墙面的尺寸不一致，两端伸出窗框的长度不相同；b. 窗台板两端高低有偏差；c. 窗台板的板面不平整，出现翘曲现象。

2. 原因分析

（1）窗框抹灰时未按规定进行操作，结果造成抹灰厚度不一致，表面不平整。在安装窗台板时，对所抹的灰层未进行找平，从而使窗台板高低有偏差。

（2）在安装窗台板时，未在窗台面上设置中心线，没有根据窗台和窗台板的尺寸对称安装，从而导致窗台板两端伸出窗框的长度不相同。

（3）在安装窗框时，由于粗心大意、控制不严，窗框与墙面之间就已经存在着偏差，这样则必然使窗台板挑出墙面的尺寸不一致。

（4）在制作窗台板时，所用的木材含水率过高，窗台板安装后，由于水分的蒸发导致干缩产生翘曲变形。

3. 防治措施

（1）在制作木质窗台板时，应当选择比较干燥的木材，其含水率不得大于 12%，其厚度不小于 20mm。当窗台板的宽度大于 150mm 时，一般应采用穿暗带拼合的方法，以防止板的宽度过大而产生翘曲。

（2）在进行窗框安装时，其位置必须十分准确，距离墙的尺寸完全一致，两侧抹灰应当相同，这样才能从根本上避免出现高低偏差。

（3）在安装窗台板时，应当用水平仪进行找平，不允许出现倒泛水问题。在正式安装之前，对窗台板的水平度还应再次复查，两端的高低差应控制在 2mm 范围内。

（4）在同一房间（尤其同一面墙上）内，应按相同的标高安装窗台板，并各自保持水平。两端伸出窗洞的长度应当一致。

（三）散热器罩的质量问题

1. 质量问题

散热器罩安装后，经质量检查发现有如下质量问题：a. 散热器罩安装不密实，缝隙过大，很不美观；b. 散热器罩上的隔条间距不同，色泽有差异，有些隔条出现翘曲现象，严重影响其装饰效果。

2. 原因分析

（1）在制作散热器罩之前，未认真仔细地测量散热器洞口的尺寸，使得制作后的散热器罩的尺寸不合适。尤其是当洞口的尺寸较小时则会产生缝隙过大，散热器罩安装后既不美观也不牢靠。

（2）散热器罩上的隔条，既是热量散发的通道，也是散热器罩上的装饰。在制作时，由于未合理安排各隔条的位置、未认真挑选制作用的木料，很容易造成色泽不同、间距不同的质量问题，对其使用和装饰均有影响。

（3）如果散热器罩中的隔条出现翘曲或活动现象，这是制作所用木材的含水率过大所致，在内部水分蒸发后必然出现干缩变形。

3. 防治措施

（1）必须在散热器洞口抹灰完成，并经验收合格后再测量洞口的实际尺寸。在制作散热器罩之前，应再次复查一下洞口尺寸，确实无误后再下料制作。

（2）制作散热器罩时必须选用优质木材：a. 木材的含水率不得超过 12%；b. 对含水率过大的木材必须进行干燥处理；c. 同一个房间内的散热器罩，最好选用同一种木材；d. 对木材一定要认真选择和对比。

（3）根据散热器洞口尺寸，科学设计散热器罩，尤其是对散热器罩的边框和隔条要合理分配，使其达到较好的装饰效果。

五、门窗套质量问题与防治措施

门窗套的制作与安装，应做到安装牢固、平直光滑、棱角方正、线条顺直、花纹清晰、颜色一致、表面精细、整齐美观。在制作与安装的过程中，由于各种原因可能会出现这样那样的质量问题，应认真检查，及早发现及时维修。

（一）木龙骨安装中的质量问题

1. 质量问题

木龙骨是墙体与门窗套的连接构件，如果木龙骨与墙体固定不牢，或者制作木龙骨的木材含水率过大，或者木龙骨受潮变形，或者面板不平、不牢，均会影响门窗套的装饰质量，给门窗套的施工带来很大困难。

2. 原因分析

（1）没有按照设计要求预埋木砖或木砖的间距过大，或者预埋的木砖不牢固，致使木龙骨与墙体无法固定或固定不牢。

（2）在混凝土墙体进行施工时，预留门窗洞口的位置不准确，或在浇筑中因模板变形，洞口尺寸有较大偏差，在配制木龙骨时又没有进行适当处理，给以后安装筒子板、贴脸板造成很大困难。

（3）制作木龙骨的木料含水率过大或龙骨内未设置防潮层，或木龙骨在安装后受到湿作业影响，木龙骨产生翘曲变形，使面板安装不平。

（4）由于木龙骨排列不均匀，使铺设的面层板材出现不平或松动现象，影响门窗套的装饰质量。

3. 防治措施

（1）在木龙骨安装前，应对安装门窗套洞口的尺寸、位置、垂直度和平整度进行认真复核，对于不符合要求的应采取措施进行纠正，以便木龙骨的正确安装。

（2）在复核和纠正门窗套洞口后，还应当检查预埋的木砖是否符合木龙骨安装的位置、尺寸、数量、间距等方面的要求。如果木砖的位置不符合要求应予以改正，当墙体为普通黏土砖墙时，可以在墙体上钻孔塞入木楔，然后用圆钉进行固定；当墙体为水泥混凝土时可用射钉进行固定。

（3）制作木龙骨应选用合适的木材，其含水率一般不得大于12%，厚度不应小于20mm，并且不得有腐朽、节疤、劈裂和扭曲等弊病。

（4）在进行木龙骨安装时，要注意木龙骨必须与每块预埋的木砖固定牢固，每一块木砖上最少要钉两枚钉子，钉子应上下斜角错开。木龙骨的表面应进行刨光，其他3个面要涂刷防腐剂。

（5）如果是因为门窗套洞口的质量问题，必须将木龙骨拆除纠正门窗套洞口的缺陷，然后重新安装木龙骨；如果木龙骨与墙体固定不牢，可根据实际补加钉子；如果木龙骨因含水率过大而变形，轻者可待变形完成后进行维修，重者应重新制作、安装。

（二）木门窗套的质量缺陷

1. 质量问题

木门窗套安装完毕后，经过质量检查很可能存在以下质量问题：木纹错乱、色差较大、板面污染、缝隙不严等缺陷，严重影响木门窗套的装饰效果。

2. 原因分析

（1）对于制作门窗套的材料未进行认真挑选，其颜色、花纹和厚薄不协调，或者挑选中操作粗心，导致木纹错乱、色差过大，致使木门窗套的颜色很难达到均匀，也不能体现木纹通顺的美观效果。

（2）当采用人造5层胶合板做面板时，胶合板的板面发生透胶，或安装时板缝剩余胶液未清理干净，在涂刷清油后即出现黑斑、黑纹等。

（3）门窗框没有按照设计要求裁割口或打槽，使门窗套板的正面直接粘贴在门窗框的背面，盖不住缝隙，从而造成结合不严密。

3. 防治措施

（1）木门窗套所用的木材含水率应不大于12%，胶合板的厚度一般应当不小于5mm。如果用原木板材做面板时，厚度不应小于15mm，背面应设置变形槽，企口板的宽度不宜大于 100mm。

（2）在木门窗套粘贴固定前，应认真挑选制作的材料，尤其是面层板材要纹理顺直、颜色均匀、花纹相近、搭配适宜。木材不得有节疤、扭曲、裂缝和污染等弊病，在同一个房间内所用的木材，其树种、颜色和花纹应当一致。

（3）当使用切片板材时，尽量要将花纹木心对上，一般花纹大者安装在下面，花纹小者安装在上面，防止出现倒装现象。为了合理利用切片板材，颜色和花纹好的用在迎面，颜色稍差的用在较隐蔽的部位。

（4）要掌握门窗套的正确安装顺序，一般应先安装顶部，找平后再安装其两侧。为将门窗套粘贴牢固，门窗框要有裁割口或打槽。

（5）在安装门窗套的贴脸时，先量出横向所需要的长度，两端放出 45°角，锯好刨平，紧贴在樘子上冒头钉牢，然后再配置两侧的贴脸。贴脸板最好盖上抹灰墙面 20mm，最少也不得小于 10mm。

（6）贴脸下部要设置贴脸墩，贴脸墩的厚度应稍微厚于踢脚板的厚度；当不设置贴脸墩时，贴脸板的厚度不能小于踢脚板，以避免踢脚板出现冒出。

（7）门筒子板的接缝一般在离地 1.2m 以下，窗筒子板的接缝在 2.0m 以上，接头应在龙骨上。接头处应采用抹胶并用钉子固定，固定木板的钉子长度约为面板厚度的 2.0～2.5 倍，钉子的间距一般为 100mm，钉子的帽要砸扁，顺着木纹冲入面层 1～2mm。

（8）对于扭曲变形过大的门窗套，必须将其拆除重新进行安装；对于个别色差较大和木纹错乱的，可采取不合格更换的办法；对于出现的不影响使用功能和整体美观的缺陷，可采取不拆除而维修的方法解决。

（三）贴脸接头安装的质量问题

1. 质量问题

贴脸板一般是采用多块板材拼接而成，如果接头位置和处理不符合要求则会造成接缝明显而影响装饰质量；在固定贴脸板时，如果固定方法不符合设计要求也会影响贴脸板的装饰效果。

2. 原因分析

（1）在进行贴脸板安装时，采用简单的齐头对接方式，这种方式很难保证接缝的严密，当门窗框发生变形或受温度影响时则会出现错槎或接缝明显。

（2）在制作或采购贴脸板时，对其树种、材质、规格、质量和含水率等未进行严格检查，安装后由于各种原因而出现接头处的缺陷。

（3）在进行贴脸板安装固定时，钉子不按照规定的质量要求砸扁处理，而是采用普通钉钉入固定的方式随意钉入，结果造成钉眼过大、端头劈裂或钉帽外露等，这样也会严重影响贴脸板的装饰效果。

3. 防治措施

（1）贴脸板进场后要按设计要求检查验收，其树种、材质、规格、质量和含水率等，必须满足设计要求，并且不能有死节、翘曲、变形、变色、开裂等缺陷。

（2）贴脸在水平及垂直方向应采用整条板，一般情况下不能有接缝，在转角处应按照角度的大小制成斜角相接，不准采用简单的齐头对接方式。

（3）固定贴脸板的钉帽应当砸扁，其宽度要略小于钉子的直径。钉子应顺着木纹深入板面，深度一般为1mm左右，钉子的长度应为板厚的2.0倍，钉子的间距为100～150mm。对于比较坚硬的木料，应先用木钻钻孔，然后再用钉子固定。

（4）在做好割角接头后，应当进行预拼装，对不合格之处修理找正，使接头严密、割角整齐、外观美观。

（5）对于影响装饰效果的齐头对接贴脸板，应当拆除重新安装；对于未处理好的钉帽，可在将其起下后再进行砸扁处理。

第十三章

建筑地面工程质量管理

地面装饰的目的是保护结构的安全，增强地面的美化功能，使地面脚感舒适、使用安全、清理方便、易于保持。随着人们对地面装饰工程要求的不断提高，新型地面装饰材料和施工工艺的不断应用，地面装饰已由过去单一的普通砖和混凝土地面，逐渐被多品种、多工艺的各类地面所代替。

地面工程是房屋建筑底层地坪与楼层地坪的总称，它必须满足使用条件，满足一定的装饰要求。建筑物的楼地面所应满足的基本使用条件是具有必要的强度，耐磨、耐磕碰，表面平整光洁、便于清扫等。对于首层地坪尚需具有一定的防潮性能，对于楼面还必须保证一定的防渗漏能力。

第一节　建筑地面工程常用材料的质量标准

建筑是创造空间的一种活动，建筑装饰工程则是对空间的再创造。建筑地面装饰工程是完善建筑使用功能、美化和提高环境质量的一种建筑修饰，是建筑装饰装修工程中不可缺少的重要组成部分。

一、建筑地面工程的主要功能

地面工程是房屋建筑底层地坪与楼层地坪的总称，它必须满足使用条件，满足一定的装饰要求。建筑物的楼地面所应满足的基本使用条件是具有必要的强度，耐磨、耐磕碰，表面平整光洁、便于清扫等。对于首层地坪尚需具有一定的防潮性能，对于楼面还必须保证一定的防渗漏能力。对于标准比较高的建筑，还必须考虑以下各方面的使用要求。

（1）隔声要求　使用要求包括隔绝空气声和隔绝撞击声两个方面：空气声的隔绝主要与楼地面的质量有关；对撞击声的隔绝，效果较好的是弹性地面。

（2）吸声要求　这一要求对控制室内噪声具有积极意义。一般硬质地面的吸声效果较差，而各种软质地面有较大的吸声作用，例如化纤地毯平均吸声系数可达到55％。

（3）保温性能要求　一般石材地面的热传导性较高，而木地板之类的热传导性较差，宜结合材料的导热性能和人的感受等综合因素加以考虑。

（4）弹性要求　弹性地面可以缓冲地面反力，让人感到舒适，一般装饰标准高的建筑多采用弹性地面。

楼地面的装饰效果是整个室内装饰效果的重要组成部分，要结合室内装饰的整体布局和要求加以综合考虑。

二、建筑地面材料的质量标准

地面装饰工程常用的材料种类很多，如木质地面装饰材料、天然石材地面装饰材料、陶瓷锦砖地面装饰材料、水磨石地面装饰材料、塑料地面装饰材料、水泥砂浆地面装饰材料、建筑涂料地面装饰材料和地毯地面装饰材料等。

归纳起来，目前在地面装饰工程中常用的主要有三大类地面材料，即瓷砖类、大理石类、地毯和地垫软面料类。这些地面装饰材料对室内美化、改善环境、建筑节能等起着决定性作用。

（一）木质地面材料的质量标准

木地板作为室内地面工程的装饰材料，具有自身质量较轻、弹性较好、脚感舒适、热传导性差、冬暖夏凉等特性，尤其是其独特的质感和天然的纹理，特别能迎合人们回归自然、追求质朴的心理，受到消费者的青睐。

木地板从原始的实木地板发展至今，品种繁多，规格多种，性能各异。目前，在建筑装饰工程中常用的木地板有实木地板、复合木地板、强化木地板、软木地板等。

实木地板是指用天然木材不经任何黏结处理，用机械设备直接加工而成的地板。实木地板由于具有天然的木材地质、柔和的触感、润泽的质感，自然温馨，高贵典雅，装饰性好，从古至今深受人们的喜爱。根据现行国家标准《实木地板　第1部分：技术要求》（GB/T 15036.1—2018）的规定，用于实木地板的木材树种要求纹理美观，材质软硬适度，尺寸稳定性和可加工性都较好。

实木地板产品，按其外观质量、物理力学性能等可分为优等品、一等品和合格品3个质量等级。实木地板的外观质量要求如表13-1所列；实木地板的主要尺寸及偏差如表13-2所列；实木地板的形状位置偏差如表13-3所列；实木地板的物理力学性能指标如表13-4所列。

表13-1　实木地板的外观质量要求

名称	正面		背面
	优等品	合格品	
活节	直径≤15mm 不计,15mm＜直径＜50mm,地板长度≤760mm,≤1个；760mm＜地板长度≤1200mm,≤3个；地板长度＞1200mm,5个	直径≤50mm,个数不限	不限
死节	应修补,直径≤5mm,地板长度≤760mm,≤1个；760mm＜地板长度≤1200mm,≤3个；地板长度＞1200mm,≤5个	应修补,直径≤10mm,地板长度≤760mm,≤2个；地板长度＞760mm,≤5个	应修补,不限尺寸或数量

名称	正面		背面
	优等品	合格品	
蛀孔	应修补,直径≤1mm, 地板长度≤760mm,≤3个; 地板长度>760mm,≤5个	应修补,直径≤2mm, 地板长度≤760mm,≤5个; 地板长度>760mm,≤10个	应修补,直径≤3mm, 个数≤15个
表面裂纹	应修补,裂长≤长度的15%, 裂宽≤0.50mm,条数≤2条	应修补,裂长≤长度的20%, 裂宽≤1.0mm,条数≤3条	应修补,裂长≤长度的20%, 裂宽≤2.0mm,条数≤3条
树脂囊	不得有	长度≤10mm, 宽度≤2mm,≤2个	不限
髓斑	不得有	不限	不限
腐朽	不得有		腐朽面积≤20%, 不剥落,也不能捻成粉末
缺棱	不得有		长度≤地板长度的30%, 宽度≤地板宽度的20%
加工波纹	不得有	不明显	不限
榫舌残缺	不得有	缺榫长度≤地板总长度的15%, 且缺榫宽度不超过榫舌宽度的1/3	
漆膜划痕	不得有	不明显	
漆膜鼓泡	不得有		—
漏漆	不得有		—
漆膜皱皮	不得有		—
漆膜上针孔	不得有	直径≤0.5mm,≤3个	—
漆膜粒子	长度≤760mm,≤1个; 长度>760mm,≤2个	长度≤760mm,≤3个; 长度>760mm,≤5个	—

注：1. 在自然光或光照度300～600lx范围内的近似自然光（例如40W日光灯）下，视距为700～1000mm内，目测不能清晰地观察到的缺陷即为不明显。

2. 非平面地板的活节、死节、蛀孔、表面裂纹、加工波纹不作要求。

表 13-2　实木地板的主要尺寸及偏差

长　度	宽　度	厚　度	榫舌宽度
≥250	≥40	≥8	≥3.0
项　目	要　求		
长度偏差	公称长度与每个测量值之差绝对值≤1		
宽度偏差	公称宽度与平均宽度之差绝对值≤0.50,宽度最大值与最小值之差≤0.30		
厚度偏差	公称厚度与平均厚度之差绝对值≤0.30,厚度最大值与最小值之差≤0.40		

表 13-3　实木地板的形状位置偏差

项　目	要　求
翘曲度	宽度方向翘曲度≤0.20%,长度方向翘曲度≤1.00%
拼装离缝	最大值≤0.30mm
拼装高度差	最大值≤0.20mm

注：非平面实木地板拼装高度差不作要求。

表 13-4　实木地板的物理力学性能指标

检验项目		单位	优等品	合格品
含水率		%	6.0≤含水率≤我国各使用地区的木材平衡含水率	
			同批地板试样间平均含水率最大值与最小值之差不得超过 3.0，且同一板内含水率最大值与最小值之差不得超过 2.5	
漆膜表面耐磨		—	≤0.08g/100r,且漆膜未磨透	≤0.12g/100r,且漆膜未磨透
漆膜附着力		级	≤1	≤3
漆膜硬度		—	≥H	
漆膜表面耐污染		—	无污染痕迹	
重金属含量（限色漆）	可溶性铅	mg/kg	≤30	
	可溶性镉	mg/kg	≤25	
	可溶性铬	mg/kg	≤20	
	可溶性汞	mg/kg	≤20	

（二）实木复合地板的质量标准

实木复合地板是由不同树种的板材交错层压而成，克服了实木地板单向同性的缺点，干缩湿胀率小，具有较好的尺寸稳定性，并保留了实木地板的自然木纹和舒适的脚感。实木复合地板不仅兼具强化地板的稳定性与实木地板的美观性，而且具有环保优势。

根据现行国家标准《实木复合地板》（GB/T 18103—2013）中的规定，实木复合地板是指以实木拼板或单板为面层、实木条为芯层、单板为底层制成的企口地板和以单板为面板、胶合板为基材制成的企口地板。

1. 实木复合地板的规格尺寸及其偏差

实木复合地板的规格尺寸和尺寸偏差应符合表 13-5 中的规定。

表 13-5　实木复合地板的规格尺寸和尺寸偏差

地板幅面及厚度尺寸/mm		
长度	宽度	厚度
300～2200	60～220	8～22
实木地板尺寸偏差		
厚度偏差	公称厚度 t_n 与平均厚度 t_e 之差绝对值≤0.5mm,厚度最大值与厚度最小值之差≤0.5mm	
面层净长偏差	公称长度≤1500mm 时,其与每个测量值之差绝对值≤1.0mm;公称长度>1500mm 时,其与每个测量值之差绝对值≤2.0mm	
面层净宽偏差	公称宽度与平均宽度之差绝对值≤0.2mm,宽度最大值与宽度最小值之差≤0.3mm	
直角度	实木复合地板的直角度应≤0.2mm	
边缘不直度	实木复合地板的边缘不直度应≤0.3mm/m	
翘曲度	宽度方向翘曲度应≤0.20%;长度方向翘曲度应≤1.00%	
拼装离缝	拼装离缝的平均值应≤0.15mm,最大值应≤0.20mm	
拼装高度差	拼装高度差平均值应≤0.10mm,最大值应≤0.15mm	

2. 实木复合地板的外观质量

实木复合地板的外观质量应符合表 13-6 中的规定。

表 13-6　实木复合地板的外观质量

名称	项目	正面			背面
		优等品	一等品	合格品	
死节	最大单个长径/mm	不允许	2	面板厚度小于2mm　4 面板厚度不小于2mm　10 应修补，且任意两个死节之间距离不小于50mm	50，应修补
孔洞(含虫孔)	最大单个长径/mm	不允许		2，应修补	23，应修补
浅色夹皮	最大单个长度/mm	不允许	20	30	不限
	最大单个宽度/mm		2	4	
深色夹皮	最大单个长度/mm	不允许		13	不限
	最大单个宽度/mm			2	
树脂囊和树脂(胶)道	最大单个长度/mm	不允许		5，且最大单个宽度小于1	不限
腐朽	—	不允许			①
真菌变色	不超过板面积的百分比/%	不允许	5，板面色泽要协调	20，板面色泽要大致协调	不限
裂缝	—	不允许			不限
拼接离缝	最大单个宽度/mm	0.1	0.2	0.5	—
	最大单个长度不超过相应边长的百分比/%	5	10	20	
面板叠层	—	不允许			—
鼓泡、分层	—	不允许			
凹陷、压痕、鼓包	—	不允许	不明显	不明显	不限
补条、补片	—	不允许			不限
毛刺沟痕	—	不允许			不限
透胶、板面污染	不超过板面积的百分比/%	不允许		1	不限
砂透	不超过板面积的百分比/%	不允许			10
波纹	—	不允许		不明显	—
刀痕、划痕	—	不允许			不限
边、角缺损	—	不允许			②
榫舌缺损	不超过板长的百分比/%	不允许		15	
漆膜鼓泡	最大单个直径不大于0.5mm	不允许		每块板不超过3个	—
针孔	最大单个直径不大于0.5mm	不允许		每块板不超过3个	—
皱皮	不超过板面积的百分比/%	不允许		5	—

名称	项目	正面			背面
		优等品	一等品	合格品	
粒子	—	不允许		不明显	—
漏漆	—	不允许			—

① 允许有初腐。

② 长边缺损不超过板长的30%，且宽不超过5mm，厚度不超过板厚的1/3；短边缺损不超过板宽的20%，且宽不超过5mm，厚度不超过板厚的1/3。

注：1. 在自然光或光照度300~600lx范围内的近似自然光（如40W日光灯）下，视距为700~1000mm内，目测不能清晰地观察到的缺陷即为不明显。

2. 未涂饰或油饰面实木复合地板不检查地板表面油漆指标。

3. 实木复合地板的理化性能

实木复合地板的理化性能应符合表13-7中的规定。

表 13-7 实木复合地板的理化性能

检验项目	单位	要求
浸渍剥离	—	任一边的任一胶层开胶的累计长度不超过该胶层长度的1/3,6块试件中有5块试件合格即为合格
静曲强度	MPa	≥30
弹性模量	MPa	≥4000
含水率	%	5~14
漆膜附着力	—	割痕交叉处允许有漆膜剥落,漆膜沿割痕允许有少量断续剥落
表面耐磨	g/100r	≤0.15,且漆膜未磨透
漆膜硬度	—	≥2H
表面耐污染	—	无污染痕迹
甲醛释放量	—	应符合 GB 18580 的要求

注：1. 未涂饰实木复合地板和油饰面实木复合地板不测漆膜附着力、表面耐磨、漆膜硬度和表面耐污染。

2. 当使用悬浮式铺装时，面板与底层纹理垂直的两层实木复合地板和背面开横向槽的实木复合地板不测静曲强度和弹性模量。

（三）强化木地板的质量标准

浸渍纸层压木质地板（商品名称为强化木地板），是近年来在市场上出现的一种新型木地板，与传统的实木地板相比，其在结构和性能上有一定的差异。这种实木复合地板是以一层或多层专用纸浸渍热固性氨基树脂，铺装在刨花板、中密度纤维板、高密度纤维板等人造板基材表面，在背面加上平衡层，在正面加上耐磨层，经热压而制成的地板。

1. 强化地板的技术标准

根据国家标准《浸渍纸层压木质地板》（GB/T 18102—2020）中的规定，与强化地板相关的技术标准主要包括以下4个方面。

（1）现行国家标准《浸渍纸层压木质地板》（GB/T 18102—2020）中规定了浸渍纸层压木质地板的分类、技术要求、检验方法和检验规则，以及标志、包装、运输和贮存等。其中明确规定了地板各等级的外观质量要求、幅面尺寸、尺寸偏差、理化性能。在选购强化木地板之前，应据此了解其主要物理化学指标，如甲醛释放量、耐磨转数、基材密度、吸水厚度膨胀率、尺寸稳定性、含水率等。

（2）现行国家标准《室内装饰装修材料　人造板及其制品中甲醛释放限量》（GB 18580—2017）中规定了室内装饰装修用人造板及其制品中甲醛释放量的指标值、试验方法和检验规则。

（3）行业标准《木地板铺设面层验收规范》（WB/T 1016—2002）中，主要对木地板铺设的基本要求、施工程序、验收时间、验收标准等做了具体规定。

（4）行业标准《木地板保修期内面层检验规范》（WB/T 1017—2006）中，主要对木地板的维护使用、保修期限、面层检验、保修义务等做了具体规定。

2. 强化地板的技术要求

根据现行国家标准《浸渍纸层压木质地板》（GB/T 18102—2020）中的规定，强化地板产品按其外观质量、理化性能指标等可分为优等品、一等品和合格品 3 个等级。强化地板的外观质量要求如表 13-8 所列，强化地板的理化性能指标如表 13-9 所列。

表 13-8　强化地板的外观质量要求

缺陷名称	正面		背面
	优等品	合格品	
榫舌缺损	不允许	长度≤5mm，允许 2 个/块	
干、湿花	不允许	总面积不超过板面的 3%	允许
表面划痕	不允许		不允许露出基材
颜色不匹配	明显的不允许		允许
光泽不匹配	明显的不允许		允许
污斑	不允许		允许
鼓泡	不允许		≤10mm²，允许 1 个/块
鼓包	不允许		≤10mm²，允许 1 个/块
纸张撕裂	不允许		≤100mm，允许 1 处/块
局部缺纸	不允许		≤20mm²，允许 1 处/块
崩边	明显的不允许		长度≤10mm 且宽度≤3mm，允许
表面压痕	不允许		
透底	不允许		
表面龟裂	不允许		
分层	不允许		
边角缺损	不允许		

注：正常视力在视距为 0.5m 时能清晰观察到缺陷为明显。

表 13-9　强化地板的理化性能指标

检验项目		单位	指标			
			家用级		商用级	
			Ⅱ级	Ⅰ级	Ⅱ级	Ⅰ级
密度		g/cm³	≥0.82			
含水率		%	3.0～10.0			
吸水厚度膨胀率	t_a≥9mm	%	≤15.0		≤12.0	≤8.0
	t_a<9mm		≤17.0		≤14.0	≤12.0

检验项目	单位	指标			
		家用级		商用级	
		Ⅱ级	Ⅰ级	Ⅱ级	Ⅰ级
内结合强度	MPa	≥1.0			
表面胶合强度	MPa	≥1.0		≥1.2	≥1.5
表面耐划痕	—	4.0N 表面装饰花纹未划破			
表面耐冷热循环	—	无龟裂、无鼓泡			
尺寸稳定性	mm	≤0.9			
表面耐磨	r	≥4000	≥6000	≥9000	≥12000
表面耐香烟灼烧	—	无黑斑、无裂纹、无鼓泡			
表面耐干热	—	不低于 4 级			
表面耐污染	—	无污染、无腐蚀			
表面耐龟裂	—	5 级			
锁合力	N/mm			≥2.5(侧边拼接) ≥2.5(端头拼接)	
抗冲击	mm	≤10.0			
耐光色牢度	—	大于或等于灰色样卡 4 级			
表面耐水蒸气	—	无突起、无龟裂			
甲醛释放量	mg/m³	甲醛释放量应符合 GB 18580 要求 甲醛释放量分级按 GB/T 39600 规定执行			

注：1. 非锁扣拼接的浸渍纸层压木质地板不检验锁合力。

2. 表面耐干热 4 级为在某一角度看光泽和/或颜色有轻微变化，5 级为无明显变化。

3. 表面耐龟裂 5 级为用 6 倍放大镜观察表面无裂纹。

（四）实木集成地板的质量标准

实木集成地板是指用两块或两块以上的实木规格料经平面胶拼制而成的企口地板。根据现行的行业标准《实木集成地板》（LY/T 1614—2011）中规定，实木集成地板按表面有无涂饰可分为涂饰实木集成地板和未涂饰实木集成地板；根据产品的外观质量可分为优等品、一等品和合格品。

实木集成地板的外观质量要求如表 13-10 所列，实木集成地板的规格尺寸和尺寸偏差如表 13-11 所列，实木集成地板的理化性能指标如表 13-12 所列。

表 13-10　实木集成地板的外观质量要求

名称	项目	正面			背面
		优等品	一等品	合格品	
死节	最大单个长径/mm	不允许	≤3	≤5	不限,需修补
	个数	长度<1m 时,≤4 个；长度>1m 时,≤6 个			
活节	最大单个长径/mm	≤10	允许		
孔洞(含虫眼)	最大单个长径/mm	不允许		3,需修补	不限,需修补
夹皮	最大单个长度/mm	不允许		30	不限
	最大单个宽度/mm			4	

名称		项目	正面			背面
			优等品	一等品	合格品	
腐朽		—	不允许			
树脂道(树胶道)		最大单个长度/mm	不允许	≤20	≤30	不限
		最大单个宽度 mm		≤2	≤3	
变色		不得超过板面积/%	不允许	5,板面色泽应协调	20,板面色泽应基本协调	不限
裂缝		—	不允许			不限
拼接离缝	横拼	最大单个宽度/mm	0.1	0.2	0.5	不限
		最大单个长度不超过板长的/%	5	10	20	
	纵接	最大单个宽度/mm	0.1	0.2	0.5	
相邻横拼板的纵接缝距离/mm		—	≥80	≥60	≥50	—
规格料长度(不含榫)/mm		—	≥200	≥150	≥50	
榫舌残缺		不超过榫舌全长/%	不允许	10	20	
		残榫宽度/mm	≤2			
钝棱		长不得超过板长/%	不允许			30
		宽不得超过板长/%				20
未刨部分和刨痕		—	不允许	不明显		不限
加工波纹		—	不允许	不明显		不限
板面污染		不得超过板面积/%	不允许		1	不限
划痕		—	不允许	不明显		不限
漆膜鼓泡		直径≤0.5mm	不允许	每块板不得超过 3 个		不限
针孔		直径≤0.5mm	不允许	每块板不得超过 3 个		不限
皱皮		不得超过板面积/%	不允许		1	不限
粒子		—	不允许	不明显		不限
漏漆		—	不允许			不限

注：1. 凡在外观质量检验环境条件下，不能清晰地观察到的缺陷即为不明显。

2. 仿古实木集成地板的活节、死节、孔洞、裂缝、钝棱、波纹不做要求。

表 13-11　实木集成地板的规格尺寸和尺寸偏差

幅面及厚度尺寸/mm		
长度	宽度	厚度
450～2200	60～450	10～40
尺寸偏差要求		
项目	具体要求	
厚度偏差	公称厚度 t_n 与平均厚度 t_e 之差绝对值≤0.3mm； 厚度最大值 t_{max} 与最小值 t_{min} 之差≤0.4mm	
幅面净长偏差	公称长度 l_n≤1500mm 时，l_n 与每个测量值 l_m 之差绝对值≤1.0mm； 公称长度 l_n＞1500mm 时，l_n 与每个测量值 l_m 之差绝对值≤2.0mm	

尺寸偏差要求	
项目	具体要求
幅面净宽偏差	公称宽度 ω_n 与平均宽度 ω_e 之差绝对值≤0.3mm； 宽度最大值 ω_{max} 与最小值 ω_{min} 之差≤0.3mm
翘曲度	宽度方向 f_w≤0.20%；长度方向 f_l≤1.00%
拼装离缝	最大值 o_{max}≤0.3mm
拼装高度差	最大值 h_{max}≤0.3mm

注：1. 经供需双方协议可生产其他幅面尺寸的产品。

2. 仿古实木集成地板厚度偏差和拼装高度偏差不做要求。

表 13-12　实木集成地板的理化性能指标

检验项目	单位	要　求
浸渍剥离	—	单个试件两端面胶线剥离总长度不得超过两端面胶线长度总和的 10%，且每个胶线剥离长度不得超过该胶线长度的 1/3
静曲强度	MPa	≥25
含水率	%	7≤含水率≤我国各使用地区的木材平衡含水率
漆膜附着力	—	不低于 2 级
表面耐磨	g/100r	≤0.15，且漆膜未磨透
表面耐污染	—	不低于 2 级
甲醛释放量		符合 GB 18580 规定

注：1. 若是无横向拼接的实木集成地板，不测试浸渍剥离性能。

2. 油饰实木集成地板、未涂饰实木集成地板不测表面耐磨、表面耐污染和漆膜附着力。

三、天然石材的质量标准

（一）天然大理石材的质量标准

根据现行国家标准《天然大理石建筑板材》（GB/T 19766—2016）中的规定，天然大理石建筑板材可分为 A、B、C 3 个等级。

天然大理石普型板规格尺寸的允许偏差，应当符合表 13-13 中的规定；天然大理石圆弧板壁厚最小值应不小于 20mm，规格尺寸允许偏差应当符合表 13-14 中的规定；天然大理石普型板平面度的允许公差，应当符合表 13-15 中的规定；天然大理石圆弧板直线度与线轮廓度的允许公差，应当符合表 13-16 中的规定；天然大理石普型板角度允许公差，应当符合表 13-17 中的规定；天然大理石板材外观缺陷要求，应当符合表 13-18 中的规定；天然大理石的其他物理性能指标，应当符合表 13-19 中的规定。

表 13-13　天然大理石普型板规格尺寸的允许偏差

项　目		允许偏差		
		A	B	C
长度和宽度/mm		0，-1.0	0，-1.0	0，-1.5
厚度/mm	≤12	±0.5	±0.8	±1.0
	>12	±1.0	±1.5	±2.0

表 13-14　天然大理石圆弧板的规格尺寸允许偏差

项目	允许偏差		
	A	B	C
弦长/mm	0，—1.0	0，—1.0	0，—1.5
高度/mm	0，—1.0	0，—1.0	0，—1.5

表 13-15　天然大理石普型板平面度的允许公差

板材长度/mm	允许公差/mm					
	镜面板材			粗面板材		
	A	B	C	A	B	C
≤400	0.2	0.3	0.5	0.5	0.8	1.0
>400～≤800	0.5	0.6	0.8	0.8	1.0	1.4
>800	0.7	0.8	1.0	1.0	1.5	1.8

表 13-16　天然大理石圆弧板直线度与线轮廓度的允许公差

项目		允许公差/mm					
		镜面板材			粗面板材		
		A	B	C	A	B	C
直线度（按板材高度）/mm	≤800	0.6	0.8	1.0	1.0	1.2	1.5
	>800	0.8	1.0	1.2	1.2	1.5	1.8
线轮廓度		0.8	1.0	1.2	1.2	1.5	1.8

表 13-17　天然大理石普型板角度允许公差

板材长度范围/mm	允许公差/mm		
	A	B	C
≤400	0.3	0.4	0.5
>400	0.4	0.5	0.7

表 13-18　天然大理石板材外观缺陷要求

缺陷名称	规定内容	技术指标		
		A	B	C
裂纹	长度≥10mm 的条数/条	0		
缺棱①	长度≤8mm，宽度≤1.5mm（长度≤4mm，宽度≤1mm 不计），每米长允许个数/个	0	1	2
缺角①	沿板材边长顺延方向，长度≤3mm，宽度≤3mm（长度≤2mm，宽度≤2mm 不计），每块板允许个数/个			
色斑	面积≤6cm²（面积<2cm² 不计），每块板允许个数/个			
砂眼	直径<2mm		不明显	有，不影响装饰效果

① 对毛光板不做要求。

表 13-19　天然大理石的其他物理性能指标

项目		技术指标		
		方解石大理石	白云石大理石	蛇纹石大理石
体积密度/(g/cm³)		≥2.60	≥2.80	≥2.56
吸水率/%		≤0.50	≤0.50	≤0.60
压缩强度/MPa	干燥	≥52	≥52	≥70
	水饱和			
弯曲强度/MPa	干燥	≥7.0	≥7.0	≥7.0
	水饱和			
耐磨性①/(1/cm³)		≥10	≥10	≥10

① 仅适用于地面、楼梯踏步、台面等易磨损部位的大理石石材。

（二）天然花岗石材的质量标准

根据现行国家标准《天然花岗石建筑板材》（GB/T 18601—2009）中的规定，天然花岗石建筑板材可分为优等品、一等品和合格品 3 个等级。

普通型花岗石毛光板的平面度和厚度的允许偏差，应符合表 13-20 中的规定；天然花岗石板材的规格尺寸允许偏差，应符合表 13-21 中的规定；天然花岗石板材平面度的允许公差，应符合表 13-22 中的规定；天然花岗石板材的角度允许公差，应符合表 13-23 中的规定；圆弧板直线度与轮廓度的允许公差，应符合表 13-24 中的规定；天然花岗石板材正面的外观缺陷，应符合表 13-25 中的规定；天然花岗石板材的物理性能，应符合表 13-26 中的规定。

表 13-20　普通型花岗石毛光板的平面度和厚度的允许偏差　　　　单位：mm

分类		细面和镜面板材			粗面板材		
		优等品	一等品	合格品	优等品	一等品	合格品
平面度		0.80	1.00	1.50	1.50	2.00	3.00
厚度	≤12	±0.5	±1.0	+1.0，−1.5	—		
	>12	±1.0	±1.5	±2.0	+1.0，−2.0	±2.0	+2.0，−3.0

表 13-21　天然花岗石板材的规格尺寸允许公差　　　　单位：mm

分类		细面和镜面板材			粗面板材		
		优等品	一等品	合格品	优等品	一等品	合格品
长度、宽度		0，−1.0	0，−1.0	0，−1.5	0，−1.0	0，−1.0	0，−1.5
厚度	≤12	±0.5	±1.0	+1.0，−1.5	—		
	>12	±1.0	±1.5	±2.0	+1.0，−2.0	±2.0	+2.0，−3.0

表 13-22　天然花岗石板材平面度的允许公差　　　　单位：mm

板材长度范围	细面和镜面板材			粗面板材		
	优等品	一等品	合格品	优等品	一等品	合格品
≤400	0.20	0.35	0.50	0.60	0.80	1.00
400～≤800	0.50	0.65	0.80	1.20	1.50	1.80
>800	0.70	0.85	1.00	1.50	1.80	2.00

表 13-23 天然花岗石板材的角度允许公差 单位：mm

表 13-23 天然花岗石板材的角度允许公差 单位：mm

板材长度范围	技术指标		
	优等品	一等品	合格品
≤400	0.30	0.50	0.80
>400	0.40	0.60	1.00

表 13-24 圆弧板直线度与轮廓度的允许公差

项目		允许公差/mm					
		细面和镜面板材			粗面板材		
		优等品	一等品	合格品	优等品	一等品	合格品
直线度（按板材高度）/mm	≤800	0.80	1.00	1.20	1.00	1.00	1.50
	>800	1.00	1.20	1.50	1.20	1.50	2.00
线轮廓度		0.80	1.00	1.20	1.00	1.50	2.00

表 13-25 天然花岗石板材正面的外观缺陷

名称	规定内容	优等品	一等品	合格品
缺棱	长度≤10mm，宽度≤1.2mm（长度<5mm、宽度≤1.2mm 不计），周边每米长度允许个数/个	0	1	2
缺角	沿板材边长，长度和宽度≤3mm（长度和宽度不超过 2mm 不计），每块板中允许个数/个		1	2
裂纹	长度不超过两端延至板边长度的 1/10（长度<20mm 的不计），每块板中允许的条数/条	0	1	2
色斑	面积不超过 15mm×30mm（面积<10mm×10mm 不计），每块板中允许的个数/个	0		
色线	长度不超过两端延至板边长度的 1/10（长度<40mm 的不计），每块板中允许的条数/条		2	3

注：干挂板中不允许有裂纹存在。

表 13-26 天然花岗石板材的物理性能

项目		技术性能	
		一般用途	功能用途
体积密度/(g/cm³)		≥2.56	≥2.56
吸水率/%		≤0.60	≤0.40
压缩强度/MPa	干燥状态	100	131
	水饱和状态		
弯曲强度/MPa	干燥状态	8.0	8.3
	水饱和状态		
耐磨性[①]/(1/cm³)		25	25

① 使用在地面、楼梯踏步、台面等严重踏踩或磨损部位的花岗石板材应检验耐磨性。

四、水磨石材料的质量标准

水磨石地面是公共建筑中广泛采用的地面材料，如医院、学校、商业场所等地方，都大量使用水磨石地面。由于水磨石地面的价格低廉，使用性能良好，所以得到了许多消费者的认可。水磨石地面施工所用的材料，主要包括胶凝材料、石粒材料、颜料材料、分格材料和其他材料，这些材料必须符合国家或行业的现行标准的要求。

（1）胶凝材料　现浇水磨石地面所用的胶凝材料主要是水泥，但它与水泥砂浆地面所用的水泥有所不同。白色或彩色的水磨石面层，应当采用白色硅酸盐水泥；深色的水磨石地面，应当采用硅酸盐水泥和普通硅酸盐水泥。无论白色水泥还是深色水泥，水泥的强度均不得低于 32.5MPa。

（2）石粒材料　水磨石所用的石粒，应采用质地坚硬、比较耐磨、洁净的大理石、白云石、方解石、花岗石、玄武岩、辉绿岩等，要求石粒中不得含有风化颗粒和草屑、泥块、砂粒等杂质。石粒的最大粒径以比水磨石面层厚度小 1～2mm 为宜，如表 13-27 所列。

表 13-27　石粒粒径要求

水磨石面层厚度/mm	10	15	20	25
石子最大粒径/mm	9	14	18	23

工程实践证明：普通水磨石地面宜采用 4～12mm 的石粒，彩色水磨石地面宜采用 3～7mm、10～15mm、20～40mm 三种规格的组合。

（3）颜料材料　颜料在水磨石面层中虽然用量很少，但对于面层质量和装饰效果起着非常重要的作用。用于水磨石的颜料，一般应采用耐碱、耐光、耐潮湿的矿物颜料。要求呈粉末状，不得有结块，掺入量根据设计要求并做样板确定，一般不大于水泥质量的 12%，并以不降低水泥的强度为宜。

（4）分格材料　分格材料也称为分格条、嵌条，即将大面积的地面分割成设计尺寸的材料，为达到理想的装饰效果，通常主要选用颜色比较鲜艳的黄铜条、铝条和玻璃条 3 种，另外也有不锈钢、硬质聚氯乙烯制品。

（5）其他材料　水磨石地面所用的其他材料主要包括施工中常用的草酸、氧化铝和地板蜡等。

① 草酸　草酸是水磨石地面面层的抛光材料。草酸为无色透明晶体，有块状和粉末状两种。由于草酸是一种有毒的化工原料，不能接触食物，对皮肤有一定的腐蚀性，因此在施工中应注意劳动保护。

② 氧化铝　氧化铝呈白色粉末状，不溶于水，与草酸混合，可用于水磨石地面面层抛光。

③ 地板蜡　地板蜡用于水磨石地面面层磨光后作为保护层。地板蜡有成品出售，也可根据需要自配蜡液，但应注意防火工作。

五、陶瓷锦砖材料的质量标准

陶瓷锦砖也称为陶瓷马赛克，它具有规格多、薄而小、质地坚硬、耐酸、耐碱、耐磨、不渗水、抗压力强、不易破碎、彩色多样、用途广泛等优点。

根据现行的行业标准《陶瓷马赛克》（JC/T 456—2015）中的规定，陶瓷马赛克可分为优等品和合格品两个等级，其质量要求主要包括尺寸允许偏差、外观质量、物理力学性质和成联质量要求等。单块陶瓷马赛克的尺寸允许偏差应符合表 13-28 的规定；陶瓷马赛克的线路和联长的允许偏差应符合表 13-29 的规定；陶瓷马赛克的外观质量应符合表 13-30 的规定。

表 13-28　单块陶瓷马赛克的尺寸允许偏差

项　目	允许偏差	
	优等品	合格品
边长/mm	±0.5	±1.0
厚度/%	±5	±5

表 13-29　陶瓷马赛克的线路和联长的允许偏差

项　目	允许偏差	
	优等品	合格品
线路/mm	±0.6	±1.0
联长/mm	±1.0	±2.0

表 13-30　陶瓷马赛克的外观质量

缺陷名称	表示方法	缺陷允许范围				备注
		优等品		合格品		
		正面	背面	正面	背面	
夹层、釉裂、开裂	—	不允许				—
斑点、粘疤、起泡、坯粉、麻面、波纹、缺釉、桔釉、棕眼、落脏、溶洞	—	不明显		不严重		—
缺角/mm	斜边长	<1.0	<2.0	2.0~3.5	4.0~5.5	正背面缺角不允许在同一角部;正面只允许缺角1处
	深度	≤厚砖的2/3				
缺边/mm	长度	<2.0	<4.0	3.0~5.0	6.0~8.0	正背面缺边不允许出现在同一侧面;同一侧面边不允许有2处缺边;正面只允许2处缺边
	宽度	<1.0	<2.0	1.5~2.0	2.5~3.0	
	深度	<1.5	<2.5	1.5~2.0	2.5~3.0	
变形/mm	翘曲	不明显		不明显		—
	大小头	0.6		0.8		

根据现行的行业标准《陶瓷马赛克》(JC/T 456—2015) 中的规定,陶瓷马赛克除了应符合以上要求外,还应符合下列各项要求。

(1) 吸水率　陶瓷马赛克的吸水率应≤1.0%。

(2) 耐磨性　陶瓷马赛克的耐磨性应符合下列要求:a. 用于铺地的无釉陶瓷马赛克耐深度磨损体积应≤175mm³;b. 用于铺地的有釉陶瓷马赛克应有表面耐磨损等级和转数的报告。

(3) 线性热膨胀系数　若陶瓷马赛克安装在有高热变性的情况下时制造商应报告陶瓷马赛克的线性热膨胀系数。

(4) 抗热震性　经抗热震性试验后,应无裂纹、无破损。

(5) 抗釉裂性　经抗釉裂的试验后,应无釉裂、无破损。

(6) 抗冻性　经抗冻性试验后,应无裂纹、无剥落、无破损。

(7) 耐污染性　陶瓷马赛克的耐污染性应符合下列要求:a. 经过耐污染性试验后,有釉陶瓷马赛克的耐污染性应不低于 3 级;b. 经过耐污染性试验后,制造商应报告无釉陶瓷马赛克的耐污染性级别。

(8) 耐化学腐蚀性　陶瓷马赛克的耐化学腐蚀性应符合下列要求。

① 耐低浓度酸和碱。制造商应报告陶瓷马赛克耐低浓度酸和碱的耐腐蚀性等级。

② 耐高浓度酸和碱。制造商应报告陶瓷马赛克耐高浓度酸和碱的耐腐蚀性等级。

③ 耐家庭化学试剂和游泳池盐类。经耐家庭化学试剂和游泳池盐类腐蚀性试验后，有釉陶瓷马赛克的耐腐蚀性应不低于 GB 级，无釉陶瓷马赛克的耐腐蚀性应不低于 UB 级。

（9）成联的陶瓷马赛克质量要求　成联的陶瓷马赛克质量应符合下列要求。

① 色差。单色陶瓷马赛克及联之间同色砖色差目测基本一致。

② 铺贴衬材的黏结性。陶瓷马赛克与铺贴衬材经黏结性试验后，不允许有马赛克脱落。

③ 铺贴衬材的剥离性。陶瓷马赛克的表贴剥离时间≤20min。

④ 铺贴衬材的露出。陶瓷马赛克铺贴后不允许有铺贴衬材的露出。

六、塑料地面材料的质量标准

塑料地板是以高分子合成树脂为主要材料，加入适量的其他辅助材料，经一定的制作工艺制成的预制块状、卷材状或现场粘贴整体状的地面材料。

（一）聚氯乙烯卷材地板的质量标准

根据国家标准《聚氯乙烯卷材地板　第 1 部分：非同质聚氯乙烯卷材地板》（GB/T 11982.1—2015）和《聚氯乙烯卷材地板　第 2 部分：同质聚氯乙烯卷材地板》（GB/T 11982.2—2015）中的规定，聚氯乙烯卷材地板产品的质量，应分别符合下列要求。

1. 非同质聚氯乙烯卷材地板的质量

（1）非同质聚氯乙烯卷材地板的厚度规格最小值应符合表 13-31 中的规定。

表 13-31　非同质聚氯乙烯卷材地板的厚度规格最小值　　　　单位：mm

产品结构类别	使用等级	总厚度				耐磨层厚度			
		T 级	P 级	M 级	F 级	T 级	P 级	M 级	F 级
致密型	21	1.0	1.0	1.0	1.0	0.15	0.25	0.40	0.60
	22/22＋	1.5	1.5	1.5	1.5	0.20	0.35	0.50	0.80
	23	1.5	1.5	1.5	1.5	0.30	0.45	0.65	1.00
	31								
	32	1.5	1.5	1.5	2.0	0.40	0.55	0.80	1.20
	41								
	33	2.0	2.0	2.0	2.0	0.55	0.70	1.00	1.50
	42								
	34	2.0	2.0	2.0	2.5	0.70	1.00	1.50	2.00
	43								
发泡型	21					0.15	0.20	0.30	
	22/22＋	—				0.20	0.30	0.45	—
	23					0.25	0.40	0.60	
	31					0.25	0.40	0.60	

产品结构类别	使用等级	总厚度				耐磨层厚度			
		T 级	P 级	M 级	F 级	T 级	P 级	M 级	F 级
发泡型	32					0.35	0.50	0.75	
	41					0.35	0.50	0.75	
	33	—				0.50	0.65	1.00	—
	42					0.50	0.65	1.00	
	34					0.55	1.00	1.50	

（2）非同质聚氯乙烯卷材地板的外观应符合表 13-32 中的规定。

表 13-32　非同质聚氯乙烯卷材地板的外观要求

缺陷名称	指标	缺陷名称	指标
裂纹、断裂、分层	不允许	套印偏差、色差	不明显
折皱、气泡	轻微	污染	不明显
漏印、缺膜层	轻微	图案变形	轻微

（3）非同质聚氯乙烯卷材地板的长度和宽度应不小于明示值，其厚度允许偏差应符合表 13-33 中的规定。

表 13-33　非同质聚氯乙烯卷材地板的厚度允许偏差

试验项目	产品结构类型	指标	
总厚度 /mm	致密型	平均值：明示值+0.13，−0.10	单个值：平均值+0.15，−0.15
	发泡型	平均值：明示值+0.18，−0.15	单个值：平均值+0.20，−0.20
耐磨层厚度 /mm	致密型	平均值：明示值+13%，−10%，且不得超过±0.10	单个值：平均值+0.05，−0.05 或不低于平均值的±15%，取大值
	发泡型	平均值：明示值+13%，−10%，且不得超过±0.10	单个值：平均值+0.05，−0.05 或不低于平均值的±15%，取大值

（4）非同质聚氯乙烯卷材地板的通用性能应符合表 13-34 中的规定。

表 13-34　非同质聚氯乙烯卷材地板的通用性能

试验项目		指标
面质量偏差/%		明示值+13，−10
加热尺寸变化率/%	纵向	≤0.40
	横向	≤0.40
耐磨性（体积损失 F_v）[①]/mm³	T 级	$Fv≤2.0$
	P 级	$2.0≤Fv≤4.0$
	M 级	$4.0≤Fv≤7.5$
	F 级	$7.5≤Fv≤15.0$
色牢度/级		≥6

① 若耐磨性实测结果优于明示等级，视为合格。

（5）非同质聚氯乙烯卷材地板的使用性能应符合表 13-35 中的规定。

表 13-35　非同质聚氯乙烯卷材地板的使用性能

试验项目		使用等级										
		家用级				商业级				轻工业级		
		21	22	22+	23	31	32	33	34	41	42	43[②]
抗剥离力[①] /(N/50mm)	发泡型	—					平均值≥50 单个值≥40			平均值≥50 单个值≥40		—
残余凹陷 /mm	致密型	≤0.10										
	发泡型	≤0.35					≤0.20					—
弯曲性	致密型	所有试件无开裂										
椅子脚 轮试验	致密型	无破坏										
	发泡型	—				无破坏						—

① 当发泡型卷材地板的发泡层与其他的各层无法分离时，该试验项目不适用。

② 发泡型卷材地板的最高使用等级为 42 级。

（6）非同质聚氯乙烯卷材地板的有害物质限量应符合现行国家标准《室内装饰装修材料聚氯乙烯卷材地板中有害物质限量》（GB 18586—2001）中的规定。

2. 同质聚氯乙烯卷材地板的质量

（1）同质聚氯乙烯卷材地板的耐磨等级应符合表 13-36 中的规定。

表 13-36　同质聚氯乙烯卷材地板的耐磨等级

耐磨等级	耐磨性/mm³	耐磨等级	耐磨性/mm³
T	$F_v \leqslant 2.0$	M	$4.0 \leqslant F_v \leqslant 7.5$
P	$2.0 \leqslant F_v \leqslant 4.0$	F	$7.5 \leqslant F_v \leqslant 15.0$

注：F_v 为试件耐磨每 100 转的体积损失。

（2）同质聚氯乙烯卷材地板的最小厚度应符合表 13-37 中的规定。

表 13-37　同质聚氯乙烯卷材地板的最小厚度

使用等级	厚度/mm			
	T 级	P 级	M 级	F 级
21	1.0	1.0	1.0	1.0
22/22+	1.5	1.5	1.5	1.5
23	1.5	1.5	1.5	1.5
31				
32	1.5	1.5	1.5	1.5
41				
33	2.0	2.0	2.0	2.0
42				
34	2.0	2.0	2.0	2.5
43				

注：其他厚度可按供需双方商定。

（3）同质聚氯乙烯卷材地板的外观应符合表 13-38 中的规定。

表 13-38　同质聚氯乙烯卷材地板的外观

缺陷名称	指标
缺损、皱纹、孔洞、裂纹、断裂	不允许
杂质、气泡、擦伤、变色、异常凹痕、污迹	不明显
色差	不明显

注：色差也可按供需双方商定。

（4）同质聚氯乙烯卷材地板的尺寸允许偏差应符合表 13-39 中的规定。

表 13-39　同质聚氯乙烯卷材地板的尺寸允许偏差

试验项目		指标
长度/m		不小于明示值
宽度/m		不小于明示值
厚度/mm	平均值	明示值+0.13，−0.10
	单个值	平均值+0.15，−0.15

（5）同质聚氯乙烯卷材地板的通用性能应符合表 13-40 中的规定。

表 13-40　同质聚氯乙烯卷材地板的通用性能

试验项目		指标
单位面积质量偏差/%		明示值+13，−10
纵、横向加热尺寸变化率/%		≤0.40
加热翘曲/mm		≤4
弯曲性		无开裂
椅子脚轮试验[①]		无破坏
色牢度/级		≥6
残余凹陷/mm		≤0.1
耐磨性（体积损失）/mm³	T 级	≤2.0
	P 级	≤4.0
	M 级	≤7.5
	F 级	≤15.0

① 仅使用等级 32 级及以上的同质聚氯乙烯卷材地板有此要求。

（6）同质聚氯乙烯卷材地板的有害物质限量应符合现行国家标准《室内装饰装修材料聚氯乙烯卷材地板中有害物质限量》（GB 18586—2001）中的规定。

（二）半硬质聚氯乙烯块状地板的质量标准

根据国家标准《半硬质聚氯乙烯块状地板》（GB/T 4085—2015）中的规定，半硬质聚氯乙烯块状地板的外观质量应符合表 13-41 的要求；半硬质聚氯乙烯块状地板的长度和宽度的平均值与明示值的允许偏差为±0.13%，且不得超过±0.4mm，其厚度的允许偏差应符合表 13-42 的要求；半硬质聚氯乙烯块状地板的直角度和边直度应符合表 13-43 的要求；半硬质聚氯乙烯块状地板的通用性能应符合表 13-44 的要求；半硬质聚氯乙烯块状地板的有害物质限量应符合现行国家标准《室内装饰装修材料　聚氯乙烯卷材地板中有害物质限量》（GB 18586—2001）中的规定。

表 13-41　半硬质聚氯乙烯块状地板的外观质量

缺陷名称	指标
缺损、龟裂、皱纹、孔洞	不允许
胶印、分层、剥离①	不允许
杂质、气泡、擦伤、变色等②	不明显

① 适用于非同质地板。
② 可按供需双方合同约定。

表 13-42　半硬质聚氯乙烯块状地板厚度的允许偏差

试验项目	指标
总厚度/mm	平均值：明示值＋0.13，－0.10，单个值，平均值＋0.15，－0.15
耐磨层厚度/mm	平均值：明示值＋13％，－10％，且不得超过±0.10

表 13-43　半硬质聚氯乙烯块状地板的直角度和边直度

边长①/mm	指标
≤305	≤0.25
＞305	≤0.35

① 对于矩形地板，直角度和边直度的指标以长边为准。

表 13-44　半硬质聚氯乙烯块状地板的通用性能

试验项目		指标
面质量偏差/%		明示值＋13，－10
加热尺寸变化率/%		≤0.25
加热翘曲/mm		≤2.0
抗冲击性		所有试件试验范围外无开裂
弯曲性		所有试件无开裂
残余凹陷 I_R/mm		$0.15 \leqslant I_R \leqslant 0.40$
耐磨性（体积损失 F_v）①/mm³	T 级	$F_v \leqslant 2.0$
	P 级	$2.0 < F_v \leqslant 4.0$
	M 级	$4.0 < F_v \leqslant 7.5$
	F 级	$7.5 < F_v \leqslant 15.0$
椅子脚轮试验②		无破坏
色牢度/级		≥6

① 耐磨性实测结果优于明示等级，视为合格。
② 仅使用等级 32 级及以上的地板有此要求。

七、对基层铺设材料的质量标准

地面装饰工程的基层铺设，主要包括基土、垫层、找平层、隔离层和填充层，基层铺设质量如何，关系到地面装饰工程质量高低，因此应特别重视基层铺设的质量控制。

（一）对基土的质量要求

地面装饰工程基层的基土，严禁用淤泥、腐殖土、冻土、耕植土、膨胀土、建筑垃圾和有机物质含量大于8%的土作为填土。在基层土的施工过程中，应用观察检查和检查土质记录进行质量控制。

（二）对垫层的质量要求

地面装饰工程的垫层种类很多，常见的有灰土垫层、砂垫层、砂石垫层、碎石垫层、碎砖垫层、三合土垫层、炉渣垫层、水泥混凝土垫层等。

1. 对灰土垫层的质量要求

（1）基层铺设的材料质量、密实度和强度等级或配合比等，应符合设计要求和《建筑地面工程施工质量验收规范》（GB 50209—2010）的要求。

（2）灰土垫层应采用熟化石灰与黏土（或粉黏土、粉土）按一定比例的混合料铺设。

（3）灰土若用块状石灰制作的熟石灰，在与土混合前应用孔径6～10mm的筛子过筛，熟石灰中不得有过大的未熟化石块。灰土所用的土料，在与石灰混合前应用孔径16～20mm的筛子过筛。

（4）熟化石灰可采用磨细生石灰代替，也可用粉煤灰或电石渣代替。当采用粉煤灰或电石渣代替熟石灰做垫层时，其粒径不得大于5mm，且粉煤灰的质量应符合《用于水泥和混凝土中的粉煤灰》（GB/T 1596—2017）的要求。

（5）建筑地面工程采用的材料，应符合设计要求和建筑地面工程施工质量验收规范的规定，并应符合国家现行标准的规定；进场材料应有质量合格证明文件、规格、型号及性能检测报告，对重要材料应有复验报告。

2. 对砂垫层和砂石垫层的质量要求

（1）基层铺设的材料质量、密实度和强度等级或配合比等，应符合设计要求和《建筑地面工程施工质量验收规范》（GB 50209—2010）的要求。

（2）建筑地面工程采用的材料，应符合设计要求和建筑地面工程施工质量验收规范的规定，并应符合国家现行标准的规定；进场材料应有质量合格证明文件、规格、型号及性能检测报告，对重要材料应有复验报告。

（3）垫层采用的砂或砂石不得含有草根、树枝等有机杂质，其质量应符合《建设用砂》（GB/T 14684—2011）和《建设用卵石、碎石》（GB/T 14685—2011）中的要求。

（4）垫层所用的砂应选用质地坚硬的中砂或中粗砂，砂石应选用天然级配良好的材料。

（5）垫层所用的石子最大粒径不得大于垫层厚度的2/3，冻结的砂和冻结的天然砂石不得用于灰土垫层中。

3. 对碎石垫层和碎砖垫层的质量要求

（1）基层铺设的材料质量、密实度和强度等级或配合比等，应符合设计要求和《建筑地面工程施工质量验收规范》（GB 50209—2010）的要求。

（2）建筑地面工程采用的材料，应符合设计要求和建筑地面工程施工质量验收规范的规定，并应符合国家现行标准的规定；进场材料应有质量合格证明文件、规格、型号及性能检测报告，对重要材料应有复验报告。

（3）碎石应选用强度较高且均匀的石料，其最大粒径不得大于垫层厚度的 2/3。质量应符合《建设用卵石、碎石》（GB/T 14685—2011）中的要求。

（4）碎砖不应采用风化、酥松、夹有瓦片和有机杂质的砖料，其粒径不应大于 60mm。

4. 对三合土垫层的质量要求

（1）三合土中的熟化石灰可采用磨细生石灰代替，也可用粉煤灰或电石渣代替。粉煤灰的质量应符合《用于水泥和混凝土中的粉煤灰》（GB/T 1596—2017）的要求。

（2）消石灰应采用生石灰块，使用前应用 3～4d 时间予以消解，并加以过筛，其粒径不得大于 5mm，不得夹有未熟化的生石灰块，也不得含有过多的水分。

（3）垫层采用的砂子或砂石不得含有草根、树枝等有机杂质，其质量应符合《建设用砂》（GB/T 14684—2011）和《建设用卵石、碎石》（GB/T 14685—2011）中的要求。

（4）垫层所用的砂应选用质地坚硬的中砂或中粗砂，砂石应选用天然级配良好的材料。

（5）碎砖不应采用风化、酥松、夹有瓦片和有机杂质的砖料，其粒径不应大于 60mm。

5. 对炉渣垫层的质量要求

（1）炉渣内不应含有有机杂质和未燃尽的煤块，其粒径不应大于 40mm；粒径在 5mm 及以下的炉渣体积，不得超过炉渣总体积的 40%。

（2）消石灰应采用生石灰块，使用前应用 3～4d 时间予以消解，并加以过筛，其粒径不得大于 5mm，不得夹有未熟化的生石灰块。

（3）水泥宜采用硅酸盐水泥、普通硅酸盐水泥，其强度等级不低于 32.5 级，技术性能应符合《通用硅酸盐水泥》（GB 175—2007）的要求。

6. 对水泥混凝土垫层的质量要求

（1）水泥宜采用硅酸盐水泥、普通硅酸盐水泥、矿渣硅酸盐水泥、粉煤灰硅酸盐水泥和火山灰质硅酸盐水泥，技术性能应符合《通用硅酸盐水泥》（GB 175—2007）的要求。

（2）采用的砂子应符合《普通混凝土用砂、石质量及检验方法标准》（JGJ 52—2006）和《建设用砂》（GB/T 14684—2011）中的要求，其含泥量不应大于 3%。

（3）采用的石子应符合《普通混凝土用砂、石质量及检验方法标准》（JGJ 52—2006）和《建设用卵石、碎石》（GB/T 14685—2011）中的要求，其含泥量不应大于 2%。

（三）对找平层的质量要求

（1）水泥宜采用硅酸盐水泥、普通硅酸盐水泥或矿渣硅酸盐水泥，其强度等级不低于 32.5 级，技术性能应符合《通用硅酸盐水泥》（GB 175—2007）的要求。

（2）采用的砂子应符合《普通混凝土用砂、石质量及检验方法标准》（JGJ 52—2006）中的要求，其含泥量不应大于 3%。

（3）石子宜采用碎石或卵石，其级配要适宜，最大粒径不应大于垫层厚度的 2/3，含泥量不应大于 2%，技术性能应符合《建设用卵石、碎石》（GB/T 14685—2011）中的要求。

（4）拌制混凝土的水可用饮用水，其技术性能应符合《混凝土用水标准》（JGJ 63—2006）中的要求。

（5）混凝土掺用的外加剂质量应符合《混凝土外加剂》（GB 8076—2008）的规定。

（四）对隔离层的质量要求

（1）在隔离层施工中所用的材料，其材质应经有相应资质的检测单位认定。

（2）防水涂料　应符合设计要求和有关建筑涂料的现行国家标准的规定，进场后应进行抽样复检，合格后方可使用。

（3）防水卷材　应符合设计要求和有关建筑涂料的现行国家标准的规定，进场后应进行抽样复检，合格后方可使用。

（4）防水剂　隔离层中掺用的防水剂的质量，应符合《混凝土外加剂》（GB 8076—2008）的规定。进场后应进行抽样复检，合格后方可使用。

（5）在隔离层施工中所用的水可用饮用水，其技术性能应符合现行标准《混凝土用水标准》（JGJ 63—2006）中的要求。

（五）对填充层的质量要求

（1）填充层应当按照设计要求选用材料，其密度和热导率应当符合国家有关产品标准的规定。

（2）填充层所用的松散材料的质量要求应符合表 13-45 中的规定。

（3）整体保温材料的质量要求构成整体保温材料中的松散保温材料，应符合表 13-45 中的规定外，其所用的水泥、沥青等胶结料等应符合设计及国家有关标准的规定。水泥的强度等级不应低于 32.5 级，沥青在北方地区宜采用 30 号以上，南方地区应不低于 10 号。所用材料必须有出厂质量证明文件，并符合国家有关标准的规定。

表 13-45　填充层所用的松散材料的质量要求

项目	膨胀蛭石	膨胀珍珠岩	炉渣
粒径/mm	3～15	≥0.15,小于 0.15 的含量不大于 8%	5～40
表观密度/(kg/m³)	≤300	≤120	500～1000
热导率/[W/(m·K)]	≤0.14	≤0.07	≤0.19～0.256

（4）填充层所用的板状保温材料的质量要求，应符合表 13-46 中的规定。

表 13-46　填充层所用的板状保温材料的质量要求

项目	聚苯乙烯泡沫塑料		硬质聚氨酯泡沫塑料	泡沫玻璃	微孔混凝土	膨胀蛭石制品 膨胀珍珠岩制品
	挤压	模压				
表观密度/(kg/m³)	≥32	15～30	≥30	≥150	500～700	300～800
热导率/[W/(m·K)]	≤0.030	≤0.041	≤0.027	≤0.02	≤0.22	≤0.26
抗压强度/MPa	—	—	—	≥0.40	≥0.40	≥0.30
在 10%形变下压缩应力	≥0.15	≥0.06	≥0.15	—	—	—
70℃、48h 后尺寸变化率/%	≤2.0	≤5.0	≤5.0	≤0.5	—	—
吸水率(体积分数)/%	≤1.5	≤6.0	≤3.0	≤0.5	—	—
外观质量	板的外形基本平整，无严重凹凸不平；厚度允许偏差为 5%，且不大于 4mm					

第二节　建筑地面工程施工质量管理

随着国民经济的腾飞，社会的不断进步，科学技术的飞速发展，人们对物质生活和精神文化生活水平的要求不断提高，现代高质量生存和生活的新观念已深入人心，逐渐开始重视生活和生存的环境。国内外工程实践充分证明，现代建筑和现代装饰对人们的生活、学习、工作环境的改善，起着极其重要的作用。

随着人们对装饰要求的不断提高，新型地面装饰材料和施工工艺的不断应用，地面装饰已由过去单一的混凝土逐渐被多品种、多工艺的各类地面所代替。工程实践证明，这些地面装饰工程的施工质量如何对室内美化、改善环境等起着决定性性作用。

一、基层铺设施工质量管理

（一）垫层施工质量要求

1. 基土垫层施工质量要求

（1）对于软弱土层必须按照设计要求进行处理，处理完毕后经验收合格才能进行下道工序的施工。

（2）在填土前，其下一层土表面应干净、无积水。填土用的土料，可采用砂土或黏性土，土中不得含有草皮、树根等杂质，土的粒径不应大于 50mm。

（3）填土时土料应为最优含水量。重要工程或大面积的地面填土前，应取土样按照击实试验方法确定土料的最优含水量与相应的最大干密度。

（4）土料回填前应清除基底的垃圾、树根等杂物，抽除坑穴中的积水和淤泥，测量基底的标高。如在耕植土或松土上填土料，应在基底土压实后再进行。

（5）填土应分层压（夯）实，对于填方土料应按设计要求验收后方可再继续填入，填土质量应符合现行国家标准《建筑地基基础工程施工质量验收标准》（GB 50202—2018）的有关规定。

（6）当墙柱基础处填土时应采用重叠夯实的方法。在填土与墙柱相连接处，也可采取设置缝隙进行技术处理。

2. 灰土垫层施工质量要求

（1）灰土垫层应采用熟化石灰与黏土（或粉质黏土、粉土）的拌合料进行铺设，其厚度不应小于 100mm。

（2）熟化石灰可采用磨细生石灰代替，磨细生石灰的质量应符合现行的行业标准《建筑生石灰》（JC/T 479—2013）的规定；也可以用粉煤灰代替，粉煤灰的质量应符合现行国家标准《用于水泥和混凝土中的粉煤灰》（GB/T 1596—2017）的规定。

（3）灰土垫层应铺设在不受地下水浸泡的基土上，以确保灰土垫层不遭受浸泡破坏。施工后应有防止水浸泡的措施。

（4）灰土垫层应分层进行压实或夯实，必须经湿润养护、晾干后方可进行下一道工序的施工。

（5）建筑地面工程基层和面层的铺设，均应待其下一层检验合格后方可施工上一层。建筑地面工程各层铺设前，与相关专业的分部工程、分项工程以及设备管道安装工程之间，必须进行交接检验。

3. 砂垫层和砂石垫层施工质量要求

（1）砂垫层的厚度不应小于 60mm；砂石垫层的厚度不应小于 100mm。

（2）砂石应选用天然级配材料。铺设时不应有粗细颗粒分离现象，将砂石压（夯）实至不松动为止。

（3）砂垫层压（夯）实后，在现场应用环刀法取样，测定其干密度。砂垫层干密度以不小于该砂料的中等密实状态时的干密度为合格。中砂在中等密实状态时的干密度，一般为 $1.55\sim1.60g/cm^3$。

4. 碎石垫层和碎砖垫层施工质量要求

（1）碎石垫层和碎砖垫层的厚度不应小于100mm。垫层应当分层压（夯）实，达到表面坚实、平整。

（2）在进行碎（卵）石垫层施工时，必须将碎（卵）石摊铺均匀，表面空隙用粒径为 $5\sim25mm$ 的石子填缝。

（3）用碾压机械碾压时，应适当洒水使其表面保持湿润，一般碾压不得少于3遍，并碾压到不松动为止，达到表面坚实、平整。

（4）碎砖垫层每层虚铺筑厚度应控制不大于200mm，适当洒水后进行夯实，夯实要均匀，表面要平整密实；夯实后的厚度一般为虚铺筑厚度的3/4。不得在已铺好的垫层上用锤击方法进行碎砖加工。

5. 三合土垫层施工质量要求

（1）三合土垫层应采用石灰、砂（可掺入少量黏土）与碎砖的拌合料铺设，其厚度不应小于100mm。

（2）三合土垫层其铺设方法可采用先拌和后铺设，或者先铺设碎料后灌入砂浆的方法，无论采用何种方法，均应达到铺平夯实的要求。

（3）三合土垫层应分层夯打并密实，垫层表面应平整，在最后一遍夯打时，宜浇灌浓石灰浆，待其表面灰浆晾干后才可进行下道工序的施工。

6. 炉渣垫层施工质量要求

（1）炉渣垫层应采用炉渣或水泥与炉渣，或水泥、石灰与炉渣的拌合料进行铺设，其厚度不应小于80mm。

（2）炉渣垫层或水泥炉渣垫层所用的炉渣，使用前应浇水闷透；水泥石灰炉渣垫层所用的炉渣，使用前应用石灰浆或用熟化石灰浇水拌和闷透；闷透的时间均不得少于5d。

（3）在炉渣垫层铺设前，其下一层应湿润；铺设时应分层压实，铺设后应进行养护，待其凝结后方可进行下一道工序的施工。

7. 水泥混凝土垫层施工质量要求

（1）水泥混凝土垫层应铺设在基土上，当气温长期处于0℃以下，设计无要求时垫层应根据工程实际设置伸缩缝。

（2）水泥混凝土垫层的厚度一般不应小于60mm；在水泥混凝土垫层铺设前，其下一层表面应进行湿润，以便上下层很好地结合。

（3）室内地面的水泥混凝土垫层，应设置纵向缩缝和横向缩缝；纵向缩缝的间距不得大于6m，横向缩缝的间距不得大于12m。

（4）垫层的纵向缩缝应做成平头缝或加肋平头缝。当垫层厚度大于150mm时，可做成企口缝，横向缩缝应做假缝。平头缝和企口缝的缝间不得放置隔离材料，浇筑时应互相紧贴。企口缝的尺寸应符合设计要求，假缝的宽度一般为 $5\sim20mm$，深度为垫层厚度的1/3，缝内填入水泥砂浆。

（5）工业厂房、礼堂、门厅等大面积水泥混凝土垫层应分区段浇筑。分区段应结合变形缝位置、不同类型的建筑地面连接处和设备基础的位置进行划分，并应与设置的纵向和横向缩缝的间距相一致。

（6）水泥混凝土垫层的施工质量，应当符合现行国家标准《建筑地面工程施工质量验收规范》（GB 50209—2010）中的有关规定。

（二）找平层施工质量要求

（1）找平层应采用水泥砂浆或水泥混凝土进行铺设，并应符合现行国家标准《建筑地面工程施工质量验收规范》（GB 50209—2010）第 4 章有关规定。

（2）在铺设找平层前，应对其基层进行认真清理，当其下一层有松散的填充料时应当铺平振实。

（3）有防水要求的建筑地面工程，铺设找平层前必须对立管、套管和地漏与楼板节点之间进行密封处理；其排水坡度应符合设计要求。

（4）在预制钢筋混凝土板上铺设找平层前，板缝填嵌的施工应符合下列要求：

① 预制钢筋混凝土板相邻缝的底宽不应小于 20mm，以便于板缝填嵌。

② 在进行板缝填嵌时，首先将缝内的杂物清理干净，并洒水保持湿润。

③ 填缝材料宜采用细石混凝土，其强度等级不得小于 C20。填缝高度应低于板面 10～20mm，且振捣密实，表面不应压光，填缝后应及时进行养护。

④ 当板缝底宽大于 40mm 时应按照设计要求配置钢筋。

（5）在预制钢筋混凝土板上铺设找平层时，其板端部应按设计要求做防裂的构造措施。

（三）隔离层施工质量要求

（1）在水泥类找平层上铺设沥青类防水卷材、防水涂料，或以水泥类材料作为防水隔离层时，其表面应坚固、干净、干燥。在铺设前，应涂刷基层处理剂，基层处理剂应采用与卷材性能配套的材料或采用同类涂料的底子油。

（2）当采用掺有防水剂的水泥类找平层作为防水隔离层时，防水剂的掺量和强度等级（或配合比）应符合设计要求。

（3）铺设防水隔离层时，在管道穿过楼板面的四周，防水材料应向上铺涂，并要超过套管的上口，在靠近墙面处应高出面层 200～300mm 或按设计要求的高度铺涂。阴阳角和管道穿过楼板面的根部，应增加铺设附加的防水隔离层。

（4）防水材料在铺设后，必须进行蓄水检验。蓄水深度应为 20～30mm，24h 内无渗漏为合格，并做好蓄水检验记录。

（5）隔离层施工质量检验，应符合现行国家标准《屋面工程质量验收规范》（GB 50207—2012）的有关规定。

（四）填充层施工质量要求

（1）填充层的下一层表面应坚实、平整。当为水泥类材料时，还应洁净、干燥，并且不得有空鼓、裂缝和起砂等质量缺陷。

（2）采用松散材料铺设填充层时，应分层铺平拍实；采用板状和块状材料铺设填充层时，应分层错缝进行铺贴。

（3）填充层的施工质量检验，应符合现行国家标准《屋面工程质量验收规范》（GB 50207—2012）的有关规定。

二、整体面层铺设施工质量管理

建筑室内整体面层包括水泥混凝土面层、水泥砂浆面层、水磨石面层、水泥钢铁屑面层、防油渗面层等。

（一）水泥混凝土面层施工质量要求

（1）水泥混凝土面层厚度应符合设计要求；在铺设的过程中不得留施工缝。当施工间隙超过允许时间规定时应对接槎处按规定处理。

（2）卫生间、厨房和有排水（或其他液体）要求的建筑地面面层与相连接各类面层的标高差，必须符合设计要求。

（3）铺设整体面层时，其水泥类基层的抗压强度不得小于 1.2MPa；表面应粗糙、洁净、湿润并不得有积水；在铺设前应涂刷界面处理剂。

（4）建筑地面的变形缝应按设计要求设置，并应符合下列规定。

① 建筑地面的沉降缝、伸缩缝和防震缝，应与结构相应缝的位置一致，且应贯通建筑地面的各构造层。

② 沉降缝和防震缝的宽度应符合设计要求，缝内杂物应清理干净后，以柔性密封材料填嵌后用板封盖，并应与面层齐平。

（5）在浇筑混凝土时，应先刷水灰比为 0.40～0.50 的水泥砂浆，随涂刷随铺筑混凝土，用表面式振动器振捣密实。施工间隙后，应对已硬化的混凝土接槎处的松散石子、灰浆等清除干净，并涂刷水泥砂浆，再继续浇筑混凝土，保证施工缝处混凝土密实。

（二）水泥砂浆面层施工质量要求

（1）水泥砂浆面层的厚度应符合设计要求，且不应小于 20mm。

（2）水泥砂浆的强度等级或体积比必须符合设计要求；在一般情况下水泥砂浆的体积比应为 1∶2（水泥∶砂），砂浆的稠度不应大于 35mm，强度等级不应小于 M15。

（3）地面和楼面的标高与找平、控制线，应统一弹到房间的墙面上，高度一般比设计地面高 500mm。有地漏等带有坡度的面层，表面坡度应符合设计要求，且不得出现倒泛水和积水现象。

（4）水泥砂浆面层的抹平工作应在砂浆初凝前完成，压光工作应在水泥砂浆终凝前完成。养护时间不得少于 7d；抗压强度达到 5MPa 以上后方准上人行走；抗压强度达到设计要求后方可正常使用。

（三）水磨石面层施工质量要求

（1）水磨石面层应采用水泥与石粒的拌合料进行铺设。面层厚度除有特殊要求外，宜控制在 12～18mm 范围内，且按石粒粒径确定。水磨石面层的颜色和图案应符合设计要求，在正式施工前应进行试配并做出样板。

（2）白色或浅色的水磨石面层，应采用白水泥配制；深色的水磨石面层，宜采用硅酸盐水泥、普通硅酸盐水泥或矿渣硅酸盐水泥；同颜色的面层应使用同一批水泥。同一彩色面层应使用同一生产厂家、同批的颜料；颜料的掺入量宜为水泥质量的 3％～6％或由试验确定。

（3）水磨石面层结合层的水泥砂浆的体积比一般为 1：3，相应的强度等级不应小于 M10，水泥砂浆的稠度（以标准圆锥体沉入度计）宜为 30～35mm。

（4）普通水磨石面层磨光遍数不应少于 3 遍，表面光洁度要求较高的水磨石面层厚度和磨光遍数由设计确定。

（5）在水磨石面层磨光后，涂草酸和上蜡之前，应采取必要的可靠保护措施，以防止表面出现污染。

（6）在水磨石施工过程中，应对地面标高校正和抄平，进行基层处理。并对拌合料的配合比、颜色、图案分格、铺设、磨光、成品保护等进行控制。

（7）面层标高应按房间四周墙上的 500mm 水平线控制。有坡度的地面与楼面应在垫层或找平层上找坡，有地漏等带有坡度的面层，坡度应能满足排除液体的要求。

（8）水磨石面层铺设前，应在找平层表面涂刷一道与面层颜色相同的水灰比为 0.4～0.5 的水泥砂浆做结合层，随涂刷随铺设水磨石拌合料，并用滚筒加以压实，待表面出浆后再用抹子抹光压平。

（9）水磨石面层铺设前，应在找平层上按设计要求的图案，将分格铜条或玻璃条用水泥砂浆固定牢；水泥稠浆的高度一般应比分格条的高度降低 5mm，分格板条应顺直、厚薄一样，十字交叉处应拼缝严密，上表面水平一致。

（10）踢脚线的用料如设计无规定，一般采用 1：3（水泥∶砂子）水泥砂浆打底，用 1：1.25（水泥∶石粒）水泥石粒砂浆罩面，凸出墙面约 8mm。踢脚线可采用机械磨面或人工磨面，特别注意阴角交接处不要漏磨，镶边用料及尺寸应符合设计要求。

（11）水磨石面层应使用磨石机分次磨光，在正式开磨前应先试磨，以表面石粒不松动方可开磨，一般开始研磨时间可参考表 13-47 中的数值。

表 13-47　水磨石面层的开始研磨时间

平均温度 /℃	开始研磨时间/d	
	机械磨面	人工磨面
20～30	2.0～3.0	1.0～2.0
10～20	3.0～4.0	1.5～2.5
5～10	5.0～6.0	2.0～3.0

（四）水泥钢铁屑面层施工质量要求

（1）水泥钢（铁）屑面层应采用水泥与钢（铁）屑的拌合料进行铺设，拌合料的各组成材料应符合现行有关标准的规定，其铺设厚度应符合设计要求。

（2）水泥钢（铁）屑面层的配合比应通过试验确定。当采用振动法使水泥钢（铁）屑拌合料密实时，其密度不应小于 2000kg/m³，其稠度不应大于 10mm。

（3）面层和结合层的强度等级必须符合设计要求，且面层的抗压强度不应小于 40MPa；结合层的体积比为 1：2，其相应的强度等级不应小于 M15。

（4）在铺设水泥钢（铁）屑面层时，应先在洁净的基层上刷一道水泥浆，其具体做法同水泥砂浆面层。

（5）水泥钢（铁）屑面层铺设时，应先铺设一层厚 20mm 的水泥砂浆结合层，面层的铺设应在结合层的水泥初凝前完成。

（五）防油渗面层施工质量要求

（1）防油渗面层应采用防油渗混凝土进行铺设，或者采用防油渗涂油涂刷。

（2）防油渗面层如果设置防油渗隔离层（包括与墙、柱连接处的构造）时，应当符合设计要求。

（3）防油渗混凝土面层的厚度应符合设计要求，防油渗混凝土的配合比应按设计要求的强度等级和抗渗性能通过试验确定。

（4）防油渗混凝土面层应按厂房柱网分段进行浇筑，区段划分及分区段的缝隙应符合设计要求。

（5）防油渗混凝土面层内不得敷设管线。凡露出面层的电线管、接线盒、预埋套管和地脚螺栓等的处理，以及与墙柱、变形缝、孔洞等连接处泛水均应符合设计要求。

（6）防油渗面层采用防油渗的涂料时，涂料材料应按设计要求选用，涂层厚度宜为 5～7mm。

三、地面板块面层铺设施工质量管理

地面板块面层的种类很多，常见的有砖面层、天然石板面层、预制板块面层、天然料石面层、塑料板面层、活动地板面层等。

（一）砖面层施工质量要求

（1）砖面层采用陶瓷锦砖、缸砖、陶瓷地砖和水泥花砖，并应在结合层上进行铺设。

（2）有防腐蚀要求的砖面层采用的耐酸瓷砖、浸渍沥青砖、缸砖的材质、铺设以及施工质量验收，应当符合现行国家标准《建筑防腐蚀工程施工规范》（GB 50212—2014）中的有关规定。

（3）在水泥砂浆结合层上铺贴缸砖、陶瓷地砖和水泥花砖面层时应符合下列规定。

① 在正式铺贴前，应对砖的规格尺寸、外观质量、色泽等进行预选，然后将砖浸水湿润晾干备用。

② 勾缝隙和压缝隙应采用同品种、同强度等级、同颜色的水泥，并做好养护和成品保护工作。

（4）在水泥砂浆结合层上铺贴陶瓷锦砖面层时，砖的底部应非常洁净，每联陶瓷锦砖之间、与结合层之间以及在墙角、镶边和靠墙处，应紧密贴合，在靠墙处不得采用砂浆填补。

（5）在沥青胶结料结合层上铺贴缸砖面层时，缸砖应干净，铺贴时应在摊铺热沥青胶结料上进行，并应在沥青胶结料凝结前完成。

（二）天然石板面层施工质量要求

（1）天然石板面层采用天然大理石、花岗石（或拼装大理石、拼装花岗石）板材，并应在结合层上铺设。

（2）板材有裂缝、掉角、翘曲和表面有缺陷时应予以剔除，品种不同的板材不得混杂使用；在进行铺设前，应根据石材的颜色、花纹、图案、纹理等进行试拼装和编号，以便在正式铺设中有序进行。

（3）在铺贴天然大理石、花岗石面层前，板材应浸湿、晾干；结合层与板材应分段同时进行铺设。

（4）在板块试铺前，放在铺设位置上的板块对好纵横缝后，用皮锤或木槌轻轻敲击板块中间，使砂浆振密实，锤到铺贴高度。板块试铺合格后，搬起板块检查砂浆结合层是否平整、密实。增补砂浆，浇一层水灰比为 0.50 左右的素水泥浆后，再铺放原板块，使其四角同时落下，用皮锤轻敲，并用水平尺找平。

（5）楼梯踏步和台阶板块的缝隙宽度应一致、齿角整齐，楼层梯段相邻踏步高度差不应大于 10mm，防滑条应顺直、牢固。

（三）预制板块面层施工质量要求

（1）预制板块面层当采用水泥混凝土预制板块、水磨石板块时，应当在结合层上进行铺设。

（2）预制板块面层踢脚线施工时，严禁采用石灰砂浆打底。出墙的厚度应一致，当设计无规定时，出墙厚度不宜大于板厚且小于 20mm。

（3）楼梯踏步和台阶板块的缝隙宽度应一致、齿角整齐，楼层梯段相邻踏步高度差不应大于 10mm，防滑条应顺直、牢固。

（4）在现场加工的预制板，应符合现行国家标准《建筑地面工程施工质量验收规范》（GB 50209—2010）的有关规定。

（5）水泥混凝土板块面层的缝隙，应采用水泥浆或水泥砂浆进行填缝；彩色混凝土板块和水磨石板块，应采用同色水泥浆或水泥砂浆进行擦缝。

（四）天然料石面层施工质量要求

（1）料石面层采用天然条石和块石，应在结合层上进行铺设。

（2）条石和块石面层所用的石材规格、技术等级和厚度应符合设计要求。条石的质量应均匀，形状为矩形六面体，厚度为 80～120mm；块石形状为直棱柱体，顶面粗琢平整，底面面积不宜小于顶面面积的 60％，厚度为 100～150mm。

（3）不导电的料石面层的石料应采用辉绿岩石加工制成。填缝材料也应采用辉绿岩石加工的砂子嵌填密实。耐高温的料石面层的石料，应按设计要求的耐高温温度选用。

（4）块石面层结合层铺设厚度，砂垫层不应小于 60mm，基土层应为均匀密实的基土或夯实的基土。

（五）塑料板面层施工质量要求

（1）塑料板面层应采用塑料板块材、塑料板焊接，或者塑料卷材以胶黏剂粘贴，均在水泥类基层上进行铺设。

（2）水泥类基层的表面应平整、坚硬、干燥、密实、洁净、无油脂及其他杂质，不得有凹凸不平、麻面、起砂、裂缝等质量缺陷。

（3）塑料板铺贴时，先将基层表面清扫干净，涂刷一层薄而匀的底子胶，待干燥后即可按照弹线的位置由中央向四面铺贴。基层表面涂刷的胶黏剂必须均匀，涂刷厚度不大于 0.8mm，塑料板背面也应均匀涂刷胶黏剂，待胶黏剂不粘手时即可进行铺贴。铺设应一次粘贴密实。

（4）当铺贴软质塑料板的板块缝隙需要焊接时，宜在铺贴48h后施焊；也可采用先焊后铺的方式。焊条的成分和性能应与被焊的板材性能相同。

（5）粘贴所选用的胶黏剂应符合现行国家标准《民用建筑工程室内环境污染控制标准》（GB 50325—2020）的规定。其产品种类应按照基层材料和面层材料使用的相容性要求，通过试验确定。

（六）活动地板面层施工质量要求

（1）活动地板所有的支座柱和横梁应构成一个整体框架，并与基层连接牢固；支架整平整后的高度应符合设计要求。

（2）活动地板面层的金属支架应支承在现浇水泥混凝土基层或面层上，基层表面应平整、光洁、不起砂。

（3）活动地板板块与横梁接触搁置处，应达到四角平整、严密、稳定的要求。

（4）当活动地板不符合模数要求时，其不足部分在现场根据实际尺寸将地板切割后镶补，并配装相应的可调支撑和横梁。切割边不经过处理不得镶补安装，并且也不得有局部膨胀变形情况。

（5）活动地板在门口处或预留洞口处应符合设置构造要求，四周侧边应用耐磨硬质材料封闭或用镀锌钢板包裹，采用胶条密封边时应符合耐磨要求。

四、木竹面层铺设施工质量管理

木竹面层铺设是最常见的地面形式，根据所用材料不同，主要有实木地板面层、实木复合地板面层、竹地板面层和中密度（强化）复合地板面层等。

（一）实木地板面层施工质量要求

（1）实木地板面层采用条形材和块材实木地板或采用拼花实木地板，可以"空铺"或"实铺"方式在基层上进行铺设。

（2）铺设实木地板面层时，其木搁栅的截面尺寸、间距和稳固方法等均应符合设计要求。在进行木搁栅固定时，不得损坏基层和预埋管线。木搁栅应垫实钉牢，与墙体之间应留设出30mm的缝隙，表面应平整、顺直。

（3）毛地板铺设时，木材髓心应当向上，其板间缝隙不应大于3mm，与墙体之间应留8～12mm的空隙，毛地板的表面应刨平。

（4）实木地板面层施工，应在有潮湿过程的室内工程（如抹灰）和可能引起地面和楼面潮湿的室内工作（如暖气试压）完工后进行。在铺设面层前，应保持房间环境干燥，并尽量避免在气候潮湿的情况下施工。

（5）木材含水率检查，可采用木材含水率测定仪器直接测定，也可检查测定记录，特别对面层木板的木材含水率要求，必须严格控制在规定范围内，以避免湿胀干缩，产生翘曲变形，影响实木地板面层的质量。

（6）在进行实木地板面层铺设时，面板与墙体之间应留出8～12mm的缝隙，以防止地板面层受热后发生起鼓。

（7）采用实木材料制作的踢脚线，背面应设置两道沟槽，并对踢脚线进行防腐处理。

（二）实木复合地板面层施工质量要求

（1）实木复合地板面层采用条形材和块材实木复合地板或采用拼花实木复合地板，可以"空铺"或"实铺"方式在基层上进行铺设。

（2）实木复合地板面层的条形材和块材，应采用具有商品检验合格证的产品，其技术等级及质量要求均应符合现行国家标的规定。

（3）铺设实木复合地板面层时，其木搁栅的截面尺寸、间距和稳固方法等均应符合设计要求。在进行木搁栅固定时，不得损坏基层和预埋管线。木搁栅应垫实钉牢，与墙体之间应留设出 30mm 的缝隙，表面应平整、顺直。

（4）毛地板在进行铺设时，其材料的质量应符合设计要求，其施工质量应达到现行规范中的规定。

（5）实木复合地板面层可采用整体贴法和点贴法施工。粘贴材料应采用具有耐老化、防水、防菌、无毒等性能的材料，或者按设计要求选用。

（6）铺设实木复合地板面层所用的衬垫的材质和厚度应符合设计要求。

（7）实木复合地板面层在铺设时，相邻板材的接头位置应错开不小于 300mm 距离；与墙体之间应留设不小于 10mm 的空隙。

（8）大面积铺设实木复合地板面层时，应当根据工程实际分段进行铺设，分段缝的处理应符合设计要求。

（三）竹地板面层施工质量要求

（1）地面基层应平整干燥，达到或低于当地平衡湿度和含水率，严禁潮湿状态作业，并防止有水源向地面渗漏，底层房间、阴雨季节较长的房间、与厨房卫生间等潮湿场所相连的地面应进行防潮处理，厨卫间不宜铺设竹地板。

（2）龙骨之间、龙骨与墙体之间、毛地板之间、毛地板与墙体之间均应在合适的位置留有伸缩缝。

（3）龙骨、毛地板和垫层木等应进行防腐、防虫处理。架空竹地板下、龙骨之间严禁留有施工的木屑、刨花、垃圾和杂物，以防腐和防虫。

（4）在铺设竹地板面层时，必须用电钻在竹地板上钻孔后再用钉子或螺钉固定，不能直接进行铺钉，以防止竹地板开裂。

（5）在进行竹地板面层铺设时，不宜与其他室内装饰表修工程交叉混合施工，一般应在吊顶和墙面工程完成后进行，以免其他施工污染和损坏竹地板。

（6）竹地板面层铺设后，当设计中无具体规定时应当选用同类材料进行镶边处理，以便对面层起到保护和装饰。

（四）中密度（强化）复合地板面层施工质量要求

（1）在中密度（强化）复合地板面层铺设时，相邻条板端头应错开不小于 300mm 距离；衬垫层及面层与墙体之间应留设不小于 10mm 的空隙。

（2）中密度（强化）复合地板面层在施工过程中应注意加强保护，防止地板的边棱角出现损坏而影响美观。

（3）为保证复合地板的使用年限和安全，密度（强化）复合地板面层下的木搁栅、垫层木和毛地板等，必须进行防腐、防蛀处理。

第三节　建筑地面工程施工质量标准

　　地面工程装修质量验收是建筑工程竣工验收的主要内容之一，因此在验收地面装修时一定要认真仔细，掌握验收的基本规定和内容，对地面装修把关是非常重要的。在对地面工程进行验收时不仅要检查其外观质量，还要对其平整度、坡度及空鼓情况进行检验，这4个方面切实关系着地面工程装修的质量。

　　中华人民共和国住房和城乡建设部颁布第607号公告批准，国家标准《建筑地面工程施工质量验收规范》（GB 50209—2010）于2010年12月1日起已经开始实施。其中，第3.0.3、3.0.5、3.0.18、4.9.3、4.10.11、4.10.13、5.7.4条为强制性条文，这是评价建筑地面工程施工质量的重要标准，必须严格执行。

一、地面工程质量基本规定

　　（1）建筑地面工程子分部工程、分项工程的划分，应按表13-48中的规定执行。

表13-48　建筑地面工程子分部工程、分项工程的划分

分部工程	子分部工程		分项工程
建筑装饰装修工程	地面工程	整体面层	基层：基土、灰土垫层、砂垫层和砂石垫层、碎石垫层和碎砖垫层、三合土及四合土垫层、炉渣垫层、水泥混凝土垫层、找平层、隔离层、填充层、绝热层
			面层：水泥混凝土面层、水泥砂浆面层、水磨石面层、硬化耐磨面层、防油渗面层、不发火（防爆）面层、自流平面层、涂料面层、塑胶面层、地面辐射供暖的整体面层
		板块面层	基层：基土、灰土垫层、砂垫层和砂石垫层、碎石垫层和碎砖垫层、三合土及四合土垫层、炉渣垫层、水泥混凝土垫层、找平层、隔离层、填充层、绝热层
			面层：砖面层（陶瓷锦砖、缸砖、陶瓷地砖和水泥花砖面层）、大理石面层和花岗石面层、预制板块面层（水泥混凝土板块、水磨石板块、人造石板块面层）、料石面层（条石、块石面层）、塑料板面层、活动地板面层、金属板面层、地毯面层、地面辐射供暖的板块面层
		竹木面层	基层：基土、灰土垫层、砂垫层和砂石垫层、碎石垫层和碎砖垫层、三合土及四合土垫层、炉渣垫层、水泥混凝土垫层、找平层、隔离层、填充层、绝热层
			面层：实木地板、实木集成地板、竹地板面层（条材、块材面层）、实木复合地板面层（条材、块材面层）、浸渍纸层压木质地板面层（条材、块材面层）、软木类地板面层（条材、块材面层）、地面辐射供暖的木板面层

　　（2）从事建筑地面工程施工的建筑施工企业，应具有质量管理体系和相应的施工工艺技术标准。

　　（3）建筑地面工程采用的材料或产品，应符合设计要求和国家现行有关标准的规定。无国家现行标准的，应具有省级住房和城乡建设行政主管部门的技术认可文件。材料或产品进场时还应符合下列规定：a.应有质量合格证明文件；b.应对型号、规格、外观等进行验收，对重要材料或产品应抽样进行复验。

（4）建筑地面工程采用的大理石、花岗石、料石等天然石材，以及砖、预制板块、地毯、人造板材、胶黏剂、涂料、水泥、砂石、外加剂等材料或产品应符合国家现行有关室内环境污染和放射性、有害物质限量的规定。材料进场时应具有检测报告。

（5）厕所、浴室间和有防滑要求的建筑地面应符合设计防滑的要求。

（6）有种植要求的建筑地面，其构造做法应符合设计要求和现行的行业标准《种植屋面工程技术规程》（JGJ 155—2013）的有关规定。设计无要求时，种植地面应低于相邻建筑地面 50mm 以上或用槛、台处理。

（7）地面辐射供暖系统的设计、施工及验收，应符合现行的行业标准《辐射供暖供冷技术规程》（JGJ 142—2012）中的有关规定。

（8）地面辐射供暖系统施工及验收合格后方可进行面层的铺设。面层分格缝的做法应符合设计要求。

（9）建筑地面下的沟槽、暗管、保温、隔热、隔声等工程完工后，应经检验合格并做隐藏记录，方可进行建筑地面工程的施工。

（10）建筑地面基层（各构造层）和面层的铺设，均应待其下一层面检验合格后方可施工上一层。建筑地面工程各层铺设前与相关专业的分部（子分部）工程、分项工程以及设备管道安装工程之间，应进行交接检验。

（11）在进行建筑地面施工时，各层环境温度的控制应符合材料或产品的技术要求，并应符合下列规定：a. 采用掺有水泥、石灰的拌合料铺设以及用石油沥青胶结料铺设时，不应低于 5℃；b. 采用有机胶黏剂粘贴时，不应低于 10℃；c. 采用砂、石材料铺设时，不应低于 0℃；d. 采用自流平、涂料铺设时，不应低于 5℃，也不应高于 30℃。

（12）铺设有坡度的地面应采用基土高差达到设计要求的坡度；铺设有坡度的楼面（或架空地面），应采用在结构楼层板上变更填充层（或找平层）铺设的厚度或以结构进行起坡而达到设计要求的坡度。

（13）建筑物室内接触基土的首层地面施工应符合设计要求，并符合下列规定：a. 在冻胀性土上铺设地面时，应按设计要求做好防冻胀土的处理后方可施工，并不得在冻胀土层上进行填土施工；b. 在永冻土上铺设地面时，应按建筑节能要求进行隔热、保温处理后方可施工。

（14）建筑室外散水、明沟、踏步、台阶和坡道等，其面层和基层（各构造层）均应符合设计要求。施工时应当按照《建筑地面工程施工质量验收规范》（GB 50209—2010）的基层铺设中基土和相应垫层以及面层的规定执行。

（15）水泥混凝土散水、明沟应设置伸缩缝，其延长米间距不得大于 10m，对日晒强烈且昼夜温差超过 15℃的地区，其延长米间距为 4～6m。水泥混凝土散水、明沟和台阶等与建筑物连接处，以及房屋转角处应设置缝处理。上述缝的宽度为 15～20mm，缝内应填充柔性密封材料。

（16）建筑地面的变形缝应按设计要求设置，并应符合下列规定：a. 建筑地面的沉降缝、伸缩缝和防震缝，应与结构相应的缝位置一致，且应贯通建筑地面的各构造层；b. 沉降缝和防震缝的宽度应符合设计要求，缝内清理干净后，以柔性密封材料填充后用板封盖，并应与面层齐平。

（17）当建筑地面采用镶边时，应按设计要求设置并应符合下列规定：a. 有强烈机械作用下的水泥类整体面层与其他类型的面层邻接处，应设置金属镶边构件；b. 具有较大振动或变形的设备基础与周围建筑地面的邻接处，应沿着设备基础周边设置贯通建筑地面各构造层的沉降缝（防震缝），缝的处理应执行《建筑地面工程施工质量验收规范》（GB 50209—2010）中第 3.0.16 条的规定；c. 采用水磨石整体面层时，应采用同类材料镶边，并用分格条进行分格；d. 条石面层和砖面层与其他面层邻接处，应用顶向铺的同类材料镶边；e. 采用木、竹面层和塑料面层时，应采用同类材料镶边；f. 地面面层与管沟、孔洞、检查井等邻接处，均应设置镶边；g. 管沟、变形缝等处的建筑地面面层的镶边构件，应当在面层铺设前装设；h. 建筑地面的镶边宜与柱、墙面或踢脚线的变化协调一致。

（18）厕所、浴室、厨房和有排水（或其他液体）要求的建筑地面面层与连接各类面层的标高差应符合设计要求。

（19）检验同一施工批次、同一个配合比水泥混凝土和水泥砂浆强度的试块，应按每一层（或检验批）建筑地面工程面积大于 1000m² 时，每增加 1000m² 应增做 1 组试块；小于 1000m² 时按 1000m² 计算，取样 1 组；检验同一施工批次、同一个配合比水泥混凝土的散水、明沟、踏步、道坡、台阶的水泥混凝土、水泥砂浆的试块，应按每 150 延长米不少于 1 组。

（20）各类面层的铺设应在室内装饰工程基本完工后进行。竹木面层、塑料板面层、活动地板面层、地毯面层的铺设，应待抹灰工程、管道试压等完工后进行。

（21）建筑地面工程施工质量的检验，应符合下列规定。

① 基层（各构造层）和各类面层的分项工程的施工质量验收，应按照每 1 层次或每层施工段（或变形缝）划分检验批，高层建筑的标准层可按每 3 层（不足 3 层按 3 层计）划分检验批。

② 每检验批应以各子分部工程的基层（各构造层）和各类面层所划分的分项工程按自然间（或标准间）检验，抽查数量应随机检验，并且应不少于 3 间，不足 3 间的应全数检查；其中走廊（过道）应以 10 延长米为 1 间，工业厂房（按单跨计）、礼堂、门厅应以两个轴线为 1 间。

③ 有防水要求的建筑地面子分部工程的分项工程施工质量，每检验批抽查数量应按其房间总数随机检验不应少于 4 间，不足 4 间的应全数检查。

（22）建筑地面工程的分项工程施工质量检验的主控项目，应达到《建筑地面工程施工质量验收规范》（GB 50209—2010）中规定的质量标准，认定为合格；一般项目 80% 以上的检查点（处）符合规定的质量要求，其他检查点（处）不得有明显影响使用，且最大偏差不超过允许偏差值的 50% 为合格。

凡达不到质量标准时，应按现行国家标准《建筑工程施工质量验收统一标准》（GB 50300—2013）中的规定处理。

（23）建筑地面工程的施工质量验收，应在建筑施工企业自检合格的基础上，由监理单位或建设单位组织有关单位对分项工程、子分部工程进行检验。

（24）检验方法应符合下列规定：a. 检查建筑地面的允许偏差，应采用钢尺、1m 直尺、2m 直尺、3m 直尺、2m 靠尺、楔形塞尺、坡度尺、游标卡尺和水准仪；b. 检查建筑地面空鼓应采用敲击的方法；c. 检查防水隔离层应采用蓄水方法，蓄水深度最浅处不得小于 10mm，蓄水时间不得少于 24h，检查有防水要求的建筑地面的面层，应采用泼水的方法；d. 检查各类面层（含不需要铺设部分或局部面层）表面的裂纹、脱皮、麻面和起砂等质量缺陷，应采用观感的方法。

（25）建筑地面工程施工完毕后，应对做好的面层采取可靠措施加以保护。

二、地面基层铺设质量标准

（一）地面基层铺设的一般规定

（1）地面基层铺设适用于基土、垫层、找平层、隔离层、绝热层和填充层等基层分项工程的施工质量检验。

（2）基层铺设的材料质量、密实度和强度等级（或配合比）等，应符合设计要求和现行国家标准《建筑地面工程施工质量验收规范》（GB 50209—2010）中的规定。

（3）在基层铺设前，其下一层的表面应干净、无积水。

（4）垫层分段施工时，接槎处应做成阶梯形，每层接槎处的水平距离应错开 0.5～1.0m。接槎处不应设在地面荷载较大的部位。

（5）当垫层、找平层、填充层内埋设暗管时，管道应按设计要求予以稳固。

（6）对有防静电要求的整体地面的基层，应清除残留物，将露出基层的金属物应涂绝缘漆两遍晾干。

（7）基层的标高、坡度、厚度等应符合设计要求。基层表面应平整，其允许偏差应符合现行国家标准《建筑地面工程施工质量验收规范》（GB 50209—2010）中的规定。基层表面允许偏差及检验方法如表 13-49 所列。

表 13-49　基层表面允许偏差及检验方法

项次	项目	允许偏差/mm														检验方法
		基土	垫层					找平层				填充层		隔离层	绝热层	
		土	砂、砂石碎石、碎砖	灰土、三合土、四合土、炉渣、水泥混凝土、陶粒混凝土	垫层地板 木搁栅	垫层地板 拼花实木地板、拼花实木复合地板、软木类地板面层	其他种类面层	用胶结料做结合层铺设板块面层	用水泥砂浆做结合层铺设板块面层	用胶黏剂做结合层铺设拼花木板、浸渍纸层压木质地板、实木复合地板、竹地板、软木地板面层	金属板面层	松散材料	板、块材料	防水、防潮、防油渗	板块材料、浇筑材料、喷涂材料	
1	表面平整度	15	15	10	3	3	5	3	5	2	3	7	5	3	4	用 2m 靠尺和楔形塞尺检查
2	标高	0 -50	±20	±10	±5	±5	±8	±5	±8	±4	±4	±4	±4	±4	±4	用水准仪检查
3	坡度	不大于房间相应尺寸的 2/1000,且不大于 30														用坡度尺检查
4	厚度	在个别地方不大于设计厚度的 1/10,且不大于 20														用钢尺检查

（二）基土铺设的质量要求

1. 一般规定

（1）地面应铺设在均匀密实的基土上。土层结构被扰动的基土应进行换填，并予以压实。压实系数应符合设计要求。

（2）对于软弱土层应按设计要求进行处理。

（3）填土应分层摊铺、分层压（夯）实、分层检查其密实度。填土的质量应符合现行国家标准《建筑地基基础工程施工质量验收标准》（GB 50202—2018）中的有关规定。

（4）填土的土料应为最优含水量。重要工程或大面积的地面填土前，应取土样，按击实试验确定最优含水量和相应的最大干密度。

2. 主控项目

（1）基土不应用淤泥、腐殖土、冻土、耕植土、膨胀土和建筑杂物作为填土，填土土块的粒径不应大于 50mm。

检验方法：观察检查和检查土质记录。检查数量：应按照现行国家标准《建筑地面工程施工质量验收规范》（GB 50209—2010）中第 3.0.21 条规定的检验批检查。

（2）Ⅰ类建筑基土的氡浓度应符合现行国家标准《民用建筑工程室内环境污染控制规范》（GB 50325—2010）的规定。

检验方法：检查检测报告。检查数量：同一工程、同一土源地点检查一组。

（3）基土应均匀密实，压实系数符合设计要求，设计无要求时不应小于 0.90。

检验方法：观察检查和检查试验记录。检查数量：应按照现行国家标准《建筑地面工程施工质量验收规范》（GB 50209—2010）中第 3.0.21 条规定检查。

3. 一般项目

基土表面的允许偏差应符合表 13-49 中的规定。

检验方法：按表 13-49 中规定的方法检验。检查数量：应按照现行国家标准《建筑地面工程施工质量验收规范》（GB 50209—2010）中第 3.0.21 条规定的检验批和第 3.0.22 条的规定进行检查。

（三）灰土垫层的质量要求

1. 一般规定

（1）灰土垫层应采用熟化石灰与黏土（或粉质黏土、粉土）的拌合料铺设，其厚度不应小于 100mm。

（2）熟化石灰粉可采用磨细生石灰，也可用粉煤灰代替。

（3）灰土垫层应铺设在不受地下水浸泡的基土上，施工后应有防止水浸泡的措施。

（4）灰土垫层应分层铺设和分层夯实，并经湿润养护、晾干后方可进行下一道工序的施工。

（5）灰土垫层不宜在冬季施工，必须安排在冬季施工时应采取可靠的防冻措施。

2. 主控项目

灰土垫层的质量如何，关键在于合适的灰土比，灰土体积比应符合设计要求。

检验方法：观察检查和检查灰土的配合比试验报告。检查数量：同一工程、同一体积比可检查一次。

3. 一般项目

（1）熟化石灰颗粒的粒径不应大于 5mm；黏土（或粉质黏土、粉土）内不得含有有机物质，颗粒的粒径不应大于 16mm。

检验方法：观察检查和检查质量合格证明文件。检查数量：应按照现行国家标准《建筑地面工程施工质量验收规范》（GB 50209—2010）中第 3.0.21 条规定检查。

（2）灰土垫层表面的允许偏差应符合表 13-49 中的规定。

检验方法：按表 13-49 中规定的方法检验。检查数量：应按照现行国家标准《建筑地面工程施工质量验收规范》（GB 50209—2010）中第 3.0.21 条规定的检验批和第 3.0.22 条的规定进行检查。

（四）砂垫层和砂石垫层的质量要求

1. 一般规定

（1）砂垫层的厚度不应小于 60mm；砂石垫层的厚度不应小于 100mm。

（2）砂石应选用天然级配材料。铺设时不应有粗细颗粒分离现象，一直压（夯）实至不松动为止。

2. 主控项目

（1）砂和砂石不应含有草根等有机物质；砂子应采用中砂，石子最大粒径不应大于垫层厚度的 2/3。

检验方法：观察检查和检查质量合格证明文件。检查数量：应按照现行国家标准《建筑地面工程施工质量验收规范》（GB 50209—2010）中第 3.0.21 条规定的检验批检查。

（2）砂垫层和砂石垫层的干密度（贯入度）应符合设计要求。

检验方法：观察检查和检查试验记录。检查数量：应按照现行国家标准《建筑地面工程施工质量验收规范》（GB 50209—2010）中第 3.0.21 条规定的检验批检查。

3. 一般项目

（1）表面不得有砂窝、堆石现象。

检验方法：观察检查。检查数量：应按照现行国家标准《建筑地面工程施工质量验收规范》（GB 50209—2010）中第 3.0.21 条规定的检验批检查。

（2）砂垫层和砂石垫层表面的允许偏差符合表 13-49 中的规定。

检验方法：按表 13-49 中规定的方法检验。检查数量：应按照现行国家标准《建筑地面工程施工质量验收规范》（GB 50209—2010）中第 3.0.21 条规定的检验批和第 3.0.22 条的规定进行检查。

（五）碎石垫层和碎砖垫层的质量要求

1. 一般规定

（1）碎石垫层和碎砖垫层的厚度应不小于 100mm。

（2）碎石垫层和碎砖垫层应分层压（夯）实，达到表面坚实、平整。

2. 主控项目

（1）碎石的强度应均匀，最大粒径不应大于垫层厚度的 2/3；碎砖不应采用风化、酥松、夹有有机杂质的砖料，颗粒粒径不应大于 60mm。

检验方法：观察检查和检查质量合格证明文件。检查数量：应按照现行国家标准《建筑地面工程施工质量验收规范》（GB 50209—2010）中第 3.0.21 条规定的检验批检查。

（2）碎石、碎砖垫层的密实度应符合设计要求。

检验方法：观察检查和检查试验记录。检查数量：应按照现行国家标准《建筑地面工程施工质量验收规范》（GB 50209—2010）中第 3.0.21 条规定的检验批检查。

3. 一般项目

碎石、碎砖垫层的表面允许偏差符合表 13-49 中的规定。

检验方法：按表 13-49 中规定的方法检验。检查数量：应按照现行国家标准《建筑地面工程施工质量验收规范》（GB 50209—2010）中第 3.0.21 条规定的检验批和第 3.0.22 条的规定进行检查。

（六）三合土和四合土垫层的质量要求

1. 一般规定

（1）三合土垫层应采用石灰、砂（可掺入少量的黏土）与碎砖的拌合料铺设，其厚度不应小于 100mm；四合土垫层应采用水泥、石灰、砂（可掺入少量的黏土）与碎砖的拌合料铺设，其厚度不应小于 80mm。

（2）三合土和四合土垫层均应分层夯实。

2. 主控项目

（1）水泥宜采用硅酸盐水泥、普通硅酸盐水泥；熟化石灰颗粒粒径不应大于 5mm；砂应用中砂，并不得含有草根等有机物质；碎砖不应采用风化、酥软和夹有有机杂质的砖料，颗粒粒径不应大于 60mm。

检验方法：观察检查和检查质量合格证明文件。检查数量：应按照现行国家标准《建筑地面工程施工质量验收规范》（GB 50209—2010）中第 3.0.21 条规定的检验批检查。

（2）三合土和四合土的体积比应符合设计要求。

检验方法：观察检查和检查配合比试验报告。检查数量：同一工程、同一体积比可检查一次。

3. 一般项目

三合土和四合土垫层的表面允许偏差符合表 13-49 中的规定。

检验方法：按表 13-49 中规定的方法检验。检查数量：应按照现行国家标准《建筑地面工程施工质量验收规范》（GB 50209—2010）中第 3.0.21 条规定的检验批和第 3.0.22 条的规定进行检查。

（七）炉渣垫层的质量要求

1. 一般规定

（1）炉渣垫层应采用炉渣或水泥与炉渣或水泥、石灰与炉渣的拌合料铺设，其厚度不应小于 80mm。

（2）炉渣或水泥炉渣垫层的炉渣，使用前应浇水闷透；水泥石灰炉渣垫层的炉渣，使用前应用石灰浆或熟化石灰浇水拌和闷透；闷透的时间均不得少于 5d。

（3）在垫层铺设前，其下一层应湿润；铺设时应分层进行压实，表面不得有泌水现象。铺设后应养护，待其凝结后方可进行下一道工序的施工。

（4）炉渣垫层施工过程中不宜留施工缝。必须要留施工缝时，应留直槎，并保证间隙处密实，接槎时应先刷水泥浆，再铺设炉渣拌合料。

2. 主控项目

（1）炉渣内不得含有有机杂质和未燃尽的煤块，颗粒粒径不应大于 40mm，且颗粒粒径在 5mm 及其以下的颗粒，不得超过总体积的 40%；熟化石灰颗粒粒径不应大于 5mm。

检验方法：观察检查和检查质量合格证明文件。检查数量：应按照现行国家标准《建筑地面工程施工质量验收规范》（GB 50209—2010）中第 3.0.21 条规定的检验批检查。

（2）炉渣垫层的体积比应符合设计要求。

检验方法：观察检查和检查配合比试验报告。检查数量：同一工程、同一体积比可检查一次。

3. 一般项目

炉渣垫层的表面允许偏差符合表 13-49 中的规定。

检验方法：按表 13-49 中规定的方法检验。检查数量：应按照现行国家标准《建筑地面工程施工质量验收规范》（GB 50209—2010）中第 3.0.21 条规定的检验批和第 3.0.22 条的规定进行检查。

（八）水泥混凝土和陶粒混凝土垫层的质量要求

1. 一般要求

（1）水泥混凝土和陶粒混凝土垫层应铺设在基土上。当气温长期处于 0℃ 以下，设计无要求时垫层应设置缩缝，缝的位置、嵌缝方法等与面层伸缩缝相一致，并应符合现行国家标准《建筑地面工程施工质量验收规范》（GB 50209—2010）中第 3.0.16 条的规定。

（2）水泥混凝土垫层的厚度不应小于 60mm；陶粒混凝土垫层的厚度不应小于 80mm。

（3）垫层铺设前，当为水泥类基层时其下一层表面应湿润。

（4）室内地面的水泥混凝土垫层和陶粒混凝土垫层，应设置纵向缩缝和横向缩缝；纵向缩缝、横向缩缝的间距均不得大于 6m。

（5）垫层的纵向缩缝应做平头缝或加肋板平头缝。当垫层厚度大于 150mm 时，可做企口缝。横向缩缝应做假缝。平头缝和企口缝的缝间不得放置隔离材料，浇筑时应互相紧贴。企口缝尺寸应符合设计要求，假缝宽度应为 5~20mm，深度宜为垫层厚度的 1/3，填缝材料应与地面变形缝的填缝材料相一致。

（6）工业厂房、礼堂、门厅等大面积水泥混凝土、陶粒混凝土垫层应分区段浇筑。分区段应结合变形缝位置、不同类型的建筑地面连接处和设备基础的位置进行划分，并应与纵向、横向缩缝的间距相一致。

（7）水泥混凝土、陶粒混凝土施工质量检验，应符合国家现行标准《混凝土结构工程施工质量验收规范》（GB 50204—2015）和《轻骨料混凝土技术规程》（JGJ 51—2002）中的有关规定。

2. 主控项目

（1）水泥混凝土垫层和陶粒混凝土垫层采用的粗骨料，其最大粒径不应大于垫层厚度的 2/3，含泥量不应大于 3%；砂为中粗砂，其含泥量不应大于 3%。陶粒中粒径小于 5mm 的颗粒含量不应小于 10%；粉煤灰陶粒中大于 15mm 的颗粒含量不应小于 5%；陶粒中不得混夹杂物或黏土块。陶粒宜选用粉煤灰陶粒、页岩陶粒等。

检验方法：观察检查和检查质量合格证明文件。检查数量：同一工程、同一强度等级、同一个配合比可检查一次。

（2）水泥混凝土和陶粒混凝土的强度等级应符合设计要求。陶粒混凝土的密度应在800～1400kg/m³ 之间。

检验方法：检查配合比试验报告和强度等级检测报告。检查数量：同一工程、同一强度等级、同一个配合比可检查一次。强度等级检测报告应按照现行国家标准《建筑地面工程施工质量验收规范》（GB 50209—2010）中第 3.0.19 条规定的检验。

3. 一般项目

水泥混凝土和陶粒混凝土垫层的表面允许偏差符合表 13-49 中的规定。

检验方法：按表 13-49 中规定的方法检验。检查数量：应按照现行国家标准《建筑地面工程施工质量验收规范》（GB 50209—2010）中第 3.0.21 条规定的检验批和第 3.0.22 条的规定进行检查。

（九）地面找平层的质量要求

1. 一般要求

（1）地面找平层宜采用水泥砂浆或水泥混凝土铺设。当找平层厚度小于 30mm 时，宜用水泥砂浆做找平层；当找平层厚度不小于 30mm 时，宜用水泥细石混凝土做找平层。

（2）在进行找平层铺设前，当其下一层有松散充填料时应予铺平振实。

（3）有防水要求的建筑地面工程，铺设前必须对立管、套管和地漏与楼板节点之间进行密封处理，并进行隐蔽验收；排水坡度应符合设计要求。

（4）在预制钢筋混凝土板上铺设找平层前，板缝嵌填的施工应符合下列要求。

① 预制钢筋混凝土板相邻缝隙底宽不应小于 20mm。板缝填嵌缝隙内应清理干净，保持湿润。

② 填缝材料应采用细石混凝土，其强度等级不应小于 C20。填缝的高度应低于板面 10～20mm，且振捣密实；填缝后应进行养护。当填缝混凝土的强度等级达到 C15 后方可继续施工。

③ 当板缝的底宽大于 40mm 时，应按设计要求配置钢筋。

（5）在制钢筋混凝土板上铺设找平层时，其板端部应按设计要求做防裂的构造措施。

2. 主控项目

（1）找平层采用碎石或卵石的粒径不应大于其厚度的 2/3，含泥量不应大于 3%；砂为中砂，其含泥量不应大于 3%。

检验方法：观察检查和检查质量合格证明文件。检查数量：配合比试验报告按同一工程、同一强度等级、同一个配合比可检查一次。

（2）水泥砂浆体积比、水泥混凝土强度等级应符合设计要求，且水泥砂浆的体积比不应小于 1∶3（或相应强度等级）；水泥混凝土强度等级不应小于 C15。

检验方法：检查配合比试验报告和强度等级检测报告。检查数量：同一工程、同一强度等级、同一个配合比可检查一次。强度等级检测报告应按照现行国家标准《建筑地面工程施工质量验收规范》（GB 50209—2010）中第 3.0.19 条规定的检验。

（3）有防水要求的建筑地面工程的立管、套管、地漏处不应渗漏，坡向应正确，无积水现象。

检验方法：观察检查和蓄水、泼水检查及坡度尺检查。检查数量：应按照现行国家标准《建筑地面工程施工质量验收规范》（GB 50209—2010）中第 3.0.21 条规定的检验批检查。

（4）在有防静电要求的整体面层的找平层施工前，其下敷设的导电地网系统应与接地引下线接电体有可靠连接，经电性能检测且符合相关要求后进行隐蔽工程验收。

检验方法：观察检查和检查质量合格证明文件。检查数量：应按照现行国家标准《建筑地面工程施工质量验收规范》（GB 50209—2010）中第 3.0.21 条规定的检验批检查。

3. 一般项目

（1）找平层与下一层结合应牢固，不得有空鼓现象。

检验方法：用小锤轻敲击检查。检查数量：应按照现行国家标准《建筑地面工程施工质量验收规范》（GB 50209—2010）中第 3.0.21 条规定的检验批检查。

（2）找平层表面应密实，不应有起砂、蜂窝和裂缝等缺陷。

检验方法：观察检查。检查数量：应按照现行国家标准《建筑地面工程施工质量验收规范》（GB 50209—2010）中第 3.0.21 条规定的检验批检查。

（3）找平层的表面允许偏差符合表 13-49 中的规定。

检验方法：按表 13-49 中规定的方法检验。检查数量：应按照现行国家标准《建筑地面工程施工质量验收规范》（GB 50209—2010）中第 3.0.21 条规定的检验批和第 3.0.22 条的规定进行检查。

（十）地面隔离层的质量要求

1. 一般要求

（1）地面隔离层所用材料的防水、防油渗性能应当符合设计要求和有关标准的规定。

（2）隔离层铺设的层数（或道数）、上翻的高度应符合设计要求。有种植要求的地面隔离层的防止根穿刺等方面，应符合现行的行业标准《种植屋面工程技术规程》（JGJ 155—2013）中的有关规定。

（3）在水泥类找平层上铺设卷材类、涂料类防水、防油渗隔离层时，其表面应坚固、洁净、干燥。在铺设前，应涂刷基层处理剂。基层处理剂应采用与卷材性能相容的配套材料，或采用与涂料性能相容的同类涂料的底子油。

（4）当采用掺有防渗外加剂的水泥类隔离层时，其配合比、强度等级、外加剂的复合掺量等应符合设计要求。

（5）铺设隔离层时，在管道穿过楼板面四周，防水、防油渗的材料应向上铺涂，并超过套管的上口；在靠近柱、墙处，应高出面层 $200\sim300mm$ 或按设计要求的高度铺涂。阴阳角和管道穿过楼板面的根部，应增加附加防水、防油渗的隔离层。

（6）隔离层兼作面层时，其所用材料不得对人体及环境产生不利影响，并应符合现行国家标准《食品安全国家标准　食品安全性毒理学评价程序》（GB 15193.1—2014）和《生活饮用水卫生标准》（GB 5749—2006）中的有关规定。

（7）防水隔离层铺设后，应根据《建筑地面工程施工质量验收规范》（GB 50209—2010）中第 3.0.24 条规定进行蓄水检验，并做好记录。

（8）隔离层施工质量检验还应符合现行国家标准《屋面工程质量验收规范》（GB 50207—2012）中的有关规定。

2. 主控项目

（1）隔离层所用材料应符合设计要求和国家现行有关标准的规定。

检验方法：观察检查和检查型式检验报告、出厂检验报告、出厂合格证。检查数量：同一工程、同一材料、同一生产厂家、同一型号、同一规格、同一批号检查一次。

（2）卷材类、涂料类隔离层的材料进入施工现场，应对材料的主要物理性能指标进行复验。

检验方法：检查复验报告。检查数量：应符合现行国家标准《屋面工程质量验收规范》（GB 50207—2012）中的有关规定。

（3）厕所、浴室和有防水要求的建筑地面必须设置防水隔离层。楼层结构必须采用现浇混凝土或整块预制混凝土板，混凝土强度等级不应小于C20；房间的楼板四周除门洞外应做混凝土翻边，高度不应小于200mm，其宽度同墙的厚度，混凝土强度等级不应小于C20。施工时结构层标高和预留孔洞位置应正确，严禁乱凿洞。

检验方法：观察和钢尺检查。检查数量：应按照现行国家标准《建筑地面工程施工质量验收规范》（GB 50209—2010）中第3.0.21条规定的检验批检查。

（4）水泥类防水隔离层的防水等级和强度等级应符合设计要求。

检验方法：观察检查和检查防水等级检测报告、强度等级检测报告。检查数量：防水等级检测报告、强度等级检测报告均按照现行国家标准《建筑地面工程施工质量验收规范》（GB 50209—2010）中第3.0.19条的规定检查。

（5）防水隔离层严禁渗漏，排水的坡向应正确、排水应畅通。

检验方法：观察检查和蓄水、泼水检验、坡度尺检查及检查检验记录。检查数量：应按照现行国家标准《建筑地面工程施工质量验收规范》（GB 50209—2010）中第3.0.21条规定的检验批检查。

3. 一般项目

（1）隔离层的厚度应符合设计要求。

检验方法：观察检查和用钢尺、卡尺检查。检查数量：应按照现行国家标准《建筑地面工程施工质量验收规范》（GB 50209—2010）中第3.0.21条规定的检验批检查。

（2）隔离层与其下一层应黏结牢固，不应有空鼓；防水涂层应平整、均匀，无脱皮、起壳、裂缝、鼓泡等缺陷。

检验方法：用小锤敲击检查和观察检查。检查数量：应按照现行国家标准《建筑地面工程施工质量验收规范》（GB 50209—2010）中第3.0.21条规定的检验批检查。

（3）隔离层表面允许偏差符合表13-49中的规定。

检验方法：按表13-49中规定的方法检验。检查数量：应按照现行国家标准《建筑地面工程施工质量验收规范》（GB 50209—2010）中第3.0.21条规定的检验批和第3.0.22条的规定进行检查。

（十一）地面填充层的质量要求

1. 一般要求

（1）地面填充层所用材料的密度应符合设计要求。

（2）填充层的下一层表面应平整。当为水泥类时，还应洁净、干燥，并且不得有空鼓、裂缝和起砂等质量缺陷。

（3）采用松散材料铺设填充层时，应分层铺平拍实；采用板、块状材料铺设填充层时，应分层错缝进行铺设。

（4）有隔声要求的楼地面，隔声垫在柱、墙面的上翻的高度应超出楼面20mm，且应当收口于踢脚线内。地面上有竖向管道时，隔声材料应包裹在管道四周，高度同卷向柱、墙的高度。隔声垫保护膜之间应错缝搭接，搭接长度应大于100mm，并用胶带等密封。

（5）隔声层的上部应设置保护层，其构造做法应符合设计要求。当设计无要求时，混凝土保护层厚度不小于30mm，内部配置间距不大于200mm×200mm的直径6mm钢筋网片。

（6）有隔声要求的建筑地面工程，还应符合现行国家标准《建筑隔声评价标准》（GB/T 50121—2005）和《民用建筑隔声设计规范》（GB 50118—2010）中的有关规定。

2. 主控项目

（1）填充层所用材料应符合设计要求和国家现行有关标准的规定。

检验方法：观察检查和检查型式检验报告、出厂检验报告、出厂合格证。检查数量：同一工程、同一材料、同一生产厂家、同一型号、同一规格、同一批号检查一次。

（2）填充层的厚度、配合比应符合设计要求。

检验方法：用钢尺检查和检查配合比试验报告。检查数量：应按照现行国家标准《建筑地面工程施工质量验收规范》（GB 50209—2010）中第3.0.21条规定的检验批检查。

（3）对填充材料接缝有密闭要求的应密封良好。

检验方法：观察检查。检查数量：应按照现行国家标准《建筑地面工程施工质量验收规范》（GB 50209—2010）中第3.0.21条规定的检验批检查。

3. 一般项目

（1）松散材料填充层铺设应严密；板块状材料填充层应压实、无翘曲。

检验方法：观察检查。检查数量：应按照现行国家标准《建筑地面工程施工质量验收规范》（GB 50209—2010）中第3.0.21条规定的检验批检查。

（2）填充层的坡度应符合设计要求，不应有倒泛水和积水现象。

检验方法：观察和采用泼水或用坡度尺检查。检查数量：应按照现行国家标准《建筑地面工程施工质量验收规范》（GB 50209—2010）中第3.0.21条规定的检验批检查。

（3）填充层表面允许偏差符合表13-49中的规定。

检验方法：按表13-49中规定的方法检验。检查数量：应按照现行国家标准《建筑地面工程施工质量验收规范》（GB 50209—2010）中第3.0.21条规定的检验批和第3.0.22条的规定进行检查。

（4）用作隔声的填充层，其表面允许偏差应符合表13-49中隔离层的规定。

检验方法：按表13-49中隔离层规定的检验方法检验。检查数量：应按照现行国家标准《建筑地面工程施工质量验收规范》（GB 50209—2010）中第3.0.21条规定的检验批和第3.0.22条的规定进行检查。

（十二）绝热层的质量要求

1. 一般要求

（1）绝热层所用材料的性能、品种、厚度、构造做法，应符合设计要求和国家现行有关标准的规定。

（2）建筑物室内接触基土的首层地面，应增设水泥混凝土垫层后方可铺设绝热层，垫层的厚度及强度等级应符合设计要求。设计无要求时，水泥混凝土结构层厚度不小于30mm，层内配置间距不大于200mm×200mm的直径6mm钢筋网片。

（3）有地下室的建筑，地上、地下交界部位楼板的绝热层应采用外保温做法，绝热层表面应设有外保护层。外保护层应安全、耐候、表面平整、无裂纹。

（4）建筑物勒脚处绝热层的铺设应符合设计要求。设计无要求时，应符合下列规定：a. 当地区冻土深度不大于500mm时，应采用外保温做法；b. 当地区冻土深度大于500mm，且不大于1000mm时，宜采用内保温做法；c. 当地区冻土深度大于1000mm时，应采用内保温做法；d. 当建筑物的基础有防水要求时，宜采用内保温做法；e. 采用内保温做法的绝热层，宜在建筑物主体结构完成后再施工。

（5）绝热层的材料不应采用松散型材料或抹灰浆料。

（6）绝热层施工质量检验还应符合现行国家标准《建筑节能工程施工质量验收标准》（GB 50411—2019）中的有关规定。

2. 主控项目

（1）绝热层所用材料应符合设计要求和国家现行标准的有关规定。

检验方法：观察检查和检查型式检验报告。检查数量：同一工程、同一材料、同一生产厂家、同一型号、同一规格、同一批号检查一次。

（2）绝热层所用材料进入施工现场时，应对材料的热导率、表观密度、抗压强度或压缩强度、阻燃性进行复验。

检验方法：检查复验报告。检查数量：同一工程、同一材料、同一生产厂家、同一型号、同一规格、同一批号复验一次。

（3）绝热层的板块材料应采用无缝铺贴法铺设，表面应平整。

检验方法：观察检查、楔形塞尺检查。检查数量：应当按照现行国家标准《建筑地面工程施工质量验收规范》（GB 50209—2010）中第3.0.21条规定的检验批检查。

3. 一般项目

（1）绝热层的厚度应符合设计要求，不应出现负偏差，表面应平整。

检验方法：直尺或钢尺检查。检查数量：应按照现行国家标准《建筑地面工程施工质量验收规范》（GB 50209—2010）中第3.0.21条规定的检验批检查。

（2）绝热层表面无开裂。

检验方法：观察检查。检查数量：应按照现行国家标准《建筑地面工程施工质量验收规范》（GB 50209—2010）中第3.0.21条规定的检验批检查。

（3）绝热层与地面面层之间的水泥混凝土结合层或水泥砂浆找平层，表面应平整，其允许偏差应符合表13-49"找平层"的规定。

检验方法：按表13-49中找平层规定的检验方法检验。检查数量：应按照现行国家标准《建筑地面工程施工质量验收规范》（GB 50209—2010）中第3.0.21条规定的检验批和第3.0.22条的规定进行检查。

三、板块面层铺设质量标准

（一）板块面层的一般要求

（1）板块面层铺设质量控制适用于砖面层、大理石和花岗石面层、料石面层、塑料地板面层、活动地板面层、金属板面层、地毯面层、地面辐射供暖的板块面层等面层分项工程的施工质量验收。

（2）在铺设板块面层时，其水泥类基层的抗压强度不得小于 1.2MPa。

（3）铺设板块面层的结合层和板块间的填缝采用水泥砂浆时应符合下列规定：a. 配制水泥砂浆应采用硅酸盐水泥、普通硅酸盐水泥或矿渣硅酸盐水泥；b. 配制水泥砂浆的砂子应采用现行的行业标准《普通混凝土用砂、石质量及检验方法标准》（JGJ 52—2006）中的有关规定；c. 水泥砂浆的体积比（或强度等级）应符合设计要求。

（4）结合层和板块面层填缝所用的胶结材料，应当符合国家现行有关标准规定和设计要求。

（5）铺设水泥混凝土板块、水磨石板块、人造石板块、陶瓷锦砖、缸砖、水泥花砖、料石、大理石、花岗石等面层的结合层和填缝材料采用水泥砂浆时，在面层铺设后，表面应覆盖、湿润，养护时间不应少于 7d。当板块面层的水泥砂浆结合层的抗压强度达到设计要求后，方可正常使用。

（6）大面积板块面层的伸缩缝及分格缝隙应符合设计要求。

（7）板块类踢脚线施工时，不得采用混合砂浆打底。

（8）板块面层的允许偏差与检验方法应符合表 13-50 和表 13-51 中的要求。

表 13-50　板块面层的允许偏差与检验方法（一）

项目	允许偏差/mm						检验方法
	陶瓷锦砖面层、高级水磨石板、陶瓷地砖面层	缸砖面层	水泥花砖面层	水磨石板块面层	大理石面层、花岗石面层、人造石面层、金属板面层	塑料板面层	
表面平整度	2.0	4.0	3.0	3.0	1.0	2.0	用 2m 靠尺和楔形尺检查
缝分格平直	3.0	3.0	3.0	3.0	2.0	3.0	拉 5m 线和用钢尺检查
接缝高低差	0.5	1.5	0.5	1.0	0.5	0.5	用钢尺和楔形尺检查
踢脚线上口平直	3.0	4.0	—	4.0	1.0	2.0	拉 5m 线和用钢尺检查
板块间隙宽度	2.0	2.0	2.0	2.0	1.0	—	用钢尺检查

表 13-51　板块面层的允许偏差与检验方法（二）

项目	允许偏差/mm					检验方法
	水泥混凝土板块面层	碎拼接大理石面层碎拼接花岗石面层	活动地板面层	条石面层	块石面层	
表面平整度	4.0	3.0	2.0	10	10	用 2m 靠尺和楔形尺检查
缝分格平直	3.0	—	2.5	8.0	8.0	拉 5m 线和用钢尺检查
接缝高低差	1.5	—	0.4	2.0	—	用钢尺和楔形尺检查

项目	允许偏差/mm					检验方法
	水泥混凝土板块面层	碎拼接大理石面层碎拼接花岗石面层	活动地板面层	条石面层	块石面层	
踢脚线上口平直	4.0	1.0	—	—	—	拉5m线和用钢尺检查
板块间隙宽度	6.0	—	0.3	5.0	—	用钢尺检查

（二）砖面层铺设质量要求

1. 一般要求

（1）砖面层可采用陶瓷锦砖、缸砖、陶瓷地砖和水泥花砖，并应在结合层上铺设。

（2）在水泥砂浆结合层上铺设缸砖、陶瓷地砖和水泥花砖面层时应符合下列规定。

① 在铺设前应对砖的规格尺寸、外观质量、色泽进行预选；需要时浸水湿润晾干待用。

② 在勾缝和压缝时，应采用同品种、同强度等级、同颜色的水泥，并做好养护和保护。

（3）在水泥砂浆结合层上铺贴陶瓷锦砖面层时，砖的底面应清理干净，在每联陶瓷锦砖之间、各结合层之间，以及在墙角、镶边和靠柱、墙处应紧密贴合。在靠柱、墙处不得用水泥砂浆填补。

（4）在胶结料结合层上铺贴缸砖面层时，缸砖应处理洁净，铺贴时应当在胶结料凝结前完成。

2. 主控项目

（1）砖面层所用板块产品应符合设计要求和国家现行有关标准的规定。

检验方法：观察检查和检查型式检验报告、出厂检验报告、出厂合格书。检查数量：同一工程、同一材料、同一生产厂家、同一型号、同一规格、同一批号检查一次。

（2）砖面层所用板块产品进入施工现场时应有放射性限量合格的检测报告。

检验方法：检查检验报告、出厂检验报告、出厂合格书。检查数量：同一工程、同一材料、同一生产厂家、同一型号、同一规格、同一批号检查一次。

（3）砖面层与下一层的结合（黏结）应牢固，无空鼓（单块砖边角允许有局部空鼓），但每个自然间或标准间的空鼓砖不应超过总数的5%。

检验方法：用小锤轻敲击检查。检查数量：应按照现行国家标准《建筑地面工程施工质量验收规范》（GB 50209—2010）中第3.0.21条规定的检验批检查。

3. 一般项目

（1）砖面层的表面应洁净、图案清晰、色泽一致，接缝应平整，深浅应一致，周边应顺直。

检验方法：观察检查。检查数量：应按照现行国家标准《建筑地面工程施工质量验收规范》（GB 50209—2010）中第3.0.21条规定的检验批检查。

（2）面层邻接处的镶边用料及尺寸应符合设计要求，边角应整齐、光滑。

检验方法：观察和用钢尺检查。检查数量：应按照现行国家标准《建筑地面工程施工质量验收规范》（GB 50209—2010）中第3.0.21条规定的检验批检查。

（3）踢脚线表面应洁净，与柱、墙面结合应牢固。踢脚线高度和出柱、墙厚度应符合设计要求，且均匀一致。

检验方法：观察和用小锤轻敲击、钢尺检查。检查数量：应按照现行国家标准《建筑地面工程施工质量验收规范》（GB 50209—2010）中第 3.0.21 条规定的检验批检查。

（4）楼梯、台阶踏步的宽度、高度应符合设计要求。楼层梯段相邻踏步高度差不应大于 10mm；每踏步两端的宽度允许偏差不应大于 10mm；旋转楼梯梯段的每踏步两端的宽度允许偏差不应大于 5mm。踏步面层应进行防滑处理，齿角应整齐，防滑条应顺直、牢固。

检验方法：观察和用钢尺检查。检查数量：应按照现行国家标准《建筑地面工程施工质量验收规范》（GB 50209—2010）中第 3.0.21 条规定的检验批检查。

（5）砖面层的表面不应有开裂、漏涂和倒泛水、积水等现象；与地漏、管道结合处应严密牢固、无渗漏。

检验方法：观察和泼水或用坡度尺及蓄水检查。检查数量：应按照现行国家标准《建筑地面工程施工质量验收规范》（GB 50209—2010）中第 3.0.21 条规定的检验批检查。

（6）砖面层的表面的允许偏差应符合表 13-50 或表 13-51 中的规定。

检验方法：按表 13-50 或表 13-51 中规定的检验方法检验。检查数量：应按照现行国家标准《建筑地面工程施工质量验收规范》（GB 50209—2010）中第 3.0.21 条规定的检验批和第 3.0.22 条的规定进行检查。

（三）大理石和花岗石面层质量要求

1. 一般要求

（1）大理石和花岗石面层采用天然大理石、花岗石（或碎拼接大理石、碎拼接花岗石）板材，应在结合层上铺设。

（2）板材有裂缝、掉角、翘曲和表面有缺陷时应予剔除，品种不同的板材不得混杂使用；在铺设前，应根据石材的颜色、花纹、图案、纹理等按设计要求，进行试拼接并编号。

（3）在铺设大理石和花岗石面层前，板材应按要求浸湿、晾干；结合层与板材应分段同时进行铺设。

2. 主控项目

（1）大理石和花岗石面层所用的板材产品，应符合设计要求和国家现行有关标准的规定。检验方法：观察检查和检查质量合格证明文件。检查数量：同一工程、同一材料、同一生产厂家、同一型号、同一规格、同一批号检查一次。

（2）大理石和花岗石面层所用的板材产品进入施工现场时，应有放射性限量合格的检测报告。检验方法：观察检查检测报告。检查数量：同一工程、同一材料、同一生产厂家、同一型号、同一规格、同一批号检查一次。

（3）大理石和花岗石面层与下一层的结合（黏结）应牢固，无空鼓（单块砖边角允许有局部空鼓），但每个自然间或标准间的空鼓砖不应超过总数的 5％。检验方法：用小锤轻敲击检查。检查数量：应按照现行国家标准《建筑地面工程施工质量验收规范》（GB 50209—2010）中第 3.0.21 条规定的检验批检查。

3. 一般项目

（1）大理石和花岗石面层在铺设前，板块的背面和侧面应进行防碱处理。

检验方法：观察检查和检查施工记录。检查数量：应按照现行国家标准《建筑地面工程施工质量验收规范》（GB 50209—2010）中第 3.0.21 条规定的检验批检查。

（2）大理石和花岗石面层的表面应洁净、平整、无研磨痕迹，且应图案清晰、色泽一致，接缝均匀，周边顺直，镶嵌正确，板块应无裂纹、掉角、缺棱等缺陷。

检验方法：观察检查。检查数量：应按照现行国家标准《建筑地面工程施工质量验收规范》（GB 50209—2010）中第 3.0.21 条规定的检验批检查。

（3）踢脚线表面应洁净，与柱、墙面结合应牢固。踢脚线高度和出柱、墙厚度应符合设计要求，且均匀一致。

检验方法：观察和用小锤轻敲击及钢尺检查。检查数量：应按照现行国家标准《建筑地面工程施工质量验收规范》（GB 50209—2010）中第 3.0.21 条规定的检验批检查。

（4）楼梯、台阶踏步的宽度、高度应符合设计要求。踏步板块的缝隙宽度应一致；楼层梯段相邻踏步高度差不应大于 10mm；每踏步两端的宽度允许偏差不应大于 10mm；旋转楼梯梯段的每踏步两端的宽度允许偏差不应大于 5mm。踏步面层应进行防滑处理，齿角应整齐，防滑条应顺直、牢固。

检验方法：观察和用钢尺检查。检查数量：应按照现行国家标准《建筑地面工程施工质量验收规范》（GB 50209—2010）中第 3.0.21 条规定的检验批检查。

（5）石板面层的表面不应有开裂、漏涂和倒泛水、积水等现象；与地漏、管道结合处应严密牢固、无渗漏。

检验方法：观察和泼水或用坡度尺及蓄水检查。检查数量：应按照现行国家标准《建筑地面工程施工质量验收规范》（GB 50209—2010）中第 3.0.21 条规定的检验批检查。

（6）大理石和花岗石面层（或碎拼接大理石、碎拼接花岗石面层）允许偏差应符合表 13-50 中的规定。

检验方法：按表 13-50 中规定的检验方法检验。检查数量：应按照现行国家标准《建筑地面工程施工质量验收规范》（GB 50209—2010）中第 3.0.21 条规定的检验批和第 3.0.22 条的规定进行检查。

（四）预制板块面层质量要求

1. 一般要求

（1）预制板块面层采用水泥混凝土板块、水磨石板块、人造石板块，应在结合层上进行铺设。

（2）在施工现场加工预制板块，应按照现行国家标准《建筑地面工程施工质量验收规范》（GB 50209—2010）中第 5 章的有关规定执行。

（3）水泥混凝土板块面层的缝隙中，应采用水泥浆（或砂浆）填缝；彩色混凝土板块、水磨石板块、人造石板块，应用同色的水泥浆（或砂浆）擦缝。

（4）品种和强度等级不同的预制板块不宜混杂使用。

（5）板块间的缝隙宽度应符合设计要求。当设计无要求时，混凝土板块面层的缝隙宽度不应大于 6mm，水磨石板块、人造石板块面层的缝隙宽度不应大于 2mm。预制板块面层在铺设完 24h 后，应用水泥砂浆将缝隙灌至 2/3 高度，再用同色的水泥浆擦（勾）缝。

2. 主控项目

（1）预制板块面层所用板块产品应符合设计要求和国家现行有关标准的规定。

检验方法：观察检查和检查型式检验报告、出厂检验报告、出厂合格书。检查数量：同一工程、同一材料、同一生产厂家、同一型号、同一规格、同一批号检查一次。

（2）预制板块面层所用的板材产品进入施工现场时，应有放射性限量合格的检测报告。

检验方法：观察检查检测报告。检查数量：同一工程、同一材料、同一生产厂家、同一型号、同一规格、同一批号检查一次。

（3）预制板块面层与下一层的结合应牢固、无空鼓（单块预制板块边角允许有局部空鼓），但每个自然间或标准间的空鼓板块不应超过总数的5%。

检验方法：用小锤轻敲击检查。检查数量：应按照现行国家标准《建筑地面工程施工质量验收规范》（GB 50209—2010）中第3.0.21条规定的检验批检查。

3. 一般项目

（1）预制板块表面应无裂缝、掉角、翘曲等明显缺陷。

检验方法：观察检查。检查数量：应按照现行国家标准《建筑地面工程施工质量验收规范》（GB 50209—2010）中第3.0.21条规定的检验批检查。

（2）预制板块面层应平整洁净、图案清晰、色泽一致、接缝均匀、周边顺直、位置准确、镶嵌正确。

检验方法：观察检查。检查数量：应按照现行国家标准《建筑地面工程施工质量验收规范》（GB 50209—2010）中第3.0.21条规定的检验批检查。

（3）预制板块面层邻接处的镶边用料尺寸应符合设计要求，边角应整齐、光滑。

检验方法：观察和用钢尺检查。检查数量：应按照现行国家标准《建筑地面工程施工质量验收规范》（GB 50209—2010）中第3.0.21条规定的检验批检查。

（4）踢脚线表面应洁净，与柱、墙面结合应牢固。踢脚线高度和出柱、墙厚度应符合设计要求，且均匀一致。

检验方法：观察和用小锤轻敲击及钢尺检查。检查数量：应按照现行国家标准《建筑地面工程施工质量验收规范》（GB 50209—2010）中第3.0.21条规定的检验批检查。

（5）楼梯、台阶踏步的宽度、高度应符合设计要求。踏步板块的缝隙宽度应一致；楼层梯段相邻踏步高度差不应大于10mm；每踏步两端的宽度允许偏差不应大于10mm；旋转楼梯梯段的每踏步两端的宽度允许偏差不应大于5mm。踏步面层应进行防滑处理，齿角应整齐，防滑条应顺直、牢固。

检验方法：观察和用钢尺检查。检查数量：应按照现行国家标准《建筑地面工程施工质量验收规范》（GB 50209—2010）中第3.0.21条规定的检验批检查。

（6）水泥混凝土板块、水磨石板块、人造石板块面层的允许偏差应符合表13-50或表13-51中的规定。

检验方法：按表13-50或表13-51中规定的检验方法检验。检查数量：应按照现行国家标准《建筑地面工程施工质量验收规范》（GB 50209—2010）中第3.0.21条规定的检验批和第3.0.22条的规定进行检查。

（五）料石面层质量要求

1. 一般要求

（1）料石面层采用天然条石和块石，并应在结合层上进行铺设。

（2）条石和块石面层所用的石材规格、技术等级和厚度应符合设计要求。条石的质量应均匀，形状为矩形六面体，厚度为 $80\sim120mm$；块石形状为直棱柱体，顶面粗凿平整，底面面积不宜小于顶面面积的 60%，厚度为 $100\sim150mm$。

（3）不导电的料石面层的石料，应采用辉绿岩石加工制成。填缝材料也应采用辉绿岩石加工的砂子嵌实。耐高温的料石面层的石料，应按设计要求选用。

（4）条石面层的结合面宜采用水泥砂浆，其厚度应符合设计要求；块石面层的结合面宜采用砂垫层，其厚度应不小于 $60mm$；基土层应为均匀密实的基土或夯实的基土。

2. 主控项目

（1）料石面层所用的石料应符合设计要求和国家现行有关标准的规定。

检验方法：观察检查和检查质量合格证明文件。检查数量：同一工程、同一材料、同一生产厂家、同一型号、同一规格、同一批号检查一次。

（2）料石面层所用的石料进入施工现场时，应有放射性限量合格的检测报告。

检验方法：观察检查检测报告。检查数量：同一工程、同一材料、同一生产厂家、同一型号、同一规格、同一批号检查一次。

（3）料石面层与下一层的结合应牢固、无松动。

检验方法：观察和用小锤轻敲击检查。检查数量：应按照现行国家标准《建筑地面工程施工质量验收规范》（GB 50209—2010）中第 3.0.21 条规定的检验批检查。

3. 一般项目

（1）条石面层应组砌合理，无十字缝，铺砌方向和坡度应符合设计要求；块石面层石料缝隙应相互错开，通缝不应超过两块石料。

检验方法：观察和用坡度尺检查。检查数量：应按照现行国家标准《建筑地面工程施工质量验收规范》（GB 50209—2010）中第 3.0.21 条规定的检验批检查。

（2）条石面层和块石面层的允许偏差应符合表 13-51 中的规定。

检验方法：按表 13-51 中规定的检验方法检验。检查数量：应按照现行国家标准《建筑地面工程施工质量验收规范》（GB 50209—2010）中第 3.0.21 条规定的检验批和第 3.0.22 条的规定进行检查。

（六）塑料板面层质量要求

1. 一般要求

（1）塑料板面层应采用塑料板块材、塑料板焊接、塑料卷材，以胶黏剂在水泥类基层上采用满粘法或点粘法铺设。

（2）水泥类基层表面应平整、坚硬、干燥、密实、洁净、无油脂及其他杂质，不应有麻面、起砂、裂缝等质量缺陷。

（3）胶黏剂应按照基层材料和面层材料使用的相容性要求，通过试验确定，其质量应符合现行国家有关标准的规定。

（4）焊条成分和性能应与被焊的塑料板相同，其质量应符合有关技术标准的规定，并应有出厂合格证。

（5）在铺贴塑料板面层时，室内相对湿度不宜大于 70%，温度宜为 $10\sim32℃$。

（6）塑料板面板施工完成后静置的时间，应符合产品的技术要求。

（7）防静电塑料板配套的胶黏剂、焊条等，也应具有防静电性能。

2. 主控项目

（1）塑料板面层所用的塑料板块材、塑料卷材、胶黏剂，应符合设计要求和现行国家有关标准的规定。

检验方法：观察和检查型式检验报告、出厂检验报告、出厂合格书。检查数量：同一工程、同一材料、同一生产厂家、同一型号、同一规格、同一批号检查一次。

（2）塑料板面层所采用的胶黏剂进入施工现场时，应有以下有害物质限量合格的检测报告：a. 溶剂型胶黏剂中的挥发性有机化合物（VOCs）、苯、甲苯＋二甲苯；b. 水性胶黏剂中的挥发性有机化合物（VOCs）和游离甲醛。

检验方法：检查检测报告。检查数量：同一工程、同一材料、同一生产厂家、同一型号、同一规格、同一批号检查一次。

（3）面层与下一层的黏结应牢固，不翘边、不脱胶、无溢胶（单个的板块边角允许有脱胶，但每个自然间或标准间的脱胶板块不应超过总数的5％；卷材局部脱胶的面积不应大于$20cm^2$，且相隔间距应大于或等于50cm）。

检验方法：观察和用小锤轻敲击及用钢尺检查。检查数量：应按照现行国家标准《建筑地面工程施工质量验收规范》（GB 50209—2010）中第3.0.21条规定的检验批检查。

3. 一般项目

（1）塑料板面层应表面洁净，图案清晰，色泽一致，接缝严密、美观。拼缝处的图案、花纹应吻合，无胶痕；与柱、墙边交接应严密，阴阳角的收边处应规矩方正。

检验方法：观察检查。检查数量：应按照现行国家标准《建筑地面工程施工质量验收规范》（GB 50209—2010）中第3.0.21条规定的检验批检查。

（2）塑料板块的焊接，焊缝应平整、光洁，无焦化变色、斑点、焊瘤和起鳞片等缺陷，其凹凸允许偏差不应大于0.6mm。焊缝的抗拉强度应不小于塑料板强度的75％。

检验方法：观察检查和检查检测报告。检查数量：应按照现行国家标准《建筑地面工程施工质量验收规范》（GB 50209—2010）中第3.0.21条规定的检验批检查。

（3）镶边用料应尺寸准确、边角整齐、拼缝严密、接缝顺直。

检验方法：观察和用钢尺检查。检查数量：应按照现行国家标准《建筑地面工程施工质量验收规范》（GB 50209—2010）中第3.0.21条规定的检验批检查。

（4）踢脚线宜与地面面层对缝一致，踢脚线与基层的黏合应密实。

检验方法：观察检查。检查数量：应按照现行国家标准《建筑地面工程施工质量验收规范》（GB 50209—2010）中第3.0.21条规定的检验批检查。

（5）塑料板面层的允许偏差应符合表表13-50或表13-51中的规定。

检验方法：按表表13-50或表13-51中规定的检验方法检验。检查数量：应按照现行国家标准《建筑地面工程施工质量验收规范》（GB 50209—2010）中第3.0.21条规定的检验批和第3.0.22条的规定进行检查。

（七）活动地板面层质量要求

1. 一般要求

（1）活动地板面层宜用于有防尘和防静电要求的专业用房的建筑地面。应采用特制的平压刨花板为基材，表面可饰以装饰板，底层应用镀锌经黏结胶合形成活动地板块，配以横梁、橡胶垫条和可供调节高度的金属支架组装成架空板，应在水泥类面层（或基层）上铺设。

（2）活动地板所有的支座柱和横梁应构成框架一体，并与基层连接牢固；支架调平后高度应符合设计要求。

（3）活动地板面层应包括标准地板、异形地板和地板附件（即支架和横梁组件）。采用的活动地板块应平整、坚实，面层承载力不应小于 7.5MPa，A 级的板块的系统电阻应为 $1.0×10^5～1.0×10^8Ω$，B 级的板块的系统电阻应为 $1.0×10^5～1.0×10^{10}Ω$。

（4）活动地板面层的金属支架应支承在现浇水泥混凝土基层（或面层）上，基层表面应平整、光洁、不起灰。

（5）当房间的防静电要求较高并需要接地时，应将活动地板面层的金属支架、金属横梁连通跨接，并与接地体相连，接地方法应符合设计要求。

（6）活动板块与横梁接触搁置处，应达到四角平整、严密的要求。

（7）当活动地板不符合模数时，其不足部分可在现场根据实际尺寸，把板切割后镶补，并应配装相应的可调支撑和横梁。切割边不经处理不得镶补安装，并且不得有局部膨胀变形。

（8）活动地板在门口处或预留洞口处应符合设置构造要求，四周侧边应用耐磨硬质板材封闭或用镀锌钢板包裹，胶条封边缘后应符合耐磨要求。

（9）活动地板与柱、墙面接缝处的处理应符合设计要求，设计无要求时应做木踢脚线；通风口处应选用异形活动地板铺贴。

（10）用于电子信息系统机房的活动地板面层，其施工质量检验应符合现行国家标准《数据中心基础设施施工及验收规范》（GB 50462—2015）中的有关规定。

2. 主控项目

（1）活动地板应符合设计要求和国家现行有关标准的规定，且具有耐磨、防潮、阻燃、耐污染、耐老化和导静电等性能。

检验方法：观察和检查型式检验报告、出厂检验报告、出厂合格书。检查数量：同一工程、同一材料、同一生产厂家、同一型号、同一规格、同一批号检查一次。

（2）活动地板面层应安装牢固，无裂纹、掉角和缺棱等缺陷。

检验方法：观察和行走检查。检查数量：应按照现行国家标准《建筑地面工程施工质量验收规范》（GB 50209—2010）中第 3.0.21 条规定的检验批检查。

3. 一般项目

（1）活动地板面层应排列整齐、表面洁净、色泽一致、接缝均匀、周边顺直。

检验方法：观察检查。检查数量：应按照现行国家标准《建筑地面工程施工质量验收规范》（GB 50209—2010）中第 3.0.21 条规定的检验批检查。

（2）活动地板面层的允许偏差应符合表 13-50 或表 13-51 中的规定。

检验方法：按表 13-50 或表 13-51 中规定的检验方法检验。检查数量：应按照现行国家标准《建筑地面工程施工质量验收规范》（GB 50209—2010）中第 3.0.21 条规定的检验批和第 3.0.22 条的规定进行检查。

(八) 金属板面层质量要求

1. 一般要求

(1) 金属板面层采用镀锌板、镀锡板、复合钢板、彩色涂层钢板、铸铁板、不锈钢板、铜板及其他合成金属板铺设。

(2) 金属板面层及其配件宜使用不锈蚀或经过防锈处理的金属制品。

(3) 用于通道（走道）和公共建筑的金属板面层，应按照设计要求进行防腐、防滑处理。

(4) 金属板面层的接地做法应符合设计要求。

(5) 具有磁吸性的金属板面层不得用于有磁的场所。

2. 主控项目

(1) 金属板应符合设计要求和国家现行有关标准的规定。

检验方法：观察和检查型式检验报告、出厂检验报告、出厂合格书。检查数量：同一工程、同一材料、同一生产厂家、同一型号、同一规格、同一批号检查一次。

(2) 面层与基层的固定方法、面层的接缝处理应符合设计要求。

检验方法：观察检查。检查数量：应按《建筑地面工程施工质量验收规范》（GB 50209—2010）中第 3.0.21 条规定的检验批检查。

(3) 面层及其附件如需焊接，焊缝质量应符合设计要求和国家标准《钢结构工程施工质量验收标准》（GB 50205—2020）中的有关规定。

检验方法：观察检查和按照现行国家标准《钢结构工程施工质量验收标准》（GB 50205—2020）中规定的方法检验。检查数量：应按照现行国家标准《建筑地面工程施工质量验收规范》（GB 50209—2010）中第 3.0.21 条规定的检验批检查。

(4) 面层与基层的结合应牢固，无翘曲、松动和空鼓等缺陷。

检验方法：观察和用小锤轻敲击检查。检查数量：应按照现行国家标准《建筑地面工程施工质量验收规范》（GB 50209—2010）中第 3.0.21 条规定的检验批检查。

3. 一般项目

(1) 金属板表面应无裂痕、刮伤、刮痕、翘曲等外观质量缺陷。

检验方法：观察检查。检查数量：应按照现行国家标准《建筑地面工程施工质量验收规范》（GB 50209—2010）中第 3.0.21 条规定的检验批检查。

(2) 金属板面层应平整、洁净、色泽一致，接缝应均匀，周边应顺直。

检验方法：观察和用钢尺检查。检查数量：应按照现行国家标准《建筑地面工程施工质量验收规范》（GB 50209—2010）中第 3.0.21 条规定的检验批检查。

(3) 镶边用料及尺寸应符合设计要求，边角应整齐。

检验方法：观察和用钢尺检查。检查数量：应按照现行国家标准《建筑地面工程施工质量验收规范》（GB 50209—2010）中第 3.0.21 条规定的检验批检查。

(4) 踢脚线表面应洁净，与柱、墙面结合应牢固。踢脚线高度和出柱、墙厚度应符合设计要求，且均匀一致。

检验方法：观察和用小锤轻敲击及钢尺检查。检查数量：应按照现行国家标准《建筑地面工程施工质量验收规范》（GB 50209—2010）中第 3.0.21 条规定的检验批检查。

（5）金属板面层的允许偏差应符合表 13-50 或表 13-51 中的规定。

检验方法：按表 13-50 或表 13-51 中规定的检验方法检验。检查数量：应按照现行国家标准《建筑地面工程施工质量验收规范》（GB 50209—2010）中第 3.0.21 条规定的检验批和第 3.0.22 条的规定进行检查。

（九）地面辐射供暖板块面层质量要求

1. 一般要求

（1）地面辐射供暖板块面层宜采用缸砖、陶瓷地砖、花岗石、水磨石板块、人造石板块、塑料板等，应在填平层上铺设。

（2）地面辐射供暖板块面层采用胶结材料粘贴铺设时，填充层的含水率应符合胶结材料的技术要求。

（3）地面辐射供暖板块面层铺设时不得扰动填充层，不得向填充层内楔入任何物件。面层铺设还应符合现行国家标准《建筑地面工程施工质量验收规范》（GB 50209—2010）中第 6.2 节、第 6.3 节、第 6.4 节和第 6.6 节的有关规定。

2. 地面辐射供暖板块面层的主控项目

（1）地面辐射供暖板块面层采用的材料或产品，除应符合设计要求和现行国家有关标准的规定外，还应具有耐热性、热稳定性、防水、防潮、防霉变等特点。

检验方法：观察和检查质量合格证明文件。检查数量：同一工程、同一材料、同一生产厂家、同一型号、同一规格、同一批号检查一次。

（2）地面辐射供暖板块面层的伸缩缝及分格缝，应符合设计要求；面层与柱、墙之间应留不小于 10mm 的空隙。

检验方法：观察和用钢尺检查。检查数量：应按《建筑地面工程施工质量验收规范》（GB 50209—2010）中第 3.0.21 条规定的检验批检查。

（3）地面辐射供暖板块面层的其余主控项目和检验方法、检查数量，应符合现行国家标准《建筑地面工程施工质量验收规范》（GB 50209—2010）中第 6.2 节、第 6.3 节、第 6.4 节和第 6.6 节的有关规定。

3. 一般项目

地面辐射供暖板块面层的一般项目和检验方法、检查数量，应符合现行国家标准《建筑地面工程施工质量验收规范》（GB 50209—2010）中第 6.2 节、第 6.3 节、第 6.4 节和第 6.6 节的有关规定。

（十）地毯面层质量要求

1. 一般要求

（1）地毯面层应采用地毯块材或卷材，主要采用"空铺法"或"实铺法"进行铺设。

（2）铺设地毯的地面面层（或基层）应坚实、平整、洁净、干燥，无凹坑、麻面、起砂、裂缝，并不得有油污、钉头及凸出物。

（3）地毯下面的衬垫，应当满铺平整，地毯接缝处不得露出底衬。

（4）采用"空铺法"施工地毯面层时应符合下列要求：a. 块材地毯宜先拼成整块，然后按设计要求铺设；b. 块材地毯的铺设，块与块之间应挤紧服帖；c. 卷材地毯宜先长向缝合，然后按设计要求铺设；d. 地毯面层的周边应压入踢脚线下；e. 地毯面层与不同类型的建筑地面面层的连接处，其收口的做法应符合设计要求。

（5）采用"实铺法"施工地毯面层时应符合下列要求：a. 采用的金属卡条（倒刺板）、金属压条、专用双面胶带、胶黏剂等应符合设计要求；b. 铺设时，地毯的表面层应张拉适度，四周应采用金属卡条（倒刺板）固定，门口宜用金属压条或双面专用胶带等固定；c. 地毯四周应塞入金属卡条（倒刺板）或踢脚线下；d. 地毯面层采用专用双面胶带、胶黏剂黏结时，应与基层黏结牢固。

（6）楼梯地毯面层铺设时，梯段顶级（头）地毯应固定于平台上，其宽度不应小于标准楼梯、台阶踏步尺寸；阴角处应固定牢固；梯段末级（头）地毯与水平段地毯的连接处应顺畅、牢固。

2. 主控项目

（1）地毯面层采用的材料应符合设计要求和国家现行有关标准的规定。

检验方法：观察和检查型式检验报告、出厂检验报告、出厂合格书。检查数量：同一工程、同一材料、同一生产厂家、同一型号、同一规格、同一批号检查一次。

（2）地毯面层采用的材料进入施工现场时，应有地毯、衬垫、胶黏剂中的挥发性有机化合物（VOCs）和甲醛限量合格的检测报告。

检验方法：检查检验报告。检查数量：同一工程、同一材料、同一生产厂家、同一型号、同一规格、同一批号检查一次。

（3）地毯表面应平服，拼缝处应粘贴牢固、严密平整、图案吻合。

检验方法：观察检查。检查数量：应按《建筑地面工程施工质量验收规范》（GB 50209—2010）中第3.0.21条规定的检验批检查。

3. 一般项目

（1）地毯表面不应起鼓、起皱、翘曲、卷边、显拼缝、露线、毛边，绒面毛应顺光一致，毯面应洁净、无污染和损伤。

检验方法：观察检查。检查数量：应按《建筑地面工程施工质量验收规范》（GB 50209—2010）中第3.0.21条规定的检验批检查。

（2）地毯同其他面层连接处、收口处和墙边、柱子周围应顺直、压紧。

检验方法：观察检查。检查数量：应按照现行国家标准《建筑地面工程施工质量验收规范》（GB 50209—2010）中第3.0.21条规定的检验批检查。

四、整体面层铺设质量标准

（一）整体面层铺设的一般规定

（1）整体面层铺设适用于水泥混凝土（含细石混凝土）面层、水泥砂浆面层、水磨石面层、硬化耐磨面层、防油渗面层、不发火（防爆）面层、自流平面层、涂料面层、塑胶面层、地面辐射供暖的整体面层等分项工程的施工质量检验。

（2）铺设整体面层时，水泥类基层的抗压强度不得小于1.2MPa；表面应粗糙、洁净、湿润并不得有积水。铺设前应凿毛或涂刷界面剂。硬化耐磨面层、自流平面层的基层处理，应符合设计及产品的要求。

（3）铺设整体面层时，地面变形缝的位置应符合现行国家标准《建筑地面工程施工质量验收规范》（GB 50209—2010）中第3.0.16条的规定；大面积水泥类面层应设置分格缝。

（4）整体面层施工后，养护时间不应少于7d；抗压强度应达到5MPa后方可允许上人行走；抗压强度达到设计要求后方可正常使用。

（5）当采用掺有水泥拌合料做踢脚线时，不得使用石灰混合砂浆进行打底。

（6）水泥类整体面层的抹平工作应在水泥初凝前完成，压光工作应在水泥终凝前完成。

（7）整体面层的允许偏差和检验方法应符合表13-52中的规定。

表 13-52　整体面层的允许偏差和检验方法

项次	项目	允许偏差/mm									检验方法
		水泥混凝土面层	水泥砂浆面层	普通水磨石面层	高级水磨石面层	硬化耐磨面层	防油渗混凝土和不发火面层	自流平面层	涂料面层	塑胶面层	
1	表面平整度	5	4	3	2	4	5	2	2	2	用2m靠尺和楔形塞尺检查
2	踢脚线上口平直度	4	4	3	3	4	4	3	3	3	拉5m线和用钢尺检查
3	缝隙分格顺直	3	3	3	2	3	3	2	2	2	

（二）水泥混凝土面层质量要求

1. 一般要求

（1）水泥混凝土面层的厚度应符合设计要求。

（2）水泥混凝土面层铺设不得留施工缝。当施工间隙超过允许时间规定时应对接槎处进行处理。

2. 主控项目

（1）水泥混凝土采用的粗骨料，最大粒径不应大于面层厚度的2/3，细石混凝土面层采用的石子粒径不应大于16mm。

检验方法：观察检查和检查质量合格证明文件。检查数量：同一工程、同一强度等级、同一个配合比可检查一次。

（2）防水水泥混凝土中掺入的外加剂的技术性能，应符合现行国家有关标准的规定，外加剂的品种和掺量应经试验确定。

检验方法：检查外加剂合格证明文件和配合比试验报告。检查数量：同一工程、同一品种、同一掺量可检查一次。

（3）面层的强度等级应符合设计要求，且强度等级不应小于C20。

检验方法：检查配合比试验报告和强度等级检测报告。检查数量：同一工程、同一强度等级、同一个配合比可检查一次。强度等级检测报告应按照现行国家标准《建筑地面工程施工质量验收规范》（GB 50209—2010）中第3.0.19条规定检查。

（4）面层与下一层应结合牢固，且应无空鼓和开裂。当出现空鼓时，空鼓面积不应大于400cm²，且每个自然间或标准间不应多于2处。

检验方法：观察和用小锤轻敲击检查。检查数量：应按照现行国家标准《建筑地面工程施工质量验收规范》（GB 50209—2010）中第 3.0.21 条规定的检验批检查。

3．一般项目

（1）水泥混凝土面层表面应洁净，不应有裂纹、脱皮、麻面、起砂等缺陷。

检验方法：观察检查。检查数量：应按照现行国家标准《建筑地面工程施工质量验收规范》（GB 50209—2010）中第 3.0.21 条规定的检验批检查。

（2）水泥混凝土面层表面的坡度应符合设计要求，不应有倒泛水和积水现象。

检验方法：观察和采用泼水或用坡度尺进行检查。检查数量：应按照现行国家标准《建筑地面工程施工质量验收规范》（GB 50209—2010）中第 3.0.21 条规定的检验批检查。

（3）踢脚线与柱、墙面应紧密结合，踢脚线高度和出柱、墙厚度应符合设计要求，且均匀一致。当出现空鼓时，局部空鼓长度不应大于 300mm，且每个自然间或标准间不应多于 2 处。

检验方法：用小锤轻敲击、钢尺和观察检查。检查数量：应按照现行国家标准《建筑地面工程施工质量验收规范》（GB 50209—2010）中第 3.0.21 条规定的检验批检查。

（4）楼梯、台阶踏步的宽度、高度应符合设计要求。楼层梯段相邻踏步高度差不应大于 10mm，旋转楼梯梯段的每踏步两端的宽度允许偏差不应大于 5mm。踏步面层应进行防滑处理，齿角应整齐，防滑条应顺直、牢固。

检验方法：观察和用钢尺检查。检查数量：应按照现行国家标准《建筑地面工程施工质量验收规范》（GB 50209—2010）中第 3.0.21 条规定的检验批检查。

（5）水泥混凝土面层的允许偏差应符合表 13-52 中隔离层的规定。

检验方法：按表 13-52 中规定的检验方法检验。检查数量：应按照现行国家标准《建筑地面工程施工质量验收规范》（GB 50209—2010）中第 3.0.21 条规定的检验批和第 3.0.22 条的规定进行检查。

（三）水泥砂浆面层质量要求

1．一般要求

（1）水泥砂浆面层所用的材料，应符合设计要求和相应有关现行标准的规定。

（2）水泥砂浆面层的厚度应当符合设计要求。

2．主控项目

（1）水泥宜采用硅酸盐水泥、普通硅酸盐水泥，不同品种、不同强度等级的水泥不能混用；砂子应采用中粗砂，当采用石屑时，其粒径应为 1～5mm，且含泥量不应大于 3％；防水水泥砂浆采用的砂子或石屑，其含泥量不应大于 1％。

检验方法：观察检查和检查质量合格证明文件。检查数量：同一工程、同一强度等级、同一个配合比可检查一次。

（2）防水水泥砂浆中掺入的外加剂的技术性能，应符合现行国家有关标准的规定，外加剂的品种和掺量应经试验确定。

检验方法：观察检查和检查质量合格证明文件和配合比试验报告。检查数量：同一工程、同一强度等级、同一外加剂品种、同一个配合比、同一掺量可检查一次。

（3）水泥砂浆的体积比（强度等级）应符合设计要求，且体积比应为 1∶2，强度等级不应小于 M15。

检验方法：检查强度等级检测报告。检查数量：应按照现行国家标准《建筑地面工程施工质量验收规范》（GB 50209—2010）中第 3.0.19 条规定的检查。

（4）有排水要求的水泥砂浆地面，坡向应正确，排水应畅通；防水水泥砂浆面层不应渗漏。

检验方法：观察检查和蓄水、泼水检验或坡度尺检查及检验记录。检查数量：应按照现行国家标准《建筑地面工程施工质量验收规范》（GB 50209—2010）中第 3.0.21 条规定的检验批检查。

（5）面层与下一层应结合牢固，且应无空鼓和开裂。当出现空鼓时，空鼓面积不应大于 400cm²，且每个自然间或标准间不应多于 2 处。

检验方法：观察和用小锤轻敲击检查。检查数量：应按照现行国家标准《建筑地面工程施工质量验收规范》（GB 50209—2010）中第 3.0.21 条规定的检验批检查。

3. 一般项目

（1）水泥砂浆面层表面的坡度应符合设计要求，不应有倒泛水和积水现象。

检验方法：观察和采用泼水或坡度尺检查。检查数量：应按照现行国家标准《建筑地面工程施工质量验收规范》（GB 50209—2010）中第 3.0.21 条规定的检验批检查。

（2）水泥砂浆面层表面应洁净，不应有裂纹、脱皮、麻面、起砂等缺陷。

检验方法：观察检查。检查数量：应按照现行国家标准《建筑地面工程施工质量验收规范》（GB 50209—2010）中第 3.0.21 条规定的检验批检查。

（3）踢脚线与柱、墙面应紧密结合，踢脚线高度和出柱、墙厚度应符合设计要求，且均匀一致。当出现空鼓时，局部空鼓长度不应大于 300mm，且每个自然间或标准间不应多于 2 处。

检验方法：用小锤轻敲击、钢尺和观察检查。检查数量：应按照现行国家标准《建筑地面工程施工质量验收规范》（GB 50209—2010）中第 3.0.21 条规定的检验批检查。

（4）楼梯、台阶踏步的宽度、高度应符合设计要求。楼层梯段相邻踏步高度差不应大于 10mm，旋转楼梯梯段的每踏步两端的宽度允许偏差不应大于 5mm。踏步面层应进行防滑处理，齿角应整齐，防滑条应顺直、牢固。

检验方法：观察和用钢尺检查。检查数量：应按照现行国家标准《建筑地面工程施工质量验收规范》（GB 50209—2010）中第 3.0.21 条规定的检验批检查。

（5）水泥砂浆面层的允许偏差应符合表 13-52 中的规定。

检验方法：按表 13-52 中规定的检验方法检验。检查数量：应按照现行国家标准《建筑地面工程施工质量验收规范》（GB 50209—2010）中第 3.0.21 条规定的检验批和第 3.0.22 条的规定进行检查。

（四）水磨石面层质量要求

1. 一般要求

（1）水磨石面层应采用水泥和石粒拌合料铺设，有防静电要求时，拌合料内应按设计要求掺入导电材料。面层厚度除有特殊要求外，宜为 12～18mm，且按石粒的粒径确定。水磨石面层的颜色和图案应符合设计要求。

（2）白色或浅色的水磨石面层应采用白水泥；深色的水磨石面层宜采用硅酸盐水泥、普通硅酸盐水泥或矿渣硅酸盐水泥。同一彩色面层应使用同厂、同批的颜料；其掺入量宜为水泥重量的 3％～5％或由试验确定。

（3）水磨石面层的结合层采用水泥砂浆时，强度等级应符合设计要求，且不应小于 M10，其稠度宜为 30～35mm。

（4）防静电水磨石面层中采用导电金属"分格条"时，"分格条"应当经过绝缘处理，且十字交叉处不得有接触。

（5）普通水磨石面层磨光遍数不应少于 3 遍，高级水磨石面层的厚度和磨光遍数应由设计确定。

（6）水磨石的面层磨光结束后，在进行涂草酸和上蜡之前，其表面不得有任何污染。

（7）防静电水磨石面层应在表面经清洁、干燥后，在表面均匀涂抹一层防静电剂和地板蜡，并应进行抛光处理。

2. 主控项目

（1）水磨石面层所用的石粒，应采用大理石、白云石等岩石加工而成，石粒中应洁净无杂物，其粒径除特殊要求外一般应为 6～16mm；颜料应采用耐光、耐碱的矿物原料，不得使用酸性颜料。

检验方法：观察检查和检查质量合格证明文件。检查数量：同一工程、同一个体积比可检查一次。

（2）水磨石面层拌合料的体积比应符合设计要求，且水泥与石粒的比例应为（1：1.5）～（1：2.5）。

检验方法：检查配合比试验报告。检查数量：同一工程、同一个体积比可检查一次。

（3）防静电水磨石面层应在施工前及施工完成表面干燥后进行接地电阻和表面电阻检测，并做好记录。

检验方法：检查施工记录和检测报告。检查数量：应按照现行国家标准《建筑地面工程施工质量验收规范》（GB 50209—2010）中第 3.0.21 条规定的检验批检查。

（4）面层与下一层应结合牢固，且应无空鼓和开裂。当出现空鼓时，空鼓面积不应大于 $400cm^2$，且每个自然间或标准间不应多于 2 处。

检验方法：观察和用小锤轻敲击检查。检查数量：应按照现行国家标准《建筑地面工程施工质量验收规范》（GB 50209—2010）中第 3.0.21 条规定的检验批检查。

3. 一般项目

（1）水磨石面层表面应光滑，且应无裂纹、砂眼和磨痕；石粒分布应当密实，显露应均匀；颜色图案应一致，不应出现混色；"分格条"应牢固、顺直和清晰。

检验方法：观察检查。检查数量：应按照现行国家标准《建筑地面工程施工质量验收规范》（GB 50209—2010）中第 3.0.21 条规定的检验批检查。

（2）踢脚线与柱、墙面应紧密结合，踢脚线高度和出柱、墙厚度应符合设计要求，且均匀一致。当出现空鼓时，局部空鼓长度不应大于 300mm，且每个自然间或标准间不应多于 2 处。

检验方法：用小锤轻敲击、钢尺和观察检查。检查数量：应按照现行国家标准《建筑地面工程施工质量验收规范》（GB 50209—2010）中第 3.0.21 条规定的检验批检查。

（3）楼梯、台阶踏步的宽度、高度应符合设计要求。楼层梯段相邻踏步高度差不应大于10mm；每踏步两端的宽度允许偏差不应大于10mm；旋转楼梯梯段的每踏步两端的宽度允许偏差不应大于5mm。踏步面层应进行防滑处理，齿角应整齐，防滑条应顺直、牢固。

检验方法：观察和用钢尺检查。检查数量：应按照现行国家标准《建筑地面工程施工质量验收规范》（GB 50209—2010）中第3.0.21条规定的检验批检查。

（4）水磨石面层的允许偏差应符合表13-52中的规定。

检验方法：按表13-52中规定的检验方法检验。检查数量：应按照现行国家标准《建筑地面工程施工质量验收规范》（GB 50209—2010）中第3.0.21条规定的检验批和第3.0.22条的规定进行检查。

（五）硬化耐磨面层质量要求

1. 一般要求

（1）硬化耐磨面层应采用金属渣、屑、纤维或石英砂、金刚砂等，并应与水泥类的胶凝材料拌和铺设或在水泥类基层上撒布铺设。

（2）硬化耐磨面层采用拌合料铺设时，拌合料的配合比应通过试验确定；采用撒布铺设时，耐磨材料的撒布量应符合设计要求，且应在水泥类基层初凝前完成撒布。

（3）硬化耐磨面层采用拌合料铺设时，宜先铺设一层强度等级不小于M15、厚度不小于20mm的水泥砂浆，或水灰比为0.40的水混浆结合层。

（4）硬化耐磨面层采用拌合料铺设时，铺设厚度和拌合料强度应符合设计要求。当设计无要求时，水泥钢（铁）屑面层铺设厚度不应小于30mm，抗压强度不应小于40MPa；水泥石英砂浆面层铺设厚度不应小于20mm，抗压强度不应小于30MPa；钢纤维混凝土面层铺设厚度不应小于40mm，抗压强度不应小于40MPa。

（5）硬化耐磨面层采用撒布铺设时，耐磨材料的撒布应均匀，厚度应符合设计要求。混凝土基层或砂浆基层的厚度及强度应符合设计要求。当设计无要求时，混凝土基层的厚度不应小于50mm，强度等级不应低于C25；砂浆基层的厚度不应小于20mm，强度等级不应低于M15。

（6）硬化耐磨面层的分格缝的间距、缝的深度、缝的宽度、填缝材料应符合设计要求。

（7）硬化耐磨面层铺设后应在湿润的条件下养护，养护期限应符合材料技术要求。

（8）硬化耐磨面层在强度达到设计要求的强度后方可投入使用。

2. 主控项目

（1）硬化耐磨面层采用的材料应符合设计要求和国家现行有关标准的规定。

检验方法：观察检查和检查质量合格证明文件。检查数量：采用拌合料铺设时，按同一工程、同一强度等级可检查一次；采用撒布铺设的按同一工程、同一材料、同一生产厂家、同一型号、同一规格、同一批号检查一次。

（2）硬化耐磨面层采用拌合料铺设时，水泥的强度不应小于42.5MPa。金属渣、屑、纤维不应有其他杂质，使用前应去油除锈、冲洗干净并干燥；石英砂应采用中粗砂，含泥量不应大于2%。

检验方法：观察检查和检查质量合格证明文件。检查数量：按同一工程、同一强度等级可检查一次。

（3）硬化耐磨面层的厚度、强度等级、耐磨性能应符合设计要求。

检验方法：用钢尺检查和检查配合比试验报告、强度等级检测报告、耐磨性能检测报告。检查数量：厚度应按照现行国家标准《建筑地面工程施工质量验收规范》（GB 50209—2010）中第 3.0.21 条规定的检验批检查；配合比试验报告按同一工程、同一强度等级、同一个配合比可检查一次；强度等级检测报告应按照现行国家标准《建筑地面工程施工质量验收规范》（GB 50209—2010）中第 3.0.19 条的规定检查；耐磨性能检测报告按同一工程抽样检查一次。

（4）面层与基层（或下一层）应结合牢固，且应无空鼓和开裂。当出现空鼓时，空鼓面积不应大于 400cm²，且每个自然间或标准间不应多于 2 处。

检验方法：观察和用小锤轻敲击检查。检查数量：应按照现行国家标准《建筑地面工程施工质量验收规范》（GB 50209—2010）中第 3.0.21 条规定的检验批检查。

3. 一般项目

（1）硬化耐磨面层的表面坡度应符合设计要求，不应有倒泛水和积水现象。

检验方法：观察和采用泼水或用坡度尺检查。检查数量：应按照现行国家标准《建筑地面工程施工质量验收规范》（GB 50209—2010）中第 3.0.21 条规定的检验批检查。

（2）硬化耐磨面层的表面应色泽一致，切缝应顺直，不应有脱皮、裂纹、麻面、起砂等缺陷。

检验方法：观察检查。检查数量：应按照现行国家标准《建筑地面工程施工质量验收规范》（GB 50209—2010）中第 3.0.21 条规定的检验批检查。

（3）踢脚线与柱、墙面应紧密结合，踢脚线高度和出柱、墙厚度应符合设计要求，且均匀一致。当出现空鼓时，局部空鼓长度不应大于 300mm，且每个自然间或标准间不应多于 2 处。

检验方法：用小锤轻敲击、钢尺和观察检查。检查数量：应按照现行国家标准《建筑地面工程施工质量验收规范》（GB 50209—2010）中第 3.0.21 条规定的检验批检查。

（4）硬化耐磨面层的允许偏差应符合表 13-52 中的规定。

检验方法：按表 13-52 中规定的检验方法检验。检查数量：应按照现行国家标准《建筑地面工程施工质量验收规范》（GB 50209—2010）中第 3.0.21 条规定的检验批和第 3.0.22 条的规定进行检查。

（六）防油渗面层质量要求

1. 一般要求

（1）防油渗面层应采用防油渗混凝土进行铺设，或者采用防油渗涂料进行涂刷。

（2）防油渗隔离层及防油渗面层与墙、柱的连接处的构造应符合设计要求。

（3）防油渗混凝土面层的厚度应符合设计要求，防油渗混凝土的配合比应按设计要求的强度等级和抗渗性能通过试验确定。

（4）防油渗混凝土面层应按厂房柱网分区段进行浇筑，区段划分及分区段的缝隙应符合设计要求。

（5）防油渗混凝土面层内不得敷设管线。露出面层的电线管、接线盒、预埋套管和地脚螺栓等的处理，以及与墙、柱、变形缝、孔洞等连接处泛水，均应采取防油渗的措施并应符合设计要求。

（6）防油渗面层采用防油渗涂料时，涂料材料应当按设计要求选用，涂层的厚度宜为

5～7mm。

2. 主控项目

（1）防油渗混凝土所用的水泥应采用普通硅酸盐水泥；碎石应采用花岗石或石英石，不得使用松散、多孔隙和吸水率大的石子，粒径为5～16mm，最大粒径不应超过20mm，含泥量不得大于1%；砂子应采用中砂，且应洁净无杂物；掺入的外加剂和防油渗剂应符合有关标准规定。防油渗涂料应具有耐油、耐磨、耐火、黏结性能。

检验方法：观察检查和检查质量合格证明文件。检查数量：按同一工程、同一强度等级、同一个配合比、同一黏结强度可检查一次。

（2）防油渗混凝土的强度等级和抗渗性能应符合设计要求，且强度等级不应小于C30；防油渗涂料的黏结强度不应小于0.3MPa。

检验方法：检查配合比试验报告、强度等级检测报告、黏结强度检测报告。检查数量：配合比试验报告按同一工程、同一强度等级、同一个配合比可检查一次；强度等级检测报告应按照现行国家标准《建筑地面工程施工质量验收规范》（GB 50209—2010）中第3.0.19条的规定检查；黏结强度检测报告按同一工程、同一涂料品种、同一生产厂家、同一型号、同一规格、同一批号检查一次。

（3）防油渗混凝土与下一层应结合牢固、无空鼓。

检验方法：用小锤轻敲击检查。检查数量：应按照现行国家标准《建筑地面工程施工质量验收规范》（GB 50209—2010）中第3.0.21条规定的检验批检查。

（4）防油渗涂料面层与基层应黏结牢固，不应有起皮、开裂和漏涂等缺陷。

检验方法：观察检查。检查数量：应按照现行国家标准《建筑地面工程施工质量验收规范》（GB 50209—2010）中第3.0.21条规定的检验批检查。

3. 一般项目

（1）防油渗面层表面坡度应符合设计要求，不应有倒泛水和积水现象。

检验方法：观察和采用泼水或用坡度尺检查。检查数量：应按照现行国家标准《建筑地面工程施工质量验收规范》（GB 50209—2010）中第3.0.21条规定的检验批检查。

（2）防油渗混凝土面层表面应洁净，不应有裂纹、脱皮、麻面、起砂等缺陷。

检验方法：观察检查。检查数量：应按照现行国家标准《建筑地面工程施工质量验收规范》（GB 50209—2010）中第3.0.21条规定的检验批检查。

（3）踢脚线与柱、墙面应紧密结合，踢脚线高度和出柱、墙厚度应符合设计要求，且均匀一致。

检验方法：用小锤轻敲击、钢尺和观察检查。检查数量：应按照现行国家标准《建筑地面工程施工质量验收规范》（GB 50209—2010）中第3.0.21条规定的检验批检查。

（4）防油渗面层表面的允许偏差应符合表13-52中的规定。

检验方法：按表13-52中规定的检验方法检验。检查数量：应按照现行国家标准《建筑地面工程施工质量验收规范》（GB 50209—2010）中第3.0.21条规定的检验批和第3.0.22条的规定进行检查。

（七）不发火（防爆）面层质量要求

1. 一般要求

（1）不发火（防爆）面层应采用水泥类拌合料及其他不发火材料铺设，其材料和厚度应符合设计要求。

（2）不发火（防爆）各类面层的铺设，应符合现行国家标准《建筑地面工程施工质量验收规范》（GB 50209—2010）中相应面层的规定。

（3）不发火（防爆）面层采用的材料和硬化后的试件，应按照现行国家标准《建筑地面工程施工质量验收规范》（GB 50209—2010）中附录 A 进行不发火性试验。

2. 主控项目

（1）不发火（防爆）面层中碎石的不发火性必须合格；砂子应质地坚硬、表面粗糙，其粒径为 0.15～5mm，含泥量不应大于 3%，有机物含量不应大于 0.5%；水泥应采用硅酸盐水泥、普通硅酸盐水泥；面层分格的嵌条应采用不发火的材料配制；配制时应随时检查，不得混入金属或其他易发火的杂质。

检验方法：观察检查和检查质量合格证明文件。检查数量：应按照现行国家标准《建筑地面工程施工质量验收规范》（GB 50209—2010）中第 3.0.19 条的规定检查。

（2）不发火（防爆）面层的强度等级应符合设计要求。

检验方法：检查配合比试验报告和强度检测报告。检查数量：配合比试验报告按同一工程、同一强度等级、同一个配合比可检查一次；强度等级检测报告应按照现行国家标准《建筑地面工程施工质量验收规范》（GB 50209—2010）中第 3.0.19 条的规定检查。

（3）不发火（防爆）面层与下一层应结合牢固、无空鼓。当出现空鼓时，空鼓面积不应大于 400cm²，且每个自然间或标准间不应多于 2 处。

检验方法：观察和用小锤轻敲击检查。检查数量：应按照现行国家标准《建筑地面工程施工质量验收规范》（GB 50209—2010）中第 3.0.21 条规定的检验批检查。

（4）不发火（防爆）面层的试件应检验合格。

检验方法：检查检测报告。检查数量：配合比试验报告按同一工程、同一强度等级、同一个配合比可检查一次。

3. 一般项目

（1）不发火（防爆）面层表面应密实，无裂缝、蜂窝、麻面等缺陷。

检验方法：观察检查。检查数量：应按照现行国家标准《建筑地面工程施工质量验收规范》（GB 50209—2010）中第 3.0.21 条规定的检验批检查。

（2）踢脚线与柱、墙面应紧密结合，踢脚线的高度和出柱、墙厚度应符合设计要求，且均匀一致。

检验方法：用小锤轻敲击、钢尺和观察检查。检查数量：应按照现行国家标准《建筑地面工程施工质量验收规范》（GB 50209—2010）中第 3.0.21 条规定的检验批检查。

（3）不发火（防爆）面层的允许偏差应符合表 13-52 中的规定。

检验方法：按表 13-52 中规定的检验方法检验。检查数量：应按照现行国家标准《建筑地面工程施工质量验收规范》（GB 50209—2010）中第 3.0.21 条规定的检验批和第 3.0.22 条的规定进行检查。

（八）自流平面层质量要求

1. 一般要求

（1）自流平面层可采用水泥基、石膏基、合成树脂基等拌合物进行铺设。

（2）自流平面层与墙、柱等连接处的构造做法应符合设计要求，铺设时应分层施工。

（3）自流平面层的基层应平整、洁净，基层的含水率应与面层材料的技术要求相一致。

（4）自流平面层的构造做法、厚度、颜色等应符合设计要求。

（5）有防水、防潮、防油渗、防尘要求的自流平面层应达到设计要求。

2. 主控项目

（1）自流平面层所用的材料应符合设计要求和国家现行有关标准的规定。

检验方法：观察检查和检查型式检验报告、出厂检验报告、出厂合格书。检查数量：同一工程、同一材料、同一生产厂家、同一型号、同一规格、同一批号检查一次。

（2）自流平面层的涂料进入施工现场时，应有以下有害物质限量合格和检测报告：水性涂料中的挥发性有机化合物（VOCs）和游离甲醛；溶剂型涂料中的苯、甲苯、二甲苯、挥发性有机化合物（VOCs）和游离甲苯二异氰醛酯（TDI）。

检验方法：观察检验报告。检查数量：同一工程、同一材料、同一生产厂家、同一型号、同一规格、同一批号检查一次。

（3）自流平面层的基层的强度等级不应小于C20。

检验方法：观察强度等级检测报告。检查数量：应按照现行国家标准《建筑地面工程施工质量验收规范》（GB 50209—2010）中第3.0.19条的规定检查。

（4）自流平面层的各构造层之间应黏结牢固，层与层之间不应出现分离、空鼓现象。

检验方法：用小锤轻敲击检查。检查数量：应按照现行国家标准《建筑地面工程施工质量验收规范》（GB 50209—2010）中第3.0.21条规定的检验批检查。

（5）自流平面层的表面不应有开裂漏涂和倒泛水、积水等现象。

检验方法：观察和泼水检查。检查数量：应按照现行国家标准《建筑地面工程施工质量验收规范》（GB 50209—2010）中第3.0.21条规定的检验批检查。

3. 一般项目

（1）自流平面层应分层施工，面层找平层施工时不应留有抹痕。

检验方法：观察检查和检查施工记录。检查数量：应按照现行国家标准《建筑地面工程施工质量验收规范》（GB 50209—2010）中第3.0.21条规定的检验批检查。

（2）自流平面层的表面应平整、光滑，色泽应均匀、一致，不应有起泡、起砂现象。

检验方法：观察检查。检查数量：应按照现行国家标准《建筑地面工程施工质量验收规范》（GB 50209—2010）中第3.0.21条规定的检验批检查。

（3）自流平面层的表面允许偏差应符合表13-52中的规定。

检验方法：按表13-52中规定的检验方法检验。检查数量：应按照现行国家标准《建筑地面工程施工质量验收规范》（GB 50209—2010）中第3.0.21条规定的检验批和第3.0.22条的规定进行检查。

（九）涂料面层质量要求

1. 一般要求

（1）涂料面层应根据设计要求采用丙烯酸、环氧、聚氨酯等树脂型涂料进行涂刷。

（2）涂料面层的基层应符合下列规定：a. 基层的表面应平整、洁净；b. 基层的强度等级不应小于C20；c. 基层的含水率与涂料的技术要求相一致。

（3）涂料面层的厚度、颜色应符合设计要求，铺设时应分层进行施工。

2. 主控项目

（1）涂料面层所用的涂料应符合设计要求和国家现行有关标准的规定。

检验方法：观察检查和检查型式检验报告、出厂检验报告、出厂合格书。检查数量：同一工程、同一材料、同一生产厂家、同一型号、同一规格、同一批号检查一次。

（2）涂料进入施工现场时，应有苯、甲苯、二甲苯、挥发性有机化合物（VOCs）和游离甲苯二异氰醛酯（TDI）限量合格的检测报告。

检验方法：检查检验报告。检查数量：同一材料、同一生产厂家、同一型号、同一规格、同一批号检查一次。

（3）涂料面层的表面不应有开裂、漏涂和倒泛水、积水等现象。

检验方法：观察和泼水检查。检查数量：应按照现行国家标准《建筑地面工程施工质量验收规范》（GB 50209—2010）中第 3.0.21 条规定的检验批检查。

3. 一般项目

（1）涂料面层的找平层应平整，不应有刮的痕迹。

检验方法：观察检查。检查数量：应按照现行国家标准《建筑地面工程施工质量验收规范》（GB 50209—2010）中第 3.0.21 条规定的检验批检查。

（2）涂料面层的表面应光洁，色泽应均匀、一致，不应有起泡、起皮和起砂现象。

检验方法：观察检查。检查数量：应按照现行国家标准《建筑地面工程施工质量验收规范》（GB 50209—2010）中第 3.0.21 条规定的检验批检查。

（3）楼梯、台阶踏步的宽度、高度应符合设计要求。楼层梯段相邻踏步高度差不应大于 10mm；每踏步两端的宽度允许偏差不应大于 10mm；旋转楼梯梯段的每踏步两端的宽度允许偏差不应大于 5mm。踏步面层应进行防滑处理，齿角应整齐，防滑条应顺直、牢固。

检验方法：观察和用钢尺检查。检查数量：应按照现行国家标准《建筑地面工程施工质量验收规范》（GB 50209—2010）中第 3.0.21 条规定的检验批检查。

（4）涂料面层的允许偏差应符合表 13-52 中的规定。

检验方法：按表 13-52 中规定的检验方法检验。检查数量：应按照现行国家标准《建筑地面工程施工质量验收规范》（GB 50209—2010）中第 3.0.21 条规定的检验批和第 3.0.22 条的规定进行检查。

（十）塑胶面层质量要求

1. 一般要求

（1）塑胶面层应当采用现浇型的塑胶材料或塑胶卷材，宜在沥青混凝土或水泥类基层上铺设。

（2）基层强度和厚度应符合设计要求，表面应平整、干燥、洁净，无油脂及其他杂质。

（3）塑胶面层在铺设时的环境温度，宜控制在 10～30℃范围内。

2. 主控项目

（1）塑胶面层所用的材料应符合设计要求和国家现行有关标准的规定。

检验方法：观察检查和检查型式检验报告、出厂检验报告、出厂合格书。检查数量：现浇型塑胶材料按同一工程、同一个配合比可检查一次；塑胶卷材按同一工程、同一材料、同一生产厂家、同一型号、同一规格、同一批号检查一次。

（2）现浇型塑胶面层的配合比应符合设计要求，成品试件应检测合格。

检验方法：检查配合比试验报告、试件检测报告。检查数量：按同一工程、同一个配合比可检查一次。

（3）现浇型塑胶面层与基层应黏结牢固，面层的厚度应一致，表面颗粒应均匀，不应有裂痕、分层、气泡、脱粒等现象；塑胶卷材面层的卷材与基层应黏结牢固，面层不应有断裂、起泡、起鼓、空鼓、脱胶、翘边、溢液等现象。

检验方法：观察和用锤敲击检查。检查数量：应按照现行国家标准《建筑地面工程施工质量验收规范》（GB 50209—2010）中第 3.0.21 条规定的检验批检查。

3. 一般项目

（1）塑胶面层的各组合层厚度、坡度、表面平整度均应符合设计要求。

检验方法：采用钢尺、坡度尺、2m 或 3m 水平尺检查。检查数量：应按照现行国家标准《建筑地面工程施工质量验收规范》（GB 50209—2010）中第 3.0.21 条规定的检验批检查。

（2）塑胶面层应表面洁净、图案清晰、色泽一致；拼缝处的图案、花纹相吻合，无明显高低差及缝隙，无胶痕；与周围接缝严密，阴阳角方正、收边整齐。

检验方法：观察检查。检查数量：应按照现行国家标准《建筑地面工程施工质量验收规范》（GB 50209—2010）中第 3.0.21 条规定的检验批检查。

（3）塑胶卷材面层的焊缝应平整、光洁，无焦化变色、斑点、焊瘤、起鳞片等缺陷，焊缝凹凸允许偏差不应大于 0.6mm。

检验方法：观察检查。检查数量：应按照现行国家标准《建筑地面工程施工质量验收规范》（GB 50209—2010）中第 3.0.21 条规定的检验批检查。

（4）塑胶面层的允许偏差应符合表 13-52 中的规定。

检验方法：按表 13-52 中规定的检验方法检验。检查数量：应按照现行国家标准《建筑地面工程施工质量验收规范》（GB 50209—2010）中第 3.0.21 条规定的检验批和第 3.0.22 条的规定进行检查。

（十一）地面辐射供暖面层质量要求

1. 一般要求

（1）地面辐射供暖的整体面层宜采用水泥混凝土、水泥砂浆等，应在填充层上铺设。

（2）地面辐射供暖的整体面层铺设时不得扰动填充层，不得向填充层内楔入任何物件。面层的铺设还应符合现行国家标准《建筑地面工程施工质量验收规范》（GB 50209—2010）中第 5.2 节和第 5.3 节的有关规定。

2. 主控项目

（1）地面辐射供暖的整体面层采用的材料或产品，除应符合设计要求和现行国家标准《建筑地面工程施工质量验收规范》（GB 50209—2010）中相应面层的规定外，还应具有耐热性、热稳定性、防水、防潮、防霉变等特点。

检验方法：观察检查和检查质量合格证明文件。检查数量：同一工程、同一材料、同一生产厂家、同一型号、同一规格、同一批号检查一次。

（2）地面辐射供暖的整体面层的分格缝隙应符合设计要求，面层与柱、墙之间应留不小于 10mm 的空隙。

检验方法：观察和用钢尺检查。检查数量：应按照现行国家标准《建筑地面工程施工质量验收规范》（GB 50209—2010）中第 3.0.21 条规定的检验批检查。

（3）其余主控项目及检验方法、检查数量，应符合现行国家标准《建筑地面工程施工质量验收规范》（GB 50209—2010）中第 5.2 节和第 5.3 节的有关规定。

3. 一般项目

地面辐射供暖面层的一般项目及检验方法、检查数量，应符合现行国家标准《建筑地面工程施工质量验收规范》（GB 50209—2010）中第 5.2 节和第 5.3 节的有关规定。

五、木竹面层铺设质量标准

（一）木竹地板面层质量的一般规定

（1）木竹地板面层质量控制适用于实木地板面层、实木集成地板面层、竹地板面层、实木复合地板面层、浸渍纸层压木质地板面层、软木类地板面层、地面辐射供暖的木地板面层等（包括免刨、免漆类）面层分项工程的施工质量验收。

（2）木竹地板面层下的木搁栅、垫木、垫层地板等采用木材的树种、选材标准和铺设时木材含水率以及防腐、防蛀处理等，均应符合现行国家标准《木结构工程施工质量验收规范》（GB 50206—2012）中的有关规定。

木竹地板面层所选用的材料应符合设计要求，进场时应对其断面尺寸、含水率等主要技术指标进行抽验，抽验数量应符合现行国家有关标准的规定。

（3）用于固定和加固用的金属零部件，应采用不锈钢或经过防锈处理的金属件。

（4）与厕所、浴室、厨房等潮湿场所相邻的木、竹面层的连接处应按照设计要求做防水（潮）处理。

（5）木、竹面层铺设在水泥类基层上，其基层表面应坚硬、平整、洁净、不起砂，表面含水率不应大于 8%。

（6）建筑地面工程的木、竹面层搁栅下部架空结构层（或构造层）的质量检验，应符合现行相应国家标准的规定。

（7）木、竹面层的通风构造层包括室内通风沟、地面通风沟、室外通风窗等，均应符合设计要求。

（8）木、竹面层的允许偏差和检验方法应符合表 13-53 的规定。

表 13-53　木、竹面层的允许偏差和检验方法

项目	允许偏差/mm				检验方法
	实木地板、实木集成地板、竹地板			实木复合地板、浸渍纸层压木质地板、软木类地板	
	松木地板	硬木地板、竹地板	拼花地板		
板面缝隙宽度	1.0	0.5	0.2	0.5	用钢尺检查
表面平整度	3.0	2.0	2.0	2.0	用 2m 靠尺和楔形塞尺检查
踢脚线上口平齐	3.0	3.0	3.0	3.0	拉 5m 线和用钢尺检查
板面拼缝平直	3.0	3.0	3.0	3.0	

项目	允许偏差/mm				检验方法
	实木地板、实木集成地板、竹地板			实木复合地板、浸渍纸层压木质地板、软木类地板	
	松木地板	硬木地板、竹地板	拼花地板		
相邻板材高差	0.5	0.5	0.5	0.5	用钢尺和楔形塞尺检查
踢脚线与面层接缝	1.0	1.0	1.0	1.0	楔形塞尺检查

（二）实木地板、实木集成地板、竹地板面层质量要求

1. 一般规定

（1）实木地板、实木集成地板、竹地板面层，应采用条形材或块材或拼花，以"空铺"或"实铺"方式在基层上铺贴。

（2）实木地板、实木集成地板、竹地板面层，可采用双层面层和单层面层铺设，其厚度应符合设计要求；其选材应符合现行国家有关标准的规定。

（3）铺设实木地板、实木集成地板、竹地板面层时，其木搁栅的截面尺寸、间距和稳固方法等均应符合设计要求。木搁栅固定时，不得损坏基层和预埋管线。木搁栅应垫实钉牢，与柱、墙之间留出 20mm 的缝隙，表面应平整，其间距不宜大于 300mm。

（4）当面层下铺设垫层地板时，垫层地板的髓心应向上，板间缝隙不应大于 3mm，与柱、墙之间应留 8~12mm 的空隙，表面应刨平。

（5）实木地板、实木集成地板、竹地板面层铺设时，相邻板材接头位置应错开不小于 300mm 的距离；与柱、墙之间应留 8~12mm 的空隙。

（6）采用实木制作的踢脚线，背面应设置沟槽并做防腐处理。

（7）席纹实木地板面层、拼花实木地板面层的铺设，应符合现行国家标准《建筑地面工程施工质量验收规范》（GB 50209—2010）中的有关规定。

2. 主控项目

（1）实木地板、实木集成地板、竹地板面层采用的地板、铺设时的木（竹）材含水率、胶黏剂等，应符合设计要求和国家现行有关标准的规定。

检验方法：观察和检查型式检验报告、出厂检验报告、出厂合格书。检查数量：同一工程、同一材料、同一生产厂家、同一型号、同一规格、同一批号检查一次。

（2）实木地板、实木集成地板、竹地板面层采用的材料进入施工现场时，应有以下有害物质限量合格的检测报告：a. 地板中的游离甲醛（释放量或含量）；b. 溶剂型胶黏剂中的挥发性有机化合物（VOCs）、苯、甲苯＋二甲苯；c. 水性胶黏剂中的挥发性有机化合物（VOCs）和游离甲醛。

检验方法：检查检测报告。检查数量：同一工程、同一材料、同一生产厂家、同一型号、同一规格、同一批号检查一次。

（3）木搁栅、垫木、垫层地板等应进行防腐、防蛀处理。

检验方法：观察检查和检查验收记录。检查数量：应按照现行国家标准《建筑地面工程施工质量验收规范》（GB 50209—2010）中第 3.0.21 条规定的检验批检查。

（4）木搁栅安装应牢固、平直。

检验方法：观察、行走、钢尺测量等检查和检查验收记录。检查数量：应按照现行国家标准《建筑地面工程施工质量验收规范》（GB 50209—2010）中第 3.0.21 条规定的检验批检查。

（5）面层铺设应牢固；黏结应无空鼓、松动。

检验方法：观察、行走或用小锤轻击检查。检查数量：应按照现行国家标准《建筑地面工程施工质量验收规范》（GB 50209—2010）中第 3.0.21 条规定的检验批检查。

3. 一般项目

（1）实木地板、实木集成地板面层应刨平、磨光，无明显刨痕和毛刺等现象；图案应清晰、颜色应均匀一致。

检验方法：观察、手摸和行走检查。检查数量：应按照现行国家标准《建筑地面工程施工质量验收规范》（GB 50209—2010）中第 3.0.21 条规定的检验批检查。

（2）竹地板面层的品种与规格应符合设计要求，板面应无翘曲。

检验方法：观察、用 2m 靠尺和楔形塞尺检查。检查数量：应按照现行国家标准《建筑地面工程施工质量验收规范》（GB 50209—2010）中第 3.0.21 条规定的检验批检查。

（3）面层缝隙应严密；接头位置应错开，表面应平整、洁净。

检验方法：观察检查。检查数量：应按照现行国家标准《建筑地面工程施工质量验收规范》（GB 50209—2010）中第 3.0.21 条规定的检验批检查。

（4）面层采用粘、钉工艺时，接缝应对齐，粘贴、钉入应严密；缝隙宽度应均匀一致；表面应洁净，无溢胶现象。

检验方法：观察检查。检查数量：应按照现行国家标准《建筑地面工程施工质量验收规范》（GB 50209—2010）中第 3.0.21 条规定的检验批检查。

（5）踢脚线应表面光滑，接缝严密，高度一致。

检验方法：观察和用钢尺检查。检查数量：应按照现行国家标准《建筑地面工程施工质量验收规范》（GB 50209—2010）中第 3.0.21 条规定的检验批检查。

（6）实木地板、实木集成地板、竹地板面层的允许偏差应符合表 13-53 中的规定。

检验方法：按表 13-53 中规定的检验方法检验。检查数量：应按照现行国家标准《建筑地面工程施工质量验收规范》（GB 50209—2010）中第 3.0.21 条规定的检验批和第 3.0.22 条的规定进行检查。

（三）实木复合地板面层质量要求

1. 一般规定

（1）实木复合地板面层采用的材料、铺设方法、铺设方式、厚度以及垫层地板铺设等，均应符合现行国家标准《建筑地面工程施工质量验收规范》（GB 50209—2010）中第 7.2.1 条～第 7.2.4 条的规定。

（2）实木复合地板面层应采用空铺法或粘贴法（全粘或点粘）铺设。采用粘贴法铺设时，粘贴材料应按设计要求选用，并应具有耐老化、防水、防菌、无毒等性能。

（3）实木复合地板面层下衬垫的材料和厚度应符合设计要求。

（4）实木复合地板面层铺设时，相邻板材接头位置应错开不小于 300mm 的距离；与柱、墙之间留出 20mm 的缝隙。当面层采用无龙骨的空铺法铺设时，应在面层与柱、墙之间的空隙内加设金属弹簧卡或木楔子，其间距宜为 200~300mm。

（5）大面积铺设实木复合地板面层时，应按设计要求分段进行铺设，分段缝的处理应符合设计的要求。

2. 主控项目

（1）实木复合地板面层采用的地板、胶黏剂等，应符合设计要求和国家现行有关标准的规定。

检验方法：观察和检查型式检验报告、出厂检验报告、出厂合格书。检查数量：同一工程、同一材料、同一生产厂家、同一型号、同一规格、同一批号检查一次。

（2）实木复合地板面层采用的材料进入施工现场时，应有以下有害物质限量合格的检测报告：a. 地板中的游离甲醛（释放量或含量）；b. 溶剂型胶黏剂中的挥发性有机化合物（VOCs）、苯、甲苯＋二甲苯；c. 水性胶黏剂中的挥发性有机化合物（VOCs）和游离甲醛。

检验方法：检查检测报告。检查数量：同一工程、同一材料、同一生产厂家、同一型号、同一规格、同一批号检查一次。

（3）木搁栅、垫木、垫层地板等应进行防腐、防蛀处理。

检验方法：观察检查和检查验收记录。检查数量：应按照现行国家标准《建筑地面工程施工质量验收规范》（GB 50209—2010）中第 3.0.21 条规定的检验批检查。

（4）木搁栅安装应牢固、平直。

检验方法：观察、行走、钢尺测量等检查和检查验收记录。检查数量：应按照现行国家标准《建筑地面工程施工质量验收规范》（GB 50209—2010）中第 3.0.21 条规定的检验批检查。

（5）面层铺设应牢固；黏结应无空鼓、松动。

检验方法：观察、行走或用小锤轻击检查。检查数量：应按照现行国家标准《建筑地面工程施工质量验收规范》（GB 50209—2010）中第 3.0.21 条规定的检验批检查。

3. 一般项目

（1）实木复合地板面层图案和颜色应符合设计要求，图案应清晰，颜色应一致，板面应无翘曲。

检验方法：观察、用 2m 靠尺和楔形塞尺检查。检查数量：应按照现行国家标准《建筑地面工程施工质量验收规范》（GB 50209—2010）中第 3.0.21 条规定的检验批检查。

（2）面层缝隙应严密；接头位置应错开，表面应平整、洁净。

检验方法：观察检查。检查数量：应按照现行国家标准《建筑地面工程施工质量验收规范》（GB 50209—2010）中第 3.0.21 条规定的检验批检查。

（3）面层采用粘、钉工艺时，接缝应对齐，粘贴、钉入应严密；缝隙宽度应均匀一致；表面应洁净，无溢胶现象。

检验方法：观察检查。检查数量：应按照现行国家标准《建筑地面工程施工质量验收规范》（GB 50209—2010）中第 3.0.21 条规定的检验批检查。

（4）踢脚线应表面光滑，接缝严密，高度一致。

检验方法：观察和用钢尺检查。检查数量：应按照现行国家标准《建筑地面工程施工质量验收规范》（GB 50209—2010）中第 3.0.21 条规定的检验批检查。

（5）实木复合地板面层的允许偏差应符合表 13-53 中的规定。

检验方法：按表 13-53 中规定的检验方法检验。检查数量：应按照现行国家标准《建筑地面工程施工质量验收规范》（GB 50209—2010）中第 3.0.21 条规定的检验批和第 3.0.22 条的规定进行检查。

（四）浸渍纸层压木质地板面层质量要求

1. 一般规定

（1）浸渍纸层压木质地板面层应采用条形材或块形材，以空铺或粘贴方式在基层上铺贴。

（2）浸渍纸层压木质地板面层可采用有垫层地板和无垫层地板的方式铺设。有垫层地板时，垫层地板的材料和厚度应符合设计要求。

（3）浸渍纸层压木质地板面层铺设时，相邻板材接头位置应错开不小于 300mm 的距离；衬垫层、垫层地板及面层与柱、墙之间留出不小于 10mm 的空隙。

（4）浸渍纸层压木质地板面层采用无龙骨的空铺法铺设时，宜在面层与基层之间设置衬垫层，衬垫层的材料和厚度应符合设计要求；并应在面层与柱、墙之间的空隙内加设金属弹簧卡或木楔，其间距宜为 200～300mm。

2. 主控项目

（1）浸渍纸层压木质地板面层采用的地板、胶黏剂等，应符合设计要求和国家现行有关标准的规定。

检验方法：观察和检查型式检验报告、出厂检验报告、出厂合格书。检查数量：同一工程、同一材料、同一生产厂家、同一型号、同一规格、同一批号检查一次。

（2）浸渍纸层压木质地板面层采用的材料进入施工现场时，应有以下有害物质限量合格的检测报告：a. 地板中的游离甲醛（释放量或含量）；b. 溶剂型胶黏剂中的挥发性有机化合物（VOCs）、苯、甲苯＋二甲苯；c. 水性胶黏剂中的挥发性有机化合物（VOCs）和游离甲醛。

检验方法：检查检测报告。检查数量：同一工程、同一材料、同一生产厂家、同一型号、同一规格、同一批号检查一次。

（3）木搁栅、垫木、垫层地板等应进行防腐、防蛀处理；其安装应牢固、平直。

检验方法：观察、行走、钢尺测量等检查和检查验收记录。检查数量：应按照现行国家标准《建筑地面工程施工质量验收规范》（GB 50209—2010）中第 3.0.21 条规定的检验批检查。

（4）面层铺设应牢固、平整；黏结应无空鼓、松动。

检验方法：观察、行走或用小锤轻击检查。检查数量：应按照现行国家标准《建筑地面工程施工质量验收规范》（GB 50209—2010）中第 3.0.21 条规定的检验批检查。

3. 一般项目

（1）浸渍纸层压木质地板面层图案和颜色应符合设计要求，图案应清晰，颜色应一致，板面应无翘曲。

检验方法：观察、用 2m 靠尺和楔形塞尺检查。检查数量：应按照现行国家标准《建筑地面工程施工质量验收规范》（GB 50209—2010）中第 3.0.21 条规定的检验批检查。

（2）面层缝隙应严密；接头位置应错开，表面应平整、洁净。

检验方法：观察检查。检查数量：应按照现行国家标准《建筑地面工程施工质量验收规范》（GB 50209—2010）中第 3.0.21 条规定的检验批检查。

（3）踢脚线应表面光滑，接缝严密，高度一致。

检验方法：观察和用钢尺检查。检查数量：应按照现行国家标准《建筑地面工程施工质量验收规范》（GB 50209—2010）中第 3.0.21 条规定的检验批检查。

（4）浸渍纸层压木质地板面层的允许偏差应符合表 13-53 中的规定。

检验方法：按表 13-53 中规定的检验方法检验。检查数量：应按照现行国家标准《建筑地面工程施工质量验收规范》（GB 50209—2010）中第 3.0.21 条规定的检验批和第 3.0.22 条的规定进行检查。

（五）软木类地板面层质量要求

1. 一般规定

（1）软木类地板面层应当采用软木地板或软木复合地板条形材或块材，并在水泥类基层或垫层地板上铺设。软木地板面层应当采用粘贴方式铺设，软木复合地板面层应当采用空铺方式铺设。

（2）软木类地板面层的厚度应当符合设计中的要求。

（3）软木类地板面层的垫层地板在铺设时，与柱、墙之间应留出不大于 20mm 的空隙，表面应刨平。

（4）软木类地板面层铺设时，相邻板材接头位置应错开不小于 1/3 板长且不小于 200mm 的距离；面层与柱、墙之间应留出 8～12mm 的空隙；软木复合地板面层铺设时，应在面层与柱、墙之间的空隙内加设金属弹簧卡或木楔，其间距宜为 200～300mm。

2. 主控项目

（1）软木类地板面层采用的地板、胶黏剂等材料，应符合设计要求和国家现行有关标准的规定。

检验方法：观察和检查型式检验报告、出厂检验报告、出厂合格书。检查数量：同一工程、同一材料、同一生产厂家、同一型号、同一规格、同一批号检查一次。

（2）软木类地板面层采用的材料进入施工现场时，应有以下有害物质限量合格的检测报告：a. 地板中的游离甲醛（释放量或含量）；b. 溶剂型胶黏剂中的挥发性有机化合物（VOCs）、苯、甲苯＋二甲苯；c. 水性胶黏剂中的挥发性有机化合物（VOCs）和游离甲醛。

检验方法：检查检测报告。检查数量：同一工程、同一材料、同一生产厂家、同一型号、同一规格、同一批号检查一次。

（3）木搁栅、垫木、垫层地板等应进行防腐、防蛀处理；其安装应牢固、平直。

检验方法：观察、行走、钢尺测量等检查和检查验收记录。检查数量：应按照现行国家标准《建筑地面工程施工质量验收规范》（GB 50209—2010）中第 3.0.21 条规定的检验批检查。

（4）软木类地板面层铺设应牢固、平整；黏结应无空鼓、松动。

检验方法：观察、行走或用小锤轻击检查。检查数量：应按照现行国家标准《建筑地面工程施工质量验收规范》（GB 50209—2010）中第 3.0.21 条规定的检验批检查。

3. 一般项目

（1）软木类地板面层图案和颜色应符合设计要求，板面应无翘曲。

检验方法：观察、用 2m 靠尺和楔形塞尺检查。检查数量：应按照现行国家标准《建筑地面工程施工质量验收规范》（GB 50209—2010）中第 3.0.21 条规定的检验批检查。

（2）面层缝隙应均匀；接头位置应错开，表面应洁净。

检验方法：观察检查。检查数量：应按照现行国家标准《建筑地面工程施工质量验收规范》（GB 50209—2010）中第 3.0.21 条规定的检验批检查。

（3）踢脚线应表面光滑，接缝严密，高度一致。

检验方法：观察和用钢尺检查。检查数量：应按照现行国家标准《建筑地面工程施工质量验收规范》（GB 50209—2010）中第 3.0.21 条规定的检验批检查。

（4）软木类地板面层的允许偏差应符合表 13-53 中的规定。

检验方法：按表 13-53 中规定的检验方法检验。检查数量：应按照现行国家标准《建筑地面工程施工质量验收规范》（GB 50209—2010）中第 3.0.21 条规定的检验批和第 3.0.22 条的规定进行检查。

（六）地面辐射供暖的木地板面层质量要求

1. 一般规定

（1）地面辐射供暖的木地板面层宜采用实木复合地板、浸渍纸层压木质地板等，应在填充层上进行铺设。

（2）地面辐射供暖的木地板面层可采用空铺法或胶粘法（全粘或点粘）铺设。当面层设置垫层地板时，垫层地板的材料和厚度应符合设计要求。

（3）与填充层相接触的龙骨、垫层地板、面层地板等，应采用胶粘法铺设。铺设时填充层的含水率应符合胶黏剂的技术要求。

（4）地面辐射供暖的木地板面层铺设时不得扰动填充层，不得向填充层内楔入任何物件。面层铺设还应符合现行国家标准《建筑地面工程施工质量验收规范》（GB 50209—2010）中第 7.3 节、第 7.4 节的有关规定。

2. 主控项目

（1）地面辐射供暖的木地板面层采用的材料或产品，除应符合设计要求和现行国家有关标准的规定外，还应具有耐热性、热稳定性、防水、防潮、防霉变等特点。

检验方法：观察和检查质量合格证明文件。检查数量：同一工程、同一材料、同一生产厂家、同一型号、同一规格、同一批号检查一次。

（2）地面辐射供暖的木地板面层与柱、墙之间应留不小于 10mm 的空隙。当采用无龙骨的空铺法铺设时，应在空隙内加设金属弹簧卡或木楔，其间距宜为 200～300mm。

检验方法：观察和用钢尺检查。检查数量：应当按照现行国家标准《建筑地面工程施工质量验收规范》（GB 50209—2010）中第 3.0.21 条规定的检验批检查。

（3）其余主控项目及检验方法、检查数量，应符合现行国家标准《建筑地面工程施工质量验收规范》（GB 50209—2010）中第 7.3 节、第 7.4 节的有关规定。

3. 一般项目

（1）地面辐射供暖的木地板面层采用无龙骨的空铺法铺设时，应当在填充层上铺设一层耐热防潮纸或布。防潮纸或布应采用胶粘法进行搭接，搭接尺寸应合理，铺设后表面应平整，无皱褶。

（2）其余一般项目及检验方法、检查数量，应符合现行国家标准《建筑地面工程施工质量验收规范》（GB 50209—2010）中第 7.3 节、第 7.4 节的有关规定。

第四节　建筑地面工程质量问题与防治措施

地面装饰工程包括楼面装饰和地面装饰两部分，两者的主要区别是饰面的承托层不同。楼面装饰面层的承托层是架空的楼面结构层，地面装饰面层的承托层是室内地基。地面装饰工程所用的材料种类很多，在实际地面装饰工程中采用的主要有水泥砂浆、混凝土、天然石材、陶瓷地砖、塑料、涂料、地毯、木地板等。

地面装饰工程是建筑装饰工程的重要组成部分，直接影响整个建筑产品的使用功能、装饰质量及外观效果。完美的地面装饰设计要通过精心施工来实现，只有通过施工单位的精心设计、精心施工、严格控制、认真选材、质量管理、工程验收等各个环节方能达到预期的地面工程装饰效果。但是，在地面工程的施工中也会出现这样那样的质量问题，必须针对实际情况采取防治措施，使其达到现行国家标准《建筑地面工程施工质量验收规范》（GB 50209—2010）中的要求。

一、水泥砂浆地面质量问题与防治措施

水泥砂浆地面，是应用最普遍的一种地面，是直接在现浇混凝土垫层的水泥砂浆找平层上施工的一种传统整体地面。水泥砂浆地面面层是以水泥作为胶凝材料、砂子作为骨料，按一定的配合比配制抹压而成的低档地面。水泥砂浆地面的优点是造价较低、施工简便、使用耐久，但容易出现起灰、起砂、裂缝、空鼓等质量问题。

（一）地面起砂

1. 质量问题

地面起砂的质量问题，主要表现在地面的表面比较粗糙，颜色发白，光洁度差，质地松软。在其表面上走动，最初有松散的水泥灰，用手触摸有干水泥面的感觉；随着人们走动次数的增多，砂浆中的砂粒出现松动，或有成片水泥硬壳剥落。

2. 原因分析

产生地面起砂的原因很多，归纳起来主要有以下几个方面。

（1）水灰比过大　材料试验证明：常用的水泥在进行水化反应中，所需要的水量约为水泥质量的 25％，即水泥砂浆的水灰比为 0.25 左右。这样小的水灰比，虽然能满足水化反应的用水量，但在施工过程中摊铺和压实是非常困难的。为保证水泥砂浆施工的流动性，水灰比往往控制在 0.40～0.60 范围内。但是，水灰比与水泥砂浆的强度成反比，如果砂浆中的用水量过大，不仅将会大大降低面层砂浆的强度，而且还会造成砂浆产生泌水，进一步降低地面表面的强度，由此会出现磨损起砂的质量问题。

（2）施工工序不当　由于不了解水泥凝结硬化的基本原理，水泥砂浆地面压光工序安排不适当，以及底层材料过干或过湿等，造成地面压光时间过早或过晚。工程实践证明，如果

压光过早，水泥水化反应刚刚开始，凝胶尚未全部形成，砂浆中的自由水比较多，虽然经过压光，其表面还会游浮出一层水，面层砂浆的强度和抗磨性将严重降低；如果压光过晚，水泥已产生终凝，不但无法消除面层表面的毛细孔及抹痕，而且还会扰动已经硬化的表面，也将大幅度降低面层砂浆的强度和抗磨性能。

（3）养护不适当　水泥经初凝和终凝进入硬化阶段，这也是水泥水化反应的阶段。在适当的温度和湿度条件下，随着水化反应的不断深入，水泥砂浆的强度不断提高。在水泥砂浆地面完工后，如果不进行养护或养护条件不当，必然会影响水泥砂浆的凝结硬化速度。如果养护温度和湿度过低，水泥的水化反应速度就会减缓，严重时甚至停止硬化，致使水泥砂浆脱水而影响强度。如果水泥砂浆未达终凝就浇水养护，也会使面层出现脱皮、砂粒外露等质量问题。

（4）使用时间不当　工程实践充分证明：当水泥砂浆地面尚未达到设计强度的70%以上，就在其上面进行下道工序的施工，使地面表层受到频繁的振动和摩擦，很容易导致地面起砂。这种情况在气温较低时尤为显著。

（5）水泥砂浆受冻　水泥砂浆地面在冬季低温条件下施工，如果不采取相应的保温或供暖措施，水泥砂浆易受冻。材料试验表明，水泥砂浆受冻后，体积大约膨胀9%，产生较大的冰胀应力，其强度将大幅度下降；在水泥砂浆解冻后，砂浆体积不再收缩，使面层砂浆的孔隙率增大；骨料周围的水泥浆膜的黏结力被破坏，形成松散的颗粒，在摩擦的作用下也会出现起砂现象。

（6）原材料不合格　原材料不合格，主要是指所用的水泥和砂子。如果采用的水泥强度等级过低，或水泥中有过期的结块水泥、受潮的结块水泥，必然严重影响水泥砂浆的强度和地面的耐磨性能。如果水泥砂浆中采用的砂子粒径过小，则砂子的表面积则大，拌和时需水量大，则水泥砂浆水灰比加大，水泥砂浆的强度降低；如果砂中含泥量过多，势必影响水泥与砂子的黏结，也容易造成地面起砂。

（7）施工环境不当　冬季施工时在新浇筑砂浆地面房间内应采取升温措施，如果不采取正确的排放烟气措施，燃烧产生的二氧化碳气体，常处于空气的下层，它和水泥砂浆表面层相接触后，与水泥水化生成的、尚未硬化的氢氧化钙反应，生成白色粉末状的碳酸钙，其不仅本身强度很低，而且还阻碍水泥水化反应的正常进行，从而显著降低砂浆面层的强度，使地面出现起砂。

3. 防治措施

根据以上水泥砂浆地面起砂的原因分析，很容易得到预防地面起砂的措施，在一般情况下可以采取以下措施。

（1）严格控制水灰比　严格控制水泥砂浆的水灰比是防止起砂的重要技术措施，在工程施工中主要按照砂浆的稠度来控制水泥砂浆的水灰比大小。根据工程实践经验，用于地面面层的水泥砂浆的稠度一般不应大于35mm（以标准圆锥体沉入度计），用于混凝土和细石混凝土铺设地面时的坍落度一般不应大于30mm。混凝土面层宜用平板式振捣器振实，细石混凝土宜用辊子滚压，或用木抹子进行拍打，使其表面出现泛浆，以保证面层的强度、密实度和平整度。

（2）掌握好压光时机　水泥砂浆地面的压光一般不应少于三遍：第一遍压光应在面层铺设完毕后立即进行，先用木抹子均匀地搓压一遍，使面层材料均匀、紧密、平整，以水泥砂浆的表面不出现水面为宜；第二遍压光应在水泥初凝后、终凝前进行，将表面压实、平整；

第三遍压光也应在水泥终凝前进行，主要是消除抹痕和闭塞细毛孔，进一步将表面压实、压光滑。

（3）进行充分的养护　水泥砂浆地面压光之后，在常温情况下，24h后应当开始浇水养护，或者用草帘、锯末覆盖后洒水养护，有条件也可采用蓄水养护。根据工程实践经验，采用普通硅酸盐水泥的地面，连续养护时间不得少于7d；采用硅酸盐水泥的地面，连续养护时间不得少于10d。

（4）合理安排施工工序　水泥地面的施工应尽量安排在墙面、顶棚的粉刷等装饰工程完工后进行，这样安排施工工序，不仅可以避免地面过早上人、避免与其他工序发生冲突，而且可以避免对地面面层产生污染和损坏。如果必须安排在其他装饰工程前进行，应采取有效的保护措施。

（5）防止地面早期受冻　水泥砂浆和混凝土早期受冻，对其强度的降低最为严重。在低温条件下铺筑水泥砂浆地面，应采取可靠措施防止早期受冻。在铺筑地面前，应将门窗玻璃安装好，或设置供暖设备，以保证施工温度在5℃以上。采用炉火取暖时，温度一般不宜超过30℃，应设置排烟设施，并保持室内有一定的湿度。

（6）选用适宜的材料　水泥砂浆地面最好采用早期强度较高的硅酸盐水泥、普通硅酸盐水泥，其强度等级不应低于32.5MPa，过期结块和受潮结块的水泥不能用于工程。砂子一般宜采用中砂或粗砂，含泥量不得大于3％；用于面层的粗骨料粒径不应大于15mm，也不应大于面层厚度的2/3，含泥量不得大于2％。

（7）采用无砂水泥地面　工程材料试验证明，用于面层的水泥砂浆，用粒径为2～5mm的米石代替水泥砂浆中的砂子，是防止地面起砂比较成功的方法。这种材料的配合比为水泥∶米石＝1∶2（体积比），稠度控制在35mm以下。工程实践表明，这种地面压光后一般情况不会产生起砂，必要时还可以进行磨光。

（二）地面出现空鼓

1. 质量问题
地面空鼓是一种房屋工程水泥砂浆地面最常见的质量通病，是指装修面层（抹灰层或面砖）与基层处理不好、结合不紧密，导致基层与装修面层之间出现空隙空间，用脚用力踩踏或硬物轻击会听到如击鼓的声音，建筑工程上称之为"空鼓"。在使用一段时间后，很容易出现开裂，严重者产生大片剥落，影响地面的使用功能。

2. 原因分析
（1）在进行基层（或垫层）清理时，没有按照有关规定和设计要求进行，上面还有浮灰、杂物、浆膜或其他污物。特别是室内粉刷墙壁、顶棚时，白灰砂浆落在楼（地）板上，造成清理比较困难，严重影响垫层与面层的结合。

（2）在面层施工前，未对基层进行充分的湿润。由于基层过于干燥，铺设水泥砂浆后水分迅速被吸收，致使水泥砂浆失水过快而强度不高，面层与基层黏结不牢。另外，干燥基层表面的粉尘很难清扫干净，对面层水泥砂浆也起到一定的隔离作用。

（3）基层（或垫层）的表面积水过多，在铺设面层水泥砂浆后，积水处的水泥砂浆水灰比突然增大，严重影响面层与垫层之间的黏结，必然造成地面空鼓。

（4）为了增加面层与基层的黏结，可以采用涂刷水泥砂浆的方法。但是，如果水泥砂浆刷浆过早，铺设面层时水泥砂浆已经硬化，这样不但不能增加面层与基层的黏结力，反而起了隔离层的作用。

（5）炉渣垫层的材料和施工质量不符合设计要求。主要表现在以下几个方面。

① 使用未经过筛和未用水闷透的炉渣拌制水泥炉渣垫层。这种炉渣垫层粉末过多、强度较低、容易开裂、造成空鼓。另外，炉渣中含有煅烧过的煤矸石，若未经水闷透，遇水后消解而体积膨胀，造成地面空鼓。

② 使用的石灰未经充分熟化，加上未进行过筛，拌合物铺设后，生石灰吸水后体积膨胀，使水泥砂浆面层起拱，也将造成地面空鼓。

③ 设置于炉渣垫层中的管道没有采用细石混凝土进行固定，从而产生松动现象，致使面层开裂、空鼓。

3. 防治措施

（1）严格进行底层处理。

① 认真清理基层表面的浮灰、浆膜及其他污物，并冲洗干净。如果底层表面过于光滑，为增强层面与基层的结合力，应当进行凿毛处理。

② 控制基层的平整度，用 2m 直尺检查，其凹凸度不得大于 10mm，以保证面层厚度均匀一致，防止厚薄差距过大，造成收缩不均而产生裂缝和空鼓。

③ 水泥砂浆面层施工前 1～2d，应对基层认真进行浇水湿润，使其具有清洁、湿润、粗糙的表面。

（2）保证结合层施工质量　保证结合层施工质量的措施主要包括以下几种。

① 素水泥浆的水灰比应控制在 0.40～0.50 范围内，一般应采用均匀涂刷的施工方法，而不宜采用撒干面后浇水的扫浆方法。

② 刷水泥浆与铺设面层应紧密配合，严格做到随涂刷随铺设，不允许出现水泥浆风干硬化后再铺设面层。

③ 在水泥炉渣或水泥石灰炉渣垫层上涂刷结合层时，应采用配合比为水泥∶砂＝1∶1（体积比）的材料。

（3）保证垫层的施工质量　保证垫层施工质量的措施主要包括以下几种。

① 垫层所用的炉渣，应当采用在露天堆放、经雨水或清水或石灰浆闷透的"陈渣"，炉渣内也不得含有有机物和未燃尽的煤块。

② 采用的石灰应在使用前用 3～4d 的时间进行熟化，并加以过筛，其最大粒径不得大于 5mm。

③ 垫层材料的配合比应适当。水泥炉渣的配合比为水泥∶炉渣＝1∶6（体积比）；水泥石灰和炉渣的配合比为水泥∶石灰∶炉渣＝1∶1∶8（体积比）。在施工中要做到拌和均匀、严限水量、铺后辊压、搓平整、抹密实。铺设厚度一般不应小于 60mm，当超过 120mm 时，应分层进行铺设。

④ 炉渣垫层铺设在混凝土基层上时，铺设前应在基层上涂刷水灰比为 0.45 左右的素水泥浆一遍，并且随刷随铺。

⑤ 炉渣垫层铺设后，要认真做好养护工作，养护期间避免遭受水的浸蚀，待其抗压强度达到 1.2MPa 以上后再进行下道工序的施工。

⑥ 混凝土垫层应用平板式振捣器振捣密实，对于高低不平的地方，可以用水泥砂浆或细石混凝土进行找平。

（三）面层出现裂缝

1. 质量问题

水泥砂浆地面面层出现裂缝是一种多因素造成的质量通病，也是一种陈旧性的质量通病。在地面面层上出现的裂缝，其特点是部位不固定、形状不一样，预制板楼地面可能出现，现浇板楼地面也可能出现，有的是表面裂缝，也有的是连底裂缝。

2. 原因分析

（1）采用的水泥安定性差或水泥刚刚出窑，在凝结硬化时产生较大的收缩。或不同品种、不同强度等级的水泥混杂使用，其凝结硬化时间及收缩程度不同，也会造成面层裂缝。砂子粒径过细或者是含泥量过多，从而造成拌合物的强度降低，并易引起面层收缩而产生裂缝。

（2）不能及时养护或不对面层进行养护，很容易产生收缩裂缝，水泥用量比较大的地面或用矿渣硅酸盐水泥做的地面表现最为显著。在温度较高、空气干燥和有风季节，如果养护不及时则地面更容易产生干缩裂缝。

（3）水泥砂浆水灰比过大或搅拌不均匀，则砂浆的抗拉强度会显著降低，严重影响水泥砂浆与基层的黏结，也很容易导致地面出现裂缝。

（4）首层地面填土质量不符合设计要求，主要表现在回填土的土质较差或填筑夯实不密实，地面完成后回填土沉陷，使面层出现裂缝；回填土中有冻块或冰块，当气温回升融化后，回填土出现沉陷，从而使地面面层产生裂缝。

（5）配合比不适宜，计量不准确，垫层质量差；混凝土振捣不密实，接槎不严密；地面填土局部标高不够或过高，这些都会削弱垫层的承载力而引起面层裂缝。

（6）如果底层不平整，或预制楼板未找平，使面层厚薄不均匀，面层会因收缩不同而产生裂缝；或埋设管道、预埋件、地沟盖板偏高偏低等，也会使面层厚薄不均匀；新旧混凝土交接处因吸水率及垫层用料不同，也将导致面层收缩不均匀。

（7）面积较大的楼地面，未按照设计和有关规定设置伸缩缝，当温度发生较大变化时产生较大的胀缩变形，使地面产生温度裂缝。

（8）如果因局部地面堆积荷载过大而造成地基土下沉或构件挠度过大，使构件下沉、错位、变形，导致地面产生不规则裂缝。

（9）掺入水泥砂浆和混凝土中的各种减水剂、防水剂等，均有增大其收缩量的不良影响。如果掺加外加剂过量，面层完工后又不注意加强养护，则会造成面层较大的收缩值，很容易形成面层开裂。

3. 防治措施

（1）应当特别重视地面面层原材料的质量，选择质量符合要求的材料配制水泥砂浆。胶凝材料应当选用早期强度较高、收缩性较小、安定性较好的水泥，砂子应当选用粒度不宜过细、含泥量符合国家标准要求的中粗砂。

（2）保证垫层厚度和配合比的准确性，振捣要密实，表面要平整，接槎要严密。工程实践证明，混凝土垫层和水泥炉渣（水泥石灰炉渣）垫层的最小厚度不应小于 60mm；三合土垫层和灰土垫层的最小厚度不应小于 100mm。

（3）用于面层的水泥拌合物应严格控制用水量，水泥砂浆稠度不应大于 35mm，混凝土坍落度不应大于 30mm。在面层表面压光时，千万不可采用撒干水泥面的方法。必要时可适量撒一些 1：1 干拌水泥砂，待其吸水后，先用木抹子均匀搓一遍，然后再用铁抹子压光。水泥砂浆终凝后，应及时进行覆盖养护，防止产生早期收缩裂缝。

（4）回填土应分层填筑密实，如果地面以下回填土较深时，还应做好房屋四周地面排水，以免雨水灌入造成回填土沉陷，导致面层产生裂缝。

（5）水泥砂浆面层在铺设前，应认真检查基层表面的平整度，尽量使面层的铺设厚度一致，使面层的收缩基本相同。如果因局部埋设管道、预埋件而影响面层厚度时，其顶面至地面表裂的最小距离不得小于 10mm，并设置防裂钢丝网片。

（6）为了适应地面的热胀冷缩变形，对于面积较大的楼地面，应从垫层开始设置变形缝。室内一般设置纵向和横向伸缩缝，缝的间距应当符合设计要求。

（7）在结构设计上应尽量避免基础沉降量过大，特别要避免出现不均匀沉降；采用的预制构件应有足够的刚度，不准出现过大的挠度。

（8）在日常使用的过程中，要尽可能避免局部楼地面集中荷载过大。

（9）水泥砂浆（或混凝土）面层中如果需要掺加外加剂，最好通过试验确定其最佳掺量，在施工中严格按规定控制掺加用量，并注意加强养护。

二、板块地面面层质量问题与防治措施

地面砖与陶瓷锦砖是室内地面装修中最常用的材料之一，地面砖和陶瓷锦砖主要包括缸砖、各种陶瓷地面砖，在施工中如果不精心管理和操作，很容易发生一些质量问题，不仅直接影响其使用功能和观感效果，而且也会造成用户的恐惧心理。

众多地面砖施工实践证明，板块地面的主要质量问题有地面砖的空鼓和脱落、地面砖的裂缝、地面砖的接缝问题、地面砖不平整和积水、陶瓷锦砖的空鼓和脱落、锦砖地面污染等。

（一）地面砖空鼓与脱落质量问题

1. 质量问题

地面砖或陶瓷锦砖与铺设地面基层黏结不牢，人走在上面时有空鼓声，或出现部分地面砖、陶瓷锦砖有松动或脱落现象。

2. 原因分析

出现地面砖、陶瓷锦砖空鼓与地面基层脱落质量问题的原因很多，根据工程实践经验归纳起来主要有以下几个方面。

（1）基层清理不符合设计要求　铺贴地面砖或陶瓷锦砖的地面基层，应当按照施工规范的要求进行清理干净，如果表面有泥浆、浮灰、杂物、积水等隔离性物质，就不能使地面砖与基层牢固地黏结在一起，从而发生空鼓与脱落质量问题。

（2）基层质量不符合要求　地面砖能否与基层黏结为一体，不出现空鼓与脱落，在很大程度上取决于基层的质量。如果基层强度低于 M15，表面则容易产生酥松和起砂，再加上施工中对基层不进行浇水湿润，很容易发生空鼓与脱落。

（3）水泥砂浆质量不合格　地面砖与基层的黏结是否牢固，水泥砂浆的质量是关键。如果水泥砂浆配合比设计不当、搅拌中计量不准确、水泥砂浆成品质量不合格，使得在施工中

铺压不紧密，也是造成地面砖空鼓与脱落的主要原因之一。

（4）地面砖或陶瓷锦砖铺前处理不当　地面砖或陶瓷锦砖在铺设前应当清洗干净、浸水晾干，这样才能确保铺贴质量。若没有按规定浸水和洗净背面的灰烬和粉尘，或一边铺设一边浸水，地面砖或陶瓷锦砖上的明水没有擦拭干净就铺贴，必然影响水泥砂浆与地面砖的黏结。

（5）地面砖或陶瓷锦砖铺后保护不够　水泥砂浆的凝结硬化，不仅需要一定的温度和湿度，而且不能过早扰动。如果地面砖或陶瓷锦砖铺贴后黏结层尚未硬化，就过早地在地面上走动、推车、堆放重物，或其他工种在地面上操作和振动，或不及时进行浇水养护，势必影响铺贴质量。

3. 防治措施

（1）确保基层的施工质量　基层的砂浆强度要满足铺贴地面砖或陶瓷锦砖的要求，其砂浆的强度等级一般不得低于 M15，砂浆的搅拌质量要求必须符合施工要求；每处脱皮和起砂的累计面积不得超过 $0.5m^2$，平整度用 2m "靠尺" 检查时不大于 5mm；不得出现脱壳和酥松质量问题。

（2）水泥砂浆质量应合格　水泥砂浆一般应采用硅酸盐水泥或普通硅酸盐水泥，水泥的强度等级一般不应低于 42.5MPa，水泥砂浆的强度等级不应低于 M15，其配合比一般应采用水泥∶砂＝1∶2（体积比），水泥砂浆的稠度控制在 2.5～3.5mm 之间。

（3）保证地面砖或陶瓷锦砖质量　地面砖或陶瓷锦砖在进行正式铺贴前，应对其规格尺寸、外观质量、表面色泽等进行预选，必须确保地面砖或陶瓷锦砖质量符合设计要求，然后将地面砖或陶瓷锦砖的表面清除干净，放入清水中浸泡 2～3h 后取出晾干备用。

（二）地面砖裂缝质量问题

1. 质量问题

地面砖装饰地面由夏季进入秋季或者冬季时，由于温差变化较大的原因，易在夜间发生地面砖爆裂或起鼓的质量问题。

2. 原因分析

（1）建筑结构的原因　由于种种原因，楼地面结构发生较大变形，地面砖被拉裂；或楼面结构层为预制钢筋混凝土空心板，会产生沿着空心板的端头横向裂缝和沿预制板的水平裂缝等。

（2）材料收缩的原因　工程实践证明，铺筑地面砖采用水泥∶砂＝1∶2（体积比）的水泥砂浆比较适宜。有的地面砖接合层采用纯水泥浆，因纯水泥浆与地面砖的温差收缩系数不同，常造成地面砖出现起鼓、爆裂质量问题。

3. 防治措施

防止地面砖产生裂缝的措施，基本上与防止地面砖空鼓和脱落相同，即主要从基层处理、选择材料等方面着手。

（三）地面砖接缝质量差问题

1. 质量问题

地面砖的接缝质量差，往往出现在门口与楼道相接处，主要是指地面砖的接缝高差大于

1mm、接缝宽度不均匀等质量问题。

2. 原因分析

（1）地面砖质量低劣　地面砖的质量低劣，达不到现行的产品标准，尤其是砖面的平整度和挠曲度超过规定，必然会造成接缝质量差，这是这类质量问题的主要原因。

（2）施工操作不规范　铺贴时操作不规范，接合层的平整度差，密实度小且不均匀。由于操作不规范，很容易造成相邻两块砖接缝高差大于1mm，接缝宽度大于2mm，或一头宽一头窄，或因接合层局部沉降而产生较大高差。

3. 防治措施

（1）严格按设计要求选择地面砖，控制好材料的质量，这是确保地面砖施工质量的关键。在选择地面砖时，应挑选平整度、几何尺寸、色泽花纹均符合标准的地面砖。

（2）严格按施工规范进行铺贴。要求铺贴好的地面砖平整光洁、接缝均匀。在正式铺贴前，先将地面砖进行预排（包括色泽和花纹的调配），拉好纵向、横向和水平的铺设控制线，施工中严格按控制线进行铺设。

（四）面层不平整、积水、倒泛水问题

1. 质量问题

地面砖面层平直度差超过2mm，有积水和倒泛水现象，影响地面砖的使用功能和观感，应当引起足够的重视。

2. 原因分析

（1）施工管理水平较低，铺贴时没有测好和拉好水平控制线。有的虽拉好了水平控制线，但由于施工中不太注意，控制线时松时紧，也会导致平整度差。

（2）底层地面的基层回填土未按要求进行夯实，使基层的局部产生沉陷，造成地面砖表面低洼而积水。

（3）在铺贴地面砖前，没有认真检查作业条件，如找平层的平整度、排水坡度没有查明，就盲目铺贴地面砖，从而造成倒泛水问题。

3. 防治措施

（1）铺贴地面砖前要首先认真检查作业条件，找平层的强度、平整度、排水坡度必须符合设计要求，分格缝中的柔性防水材料要先灌注好，地漏要预先安装于设计位置，使找平层上的水都能顺畅地流入地漏。

（2）按控制线先铺贴好纵横定位地面砖，再按照控制线粘贴其他地面砖。每铺完一个段落，用喷壶进行洒水，每隔15min左右用硬木平板放在地面砖上，用木槌敲击木板（全面打一遍）；边拍实边用水平尺检查其平整度，直到达到标准为止。

（五）陶瓷锦砖地面空鼓与脱落问题

1. 质量问题

陶瓷锦砖铺设完毕后，经检查有些地方的锦砖出现空鼓，比较严重的则出现脱落，不仅严重影响地面的美观和平整，而且也严重影响其使用功能。

2. 原因分析

（1）结合层砂浆在摊铺后，没有及时铺贴陶瓷锦砖，而结合层的砂浆已达到初凝；或使用拌和好超过 3h 的砂浆等，均容易造成空鼓与脱落质量问题。

（2）陶瓷锦砖地面铺贴完工后，没有做好养护和成品保护工作，在水泥砂浆尚未达到一定强度时，便被人随意踩踏或在其上面进行其他工序施工。

（3）铺贴完毕的陶瓷锦砖，盲目采用浇水湿纸的方法进行处理。因浇水过多，有的在揭纸时拉动砖块，水渗入砖的底部使已粘贴好的陶瓷锦砖出现空鼓。

（4）在铺抹结合层水泥砂浆时，将水泥砂浆中的游离物质浮在水面，被刮到低洼处凝结成薄膜隔离层，造成陶瓷锦砖脱壳。

3. 防治措施

（1）检查陶瓷锦砖地面铺贴的基层平整度、强度，合格后方可铲除灰疙瘩，然后打扫冲洗干净。在铺抹结合层水泥砂浆前 1h 左右，先在洒水湿润（但不能积水）的基层面上薄刷水泥浆一遍。

（2）在铺抹结合层时，要掌握好水泥砂浆的配制质量，严格按规定的配合比进行计量，准确控制用水量，使搅拌好的水泥砂浆稠度在 30mm 左右。配合铺设陶瓷锦砖的需要，做到随搅拌随抹灰随铺设锦砖，粘贴好一段后再铺另一段砂浆。

（3）严格按施工规范进行操作，并做好成品的养护和保护工作。

（六）陶瓷锦砖地面出现斜楂质量问题

1. 质量问题

陶瓷锦砖在铺设的过程中，尤其是铺至边缘时，发现出现锦砖的缝隙不垂直于房间，而是出现偏斜，不仅给铺设施工造成很大困难，而且也严重影响地面的装饰效果。对于地面装饰要求较高的工程，很可能因返工造成材料的浪费和损坏。

2. 原因分析

（1）房间不方正、尺寸不标准，施工前没有查清和适当纠正，没有排列好具体铺设位置，在铺设时没有拉好控制线。

（2）施工人员技术素质差，粘贴施工时又不拉控制线，结果造成各联锦砖之间的缝隙不均匀，从而使锦砖产生斜楂质量问题。

（3）在地面铺设陶瓷锦砖前，没有认真审阅图纸，或者没根据房间实际尺寸和所用锦砖进行认真核算。

3. 防治措施

（1）施工前要认真检查粘贴锦砖地面房间的几何尺寸，如果不方正必须进行纠正；在确定施工控制线时，要排好靠墙边的尺寸。每两块陶瓷锦砖之间，陶瓷锦砖与结合层之间以及在墙角、镶边和靠墙处，均应紧密贴合，不得留有空隙，在靠墙处不得采用水泥砂浆填补。

（2）陶瓷锦砖装饰地面施工，要挑选责任心比较强、技术水平比较高的工人操作，以确保地面工程的施工质量。

（3）在砖墙面抹灰和粉刷踢脚线时，对于在铺设陶瓷锦砖中出现的偏差，应适当进行纠正。

（4）施工中应加强对工程质量的监督与控制，及时纠正各道工序中出现的偏差，不要将偏差累积在最后。

（七）板块地面空鼓

1. 质量问题

如果板块地面（水磨石、大理石、地板砖等）铺设不牢固，则用小锤敲击时会有空鼓声，人走在板块地面上会有板块松动感。

2. 原因分析

（1）基层表面清理不干净或浇水湿润不充分，涂刷的水泥砂浆结合层不均或涂刷的时间过长，水泥砂浆已产生硬化，根本起不到黏结板块的作用，结果造成板块面层与基层分离而导致空鼓。

（2）在板块面层铺设之前，板块的背面的浮灰没有刷干净，也没有进行浸水湿润，严重影响黏结效果，从而形成空鼓。

（3）铺设板块宜采用干硬性水泥砂浆，并要对水泥砂浆进行压实。如果水泥砂浆含水率大或水泥砂浆不压实、不平整，很容易造成板块空鼓。

3. 防治措施

（1）铺设板块的基层表面必须清扫干净，并浇水使其充分湿润，但不得存有积水。基层表面涂刷的水泥砂浆应均匀，并做到随涂刷水泥砂浆随铺筑水泥砂浆结合层。

（2）板块面层在铺设前应浸水湿润，并应把板的背面浮灰等杂物清扫干净，等板块吸水达到饱和面干时铺设最佳。

（3）采用配合比适宜干硬性水泥砂浆，水泥砂浆铺后能够很好地摊平，经小锤敲击板块很容易平整，并且与基层、板块的黏结性好。

（八）板块接缝的缺陷问题

1. 质量问题

板块面层在铺设后，相邻板块的拼接处出现接缝不平、缝隙不匀等质量缺陷，严重影响板块地面的装饰效果。

2. 原因分析

（1）板块本身厚薄不一样，几何尺寸不准确，有翘曲、歪斜等质量缺陷，再加上事先未进行严格挑选，使得板块铺贴后造成接缝不平、缝隙不匀现象。

（2）在铺设板块面层时，不严格用水平尺进行找平，铺完一排后也不用3m"靠尺"进行双向校正，缝隙不拉通线控制，只凭感觉和经验进行施工，结果造成板块接缝不平、缝隙不匀等质量缺陷。

（3）在铺设板块面层后，水泥砂浆尚未完全硬化时，在养护期内过早地上人行走或使用，使板块产生移动或变形，也会造成板块接缝不平、缝隙不匀等质量缺陷。

3. 防治措施

（1）加强对进场板块的质量检查，对那些几何尺寸不准、有翘曲、歪斜、厚薄偏差过大、有裂缝和掉角等缺陷的板块要挑出不用。

（2）在板块铺贴前，铺好基准块后，应按照从中间向两侧和退后方向顺序进行铺贴，随时用水平尺和直尺找平，对板块的缝隙必须拉通线控制，不得有偏差。

（3）板块铺设完毕后，尤其在水泥砂浆未完全硬化前，要加强对地面成品的保护，不要过早地在铺设的地面行走或进行其他工序操作。

三、水磨石地面质量问题与防治措施

水磨石经过多道施工工艺完成后，最后经过磨光后才能较清晰地显现出质量优劣。工程实践证明，现浇水磨石的质量通病一旦形成则难以进行治理，因此要消除质量问题则应重视和加强施工过程中的预防工作。

现浇水磨石地面常见的工程质量问题很多，在实际工程中常见的主要有地面裂缝空鼓、表面色泽不同、石粒疏密不均、分格条显露不清等。

（一）表面出现裂缝

1. 质量问题

大面积现制水磨石地面，一般常用于大厅、餐厅、休息厅、候车室、走廊等地面，但施工后使用一段时间后容易出现一定的表面裂缝。

2. 原因分析

（1）现浇水磨石地面出现裂缝质量问题，主要是地面回填土不实、表面高低不平或基层冬季冻结；沟盖板水平标高不一致，灌缝不密实；门口或门洞下部基础砖墙砌得太高，造成垫层厚薄不均或太薄，引起地面裂缝。

（2）楼地面上的水磨石层产生裂缝，主要是施工工期较紧，结构沉降不稳定；垫层与面层工序跟得过紧，垫层材料收缩不稳定，暗敷电缆管线过高，周围水泥砂浆固定不好，造成面层裂缝。

（3）在现制水磨石地面前，基层清理不干净，预制混凝土楼板缝及端头缝浇灌不密实，影响楼板的整体性和刚度，当地面荷载过于集中时引起裂缝。

（4）对现制水磨石地面的分格不当，形成狭长的分格带，容易在狭长的分格带上出现裂缝。

3. 防治措施

（1）对于首层地面房内的回填土应当分层进行填土和夯实，不得含有杂物和较大的冻块，冬季施工时回填土要采取必要的保温措施。门厅、大厅、候车室等大面积混凝土垫层应分块进行浇筑，或采取适量的配筋措施，以减弱地面沉降和垫层混凝土收缩引起的面层裂缝。

（2）对于门口或门洞处的基础砖墙高度，最高不得超过混凝土垫层的下皮，保持混凝土垫层有一定的厚度；门口或门洞处做水磨石面层时，应在门口两边镶贴分格条，这样可避免该处出现裂缝。

（3）现浇水磨石地面的混凝土垫层浇筑后应有一定的养护期，使混凝土收缩基本完成后再进行面层的施工；对于较大的或荷载分布不均匀的地面，在混凝土垫层中要加配双向的 $\phi 6@150 \sim 200\text{mm}$ 的钢筋，以增加垫层的整体性、强度和刚度。预制混凝土板的板缝和端头缝，必须用细石混凝土浇筑密实。

暗敷电缆管道的设置不要过于集中，在管线的顶部至少要有 20mm 的混凝土保护层。如果电缆管道不可避免过于集中，应在垫层内采取加配钢筋网的做法。

（4）认真做好基层表面的处理工作，确实保证基层表面平整、强度满足、沉降极小，保证表面清洁、没有杂物、黏结牢固。

（5）现制水磨石的水泥砂浆或混凝土应尽可能采用干硬性的。因为混凝土坍落度和水泥砂浆稠度过大，必然增加产生收缩裂缝的机会，引起水磨石地面空鼓裂缝。

（6）在对水磨石面层进行分格设计时，避免产生狭长的分格带，防止因面层收缩而产生的裂缝。

（二）表面光亮度差

1. 质量问题

现制水磨石地面完成后，目测其表面比较粗糙，有些地方有明显的磨石凹痕，细小的孔洞眼较多，即使打蜡上光也达不到设计要求的光亮度。

2. 原因分析

（1）在对水磨石进行磨光时，由水磨石规格不齐、使用不当而造成。水磨石地面的磨光遍数，一般不应少于三遍：第一遍应用粗金刚石砂轮磨，主要将其表面磨平，使分格条和石子清晰外露，但不得留下明显的磨痕；第二遍应用细金刚石砂轮磨，主要是磨去第一遍磨光留下的磨石凹痕，将水磨石的表面磨光；第三遍应用更细的金刚石砂轮或油石磨，进一步将表面磨光滑，使光亮度达到设计要求。工程实践证明，如果第二、第三遍采用的磨石规格不当，则水磨石的光亮度达不到设计要求。

（2）打蜡之前未涂擦草酸溶液，或将粉状草酸直接撒于地面进行干擦。打蜡的目的是使地面光滑、洁净美观，因此，要求所打蜡材料有一定的耐久性并与地面有一定的黏附力。涂擦草酸溶液能除去地面上的杂物污垢，从而增强打蜡效果。如果直接将粉状草酸撒于地面进行干擦，则难以保证草酸擦得均匀。擦洗后，面层表面的洁净程度不同，擦不净的地方就会出现斑痕，严重影响打蜡效果。

（3）水磨石地面在磨光的过程中，其基本工序是"两浆三磨"。"两浆"即进行两次补浆，"三磨"即磨光三遍。在进行补浆时，如果采用刷浆法，而不采用擦浆法，面层上的洞眼孔隙不能消除，一经打磨仍然露出洞眼，表面光亮度必然差。

3. 防治措施

（1）在准备进行面层打磨时，应先将磨石规格准备齐全，对外观要求较高的水磨石地面应适当提高第三遍所用油石的号数，并增加磨光的遍数。

（2）在地面打蜡之前，应涂擦草酸溶液。溶液的配合比可用热水：草酸＝1：0.35（质量比），溶化冷却后再用。溶液洒于地面，并用油石打磨一遍后再用清水冲洗干净。

（3）在磨光补浆的施工中应当采用擦浆法，即用干布蘸上较浓的水泥浆将洞眼擦密实。在进行擦浆之前，应先清理洞中的积水、杂物，擦浆后应进行养护，使擦涂的水泥浆有良好的凝结硬化条件。

（4）打蜡工序应在地面干燥后进行，不能在地面潮湿状态下打蜡，也不能在地面被污染后打蜡。打蜡时，操作者应当穿干净的软底鞋，蜡层应当达到薄而匀的要求。

（三）颜色深浅不同

1. 质量问题

彩色的水磨石地面，在施工完成后表现出颜色深浅不一，彩色石子混合和显露不均匀，外观质量较差。

2. 原因分析

（1）施工准备工作不充分，材料采购、验收不严格，或贮存数量不足，使用过程中控制和配合不严，再加上由于不同厂家、不同批号的材料性能存在一定差距，结果就会出现颜色深浅不同的现象。

（2）在进行水磨石砂浆或混凝土的配制中，由于计量不准确，每天所用的面层材料没有专人负责，往往是随使用随拌和随配制，再加上操作不认真，检查不仔细，造成配合比不正确，也易造成颜色深浅不同。

3. 预防措施

（1）严格彩色水磨石组成材料的质量要求。对同一部位、同一类型的地面所需的材料（如水泥、石子、颜料等），应当经过严格选择、反复比较进行订货，最好使用同一厂家、同一批号的材料，在允许的条件下一次进场，以确保面层色泽均匀一致。

（2）认真做好配合比设计和施工配料工作。配合比设计：一是根据工程实践经验，进行各种材料的用量计算；二是根据计算配合比进行小量浇筑试验，验证是否符合设计要求。施工配料，主要是指：配料计量必须准确，符合国家有关标准的规定；将地面材料用量一次配足，并用筛子筛匀、拌和均匀、装好备用。这样在施工时，不仅施工速度快，而且彩色石子分布均匀，颜色深浅一致。

（3）在施工过程中，彩色水磨石面层配料应由专人具体负责，实行岗位责任制，认真操作，严格检查。

（4）对于外观质量要求较高的彩色水磨石地面，在正式施工前应先做小块试样，经建设单位、设计单位、监理单位和施工单位等商定其最佳配合比再进行施工。

（四）表面石粒疏密不均、分格条显露不清

1. 质量问题

表面石粒疏密不均、分格条显露不清，这是现浇水磨地面最常见的质量问题。主要表现在表面有石粒堆积现象，有的地方石粒过多，有的地方却没有石粒，不但影响其施工进度，而且严重影响其装饰性。有的分格条埋置的深度过大，不能明显地看出水磨石的分界，也会影响其装饰效果。

2. 原因分析

（1）分格条粘贴方法不正确，两边固定所用的灰埂太高，十字交叉处不留空隙，在研磨中不易将分格条显露出来。

（2）水泥石粒浆的配合比不当，尤其是稠度过大，石粒用量太多，铺设的厚度过厚，超出分格条的高度太多，不仅会出现表面石粒疏密不均，而且也会出现分格条显露不清。

（3）如果开始磨研时间过迟，面层水泥石粒浆的强度过高，再加上采用的磨石过于细，

使分格条不易被磨出。

3.防治措施

（1）在粘贴分格条时应按照规定的工艺要求施工，保证分格条达到"粘七露三"的标准，十字交叉处要留出空隙。

（2）面层所用的水泥石粒浆，应以半干硬性比较适宜，在面层上所撒布的石粒一定要均匀，不要使石粒疏密不均。

（3）严格控制水泥石粒浆的铺设厚度，一般以滚筒滚压后面层高出分格条1mm为宜。

（4）开始研磨的时间和磨石规格，应根据实际情况选择，初磨时一般采用60～90号金刚石，浇水量不宜过大，使面层保持一定浓度的磨浆水。

四、塑料地板地面质量问题与防治措施

塑料地板即用塑料材料铺设的地板。塑料地板按其使用状态可分为块材（或地板砖）和卷材（或地板革）两种。按其材质可分为硬质、半硬质和软质（弹性）三种。按其基本原料可分为聚氯乙烯（PVC）塑料、聚乙烯（PE）塑料和聚丙烯（PP）塑料等数种。

塑料地板的施工质量涉及基层、板材、胶黏剂、铺贴、焊接、切削等多种因素，常见的质量问题主要有面层空鼓、颜色与软硬不一、表面不平整、拼缝未焊透等。

（一）面层出现空鼓

1.质量问题

塑料板的面层起鼓，有气泡或边角起翘现象，使人在上面活动有不安全和不舒适的感觉。不仅严重影响其使用功能，而且也严重影响其装饰效果。

2.原因分析

（1）基层表面不清洁，有浮尘、油脂、杂物等，使基层与塑料板形成隔离层，从而严重影响了其黏结效果，造成塑料板面有起鼓现象。

（2）基层表面比较粗糙，或有凹凸孔隙，粗糙的表面形成很多细小孔隙，在涂刷胶黏剂时导致胶黏层厚薄不均。在粘贴塑料板材后，由于细小孔隙内胶黏剂较多，其中的挥发性气体将继续挥发，当这些气体积聚到一定程度后就会在粘贴的薄弱部位起鼓。

（3）涂刷胶黏剂的时间不适宜如过早或过迟都会使面层出现起鼓和翘曲边现象。如果涂刷过早，稀释剂未挥发完，还闷在基层表面与塑料板之间，积聚到一定程度，也会在粘贴的薄弱部位起鼓；如果涂刷过迟，则胶黏剂的黏性减弱，也易造成面层空鼓。

（4）为防止塑料板粘贴在一起，在工厂生产成型时表面均涂有一层极薄的蜡膜，但在粘贴时未进行除蜡处理，严重影响粘贴的牢固性，也会造成面层起鼓。

（5）粘贴塑料板的方法不对，由于整块进行粘贴，使塑料板与基层之间的气体未能排出，也易使塑料板面层起鼓。

（6）在低温下施工，由于胶黏剂容易变稠或冻结，不易将其涂刷均匀，黏结层厚薄不一样，影响黏结效果，从而引起面层起鼓。

（7）选用的胶黏剂质量较差，或者胶黏剂贮存期超过规定期限发生变质，会严重影响黏结效果。

3. 防治措施

（1）认真处理基层，基层表面应坚硬、平整、光滑、清洁，不得有起砂、起壳现象。水泥砂浆找平层宜用（1∶1.5）～（1∶2.0）的配合比，并用铁抹子压光，尽量减少细微孔隙。对于麻面或凹陷孔隙，应用水泥拌 108 胶腻子修补平整后再粘贴塑料板。

（2）除用 108 胶黏剂外，当使用其他种类的胶黏剂时，基层的含水率应控制在 6％～8％范围内，避免因水分蒸发而引起空鼓。

（3）涂刷的胶黏剂，应待稀释剂挥发后再粘贴塑料板。由于胶黏剂的硬化速度与施工环境温度有关，所以当施工环境温度不同时粘贴时间也应不同。在正式大面积粘贴前，应先进行小量试贴，取得成功后再开始粘贴。

（4）塑料板在粘贴前应进行除蜡处理，一般是将塑料板放入 75℃ 的热水中浸泡 10～20min，然后取出晾干才能粘贴。也可以在胶黏面用棉丝蘸上丙酮∶汽油＝1∶8 的混合溶液擦洗，以除去表面蜡膜。

（5）在塑料板铺贴后的 10d 内，施工的环境温度应控制在 15～30℃范围内，相对湿度不高于 70％。施工环境温度过低，胶黏剂冻结不宜涂刷，会影响粘贴效果；环境温度过高，则胶黏剂干燥、硬化过快，也会影响粘贴效果。

（6）塑料板的拼缝焊接应等胶黏剂干燥后进行，一般应在粘贴后 24～48h 后进行焊接。正式拼缝焊接前，先进行小样试验，成功后再正式大面积焊接。

（7）粘贴方法应从一角或一边开始，边粘贴边抹压，将黏结层中的空气全部挤出。板边挤溢出的胶黏剂应随即擦净。在粘贴过程中，切忌用力拉伸或揪扯塑料板，当粘贴好一块塑料板后，应立即用橡皮锤子自中心向四周轻轻拍打，将粘贴层的气体排出，并增大塑料板与基层的黏结力。

（8）塑料板的黏结层不要过厚，一般应控制在 1mm 左右为宜。

（9）塑料板粘贴应当选用质量优良、性能相容、刚出厂的胶黏剂，严禁使用质量低劣和超过使用期变质的胶黏剂。

（二）颜色与软硬不一

1. 质量问题

由于对塑料板材的产品质量把关不严，或在搭配时不太认真，从而造成塑料板表面颜色不同，在其上面行走时感觉质地软硬不一样。

2. 原因分析

（1）在粘贴塑料板前，表面进行除蜡处理时，由于浸泡时间掌握不当、水的温度高低相差较大，造成塑料板软化程度不同，从而导致颜色与软硬程度不一样，不仅影响装饰效果和使用效果，还会影响拼缝的焊接质量。

（2）在采购塑料板时对产品颜色、质量把关不严格，致使不是同一品种、同一批号、同一规格，所以塑料板的颜色和软硬程度不同。

3. 防治措施

（1）同一房间、同一部位的铺贴，应当选用同一品种、同一批号、同一色彩的塑料板。严格防止不同品种、不同批号和不同色彩的塑料板混用。由于我国生产厂家较多，塑料板品种很多，质量差异较大，所以在采购、验收、搭配时应加强管理。

（2）在进行除蜡处理时，应当由专人负责。一般在 75℃ 热水中的浸泡时间应控制在 10～20min 范围内，不仅尽量使热水保持恒温，而且各批材料浸泡时间相同。为取得最佳浸泡时间和效果，应当先进行小块试验，成功后再正式浸泡。

（3）浸泡后取出晾干时的环境温度，应与粘贴施工时的温度基本相同，两者温差不宜相差太大。最好将塑料板堆放在待铺设的房间内备用，以适应施工的环境温度。

（三）焊缝不符合要求

1. 质量问题

焊缝不符合要求，主要是指拼缝焊接未焊透，焊缝两边出现焊瘤，焊条熔化物与塑料板黏结不牢固，并有裂缝、脱落等质量缺陷。

2. 原因分析

（1）焊枪出口处的气流温度过低，使拼缝焊接没有焊透，造成焊接黏结不牢固。

（2）焊枪出口气流速度过小，空气压力过低，很容易造成焊缝两边出现焊瘤，或者黏结不牢固。

（3）在施焊时，由于焊枪喷嘴离焊条和板缝距离较远，也容易造成以上质量缺陷。

（4）在施焊时，由于焊枪移动速度过快，不能使焊条与板缝充分熔化，焊条与塑料板难以黏结牢固。

（5）焊枪喷嘴与焊条、焊缝三者不在一条直线上，或喷嘴与地面的夹角过小，致使焊条熔化物不能准确地落入缝中，造成黏结不牢固。

（6）所用的压缩空气不纯净，有油质或水分混入熔化物内，从而影响黏结强度；或者焊缝切口切割时间过早，被污染物沾污或氧化，也影响黏结质量。

（7）焊接的塑料板质量、性能不同，熔化温度不一样，严重影响焊接质量；或者选用的焊条质量较差，也必然影响焊接质量。

3. 防治措施

（1）在拼缝焊接时，必须采用同一品种、同一批号的塑料板粘贴面层，防止不同品种、不同批号的塑料板混杂使用。

（2）拼缝切口的切割时间应适宜，特别不应过早，最好是随切割随清理随焊接。切割后应严格防止污染物沾污切口。

（3）在正式焊接前，首先应检查压缩空气是否纯净，有无油质、水分和杂质混入。检查的方法是：将压缩空气向一张洁白的纸上喷 20～30s，如果纸面上无任何痕迹，即可认为压缩空气是纯净的。

（4）掌握好焊枪的气流温度和空气压力，工程实践经验证明：气流温度控制在 180～250℃ 范围内为宜，空气压力控制在 80～100kPa 范围内为宜。

（5）掌握好焊枪喷嘴与地面的夹度和距离，工程实践经验证明：焊枪喷嘴与地面夹角以 25°～30° 为宜，距离焊条与板缝以 5～6mm 为宜。

（6）严格控制焊枪的移动速率，既不要过快也不要太慢，一般控制在 30～50cm/min 为宜。

（7）在正式焊接前，应先进行试验，掌握其气流温度、移动速度、角度、气压、距离等最佳参数后，再正式施焊。在进行焊接过程中，应使喷嘴、焊条、焊缝三者保持一条直线。

如果发现焊接质量不符合要求时应立即停止施焊，分析出现质量问题的原因，然后制定可靠的改进措施后再施焊。

（四）表面呈现波浪形

1. 质量问题

塑料地板铺贴后表面平整度较差，目测其表面呈波浪形，不仅影响地面的观感，而且影响地板的使用。

2. 原因分析

（1）在铺贴塑料地板前，基层未按照设计要求进行认真处理，使基层表面的平整度差，在铺贴塑料地板后，自然会有凹凸不平的波浪形等现象。

（2）操作人员在涂抹胶黏剂时，用力有轻有重，使涂抹的胶黏剂厚薄不均，有明显的波浪形。在粘贴塑料地板时，由于胶黏剂中的稀释剂已挥发，胶体流动性变差，粘贴时不易抹平，使面层呈波浪形。

（3）如果铺贴塑料地板在低温下施工，胶黏剂容易冻结，流动性和黏结性变差，不易刮涂均匀，胶黏层厚薄不均，由于塑料地板本身较薄（一般为 2～6mm），粘贴后就会出现明显的波浪形。

3. 防治措施

（1）必须严格控制粘贴基层的平整度，这是防止出现波浪形质量问题的重要措施，对于凹凸度大于±2mm 的表面要进行平整处理。当基层表面上有抹灰、油污、粉尘、砂粒、杂物等时，可用磨石机轻轻地磨一遍，并用清水冲洗干净晾干。

（2）在涂抹胶黏剂时，使用齿形恰当的刮板，使胶层的厚度薄而均匀，一般应控制在 1mm 左右。在涂抹胶黏剂时，注意基层与塑料板粘贴面上，涂抹的方向应纵横相交，以使在塑料地板铺贴时粘贴面的胶层比较均匀。

（3）控制施工温度和湿度。施工环境温应控制在 15～30℃ 之间，相对湿度应不高于 70%，并保持 10d 以上。

五、木质地板地面质量问题与防治措施

木质地板是指用木材制成的地板，地面工程中的木地板主要分为实木地板、强化木地板、实木复合地板、多层复合地板、木塑地板、竹材地板和软木地板等。

木质地板如果施工中处理不当，也会出现行走时发出响声、木地板局部有翘曲、木地板接缝不严、木地板表面不平整等质量问题，不仅影响地板的使用功能和使用寿命，而且也会影响地板的装饰性。

（一）行走时发出响声

1. 质量问题

木地板在使用过程中，人行走在木地板上面时发出一种"吱吱"的响声，不仅使用者感到很不舒服，而且也严重影响邻居的正常生活和休息。特别是夜深人静时，在木地板上行走会发出刺耳的响声，使人感到特别烦躁，甚至影响邻里之间的团结。

2. 原因分析

在木地板上行走产生响声的原因主要包含以下两个方面。

① 铺贴木地板的地面未认真进行平整处理，由于地面不平整会使部分地板和龙骨悬空，从而在上部重量的作用下而产生响声。

② 木龙骨用铁钉固定施工时，一般采用打木楔加铁钉的固定方式，会造成因木楔与铁钉接触面过小而使其紧固力不足，极易造成木龙骨松动，踩踏木地板时就会发出响声。

3. 防治措施

防止木地板出现响声的措施，实际上是根据其原因分析而得出的，主要可从以下几方面采取相应措施。

① 认真进行地面的处理，这是避免木地板出现响声最基本的要求。在进行木地板铺设前，必须按照现行国家标准《建筑地面工程施工质量验收规范》（GB 50209—2010）的规定，将地面进行平整度处理。

② 木龙骨未进行防潮处理，地面和龙骨间也不铺设防潮层，选用松木板材制成的未干燥龙骨时，应提前30d左右固定于地面，使其固定后自行干燥。

③ 木地板应当采用木螺钉进行固定，钉子的长度、位置和数量应符合施工的有关规定。在木地板固定施工时，固定好一块木地板后，均应当用脚踏进行检查，如果有响声应及时返工纠正。

（二）木地板局部有翘曲

1. 质量问题

木地板铺设完毕后，某些板块出现裂缝和翘曲缺陷，不仅严重影响地板的装饰效果，而且也会出现绊人现象，尤其是严重翘曲的板块，对老年人和儿童的人身安全也有一定威胁。

2. 原因分析

产生地板局部翘曲的原因是多方面的，最关键的是一个"水"字，即由于含水率过高而引起木地板板块或木龙骨产生变形。

（1）在进行木地板铺设前，不检查木龙骨的含水率是否符合要求，而盲目地直接铺贴木地板，从而造成因木龙骨的变形使木地板也产生变形。

（2）由于面层木地板中的含水率过高或过低，从而引起木地板翘曲。当木地板中的含水率过高时，在干燥的空气中失去水分，断面产生一定的收缩，从而发生翘曲变形；当木地板中含水率过低时，由于与空气中的湿度差过大，使木地板快速吸收水分，从而造成木地板起鼓，也可能出现漆面爆裂现象。

（3）在地板的四周未按要求留伸缩缝、通气孔，面层木地板铺设后，内部的潮气不能及时排出，从而使木地板吸潮后引起翘曲变形。

（4）面层地板下面的毛地板未留出缝隙或缝隙过小，毛地板在受潮膨胀后使面层地板产生起鼓、变形，造成面层地板翘曲。

（5）面层木地板拼装时过松或过紧，也会引起木地板的翘曲。如果拼装过松，地板在收缩时就会出现较大的缝隙；如果拼装过紧，地板在膨胀时就会出现起鼓现象。

3. 防治措施

（1）在进行木地板铺设时，要严格控制木板的含水率，并应在施工现场进行抽样检查，木龙骨的含水率应控制在 12% 左右。

（2）搁栅和踢脚板处一定要留通风槽孔，并要做到槽孔之间相互连通，一般地板面层通气孔每间不少于 2 处。

（3）所有线路、暗管、暖气等工程施工完毕后，必须经试压测试合格后才能进行木地板的铺设。

（4）阳台、露台厅口与木地板的连接部位，必须有防水隔断措施，避免渗水进入木地板内部。

（5）为适应木地板的伸缩变形，在地板与四周墙体处应留有 10~15mm 的伸缩缝。

（6）木地板下层毛地板的板缝应均匀一致、相互错开，缝的宽度一般为 2~5mm，表面应处理平整，四周离墙 10~15mm，以适应毛地板的伸缩变形。

（7）在制定木地板铺设方案时，应根据使用场所的环境温度、湿度情况，合理安排木地板的拼装松紧度。

如果木地板产生局部翘曲，可以将翘曲起鼓的木地板面层拆开，在毛地板上钻上若干个通气孔，待晾一个星期左右，等木龙骨、毛地板干燥后再重新封上面层木地板。

（三）木地板接缝不严

1. 质量问题

木地板面层铺设完毕使用一段时间后，板与板之间的缝隙增大，不仅影响木地板的装饰效果，而且很容易使一些灰尘、杂质等从缝隙进入地板中，这些缝隙甚至成为一些害虫（如蟑螂）的生存地。

2. 原因分析

板与板之间产生接缝不严的原因很多，既有材料本身的原因，也有施工质量不良的原因，还有使用过程中管理不善的原因。

（1）在铺设毛地板和面板时，未严格控制板的含水率，使木地板因收缩变形而造成接缝不严、板块松动、缝隙过大。

（2）板材宽度尺寸误差比较大，存在板条不直、宽窄不一、企口太窄、板间太松等缺陷，均可引起板间接缝不严。

（3）在拼装企口地板条时，由于缝隙间不够紧密，尤其是企口内的缝太虚，表面上看着结合比较严密，刨平后即可显出缝隙。

（4）在进行木地板铺设之前，未对铺筑尺寸和板的尺寸进行科学预排，使得面层木地板在铺设接近收尾时，剩余宽度与地板条宽不成倍数关系，为凑整块地板，随意加大板缝，或将一部分地板条宽度加以调整，经手工加工后地板条不很规矩，从而产生缝隙。

（5）施工或使用过程中，木地板板条受潮，使板内的含水率过大，在干燥的环境中失去水分收缩后，产生大面积的"拔缝"。

3. 防治措施

根据以上木地板接缝不严各种原因分析，可以得出如下防止木地板产生接缝不严的措施。

（1）地板条在进行拼装前应经过严格挑选，这是防止板与板之间接缝不严的重要措施。对于宽窄不一或有腐朽、节疤、劈裂、翘曲等疵病的板条必须坚决剔除；对企口不符合要求的应修理后再用；有顺弯缺陷的板条应当刨直，有死弯的板条应当从死弯处截断，修整合格后再用。特别注意板材的含水率一定要合格，不能过大或过低，一般不大于 12%。

（2）在铺设面层木地板前，房间内应进行弹线，并弹出地板的周边线。踢脚板的周围有凹形槽时，在周围应先固定上凹形槽。

（3）在铺设面层木地板时，应用楔块、扒钉挤紧面层板条，使板条之间的缝隙达到一致后再将其钉牢。

（4）长条状地板与木龙骨垂直铺钉，当地板条为松木或宽度大于 70mm 的硬木时，其接头必须钉在木龙骨上，接头应当互相错开，并在板块的接头两端各钉上一枚钉子。长条地板铺至接近收尾时，要先计算一下所用的板条数，以便将该部分地板条修成合适的宽度。

（5）在铺装最后一块板条时，可将此板条刨成略带有斜度的大小头，以小头嵌入板条中，并将其楔紧。

（6）木地板铺设完毕后应及时用适宜物料进行遮盖，将地板表面刨平磨光后应立即上油或烫蜡，以防止出现地板收缩变形而产生"拔缝"。

（7）当地板的缝隙小于 1mm 时，应用同种材料的锯末加树脂胶和腻子进行嵌缝处理；当地板的缝隙大于 1mm 时，应用同种材料刨成薄片，蘸胶后嵌入缝内刨平。如修补的面积较大，影响地板的美观时，可将烫蜡改为涂料，并适当加深地面的颜色。

（四）木地板表面不平整

1. 质量问题

木地板的面层板块铺装完成后，经检查发现板的表面不平整，其差值超过了规定的允许误差，不仅严重影响木地板的装饰效果和使用功能，而且也给今后地面的养护、打蜡等工作带来困难。

2. 原因分析

木地板产生表面不平整的原因比较简单，主要有以下 4 个方面。

① 在进行房间内水平线弹线时，线弹得不准确或弹线后未进行认真校核，使得每一个房间实际标高不一样，必然会导致板的表面不平整。

② 如果木地板面层的下面是木龙骨或者是毛面地板，在铺设面层板之前未对底层进行检查，由于底层不平整而使面层也不平整。

③ 如果地面工程的木地板铺设分批进行，先后铺设的地面或不同房间同时施工的地面，操作时互不照应，也会造成高低不平。

④ 在操作时电刨的速度不均，或换刀片处刀片的利钝不同，使木板刨的深度不一样，也会造成地面面板不平整。

3. 防治措施

（1）木地板的基层必须按规定进行处理，面层板下面的木龙骨或毛地板的平整度必须经检验合格后才能进行面板的铺设。

（2）在木地板铺设之前，必须按规定弹出水平线，并要认真对水平线进行校正和调整，使水平线准确、统一，成为木地板铺设的控制线。

（3）对于两种不同材料的地面，如果高差在 3mm 以内，可将高出部分刨平或磨平，必须在一定范围内顺平，不得有明显的不平整痕迹。

（4）门口处的高差为 3~5mm 时可以用过门石进行处理。

（5）高差在 5mm 以上时，需将木地板拆开，以削或垫的方式调整木龙骨的高度，并要求在 2m 以内顺平。

（6）在使用电刨时，刨刀要细要快，转速不宜过低（一般应在 4000r/min 以上），推刨木板的速度要均匀，中途一般不要出现停顿。

（7）地面与墙面的施工顺序，除应当遵循首先湿作业、然后干作业的原则外，最好先施工走廊面层，或先将走廊面层标高线弹好，各房间由走廊面层的标高线向里引，以达到里外"交圈"一致。相邻房间的地面标高应以先施工者为准。

（五）拼花不规矩

1. 质量问题

拼花木地板的装饰效果如何，关键在于拼花是否规矩。但在拼花木地板的铺设施工中，往往容易出现对角不方、错牙、端头不齐、图案不对、圈边宽窄不一致等问题，不符合拼花木地板的施工质量要求。

2. 原因分析

（1）拼花木地板的板条未经过严格挑选，有的板条不符合要求，宽窄、长短不一，安装时未进行预排，也未进行套方，从而造成拼花不规矩。

（2）在拼花木地板正式铺设之前，没有按照有关规定弹出施工的控制线，或弹出的施工控制线不准确，也会造成拼花不规矩。

3. 防治措施

（1）在进行拼花木地板铺设前，对所采用的木地板条必须进行严格挑选，使板条形状规矩、整齐一致，然后分类、分色装箱备用。

（2）每个房间的地面工程，均应做到先弹线、后施工，席纹地板应当弹出十字线，人字地板应当弹出分档线，各对称的一边所留的空隙应当一致，以便最后进行圈边，但圈边的宽度最多不大于 10 块地板条。

（3）在铺贴拼花地板时，一般宜从中间开始，各房间的操作人员不要过多，铺贴的第一方或第一排经检查合格后可以继续从中央向四周进行铺贴。

（4）如果拼花木地板局部出现错牙质量问题，或端头不齐在 2mm 以内，可以用小刀锯将该处锯出一个小缝，按照"地板接缝不严"的方法处理。

（5）当一块或一方拼花木地板条的偏差过大时，应当将此块（方）地板条挖掉，重新换上合格的地板条并用胶补牢。

（6）当拼花的木地板偏差比较大并且修补非常困难时，可以采用加深地板涂料的颜色进行处理。

（7）当木地板的对称两边圈边的宽窄不一致时，可将圈边适当加宽或作横圈边进行处理。

（六）木地板表面戗茬

1. 质量问题

木地板的表面不光滑，肉眼观察和手摸检查均有明显的戗茬质量问题。在地板的表面上出现成片的毛刺或呈现异常粗糙的感觉，尤其在进行木地板上油、烫蜡后更为显著，严重影响木地板的装饰效果和使用功能。

2. 原因分析

（1）在对木地板表面进行刨光处理时，使用的电刨的刨刃太粗、吃刀太深、刨刃太钝或转速太慢等，均会出现木地板表面戗茬质量问题。

（2）在对木地板表面进行刨光处理时，使用的电刨的刨刃太宽，能同时刨几块地板条，而地板条的木纹方向不同，呈倒纹的地板条容易出现戗茬。

（3）在对木地板表面进行机械磨光时，由于用的砂布太粗或砂布绷得不紧，也会出现戗茬质量问题。

3. 防治措施

（1）在对木地板表面进行刨光处理时，使用的电刨的刨刃要细、吃刀要浅，要根据木材的种类分层刨平。

（2）在对木地板表面进行刨光处理时，使用的电刨的转速不应小于 4000r/min，并且速度要均匀，不可忽快忽慢。

（3）在对木地板表面进行机械磨光时，采用的砂布要先粗后细，砂布要绷紧绷平，不出现任何皱褶，停止磨光时应当先停止机械转动。

（4）木地板采用人工净面时，要用细刨子顺着木纹认真刨平，然后再用较细的砂纸打磨光滑。

（5）木地板表面上有戗茬的部位，应当仔细用细刨子顺着木纹认真刨平。

（6）如果木地板表面局部戗茬较深，用细刨子不能刨平时，可先用扁铲将戗茬处剔掉，再用相同的材料涂胶镶补，并用砂纸打磨光滑。

第十四章
建筑装饰工程污染的控制

人类的居住环境实际就是由建筑装饰材料所围成的、与室外环境隔开的室内小环境，在这个小环境中，各种建筑装饰装修用化学材料释放或散发出的有害物质，对室内空气质量都有很大的影响。据有关国际组织调查统计，全世界每年有 280 万人直接或间接死于室内装修环境污染，世界上 30％的新建和重修的建筑物中发现有害于健康的室内空气。国内近年来因装饰装修材料污染室内空气，从而伤害人体健康甚至生命的事例也常有耳闻。因此，装饰装修材料引发室内空气污染的原因及其防治已成为人们密切关注的问题之一。

随着我国人民生活水平和生活质量的提高，人们对室内环境的要求也越来越高，室内空气品质如何引起广大居住者的关注。根据中国建筑装饰协会的统计数据，我国新建住宅装修率达到 95％以上，而有机合成材料在装修材料、设备、家具等方面的广泛应用，致使室内有害物质大量散发，严重影响了室内空气品质。再加上室内人群产生的污染和室外污染进入室内，更加恶化了室内空气品质，出现了由于建筑本身不环保而导致的"病态建筑综合征"（SBS）。据世界卫生组织（WHO）估计，世界上有将近 30％的新建和整修的建筑物受到 SBS 的影响，约有 20％～30％的人员常被 SBS 症状所困扰。因此，正确检测、评价和提高室内空气品质是摆在有关科技工作者面前的一项重要任务。

第一节　装饰装修工程污染基本知识

建筑是人类改造自然的实践活动发展到一定程度之后才出现的，其主要功能也从被动地避免自然界对人类可能造成的伤害，发展到为人类各种生产、生活和科研过程提供满足要求的建筑室内环境。但是，建筑室内环境也随着建材种类的发展，室内污染物的来源和种类日益增加，人们在室内接触有害物质的种类和数量明显增多，据统计，至今已发现室内空气污染物约 300 多种。建筑物密闭程度的增加使得室内污染物不易扩散，增加了室内人群与污染物的接触机会，使人身健康受到很大损害。由此可见，了解建筑室内环境污染基本知识、清醒地认识装饰装修环境污染的危害、采取各种有效的控制措施是十分必要的。

一方面，随着社会和科学技术的进步，人们自我保护意识大大增强；另一方面，据国内外研究结果表明，目前室内环境污染日益严重，是继"煤烟型""光化学烟雾型"污染后现代人进入的第三污染时期的标志。室内环境已成为与人关系最为密切的外环境，将对人类的健康和舒适、社会化生产等行为过程产生重要的影响。

近30多年来，有关室内空气污染问题的研究发展很快，围绕着这一主题颁布的标准、法规、政策，以及对人体健康影响和危险度的评价、建筑物通风设计、空气净化等问题正成为当今研究的热点。因此，创造优良的室内环境已是人类文明的共同愿望。

一、室内空气质量的定义

室内空气质量恶化所导致的病态建筑综合征（SBS），使得人们的身心健康和工作效率受到很大影响，而且由此引起的医疗费用增加等一系列问题也受到广泛关注，室内空气质量研究已成为建筑环境科学领域内一个崭新的重要内容。室内空气质量（IAQ）的研究可以追溯到20世纪初，IAQ的定义在这二十几年中经历了许多变化。最初，人们把IAQ几乎完全等价为一系列污染物浓度的指标。近年来，人们认识到这种纯粹客观的定义，已经不能完全涵盖室内空气质量的内容，因此对室内空气质量的定义进行了新的诠释和发展。

在1989年室内空气质量讨论会上，丹麦哥本哈根大学教授P. O. Fanger首先提出了室内空气质量（IAQ）定义，他指出：空气质量反映了满足人们要求的程度，如果人们对空气满意，就是高质量；反之，就是低质量。英国的CIBSE（Charted In Stitute of Building Services Engineers）认为：如果室内少于50%的人能察觉到任何气味，少于20%的人感觉不舒服，少于10%的人感觉到黏膜刺激，并且少于5%的人在不足2%的时间内感到烦躁，则可认为此时的室内空气质量是可接受的。这两种定义的共同点是都将室内空气质量完全变成了人们的主观感受。

美国供暖制冷空调工程师学会在标准《满足可接受室内空气品质的通风》（ASHRAE62—1989R）中，首次提出了可接受的室内空气质量（Acceptableb indoor air quality）和感受到的可接受的室内空气质量（Acceptable perceived indoor air quality）等概念。其中，可接受的室内空气质量定义为：空调房间中绝大多数人没有对室内空气表示不满意，并且空气中没有已知的污染物达到了可能对人体健康产生严重威胁的浓度。感受到的可接受的室内空气质量定义为：空调空间中绝大多数人没有因为气味或刺激性而表示不满。它是达到可接受的室内空气质量的必要而非充分条件。由于有些气体，如氡气和CO等没有气味，对人也没有刺激作用，不会被人感受到，但却对人危害很大，因而仅用感受到的室内空气质量是不够的，必须同时引入可接受的室内空气质量。ASHRAE62—1989R标准中对室内空气质量的描述相对于其他定义，最明显的变化是它涵盖了客观指标和人的主观感受两个方面的内容，比较科学和全面，是反映人们具体要求而形成的一种概念，所以室内空气质量的优劣是根据人们的具体要求而定的。

国际标准化组织TC205技术委员会编制的《建筑环境设计-室内空气质量-人居环境室内空气质量的表达方法》（ISO/DIS 16814）对室内空气质量的标准采纳了三种表达方法：一是应尽可能降低吸入的空气对人体健康造成的负面作用，因而对室内的有害化学物质进行限量；二是基于感受到空气质量的表述，室内的空气应使人感到比较舒适，绝大多数人可以接受；三是基于通风量的间接表述，对IAQ的间接表述首先是要确定满足人员健康要求和感受到空气质量要求的最小通风量，用实际风量与规定最小风量的大小关系来描述 IAQ。

2002 年我国制定的《室内空气质量标准》（GB/T 18883—2002）中，借鉴了国外相关标准，不但涵盖了 19 项相关检测指标客观评价内容，而且还首次采用国际上对室内空气质量可感受的定义，加入了"室内空气应无毒、无害、无异味"主观感受与评价方式，与国际主流室内空气品质的观念相接轨，这充分标志着我国在室内环境质量的理念在加入世界贸易组织（WTO）后，在建筑室内环境质量方面开始融入世界上主流室内空气品质研究领域。

二、研究室内空气质量的意义

关于室内空气质量问题的起因，人们最初认识到人体排出的二氧化碳、体臭是室内空气的污染物，并提出通过通风来解决气味问题。20 世纪 70 年代由于世界范围的节能，建筑物加强了气密性，从而减少了新风量；同时由于有机合成材料和新设备的广泛使用，使得室内的空气污染来源大大增加。在 19 世纪 70 年代，美国环境署对于选定性有机性挥发物做了调查，发现由于室内污染源导致的挥发性有机化合物（VOCs），对于人员的暴露影响远远高于由于工业污染导致的室外空气的影响。而哈佛大学对 6 城市的调查更进一步揭示了室内空气污染包括粒子、硫酸盐和氮氧化物等对于人员暴露的影响。室内空气污染的严重性引发了以下 3 种病症：病态建筑综合征（SBS），与建筑有关的疾病（BRI），多种化学污染物过敏症（MCS）。

20 世纪人类的平均寿命提高了 30 年，其中因为医疗医药发展的贡献仅仅是 5 年，而 25 年的提高是因为卫生和公共卫生设施的发展和提高，室内空气品质和饮用水一样都属于卫生范畴。对于发展中国家，除去营养不良和水质问题，室内空气品质是第三大危害人类生命的凶手，每年由于室内空气品质问题导致的呼吸传染病、肺癌、肺结核、哮喘等疾病，死亡人数超过 200 万人。对于发达国家，由于室内空气品质导致的过敏、空气传染、肺癌、SBS 等造成了巨大的经济损失。据美国环境保护署（EPA）统计，美国每年因室内空气品质低劣造成的经济损失高达 400 亿美元。

中国疾病预防控制中心统计表明：我国每年由于室内空气污染引起的超额死亡数可达 11.1 万人，超额门诊数 22 万人次，超额急诊数 430 万人。世界银行的一份研究报告表明，我国每年因室内空气污染危害健康所导致的经济损失，按支付意愿价值估计就高达 106 亿美元。

同时，世界卫生组织（WHO）指出室内空气污染降低的收益不仅包括健康因素，同时也包括非健康因素，Fanger、Clements-Croome 发现室内空气品质和工作效率具有显著的相关性，Kroner 调查发现良好的室内空气品质可以提高员工 2%～16% 的工作效率，Wargocki 在类似的试验中同样发现室内空气品质的提高和通风量的增加可以明显提高工作效率。

室内空气品质极大地影响着人们的生活质量、健康水平和生产效率，室内空气污染及由此引起的 SBS、BRI 等是当前国际上的普遍问题，也日益成为我国社会关注的焦点问题。在发达国家，通过特殊设计规范的实施是可以避免已经认识到的室内空气品质问题，诸如霉菌、氡、挥发性有机化合物、二氧化氮、一氧化碳等问题。而在我国目前状况下，一方面如何提升研究水平，揭示室内污染产生、传播和治理中的规律；另一方面如何把已经认识到的室内空气污染问题在建筑的实施中避免出现，已成为目前我国在此领域的关键问题。

三、我国室内空气质量标准的研究

由于室内空气质量和人们的身心健康、工作、学习效率等民生问题息息相关，同时对建筑业"可持续发展、节能减排"等国家战略的实施、相关产业的健康发展和新兴产业的培育，以及我国相关产业国际竞争力的提升等有着直接影响，因此室内空气质量标准的制定意义重大。由国家质量监督检验检疫局、国家环境保护总局、卫生部制定的我国第一部《室内空气质量标准》（GB/T 18883—2002）于2003年3月1日正式实施。《室内空气质量标准》为消费者解决自己的污染难题提供了有力武器，目前该标准已修订，对室内空气质量提出更高的要求。

制定《室内空气质量标准》的意义在于：控制人们在正常活动情况下的室内环境质量，对室内空气中的化学性、物理性、生物性和放射性指标全面控制。《室内空气质量标准》虽然目前仍是国家的推荐性标准，根据《合同法》中的规定，当事人对产品质量有争议的应当服从国家标准，没有强制性标准的应服从国家推荐性标准。

《室内空气质量标准》的制定和颁布，大约经历了起步阶段、发展阶段和规范管理阶段。

（一）起步阶段

从1970年年末到1993年结束，我国在这个阶段制定了以下两个室内空气质量相关标准。

（1）《工业企业设计卫生标准》（TJ 36—1979）　《工业企业设计卫生标准》是1979年由卫生部、国家计划委员会、国家经济委员会和国家劳动总局联合发布的一项非常重要的综合性卫生标准。它源于1956年由国家建设委员会、卫生部批准发布的《工业企业设计暂行卫生标准》（标准101—1956），此标准是以前苏联的标准为蓝本编制而成的，是我国第一个与劳动卫生有关的国家标准，一共规定了85种物质（编号53个）的最高容许浓度（MAC）。经过试用和修订，国家计划委员会、卫生部于1962年共同颁布了《工业企业设计卫生标准》（GBJ 1—1962），一共规定了116种物质（编号92个）的最高容许浓度（MAC）。实施10年后，于1972年对其又开始修订，并于1979年由卫生部五部委共同批准发布。

《工业企业设计卫生标准》（TJ 36—1979）分为总则、大气、水源和土壤的卫生防护、车间卫生和辅助用室4章，共80条。规定了车间空气（120个）、饮用水（22个）、地面水（53个）和大气（34个）中有害物质最高容许浓度（MAC）；厂址选择、厂区内布置及厂房建筑的卫生要求；车间防暑、防寒、防湿的卫生要求，车间内工作地点夏季气温和空调温度的规定；生产、生活、妇幼卫生及医疗卫生机构等车间辅助用室的规定。

《工业企业设计卫生标准》要求把治理各种有害因素和处理"三废"措施项目，与主体工程和生产项目同时设计、同时施工、同时投产（即"三同时"原则）。现有的工业企业，凡有污染危害的也应采取有效措施，逐步达到该标准的要求。《工业企业设计卫生标准》（TJ 36—1979），既是对工业企业的设计进行预防性卫生监督和审核的依据，又是进行工业企业设计的标准，具有很强的权威性，同时也是对现有工业企业的作业环境及卫生设施进行经常性卫生监督和管理的依据。这个标准实施对我国的经济建设起到了积极作用。根据现代工业企业的发展需求，该标准在2002年修订为《工业企业设计卫生标准》（GBZ 1—2002）和《工业场所有害因素职业接触限量》（GBZ 2—2002）。

（2）12种公共场所卫生标准（1988）　随着我国经济的快速发展和社会事业的全面进步，我国居民的生活水平也不断提高，室内装修档次也越来越高，室内建筑装饰材料种类不断增加，家用电器和化学品的使用量日益增多，然而这些材料或产品均会向室内释放有害的成分，造成室内空气的污染。国家实行对外改革开放以来，一些经济发达的城市及特大城市建成许多高档办公建筑物，这些建筑物均采用密闭式的管理方式，由于其中央空调的换气设施不完善，导致含有害化学物质、细菌及病菌的空气，不能及时排出室外而在室内重复循环使用，造成室内空气质量严重恶化。一些公共场所如宾馆、影剧院、其他娱乐场所、火车站、汽车站、机场候机楼等对室内空气质量重视不够，不能保证足够的洁净空气量、新风量和换气次数，致使室内的空气非常浑浊。为此，1988年制定了关于旅店、文化娱乐场所、公共浴室、理发店、美容店、游泳场所、体育馆、图书馆、博物馆、美术馆、展览馆、商场、书店、医院候诊室、公共交通等候室、饭馆（餐厅）的相关标准，但此时中国针对室内装修材料中的有害物质并无限量标准，只在一些产品中有所涉及。上述12种公共场所卫生标准已于1996年进行了全面修订，并增加了公共交通工具卫生和长途客车内空气质量要求两项标准。

（二）发展阶段

从1994～2000年室内建筑装饰装修导致的室内空气污染开始受到人们的关注，为了控制室内空气污染，颁布了一些室内空气相关标准并开始实施。

（1）中国环境标志产品中有害物质限量标准（1994～1999年）　1994年5月，中国环境标志产品认证委员会正式成立。早在认证委员会成立之初，首批通过的7个环境标志产品认证标准之一的《水性涂料》，就涉及有关室内污染物的建筑行业的产品认证，此后相继出台了《粘合剂》《磷石膏制品》《无石棉板材》《人造木质板材》《建筑用塑料管材》等建材产品标准。虽然中国环境标志是自愿认证并非强制性的，但它第一个提出了室内装饰装修材料环保标准，对建材中能释放到室内空气中的污染物含量进行了限制，标志着中国开始制定独立的（室内空气相关标准）。近年来，该委员会不断修订各标准，并率先在国内将挥发性有机化合物（VOCs）的检测方法写进《水性涂料》标准中。

（2）上海市地方标准——健康型建筑内墙涂料标准（1998年）　上海市技术监督局于1998年7月10日发布了我国第一个地方性健康型建筑内墙涂料的标准——健康型建筑内墙涂料标准（DB31/T 15—1998），规定了总挥发性有机化合物含量（TVOCs）、挥发性有机化合物空气残留浓度、涂料生物毒性指数（TIP）、重金属含量、光泽、透气性、皮肤反应等7项技术指标。健康型建筑内墙涂料环保技术指标如表14-1所列。

表 14-1　健康型建筑内墙涂料环保技术指标

序号	项目	技术指标	序号	项目	技术指标
1	总挥发性有机化合物含量(TVOCs)/(g/L)	≤30	5	光泽度($\alpha=60°$)	≤15
2	挥发性有机化合物空气残留浓度/(mg/m³)	≤3.0	6	透气性/(g/m²)	>200
3	涂料生物毒性指数(TIP)	≤10	7	皮肤反应	无刺激性
4	重金属含量/(mg/kg)	≤90			

（3）北京市建筑内墙涂料安全健康质量评价规则　北京市技术监督局发布的《北京市建筑内墙涂料安全健康质量评价规则》（1999）是依据国家相关标准，借鉴美国、欧洲等发达国家的有关内墙涂料标准，并结合我国当时的实际情况，就建筑内墙涂料产品中的有害物质含量、产品安全评价及方法、判定原则等做了规定。北京市建筑内墙涂料安全健康质量评价规则技术指标如表14-2所列。

（4）7种室内空气污染物推荐标准　1995年，卫生部颁布了室内甲醛的卫生推荐标准，并在此后的 5 年中陆续颁布了甲醛、室内细菌总数、二氧化碳、可吸入颗粒物、氮氧化物、二氧化硫以及苯并 [a] 芘 7 类物质的推荐标准。但室内空气中可检出 300 多种污染物，其中常见的就有 10 多种。由于这 7 类室内空气污染物的推荐标准不能完全满足社会和经济发展的需要，于 2002 年制定并颁布了《室内空气质量标准》（GB/T 18883—2002），该标准规定了 19 种物理性、化学性、生物性、放射性物质的卫生标准，使我国在室内空气质量检测和管理方面更前进一步，并开始与国际室内空气品质的观念相接轨。

表 14-2　北京市建筑内墙涂料安全健康质量评价规则技术指标

序号	项目	技术指标	序号	项目	技术指标
1	挥发性有机化合物（VOCs）含量/（g/L）	≤300	5	铬含量/%	≤0.005
2	苯含量/%	不得检出	6	汞含量/%	≤200
3	甲苯/二甲苯含量/（mg/m³）	≤2.0	7	游离甲醛释放浓度/（mg/m³）	≤0.5
4	铅含量/（mg/kg）	≤0.01	8	甲苯二异氰酸酯（TDI）/（mg/m³）	≤0.1

（三）规范管理阶段

为了有效地控制日益严重的室内空气污染，从 2001 年起国家先后颁布了多项室内空气质量相关标准和规范。

（1）3 项卫生规范　2001 年 9 月卫生部颁布并实施了有关室内空气质量方面的卫生规范。

①《室内空气质量卫生规范》　此规范中规定了室内空气质量标准，通风和净化卫生要求，以及检测室内空污染物的标准方法，包括了卫生部在 1995～1999 年制定的 7 种室内污染物推荐标准。其中细菌总数在《室内空气质量卫生规范》中的取值为 2500cfu/m³，比推荐标准《室内空气中细菌总数卫生标准》（GB/T 17093—1997）中的 4000cfu/m³ 更加严格；另外，在该规范中增加了 NH_3、TVOCs、Rn 等 5 种室内常见污染物最高浓度限值以及供热通风与空气调节（HVAC）参数。

②《室内用涂料卫生规范》　本规范适用于各种室内用水性涂料和溶剂型涂料，规定了室内使用涂料中有害物质含量限值、卫生要求以及卫生检验方法，对 6 类有害物质含量进行了规定，并在涂料中禁止使用 3 类 12 种物质。

③《木制板材中甲醛的卫生规范》　本规范适用于制作家具和室内装修的各类木质板材，规定了木质板材中甲醛的卫生要求及检验方法。其中，A 级木质板材甲醛每小时每平方米的释放量应小于 0.12mg，B 级木质板材小于 0.28mg，C 级木质板材大于 0.28mg。

（2）《民用建筑工程室内环境污染控制规范》　《民用建筑工程室内环境污染控制规范》（GB 50325—2010）是由国家建设部制定，并与国家质量技术监督检验总局联合颁布实施的我国第一部民用建筑工程室内环境污染控制规范。它适用于新建、扩建和改建的民用建筑工程室内环境污染控制，但不适用于工业建筑工程、仓储性建筑工程、构筑物和有特殊净化卫生要求的房间。

《民用建筑工程室内环境污染控制规范》有以下 3 个明显的特点：a. 将室内的污染物限定在放射性氡、甲醛、氨、苯、TVOCs 五种污染物；b. 将民用建筑分为居住建筑和公共建筑两大类；c. 结合建筑工程和建筑装饰装修工程的特点，按照勘察、设计、施工、验收的建设阶段，分别提出控制的技术要求，实现全过程控制。

在《民用建筑工程室内环境污染控制规范》中专门设置了"材料"一章，对5种建筑材料中能释放到室内空气中有害物质的限量进行了规定，从而对建筑材料的选用提出要求，真正起到从源头控制室内空气污染的作用。

新版《民用建筑工程室内环境污染控制标准》（GB 50325—2020）自2020年8月1日实施，原《民用建筑工程室内环境污染控制规范》（GB 50325—2010）同时废止。

（3）《室内空气质量标准》（GB/T 18883—2002）　我国制定的《室内空气质量标准》（GB/T 18883—2002）参考了澳大利亚、加拿大、美国、中国香港地区等7个国家和地区的立法情况，于2003年3月1日实施，主要适用于住宅居室和办公场所。《室内空气质量标准》与《室内空气质量卫生规范》相比，在控制项目上考虑到了对室内空气质量和人体健康有重要影响的供热通风与空气调节（HVAC）参数，新风量定为$30m^3/(h \cdot 人)$；同时把人体危害较大的挥发性较强的甲苯和二甲苯也列入其中；除CO_2的浓度标准为8h均值，可吸入颗粒物（PM_{10}）、苯并［a］芘的浓度标准为日均值外，其余污染物的浓度标准均为1h均值。

该标已于2020年完成修订，如增加了包括细颗粒物（$PM_{2.5}$）、三氯乙烯、四氯乙烯3项指标，调整了二氧化氮、甲醛、苯、细菌总数、氡5项指标的限值等内容，对室内空气质量提出更高的要求。

四、室内空气污染的特征

室内空气污染主要包括化学性污染、生物性污染和物理性污染。化学性污染是指因化学物质，如甲醛、苯系物、氨气、氡及其子体和悬浮颗粒物等引起的污染。尤其是甲醛的污染，很多装修材料不合格导致的室内环境污染，对人体的伤害很大，所以需要专业的公司来检测室内空气。生物性污染是指因生物污染因子，包括细菌、真菌（包括真菌孢子）、花粉、病毒和生物体等引起的污染。物理性污染是指因物理因素，如电磁辐射、噪声、振动以及不合适的温度、湿度、风速和照明等引起的污染。

室内空气污染主要是人为污染，以化学性污染和生物性污染为主。污染物源于6个方面，即室内装修和建筑材料、室内用品（家用化学品、室内家具和现代办公用品）、人类活动（烹调、取暖和吸烟）、人体自身新陈代谢活动、生物性污染源和室外大气污染物。

室内空气污染的代表性影响包括危害人体健康、损害室内用品的审美和经济价值，以及恶化人与人之间的关系，加重人的心理压力等。病态建筑物综合征、建筑相关疾病和化学过敏反应症是不良室内空气引起的典型病症。

由于所处的环境不同，室内空气污染与大气空气污染的污染特征也不同。室内空气污染具有如下特征。

（1）累积性　室内环境是相对封闭的空间，其污染形成的特征之一是累积性，从污染物进入室内导致浓度升高到排出室外浓度渐趋于零大都需要经过较长的时间。室内的各种物品，包括建筑装饰材料、家具、地毯、复印机、打印机等，都可能释放出一定的化学物质。如不采取有效措施，它们将在室内逐渐积累，导致污染物浓度增大，构成对人体的危害。而在通风较好的室内环境中污染物的浓度一般较低。

室外空气发生污染时，在某种意义上说空气对污染物质具有近似于无限稀释的能力。而对采用空调等设备的室内，很显然对累积性污染的稀释能力是有限的，尤其是从节能考虑采取的减少换气次数等措施，使这有限的稀释能力大为减少，致使室内空气污染物对人的危害大为增强。

（2）多样性　室内空气污染的多样性既包括污染物种类的多样性，又包括室内污染物来源的多样性。室内空气中存在的污染物既有生物性污染物如细菌，化学性污染物如甲醛、氨气、苯、甲苯、一氧化碳、二氧化碳、氮氧化物、二氧化硫等；还有放射性污染物氡气及其子体。室内空气污染物的来源既有室外污染源，又有室内污染源。

室内的污染需要及时治理，不然对身体会造成伤害。例如作为光化学产物的臭氧在汽车流量大的公路上其浓度一般较高，很有可能通过建筑物的空调换气装置向室内渗透；而家庭装修用的人造板材、墙纸、涂料等会在室内长期释放出大量的甲醛、可挥发性有机化合物等有机污染物。

从固体的浮游粒子到分子态污染物，从放射性元素到微生物污染，仅就香烟烟雾一种就可直接测出 2000 多种化合物，并已证明其中至少有 40 种是致癌性物质，我们熟悉的尼古丁和 3,4-苯并 [a] 芘就是强致癌物质，如果再考虑到各污染物对人体的相加、相乘和拮抗作用就更复杂了。

（3）长期性　大量调查资料表明，多数人大部分时间处于室内环境，老人和儿童甚至超过 90% 的时间。即使浓度很低的污染物，在长期作用于人体后也会影响人体健康。因此，长期性也是室内污染的重要特征之一。

（4）污染物浓度低、危害大　有关检测资料表明，室内空气污染物虽然种类繁多，但就某一种污染物来说，其浓度远低于《工业企业设计卫生标准》，但它对人们的危害却是不可忽视的，因为它是多种低浓度污染物综合的、长时间地对人起作用。

（5）受气候和社会条件的影响　室内空气污染是在人工环境中产生的，不是自然现象，是受包括社会文明程度、技术经济发展水平、民族风俗习惯等多方面的社会条件因素的影响；另外，气候对室内空气污染也有影响。

第二节　室内空气污染源和污染物

根据国内外对室内空气检测的结果表明，室内空气的污染既有来自室外的污染源也有来自室内的污染源。民用建筑室内环境污染主要与室内装饰装修材料污染物的散发量、室内通风与净化设施、室内办公电器、所用家具、家用电器、室内生物体的活动等因素密切相关。

目前，建筑装饰材料品种繁多，所含物质非常复杂；家庭烹饪、取暖、吸烟等人类活动；各种家用电器、日用化学品等，都可能会释放或散发出有害物质造成室内空气污染。如果对现有民用建筑的居室环境，为了节能而加强密闭性，减少通风换气量或换气次数，会使室内的污染更加严重。随着室内空气中的各种污染物浓度不断增加和聚积，室内人群接触有害化学物质的机会和剂量必然超过正常情况，严重影响室内人群的身体健康和生活质量。

一、室内空气污染物质的种类

室内空气污染是指室内各种化学性的、生物性的、物理性的污染物在室内积聚扩散，造成室内空气质量下降，危害人类生活、工作和健康的现象。室内空气污染物质的分类方法主要有按室内空气污染物质的性质分类和按室内空气污染物质的性状分类两种。

（一）按室内空气污染物质的性质分类

室内空气污染物质的种类很多，经检测已知的达到 500 多种。按室内空气污染物质的性质不同，可以划分为挥发性有机污染物、无机化合物污染物、放射性污染物、物理性污染物、生物性污染物等。

1. 挥发性有机污染物

挥发性有机化合物是室温下饱和蒸气压超过 133.32Pa 的一类有机物，其沸点为 50～250℃，在常温下可以蒸气的形式存在于空气中，是室内空气中 3 种有机污染物（多环芳烃、挥发性有机化合物和醛类化合物）中影响较为严重的一种。

挥发性有机污染物主要包括从建筑材料、日用化学品、厨房等地方释放或排放出来的有机污染物质。挥发性有机物种类很多，包括如甲醛、苯、二甲苯、苯并［a］芘等在内的有机化合物，室内环境中已检测数百种挥发性有机化合物。

2. 无机化合物污染物

无机化合物一般是指碳元素以外各元素的化合物，如水、食盐、硫酸、石灰等。但一些简单的含碳化合物（如一氧化碳、二氧化碳、碳酸、碳酸盐和碳化物等），由于它们的组成和性质与无机物相似，因此也可作为无机物来研究。绝大多数的无机物可以归入氧化物、酸、碱、盐四大类。主要包括氨（NH_3）、碳氧化物（CO、CO_2）、氮氧化物（NO_x）、硫氧化物（SO_x）、臭氧（O_3）等。

3. 放射性污染物

在自然界和人工生产的元素中，有一些能自动发生衰变，并放射出肉眼看不见的射线。这些元素统称为放射性元素或放射性物质。室内空气中的放射性污染物，主要是从房屋地基、砖瓦、水泥、混凝土、石材中释放出来的氡（Rn）及其衰变子体。

4. 物理性污染物

物理性污染是指由物理因素引起的环境污染，如放射性辐射、电磁辐射、噪声、温湿度、光污染等。室内空气中的物理污染包括可吸入颗粒物（PM_{10}），家用电器、照明设备产生的电磁辐射，以及室内温度、湿度、新风量、风速等物理性能指标。

5. 生物性污染物

对人和生物有害的微生物、寄生虫等病原体和变应原等污染水、气、土壤和食品，影响生物产量，危害人类健康，这种污染称为生物污染。生物性污染物主要是细菌、真菌、病毒等微生物，其在室内的地毯、窗帘、家具、卧具以及阴暗潮湿的角落处快速繁殖生长。此外，室内花粉过敏也可属于生物性污染。

（二）按室内空气污染物质的性状分类

按室内空气污染物质的性状不同，可分为悬浮颗粒污染物和有害气体污染物两大类。

1. 悬浮颗粒污染物

悬浮颗粒也称为悬浮粒子，一般是指悬浮在气体当中的微细固体或液体。悬浮颗粒污染物包括悬浮粒子和微生物。在环境科学中，特指悬浮在空气当中的微细污染物，为空气污染的其中一个主要来源。其中小于 $10\mu m$ 直径的悬浮粒子，被定义为可吸入悬浮粒子，包括人为活动产生的尘埃、细菌、花粉和烟雾等。这些悬浮颗粒污染物能聚积在人体的肺部，对人体健康非常有害。

2. 有害气体污染物

大气污染系指由于人类活动或自然过程引起某些物质介入大气中，呈现出足够的浓度，达到了足够的时间，并因此而危害人体的舒适、健康及生命，或者危害环境的现象。

有害大气污染物种类很多，据不完全统计目前全世界每年排入大气的污染物有六亿多吨，已经造成危害或已受到人们注意的约有 100 种，其中影响范围广泛，对人类环境威胁大的有甲醛、烟尘、二氧化硫（SO_2）、一氧化碳（CO）、烃类化合物（HC）、二氧化氮（NO_2）、氡（Rn）、臭氧（O_3）。烟尘和二氧化硫是产生硫酸烟雾的原料和催化剂。NO_2、CO、HC 在阳光作用下形成光学烟雾，这些次级污染物有腐蚀性和刺激性，HC 中还含有致癌物质。

二、室内空气污染来源及特征

（一）室内空气污染的主要特点

由于室内空气污染物来源广泛、种类繁多，各种污染物对人体的危害程度不同，并且在现代的建筑设计中越来越考虑能源的有效利用，是室内与外界的通风换气非常少，在这种情况下室内和室外就变成两个相对不同的环境，因此室内空气污染有其自身的特点，主要表现在以下几个方面。

（1）长期性　很多室内空气污染物在短期内就可对人体产生极大的危害，而有的则潜伏期很长。例如放射性污染，其潜伏期达几十年之久。

（2）累积性　室内环境是人们生活、工作的主要场所。人的一生中至少有 50％的时间在室内度过，这样长时间暴露在有污染的室内空气环境中，污染物对人体的累积危害就更为严重。

（3）多样性　室内空气污染物种类繁多，有物理污染、化学污染、生物污染、放射性污染等。

（二）室内空气中的污染来源

（1）化学污染　主要来源于室内进行装饰装修使用的装饰材料，如人造板材、地毯、各种涂料、黏合剂、家具等，其主要污染物是甲醛、苯、二甲苯等有机物和氨、一氧化碳、二氧化碳、氮氧化物等无机物；化学污染物主要有甲醛、苯、二甲苯等有机物和氨、氡、一氧化碳、二氧化碳、氮氧化物等无机物。

（2）物理污染　主要来源于建筑物本身、花岗岩石材、部分洁具及家用电器等，其主要污染物是放射性物质和电磁辐射；家居生活大量使用电视、电磁炉、冰箱、电脑等电器设备给室内环境带来了电磁辐射、微波辐射、次声波、噪声、负离子减少、释放微量有毒气体等问题，严重影响了室内空气的质量。

（3）生物污染　主要是由居室中较潮湿霉变的墙壁、地毯等产生的，主要污染物为细菌和病菌。空调通风系统在长期使用过程中会使空调通风设备风管等聚积大量的灰尘、动植物尸体、铁锈等，滋生大量的细菌、霉菌、金黄色葡萄球菌、军团菌等病菌，在空调环境下长期活动的人群容易出现"不良建筑综合征"。

（4）室外污染　室外对室内的污染来源主要包括工业废气、汽车尾气、光化学作用、植物、环境微生物、房屋地基、人为带入室内的污染物等。

室内环境存在污染物主要是由于装修引起的，所以在室内装修时，要按照安全、健康、简洁、舒适的原则进行设计，尽量选用无毒、低毒、无污染、低污染的建筑装饰材料，切忌过度装修，保证通风量和新风量。在选购家具时，应尽量选择实木家具，尽量不选密度板和纤维板等材质的家具，以减少黏合剂中甲醛的释放。

房间装修好后应开窗通风一段时间后入住。由于建筑装饰材料和家具中甲醛的释放是一个缓慢的过程，入住后仍需每天开窗通风换气，以保证房间中有足够的新风量。有条件的家庭可以进行室内空气检测后再入住。

（三）室内空气污染的相关因素

要正确认识室内空气的污染问题，首先必须深入了解污染源和污染物。污染源是指造成环境污染的污染物发生源，通常是指向环境排放或释放有害物质或对环境产生有害影响的场所、设备和装置。污染物是指进入环境后能够直接或者间接地危害人类的物质，还可以解释为进入环境后使得环境的正常组成发生变化，直接或者间接有害于人类的物质。

目前，建筑装饰装修材料、通风空调系统、办公设备和家用电器等，已成为人们公认的室内空气质量最重要的隐形杀手，而由建筑装饰装修材料所造成的室内空气污染，近年来已位居危害之首，由这些污染源所产生的污染物种类也日趋复杂化和多样化。现在可以得到结论，即对于民用建筑工程来说室内装饰装修材料对室内空气的污染是最为重要的来源之一。

由于室内空气污染物的来源非常广泛，而且一种污染物也可能有多种来源，同一种污染源也可能产生多种污染物质；同一污染源在不同的温度和湿度条件下，其挥发量又不相同，从而构成了污染物对室内空气污染的复杂性。由于建筑装饰装修材料所引起的室内空气污染是室内空气质量恶化的主要因素之一，所以，系统地分析建筑装饰装修材料所产生空气污染物质的种类和来源，对于准确掌握各种污染物质及其形成原因，更有效地控制室内空气污染是非常重要的。

（四）室内空气污染的主要特征

当前，由于能源短缺，世界各国普遍采取了建筑节能措施，减少空调换气次数，使室内空气质量显著恶化，严重影响了人们的健康，各种疾病显著增加，出现了"病态建筑综合征"。此外，由于人们生活水平的提高，对室内环境的舒适感提出了越来越高的要求，所以也进一步推动了对室内空气质量的研究。

20世纪80年代，美国环境保护署（EPA）在总暴露量的评价方法学研究（TEAM）中，提出了一个全面评价室内和室外暴露对人体总暴露贡献的模型。这个研究得到一个令人吃惊的结论：对于挥发性有机化合物来说，在通常情况下室内污染源对人体总暴露的贡献远远高于室外工业污染源。警示人们提高对室内环境污染的重视和关切。室内环境污染与全社会、全年龄组的所有人群形成多种交互式影响关系，从而构成一种社会效应。

多年来，根据颁发的室内空气质量监测与控制标准，对各种民用建筑工程及室内装饰装修材料有害物质进行大量监测，通过大量的试验、监测、数据、论文、研究报告，对现有室内环境质量进行统计和分析，研究结果表明，室内环境污的特征有以下几个方面。

（1）国内外监测实践充分证明，甲醛和挥发性有机化合物是室内环境中首要的污染物，它们主要来自室内装饰装修材料散发。

（2）对于公共场所来说，新风量低、缺少必要的净化措施，是这些场所主要污染物超过国家标准规定的限量范围的重要因素。

（3）对于民用建筑来说，室内空气的质量不符合国家标准要求的主要问题是通风、换气不足，从而导致污染物在室内富集。

三、装饰装修材料引发室内空气污染

人类的居住环境实际就是由建筑装饰材料所围成的、与室外环境隔开的室内小环境，在这个小环境中，各种建筑装饰装修用化学材料释放或散发出的有害物质，对室内空气质量有很大的影响。据有关国际组织调查统计，全世界每年有 280 万人直接或间接死于室内装修污染，世界上 30% 的新建和重修的建筑物中发现有害于健康的室内空气。国内近年来因装饰装修材料污染室内空气，从而伤害人体健康甚至生命的事例也常有耳闻。因此，装饰装修材料引发室内空气污染的原因及其防治已成为人们密切关注的问题之一。

（一）装饰装修材料引发室内空气污染的特点

对于民用建筑工程来说，室内空气污染的污染物种类繁多、来源复杂，各类装饰装修工程的施工工艺和程度不同，因此，由装饰装修材料引起的室内空气污染具有以下特点。

（1）人为环境影响　室内装饰装修所引起的空气污染完全是人为因素造成、在室内环境中产生的，不是自然现象。其主要是受社会条件包括社会文明程度、经济发展水平、产品生产技术水平、国家重视程度、民族风俗习惯等诸多因素影响。

（2）影响范围很大　室内空气质量监测表明，建筑装饰装修材料引起的室内空气污染，不同于特定的工矿企业的环境污染，最突出的特点是涉及的人群基数很大，几乎包括了所有年龄组，因此影响范围很大。

（3）接触时间较长　据统计表明，人们在室内的时间较长，有的甚至超过全天的 80%，人体长期持续地接触受到污染的室内空气环境，对人体的危害时间较长，必然受到的危害较大。

（4）多种协同作用　由于室内空气污染的污染物种类繁多、来源复杂，装饰装修材料散发的各种污染物同时作用于人体，它们都可能发生复杂的化学作用或协同作用，这样对人体健康的危害更严重。

（5）浓度累积作用　对于某一种污染物来说，其单一的浓度也可能不会太高。如果装饰装修材料中的各种污染物同时散发，从而形成多种低浓度污染物协同、长时间累积作用，对人体的危害会更大。

（6）污染物危害大　由于城市规划布局、居住周围环境、建筑设计缺陷、建筑节能方式、人们生活习性等多种因素的影响，可能会构成民用建筑工程的自然通风不畅，在密封程度较高、通风换气不足的室内空间中，室内空气中的污染物不能通过室内外空气流通得到稀释，从而会增大室内污染物对人体健康的危害。

（7）缺乏有力监管　中国室内装饰协会环境检测中心调查统计，我国每年由室内空气污染引起的死亡人数已达 11.1 万人。长期以来，普通公众对室内空气污染并没有明确的概念，这使室内污染一直作为"隐形杀手"潜伏在各种建筑中。由于缺乏统一的检测标准、缺乏有效的监管，目前普通住宅的室内空气质量检测至今还是一项"空白"，缺少相应的强制性的国家法律和法规的约束。

(8) 缺乏净化观念　目前，人们对自身健康的关注多数人仍然停留在被动的预防水平上，有的甚至停留在治病保健的初级观念上，在主观意识上还没有认识到环境净化的必要性和重要性。从国家标准体系到公共场所业主，直至普通市民，还没有建立室内环境净化消费观念，没有从解决污染源上采取措施。

(9) 健康危害复杂　在室内空气污染中，多种低浓度污染物的长期影响对人体作用机理及其阈值剂量尚不完全清楚，再加上人的个体差异性比较大，对人体健康的危害程度变得更加复杂，这就需要继续做长期的、大量的深入研究。

(二) 装饰装修材料中甲醛散发特征

近年来，随着生活质量的提高和"装饰热"的兴起，人们所使用的建筑装饰装修材料越来越多。这些材料在室内相对封闭的空间中形成了对人体有害的各种污染，其散发的污染物主要有甲醛、挥发性有机化合物 (VOCs) 等污染物和放射性物质。其中，甲醛和 VOCs 以其对人体毒害程度之大和在经过装饰装修的室内超标量之惊人，以及其在室内散发的长期性引起了国内外研究人员的共同关注。

室内空气中的甲醛等污染物，主要是由各类装饰装修材料，如各种人造板材、壁纸、化纤地毯、泡沫塑料、涂料、各种家具、室内办公电器、生活家用电器、吸烟及人体、动物的生物代谢等产生。大量研究结果表明，室内装饰装修用人造板材是室内甲醛污染的首要因素。因此，加强对人造板材甲醛散发特征的研究，从控制各种人造板材的产品质量入手，在室内装饰装修工程中，强化对各种人造板材的质量监测和质量认证，从装饰装修材料和工艺过程控制入手，是控制室内环境中甲醛污染的有效方法。

甲醛在工业上的用途主要是合成人造板材胶黏剂，是合成脲醛树脂、三聚氰胺甲醛树脂、酚醛树酚的重要原料。由于甲醛的化学反应强、价格低廉，以其制造的人造板材物理性能优越，而广泛用于人造板材的工业生产，至今已有 100 年的历史。因此，用以上胶黏剂制造的人造板材，不仅必然含有甲醛成分，而且甲醛会不断地释放出来。

目前，在民用建筑工程中使用的人造板材，主要包括胶合板、细木工板、中密度纤维板、切片板、强化复合地板和刨花板等品种。这些人造板材在生产和使用中使用了由甲醛等原料合成的胶黏剂，游离甲醛在使用过程中不断向环境中散发。试验研究表明，释放出来的甲醛主要来源包括：人造板材合成树脂中残留的未参与反应的游离甲醛，会逐渐向周围环境进行释放；已参与反应但形成不稳定化合物中的甲醛，在热压或受热过程中也会释放出来；在树脂合成的过程中，吸附在聚合物胶体粒子周围已质子化的甲醛分子，在电解质的作用下会释放出来。研究还表明，人造板材中甲醛的释放期一般为 3~15 年。实际上，在整个人造板材使用寿命周期内，甲醛都会随着室内温度、湿度的变化而不停地向室内空气中散发。

由于人造板材广泛用于室内装饰装修、家具制造、地面铺设材料、建筑结构材料，在室内相对比较窄小的空间中，游离甲醛随着时间、温度和湿度的条件变化，从人造板材内部合成树脂中游离出来，沿着板材的边缘和接缝，向室内空气中散发，导致室内空气污染，成为室内甲醛污染的主要污染源。如果室内装饰装修中使用劣质或不合格的人造板材，或者装修工艺不规，等于建造了一个甲醛"毒气室"。此外，某些化纤地毯、塑料地板砖、装饰墙布、塑料壁纸、泡沫隔热材料、涂料等也含有一定量的甲醛，它们也会向室内空气中散发。而各种材料同时散发出甲醛，很容易形成聚集效应，对人体健康的危害更严重。

四、目前我国室内环境污染情况

随着我国国民经济的快速发展和工业化、城市化水平的不断提高，人们的工作、生活和居住条件得到了大幅度的改善，例如住宅楼、写字楼、宾馆、饭店等房屋均进行了较大程度的装修以满足人们对高层次生活追求的需要。据有关统计资料表明，2020 年全国的室内装修和建材需求已突破 2 万亿元人民币。

但是，人们对因建筑、装修装饰、家具及现代家电和办公器材造成的室内环境污染，并没有引起足够的重视，导致人们长时间生活在这样的环境中，给人们带来了诸多健康问题。据国际空气质量协会调查显示：室内空气污染程度是室外的 2～5 倍，有的甚至超过 100 倍。

室内环境污染是继煤烟污染和光化学污染之后的全球第三大空气污染问题，它对居民健康和整个社会经济均会造成重大的损失。世界卫生组织调查表明：全世界每年至少有 10 万人因为室内空气污染而死于哮喘病，其中 35％是儿童。我国最新的调查表明，我国每年因室内空气污染造成约 13.8 万人死亡。由此可见，室内环境污染已成为影响人们健康的一大杀手。

在我国，近年来室内空气污染状况惊人，室内空气污染对人体健康造成的威胁触目惊心，污染净化与治理刻不容缓。某专门机构对室内空气研究发现，许多民用和商用建筑的室内空气污染程度是室外空气污染的 4～10 倍，有的甚至超过 100 倍。

我国发布的流行病学统计，我国白血病的自然发病率较高，每年约新增 4 万名白血病患者，其中 50％是儿童，而且以 2～7 岁的儿童居多。家庭装修导致室内环境污染，被认为是导致城市白血病患儿增多的主要原因。2001 年北京儿童医院统计就诊的城市白血病患儿中，有九成以上的患儿家庭在半年内装修过。2004 年深圳儿童医院与有关部门曾对新增加的白血病患儿进行了家庭居住环境调查，发现 90％的小患者家中在半年之内曾经装修过。

全世界每年有 30 万人因为室内空气污染而死于哮喘病，其中 35％为儿童。我国肺癌发病率以每年 26.9％的速度递增。因装修污染引起的上呼吸道感染而导致重大疾病的儿童约有 210 万名。大量触目惊心的事实证实，室内空气污染已成为危害人类健康的"隐形杀手"，也成为全世界各国共同关注的问题。中国消费者协会公布过一项调查结果：抽样检测的新装修的住房中有七成含有有毒气体。在这样的新居中，人们往往出现头痛、头晕、过敏性疲劳和眼、鼻、喉刺痛等不适感，世界卫生组织（WHO）将此现象称为"病态建筑物综合征"。

在生态环境日益恶化的今天，空气质量已成为人们健康的最大威胁。大量触目惊心的事实证明，由于建筑、装饰装修、家具造成的室内空气污染已成为危害人类健康的最重要原因。世界卫生组织也已将室内空气污染列为人类健康的十大威胁之一。调查资料表明，由于建筑工程、装饰装修和家具而造成的室内环境污染已成为目前广大城镇家庭的一个突出问题。

（一）由于建筑工程材料造成的室内环境污染

随着我国城市化的快速推进，房地产消费已成为我国居民消费的重点和热点。由于建筑材料对室内环境的污染已直接危害人类的健康，不论是民用建筑还是公共建筑，建筑材料释放的有害物质已成为人们工作、生活中潜在的公害。消费者在购买房子的同时，必然也带来了室内环境污染问题。如何弄清室内环境污染的物质，采取适当措施加以减轻和避免，这是当前必须解决的重要问题。

（1）混凝土外加剂中的氨气污染　　氨气污染是由混凝土结构建筑所造成的室内环境污染。我国北方地区冬季施工过程中，为防止混凝土产生受冻，确保混凝土的施工质量，在混凝土加入一定量的防冻剂。这些含有大量氨类物质的外加剂，在混凝土硬化的过程中，随着温度、湿度等环境因素的变化而还原成氨气从混凝土中缓慢释放出来，造成室内空气中氨的浓度不断增高。我国曾经轰动一时的北京某房地产项目，氨气超标 35 倍引来业主维权投诉的案例就是一个典型例子。

（2）建筑材料中的放射性污染——氡　　氡是由镭衰变产生的自然界唯一的天然放射性惰性气体，它没有颜色，也没有任何气味。氡原子在空气中的衰变产物被称为氡子体，为金属离子。常温下氡及子体在空气中能形成放射性气溶胶而污染空气。由于氡主要来自建筑施工时使用的石料、矿渣砖、炉渣砖、水泥和陶瓷材料，所以氡的分布非常广泛，每天都在人们的周围，存在于千家万户的房屋里。

了解室内环境中高浓度氡的来源，有助于我们对氡的认识和防治。调查结果表明，室内氡的来源主要有以下几个方面。

① 从房基土壤中析出的氡。在地层深处含有铀、镭、钍的土壤、岩石中，经测试会发现含有高浓度的氡。这些氡可以通过地层的断裂带进入土壤和大气层。建筑物如果建在这种地基上，氡就会沿着地的裂缝扩散到室内。从北京地区的地质断裂带上检测表明，3 层以下住宅室内氡的含量一般都比较高。

② 从建筑材料中析出的氡。1982 年联合国原子辐射效应科学委员会的报告中指出，建筑材料是室内氡的最主要来源。如花岗岩、水泥和石膏之类，特别是含有放射性元素的天然石材，最易释放出氡。从我国近年来对室内环境检测的结果来看，对从建筑材料中析出氡的危害不容忽视。

③ 从户外进入室内的氡。在室外空气中，氡被稀释到很低的浓度，几乎对人体不构成威胁。可是一旦进入室内，就会在室内大量的积聚，对人体健康就会产生威胁。

④ 从供水及用于取暖和厨房设备的天然气中释放出的氡。由于地壳中含有放射性元素的岩石总是不断地向四周扩散氡气，使地下水中含有一定量的氡气。这方面只有水和天然气的含量比较高时才会有危害。

氡元素普遍存在于我们的日常生活环境中，从 20 世纪 60 年代末期首次发现室内氡的危害至今，科学研究发现，氡对人体的辐射伤害占人体所受到的全部环境辐射中的 55％以上，对人体健康危害极大，其潜伏期大多都在 15 年以上。早在 1994 年，我国调查了 14 座城市的 1524 个居室，每立方米空气中氡含量超过国家标准的 6.8％，最高的达到 $596Bq/m^3$，是国家标准的 6 倍。有关部门曾对北京地区公共场所进行室内氡含量调查，发现室内氡含量最高值是室外的 3.5 倍。据不完全统计，我国每年因氡气导致肺癌的人数达 5 万以上。因此，1987 年氡被国际癌症研究机构列入室内重要致癌物质，必须引起人们的高度重视。

我国室内装饰协会室内环境检测中心在调查中发现，北京地区的一些家庭，住在一楼并在地面铺满了花岗岩，室内氡含量较高，有的已经对家人造成了伤害，应该引起大家的注意。为了保证人民身体健康与安全，各国对室内氡的危害已经引起重视。到目前为止，世界上已有二十多个国家和地区制定了室内氡浓度控制标准。

1996 年，我国技术监督局和卫生部就颁布了《住房内氡浓度控制标准》，规定新建的建筑物中每立方米空气中氡浓度的上限值为 100Bq，已使用的旧建筑物中每立方米空气中氡的浓度为 200Bq。随后又颁布了《地下建筑氡及其子体控制标准》和《地热水应用中的放射性防护标准》，提出了严格的控制标准。

（3）其他建筑材料挥发的有毒气体污染　居室内铺设的化纤地毯，使用木屑纤维板制造的木质家具，或是泡沫材料、复合板等都会慢慢发出少量甲醛气体，而甲醛和石棉已被证实是相当危险的致癌物。另一种是在建筑材料里常用的胶黏剂、防水材料、涂料、塑料制品及橡胶中经常被使用的溶剂苯，它可使人头昏脑涨、胸闷，甚至发生流鼻血或哮喘，超过一定的浓度也会成为致癌物质。随着空调在家庭之中普及，室内空气不流通，这又使得这些挥发性有毒气体的浓度大大提高，成为看不见的健康杀手。

（二）由于室内装饰装修造成的室内环境污染

随着人们生活水平的提高和居住条件的改善，对住房进行室内装修越来越普遍，而且装修的规模的扩大，由此带来的室内环境污染问题也越来越突出，引起了人们的广泛关注。我国室内装饰协会室内环境监测工作委员会调查显示，目前我国新装修的房屋室内环境有害物质浓度普遍超标。

（三）我国某些城市新装修室内环境甲醛污染情况

新装修室内环境甲醛污染已引起世界各国的高度重视。国际癌症研究机构（IARC）已经于 2004 年将甲醛上升为第一类致癌物质。2012 年 1 月 31 日，美国健康和公共事业部及公共卫生局发布的致癌物质的报告中将甲醛列入一类致癌物质。2012 年在中国室内环境报告中特别警示：甲醛已成为我国新装修家庭中的主要污染物。

我国消费者协会一项调查显示，目前新装的房屋室内甲醛浓度普遍存在着超标，装修污染已经成为一个严重的环境问题，必须根据我国室内环境污染的现状，正确地认识和对待，并采取必要而有效的措施，加以防止和避免。我国某些城市新装修室内环境甲醛超标比例如图 14-1 所示。

图 14-1　我国某些城市新装修室内环境甲醛超标比例

（1）北京　中国室内装饰协会室内环境监测工作委员会 2004 年检测的千户新装修家庭中，甲醛超标的达到 60%，室内环境中的甲醛浓度平均超过国家标准的 4 倍，最高超过国家标准 6 倍；占超标物质甲醛、苯、氨和 TVOCs 的总数的 51.2%。

（2）南京　南京市室内环境监测中心对 365 户家庭室内空气所做的抽样监测显示，南京近 2/3 居民家中空气环境存在污染问题，以甲醛和苯为最主要的污染源，实测居室空气中甲醛的 7.5 倍。

（3）青岛　青岛市产品质量监督检验所对 85 处住房进行空气质量检测，结果有 70% 的房子空气质量不合格，主要是甲醛超标引起空气污染。

（4）银川　银川市环境监测中心站在对市区 174 套住宅室内环境空气进行检测中发现，

有60％住宅的甲醛超标，特别是新装修房屋内空气甲醛污染严重。

（5）重庆　重庆市环保部门了解到，近几年，重庆市首次大规模对室内空气质量进行了调查、监测，发现全市60％的新房甲醛超标，不宜立即居住。

（6）深圳　深圳市计量质量检测研究院2004年1～7月，共对全市400多套房子进行了室内环境检测。检测结果表明，400多套房子中90％甲醛超标。

（四）由于室内各种家具造成的室内环境污染

近几年来，随着人们经济条件的提高和家庭装饰装修观念的变化，很多家庭更换家具的频率也越来越快，对于美化和改善居住环境起到很大作用。但是，与此同时，由于质量不合格家具造成的室内环境污染问题也越来越突出，很多家庭和办公场所都遇到了家具造成室内环境污染问题，严重威胁使用者的人体健康。

据北京市工商局投诉举报中心统计，2003年度共受理家具类投诉844件，平均每天至少发生两起，家具的质量问题已经跃居北京市全年消费者投诉的榜首，存在的主要问题是"一些家具使用劣质板材、涂料，造成有害物质严重超标，异味刺鼻"。

2003年，上海市质量技术监督局根据消费者投诉进行的抽样检查结果显示，市场上儿童卧室家具中的甲醛超标的现象十分严重。抽查的20套木制儿童卧室家具，结果只有9套合格，抽样合格率仅为45％。在11套不合格的儿童卧室家具中，全部属于甲醛释放量超标。

据上海市家具行业协会透露，甲醛释放量超标问题至今仍然是上海消费者投诉家具质量的重点。在2012年的2800件消费者有关家具的投诉案例中，有此问题的占到70％以上。据分析，造成甲醛释放超标的主要原因在于：少数非正规家具生产企业无视法规；部分消费者一味追求低价，厂方急于成交求利，降低材料使用标准；材料源头难以控制等。

据有关报道，辽宁省2012～2018年消费者投诉呈现出九大热点，其中对装修材料类的投诉列第一位。平均每年受理装修材料类投诉700件以上。其中投诉的主要类别是：产品质量差，假冒商品大量存在，材料含有毒有害物质。尤其是劣质的装饰材料中所含的有毒有害物质严重超标，给消费者身心造成极大伤害。

2005年12月，陕西省质量技术监督局对全省48个县（区）市场上的家具进行了抽样检查，检测结果合格率仅为54％，其中不合格产品中主要问题仍是甲醛释放量超标问题，甲醛释放量最高的超过国家标准4倍多。

中国室内装饰协会室内环境监测中心多年研究发现，家具造成的室内环境污染已经成为继建筑、装饰污染之后的第三大室内环境污染源。测试结果表明，不但人造板材木制家具有污染，而且沙发、床垫等软性材料家具也会造成室内环境污染。室内装饰协会室内环境监测中心，接到很多消费者反映自从家中新添置家具后，经常感到头昏、恶心、流眼泪，夏天不能开空调享受清凉，冬季不能关闭窗户保暖。

室内装饰协会室内环境监测中心经调查证明，由于一些家具生产厂家在选料、工艺上没有严格把关，导致一些家具产品存在污染室内环境问题，而这些有害气体主要来自木制家具使用的人造板材、涂料和软性家具中使用的含苯胶黏剂。室内人员长期吸入这些有害气体，会出现头晕、头痛、恶心、胸闷、乏力等症状，严重的会造成对人体健康的更大危害。

第三节　装饰装修室内环境污染的危害

随着我国人们生活水平的提高，家用燃料的消耗和菜肴烹调量不断增加，大量能够挥发出有毒有害物质的建筑、装饰材料和家用化学品、消费品进入家庭，使室内有害物质的种类和数量明显增多，从而加重了室内空气的污染。

现代建筑物多为密闭型，室内空调系统中恒定的湿度、温度益于微生物的繁殖。为了节省能源，有的楼宇和民用住宅降低通风量，导致含有有毒有害化学物质、细菌及病毒的空气在室内循环，进一步增加了对人体的危害。因此，高度重视室内环境污染的危害是关系到使用者健康和生命的大问题。

一、室内环境污染物的分类

根据国家标准《室内空气质量标准》中的规定，室内空气污染物质按照其性质进行区分，可分为化学污染、放射性污染、物理污染和生物污染4类。

（一）化学污染

化学污染主要来自包括建筑、装饰装修、家具、化妆用品、厨房燃烧和室内化学用品等，它们释放或排放出来的包括氨、氮氧化物、硫氧化物、碳氧化物等无机污染物及甲醛、苯、二甲苯等在内的有机污染物。目前人类使用的化学物质多达数十万种，并不断有新的合成化学物质出现，因此这类污染物是环境的主要污染来源，对人体健康的威胁最大、影响面最广。目前我国城乡公共场所和家庭中的主要污染是化学性污染，常见的有化学性有害气体，包括甲醛、苯、氨和挥发性有机化合物等污染物。

（二）放射性污染

放射性污染主要来自从建筑和装饰装修材料中释放出的氡气及其衰变子体，还有由石材制成的成品，如大理石、洁具、地板等释放出的γ射线。放射性物质氡污染是目前我国建筑污染的主要问题，一些家庭装饰装修也可以产生，现已被列入国家民用建筑工程室内环境污染控制指标。

（三）物理污染

物理污染主要包括噪声污染、室内灯光照明不足或过亮、电磁辐射（紫外线、微波）、电离辐射（各种有害放射性物质）等造成对人体健康的危害。室内环境中的物理污染来自两个方面：一方面是室外环境进入室内的污染；另一方面是室内环境自身的污染。如室内环境的装饰、陈设、家具、照明、色彩等，如果设计和安装不合理，人们长时间在室内生活和工作，都可能对人体的健康造成伤害，成为危害健康的室内环境物理污染。

另外，一些室内环境中的物理性指标虽不应该称之为污染，但是也与人们的健康息息相关，如室内温度、湿度、新风量等。

（四）生物污染

室内空气生物污染是影响室内空气品质的一个重要因素，主要包括细菌、真菌（包括真菌孢子）、花粉、病毒、生物体有机成分等。室内生物污染对人类的健康有很大危害，可以引起各种疾病，如各种呼吸道传染病、哮喘、建筑物综合征等。

目前，也有一些专家把物理污染与放射性污染合并为一类，统称为物理性污染。把室内环境污染物分为化学性污染物、物理性污染物和生物性污染物 3 个大类。

二、室内环境污染危害的特点

室内环境污染物不仅来源广泛、种类繁多、对人体的危害程度大，而且作为现代人生活工作的主要场所，在现代的建筑设计中越来越多的考虑资源的有效利用，使其与外界的通风换气逐步减少，在这种情况下室内与室外就变成两个相对不同的环境，因此室内环境污染有其自身的一些特点，主要表现在以下 6 个方面。

（1）影响范围广　室内环境污染不同于特定的工矿企业环境，包括居室环境、办公室环境、交通工具内环境、娱乐场所环境和医院、疗养院环境等，因其所涉及的人群数量大，几乎包括了整个年龄组，所以影响范围相当广泛。

（2）接触时间长　人的一生大部分时间是在室内度过的，当人们长期生活在有污染的室内环境中，污染物对人体的作用时间也就相应增加了。它们各有不同的生物学效应，对人体的危害也是多种多样的，既有可能有局部作用（局部刺激），又有可能有全身毒害（全身性中毒）；既有可能有特异作用，又有可能有非特异作用，甚至可产生远期危害（遗传性影响）。

（3）污染物浓度高　很多室内环境特别是刚刚装修完毕的室内环境，污染物从各种装修材料中释放出来的量较大，并且在通风换气不充分的条件下不能及时排放出去，大量的污染物长期滞留在室内，使得室内污染物浓度很高，严重时可超过室外的几十倍之多。

（4）污染物种类多　室内环境污染有物理性污染、化学性污染、生物性污染和放射性污染等，特别是化学性污染，其中不仅有无机物污染，而且还有更为复杂的有机物污染，其种类可达到上千种，并且这些污染物又可以重新发生作用产生新的污染物，时常同时综合作用于人体。因此，在研究环境与人群健康关系时，应考虑多种污染物的联合作用、相加作用、协同作用或拮抗作用。

（5）污染物排放周期长　对于从装修材料中释放出来的污染物，尽管在通风充足的条件下，它还是能不停地从材料中释放，有试验表明甲醛的释放时间可达十几年之久。而对于放射性污染，其危害的时间更长。低浓度短时间接触不会对人体健康产生明显影响，而长时间接触对人体健康的潜在危害则不容忽视。

（6）危害表现时间不一　试验证明，有的污染物在短期内就可对人体产生极大的危害，而有的则潜伏期很长，如放射性污染其潜伏期可达几十年。

老、弱、病、残、幼，他们自身的抵抗力最弱，最容易受到有害物质的侵害，这一人群称为敏感人群。有些人群接触某种有害因子的机会比其他人群多，摄入量比普通人群要高得多，这种人群称为高危险人群。也可以把敏感人群和高危人群统称为高危险人群。

三、室内环境污染对健康的影响

在室内环境中，人类的健康在身体和心理上的双重反应非常独特和复杂。人们一般都知道在污染环境和健康之间存在着定性关系，但有关定量数据方面的科学依据很不清楚。试验和实践证明，来自室内的空气污染物质对健康的影响表现的时间往往有很大的差别。

（一）即时的影响

室内污染物对人的影响，有的一次或多次室内空气污染后立即表现出来，如眼睛、鼻子和咽喉的刺激，头痛、头昏眼花和疲倦，哮喘、过敏性肺炎和发烧等一些疾病的症状。这些立即表现的症状，通常是短期且可治疗的，有时如果能确定污染源，通过除去污染源就可得到治疗。

对室内的空气污染物质可能的即时反映，主要取决于以下因素：①年龄和身体状况是两个重要的影响因素；②一个人是否对某种污染物质有反应，取决于其敏感性，在很大程度上是因人而异的，如某些人对生物污染物质刺激敏感，而某些人对化学污染物质刺激敏感。

某些由室内空气污染引起的即时反映症状，与感冒或其他病菌引起的疾病基本类似，此时很难确定这些症状是否由室内空气污染造成。基于这一方面的原因，注意症状发生的时间和地点是非常重要的。如果离开室内这个环境，症状就消退或消失，室内空气污染则成为引起的因素。

（二）长期的影响

有时对人体健康的影响可能在遭受室内空气污染数年之后，或者长期、反复遭受室内空气污染后出现。这些影响引发一些呼吸器官疾病、心脏病和癌症，有的可能是非常严重的或致命的。尽管普遍认为室内空气污染物质对人体健康产生许多危害，但至今人们还不能确定污染物浓度达到多少，以及污染持续多长时间才能产生明显的危害，同时人们遭受到室内空气污染危害后也会有不同的反应。

很少有人了解由于长期处于化学药品的混合物中对健康的影响，即使知道室内典型的空气污染包括很多种污染物，但人们很少知道由这些污染物混合后所产生的相互作用，对人体健康产生的更大危害。

一些损害健康的后果可能是暴露于污染物中数年出现的，也可能是暴露于污染物之后很长时间或反复暴露于污染物中产生的，因此可将这种对健康的损害称为长期影响。长期的健康影响与室内空气污染物有关。

第四节　装饰装修室内环境污染控制规范

随着人们居住条件的改善，新旧房屋进行室内装修越来越普遍，装修的规模不断扩大，由此带来的室内环境污染问题也越来越突出，引起了党和政府的高度重视。如何使建筑装修尽快走向标准化、法制化的道路，这是摆在世界各国前面的重要课题。

一、我国对室内环境污染工作的重视

建筑装饰装修和家具用具对室内环境造成严重污染问题，已经引起我国党和政府及有关部门的高度重视，在国务院领导的亲自批示和指导下，在原国家质量监督检验检疫总局和国家标准化管理委员会的组织下，近年来我国陆续制定和发布了一系列控制室内环境污染的标准和规范。

2001年7月6日，贯彻国务院领导的指示，国家质量监督检验检疫总局和国家标准化管理委员会正式启动室内环境相关标准的制定工作。国家标准化管理委员会组织卫生、环保、建筑、室内装饰、建材、林业、化工、轻工等行业专家，在认真学习国际先进标准的基础上，确定进行《室内空气质量标准》《民用建筑工程室内环境污染控制规范》和10项《室内装饰装修材料有害物质限量》等国家标准的起草工作，在较短的时间内完成了室内装饰装修材料有害物质限量10项强制性国家标准草案，并组织有专家和单位审查通过。

2001年11月26日，由国家质量监督检验检疫总局发布，建设部起草的《民用建筑工程室内环境污染控制规范》和10项《室内装饰装修材料有害物质限量》等国家标准，提出了对氡、游离甲醛、苯、氨、总挥发性有机化合物5项污染物指标的浓度限制，对市场上使用比较普遍的10种室内装饰装修材料有害物质进行限量控制，于2002年7月1日正式实施。

2002年12月，经过各方面专家的共同努力，国家质量监督检验检疫总局、卫生部和国家环境保护总局发布了我国第一部《室内空气质量标准》，并于2003年3月1日正式实施。

二、《室内空气质量标准》的控制指标

《室内空气质量标准》中引入室内空气质量概念，明确提出"室内空气应无毒、无害、无异常嗅味"的要求。其中规定的控制项目包括化学性、物理性、生物性和放射性污染。规定控制的化学性污染物质不仅包括人们熟悉的甲醛、苯、氨、氡等污染物质，还有可吸入颗粒物、二氧化碳、二氧化硫等13项化学性污染物质。

《室内空气质量标准》中的主要控制指标和依据如表14-3所列。

表14-3　《室内空气质量标准》中的主要控制指标和依据

参数类别	参数名称	单位	标准值	备注
物理	温度	℃	22～28	夏季空调
			16～24	冬季采暖
	相对湿度	%	40～80	夏季空调
			30～60	冬季采暖
	空气流速	m/s	0.30	夏季空调
			0.20	冬季采暖
	新风量	$m^3/(h \cdot 人)$	30	
化学	二氧化硫(SO_2)	mg/m^3	0.50	1h均值
	二氧化氮(NO_2)	mg/m^3	0.24	1h均值
	一氧化碳(CO)	mg/m^3	10	1h均值
	二氧化碳(CO_2)	%	0.10	日平均值
	氨(NH_3)	mg/m^3	0.20	1h均值
	臭氧(O_3)	mg/m^3	0.16	1h均值
	甲醛(HCHO)	mg/m^3	0.10	1h均值
	苯(C_6H_6)	mg/m^3	0.11	1h均值

参数类别	参数名称	单位	标准值	备注
化学	甲苯(C_7H_8)	mg/m³	0.20	1h 均值
	二甲苯(C_8H_{10})	mg/m³	0.20	1h 均值
	苯并[a]芘[B(a)P]	mg/m³	1.0	日均值
	可吸入颗粒(PM$_{10}$)	mg/m³	0.15	日均值
	总挥发性有机化合物(TVOCs)	mg/m³	0.60	8h 均值
生物	细菌总数	cfu/m³	2500	依据仪器定
放射性	氡(Rn)	Bq/m³	400	年平均值(行动水平)

三、室内装修后环境污染控制标准

（1）根据现行国家标准《住宅装饰装修工程施工规范》（GB 50327—2001）中规定，控制的室内环境污染物为氡、甲醛、氨、苯和挥发性有机化合物。

（2）住宅装饰装修室内环境污染控制除应符合现行国家标准《住宅装饰装修工程施工规范》（GB 50327—2001）规范外，还应符合《民用建筑工程室内环境污染控制标准》（GB 50325—2020）等现行国家标准的规定。设计、施工应选用低毒性、低污染的装饰装修材料。

（3）对室内环境污染控制有要求的，可按有关规定对以上两条内容全部或部分进行检测，其污染物浓度限值应当符合表 14-4 的要求。

表 14-4 住宅装饰装修后室内环境污染物浓度限值

室内环境污染物	浓度限值
氡/(Bq/m³)	≤200
甲醛/(mg/m³)	≤0.08
苯/(mg/m³)	≤0.09
氨/(mg/m³)	≤0.20
总挥发性有机化合物(TVOCs)/(Bq/m³)	≤0.50

第五节 控制室内装饰装修污染的要点

近年来，由于我国经济建设的飞速发展和人民群众生活水平的提高，人们的住房条件得到极大改善。据中国建筑装饰协会统计分析，1998 年我国用于住宅装修的费用高达 1000 亿元，2000 年为 1800 亿元，2005 年已突破 6500 亿元，2010 年已超过 8000 亿元，2018 年已超过 9000 亿元。在人们住房条件得到改善的同时，由于装饰装修造成的室内环境污染成为城市家庭的一个突出问题。因此，如何控制室内装饰装修的污染是建筑装饰装修设计和施工中必须解决的问题。

一、造成装饰装修工程室内环境污染的因素

（一）设计前准备工作不足

在开始装饰装修工程设计前，还要熟悉将要进行室内装修设计的建筑物的现有状况，特别是对已使用过的建筑物，了解其通风情况、现有的室内环境污染状况等，在了解情况的基础上考虑如何着手工作，以便在新装修中去除原有污染，并避免新的污染。然而在诸多工程中，出于工期的原因，在进行施工前没有进行详尽的准备了解工作。

（二）材料使用不到位

作为室内装修设计中控制室内环境污染的中心环节，选材是否成功直接决定了最终的装修效果。由于中国广阔的地域因素，各地区建设工程中建筑材料的使用也有着差异，对于材料的管理控制方式也有所不同。材料准用证制度、材料备案证制度都是出现在各个地区的不同管理办法，因此这就给材料的使用及管理带来了一定的困难。

（三）污染物的检验手段存在一定局限

污染物的检验通常是在工程完工 7 天后交付使用前进行，这部分采样或检测工作通常在现场进行。虽然标准对采用的相关测试方法做出了说明，但受现场条件的影响，大规模、大体量的检测设备不便用于现场检测。而当前能够满足标准中检测精度要求的现场检测设备，其功能还不尽完善，其精度还不能完全达到标准要求。

（四）缺乏整改处理方案

鉴于当前室内环境污染控制工作刚刚起步，还需进一步加强推广、普及工作。室内环境污染超标后的整改问题，相对于其他方面的工程质量问题，处理手段较为单一，可行性、经济性方面的适用性不强。

二、控制室内装饰装修污染的要点

（一）科学合理设计控制装饰装修污染

1. 从设计控制室内装修污染的重要性

我国现行国家标准《民用建筑工程室内环境污染控制标准》（GB 50325—2020），贯彻了装饰装修工程全过程控制环境污染的原则。工程实践也证明，建筑装饰装修工程设计是控制室内污染的第一步，在设计中较好地贯彻执行规范提出的要求，将有利于其他工作的顺利进行。因此，工程设计阶段的工作做得如何关系到贯彻《民用建筑工程室内环境污染控制标准》的全过程。

我国在过去的建筑装饰装修中，未把控制室内环境污染作为设计的重要条件。在《民用建筑工程室内环境污染控制标准》中给设计内容增加了很多新内容：如根据民用建筑的分类，选用符合环境要求的建筑装饰材料；工程竣工验收要进行室内现场检测，指标如果超过现行标准，不允许投入使用等。

对于建筑装饰装修的设计人员来说，民用建筑工程控制环境污染要求是一个新问题。目

前，有些设计人员对新的设计要求和有关知识还不熟悉，缺少专门的研究和实践。作为设计人员，如果对室内环境污染控制不了解，则很难适应现代建筑设计的要求，不可避免地会发生这样或那样的问题。

2. 室内装修设计控制污染的要点

作为建筑装修设计人员，在正式开始设计之前，要熟悉将进行室内装修设计的建筑物状况，特别对已使用过的建筑物，应详细了解通风情况如何、现有室内环境污染状况、有无必要对现有情况进行测试等。在了解情况的基础上，再考虑在新装饰装修工程中如何除掉原有污染物，怎样避免新的污染物产生。

工程实践证明，室内装修设计控制污染主要包括以下要点。

（1）合理计算室内空间的承载量　由于目前市场上的各种装饰材料都会释放出一些有害气体，即使是符合国家室内装饰装修材料有害物质限量标准的材料，在一定承载量的室内空间中也会造成有害物质超标的情况。

（2）选用环保型建筑装饰装修材料　选用不仅适合于工程需要，而且还符合有关要求的建筑装饰装修材料，是室内装饰装修设计的重要任务之一，也是室内装修设计中控制室内环境污染的中心环节。在室内装饰装修设计中，必须按照《民用建筑工程室内环境污染控制标准》（GB 50325—2020）中对装饰装修材料有害物质的限值要求，在设计文件中注明其级别和性能指标，以便工程施工时施工单位遵照执行。

（3）搭配各种装饰装修材料的使用量　在装饰装修工程选材设计中，应根据工程实际情况确定各种装修材料的使用量，是避免某种有害物质超标的有效措施。如地面装修工程在室内装修中比例较大，若选用单一材料会造成室内空气中某种有害物质超标，而搭配合适的材料则会降低某种有害物质的含量。

（4）保持室内有一定的新风量　按照现行国家标准《室内空气质量标准》（GB/T 18883—2002）中的要求，室内新风量应保持 $30\mathrm{m}^3/(\mathrm{h}\cdot\text{人})$。实践充分证明，通风是消除室内环境空气污染的最简单有效方法，在室内装饰装修设计中，一定要按照建筑通风的规范要求进行。特别是在大开间改为小开间的装饰装修设计中，对于小开间通风状况要重新进行计算，凡达不到建筑设计通风要求的，必须采取相应的措施，保证室内新风量的要求。

（5）为其他污染源留好提前量　室内产生环境污染是多方面，是各种污染物质在室内空气中的累加，不仅主要来自室内装修工程，而且还有家具、用具和其他装饰品等各方面。因此，在进行室内装配装修设计中，要考虑到购买家具、用具和其他装饰品，这些物品中也会释放有害气体，从而造成室内污染物质超标。

3. 室内装修环保设计包括的内容

（1）民用室内装饰装修要按照简洁、实用、环保、经济的原则进行设计，不应当单纯追求高档、华丽、昂贵和气派，更不应设计既浪费资源、造价较高又影响生活舒适、人体健康的项目。

（2）在进行室内装饰装修设计时，要充分利用最新的科研成果，降低能源的消耗量。民用室内装饰装修设计应是节能型设计，要尽可能选用节能型装饰材料，如节能型门窗、节水型坐便器、节能型灯具等；要尽量利用自然光进行室内采光；要利用装饰提高室内空气对流速度；利用绿色植物等提高室内空气质量等。

（3）在进行装饰装修设计时，要充分考虑到资源综合利用问题。如要把水的二次利用固定化、专业化，设计出能二次利用的设备和设施；要设计出分类回收各种废弃物的贮存地点，如回收废旧电池、废旧金属、废纸等的器具设计与制作；在照明控制和家电控制上，也要便于居住者的操控，做到方便、合理使用家用电器等。

（4）在装饰装修选择材料方面，要尽量选用对资源依赖性小的材料。要选用资源利用率高的材料，如复合木地板代替实木地板；选用可再生利用的材料，如玻璃、铸铁艺术件和铝扣板等；要选用低资源消耗的复合型材料，如塑料管材、纤维密度板等。应尽量避免使用资源消耗高的原木、石材等。

（5）在装饰装修选择材料方面，要严格选用环保安全型材料，要以国家环保无毒认证、环境标准态产品认证和 ISO 14000 认证为选材依据。在无认证的材料中，选用不含甲醛的胶黏剂、不含苯的稀料、不含纤维的石膏板材、不含甲醛的大芯板和贴面板等，都可以提高装饰装修后的室内空气质量水平。

（6）抓好施工现场的资源控制与管理工作，要制定切实可行的措施，降低水电资源的消耗，避免产生浪费。要及时回收一切可以回收的物资，如废旧的钉子、用过的刷子、散乱的纸张、木材的料头、旧包装箱具等，这些均应在施工中统一进行收集。

（7）加强施工现场的管理，降低施工中粉尘、噪声、废气、废水对环境的污染和破坏，做好施工人员生活垃圾、工程垃圾的及时、科学的处理工作。

（二）注意施工工艺控制装饰装修污染

装饰装修工程实践证明，在整个施工过程中，可以通过工艺手段对建筑装饰材料进行处理，以减少对室内环境的污染。如对木制板材表面及端面采取有效的覆盖处理措施，控制室内木制板材在空气中的暴露面积，从而可以减少板材中残留的和未参与反应的挥发性有机化合物向周围环境的释放等。

在室内装饰装修中，要注意选择符合室内环境要求且不会造成室内环境污染的施工工艺，这也是防止室内环境污染的一个非常重要方面。室内环境检测中心近几年检测发现，由于施工工艺不合理造成的室内环境污染问题比较突出。

目前，在装饰装修工程中工艺问题比较大的主要有以下 3 个方面。

1. 地板铺装方面的问题

实木地板和复合地板下面铺装衬板是一种传统的施工工艺，但是现在采用这个工艺造成室内环境污染的情况十分普遍，主要原因是铺装在地板下面的大芯板和其他人造板都含有甲醛，无法进行封闭处理和通风处理，而且实际使用面积比较大。另外，有的施工单位如果采用不环保的低档装饰材料，更加剧了室内有害物质的排放，造成不易彻底清除的室内甲醛污染。

2. 墙面涂饰方面的问题

按照国家现行规范的要求，进行墙面涂饰工程施工时，首先要进行基层处理，在许多工程上是涂刷适当的界面剂，以防止墙面脱皮或裂缝。可有些施工方是采用涂刷清漆进行基层处理的工艺，而且大多数选用一些低档清漆，在清漆涂刷时又加入了大量的稀释剂，很容易造成室内严重的苯污染，因为这些界面剂是被封闭在腻子和墙漆内，所以会长时间在室内挥发，不易清除。

3. 人造板制品密封边缘的问题

在建筑室内装饰装修中，进行饰面人造木板拼接施工时，除芯板 E1 类外，应对其断面及无饰面部位进行密封处理。人造板制品在密封边缘方面的要求包括两个方面。

① 饰面人造板的无饰面部分散发甲醛的量要比饰面部位高，因此在人造板安装中应对其无饰面部位进行密封，以减少甲醛的散发。

② 进行饰面人造板拼接施工时，除芯板 E1 类外，应对其断面进行密封处理。检测结果表明：人造木板的端（断）面是释放甲醛的主要部位。有关刨花板试验证明，端面散发甲醛的能力是平面的 2 倍左右。因此，对饰面人造板的断面部位进行密封处理可以有效减少甲醛的散发量。

（三）选择环保材料控制装饰装修污染

1. 室内装饰装修材料有害物质限量标准

为了防止有毒的建筑装饰材料对人体健康的危害，国家质量监督检验检疫总局、国家标准化管理委员会制定的《室内装饰装修材料有害物质限量》10 项强制性国家标准于 2002 年 7 月 1 日开始实施。这 10 项强制性国家标准，基本上规范了室内装饰装修材料中氨、甲醛、挥发性有机化合物（VOCs）、苯、甲苯、二甲苯、游离甲苯二异氰酸酯（TDI）、氯乙烯单体、苯乙烯单体和可溶性铅、镉、铬、汞、砷等有害元素的限量指标。10 种室内装饰装修材料有害物质限量如表 14-5 所列。

表 14-5　10 种室内装饰装修材料有害物质限量

序号	名称	标准号	控制项目
1	室内装饰装修材料人造板及其制品中甲醛释放限量	GB 18580—2017	甲醛
2	木器涂料中有害物质限量	GB 18581—2020	挥发性有机化合物（VOCs）/(g/L)
			苯/%
			甲苯和二甲苯总和/%
			重金属（限色漆）/(mg/kg)
			游离甲苯二异氰酸酯（TDI）/%
3	建筑用墙面涂料中有害物质限量	GB 18582—2020	挥发性有机化合物（VOCs）/(g/L)
			游离甲醛/(g/kg)
			重金属/(mg/kg)
4	室内装饰装修材料胶粘剂中有害物质限量	GB 18583—2008	游离甲醛/(g/kg)
			苯/%
			甲苯＋二甲苯/(g/kg)
			甲苯二异氰酸酯/(g/kg)
			总挥发性有机化合物/(g/L)
5	室内装饰装修材料木家具中有害物质限量	GB 18584—2001	甲醛释放量/(mg/L)
			重金属（限色漆）/(mg/kg)
6	室内装饰装修材料壁纸中的有害物质限量	GB 18585—2001	重金属（或其他）元素/(mg/kg)
			氯乙烯单体/(mg/kg)
			甲醛/(mg/kg)

序号	名称	标准号	控制项目
7	室内装饰装修材料 聚氯乙烯卷材地板中有害物质限量	GB 18586—2001	发泡类卷材地板中挥发物的限量
			非发泡类卷材地板中挥发物限量
8	室内装饰装修材料 地毯、地毯衬垫及地毯 胶黏剂有害物质释放限量	GB 18587—2001	总挥发性有机化合物（TVOCs）/$[mg/(m^2 \cdot h)]$
			甲醛/$[mg/(m^2 \cdot h)]$
			苯乙烯/$[mg/(m^2 \cdot h)]$
			4-苯基-1 环己烯
9	混凝土外加剂中释放氨的限量	GB 18588—2001	氨/%
10	建筑材料放射性核素限量	GB 6566—2010	放射性核素含量

2. 加强装饰装修材料进场有害物质检验

现行国家标准《民用建筑工程室内环境污染控制标准》（GB 50325—2020）中明确规定：民用建筑工程中所采用的建筑装修材料，必须有放射性指标检测报告，并应符合设计要求和本规范的规定。产品出厂仅凭一个产品合格证书而没有检测报告，很难看出产品的性能指标是否符合设计要求。为确保装饰材料质量符合国家标准的要求，应当加强装饰装修材料进场有害物质检验。

（1）加强现场验收的装饰装修材料的检测报告检查　不同产品的出厂检测报告的时间有效性应进行确认，如人造木板、涂料、人造地板砖、天然石材产品等，要根据生产配方变化而按批次进行产品出厂检测。也就是说，如果检测报告所显示的时间明显不合适，可以提出质量疑问。另外，不同的检测项目所要求的方法不同，只有从检测报告上可以看出检测方法是否符合标准要求，对于不符合标准要求的检测报告应不予承认。

（2）加强对天然花岗岩的检查　现行国家标准《民用建筑工程室内环境污染控制标准》（GB 50325—2020）中规定：民用建筑工程室内饰面采用的天然花岗岩石材，当总面积大于200m² 时，应对不同产品分别进行放射性指标的复验。不同产地、不同厂家的石材产品，性能指标可能相差很大，因此也应分别进行放射性指标复验。

（3）加强对人造板甲醛释放量的检查　民用建筑工程室内装修中所采用的人造木板，必须具有游离甲醛含量或游离甲醛释放量检测报告。当室内装饰装修采用某一种人造木板面积大于500m² 时，应对不同产品分别进行游离甲醛含量或游离甲醛释放量的复验。生产厂家经常根据用户要求变换生产配方和生产工艺，其散发游离甲醛的情况会有差别，因此随生产配方和生产工艺的变化应当提供相应的板材检测报告。

（4）加强涂料的有害物质检查　民用建筑工程室内装修中所采用的水性涂料、水性胶黏剂、水性处理剂等，必须有总挥发性有机化合物（TVOCs）和游离甲醛含量的检测报告；溶剂型涂料、溶剂型胶黏剂等，必须有总挥发性有机化合物（TVOCs）、苯、游离甲苯二异氰酸酯（TDI）含量的检测报告，并应符合设计要求和现行国家标准《民用建筑工程室内环境污染控制标准》（GB 50325—2020）规定。

（5）装饰装修材料有害物质检测单位资格认定　建筑装修材料的检测项目不全或对检测结果有疑问时，必须将材料送有资格的检测机构进行检测。尤其是当建设单位、施工单位、材料供应单位对材料质量产生争议时，求助于有检测资格的检测单位进行检验，并按照检测结果评价，这是带有仲裁性质的检验，是确保材料质量的可靠保障。

（四）加强装修施工过程中的污染控制

在民用建筑工程室内装饰装修施工中，不应使用苯、甲苯、二甲苯和汽油等材料，进行除油和清除旧涂料作业，这是现行国家标准《民用建筑工程室内环境污染控制标准》（GB 50325—2020）中对施工过程本身安全提出要求的三项条款之一。

严格地讲，施工过程中室内施工现场的污染问题纯粹属于生产场所的污染控制管理问题，但考虑到施工过程的连续性、施工人员的身体健康和施工防火安全等方面，严格禁止用苯、甲苯、二甲苯和汽油等材料作业。

规模较大的室内装饰装修施工，一般不宜在采暖期进行，如果确实需要施工，要严格控制室内环境污染问题。装饰装修工程施工完成后，应打开门窗进行通风换气，留出一段时间散发有毒有害物质，千万不要急于使用。

第六节　室内空气品质评价与控制

随着科学技术的不断进步和人民生活水平的日益提高，建筑室内空气环境对人体健康的影响愈加受到人们的关注。健康舒适的空气环境虽然是由热舒适度、空气品质、声光和环境视觉等诸多因素所决定，但空气品质是其中最重要的因素。

室内环境是指采用天然材料或者人工材料围隔而成的小空间，是与外界大环境相对分隔而成的小环境。其中最重要和最普遍的室内环境是建筑室内环境。其是建筑环境中的重要组成部分，包括室内热湿环境和室内空气品质。而其中空气品质是一个极为重要的因素，室内空气品质的好坏，不仅影响人体舒适和健康，而且对室内人员的工作效率有着显著影响，良好的室内空气品质能够使人感到神清气爽、精力充沛、心情愉悦。因此室内空气品质相关问题越来越被人们所关注。

世界卫生组织和联合国计划开发署联合声明，在发展中国家每年有 160 万人死于室内空气污染，发展中国家的室内空气污染状况比发达国家严重。我国室内空气污染情况相当严重，有关统计资料表明，中国每年室内空气污染引起的直接和间接经济损失达 107 亿美元。特别是居室装修材料中存在的甲醛、苯系物等挥发性有机物带来的各种健康危害，成为严重的社会问题，也成为百姓和舆论普遍关注的热点。

我国室内空气污染主要原因有以下三个方面：一是强调建筑节能导致建筑密闭性增强和新风量减少，从而致使室内空气质量日益恶化；二是大量价格低廉、使用方法和装饰性能优越的合成材料被广泛应用，其中一些会散发对人体有害的气体；三是我国是世界上最大的烟草生产国和消费国，全世界 11 亿烟民，我国约有 3.5 亿烟民，香烟烟雾中有上千种化学物质，其中 60 种已被证明或被怀疑对人体有致癌作用。除上述原因外，还因为我国每年新建建筑面积超过 10 亿平方米。新建筑中新的建筑材料、装修材料和新家具等散发的甲醛、甲苯和苯等有机物挥发，严重影响了室内空气品质。

一、室内空气品质的定义

从 20 世纪 70 年代国际空调界对室内空气品质广泛关注以来，室内空气品质的定义发生了很多变化，从最初的客观指标（主要是指污染物的浓度指标），到后来的人的主观感受，又到现在的客观指标与主观感受相结合。因此，室内空气品质的定义也在不断地发展。

在1989年国际室内空气品质讨论会上，丹麦哥本哈根大学教授 P. O. Fanger 提出：品质反映了人们要求的程度，如果人们对空气满意，就是高品质；反之，就是低品质。这种定义是将室内空气品质完全变成了人的主观感受。英国特许建筑设备工程师学会（CIBSE）认为：如果室内少于50%的人员感到有异味，少于20%的人员感觉不舒服，少于10%的人员感觉黏膜刺激，以及少于5%的人员在少于2%的时间内感觉到烦躁，则这样的室内空气品质就是可以接受的。该定义虽然与人的舒适性有关，但它还是以人的主观感受来衡量室内空气品质。室内有一些有害气体，如 Rn、CO 等虽无异味，人们无法感受到，但对人体健康的危害却是很大的。因此，只有主观的感受并不能完整地反映室内空气品质。

美国供热制冷空调工程师学会（ASHRAE）颁布的标准《满足可接受室内空气品质的通风》（ASHRAE62—1989R）中，提出了可接受的室内空气品质（acceptable indoor air quality）和感受到的可接受的室内空气品质（acceptable perceived indoor air quality）的概念。良好的室内空气品质应该是"空气中没有已知的污染物达到公认的权威机构所确定的有害物浓度指标，且处于这种空气中的绝大多数人（≥80%）对此没有表示不满意"。

感受到的可接受的室内空气品质：空调空间中绝大多数人没有因为气味或刺激性而表示不满。它是达到可接受的室内空气品质的必要而非充分条件。ASHRAE62—1989R 标准中对室内空气品质的描述相对于其他定义，最明显的变化是它涵盖了客观指标和人的主观感受两个方面的内容，相对比较科学和全面。该标准几乎被所有的建筑法规所采用，也被绝大多数工程师作为通风空调系统的设计基础。

二、污染物种类及研究概况

国内外室内空气监测的结果表明，室内空气污染源来源于4个方面：a. 建筑材料、装饰装修材料和家具；b. 室内人员及其活动；c. 暖通空调设备及系统；d. 室外空气环境。通过实际的调查测试，可总结出以下4类典型室内污染及影响程度（比例）：抽烟者（25%）、非抽烟者（12%）、室内建材和家具（20%）、空调送风系统（43%）。室内主要污染源及污染物如图14-2所示。

室内装饰装修所用的各种涂料、人造板材、胶黏剂、天然大理石、地板及新购买的家具等，都会散发出甲醛、苯、甲苯、二甲苯、总挥发性有机化合物（TVOCs）、氨、放射性气体氡等有害物质。由于有些化学污染物具有长期性（如甲醛释放期长达3~15年，甚至更长时间）和隐藏性（如有些污染物在超过国家标准2~3倍时，人体从感官上对其感觉不明显），因此，人长期处于化学污染物的环境下产生的危害最大。

根据世界资源研究所等国际组织的评估，全球约有30亿人的家庭能依赖于薪柴、秸秆、畜粪等生物质燃料以及煤炭的燃烧，占发展中国家家庭能源消耗的1/2，在某些贫困国家甚至高达95%。我国农村人口的生活燃料多采用木炭、树枝、干草和秸秆等，且没有任何处理排放物的措施，每年开发利用量约合2亿多吨标准煤，农村薪柴和秸秆燃烧占到家庭用能总消耗量的55.17%；在我国的西藏广大农村地区，生物质燃料甚至占到农村家庭用能95.2%，这些生物质燃料如卷烟一样在不完全燃烧时会产生有机物，这些有机物附在颗粒上进入人体，使人体健康受到很大损害。

图 14-2　室内主要污染源及污染物

　　吸烟是室内最严重的污染源之一。据测定，在居室内吸一支香烟产生的污染物对人体的危害，要比马路上一辆行驶的汽车排放的污染物对人体的危害更大。吸烟者吐出的烟雾中主要含有一氧化碳、氮氧化合物、烷烃、烯烃、芳烃、含氟烃、硫化氢、氨、亚硝酸等，这些有害气体对人体的肺及支气管黏膜的纤毛上皮细胞有严重的损害作用。所以，吸烟不仅危害吸烟者本人，而且对周围的人也造成危害。据统计，在吸烟家庭中儿童患呼吸道疾病的人比不吸烟家庭的高 $10\%\sim20\%$。

　　空调系统是目前改善室内热湿环境以及空气品质的主要方式，但是，如果维护不当也将成为室内空气污染的主要来源。美国国家职业安全与卫生研究所（NIOSH）对 529 栋建筑物进行室内空气评估的结果表明，其中有 280 栋建筑物通风不合格，占调查总数的 53%。据上海市预防医学会测定，家用空调散热片上的菌落数为 $100\sim400cfu/cm^2$，超过国家制定的中央空调标准的 10000 倍。根据研究，最好的减少空气污染的通风办法是使用电扇，而在空调房间内，空调使用的时间越长，空气污染越严重。

　　我国电力、冶金和石化等工业的快速发展，以及机动车数量的剧增，给我国造成了巨大的环境压力。我国一次能源生产和消费的结构均以煤为主，占到大约 70%，每年约有 10 亿吨的煤直接用于燃烧，主要用于火力发电厂、工业锅炉、窑炉和生活用煤等。其中工业锅炉耗煤占我国直接燃煤的 1/3 以上，每年排放的粉尘近 400 万吨。尽管许多锅炉都装配了各类除尘器，并且电除尘器的效率可高达 99% 以上，但电除尘器对粒径为 $0.1\sim1\mu m$ 粒子的捕集效率很低，而这些粒子的来源主要是煤燃烧中无机组分的气化和凝结形成。因此逃逸出电除尘器的粒子恰恰是富集有大量有毒元素的粒子。而重力、惯性和旋风等其他形式的除尘器，由于较低的除尘效率，排放出的粒子对环境和健康具有更大的危害。

　　据有关资料报道，2011 年我国汽车总销量将达到 2200 万辆，增长幅度超过 32%，全年汽车保有量将达到 1.2 亿辆，汽车用品市场的总量已经达到 4000 亿元；到 2018 年我国汽车用品行业市场总量将达到 8000 亿元，汽车保有量将达到 2.4 亿辆，成为全球第二大汽车消费国。机动车排放出的一氧化碳、烃类化合物、氮氧化物等能诱发人体疾病和造成光化学烟雾的污染物。由于我国机动车生产技术低于世界水平、尾气控制技术较差，单车污染物排放比发达国家高 $5\sim6$ 倍，致使我国城市污染中的 70% 来自机动车尾气，因此治理我国机动车尾气污染是迫在眉睫的重要任务。

室外空气污染经过建筑物的缝隙进入室内，影响室内空气品质。据测试结果表明，室外空气污染对室内空气品质影响与建筑层数相关，离地面越高，室内污染程度越低。美国ASHRAE Standard 62—1999 标准中对空调用室外新风有明确规定，如室外污染物浓度超过室内控制指标，引入新风不仅不能稀释室内污染物，还将恶化室内空气品质。ASHRAE 62.1—2004 标准中对空调系统的室外新风进风量的计算方法进行了全面修改，并且提供了一套完整的计算公式与数据表。

三、室内空气品质的控制方法

1. 污染源的控制

室内空气的污染源可分为气态污染物和微生物污染物。气态污染物主要是由建筑材料、清洗剂、地毯、家具、涂料等散发的挥发性物质，吸烟、烹饪过程中烟雾颗粒以及燃烧过程产生的一氧化钙。微生物污染物有细菌、真菌以及过滤性病菌。要控制这些室内的污染源，应当从源头抓起，例如以下几种方式。

（1）严格控制使用散发污染物的建筑装饰材料，需要进行对这些材料的标识研究，必要时需对污染较高的建筑装饰材料进行预处理。

（2）隔离产生污染物的空间（如复印机、打印机、蓄电池等），并采取有效的排放措施，防止污染空气在建筑物内扩散和蔓延。

（3）定期清洗或更换空调系统的易污染部件，如过滤器、消声器等，及时排除凝结水，使空调系统保持干燥，以免滋生繁衍细菌。

（4）在农村或城市使用传统的煤和生物质燃料时，可以对"燃料-炉具-住房-行为"模式进行适当调整，使其有利于减少污染暴露，如房型设计时将厨房和卧室分离、改进炉具的排烟设计等。

2. 加强通风稀释

加强室内的通风换气，用室外新鲜空气来稀释室内空气污染物，从而改善室内空气品质，是一种最为方便、非常经济的方法。在减少能耗和提高室内空气品质的目标下，自然通风既能有效地改善室内热环境，又能保证良好的室内空气的品质。然而，对自然通风的利用必须建立在已知室外气候条件，以及室内自然通风量有效预测的基础上。

实践充分证明，利用机械通风方式是对自然通风的有力补充，同时也包括采用自然通风与机械通风方式结合的混合通风模式，以及置换通风等新型通风方式。

3. 采取净化方法

近年来，对室内产生的各种污染物进行净化，也是控制室内空气品质的有效途径，净化方法主要包括吸附法、臭氧净化法、静电除尘法、负离子净化法、光催化法、离子体放电催化空气净化法、植物净化法等。近年来，光催化法取得一些新的发展，如空气催化法、二氧化钛-活性炭纤维技术、纳米二氧化钛技术等。

四、改善室内空气品质的措施

我国于 2003 年 3 月开始实施的《室内空气质量标准》，为改善室内空气品质提供了执行的技术标准。要改善室内空气品质，必须做到标本兼治。控制污染源是改善室内空气品质的根本，而改进暖通空调系统的设计和运行则是提高室内空气品质的保证。

（1）建筑设计要遵循生态环境的设计原理　从建筑设计考虑遵循生态环境的设计原理，尽可能利用当地的自然生态环境，运用生态学、建筑技术科学的基本原理、现代科学技术手段等合理地安排并组织建筑与其他因素之间的关系，使建筑与环境之间形成良好的室外气候条件，改善城市微气候，削减当地环境污染对大气造成的影响，从而也保证了建筑具有良好的室内空气质量。

（2）合理选用装饰装修材料及方式　在房屋建造和取材时必须选用坚固耐久且不散发有害物质的材料，装修时尽量采用释放 VOCs 较少的材料、胶水、涂料等，并在装修好后开窗换气，待室内 VOCs 浓度很低后再入住。提倡接近自然装修方式，尽量少用各种化学及人工材料。装修时要保证卫生洁具水封满足设计要求，防止有害病菌在建筑物内交叉污染。

（3）减少或消除室内人员的污染不在室内吸烟，不使用清洁剂、消毒剂防腐剂和杀虫剂等化工产品，控制烟气的产生，减少室内有害物质的含量。

（4）保证通风空调系统的正确设计和严格的运行管理与维护　首先，要保证有足够的新风量。在 ASHRAE 62—1989R 标准中，认为房间的最小新风量应由每人最小新风指标和每平方米面积所需最小新风指标一起确定。另外，在 ASHRAE 62—1989R 标准中有关变风量控制的内容中明确指出，在变风量系统全年运行中新风量要始终保持在设计新风量的 90% 以上。其次，加强新风与回风的过滤。新风三级过滤处理已应用在工程上。所谓新风三级过滤就是在传统新风机组只有粗效过滤器的基础上，再增加中效和高效过滤器的设计模式。从而极大地降低由新风带入室内的尘土和细菌浓度，同时也可在一定程度上延长系统部件的寿命。

五、对室内空气品质的展望

室内空气品质问题近年来已经备受关注，由于种种原因和实际情况，距离真正解决问题的路程还相当遥远，面临的困难还相当多。总结经验教训，对于室内空气品质应当从以下几个方面入手。

（1）对室内空气品质问题要有科学、全面的认识　室内空气品质是一门跨专业、多学科的新兴学科，其研究对象是如何为室内人员提供可以长期生活和工作健康、舒适的空气环境，只有明确室内空气品质的定义、性质、范畴和要求才能科学有效地展开研究。实践充分证明，室内空气品质问题，并不是任何一个或几个现有学科可以容易解决的，是具有很大发展潜力、关系人类健康的学科，在这方面要提倡"百花齐放、百家争鸣"，这样才能促进发展。

（2）对目前已取得的研究成果要有清楚的认识　如果将室内空气品质研究分为 3 个阶段，即提出问题、认识问题和解决问题。我国许多的研究大多仍处于"提出问题"阶段，少数进入"认识问题"阶段，总体水平与先进国家相比，还处于起步阶段。目前，提出的方法和研制的产品，只能从局部改善污染问题，还不能解决室内空气品质问题。

（3）必须加强多方面、多学科协作　从基础研究和实验开始，首先要解决危害机理、污染检测评价标准和手段等关键性的问题，建立科学的法规体系。对于室内空气品质的主、客观评价法及相关的评价权重系数等数据，只有通过大量的试验才能获得。要避免急功近利的态度，有关部门和企业要投入足够的研究资金。

（4）要坚持科学的态度　对目前存在的室内空气品质问题，一定要坚持科学的态度，既不要漠然也不可夸大，要实事求是、正确对待。对于开发研制的改善室内空气品质的新产品和新技术，要给出真实确实的效果参数，并要在实践中得到验证。

室内空气品质正日益引起人们的重视，它应该是政府、业主、建筑及暖通专业工程技术人员等共同考虑的问题。在当今很多现有的建筑中，室内环境都不是很理想，尽管有的符合现有标准。因此，改善室内空气品质是一个系统、长期的工程，需要我们从多方面来解决。

参考文献

[1] 李继业，赵恩西，刘闽楠．建筑装饰装修工程质量管理手册．北京：化学工业出版社，2017.

[2] 杨天佑．简明装饰装修施工与质量验收手册．北京：中国建筑工业出版社，2004.

[3] 贾中池．建筑装饰装修工程．北京：中国电力出版社，2010.

[4] 徐占发，王衍祯．装饰装修施工．武汉：华中科技大学出版社，2010.

[5] 《装饰装修工程监理手册》编写组．装饰装修工程监理手册．北京：机械工业出版社，2006.

[6] 宋广生．装饰装修污染监测与控制．北京：化学工业出版社，2009.

[7] 李继业，李海豹．建筑装饰材料速查手册．北京：中国建筑工业出版社，2016.

[8] 北京土木建筑学会．装饰装修工程施工技术质量控制实例手册．北京：中国电力出版社，2008.

[9] 李继业，张峰．建筑装饰工程质量控制．北京：化学工业出版社，2014.

[10] 李继业，王淑伟，王允栋．建筑装饰装修工程质量控制．北京：化学工业出版社，2011.

[11] 北京城建集团．建筑装饰装修工程施工工艺标准．北京：中国计划出版社，2004.

[12] 建筑装饰工程手册编写组．建筑装饰工程手册．北京：机械工业出版社，2002.

[13] 山西建筑工程（集团）总公司．建筑装饰装修工程施工工艺标准．太原：山西科学技术出版社，2007.

[14] 北京土木建筑学会．装饰装修工程施工技术·质量控制·实例手册．北京：中国电力出版社，2008.

[15] 彭圣浩．建筑工程质量通病防治手册．北京：中国建筑工业出版社，2002.

[16] 陆平，黄燕生．建筑装饰材料．北京：化学工业出版社，2006.

[17] 万治华．建筑装饰装修构造与施工技术．北京：化学工业出版社，2006.

[18] 李继业．建筑及装饰工程质量问题与防治措施．北京：中国建材工业出版社，2005.

[19] GB 50210—2018.

[20] GB 50325—2020.

[21] GB 50209—2010.

[22] JGJ 126—2015.

[23] JGJ/T 235—2011.

[24] JGJ 102—2003.